《合成树脂及应用丛书》编委会

高 级 顾 问： 李勇武　袁晴棠

编委会主任： 杨元一

编委会副主任： 洪定一　廖正品　何盛宝　富志侠　胡　杰
　　　　　　　　 王玉庆　潘正安　吴海君　赵起超

编委会委员（按姓氏笔画排序）：

王玉庆	王正元	王荣伟	王绪江	乔金樑
朱建民	刘益军	江建安	杨元一	李　杨
李　玲	郏涓林	肖淑红	吴忠文	吴海君
何盛宝	张师军	陈　平	林　雯	胡　杰
胡企中	赵陈超	赵起超	洪定一	徐世峰
黄　帆	黄　锐	黄发荣	富志侠	廖正品
颜　悦	潘正安	魏家瑞		

"十二五"国家重点图书

合成树脂及应用丛书

聚氨酯树脂及其应用

■ 刘益军　编著

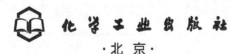

·北京·

本书全面介绍了聚氨酯树脂的制造与应用，全书共分14章，包括聚氨酯树脂的发展情况、聚氨酯树脂合成原理及其化学反应、基本原料和助剂、聚氨酯泡沫塑料、聚氨酯涂料、聚氨酯胶黏剂及密封胶、聚氨酯弹性体及弹性纤维、聚氨酯革树脂、聚氨酯防水材料、聚氨酯塑胶铺地材料、反应注射成型技术、水性聚氨酯、聚氨酯领域的分析和测试技术、聚氨酯材料的安全和环保等内容。本书既有基本理论，又有应用的实例，几乎涉及聚氨酯材料的方方面面，是一本聚氨酯综合性参考书。

本书可供从事聚氨酯生产、科研与应用的技术人员以及大专院校师生参考。

图书在版编目（CIP）数据

聚氨酯树脂及其应用/刘益军编著．—北京：化学工业出版社，2011.11（2025.1重印）
（合成树脂及应用丛书）
ISBN 978-7-122-12481-4

Ⅰ.聚… Ⅱ.刘… Ⅲ.聚氨酯-氨基树脂 Ⅳ.TQ323.8

中国版本图书馆CIP数据核字（2011）第204201号

责任编辑：赵卫娟　　　　　　　　　文字编辑：冯国庆
责任校对：宋　夏　　　　　　　　　装帧设计：尹琳琳

出版发行：化学工业出版社（北京市东城区青年湖南街13号　邮政编码100011）
印　　装：北京虎彩文化传播有限公司
710mm×1000mm　1/16　印张31½　字数606千字　2025年1月北京第1版第16次印刷

购书咨询：010-64518888　　　　　　　售后服务：010-64518899
网　　址：http://www.cip.com.cn
凡购买本书，如有缺损质量问题，本社销售中心负责调换。

定　价：88.00元　　　　　　　　　　　　　　　　　　　版权所有　违者必究

Preface 序

  合成树脂作为塑料、合成纤维、涂料、胶黏剂等行业的基础原料，不仅在建筑业、农业、制造业（汽车、铁路、船舶）、包装业有广泛应用，在国防建设、尖端技术、电子信息等领域也有很大需求，已成为继金属、木材、水泥之后的第四大类材料。2010年我国合成树脂产量达4361万吨，产量以每年两位数的速度增长，消费量也逐年提高，我国已成为仅次于美国的世界第二大合成树脂消费国。

  近年来，我国合成树脂在产品质量、生产技术和装备、科研开发等方面均取得了长足的进步，在某些领域已达到或接近世界先进水平，但整体水平与发达国家相比尚存在明显差距。随着生产技术和加工应用技术的发展，合成树脂生产行业和塑料加工行业的研发人员、管理人员、技术工人都迫切希望提高自己的专业技术水平，掌握先进技术的发展现状及趋势，对高质量的合成树脂及应用方面的丛书有迫切需求。

  化学工业出版社急行业之所需，组织编写《合成树脂及应用丛书》（共17个分册），开创性地打破合成树脂生产行业和加工应用行业之间的藩篱，架起了一座横跨合成树脂研究开发、生产制备、加工应用等领域的沟通桥梁。使得合成树脂上游（研发、生产、销售）人员了解下游（加工应用）的需求，下游人员了解生产过程对加工应用的影响，从而达到互相沟通，进一步提高合成树脂及加工应用产业的生产和技术水平。

  该套丛书反映了我国"十五"、"十一五"期间合成树脂生产及加工应用方面的研发进展，包括"973"、"863"、"自然科学基金"等国家级课题的相关研究成果和各大公司、科研机构攻关项目的相关研究成果，突出了产、研、销、用一体化的理念。丛书涵盖了树脂产品的发展趋势及其合成新工艺、树脂牌号、加工性能、测试表征等技术，内容全面、实用。丛书的出版为提高从业人员的业务水准和提升行业竞争力做出贡献。

该套丛书的策划得到了国内生产树脂的三大集团公司（中国石化、中国石油、中国化工集团），以及管理树脂加工应用的中国塑料加工工业协会的支持。聘请国内20多家科研院所、高等院校和生产企业的骨干技术专家、教授组成了强大的编写队伍。各分册的稿件都经丛书编委会和编著者认真的讨论，反复修改和审查，有力地保证了该套图书内容的实用性、先进性，相信丛书的出版一定会赢得行业读者的喜爱，并对行业的结构调整、产业升级与持续发展起到重要的指导作用。

袁晴棠

2011年8月

前言

聚氨酯材料是一类产品形态多样的多用途合成树脂。聚氨酯和其他合成树脂不同的地方，是原料品种丰富、配方组合多，产品形式和应用领域非常广泛。它以软质和硬质泡沫塑料、弹性体（特种橡胶）、涂料、胶黏剂、高弹纤维、合成革、鞋底材料、防水材料以及铺装材料等产品形式，广泛地用于交通运输（车辆、船舶、飞机、道路、桥梁）、建筑、机械、电子设备、家具、食品加工、服装、纺织、合成皮革、印刷、矿冶、石油化工、水利、国防、体育、休闲娱乐、医疗等领域。例如，硬质泡沫塑料的热导率比其他合成保温材料和天然保温材料的都低，可现场浇注快速成型，是用途越来越广的合成树脂保温材料，广泛用于民用家电、管道保温及工业保温；软质泡沫塑料以弹性好、透气等特点广泛用于床具、车船和家具座椅等的垫材。聚氨酯弹性体以耐磨、耐低温、高强度、耐油著称，是用于矿山油田机械的各种零部件的优良特种合成橡胶。

聚氨酯的发展历史比不上传统的合成树脂，但发展较快，全球聚氨酯总产量2000年约为992万吨，2005年约1375万吨，虽然经历了全球性经济危机，但2010年仍达到1690万吨，增长速度超过常规树脂。特别是中国，聚氨酯行业发展很快，2005年中国的聚氨酯产品达到291万吨，2010年约430万吨左右，发展速度比全球平均水平快得多。

聚氨酯行业的技术人员希望得到聚氨酯领域新技术、新产品的资讯，希望介绍一些实用性的技术。这也是笔者编著此书的动力。

这次被邀请参加新版《合成树脂及应用丛书》之一的《聚氨酯树脂及其应用》编写，笔者觉得有必要提及旧版的《聚氨酯树脂及其应用》。笔者和李绍雄先生曾经在2001年合作写过《聚氨酯树脂及其应用》，距今已有10年时间。2002版的《聚氨酯树脂及其应用》受到读者欢迎，多次再印，几年前出版社曾经希望我们修订后再版，因忙而搁置。这次在接受写作任务时，征求了李绍雄先生的意见，他虽然提出不参加编写，但给了很多有益的建议。

这10多年来，和其他材料一样，聚氨酯技术发展也很快，出现了一些新技术、新产品，例如环保性较好的水性聚氨酯等材料得到较大的发展。笔者对原著大部分内容进行了更新，对于近年来新发展的技术作了介绍。

全书共分14章，包括市场概况、聚氨酯化学基础、原料、各种聚氨酯产品介绍、分析和测试、安全环保问题等。本书以2002版《聚氨酯树脂及其应用》的有关章节为基础，对原版的弹性纤维、喷涂聚氨酯（脲）做了精简并分散到有关章节，增加了安全和环保等内容，对部分技术作了较为详细的介绍。

由于聚氨酯树脂涉及的方面很多，新技术层出不穷，限于篇幅，有些内容未能作详细的展开论述，请读者谅解。另外，虽竭尽所思，惟作者水平有限，疏漏之处仍恐在所难免，欢迎读者指正和交流。本人的电子信箱是 njliuyj@163.com。

在写作过程中，参考了不少文章、专利等资料，对原著者表示感谢；对李绍雄先生等专业人士给予的支持，在此表示衷心的谢意！

编著者于南京
2011年8月

Contents 目录

第1章 绪论 —————————————— 1
1.1 聚氨酯树脂的特性 ………………………………… 1
1.2 全球聚氨酯材料的发展概况 …………………………… 2
1.2.1 聚氨酯的发展情况 …………………………… 2
1.2.2 全球聚氨酯基本原料的发展情况 ……………………… 5
1.3 我国聚氨酯工业发展状况 …………………………… 9
1.3.1 我国聚氨酯的发展简况 ……………………… 9
1.3.2 我国聚氨酯原料的生产情况 ……………………… 11
1.4 聚氨酯的新技术和发展趋势 ………………………… 14
1.4.1 原料的产能进一步扩张 …………………………… 14
1.4.2 原料新技术的运用 ………………………………… 14
1.4.3 植物油等生物质基多元醇的进一步开发 …………………… 15
1.4.4 聚氨酯泡沫塑料发泡剂的替代 …………………………… 15
1.4.5 非光气法异氰酸酯技术 ………………………… 16
1.4.6 非异氰酸酯型聚氨酯 …………………………… 16
1.4.7 其他技术发展 ……………………………… 16

第2章 聚氨酯化学以及结构与性能的关系 —— 17
2.1 异氰酸酯的各种反应 ………………………………… 17
2.1.1 异氰酸酯的反应性 ………………………………… 17
2.1.2 异氰酸酯与羟基的反应 ………………………… 20
2.1.3 异氰酸酯与水的反应 ………………………… 22
2.1.4 异氰酸酯与氨基的反应 ………………………… 23
2.1.5 异氰酸酯与氨酯基及脲基反应 ……………………… 24
2.1.6 异氰酸酯的自加聚反应 ………………………… 25
2.1.7 异氰酸酯的自缩聚反应——碳化二亚胺 ……………… 27
2.1.8 异氰酸酯的封闭反应 ………………………… 27
2.1.9 异氰酸酯的其他反应 ………………………… 28
2.2 聚氨酯反应的常见影响因素 ………………………… 28
2.2.1 催化剂对异氰酸酯反应活性的影响 ……………… 28

2.2.2　温度对反应速率的影响 ……………………………………………… 31
　　2.2.3　溶剂对反应速率的影响 ……………………………………………… 32
2.3　聚氨酯分子结构与性能的关系 ……………………………………………… 33
　　2.3.1　影响性能的基本因素 ………………………………………………… 33
　　2.3.2　软段对性能的影响 …………………………………………………… 35
　　2.3.3　硬段对性能的影响 …………………………………………………… 36
　　2.3.4　聚氨酯的形态结构 …………………………………………………… 37

第3章　聚氨酯的基本原料和助剂 —— 39

3.1　概述 …………………………………………………………………………… 39
3.2　多异氰酸酯 …………………………………………………………………… 39
　　3.2.1　异氰酸酯原料的种类 ………………………………………………… 39
　　3.2.2　异氰酸酯的制造工艺及其技术进展 ………………………………… 40
　　3.2.3　常见的二异氰酸酯 …………………………………………………… 42
　　3.2.4　PAPI 及液化 MDI …………………………………………………… 47
　　3.2.5　其他二异氰酸酯 ……………………………………………………… 51
　　3.2.6　二异氰酸酯衍生物 …………………………………………………… 58
3.3　聚酯多元醇 …………………………………………………………………… 61
　　3.3.1　聚酯多元醇的原料 …………………………………………………… 61
　　3.3.2　聚酯多元醇的生产方法和物料计算 ………………………………… 62
　　3.3.3　主要聚酯多元醇品种和特点 ………………………………………… 64
3.4　聚醚多元醇 …………………………………………………………………… 69
　　3.4.1　聚醚多元醇的原料 …………………………………………………… 69
　　3.4.2　聚醚多元醇生产方法 ………………………………………………… 71
　　3.4.3　普通聚醚多元醇 ……………………………………………………… 72
　　3.4.4　特种聚醚多元醇及聚醚基多元醇 …………………………………… 75
3.5　其他低聚物多元醇及含活性氢低聚物 ……………………………………… 79
　　3.5.1　聚烯烃多元醇 ………………………………………………………… 79
　　3.5.2　植物油多元醇 ………………………………………………………… 82
　　3.5.3　松香酯多元醇 ………………………………………………………… 84
　　3.5.4　端氨基聚醚 …………………………………………………………… 85
　　3.5.5　脂肪酸二聚体二醇以及二聚体聚酯二醇 …………………………… 85
3.6　助剂 …………………………………………………………………………… 86
　　3.6.1　催化剂 ………………………………………………………………… 86
　　3.6.2　溶剂及增塑剂 ………………………………………………………… 88
　　3.6.3　扩链剂和交联剂 ……………………………………………………… 89
　　3.6.4　耐久性助剂 …………………………………………………………… 90
　　3.6.5　填料 …………………………………………………………………… 93
　　3.6.6　阻燃剂 ………………………………………………………………… 94

3.6.7 着色剂 ······ 95
3.6.8 其他助剂 ······ 96

第4章 聚氨酯泡沫塑料 —— 100

4.1 概述 ······ 100
4.1.1 发展概况 ······ 100
4.1.2 聚氨酯泡沫塑料的主要类型和特点 ······ 102
4.1.3 原料及发泡助剂 ······ 104

4.2 聚氨酯泡沫塑料成型机理及计算 ······ 107
4.2.1 基本反应 ······ 107
4.2.2 泡沫体的形成机理 ······ 108
4.2.3 配方中异氰酸酯用量的基本计算 ······ 110

4.3 软质聚氨酯泡沫塑料 ······ 112
4.3.1 聚氨酯软泡的分类和用途 ······ 112
4.3.2 块状软泡 ······ 113
4.3.3 模塑软泡发泡工艺 ······ 122
4.3.4 特种软质泡沫塑料 ······ 129
4.3.5 聚氨酯软泡生产中的常见问题和解决方案 ······ 138

4.4 硬质聚氨酯泡沫塑料 ······ 140
4.4.1 硬泡的特性、用途和原料体系 ······ 140
4.4.2 硬泡成型工艺 ······ 143
4.4.3 聚异氰脲酸酯泡沫塑料 ······ 151
4.4.4 整皮硬泡和增强硬泡 ······ 153
4.4.5 开孔硬泡 ······ 153

4.5 聚氨酯半硬泡 ······ 154
4.5.1 聚氨酯半硬泡的原料体系 ······ 154
4.5.2 普通半硬泡 ······ 155
4.5.3 整皮半硬泡 ······ 156
4.5.4 超低密度聚氨酯泡沫 ······ 158
4.5.5 微孔聚氨酯 ······ 158

4.6 聚氨酯泡沫塑料的阻燃 ······ 159

4.7 聚氨酯泡沫塑料的应用 ······ 160
4.7.1 聚氨酯软泡的应用 ······ 160
4.7.2 聚氨酯硬泡的应用 ······ 162
4.7.3 聚氨酯泡沫塑料的其他应用 ······ 167

第5章 聚氨酯弹性体 —— 168

5.1 概述 ······ 168
5.1.1 性能特点 ······ 168

- 5.1.2 发展概况 ············ 169
- 5.1.3 基本分类 ············ 169
- 5.2 原料及其对性能的影响 ············ 170
  - 5.2.1 聚氨酯弹性体的原料 ············ 170
  - 5.2.2 原料对性能的影响 ············ 173
- 5.3 浇注型聚氨酯弹性体 ············ 176
  - 5.3.1 特性及合成原理 ············ 176
  - 5.3.2 浇注型聚氨酯的合成方法 ············ 177
  - 5.3.3 影响制品性能的工艺因素 ············ 180
  - 5.3.4 浇注弹性体种类、配方及性能 ············ 182
  - 5.3.5 浇注聚氨酯弹性体的发展 ············ 189
- 5.4 热塑性聚氨酯 ············ 190
  - 5.4.1 概述 ············ 190
  - 5.4.2 TPU 基本合成工艺 ············ 190
  - 5.4.3 TPU 加工成型工艺 ············ 195
- 5.5 混炼型聚氨酯弹性体 ············ 199
  - 5.5.1 混炼胶原料体系 ············ 200
  - 5.5.2 生胶的合成工艺 ············ 201
  - 5.5.3 混炼工艺 ············ 202
  - 5.5.4 硫化体系 ············ 203
- 5.6 聚氨酯纤维 ············ 206
  - 5.6.1 氨纶的发展简况 ············ 206
  - 5.6.2 聚氨酯树脂的原料和制备 ············ 207
  - 5.6.3 氨纶的生产方法 ············ 207
  - 5.6.4 氨纶的性能及应用 ············ 209
  - 5.6.5 氨纶纤维技术发展 ············ 210
- 5.7 聚氨酯弹性体的应用 ············ 211
  - 5.7.1 在选煤、矿山、冶金等行业的应用 ············ 211
  - 5.7.2 聚氨酯胶辊 ············ 212
  - 5.7.3 聚氨酯胶轮及轮胎 ············ 212
  - 5.7.4 交通运输业及机械配件 ············ 213
  - 5.7.5 鞋材 ············ 214
  - 5.7.6 模具衬里以及钣金零件成型用冲裁模板等 ············ 214
  - 5.7.7 医用弹性制品 ············ 215
  - 5.7.8 管材 ············ 215
  - 5.7.9 薄膜、薄片及层压制品 ············ 216
  - 5.7.10 聚氨酯灌封材料及修补材料 ············ 216
  - 5.7.11 其他应用领域 ············ 216

第6章　聚氨酯涂料 —— 218

- 6.1　概述 …… 218
  - 6.1.1　发展简况 …… 218
  - 6.1.2　聚氨酯涂料的分类与特性 …… 219
  - 6.1.3　聚氨酯涂料的部分助剂 …… 220
- 6.2　单组分聚氨酯涂料 …… 222
  - 6.2.1　氨酯油型涂料 …… 222
  - 6.2.2　湿固化聚氨酯涂料 …… 225
  - 6.2.3　封闭型聚氨酯涂料和烘烤漆 …… 230
- 6.3　双组分聚氨酯涂料 …… 234
  - 6.3.1　多异氰酸酯组分以及选择 …… 235
  - 6.3.2　多羟基组分以及选择 …… 240
  - 6.3.3　双组分聚氨酯涂料的配制及施工 …… 244
  - 6.3.4　催化固化型双组分聚氨酯涂料 …… 245
- 6.4　聚氨酯粉末涂料 …… 246
  - 6.4.1　聚氨酯粉末涂料的特点 …… 246
  - 6.4.2　封闭型聚氨酯粉末涂料的制备和性能 …… 247
  - 6.4.3　其他功能基团的聚氨酯粉末涂料 …… 250
- 6.5　水性聚氨酯涂料 …… 250
  - 6.5.1　水性聚氨酯的分类和特点 …… 250
  - 6.5.2　单组分水性聚氨酯涂料 …… 251
  - 6.5.3　双组分水性聚氨酯涂料 …… 252
  - 6.5.4　用于各领域的水性聚氨酯涂料 …… 253
- 6.6　喷涂聚氨酯涂料 …… 257
  - 6.6.1　发展简况 …… 257
  - 6.6.2　喷涂聚氨酯涂料的性能特点 …… 258
  - 6.6.3　原料以及双组分喷涂涂料体系 …… 258
  - 6.6.4　喷涂设备及施工工艺 …… 260
  - 6.6.5　喷涂聚氨酯性能以及配方实例 …… 262
  - 6.6.6　喷涂聚氨酯的应用 …… 263

第7章　聚氨酯胶黏剂及密封胶 —— 266

- 7.1　概述 …… 266
  - 7.1.1　发展概况 …… 266
  - 7.1.2　聚氨酯胶黏剂的种类和特性 …… 267
  - 7.1.3　聚氨酯胶黏剂的粘接机理 …… 268
- 7.2　单组分聚氨酯胶黏剂 …… 269
  - 7.2.1　湿固化型聚氨酯胶黏剂 …… 269

7.2.2　单组分溶剂挥发型聚氨酯胶黏剂 …………………………………… 279
　　7.2.3　其他单组分聚氨酯胶黏剂 ……………………………………………… 282
7.3　双组分聚氨酯胶黏剂 ………………………………………………………………… 285
　　7.3.1　双组分聚氨酯胶黏剂概述 …………………………………………… 285
　　7.3.2　双组分溶剂型聚氨酯胶黏剂 ………………………………………… 286
　　7.3.3　双组分无溶剂聚氨酯胶黏剂 ………………………………………… 292
7.4　聚氨酯热熔胶 ………………………………………………………………………… 296
　　7.4.1　聚氨酯热熔胶的特点和应用 ………………………………………… 296
　　7.4.2　热塑性聚氨酯热熔胶 …………………………………………………… 296
　　7.4.3　反应性聚氨酯热熔胶 …………………………………………………… 298
7.5　水性聚氨酯胶黏剂 …………………………………………………………………… 300
　　7.5.1　单组分水性聚氨酯胶黏剂 …………………………………………… 300
　　7.5.2　双组分水性聚氨酯胶黏剂 …………………………………………… 301
　　7.5.3　水性聚氨酯胶黏剂的应用 …………………………………………… 301
7.6　聚氨酯密封胶 ………………………………………………………………………… 305
　　7.6.1　概述 …………………………………………………………………………… 305
　　7.6.2　单组分聚氨酯密封胶 …………………………………………………… 306
　　7.6.3　双组分聚氨酯密封胶 …………………………………………………… 307
　　7.6.4　聚氨酯密封胶的应用 …………………………………………………… 308
　　7.6.5　聚氨酯密封胶的市场演变以及研发动向 …………………………… 310
7.7　聚氨酯黏合剂及其应用 ……………………………………………………………… 311
　　7.7.1　磁带黏合剂的制备 ……………………………………………………… 311
　　7.7.2　聚氨酯油墨黏合剂 ……………………………………………………… 312
　　7.7.3　聚氨酯型砂黏合剂 ……………………………………………………… 313
　　7.7.4　木材及复合板黏合剂 …………………………………………………… 314
　　7.7.5　其他黏合剂应用 ………………………………………………………… 314

第8章　聚氨酯革树脂及 PU 革 —————————— 315

8.1　概述 …………………………………………………………………………………… 315
　　8.1.1　聚氨酯革的发展 ………………………………………………………… 315
　　8.1.2　聚氨酯人造革与合成革 ………………………………………………… 316
8.2　聚氨酯革树脂及辅料 ………………………………………………………………… 317
　　8.2.1　聚氨酯革树脂的制法 …………………………………………………… 317
　　8.2.2　聚氨酯革树脂的品种与性能 …………………………………………… 318
　　8.2.3　聚氨酯革的辅料和助剂 ………………………………………………… 324
8.3　PU 革的生产工艺 …………………………………………………………………… 328
　　8.3.1　干法聚氨酯革 …………………………………………………………… 328
　　8.3.2　湿法聚氨酯革 …………………………………………………………… 330
8.4　聚氨酯革发展动态 …………………………………………………………………… 332

  8.4.1 超细纤维聚氨酯合成革 …… 332
  8.4.2 水性聚氨酯合成革树脂 …… 333

第 9 章 聚氨酯防水材料 335

9.1 概述 …… 335
  9.1.1 聚氨酯防水材料市场及发展 …… 335
  9.1.2 聚氨酯防水材料的分类 …… 336
  9.1.3 聚氨酯防水材料的特性 …… 337
9.2 沥青聚氨酯防水材料 …… 338
  9.2.1 沥青聚氨酯防水涂料特点 …… 338
  9.2.2 原料体系及相容性问题 …… 339
  9.2.3 单组分沥青聚氨酯防水涂料 …… 340
  9.2.4 双组分沥青聚氨酯防水涂料 …… 342
9.3 其他类型的聚氨酯防水涂料 …… 343
  9.3.1 聚醚型聚氨酯防水涂料 …… 343
  9.3.2 水固化聚氨酯防水涂料 …… 343
  9.3.3 喷涂聚氨酯脲防水涂料 …… 344
  9.3.4 双组分聚氨酯防水材料实例 …… 344
  9.3.5 单组分聚氨酯防水材料实例 …… 346
9.4 聚氨酯防水材料标准和施工方法 …… 347
  9.4.1 聚氨酯防水材料标准 …… 347
  9.4.2 聚氨酯防水施工方法 …… 350
9.5 聚氨酯灌浆材料 …… 350
  9.5.1 材料的发展和聚氨酯灌浆材料的特点 …… 350
  9.5.2 水溶性聚氨酯灌浆材料 …… 352
  9.5.3 油溶性聚氨酯灌浆材料 …… 355
  9.5.4 聚氨酯灌浆材料的标准 …… 357
  9.5.5 聚氨酯灌浆工艺 …… 358
9.6 遇水膨胀聚氨酯密封堵漏材料 …… 358
  9.6.1 遇水膨胀聚氨酯密封材料的特点 …… 358
  9.6.2 遇水膨胀聚氨酯密封材料的类型和性能 …… 359

第 10 章 聚氨酯铺地材料 363

10.1 概述 …… 363
  10.1.1 聚氨酯铺地材料的性能特点 …… 363
  10.1.2 聚氨酯铺地材料的应用种类 …… 364
10.2 聚氨酯铺地材料的制备 …… 366
  10.2.1 原料体系 …… 366
  10.2.2 聚氨酯预聚体的合成和胶浆料配制 …… 368

10.3 聚氨酯跑道 ... 370
- 10.3.1 聚氨酯跑道的优点和特性 ... 370
- 10.3.2 聚氨酯跑道的类型和铺设 ... 371
- 10.3.3 聚氨酯跑道的物性 ... 374
- 10.3.4 聚氨酯跑道的使用、维护与保养 ... 374
- 10.3.5 几种特殊的聚氨酯跑道 ... 374

10.4 聚氨酯球场 ... 376
- 10.4.1 球场对聚氨酯材料的性能要求 ... 376
- 10.4.2 聚氨酯球场的铺设 ... 377
- 10.4.3 慢回弹聚氨酯铅球场地 ... 378

10.5 聚氨酯地板及地板砖 ... 378
- 10.5.1 聚氨酯地板的特点和性能 ... 378
- 10.5.2 现场浇注铺设的聚氨酯地板 ... 379
- 10.5.3 预成型地板卷材及片材 ... 380
- 10.5.4 聚氨酯地板砖 ... 380
- 10.5.5 喷涂成型聚氨酯地板 ... 381

第11章 反应注射成型聚氨酯 ... **383**

11.1 概述 ... 383
- 11.1.1 RIM聚氨酯的种类和发展 ... 383
- 11.1.2 聚氨酯RIM工艺特点 ... 384

11.2 原料体系 ... 385
- 11.2.1 聚醚 ... 385
- 11.2.2 异氰酸酯 ... 386
- 11.2.3 扩链剂及交联剂 ... 387
- 11.2.4 催化剂及其他助剂 ... 389
- 11.2.5 增强材料 ... 390

11.3 RIM生产设备及工艺参数 ... 391
- 11.3.1 聚氨酯RIM、RRIM的制备 ... 391
- 11.3.2 生产工艺 ... 393

11.4 增强RIM材料 ... 395
- 11.4.1 RRIM聚氨酯 ... 395
- 11.4.2 SRIM聚氨酯 ... 400
- 11.4.3 LFI增强聚氨酯 ... 402

11.5 RIM/RRIM聚氨酯种类与性能 ... 404
- 11.5.1 低密度聚氨酯 ... 404
- 11.5.2 高密度聚氨酯 ... 405
- 11.5.3 聚氨酯脲及聚脲 ... 406

11.6 RIM聚氨酯的应用 ... 407

第12章　水性聚氨酯 —————————————————— 409

12.1　概述 ………………………………………………………………… 409
12.1.1　水性聚氨酯的发展概况 …………………………………… 409
12.1.2　水性聚氨酯的性能特点 …………………………………… 410
12.1.3　水性聚氨酯的分类 ………………………………………… 411

12.2　水性聚氨酯原料体系及制备方法 …………………………………… 412
12.2.1　原料体系 …………………………………………………… 412
12.2.2　水性聚氨酯的制备 ………………………………………… 415

12.3　水性聚氨酯的性能及其影响因素 …………………………………… 424
12.3.1　水性聚氨酯的性能 ………………………………………… 424
12.3.2　影响水性聚氨酯性能的因素 ……………………………… 427

12.4　水性聚氨酯的交联 …………………………………………………… 429
12.4.1　内交联 ……………………………………………………… 429
12.4.2　外交联与双组分水性聚氨酯 ……………………………… 431
12.4.3　封闭型异氰酸酯乳液 ……………………………………… 434

12.5　聚氨酯与其他聚合物共混或共聚分散液 …………………………… 434
12.5.1　水性聚氨酯与其他水性树脂的掺混 ……………………… 435
12.5.2　PUA 复合乳液的合成 ……………………………………… 435
12.5.3　水性聚氨酯-有机硅树脂 …………………………………… 437
12.5.4　水性环氧-聚氨酯接枝乳液 ………………………………… 437

12.6　水性聚氨酯的应用 …………………………………………………… 438
12.6.1　水性聚氨酯涂料 …………………………………………… 438
12.6.2　水性聚氨酯胶黏剂 ………………………………………… 440
12.6.3　皮革涂饰剂 ………………………………………………… 442
12.6.4　织物整理剂 ………………………………………………… 443
12.6.5　织物涂层剂 ………………………………………………… 444
12.6.6　玻璃纤维上浆剂 …………………………………………… 445
12.6.7　水性 PU 的其他应用 ……………………………………… 446

第13章　分析和测试 —————————————————— 447

13.1　化学分析方法 ………………………………………………………… 447
13.1.1　化学分析基本技术 ………………………………………… 447
13.1.2　多元醇原料的分析 ………………………………………… 448
13.1.3　异氰酸酯原料的分析 ……………………………………… 452
13.1.4　预聚体中 NCO 基含量和交联键及弹性体微量 NCO 含量 … 454
13.1.5　水分的测定 ………………………………………………… 455
13.1.6　色泽 ………………………………………………………… 456

13.2　仪器分析法 …………………………………………………………… 456

- 13.2.1 红外光谱法 ········· 456
- 13.2.2 核磁共振谱 ········· 459
- 13.2.3 热分析法 ········· 461
- 13.2.4 色谱法 ········· 463
- 13.2.5 黏度 ········· 464
- 13.2.6 其他仪器分析方法 ········· 464
- 13.3 聚氨酯制品性能的测试 ········· 465
  - 13.3.1 拉伸强度及伸长率 ········· 465
  - 13.3.2 撕裂强度 ········· 466
  - 13.3.3 压缩强度、压陷硬度及压缩永久变形 ········· 467
  - 13.3.4 弯曲强度 ········· 468
  - 13.3.5 冲击强度 ········· 469
  - 13.3.6 回弹率 ········· 469
  - 13.3.7 剪切强度 ········· 470
  - 13.3.8 剥离强度 ········· 471
  - 13.3.9 热导率 ········· 472
  - 13.3.10 阻燃性能 ········· 473

第14章 聚氨酯材料的安全和环保 — 475

- 14.1 有毒原料的操作注意事项 ········· 475
- 14.2 常见异氰酸酯及其他化学品的毒性和环保数据 ········· 476
  - 14.2.1 异氰酸酯的一般性质 ········· 476
  - 14.2.2 甲苯二异氰酸酯的安全数据 ········· 476
  - 14.2.3 二苯基甲烷二异氰酸酯的安全数据 ········· 478
  - 14.2.4 其他二异氰酸酯的安全数据 ········· 478
  - 14.2.5 其他聚氨酯化学品的安全问题 ········· 479
- 14.3 有毒原料废弃物的处理 ········· 479
- 14.4 聚氨酯的回收利用处理 ········· 480
  - 14.4.1 聚氨酯的物理回收法 ········· 480
  - 14.4.2 聚氨酯的化学回收法 ········· 481
  - 14.4.3 聚氨酯的热能回收及填埋处理 ········· 483

参考文献 — 484

第1章 绪　　论

1.1 聚氨酯树脂的特性

聚氨酯（PU）是指分子结构中含有氨基甲酸酯基团（—NH—COO—）的聚合物。氨基甲酸酯一般由异氰酸酯和醇反应获得。另外，多异氰酸酯与多元胺反应得到的聚脲，广义上也归属于聚氨酯材料。聚氨酯在 20 世纪 30 年代由德国化学家 O. Bayer 发明以来，由于其配方灵活、产品形式多样、制品性能优良，在各行各业中的应用越来越广泛。

聚氨酯材料是一类产品形态多样的多用途合成树脂，它以泡沫塑料、弹性体、涂料、胶黏剂、纤维、合成革、防水材料以及铺装材料等产品形式，广泛地用于交通运输、建筑、机械、电子设备、家具、食品加工、纺织服装、合成皮革、印刷、矿冶、石油化工、水利、国防、体育、医疗卫生等领域。例如，硬质聚氨酯泡沫塑料的热导率比其他合成保温材料和天然保温材料的都低，可现场浇注快速成型，是用途越来越广的合成树脂保温材料，广泛用于民用家电、管道保温及工业保温；软质泡沫塑料以弹性好、透气等特点广泛用于床具、车船和家具座椅等的垫材；聚氨酯弹性体以耐磨、耐低温、高强度、耐油著称，是用于矿山油田机械的各种零部件以及鞋底等的优良特种合成橡胶；聚氨酯铺装材料以成型方便、弹性好、耐磨的特点成为运动场跑道、球场以及幼儿园等场所的标准地面材料；聚氨酯防水材料、涂料、胶黏剂和密封胶以操作方便、固化快、附着力强、弹性好、耐低温的特点成为推荐的 CASE 材料；聚氨酯弹性纤维（氨纶）以高弹性回复、高强度的特点成为弹性内衣、泳衣、弹性袜等的常用纤维。

随着聚氨酯化学研究、产品制造和应用工艺技术的进步以及应用领域的不断扩宽，逐渐形成了目前世界上居第 6 大合成材料地位［聚乙烯（PE），聚丙烯（PP），聚氯乙烯（PVC），聚苯乙烯（PS），聚酯（PET），聚氨酯（PU）］的工业体系。近 20 多年来，聚氨酯产品品种、应用领域、产业规模迅速扩大，已成为发展最快的高分子合成材料工业之一。聚氨酯在材料工业中占有相当重要的地位，各国都竞相发展聚氨酯树脂工业。

近年来，中国聚氨酯材料是全球增长率最快的，聚氨酯材料在合成树脂中的比重也越来越大，新技术、新原料、新工艺层出不穷，品种逐年递增。

1.2 全球聚氨酯材料的发展概况

1.2.1 聚氨酯的发展情况

聚氨酯树脂的主要原料之一是异氰酸酯，最早是由德国化学家 Wurtz 于 1849 年用硫酸烷基酯与氰酸钾进行复分解反应制得烷基异氰酸酯。1850 年 Hofmann 用二苯基草酰胺进行脱氢反应得到了苯异氰酸酯。1884 年 Hentschel 用胺或（铵）盐类与光气反应制成异氰酸酯，从而为异氰酸酯的工业化奠定了基础。

$$RNH_2 + COCl_2 \longrightarrow RNHCOCl + HCl$$
$$RNHCOCl \longrightarrow RNCO + HCl$$

1937 年，德国 I. G. Farben 公司（Bayer 公司的前身）的 O. Bayer 教授及其同事们首先对二异氰酸酯的加聚反应进行了研究，发现可以生成各种聚氨酯与聚脲化合物，但没有发现其实用价值。后来 Bayer 教授等用 1,6-己二异氰酸酯和 1,4-丁二醇的加聚反应制成线型聚氨酯树脂，该树脂具有热塑性、可纺性，能制成塑料和纤维。这种聚氨酯树脂命名为 Igamid U，由这种树脂制成的纤维称为 Perlon U，这种纤维 1944 年仅达到 25t/月的产量。

德国 Bayer 公司在第二次世界大战期间，进一步研究了二异氰酸酯与羟基化合物的反应，制得了硬质泡沫塑料、涂料以及胶黏剂等产品，在1941～1942 年间建成了 10t/月的聚氨酯树脂制品试验车间。

聚氨酯泡沫塑料首先被开发。第二次世界大战后，1945～1947 年，美国有关企业看了 PB 报告中有关聚氨酯树脂的报道，开始了对聚氨酯树脂材料的重视。特别是与空军相关的企业更感兴趣。1947 年 DuPont 和 Monsanto 公司建造了 2,4-甲苯二异氰酸酯试验车间，在 Good Year Aircraft 公司和 Lockheed Aircraft 公司开始进行硬质聚氨酯泡沫塑料的制造。

1952 年 Bayer 公司报道了软质聚酯型聚氨酯泡沫塑料的研究成果。软质聚酯型聚氨酯泡沫塑料具有质量轻、密度低、有很高的比强度等优点，为聚氨酯的工业应用打下基础。1952～1954 年 Bayer 公司采用连续法生产软质聚酯型聚氨酯泡沫塑料，并将该软质泡沫塑料命名为 Moltoprene，申请了专利，同时在世界上出售这种专有技术。它以甲苯二异氰酸酯、聚己二酸酯多元醇为原料，叔胺为催化剂，离子型乳化剂作泡沫稳定剂，以水为发泡剂，制成的软质聚酯型聚氨酯泡沫塑料具有优良的力学性能以及耐油和耐溶剂性能，但耐湿热老化性能较差，原料成本也较高。

1954 年美国 Monsanto 公司和 Bayer 公司进行技术合作，成立 Mobay

化学公司，从此在美国开始了聚氨酯原料生产，泡沫市场也开始慢慢地发展。1957 年 Wyandotte 化学公司制备成功以环氧丙烷-环氧乙烷嵌段共聚醚为原料的聚氨酯泡沫塑料并实现工业化，由于石油工业提供了价格低廉的环氧丙烷类的聚醚多元醇原料，促使聚醚型聚氨酯泡沫塑料的成本大幅度地降低，制品的耐老化性能比聚酯型聚氨酯泡沫有显著提高，也是聚氨酯泡沫塑料工业化的突破。1958 年 Mobay 公司和 Union Carbide 公司采用了高活性的三亚乙基二胺和有机锡作为聚氨酯泡沫材料的催化剂，使聚氨酯发泡工艺由二步法改为一步法，就更进一步地促进了聚氨酯泡沫塑料的发展，同年 DuPont 公司用一氟三氯甲烷（CFC-11）为发泡剂，成功制备了硬质聚氨酯泡沫塑料，因此美国的聚氨酯工业在世界上占有重要的地位。

日本于 1955 年从德国 Bayer 公司与美国 DuPont 公司引进技术，开始聚氨酯树脂的生产。英国 ICI 公司于 1957 年开发了以二苯基甲烷二异氰酸酯（MDI）为原料的聚酯型硬质聚氨酯泡沫塑料，后又用 MDI 制成聚酯型软质聚氨酯泡沫塑料和聚醚型聚氨酯泡沫塑料。

1961 年起用聚合多异氰酸酯即多苯基多亚甲基多异氰酸酯（PAPI）制备硬质聚氨酯泡沫塑料，提高了制品的性能，减少了施工时的毒性。另外还用 PAPI 制备成聚氨酯改性的聚异氰脲酸酯硬质泡沫塑料，该泡沫塑料具有优良的耐热性能，于 1967 年投入市场。1969 年 Bayer 公司首先报道用高压碰撞混合法生产聚氨酯泡沫塑料，展出第一台具有自清洁和循环混合头的反应注射成型（RIM）设备。1974 年美国已采用 RIM 工艺生产大型聚氨酯制件。1979 年用玻璃纤维增强的聚氨酯 RIM 工艺生产汽车挡泥板和车体板。1980 年玻璃纤维增强的结构反应注射成型（SRIM）聚氨酯产品问世。1987 年联合国制定《关于消耗臭氧层物质的蒙特利尔议定书》后，出现聚氨酯泡沫塑料使用的氟氯烃（CFC）发泡剂替代问题，经多年的努力，已取得显著进展。

关于聚氨酯弹性体，1950 年 Bayer 教授发表了混炼型聚氨酯弹性体的论文，1953 年 Muler 研究成功液体浇注型聚氨酯弹性体。这些弹性体是采用聚酯多元醇与萘二异氰酸酯（NDI）反应制成的，称为 Vulkollan。1953 年 DuPont 公司将四氢呋喃进行开环聚合制得聚氧四亚甲基二醇，这是一种重要聚醚原料，可以制得耐水解、耐低温性能优良的聚氨酯弹性体。1958 年美国 Goodyear Tire & Rubber 公司的 Schollenberger 报道了热塑性聚氨酯弹性体，这种弹性体颗粒可采用塑料注射成型、挤出成型的加工方法制成部件，并于 1960 年实现工业化生产，使聚氨酯弹性体的用途更加广泛。

1940 年 I. G. Farben 公司的研究人员将三苯基甲烷-4,4′,4″-三异氰酸酯成功地用于金属与丁钠橡胶的粘接，在第二次世界大战中使用到坦克履带上，为聚氨酯胶黏剂工业奠定了基础。

1951 年美国用干性油及其衍生物与甲苯二异氰酸酯反应制得油改性聚氨酯涂料，以后研究成功双组分催化固化型聚氨酯涂料与单组分湿固化型涂料。

聚氨酯弹性纤维于1958年研究成功，1959年DuPont公司开始生产聚醚型聚氨酯弹性纤维，牌号为Lycra，这个牌号沿用至今。

1963年6月DuPont公司研究成功聚氨酯合成革，其外观与手感类似于天然皮革，牌号为Corfam。1964年日本仓敷人造丝公司也相继制成牌号为可乐丽娜（Clarino）的聚氨酯合成革。

20世纪60年代中期各国相继研究成功聚氨酯铺面材料以及防水材料，从而使聚氨酯树脂在土木建筑工程中获得应用。

据英国IAL咨询公司报告，2000年全球聚氨酯产品总产量约为1000万吨，2005年约为1370万吨，估计2010年达1700万吨。2000～2005年年均增长率6.7%，2005～2010年年均增长率4.2%。IAL估计的几个大类聚氨酯制品产量具体数据见表1-1。各地区的发展不平衡，欧美的发展已经近于饱和，年增长率较低，发展中国家近年来聚氨酯材料的应用发展较快，按地区估计的2000～2010年聚氨酯产量和年均增长率见表1-2。

■表1-1　2000～2010年全球各大类聚氨酯制品产量

产品类型	2000年产量/t	2005年产量/t	2010年产量/t
CASE	3484940	4792195	5877100
黏合剂	476000	592370	669700
软泡	3672125	4944500	5942000
硬泡	2290215	3423500	4418800
总计	9923280	13752565	16907600

注：数据来源自中国聚氨酯工业协会2008年报告。

■表1-2　按地区2000～2010年聚氨酯产量和年均增长率

地区	2000年产量/t	2005年产量/t	年均增长率/%	2010年产量/t	年均增长率/%
西欧	2831290	3295670	3.1	3626000	1.9
东欧	356900	602970	11.0	825000	6.5
中东和非洲	491000	796625	10.1	1175000	8.1
中国(大陆)	1679385	2910500	11.6	4300000	8.1
亚太	1143280	1932000	11.0	2300000	3.5
北美	2948590	3745000	4.9	4114000	1.9
南美	474835	469800	-0.2	567600	3.8
总计	9923280	13752565	6.7	16907600	4.2

注：数据来源自中国聚氨酯工业协会2008年年会报告。

2005年各地区聚氨酯材料产量占全球聚氨酯总量的份额：亚太14%，东欧4%，西欧24%，中国（大陆）21%，北美自由贸易区28%，南美3%，中东和非洲6%。2007年，中国PU消费总量占全球消费总量28.5%，仅次于北美（31%）。预计2010年后中国将成为世界最大聚氨酯消费市场。2005～2012年全球PU产品消费概况及预测见表1-3。

■表1-3　2005~2012年全球PU产品消费概况

制品	2005年	2007年	2012年	2007~2012年平均增长率/%
PU软泡/万吨	494.5	510.0	597.5	3.3
PU硬泡/万吨	340.0	372.0	445.0	3.7
CASE/万吨	479.0	667.0	793.0	3.5
其他/万吨	61.5	43.0	34.5	-6.5
合计/万吨	1375.0	1592.0	1870.0	3.2

注：资料来源自IAL 2008年报告。

从聚氨酯材料的产品形式看，聚氨酯泡沫塑料一直是主要聚氨酯产品。例如，2004年欧洲、中东和非洲的聚氨酯产品类型及所占比例：软泡39%，硬泡26%，涂料13%，弹性体12%，胶黏剂4%，胶黏剂4%，密封剂2%。

1.2.2　全球聚氨酯基本原料的发展情况

聚氨酯工业最常用、用量最大的原料有甲苯二异氰酸酯（TDI）、二苯甲烷二异氰酸酯（MDI）、PAPI（原料行业常将MDI和PAPI统称为MDI）和聚醚多元醇。MDI和TDI是PU产品的关键原料。

2000~2010年全球聚氨酯主要原料需求情况见表1-4，其中2010年产能为预测数据。

■表1-4　2000~2010年全球聚氨酯主要原料需求和年均增长率

原材料	2000年产量/t	2005年产量/t	年均增长率/%	2010年产量/t	年均增长率/%
聚合MDI	1905835	2678500	7.0	3426000	5.0
纯MDI	491986	648450	5.6	762500	3.2
TDI	1306279	1555925	3.6	1909000	4.1
脂肪族异氰酸酯	130302	172920	5.8	197300	2.7
聚醚多元醇	3370804	4523000	6.0	5689000	4.7
聚合物多元醇	141000	247100	11.8	305000	4.3
四氢呋喃聚醚多元醇	115890	229500	14.6	306300	5.9
丙烯酸酯多元醇	142917	254900	12.2	290300	2.6
聚酯多元醇	903471	1226794	6.3	1411900	2.9
添加剂	1414796	1215476	9.4	2610300	3.3
总计	9923280	12752565	6.7	16907600	4.2

注：数据来源自中国聚氨酯工业协会2008年年会报告。

2005~2010年欧洲、亚洲、美洲三大地区聚氨酯主要原料产能和需求情况见表1-5。全球跨国公司的MDI和TDI产能近况见表1-6。

■表1-5　2005～2010年欧洲、亚洲、美洲三大地区聚氨酯主要原料产能和需求情况

原材料	2005年	2006年	2007年	2008年	2009年	2010年
MDI产能						
欧洲	145.0	171.5	177.5	181.0	186.5	200.0
美洲	121.0	119.5	122.5	122.5	124.5	124.5
亚洲	73.5	96.5	116.5	130.5	158.5	163.5
全球产能	339.5	387.5	416.5	434.0	469.5	488.0
全球需求	332.7					418.8
TDI产能						
欧洲	60.9	63.9	63.9	63.9	63.9	63.9
美洲	64.5	50.5	50.5	52.0	52.0	52.0
亚洲	72.9	98.1	113.5	113.5	114.0	114.5
全球产能	198.3	212.5	227.9	229.4	229.9	230.4
全球需求	155.6					190.9
PO产能						
欧洲	237.0	237.0	237.0	262.0	262.0	262.0
美洲	229.0	229.0	229.0	229.0	229.0	229.0
亚洲	130.0	170.0	190.0	190.0	200.0	200.0
全球产能	596.0	636.0	656.0	681.0	691.0	691.0
全球需求	525.4					659.0

注：数据来源自中国聚氨酯工业协会2008年报告。

■表1-6　全球跨国公司MDI和TDI产能近况　　　　　　　　　　单位：万吨/年

公司名称	MDI	TDI	合计
巴斯夫	117	51.2	168.2
拜耳	114.7	40.5	155.2
亨斯迈	101	—	101
陶氏化学	55.3	16	71.3
日本聚氨酯	40	2.5	42.5
日本三井化学	6	23.7	29.7

注：数据来源：黄茂松．我国聚氨酯产业最新亮点及热点应用领域评析．新材料产业，2010 (4)：1-10．

1.2.2.1　全球TDI的生产情况

TDI是制造聚氨酯的基本原料之一。

生产TDI的方法主要有光气法和非光气法两种。目前，国际上拥有TDI自主知识产权制造技术的只有巴斯夫、拜耳、三井武田、陶氏化学等少数公司。从TDI制造的工艺技术上看，主要分为两条工艺路线：一是以瑞典、美国杜邦技术为主的传统工艺；二是以德国巴斯夫技术为代表的改进型工艺。

两种工艺的比较而言，巴斯夫工艺采用透平式搅拌器高速搅拌负压吸氢技术，使用乙醇作溶剂，用镍催化剂催化加氢，合成TDA，优点是反应均匀、催化剂分离工艺简捷、催化剂损耗低，缺点是反应器搅拌装置机封容易损坏、材料质量要求高；在光气化合成TDI阶段，采用高沸点溶剂间苯二

甲酸二乙酯（DEIP）、喷射塔式两步反应工艺，优点是混合均匀、反应完全、副产物少、产品纯度高，缺点是DEIP溶剂在反应过程中将与光气发生副反应，消耗较大，而且生产的副产物随溶剂返回反应系统，容易造成反应系统堵塞。杜邦工艺采用大功率、大流量循环泵逆向喷淋吸氢，使用钯碳催化剂催化加氢合成TDA，优点是反应不使用溶剂，缺点是能耗高、催化剂分离工艺烦琐、催化剂损耗大；光气化阶段采用的是邻二氯苯的一步法生产工艺，优点是工艺流程相对简化、溶剂消耗低、不发生副反应，缺点是一步法反应收率低、原材料消耗较大、容易造成TDI成本高。

2008年全球有30多家企业的40多套装置在生产TDI，总生产能力为200万吨/年左右。主要的国外生产商有：陶氏化学、拜耳公司、巴斯夫公司、日本三井化学株式会社、日本聚氨酯工业公司、韩国KFC和OCI公司等。2009年全球TDI主要生产厂家及产能见表1-7。

■表1-7　2009年全球TDI主要生产厂家及产能　　　　　　　　单位：万吨/年

公司	地址	产能
巴斯夫	德国Schwarzheide	7.0
拜耳	德国Brunsbttel	6.0
拜耳	德国Dormagen	6.5
Borsodchem	匈牙利Kazincbarcika	8.0
陶氏	意大利PortoMarghera	11.0
莱昂德耳（罗地亚）	法国PontdeClaix	12.6
Zachem	波兰Bydgoszcz	6.0
欧洲小计		57.1
巴斯夫	美国盖斯马耳	16.0
拜耳	美国贝敦	18.0
陶氏	美国自由港	4.1
美洲小计		38.1
蓝星化工	中国山西	3.0
沧州大化	中国河北	3.0
甘肃银光	中国甘肃	5.0
烟台巨力	中国山东	1.0
巴斯夫上海	中国上海	16.0
Namada	Chematur石化（NCPL）印度Bharuch	1.0
巴斯夫	韩国丽水	14.0
OCI株式会社（原DC化学）	韩国群山	16.0
KFC	韩国Yosu	10.0
三井化学	日本鹿岛	11.5
三井化学	日本大牟田	12.8
NPU	日本Nanyo	2.5
南亚塑料集团	中国台湾麦寮	3.0
亚洲小计		98.8
Petroquimica Rio Torcero	阿根廷	2.8
NPC	伊朗Bandar Imam	4.0
其他小计		6.8
总计		200.8

2010年全球TDI供略大于求。由于欧美地区TDI下游需求略有放缓，加上环保方面的限制，导致欧美地区的TDI产能近几年不断减少，逐渐将生产及销售向亚洲地区转移。近几年TDI的新增产能都集中在亚洲地区，亚洲地区的供应量及市场份额也随之逐年增加。2010年，全球TDI实际有效产能总计220万吨左右，新增产能15万吨均为我国新建装置。2011年及以后全球（特别是国内）TDI扩张迅速，国内新增的TDI产能包括拜耳（上海）增加25万吨，沧州大化10万吨/年TDI一期装置预计2012年上半年建成投产，烟台巨力5万吨/年TDI预计2011年底建成投产。另外，蓝星集团、福州二化、延长石化等多家企业也计划新建或扩建TDI项目。预计到2015年国内TDI生产能力将达到200万吨/年。

全球及亚洲近几年的产需情况见表1-8。

表1-8 全球及亚洲地区TDI需求和产能　　　　　　　　　　　　　单位：万吨/年

地区	年份	2002年	2003年	2004年	2005年	2006年	2007年
全球	需求	151.5	159.5	167.7	156.0	165.9	200
	产能	158.3	167.3	176.3	186.5	194.6	200.8
亚洲	需求	49.1	52.1	55.2	58.6	62.2	98.0
	产能	34.5	43.5	52.5	54.5	70.5	98.8

1.2.2.2 全球MDI的生产情况

通常所说的MDI是纯MDI、聚合MDI（含有一定比例纯MDI与多苯基多异氰酸酯的混合物）等的总称。在通常情况下，MDI母液经过精馏之后得到的产品中，纯MDI和聚合MDI的比例在3/7～4/6的范围。MDI的生产分为粗MDI生产和MDI精制两部分。粗MDI的生产以光气、苯胺等为原料，采用光气化生产工艺。由于光气的毒性较大，粗MDI的生产复杂，安全措施要求严格。MDI精制装置是以粗MDI为原料，经过连续精馏和后处理，得到不同牌号的纯MDI和聚合MDI产品，工艺相对简单。

目前全球只有巴斯夫、拜耳、亨斯迈、陶氏化学四大跨国公司和中国烟台万华聚氨酯有限公司掌握MDI制造技术。MDI生产已有40多年历史，至今生产及消费仍保持较高的增长速度。

各地区MDI的产能及需求见上述表1-4和表1-5。

脂肪族（含脂环族）二异氰酸酯简称ADI，目前全世界90％以上ADI工业化生产仍采用光气法，主要品种包括HDI、IPDI、二环己基甲烷、4,4′-二环己基甲烷二异氰酸酯（H_{12}MDI）、四甲基二亚甲基二异氰酸酯（TMXDI）、苯二亚甲基二异氰酸酯（XDI）等。目前全球ADI产能为25万吨/年左右，其中HDI、IPDI和H_{12}MDI的产量占全球ADI产量的85％。目前世界上生产ADI的企业，主要在西欧、北美和日本，包括德国赢创德固萨、巴斯夫和拜耳，瑞典帕斯托（法国罗地亚）、日本旭化成等企业。

1.3 我国聚氨酯工业发展状况

1.3.1 我国聚氨酯的发展简况

我国聚氨酯工业起始于20世纪50年代末。1958年大连染料厂开始研究甲苯二异氰酸酯，1962年建成年产500t甲苯二异氰酸酯生产装置，为我国聚氨酯工业奠定了基础。1959年上海市轻工业研究所开始聚氨酯泡沫塑料的研究，同期江苏省化工研究所也进行了聚氨酯树脂以及原料的试验研究。

1964年江苏省化工研究所与南京塑料厂协作，聚醚型聚氨酯软质泡沫塑料投入中试生产。1966年江苏省化工研究所与南京橡胶厂协作，混炼型聚氨酯弹性体投入中试生产。天津化工研究院和天津油漆厂在国内最早开展聚氨酯涂料的研究，直到1965年后，在天津、上海等地才有少批量聚氨酯涂料生产。上海合成树脂研究所研究成功双组分聚氨酯胶黏剂，1966年由上海新光化工厂投入工业化生产。1976年江苏省化工厅组织江苏省化工研究所等单位进行聚氨酯跑道的技术攻关，于1978年开始铺设大面积的聚氨酯跑道和各种类型体育场地。1981年广州人造革厂建成了我国第一套聚氨酯人造革生产装置，山东烟台合革厂引进日本技术于1983年生产聚氨酯合成革，1984后开始生产与聚氨酯合成革配套的原料及其浆料。1974年开始研究聚醚型聚氨酯防水材料，并进行应用试验。山东烟台氨纶厂引进日本技术，于1989年10月建成我国第一家氨纶丝生产厂。

我国聚氨酯工业在1978年前有一定规模的小工业装置生产，在相当长的一段时间内，由于原料配套工业以及应用开发等工作基础薄弱，发展缓慢，当时聚氨酯树脂总生产能力仅为1.1万吨，产量仅5000t左右，品种仅有30余种，这一阶段是我国聚氨酯工业的初始开创阶段。1984年10月成立了"全国聚氨酯行业协作组"，协作组下设聚醚、异氰酸酯、泡沫塑料、弹性体、胶黏剂、涂料6个专业组，并设立《聚氨酯工业》编辑部。1994年12月经国家批准，中国聚氨酯工业协会正式成立。

自从20世纪70年代末我国开始实行改革开放政策以后，山东烟台合成革厂从日本引进1万吨/年MDI/PAPI装置，于1984年投产，这是我国第一套利用当代先进技术生产MDI的装置，使MDI生产满足国内市场的需要。银光化学工业公司引进德国技术和设备，于1990年建成投产2万吨/年TDI装置。1987年沈阳石油化工厂从意大利引进的1万吨/年聚醚多元醇装置投产，1989年天津石化公司三厂和锦西化工总厂各自从日本引进的2万吨/年聚醚多元醇装置先后投产。这三套装置自动化程度高，技术先进，产品满足国内市场用户要求。由于既建立了聚氨酯原料生产装置,又引进了生产聚氨酯制品的先进设备,特别是20世纪90年代以后,我国聚氨酯工业的发展更加迅猛,无论产量、品种、技术水平都成倍的增长、提高,产量年平均增长率保持在15%以上,1998年聚氨酯树脂总产量达到77万吨。

按照国外咨询公司IAL的资料,中国1982年聚氨酯产量仅7000t,而到2005年达到290万吨,年均增长率为25%,估计2010年将达到430万吨,年均增长率为8.1%。其统计资料见表1-9。

■表1-9　2005～2010年中国各地区聚氨酯产量和年均增长率

地区	2005年产量/t	2010年产量/t	年均增长率/%
华北	280000	430000	8.9
东北	96000	135000	7.0
华东	1450000	2140000	8.1
中南	982000	1467000	8.3
西南	70000	90000	5.1
西北	32000	38000	3.5
总计	2910000	4300000	8.1

注:数据来源自中国聚氨酯工业协会2008年年会报告。

据中国聚氨酯工业协会统计,中国大陆2003年聚氨酯产品消费量210.4万吨,2004年259万吨,2005年达300万吨,2006年估算约360万吨。2003～2007年我国聚氨酯产品消费量见表1-10。

■表1-10　2003～2007年我国聚氨酯产品消费量　　　　　　　　　　　单位:万吨/年

项目	2003年	2004年	2005年	2006年	2007年
软泡	48.0	55.0	60.0	73.1	75.5
硬泡	43.0	48.1	55.0	75.1	81.4
CPU	3.0	4.1	6.0	6.4	7.3
TPU	4.0	8.2	12.0	10.8	12.3
防水及铺装材料	7.3	8.0	10.0	11.2	13.2
氨纶	7.0	12.0	16.0	15.2	19.1
鞋底原液	16.0	18.0	18.6	24.2	25.9
合成革浆料	35.0	53.0	70.0	95.8	114.1
涂料	29.0	31.9	35.0	64.3	80.0
胶黏剂/密封剂	17.6	19.0	21.0	23.2	25.9
产品总计	209.9	257.3	303.6	399.3	454.7

注:数据来源自中国聚氨酯工业协会2008年报告等。合成革浆料、涂料、胶黏剂/密封剂数据包含溶剂量。

由表1-10可见,我国的聚氨酯树脂产量年均增长率在20%以上,这个数字约为GDP增长率的2倍,其中尤以硬质泡沫、弹性体、合成革和氨纶纤维增长最快。硬质泡沫迅速增长主要是由于建筑节能保温需求的拉动。

目前,我国PU产品消费结构中合成革浆料、鞋底原液、氨纶和涂料占有较大比例,2008年的PU产品消费量合计为480万吨(其中含溶剂160万吨)。

1.3.2 我国聚氨酯原料的生产情况

随着我国经济的持续快速增长,国内对聚氨酯需求达到15%以上,聚氨酯主要原料MDI、TDI、聚醚需求巨大,价格也随国际石油价格的上涨而上涨,这一巨大商机促进了全球聚氨酯原料厂商在中国新一轮的投资热潮,也加快了国内企业新建、扩建大型原料项目的速度。2003～2005年我国聚氨酯主要原料和产品消费量见表1-11。

■表1-11 2003～2005年我国聚氨酯主要原料和产品消费量

原材料和产品	年产量/万吨				年均增长率/%
	2003年	2004年	2005年	2006年	
MDI	32.0	43.6	51.0	63.0	22
TDI	30.0	32.8	34.5	37.3	8
聚醚多元醇	50.2	78.5	88.9	100.0	22

1.3.2.1 我国异氰酸酯的生产情况

我国2003年MDI表观消费量32万吨,其中国内装置产量10万吨,进口22万吨。2004年表观消费量43.6万吨,其中纯MDI 15.3万吨,聚合MDI 28.3万吨,增长率36.3%。2005年MDI表观消费量约51万吨,其中纯MDI 18万吨,聚合MDI 33万吨,增长率17%。2006年表观消费量约63万吨,增长22%,其中进口纯MDI 12.9万吨、聚合MDI 28.5万吨,国内产量(包括烟台万华、宁波万华和上海联恒产量总计)26.7万吨,出口约5万吨。估计2010年我国MDI需求将达120万吨,2005～2010年年均增长率接近20%。

我国MDI目前年产能为114万吨,至2012年产能将达到245万吨;TDI目前年产能35万吨,至2012年产能将达到105万吨,届时我国将是全球MDI和TDI产能最大的国家之一。特别需要指出的是烟台万华聚氨酯股份有限公司和宁波万华聚氨酯有限公司,其MDI年产能到2012年将超过100万吨,这无疑对提高我国PU产业核心国际竞争能力并确保其平稳发展将起到举足轻重的作用。

我国2003年TDI产量4.4万吨,进口25.6万吨,表观消费量30万吨。2004年表观消费量32.8万吨,增长率约9%。2005年表观消费量34.5万吨,2006年37.3万吨,由于2004～2006年国内TDI价格非理性飙升,软泡行业开工率很低,导致国内TDI消费增长较慢。

针对我国异氰酸酯的巨大需求和供应的缺口,国际异氰酸酯大企业和我国企业都在新建和扩建异氰酸酯生产厂。烟台万华在烟台本部有20万吨/年MDI生产能力,烟台八角港新工业区内的MDI一体化项目已于2011年3月动工,一期计划新增60万吨/年MDI,另外还建30万吨TDI,将2014年达产；万华宁波MDI厂已于2006年3月投产，并于2008年扩建成30万吨规模，2010年又建30万吨MDI装置，还将新增60万吨/年MDI产能，届时万华在烟台和宁波的MDI总产能将达到180万吨/年。在上海漕泾由BASF、Huntsman和我国华谊集团等合资组建上海联恒异氰酸酯有限公司的24万吨/年MDI、16万吨/年TDI已投产。甘肃聚银公司2005年成功开发了自有的TDI技术，TDI产量2006年底已达5万吨/年。锦州、山东各新建5万吨/年TDI装置。辽宁北方锦化聚氨酯有限公司2007年以来启动TDI生产项目，其中一期工程5万吨/年生产装置已经竣工投产，二期10万吨/年生产装置在2011年开工建设，另外MDI项目也在酝酿中。福建石化集团东南电化搬迁工程10万吨/年TDI项目正在设计，预计2013年建成。Bayer公司在上海漕泾独资35万吨/年MDI装置已于2008年10建成，计划扩建至50万吨/年，并还将新建一套50万吨/年MDI装置，继续将在上海的MDI产能扩大到100万吨/年，其上海25万吨/年TDI装置近期已建成投产。另外Bayer公司的上海HDI工厂产能将由3万吨/年扩大到8万吨/年，并建3万吨/年的IPDI装置。BASF在重庆建40万吨/年MDI的项目已于2010年获批，预计2014年建成。我国近十年异氰酸酯产能见表1-12，我国异氰酸酯将可自给且有余。

■表1-12　中国大陆异氰酸酯产能以及预测　　　　　　　　　　　　　单位：万吨/年

生产厂家	2003年	2004年	2005年	2006年	2010年	2012年预测
MDI						
烟台万华(含宁波)	10.0	10.0	26.0	28.0	50.0	80.0
上海联恒	10	0	0	24.0	24.0	24.0
Bayer(上海)	0	0	0	0	35.0	35.0
日邦聚氨酯(瑞安)	0	0	0	0	5.0	5.0
BASF(重庆)	0	0	0	0	0	40.0
MDI小计	10.0	10.0	26.0	52.0	114.0	
TDI						
甘肃银光聚银	2.4	2.4	5.0	5.0	10.0	10.0
沧州大化	2.0	3.0	3.0	3.0	8.0	13.0
太原蓝星	0	3.0	3.0	3.0	3.0	8.0
辽宁北方锦化	0	0	0	0	5.0	10.0
山东烟台巨力	0	0	1.0	1.0	5.0	8.0
上海联恒	0	0	0	16.0	16.0	24.0
Bayer(上海)	0	0	0	0	0	25.0
福建石化东南电化	0	0	0	0	0	10.0
TDI小计	4.4	8.4	12.0	28.0	82.0	
合计	14.4	18.4	38.0	80.0	196.0	

注：数据来自中国聚氨酯工业协会2008年报告和黄茂松"我国聚氨酯产业最新亮点及热点应用领域评析"等。

我国工信部2009年12月10日发布"异氰酸酯（MDI/TDI）行业准入条件"，要求新建MDI装置单套起始规模必须达到30万吨/年及以上，新建TDI装置单套起始规模必须达到15万吨/年及以上，改造或扩建项目除外。

这有利于资源整合。

1.3.2.2 我国聚醚多元醇的生产情况

国内聚醚多元醇产量2003年45万吨，2004年64万吨，2005年75万吨，2006年约85万吨。而相应的需求量2004年78.5万吨，2005年88.9万吨，2006年约100万吨。2009年聚醚产能160万吨，产能达到103万吨。

我国目前聚醚多元醇的生产企业有30多家，拥有万吨级生产装置的企业10多家，大都是20世纪80年代从日本、意大利等引进的装置和技术。到2003年我国聚醚多元醇的主要大厂产能达到了78万吨，2005年随着高桥石化三厂扩产到20万吨/年、中海油和壳牌公司合资兴建的广东惠州工厂13.5万吨/年装置的建成，我国聚醚多元醇的生产能力2006年已达120多万吨/年，产量约80万吨，消费量约98.6万吨。到2011年，聚醚多元醇产能估计可达到260万吨/年，而国内市场消费量将达150万吨。近年来新建的聚醚多元醇装置有青岛新宇田在广东新建的15万吨/年装置，江苏钟山化工有限公司与韩国锦湖合资建的南京金浦锦湖化工有限公司10万吨/年装置，Bayer在上海正建的25万吨/年装置，苏州中化国际聚氨酯有限公司（10万吨）、山东蓝星东大化工有限责任公司（10万吨）。表1-13为近年来我国聚醚多元醇主要生产厂家的产能情况。

■表1-13 近年来我国聚醚多元醇主要生产厂家的产能情况　　　　单位：万吨/年

生产厂家	2003年	2004年	2005年	2006年	2010年
上海高桥石油化工公司聚氨酯事业部（高桥石化公司化工三厂）	12.0	12.0	16.0	20.0	25.0
锦化化工（集团）有限公司	12.0	12.0	12.0	12.0	12.0
山东蓝星东大化学有限责任公司（山东省东大化工集团）	8.0	8.0	10.0	10.0	20.0
中石化天津石化公司聚醚部（天津第三石油化工厂）	7.0	7.0	8.0	8.0	10.0
江苏钟山化工有限公司	4.5	4.5	6.0	6.0	10
南京金浦锦湖化工有限公司	0	0	0	0	20
浙江太平洋化学有限公司	4.0	4.0	5.0	5.0	5.0
镇江市东昌石油化工厂	5.0	5.0	6.0	6.0	6.0
江苏绿源新材料有限公司（南通）	1.5	4.0	4.0	4.0	5.0
南京红宝丽股份有限公司	3.0	3.0	3.0	3.0	9.0
天津大沽精细化工有限公司	3.0	3.0	8.0	8.0	12.0
浙江绍兴恒丰聚氨酯实业有限公司	4.0	4.0	6.0	6.0	10.0
常熟一统聚氨酯制品有限公司	0	0	5.0	5.0	6.0
沈阳金碧兰化工有限公司	4.0	4.0	4.0	4.0	4.0
福建湄洲湾氯碱工业有限公司	2.0	3.0	5.0	5.0	5.0
河北亚东集团公司	2.0	2.0	2.0	2.0	4.0
中海壳牌石油化工有限公司（惠州）	0	0	13.5	13.5	28
佳化学股份有限公司（上海、抚顺）	0	0	0	0	12
可利亚多元醇（南京）有限公司	0	0	0	0	3.0
国都化工（昆山）有限公司	0	0	0	2	2.0
宁武化工有限公司（江苏句容）				6	15
淄博德信联邦化学工业有限公司	0	0	0	3.0	5.0
苏州中化国际聚氨酯有限公司	0	0	0	0	10.0
广州宇田聚氨酯有限公司	0	0	0	0	15.0
万华容威聚氨酯有限公司	0	0	0	0	3.0
其他	3.0	5.0	10.0	10.0	4

注：数据来自中国聚氨酯工业协会2008年年会报告并综合了最新报道。

1.4 聚氨酯的新技术和发展趋势

1.4.1 原料的产能进一步扩张

中国聚氨酯工业的快速发展,带动了主要原材料需求的增长,TDI、MDI和聚醚多元醇企业在近年来扩产的基础上,有的企业正在酝酿进一步扩张,上文已述。

关于脂肪族二异氰酸酯,拜耳在我国上海金山化工园区已建成年产5万吨HDI的生产线;日本旭化成在江苏南通正在建设HDI生产线;国内烟台万华正在建设H_{12}MDI生产线;甘肃银光正在建设HDI生产线;均达到万吨级规模。

1.4.2 原料新技术的运用

近年来连续法生产聚醚多元醇以及聚合物多元醇技术已经广泛应用。用双金属催化剂替代氢氧化钾生产较高分子量聚醚多元醇的技术已经为大型聚醚厂家所应用,该方法生产的聚醚多元醇具有较低的不饱和度,官能度与设计值相近,主要用于软泡、微孔弹性体和弹性体,聚氨酯的性能比用碱催化剂生产的聚醚多元醇基聚氨酯有明显的改善。Bayer公司2006年7月在美国得克萨斯成功地采用DMC催化剂连续法大规模生产低不饱和度聚醚多元醇。国内外积极研究用低不饱和度聚醚多元醇代替或部分代替PTMEG制备聚氨酯弹性体,在有的应用中已达到80%的替代率。在密封剂中应用显示比普通聚醚多元醇有更高的伸长率和耐湿热性。

另外聚醚多元醇的重要原料环氧丙烷的生产中,以过氧化氢催化氧化丙烯制环氧丙烷技术(HPPO)已趋成熟,世界上第一套该方法30万吨环氧丙烷生产装置已于2008年由BASF、Dow和Solvay公司在比利时安特卫普建成。

在异氰酸酯的生产中,高效低能耗技术及非光气法技术一直是研究热点,Bayer公司成功开发出了TDI气相法生产工艺,并在其上海新建的TDI生产装置上应用,预计节能1/3以上。

烟台万华聚氨酯股份有限公司通过自主研发和与科研院校合作攻关相结合,解决了MDI关键技术难题,开发成功了16万吨/年以上规模MDI生产技术,成为世界上第5家拥有MDI自主知识产权的公司。

中国的几个TDI厂家尤其是沧州大化和甘肃银光,将原有工艺不断改进,TDI技术取得了较大进步,开工率提高。如甘肃兰州的银光聚银公司也成功地开发出自有技术的 5 万吨 TDI 生产技术,并成功地将原 2 万吨的 TDI 装置能力改造成 5 万吨能力。

近年来特种异氰酸酯如 NDI、PPDI 等,国内已有厂家小规模生产。其中部分厂家采用"双光气"或"三光气"技术,消除了气体光气的危害。

1.4.3 植物油等生物质基多元醇的进一步开发

传统多元醇的上游原料多源于石油和天然气等资源,但随着能源短缺危机和人们对环保意识的日益增强,开发利用再生资源制造生物质多元醇,进而生产"绿色"聚氨酯材料已成为一个新的亮点。目前制备生物质多元醇的原料主要有植物油(包括蓖麻油、大豆油、棕榈油、松香油)和植物纤维素、木质素多元醇(原料一般为木材、竹子、甘蔗渣、粮作物秸秆、麦草、枯草等)以及蔗糖、淀粉等。

当前生物质多元醇已实现工业化并得到应用的蓖麻油多元醇,技术来源于美国陶氏化学和德国巴斯夫;大豆油多元醇的开发应用以北美为主;棕榈油多元醇以马来西亚为主。我国上海中科合臣股份有限公司和山东莱州金田化工有限公司等已制成大豆油多元醇,福建新达保温材料有限公司已制成以竹子为原料的植物纤维素多元醇。生物质多元醇可取代部分(20%~30%)聚醚多元醇,用于制造多种 PU 材料,包括 PU 硬泡、胶黏剂、涂料、弹性体和塑胶跑道等,已在汽车、建筑外保温和冰箱等领域得到应用。据有关资料报道,生物质多元醇与石油类多元醇相比能耗降低 23%,非可再生资源消耗降低 61%,向大气排放温室气体减少 36%。为此欧美国家有相关法规规定,含有生物质多元醇的 PU 材料将优先采购。

1.4.4 聚氨酯泡沫塑料发泡剂的替代

欧洲、美国、日本在 2003~2004 年已完全淘汰了 HCFC-141b,现已采用第三代零 ODP(臭氧消耗潜值)发泡剂,主要有 HFC-245fa、HFC-365mfc,牌号分别为 Enovate 3000 和 Solkane 365mfc。

我国已于 2007 年 7 月 1 日宣布禁用 CFC-11。在我国,软质泡沫生产中的 CFC 替代,大多以二氯甲烷生产线作为过渡。对于零臭氧潜值(ODP)替代技术,有以二氧化碳为发泡剂的生产装置。自结皮泡沫以一氟二氯乙烷(HCFC-141b)和二氟一氯甲烷(HCFC-22)作为过渡路线,而以全水发泡为技术的自结皮生产,在国内也同时得到应用。在硬质泡沫生产方面,对于热导率要求不太严格的场合,全水发泡技术的使用比较普遍,而对于绝热要求高的场合,如建筑板材,目前国内大都以 HCFC-141b 作为替代品。在冰箱行业,虽然曾一度以 HCFC-141b 作为发泡剂,但由于 HCFC-141b 对冰箱内衬材料有溶胀作用,目前许多厂家都已放弃使用,现在一般都以使用环戊烷为主。

1.4.5 非光气法异氰酸酯技术

光气法制备异氰酸酯技术成熟，但是光气法的高毒性和高腐蚀性一直是安全生产的隐患。采用无毒、无污染的非光气绿色化学合成方法，一直是有机异氰酸酯研究的热点之一。欧美已研究成非光气法六亚甲基二异氰酸酯（HDI）和异佛尔酮二异氰酸脂（IPDI）制造技术，并已完成工业化生产。而 MDI 和 TDI 非光气制造技术，目前国内外尚停留在实验室阶段，工业化生产规模尚未达到。我国中科院成都有机所、山西煤炭研究所、中科院理化技术研究所、中科院兰州化学物理研究所和华东理工大学等单位均在开展此方面的研究工作，已取得令人可喜的成果。可望该项工业化技术不久在我国实现突破。

1.4.6 非异氰酸酯型聚氨酯

合成聚氨酯的原料二异氰酸酯是对环境和人体健康有害的毒性物质，非异氰酸酯聚氨酯（NIPU）成为近年研究的热点。NIPU 目前主要是通过环碳酸酯与脂肪族伯胺反应制备，具有与传统聚氨酯不同的结构与性能，其结构单元氨基甲酸酯的 β 位碳原子上含有羟基，能与氨基甲酸酯的羰基形成分子内六元氢键，极大地降低了产物的亲水性和可水解性，从分子结构上弥补了常规 PU 分子中的弱键结构，耐化学性、耐水解性以及耐渗透性都比较优异，所用原料均不具有湿敏性，原料易保存、加工方便，且制备原料不再使用有毒的异氰酸酯，还可用环氧基进行改性。

NIPU 近年来在欧美已逐步实现工业化生产。美国 Eurotech 公司在 NIPU 的生产与研发方面处于领先地位，已经将 NIPU 成功地应用于涂料、胶黏剂及密封剂等领域。我国 NIPU 的开发还处于起步阶段。

1.4.7 其他技术发展

环保型聚氨酯特别是水性聚氨酯的发展很快。

低散发汽车用聚氨酯泡沫坐垫已经受到重视。

阻燃问题进一步受到重视，新的阻燃聚氨酯材料正在研发并逐步推向市场。

喷涂聚脲和喷涂聚氨酯脲在防护耐磨涂料及防水涂料等市场已经得到广泛应用。

废旧聚氨酯制品的回收也受到关注。

限于篇幅，有关内容将在相关章节中介绍。

第 2 章 聚氨酯化学以及结构与性能的关系

2.1 异氰酸酯的各种反应

2.1.1 异氰酸酯的反应性

2.1.1.1 异氰酸酯的反应机理

有机异氰酸酯化合物含有高度不饱和的异氰酸酯基团（NCO，结构式—N=C=O），因而化学性质非常活泼。一般认为，异氰酸酯基团的电荷分布如下，它是电子共振结构：

$$R-\ddot{N}-C=\ddot{O} \rightleftharpoons R-\ddot{N}-C-\ddot{O} \rightleftharpoons R-\ddot{N}=C-\ddot{O}$$

由于氧和氮原子上电子云密度较大，其电负性较大，NCO 基团的氧原子电负性最大，是亲核中心，可吸引含活性氢化合物分子上的氢原子而生成羟基，但不饱和碳原子上的羟基不稳定，重排成为氨基甲酸酯（若反应物为醇）或脲（若反应物为胺）。碳原子电子云密度最低，呈较强的正电性，为亲电中心，易受到亲核试剂的进攻。异氰酸酯与活泼氢化合物的反应，就是由于活泼氢化合物分子中的亲核中心进攻 NCO 基的碳原子而引起的。反应机理如下：

$$R-\underset{H^+-R_1^-}{N}\overset{\delta}{=}\overset{\delta}{C}\overset{\delta}{=}O \longrightarrow (R-\underset{R_1}{N}=C-OH) \longrightarrow R-\underset{H}{N}-\underset{O}{\overset{\|}{C}}-R_1$$

2.1.1.2 异氰酸酯结构对 NCO 反应活性的影响

(1) 诱导效应 上述示意式中，连接 NCO 基团的 R 基（即异氰酸酯化合物的"核基"）的电负性对异氰酸酯的反应活性影响较大，若 R 是吸电子基团，它能使 NCO 基团中 C 原子的电子云密度更低，能提供类似于共轭的稳定性，使 C 原子具有较强的正电性，更容易与亲核试剂（或亲核中心）

发生反应，所以含吸电子基的异氰酸酯与活泼氢化合物的活性大；反之，若 R 为给电子基，它会增加 NCO 基团中 C 原子的电负性（即 C 原子电子云密度增大），使其与活性氢化合物的反应活性降低。异氰酸酯的反应活性随 R 基团的性质有下列由大到小的顺序：

$O_2N-\phi- \gg -\phi- > H_3C-\phi- > H_3CO-\phi- > -\phi-CH_2- > -\text{环己基}- > $ 烷基

由于芳香族二异氰酸酯中两个 NCO 基团之间相互发生诱导效应，促使芳香族二异氰酸酯反应活性增加。因为第一个 NCO 基团参加反应时，另一个 NCO 基团起吸电子取代基的作用，对于能产生共轭体系的芳香族二异氰酸酯，这种诱导效应则特别明显。

含与 NCO 基相连苯环的几种芳香族异氰酸酯与羟基化合物反应的反应速率常数见表 2-1。

■表 2-1 芳香族异氰酸酯与羟基化合物反应的反应速率常数

化 合 物	反应程度		
	10%	50%	90%
苯异氰酸酯	1.2	1.1	1.1
邻甲苯异氰酸酯	—	0.88	—
间苯二异氰酸酯(m-PDI)	6.0	4.4	2.5
对苯二异氰酸酯(p-PDI)	5.7	3.7	1.6
2,4-甲苯二异氰酸酯(2,4-TDI)	2.0	1.2	0.22
2,6-甲苯二异氰酸酯(2,6-TDI)	0.8	0.32	0.12
4,4′-二苯基甲烷二异氰酸酯(MDI)	1.7	1.3	0.9
3,3′-二甲基二苯甲烷-4,4′-二异氰酸酯	0.11	0.11	0.10

表 2-1 中，对苯二异氰酸酯、间苯二异氰酸酯的初期反应活性比苯异氰酸酯高 5~6 倍；2,4-TDI、2,6-TDI 的反应活性也比对苯二异氰酸酯、间苯二异氰酸酯活性小。

从表 2-1 看出，在与羟基反应的不同阶段，芳香族二异氰酸酯表现出的反应活性不同。所有芳族二异氰酸酯的活性都随反应程度的增大而减小，这是由于当二异氰酸酯一个 NCO 基团与羟基反应生成氨基甲酸酯基团，对另一个 NCO 基团的诱导效应减少，故活性降低。

(2) 位阻效应——2,4-TDI 和 2,6-TDI 的反应活性　2,4-TDI 的反应活性比 2,6-TDI 高数倍，这是由于 2,4-TDI 中 4-位 NCO 离 2-位 NCO 及 —CH₃ 较远，几乎无位阻，而 2,6-TDI 的 NCO 受邻位 —CH₃ 的位阻效应较大，反应活性受到影响。

二异氰酸酯的两个 NCO 基团的活性一般也不一样大。如 2,4-TDI 的 4-位 NCO 的反应活性比 2-位大得多。2,6-TDI 的两个 NCO 在对称位置，初始反应活性一致，但当其中一个 NCO 参与反应，生成氨基甲酸酯基团后，由于失去了诱导效应，位阻效应占主导，故剩下的一个 NCO 基团活性大大下降。表 2-2 为 TDI、XDI 及 HDI 三种二异氰酸酯的 2 个 NCO 基团的相对反应活性比较，具有相似情况，这对于芳香族的 TDI 特别明显。

$$OCN-R-NCO + R'-OH \xrightarrow{k_1} OCN-R-NHCO-OR'$$

$$OCN-R-NHCO-OR' + R'-OH \xrightarrow{k_2} R'O-COHN-R-NHCO-OR'$$

■ 表 2-2　三种二异氰酸酯与羟基的相对反应速率

二异氰酸酯	异氰酸酯核基（R）	k_1	k_2
TDI	H₃C—⟨⟩—	400	33
XDI	—CH₂—⟨⟩—CH₂—	27	10
HDI	—(CH₂)₆—	1	0.5

MDI 的两个 NCO 基团相距较远，且周围无取代基，故这两个 NCO 的活性都较大，即使其中一个 NCO 参加了反应，剩下一个 NCO 的活性仍较大。故 MDI 型聚氨酯预聚体的反应活性比 TDI 预聚体大。

几种二异氰酸酯的反应活性比较如图 2-1 所示。

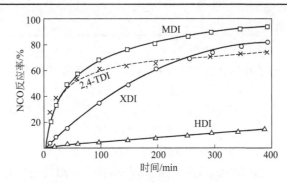

■ 图 2-1　几种二异氰酸酯的反应活性比较

2.1.1.3　不同活性氢与异氰酸酯的相对反应活性

由于异氰酸酯基团的高活泼性，它可以与许多含活性氢的物质反应。可与异氰酸酯发生反应的活性氢化合物有醇、水、胺（氨）、醇胺、酚、硫醇、羧酸、脲等。

由亲核反应机理可知，在活性氢化合物的分子中，若亲核中心的电子云密度越大，其电负性越强，它与异氰酸酯的反应活性则越高，反应速率也越快；反之则活性低。即活泼氢化合物（ROH 或 RNH_2）的反应活性与 R 的性质有关，当 R 为吸电子取代基（电负性低），则氢原子转移困难，活泼氢化合物与 NCO 的反应较为困难；若 R 为供电子取代基，则能提高活泼氢化合物与 NCO 的反应活性。几种活性氢化合物与异氰酸酯反应活性大小顺序可排列如下：

脂肪族氨基＞芳香族氨基＞伯羟基＞水＞仲羟基＞酚羟基＞羧基＞取代脲＞酰胺＞氨基甲酸酯

表2-3为苯基异氰酸酯在甲苯中与不同活性氢物质的相对反应活性。脂肪族胺与异氰酸酯的反应相当快，芳香族伯胺次之，在常温下可以较快的速度参加反应，有些化合物活性氢基团失去质子的能力较弱，需在加热条件下才与异氰酸酯反应。

■表2-3 不同活性氢基团与异氰酸酯的反应活性比较

基团	反应速率常数 $k/[\times 10^{-4} L/(mol \cdot s)]$		活化能 /(kcal/mol)
	25℃	80℃	
芳香胺	10~20	—	—
伯羟基	2~4	30	8~9
仲羟基	1	15	10
叔羟基	0.01	—	—
水	0.4	6	11
伯巯基	0.005	—	—
酚	0.01	—	—
脲	—	2	—
羧酸	—	2	—
酰苯胺	—	0.3	—
苯氨基甲酸酯	—	0.02	16.5

注：1kcal≈4.18kJ。

有研究表明，在80℃的二氧六环中将苯基异氰酸酯与含活性氢的化合物以摩尔比1:1反应，测定的相对反应速率分别为：苯氨基甲酸丁酯1，丁酰苯胺16，丁酸26，二苯基脲80，水98，丁醇460。可见，异氰酸酯与伯羟基的反应比与水、芳香族脲等快得多。

表2-4为几种二异氰酸酯在100℃下的反应速率常数。从表2-4可以看出，芳香族二异氰酸酯的反应活性比脂肪族的大，取代基影响NCO的反应活性。

■表2-4 几种二异氰酸酯在100℃下的反应速率常数   单位：$\times 10^{-4} L/(mol \cdot s)$

二异氰酸酯种类	羟基	水	胺	脲	氨基甲酸酯
对苯二异氰酸酯	36.0	7.8	17.0	13.0	1.8(130℃)
2,4-甲苯二异氰酸酯	21.0	5.8	36.0	2.2	0.7(130℃)
2,6-甲苯二异氰酸酯	7.4	4.2	6.9	6.3	—
1,5-萘二异氰酸酯	4.0	0.7	7.1	8.7	0.6
1,6-六亚甲基二异氰酸酯	8.3	0.5	2.4	1.1	2×10^{-5}(130℃)

注：羟基——聚己二酸乙二醇酯；脲——二苯脲；胺——3,3'-二氯联苯胺；氨基甲酸酯——对苯基氨基甲酸丁酯。

2.1.2 异氰酸酯与羟基的反应

异氰酸酯与含羟基化合物的反应是聚氨酯合成中最常见的反应，反应式如下：
$$RNCO + R'OH \longrightarrow RNHCOOR' (氨基甲酸酯)$$

异氰酸酯基与羟基的反应产物为氨基甲酸酯。有研究表明，异氰酸酯与羟基的反应是二级反应，反应速率常数随着羟基含量而变化，不随异氰酸酯浓度而改变。

多元醇与多异氰酸酯生成聚氨基甲酸酯（简称聚氨酯）。以二元醇与二异氰酸酯的反应为例，反应式如下：

$$n\ OCN-R-NCO + n\ HO-R'-OH \longrightarrow [CONH-R-NHCOO-R'-O]_n$$

上述反应式中，R 表示异氰酸酯核基（芳基或烷基）；R′一般为长链聚酯或聚醚，也可以是小分子烷基、聚丁二烯等。

若反应物中的异氰酸酯基过量，即异氰酸酯基与羟基的摩尔比大于 1，则得到的是端基为 NCO 的聚氨酯预聚体，弹性体、胶黏剂、涂料甚至泡沫塑料等的制备都涉及聚氨酯预聚体的制备。

若反应混合物中羟基与异氰酸酯基等物质的量，理论上生成分子量无穷大的高聚物。不过由于体系中可能存在的微量水分、催化性杂质及单官能度杂质的影响，聚氨酯的分子量一般为数万至十多万。

如果羟基过量，则得到的是端羟基聚氨酯，可用于聚氨酯胶黏剂的主剂及混炼型聚氨酯弹性体生胶等。

异氰酸酯与羟基化合物的反应活性受各自分子结构的影响。前面已述，异氰酸酯的反应活性受核基类型、芳香族核基取代基种类和位置的影响。羟基化合物的反应活性与羟基上的氢原子转移的难易有关，归根结底受醇或低聚物多元醇的分子结构影响。

在异氰酸酯和羟基化合物（醇）的反应中，各类羟基的反应活性大小顺序为：伯羟基＞仲羟基＞叔羟基，它们与异氰酸酯反应的相对速率分别为1.0、0.3、0.01。这主要是羟基化合物的位阻效应和极性因素引起的。同一类型的醇（例如伯醇），其反应活性也不同，这是由于在反应中受醇本身的结构、反应物浓度、异氰酸酯指数、微量酸碱等因素的影响。对于官能度相同的多羟基化合物，分子量小的反应速率快；羟基含量相同的情况，官能度大的反应速率快，反应物黏度增加快。

表 2-5 为各种低聚物二醇与 MDI 的反应速率常数及活化能。

■表 2-5　各种低聚物二醇与 MDI 的反应速率常数及活化能

低聚物类型	$k/[\times 10^{-4} L/(mol \cdot s)]$		活化能 /(kJ/mol)
	100℃	130℃	
聚己二酸乙二醇酯二醇(2000)	34	106	47.6
聚四氢呋喃二醇(1000)	38	81	32.2
聚氧化丙烯二醇(2000)	3.5	8.4	38
聚氧化丙烯二醇(1090)	4.2	9.9	36
聚氧化丙烯二醇(424)	8.7	14	20
蓖麻油($f=2.8, M=930$)	4.8	9.6	28.8

由表 2-5 可见，由于伯羟基与仲羟基的反应活性不同，含端伯羟基聚酯二醇及聚四氢呋喃二醇的反应速率是端基为仲羟基的聚氧化丙烯二醇的 10 倍左右。

2.1.3 异氰酸酯与水的反应

A. Wurtz 认为，异氰酸酯与水反应，首先生成不稳定的氨基甲酸，然后由氨基甲酸分解成二氧化碳及胺。若在过量的异氰酸酯存在下，所生成的胺与异氰酸酯继续反应生成取代脲。它们的反应过程表示如下：

$$R{-}NCO + H_2O \xrightarrow{慢} R{-}NHCOOH \xrightarrow{快} R{-}NH_2 + CO_2 \uparrow$$

$$R{-}NH_2 + R{-}NCO \xrightarrow{快} R{-}NHCONH{-}R$$

由于 $R{-}NH_2$ 与 $R{-}NCO$ 的反应比水快，故上述反应可写成：

$$2\,R{-}NCO + H_2O \longrightarrow \underset{\text{取代脲}}{RNHCONHR} + CO_2$$

(1) 异氰酸酯与水反应的应用　由上述反应式可见，1 个水分子可与 2 个 NCO 基团反应，即水可看作是一种扩链剂或固化剂，使分子链增长，形成聚合物（聚脲）。端 NCO 聚氨酯预聚体与水反应的产物是聚氨酯脲。

1mol（18 g）水与 1mol 二异氰酸酯（如 TDI 174g 或 MDI 250g）反应，生成 1mol（22.4 L）的二氧化碳。由此可见，少量的水可消耗大量的二异氰酸酯，并产生大量气体。

在异氰酸酯、端 NCO 预聚体（包括各种含 NCO 的产品）的贮存中，空气中的水分及容器壁附着的水分会使 NCO 含量降低，使预聚体黏度变大甚至凝胶；并且，产生的二氧化碳气体还会使容器胀罐，故异氰酸酯及预聚体在贮存过程中应隔绝潮气。在合成聚氨酯预聚体及各种产品时，聚酯或聚醚多元醇、溶剂、填料等原料中的水分应控制在很低的范围，否则，会引起设计计量的严重失准，得不到所需分子量的产物。

二异氰酸酯与水反应生成二氧化碳气体的原理被用来制备聚氨酯泡沫塑料，湿固化聚氨酯涂料及胶黏剂一般也利用异氰酸酯及与水的缓慢扩链反应。在水性聚氨酯的合成中，甚至在特殊的弹性体制备中也采用水作扩链剂。

(2) 影响反应速率的因素　异氰酸酯与水的反应活性受异氰酸酯结构、反应混合物中水的浓度、温度、催化剂等多种因素影响。

与羟基相似，反应混合物中水的浓度增加，可使反应速率增加。在一定反应物浓度下提高反应温度当然也使反应速率常数增加。水与异氰酸酯的反应活性比伯羟基低，与仲羟基的反应活性相当。在无催化剂时，由于水与异氰酸酯的亲和度差，反应速率较慢。在催化剂的存在下，异氰酸酯与水的反应可加速进行，胺类催化剂的催化活性比辛酸亚锡的高，几种叔胺的高低催化活性顺序为：三亚乙基二胺＞四甲基丁二胺＞三乙胺＞N-烷基吗啉。

2.1.4 异氰酸酯与氨基的反应

氨基（伯氨基和仲氨基）与异氰酸酯的反应是聚氨酯制备中较为重要的反应之一。异氰酸酯与氨基反应生成取代脲。总体说来，氨基与异氰酸酯的反应活性较其他活性氢化合物为高。

$$R-NCO + R'R''NH \longrightarrow R-NH-\overset{O}{\underset{\|}{C}}-NR'R''$$

$$R-NCO + R'NH_2 \longrightarrow R-NH-\overset{O}{\underset{\|}{C}}-NHR'$$

异氰酸酯与伯胺化合物或仲胺化合物的反应活性除了受异氰酸酯结构的影响外，还受胺类化合物结构所影响。强碱性的胺活性大。脂肪族伯胺与异氰酸酯在 0~25℃ 就能快速反应，生成脲类化合物。

脂肪族仲胺和芳香族伯胺与异氰酸酯反应就比脂肪族伯胺慢。对于芳香族胺，若苯环的邻位上有取代基，由于存在空间位阻效应，反应活性要比无邻位取代基的小；邻位吸电子取代基（如卤素）使氨基的活性大大降低。而对位存在给电子取代基的芳胺如对甲基苯胺的活性比无取代基的活性高，这是因为它通过苯环使得氨基的碱性增强，容易失去质子。

常用的二胺化合物是活性较为缓和的芳香族二胺如 3,3'-二氯-4,4'-二氨基二苯甲烷（MOCA）等，MOCA 氨基的邻位 Cl 原子的空间位阻基电子诱导效应使得 NH_2 的活性较低。表 2-6 为几种芳香族二胺与端 NCO 聚氨酯预聚体反应的凝胶时间。

■表 2-6　几种芳香族二胺与端 NCO 聚氨酯预聚体反应的凝胶时间

胺类名称	化学结构	凝胶时间/min	温度
对苯二胺	$H_2N-\bigcirc-NH_2$	1	室温
3,3'-二甲基-4,4'-联苯二胺	$H_2N-\bigcirc(CH_3)-\bigcirc(CH_3)-NH_2$	3	室温（在溶剂中）
多亚甲基多苯胺	$\bigcirc(NH_2)-[CH_2-\bigcirc(NH_2)]_n-CH_2-\bigcirc(NH_2)$	0.5	128℃（熔融状态）
4,4'-二氨基二苯甲烷	$H_2N-\bigcirc-CH_2-\bigcirc-NH_2$	3	室温（在溶剂中）
联苯二胺	$H_2N-\bigcirc-\bigcirc-NH_2$	5	室温

续表

胺类名称	化学结构	凝胶时间/min	温度
3,3'-二甲氧基-4,4'-二氨基苯甲烷	H_2N—〇(OCH_3)—CH_2—〇(OCH_3)—NH_2	5	室温
3,3'-二氯-4,4'-二氨基二苯甲烷	H_2N—〇(Cl)—CH_2—〇(Cl)—NH_2	15~20	
3,3'-二氯-4,4'-联苯二胺	H_2N—〇(Cl)—〇(Cl)—NH_2	15~20	

由表2-6可见，邻位为OCH_3的氨基的3,3'-二甲氧基-4,4'-二氨基二苯甲烷活性比无邻位取代基的4,4'-二氨基二苯甲烷（MDA）低，这是因为虽然OCH_3具有给电子效应，但其空间位阻使得氨基的反应活性降低，MOCA的活性更低，与上面分析的一致。由于联苯基中一个苯环对另一个苯环有诱导效应，所以4,4'-联苯二胺的氨基活性比4,4'-二氨基二苯甲烷的稍低。

2.1.5 异氰酸酯与氨酯基及脲基反应

氨基甲酸酯、脲基中仍含有活性氢，可继续与异氰酸酯基反应，生成交联键。氨酯基及脲基的活性比醇、水、胺、酚等的低，可见表2-4。大部分叔胺对这两个反应不呈现较强的催化作用，只有强碱或某些金属化合物才具有较强的催化作用。

异氰酸酯与氨基甲酸酯的反应活性比异氰酸酯与脲基的反应性低，当无催化剂存在下，常温下几乎不反应，一般需在120～140℃之间才能得到较为满意的反应速率。在通常的反应条件下，所得最终产物为脲基甲酸酯。

$$R-NCO + R'-NH-\overset{O}{\overset{\|}{C}}-R'' \longrightarrow R-NH-\overset{O}{\overset{\|}{C}}-\underset{\underset{R'}{|}}{N}-\overset{O}{\overset{\|}{C}}-R''$$

脲基甲酸酯

$$R-NCO + R'-NH-\overset{O}{\overset{\|}{C}}-NH-R'' \longrightarrow R-NH-\overset{O}{\overset{\|}{C}}-\underset{\underset{R'}{|}}{N}-\overset{O}{\overset{\|}{C}}-NH-R''$$

缩二脲

异氰酸酯与脲基化合物反应生成缩二脲。该反应在没有催化剂的条件下，一般需在100℃或更高温度下才能反应。

这两个反应是聚氨酯制造中，在高温条件下涉及的较为重要的反应。在聚氨酯泡沫塑料生产中，反应中后期温度升高到100℃以上，异氰酸酯与初步反应生成的脲基及氨基甲酸酯反应，形成交联。在弹性体制备中，在 100～120℃反应及后熟化，有利于生成少量氨基甲酸酯或缩二脲交联键，以改善制品的强度及永久变形等性能。

典型的缩二脲型交联剂产品是 HDI 与定量水反应而制成的 1,3,5-三(6-异氰酸酯基己基)缩二脲，它是一种每个分子具有 3 个 NCO 基团的交联剂产品，主要用作涂料交联剂。

2.1.6 异氰酸酯的自加聚反应

异氰酸酯可发生自加成反应，生成各种自聚物，包括二聚体、三聚体及各种多聚体，其中最重要的是二聚反应和三聚反应。

2.1.6.1 异氰酸酯的二聚反应

一般来说只有芳香族异氰酸酯能自聚形成二聚体，而脂肪族异氰酸酯二聚体未见报道。这是因为芳香族异氰酸酯的 NCO 反应活性高。芳香族异氰酸酯即使在低温下也能缓慢自聚，生成二聚体。生成的二聚体是一种四元杂环结构，这种杂环称为二氮杂环丁二酮，又称脲二酮（uretdione）。芳香族异氰酸酯二聚反应是可逆反应，在加热条件下可分解成原来的异氰酸酯化合物。二聚体可在催化剂存在下直接与醇或胺等活性氢化合物反应。

具有邻位取代基的芳香族异氰酸酯，例如 2,6-TDI，由于位阻效应，在常温下不能生成二聚体。而 4,4′-MDI 由于 NCO 邻位无取代基，活性比 TDI 的大，即使在无催化剂存在下，在室温也有部分单体缓慢自聚成二聚体。

2,4-TDI 二聚体是一种特殊的二异氰酸酯产品，降低了 TDI 单体的挥发性。TDI 二聚体是固体，熔点较高，室温下稳定，它与羟基化合物的混合物在室温下稳定贮存。它主要用于混炼型聚氨酯弹性体的硫化剂，也可利用二聚反应的可逆特性制备室温稳定的高温固化聚氨酯弹性体、胶黏剂，例如制备含二聚体杂环的热塑性聚氨酯，在热塑性聚氨酯的加工温度下，NCO 基团被分解，参与反应，生成交联型聚氨酯。2,4-TDI 二聚体的制备反应式为：

（2,4-TDI 二聚体）

可用三烷基膦、吡啶、叔胺作二聚反应的催化剂。常用的膦化合物如二甲基苯基膦用量极微就可产生良好的催化效果，还可用吡啶，它兼作溶剂，以便移去大量的反应热。将 TDI 二聚体加热至 150～175℃，即使是在无催化剂存在下，也能分解成 TDI 单体。而在有三烷基膦催化剂存在下，当加热至 80℃，在苯溶液中即能 100% 分解。

2.1.6.2 异氰酸酯的三聚反应

芳香族或脂肪族（包括脂环族）异氰酸酯均能于加热及催化下自聚为三聚体，三聚体的核基是异氰脲酸酯（isocyanurate）六元杂环。三聚反应是不可逆反应。下面为二异氰酸酯的三聚反应反应式：

$$3\ OCN-R-NCO \longrightarrow \text{三聚体（异氰脲酸酯）}$$

许多氮族元素化合物、有机金属化合物等，均可作为脂肪族及芳香族异氰酸酯的三聚反应催化剂。N,N',N''-三（二甲氨基丙基)-六氢化三嗪、2,4,6-三（二甲氨基甲基）苯酚是常用的叔胺类三聚催化剂。

在制造异氰脲酸酯型多异氰酸酯交联剂时，需控制三聚反应的程度，以免无限制地自聚而得到聚合度过大的无用物质，一般需加入少量阻聚剂以终止反应。阻聚剂有对甲苯磺酸酯、苯甲酰氯、磷酸、硫酸二甲酯等。

在制备聚氨酯的过程中，可生成的几种化学键及基团的热稳定性顺序一般认为是：异氰脲酸酯环＞噁唑烷酮环＞碳化二亚胺＞脲＞氨基甲酸酯＞缩二脲＞脲基甲酸酯＞脲二酮环。异氰脲酸酯环很稳定，能耐热，且能阻燃。一般的异氰脲酸酯的热稳定温度在150℃以上，芳香族异氰脲酸酯的耐热性更高，苯异氰脲酸酯环的热分解温度为380℃以上。

和其他异氰酸酯的反应一样，电子效应和空间效应对异氰酸酯的三聚反应有较大的影响。苯环上的吸电子基团能加速三聚反应，而供电子基团则减慢三聚反应；空间效应也强烈地影响三聚反应速率。脂肪族异氰酸酯的三聚能力比芳香族异氰酸酯弱。

异氰酸酯三聚后形成的异氰脲酸酯环，对热和大部分化学药品都比较稳定，主要用于硬质聚异氰脲酸酯（PIR）泡沫塑料的制造。在聚醚组合料（预混料）中加入三聚催化剂，在发泡时，过量的多异氰酸酯 PAPI 及部分已与聚醚或聚酯多元醇反应的 PAPI 上的未反应 NCO 基，在高温下三聚，形成 PIR 及聚氨酯网状聚合物。由多异氰酸酯单体三聚而成的 PIR 由于苯环多、交联密度很大、脆性太大，无实用价值。故一般采用的是异氰脲酸酯改性聚氨酯，如此制成的泡沫塑料有一定的韧性，热变形温度高，尺寸稳定性好，可在150℃下长期使用，并且耐火焰贯穿性好，燃烧发烟量低。这种泡沫可用于要求耐热的绝热领域，如供热管道保温层。

异氰酸酯经三聚后生成聚异氰脲酸酯的反应还应用于制备耐热聚氨酯胶黏剂、涂料和弹性体等领域。二异氰酸酯三聚体交联剂产品如 2,4-TDI 三聚体、HDI 三聚体、IPDI 三聚体，实际上是多种官能度异氰酸酯自聚物的混合物，以三聚体为主要成分。两种或两种以上的异氰酸酯单体在三烷基烷氧基锡催化下可制得混合异氰脲酸酯如 HDI-TDI 混合三聚体，它们主要用作聚氨酯涂料等的交联剂。

2.1.7 异氰酸酯的自缩聚反应——碳化二亚胺

在有机膦催化剂及加热条件下，异氰酸酯可发生自身缩聚反应，生成含碳化二亚氨基（—N=C=N—）的化合物，该反应是异氰酸酯三聚及二聚反应以外的另一重要自聚反应。有机膦催化剂有 1-苯基-3-甲基膦杂环戊烯-1-氧化物（结构式如下）、三乙基磷酸酯、三苯基膦化氧等。戊杂环膦化氧型催化剂的效果好，是高效催化剂，用量极少且反应温度低。

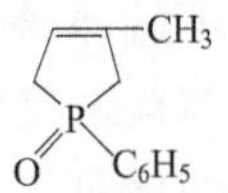

以苯基异氰酸酯为例，在戊杂环膦化氧催化剂存在下，40℃以上反应，收率可达 90% 左右。反应式如下：

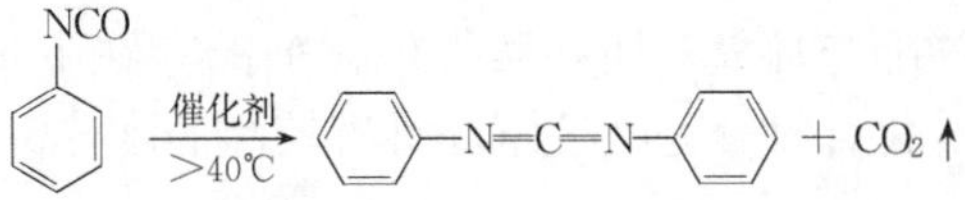

由于碳化二亚胺会与异氰酸酯进行反应生成脲酮亚胺四元环状物质，可在 NCO 相邻碳原子上接一个位阻基团以抑制副反应。

在聚氨酯工业中采用碳化二亚胺有两种方式：一种是碳化二亚胺类添加剂，包括单碳化二亚胺及多或聚碳化二亚胺，用途是聚酯型聚氨酯弹性体及其他体系的水解稳定剂等；另一种是碳化二亚胺改性二苯基甲烷二异氰酸酯，是液化 MDI 的主要品种。

2.1.8 异氰酸酯的封闭反应

异氰酸酯可与一些弱反应型活性氢化合物反应，得到的产物常温下稳定，在一定条件下可逆向反应，这就是"封闭（blocking）"和"解封（unblocking）"反应。

$$RNCO + BH \rightleftharpoons RNHCOB$$

（BH 代表封闭剂）

常见封闭剂有酚类（ArOH）、己内酰胺、乙酰乙酸乙酯（$CH_3COCH_2COOC_2H_5$）、乙酰丙酮（$CH_3COCH_2COCH_3$）、丙二酸二乙酯（$C_2H_5OCOCH_2COOC_2H_5$）、甲乙酮肟 [$(CH_3)(C_2H_5)C=N—OH$]、亚硫酸氢钠（$NaHSO_3$）、咪唑类化合物、3,5-二甲基吡唑等。

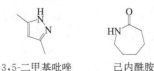

3,5-二甲基吡唑   己内酰胺

2.1.9 异氰酸酯的其他反应

2.1.9.1 异氰酸酯与羧酸的反应

异氰酸酯与羧酸反应，先生成热稳定性差的羧酸酐，然后分解，生成酰胺和二氧化碳。COOH 与 NCO 的反应活性比 OH 低得多。

$$R-NCO + R'-COOH \longrightarrow [R-NHC(=O)-O-C(=O)-R'] \longrightarrow R-NH-C(=O)-R' + CO_2$$

这类反应比较少见，不过在含 COOH 的聚酯体系或含侧羧基的离聚体体系，过量的异氰酸酯可与羧基反应。

芳香族异氰酸酯与羧酸反应，主要生成酸酐、脲和二氧化碳。

$$2\,ArNCO + 2\,R-COOH \longrightarrow ArNHCONHAr + RCOOCOR + CO_2$$

2.1.9.2 异氰酸酯与环氧树脂的反应

异氰酸酯与环氧基团在胺类催化剂的存在下生成含噁唑烷酮（oxazolidone）环的化合物。噁唑烷酮环具有较高的耐热性。

$$R-N=C=O + R'-CH(-O-)CH_2 \longrightarrow R-N(-CH_2-CH(R')-O-)C(=O)$$

异氰酸酯　　环氧树脂　　　　噁唑烷酮

二异氰酸酯与二环氧化合物在催化剂作用下可生成聚噁唑烷酮；含羟基的环氧树脂如低环氧值的双酚 A 环氧树脂与二异氰酸酯（或端 NCO 预聚体）生成聚氨酯-噁唑烷酮；在过量多异氰酸酯、环氧树脂及三聚催化剂的存在下，可生成聚氨酯-噁唑烷酮-异氰脲酸酯聚合物，这些反应可用于制造耐高温硬质聚氨酯。

异氰酸酯还可以与许多化合物反应，例如：异氰酸酯基与酸酐反应，生成具有较高耐热性的酰亚胺环；与氨反应生成单取代脲，并可继续反应；与肼（联氨）反应生成二脲；还可以与硫醇等反应等。

$$RNCO + NH_3 \longrightarrow RNHCONH_2$$
$$RNCO + RNHCONH_2 \longrightarrow RNHCONHCONHR$$
$$RNCO + NH_2-NH_2 \longrightarrow RNHCONHNHCONHR$$
$$RNCO + R'SH \longrightarrow RNHCOSR'$$

2.2 聚氨酯反应的常见影响因素

2.2.1 催化剂对异氰酸酯反应活性的影响

催化剂能降低反应活化能，使反应速率加快，缩短反应时间，控制副反应，因此在聚氨酯的制备中常常使用催化剂。

聚氨酯合成中所采用的催化剂主要有有机叔胺类及有机金属化合物，都既能催化与羟基的反应，也能催化与水的反应，但所有催化剂对这两个反应的催化活性各不相同。一般情况下，叔胺类催化剂对异氰酸酯与水的反应（即通常所说的"发泡反应"）的催化效率大于对异氰酸酯与羟基反应（即所谓所的"凝胶反应"）的催化效率，有机金属类催化剂对凝胶反应的催化效率更显著，即各催化剂都有其选择性。

2.2.1.1 异氰酸酯反应的催化机理

一般认为，异氰酸酯与羟基化合物反应的催化机理是，异氰酸酯或羟基化合物先与催化剂生成不稳定的络合物，然后发生反应，生成聚氨酯。但这种络合催化反应理论也有几种说法，至今还不是十分清楚。

一种公认的催化机理是基于异氰酸酯受亲核的催化剂进攻，生成中间络合物，再与羟基化合物反应。如二异氰酸酯与二元醇的催化反应机理如下：

$$OCN-R-NCO + B: \longrightarrow OCN-R-N=\overset{\overset{\displaystyle O^-}{|}}{C}-B^+$$
（催化剂）

$$OCN-R-N=\overset{\overset{\displaystyle O^-}{|}}{C}-B^+ + HO-R'-OH \longrightarrow [OCN-R-\underset{\underset{\displaystyle H}{|}}{N}-\overset{\overset{\displaystyle O^-}{|}}{\underset{\underset{\displaystyle OR'OH}{|}}{C}}-B^+] \longrightarrow$$

$$OCN-R-\underset{\underset{\displaystyle H}{|}}{N}-\overset{\overset{\displaystyle O}{\|}}{C}-OR'OH + B:$$

另外有人认为金属有机化合物的催化机理与叔胺类的不同，是形成一种三元活化络合物。有人提出羟基化合物与催化剂形成四节环活化络合物，再与异氰酸酯反应生成氨基甲酸酯。

2.2.1.2 叔胺催化剂酸碱性对反应活性的影响

在聚氨酯制备反应中，一般很少用酸类催化剂，酸性催化剂（如苯甲酰氯、无机酸及有机酸）对氨基甲酸酯及脲基甲酸酯的生成反应有较低的催化作用，但重要的是它们能抑制缩二脲的生成反应，因而抑制交联反应。若聚醚中尚有微量碱（开环聚合用的 KOH）未被除去，则与二异氰酸酯反应时，碱金属化合物会催化交联副反应，发生凝胶。因而可加入酸中和，并且若酸稍过量，则抑制交联反应，可使预聚体能长期贮存。

叔胺类催化剂对异氰酸酯与羟基化合物反应的影响，除了其碱性程度外，还有位阻效应等因素。一般来说，碱性大、位阻小，则催化能力强。叔胺对水与异氰酸酯反应的催化活性的影响比羟基与异氰酸酯反应的催化活性大，多用于聚氨酯泡沫制备。在所有叔胺类催化剂中，三亚乙基二胺是一种结构特殊的催化剂，由于它是杂环化合物，叔胺 N 原子上没有位阻，所以它对发泡反应及凝胶反应都具有较强的催化性能，是聚氨酯泡沫塑料常用的催化剂之一，也可用于聚氨酯胶黏剂、弹性体等的制备。据估计在水/醇混合体系中，它对羟基的催化能力占 80%，对水占 20%，具有类似有机金属化合物的催化性能。

不同的叔胺催化剂对异氰酸酯的各种反应有不同的催化活性。

2.2.1.3 有机金属化合物对异氰酸酯反应的影响

金属盐对异氰酸酯与活泼氢化合物的反应起催化作用，各种催化剂对三种二异氰酸酯与羟基化合物的催化活性见表 2-7。

■表 2-7　各种催化剂对三种二异氰酸酯与羟基化合物的催化活性

催化剂	凝胶时间 / min		
	TDI-80	m-XDI	HDI
无	>240	>240	>240
三乙胺	120	>240	>240
三亚乙基二胺	4	80	>240
辛酸亚锡	4	3	4
二月桂酸二丁基锡	6	3	3
辛酸铅(24%Pb)	2	1	3
辛酸钴(6%Co)	12	4	4
辛酸铁(6%Fe)	16	5	4
环烷酸锌(14.5%Zn)	60	6	10
钛酸四异丁酯	5	2	2

注：聚氧化丙烯三醇（$M=3000$）与二异氰酸酯在 70℃反应，测其发生凝胶的时间。NCO 与 OH 摩尔比为 1.0，催化剂配成 10%的二氧六环溶液，添加量为聚醚质量的 1%。

一般来说，有机金属化合物催化剂对 NCO 与 OH 的反应的催化活性比 NCO 与水的反应强。由表 2-7 可看出，同一种催化剂对不同的二异氰酸酯的活性不同，有机锡对芳香族异氰酸酯及脂肪族异氰酸酯与羟基的反应都有较好的催化性能。辛酸铅催化体系的凝胶速率最快，这是因为它对异氰酸酯与氨基甲酸酯的反应有较强的催化效果，脲基甲酸酯的生成使得树脂迅速交联。

2.2.1.4 催化剂的协同效应

人们知道，不同的催化剂对 NCO 的活性不同，催化活性还与不同的反应物浓度、反应温度等条件有关。由表 2-7 的数据可见，不同的催化剂对二异氰酸酯与聚醚多元醇反应化学差异较大。例如三亚乙基二胺对芳香族异氰酸酯与羟基反应的催化作用比脂肪族的 HDI 及芳脂型异氰酸酯 XDI 高得多。研究发现，催化剂的浓度增加，则反应速率加快；两种不同的催化剂复合起来，催化活性比单一催化剂的活性强得多（见表 2-8）。

■表 2-8　异氰酸酯-羟基化合物反应中催化剂的相对活性

催化剂	质量分数/%	相对活性
无	—	1
四甲基丁二胺	0.1	56
三亚乙基二胺	0.1	130
三亚乙基二胺	0.2	260
三亚乙基二胺	0.3	330

续表

催化剂	质量分数/%	相对活性
辛酸亚锡	0.1	540
辛酸亚锡	0.3	3500
二月桂酸二丁基锡	0.1	210
二月桂酸二丁基锡	0.5	670
二月桂酸二丁基锡+三亚乙基二胺	0.1+0.2	1000
辛酸亚锡+三亚乙基二胺	0.1+0.5	1510
辛酸亚锡+三亚乙基二胺	0.3+0.3	4250

由表2-8可见，叔胺催化剂对NCO与OH的反应也有较大的催化活性，但有机锡催化剂的催化活性更强。两种催化剂结合使用，可使催化能力成倍增强，这就是催化剂的协同效应。在聚氨酯泡沫塑料的配方设计中，两种或两种催化剂配合使用是很平常的，如此可控制发泡反应与凝胶反应的平衡，获得良好的工艺性能和泡沫物性。

在具体的反应体系，要根据反应及制品的类型、有关资料中不同催化剂的相当活性以及实践经验，选择合适的催化体系。

2.2.2 温度对反应速率的影响

反应温度是聚氨酯树脂制备中一个重要的控制因素，一般来说，随着反应温度的升高，异氰酸酯与各类活性氢化合物的反应速率加快。在特殊催化剂作用下，异氰酸酯自聚反应速率也加快。但当反应温度在130~150℃时，各个反应的速率常数都相似。图2-2所示为对亚甲基苯二异氰酸酯（p-XDI）与羟基化合物（聚酯）、芳胺、脲、氨基甲酸酯化合物的反应速率常数及温度的关系。图2-3所示为MDI与聚己二酸一缩二乙二醇酯二醇（PDA）反应，温度对反应程度的影响。

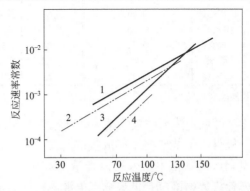

■图2-2 温度对各类化合物与p-XDI反应速率常数的影响
1—聚己二酸乙二醇酯二醇；2—MOCA；3—二苯基脲；
4—1,4-亚苯基二丁基氨基甲酸酯

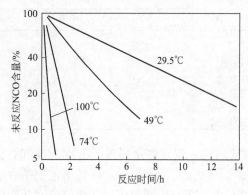

■图 2-3　温度对 MDI 与 PDA 反应程度的影响

但并不是反应温度越高越好，在130℃以上时，异氰酸酯基团与氨基甲酸酯或脲键反应，产生交联键，且在此温度以上，所生成的氨基甲酸酯、脲基甲酸酯或缩二脲不稳定，可能会分解。羟基化合物与二异氰酸酯的反应温度一般以 60～100℃为宜。

2.2.3　溶剂对反应速率的影响

制备聚氨酯合成革树脂、胶黏剂、涂料等产品，常采用溶液聚合法，而溶剂品种对反应速率有较大的影响。表 2-9 为不同溶剂对苯异氰酸酯-羟基化合物反应速率常数的影响。

■表 2-9　不同溶剂对苯异氰酸酯-羟基化合物反应速率常数的影响

羟基化合物	溶剂	k /[$\times 10^{-4}$ L/(mol·s)]	羟基化合物	溶剂	k /[$\times 10^{-4}$ L/(mol·s)]
甲醇	甲苯	1.2	甲醇	甲苯	1.2
甲醇	乙酸乙酯	0.45	甲醇	乙酸乙酯	0.45
甲醇	甲乙酮	0.05	甲醇	甲乙酮	0.05
甲醇	二氧六环	0.03	甲醇	二氧六环	0.03
丁醇	甲苯	1.4	丁醇	甲苯	1.4
丁醇	甲乙酮	0.05	丁醇	甲乙酮	0.05

注：异氰酸酯为 0.25mol；NCO 与 OH 摩尔比为 1 或 2；反应温度 20℃。

由表 2-9 可见，溶剂的极性越大，异氰酸酯与羟基的反应越慢，这是因为溶剂分子极性大，能与羟基形成氢键而发生缔合，使反应缓慢。因此，在溶剂型聚氨酯产品制备中，采用烃类溶剂如甲苯，反应速率比酯、酮溶剂快，一般先让二异氰酸酯与低聚物二醇液体在加热情况下本体聚合，当黏度增大到一定程度，搅拌困难时，才加适量氨酯级溶剂稀释，降低黏度以便继续均匀地反应。要使树脂具有较高的分子量，一般应采用此法。并且，与溶液聚合法相比，用此法可缩短反应时间，且尽可能降低溶剂对反应的影响，因溶剂对反应速率的影响，间接地影响到分子量的增加，并增加产生副反应的机会。

2.3 聚氨酯分子结构与性能的关系

聚氨酯由长链段原料与短链段原料聚合而成，是一种嵌段聚合物。一般长链二元醇构成软段，而硬段则是由多异氰酸酯和扩链剂构成。软段和硬段的种类影响着材料的软硬程度、强度等性能。

2.3.1 影响性能的基本因素

聚氨酯制品品种繁多、形态各异，影响各种聚氨酯制品性能的因素很多，这些因素之间相互有一定的联系。对于聚氨酯弹性体材料和泡沫塑料，性能的决定因素各不相同，但有一些共性。

2.3.1.1 基团的内聚能

聚氨酯材料大多由聚酯、聚醚等长链多元醇与多异氰酸酯、扩链剂或交联剂反应而制成。聚氨酯的性能与其分子结构有关，而基团是分子的基本组成成分。通常，聚合物的各种性能，如机械强度、结晶度等与基团的内聚能大小有关。聚氨酯分子中，除含有氨基甲酸酯基团外，不同的聚氨酯制品中还有酯基、醚基、脲基、脲基甲酸酯基、缩二脲、芳环及脂链等基团中的一种或多种。各基团对分子内引力的影响可用组分中各不同基团的内聚能表示，各种基团的内聚能（摩尔内能）见表2-10。

■表2-10 各种基团的内聚能　　　　　　　　　　　　　　　　　单位：kJ/mol

基团	内聚能	基团	内聚能
—CH_2—	2.84	—COOH	23.4
—O—	4.18	—OH	24.2
—CH_3	7.11	—NHCO—	35.5
—CO—	11.12	—NHCOO—	36.4
—COO—	12.1	—NHCONH—	>36.5
苯基	16.3		

由表2-10可见，酯基的内聚能比脂肪烃和醚基的内聚能高；脲基和氨基甲酸酯基的内聚能高，极性强。因此聚酯型聚氨酯的强度高于聚醚型和聚烯烃型，聚氨酯-脲的内聚力、黏附性及软化点比聚氨酯的高。聚氨酯材料的结晶性、相分离程度等与大分子之间和分子内聚能有关，这些与组成聚氨酯的软段及硬段种类有关，也即与基团种类及密集程度有关。

2.3.1.2 氢键

氢键存在于含电负性较强的N原子、氧原子的基团和含H原子的基团之间，与基团内聚能大小有关，硬段的氨基甲酸酯或脲基的极性强，氢键多存在于硬段之间。据报道，聚氨酯中的多种基团的亚氨基（NH）大部分能形成氢键，而其中大部分是 NH 与硬段中的羰基形成的，小部分与软段中的醚氧基或酯羰基之间形成的。与分子内化学键的键合力相比，氢键是一种物理吸引力，它比原子之间的键合力小得多，但大量氢键的存在，在极性聚合物中是影响性能的重要因素之一。氢键具有可逆性，在较低温度，极性链段的紧密排列促使氢键形成；在较高温度，链段接受能量而活动，氢键消失。氢键起物理交联的作用，它可使聚氨酯弹性体具有较高的强度、耐磨性。氢键越多，分子间作用力越强，材料的强度越高。

2.3.1.3 结晶性

结构规整、含极性及刚性基团多的线型聚氨酯，分子间氢键多，材料的结晶程度高，这影响聚氨酯的某些性能，如强度、耐溶剂性，聚氨酯材料的强度、硬度和软化点随结晶程度的增加而增加，伸长率和溶解性则降低。对于某些应用，如单组分热塑性聚氨酯胶黏剂，要求结晶快，以获得初黏力。某些热塑性聚氨酯弹性体因结晶性高而脱模快。结晶聚合物经常由于折射光的各向异性而不透明。

若在结晶性线型聚氨酯中引入少量支链或侧基，则材料结晶性下降，交联密度增加到一定程度，软段失去结晶性，整个聚氨酯弹性体可由较坚硬的结晶态变为弹性较好的无定形态。在材料被拉伸时，拉伸应力使得软段分子基团的规整性提高，结晶性增加，会提高材料的强度。硬段的极性越强，越有利于材料的结晶。

2.3.1.4 交联度

分子内适度的交联可使聚氨酯材料硬度、软化温度和弹性模量增加，断裂伸长率、永久变形和在溶剂中的溶胀性降低。对于聚氨酯弹性体，适当交联，可制得机械强度优良、硬度高、富有弹性，且有优良耐磨、耐油、耐臭氧及耐热性等性能的材料。但若交联过度，可使拉伸强度、伸长率等性能下降。

聚氨酯化学交联一般是由多元醇（偶尔多元胺或其他多官能度原料）原料或由高温、过量异氰酸酯而形成的交联键（脲基甲酸酯和缩二脲等）引起的。与氢键引起的物理交联相比，化学交联具有较好的热稳定性。

聚氨酯泡沫塑料是交联型聚合物，其中软质泡沫塑料由长链聚醚（或聚酯）二醇及三醇与二异氰酸酯和扩链交联剂制成，具有较好的弹性、柔软性；硬质泡沫塑料由高官能度、低分子量的聚醚多元醇与多异氰酸酯（PAPI）等制成，由于很高的交联度和较多刚性苯环的存在，材料较脆。

2.3.1.5 分子量

线型聚氨酯（弹性体）的分子量在一定程度内对力学性能有较大的影

响,分子量的增加,则聚氨酯材料的拉伸强度、伸长率和硬度增加,而在有机溶剂中的溶解性下降。对高交联度的聚氨酯材料,如泡沫塑料、涂料等,分子量并非是影响其性能的主要因素。

2.3.1.6 温度

温度对聚氨酯分子的形态结构有影响,并影响到材料的性能。聚氨酯的初始反应温度可影响分子结构的规整性;热熟化既使反应基团完全反应,又使得基团和链节有机会排列有序;较高温度反应,可使得线型分子链形成少量支化和交联;而常温后熟化或低温放置,可使得聚合物分子链间形成氢键,并产生适度的相分离,有利于性能的提高。

2.3.2 软段对性能的影响

聚醚、聚酯等低聚物多元醇组成软段。软段在 PU 中占大部分,不同的低聚物多元醇与二异氰酸酯制备的 PU 性能各不相同。表 2-11 列出了各种低聚物多元醇的种类与所制得 PU 性能的关系。

■表 2-11 各种低聚物多元醇的种类与所制 PU 性能的关系

低　聚　物	结晶性	耐寒性	耐水性	耐热性	耐油性	机械强度
聚氧化丙烯二醇(PPG)	×	◎	◎	△	△	△
聚氧化乙烯二醇(PEG)	○	◎	×	○	△	○
聚四氢呋喃二醇(PTMEG)	○	◎	◎	◎	△	◎
共聚醚二醇 P(EO/PO)	×	◎	◎	△	△	△
共聚醚二醇 P(THF/EO)	×	◎	◎	○	△	○
共聚醚二醇 P(THF/PO)	×	◎	◎	△	△	△
聚己二酸乙二醇酯二醇(PEA)	○	△	△	◎	◎	◎
聚己二酸一缩二乙二醇酯(PDEA)	×	△	×	◎	◎	◎
聚己二酸-1,2-丙二醇酯二醇(PPA)	×	△	△	◎	◎	○
聚己二酸-1,4-丁二醇酯(PBA)	◎	△	○	◎	◎	◎
聚己二酸-1,6-己二醇酯(PHA)	◎	△	◎	◎	◎	△
聚己二酸新戊二醇酯(PNA)	×	△	◎	◎	◎	◎
P(E/DE)A 无规共聚酯	△	△	×	◎	◎	◎
P(E/P)A 无规共聚酯	△	△	△	◎	◎	◎
P(E/B)A 无规共聚酯	△	△	◎	○	◎	◎
P(H/N)A 无规共聚酯	△	◎	◎	◎	◎	△
聚 ε-己内酯(PCL)	○	◎	◎	◎	◎	◎
聚亚己基碳酸酯(PHC)	◎	△	◎	◎	◎	◎
聚硅氧烷多元醇	×	◎	◎	◎	×	×

注:1. A 代表己二酸; E 代表乙二醇; B 代表丁二醇; P 代表丙二醇; H 代表己二醇; DE 代表一缩二乙二醇; N 代表新戊二醇; 首写 P 表示"聚"; THF 代表四氢呋喃; PO 代表氧化丙烯; EO 代表氧化乙烯。

2. ×代表差; △代表一般; ○代表良好; ◎代表优。

极性强的聚酯作软段得到的聚氨酯弹性体及泡沫的力学性能较好。聚酯型聚氨酯的强度、耐油性、热氧化稳定性比 PPG 聚醚型的高，但耐水解性能比聚醚型的差。聚四氢呋喃（PTMEG）型聚氨酯，由于 PTMEG 结构规整，易形成结晶，强度与聚酯型的不相上下。一般来说，聚醚型聚氨酯，由于软段的醚基较易旋转，具有较好的柔顺性，有优越的低温性能，并且聚醚中不存在相对较易水解的酯基，其耐水解性比聚酯型的好。以聚丁二烯为软段的聚氨酯，软段极性弱，软硬段间相容性差，弹性体强度较差。

含有侧链的软段，由于位阻作用，氢键弱，结晶性差，强度一般比相同软段主链的无侧基聚氨酯差。

软段的分子量对聚氨酯的力学性能有影响，一般来说，假定聚氨酯分子量相同，其软段若为聚酯，则 PU 的强度随聚酯二醇分子量的增加而提高；若软段为聚醚，则 PU 的强度随聚醚二醇分子量的增加而下降，不过伸长率却上升。这是因为聚酯型软段本身极性就较强，分子量大则结构规整性高，对改善强度有利；而聚醚软段则极性较弱，若分子量增大，则 PU 中硬段的相对含量就减小，强度下降。

软段的结晶性对线型聚氨酯链段的结晶性有较大的贡献。一般来说结晶性对提高聚氨酯制品的性能是有利的，但有时结晶会降低材料的低温柔韧性，并且结晶性聚合物常常不透明。为了避免结晶，可打乱分子的规整性，如采用共聚酯或共聚醚多元醇，或混合多元醇、混合扩链剂等。

2.3.3 硬段对性能的影响

聚氨酯的硬段由反应后的二异氰酸酯或二异氰酸酯与扩链剂组成，含有芳基、氨基甲酸酯基、取代脲基等强极性基团，通常芳香族异氰酸酯形成的刚性链段构象不易改变，常温下伸展成棒状。硬链段通常影响聚合物的软化熔融温度及高温性能。

异氰酸酯的结构影响硬段的刚性，因而异氰酸酯的种类对 PU 材料的性能有很大影响。芳族异氰酸酯分子中刚性芳环的存在以及生成的氨基甲酸酯键赋予聚氨酯较强的内聚力。对称二异氰酸酯使聚氨酯分子结构规整有序，易形成氢键，故 $4,4'$-MDI 比不对称的二异氰酸酯（如TDI）所制聚氨酯的内聚力大，模量和撕裂强度等力学性能高。芳香族异氰酸酯制备的聚氨酯由于硬段含刚性芳环，因而使其硬段内聚强度增大，材料强度一般比脂肪族异氰酸酯型聚氨酯的大，但易泛黄。脂肪族 PU 则不会泛黄。不同的异氰酸酯结构对聚氨酯的耐久性也有不同的影响，芳香族比脂肪族异氰酸酯的 PU 耐热氧化性能好，因为芳环上的氢较难被氧化。

扩链剂对 PU 性能也有影响。含芳环的二元醇与脂肪族二元醇扩链的聚氨酯相比有较好的强度。二元胺扩链剂能形成脲键，脲键的极性比氨酯键强，因而二元胺扩链的聚氨酯比二元醇扩链的聚氨酯具有较高的机械强度、模量、黏附性，并且还有较好的低温性能。浇注型聚氨酯弹性体多采用芳香族二胺 MOCA 作扩链剂，除了固化工艺因素外，就是因为弹性体具有良好的综合性能。

聚氨酯的软段在高温下短时间不会很快被氧化和发生降解，但硬段的耐热性影响聚氨酯的耐温性能，硬段中可能出现由异氰酸酯反应形成的几种键基团，其热稳定性顺序如下：

$$异氰脲酸酯 > 脲 > 氨基甲酸酯 > 缩二脲 > 脲基甲酸酯$$

其中最稳定的异氰脲酸酯在 270℃左右才开始分解。氨酯键的热稳定性随着邻近氧原子的碳原子上取代基的增加及异氰酸酯反应性的增加或立体位阻的增加而降低。

提高 PU 中硬段的含量通常使硬度增加、弹性降低。

2.3.4 聚氨酯的形态结构

聚氨酯的性能，归根结底受大分子链的形态结构所影响。特别是聚氨酯弹性体材料，软段和硬段的相分离对聚氨酯的性能至关重要，聚氨酯的独特的柔韧性和宽范围的物性可用两相形态学来解释。聚氨酯材料的性能在很大程度上取决于软硬段的相结构及微相分离程度。适度的相分离有利于改善聚合物的性能。

从微观形态结构看，在聚氨酯中，强极性和刚性的氨基甲酸酯基等基团由于内聚能大，分子间可以形成氢键，聚集在一起形成硬段微相区，室温下这些微区呈玻璃态次晶或微晶；极性较弱的聚醚链段或聚酯等链段聚集在一起形成软段相区。软段和硬段虽然有一定的混溶，但硬段相区与软段相区具有热力学不相容性质，导致产生微观相分离，并且软段微区及硬段微区表现出各自的玻璃化温度。软段相区主要影响材料的弹性及低温性能。硬段之间的链段吸引力远大于软段之间的链段吸引力，硬相不溶于软相中，而是分布其中，形成一种不连续的微相结构，常温下在软段中起物理交联点的作用，并起增强作用。故硬段对材料的力学性能，特别是拉伸强度、硬度和耐撕裂强度具有重要影响。这就是聚氨酯弹性体中即使没有化学交联，常温下也能显示高强度、高弹性的原因。聚氨酯弹性体中能否发生微相分离、微相分离的程度、硬相在软相中分布的均匀性都直接影响弹性体的力学性能。聚氨酯分子结构软硬段模型如图 2-4 所示。

实际上，前面提到的软段、硬段分子结构、分子量等因素也影响聚氨酯的相分离。例如，聚氧化丙烯型聚氨酯由于软段的极性与硬段相差大，相分离明显，溶解在软段中的硬段少，即软段中的"交联点"少，也是强度比聚酯型聚氨酯差的原因之一。

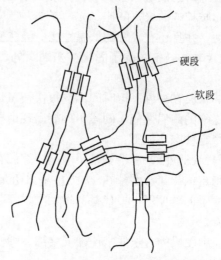

■图 2-4 聚氨酯分子结构软硬段模型

第 3 章 聚氨酯的基本原料和助剂

3.1 概述

聚氨酯是多元醇（包括二元醇）和多异氰酸酯（包括二异氰酸酯）等的反应产物。有机多异氰酸酯及低聚物多元醇（如聚醚、聚酯等）两大主要原料，通常占聚氨酯制品（不包括溶剂）重量的 80% 以上。助剂的用量虽少，却也是聚氨酯材料的关键原材料。主原料和助剂的发展，促进了聚氨酯新材料的开发。与其他合成树脂相比，聚氨酯树脂的原料品种多，导致聚氨酯材料的多样化，应用广泛，这是聚氨酯树脂的一大特色。多异氰酸酯及低聚物多元醇的品种较多，而助剂更多，从功能上分，助剂有催化剂、扩链剂、交联剂（固化剂）、阻燃剂、发泡剂、泡沫稳定剂、抗氧剂、紫外线吸收剂、抗水解剂、杀菌（防霉）剂、偶联剂、底涂剂、抗静电剂、流变助剂和增稠剂、流平剂、润湿分散剂、颜料和色浆、除水剂、改性单体及树脂、脱模剂等，其中有的还可分出几个小类；原料助剂的化学成分也很多，有二异氰酸酯、多异氰酸酯、聚醚多元醇、聚酯多元醇、小分子二醇和三醇、芳香族二胺、改性有机硅、卤代烃、磷酸酯、位阻胺、位阻酚、叔胺、有机金属化合物、碳化二亚胺、氧化烯烃、碳酸酯、内酯等。

3.2 多异氰酸酯

3.2.1 异氰酸酯原料的种类

多异氰酸酯（如非特别指出，一般包括二异氰酸酯）是所有聚氨酯材料必不可少的原料之一，其种类比较多。从官能度分，有二异氰酸酯、三异氰酸酯和多异氰酸酯等。若从有无芳环分类，有芳香族异氰酸酯和脂肪族异氰酸酯之分，从有机异氰酸酯的核基（烷基或芳基）与异氰酸酯基团的连接细分，多异氰酸酯有芳香族、芳脂族、纯脂肪族、脂环族、环脂族等类型。

纯芳香族异氰酸酯原料有甲苯二异氰酸酯（TDI）、二苯基甲烷二异氰酸酯（MDI）、萘二异氰酸酯（NDI）、对苯二异氰酸酯（PPDI）、二甲基联苯二异氰酸酯（TODI）、多亚甲基多苯基异氰酸酯（PAPI）等。

1,6-六亚甲基二异氰酸酯（HDI）、三甲基-1,6-六亚甲基二异氰酸酯（TMHDI）属于纯脂肪族二异氰酸酯。

苯二亚甲基二异氰酸酯（XDI）、四甲基间苯二亚甲基二异氰酸酯（m-TMXDI）属于芳脂族。

异佛尔酮二异氰酸酯（IPDI）、1,4-环己烷二异氰酸酯（CHDI）、二环己基甲烷二异氰酸酯（H_{12}MDI）、甲基环己基二异氰酸酯（HTDI）属于脂环族。环己烷二亚甲基二异氰酸酯（HXDI）、降冰片烷二异氰酸酯（NBDI）属于环脂族。

从原料工业化来源、经济性和产品物性等方面考虑，目前聚氨酯工业中实际使用的芳香族多异氰酸酯原料以 TDI、MDI 和 PAPI 为主，其中 TDI 主要用于制造软质聚氨酯泡沫塑料、涂料、浇注型聚氨酯弹性体、胶黏剂、铺装材料和塑胶跑道等，MDI 用于制造热塑性聚氨酯弹性体、合成革树脂、鞋底树脂、单组分溶剂型胶黏剂等，PAPI 主要用于合成硬质聚氨酯泡沫塑料、胶黏剂等。还有一些脂肪族二异氰酸酯如 HDI、IPDI 用于不黄变聚氨酯漆，特殊的芳香族二异氰酸酯如 NDI 用于高性能聚氨酯弹性体等，三异氰酸酯多用作交联剂等。

3.2.2 异氰酸酯的制造工艺及其技术进展

有机多异氰酸酯的制造方法，可以归纳为光气法和非光气法两大类。

3.2.2.1 光气化工艺

尽管合成有机异氰酸酯的方法有多种，但全球 90% 以上的有机异氰酸酯产品，包括 TDI、MDI、HDI 等常用原料，仍采用光气法工艺生产。光气有高毒性和高腐蚀性，但光气法技术成熟、经济合理，在目前以及未来一段时间内仍将是多异氰酸酯的主流生产方法。

目前，工业上采用的光气法生产技术按工艺条件可分为液相光气化工艺和气相光气化工艺。

(1) 液相光气化工艺 液相光气化工艺可分为成盐光气化法和直接光气化法。液相直接光气化法按反应条件可分为冷热光气化法、一步高温光气化法、低压光气化法和高压光气化法；按所采用的溶剂可分为高沸点溶剂法和低沸点溶剂法；按工艺流程可分为釜式连续工艺、塔式连续工艺和循环（loop）连续工艺等。

液相直接光气化法特别适用于沸点高、反应活性低的胺类化合物制异氰酸酯，是 MDI、TDI 等常规异氰酸酯生产所广泛采用的方法。目前工业上存在几种液相光气化工艺，如液相光气化釜式连续工艺（以 Huntsman 公司技术为代表,原属 ICI 公司聚氨酯部门)、喷射塔式连续工艺(Bayer、BASF 技术为代表)和循环连续工艺(瑞典国际化工技术为代表)。一般芳香族异氰酸酯采用中低压射流混合、低压反应,反应温度 60~145℃,如 Bayer、BASF 等公司的 MDI 生产技术。脂肪胺与光气反应速率比芳香胺快,副反应多,对脂肪胺与光气的混合要求高,多采用高压液相光气化法。高压液相光气化法反应温度高、速率快、光气过量小、副反应少,收率较高,可达 90% 以上,但设备复杂,安全隐患大。Lyondell 等公司曾采用此法生产脂肪族二异氰酸酯(ADI),Dow 公司采用此法生产 MDI。

就技术发展趋势看,采用液相低沸点溶剂、射流混合技术与塔式反应器相结合的连续工艺将成为 MDI、TDI 等芳香族异氰酸酯生产的主流技术。由于受各公司的技术水平和传统习惯所限,喷射塔式连续工艺和循环连续工艺仍将并存一段时间。

传统上液相光气化工艺使用动态釜式搅拌混合反应器。釜式搅拌混合反应器受搅拌转速等的限制,密封困难,难以避免返混,存在安全隐患,混合效果不十分理想。为解决这些问题,已经开发了多种形式的静态混合反应器。这些静态混合反应器无动部件,不易泄漏,安全可靠。对光气化混合反应器的形式和结构进行优化,提高混合反应效果,减少固体堵塞和增加单台混合反应器生产能力是今后液相光气化混合反应器开发的主要方向。

(2) 气相光气化工艺 气相光气化工艺是挥发性脂肪族或芳香族(多元)胺类化合物在 200~600℃ 的高温下进行气相反应一步制得异氰酸酯的方法。特别是反应活性高的脂肪族胺类化合物宜采用该方法。气相光气化工艺已成为脂肪族二异氰酸酯的主流生产技术,将是低沸点、高反应活性胺类化合物光气化制异氰酸酯工艺技术的发展方向。该工艺具有反应收率高、反应设备投资小、生产效率高、安全可靠等优点。Bayer 公司与 Perstorp 公司(Perstorp 公司 2008 年收购 Rhodia 公司脂肪族二异氰酸酯装置而得)采用气相光气化工艺生产 HDI、IPDI,其产量已占全球脂肪族二异氰酸酯总产量的一半以上。近年来 Bayer 公司宣布成功开发出了 TDI 气相光气化生产工艺,已于 2007 年在德国 Dormagen 生产 TDI,而于 2010 年年底建成投产的上海 30 万吨/年大型 TDI 装置,是首次大规模采用该气相光气化生产工艺。新的 TDI 技术在反应后一段用气相替代了液相,该工艺可节约 80% 的溶剂用量,能耗也降低 40%。与相同产能的常规装置相比,装置尺寸也大大减小,从而使投资节省 20%。与常规技术相比,新工艺的生产成本也较低,从而使 Bayer 的 TDI 技术与竞争者相比具有明显优势。

胺与光气的气相光气化反应速率极快,要求混合在 0.5 s 内完成。一个良好设计的工业化气相光气化混合反应器应具有混合效果好、无堵塞、可长期稳定运转等特点,反应收率可高达 98% 以上。光气与胺气相混合的方式也有动态和静态两种,以静态混合作为优选的方式。近年计算流体力学(CFD)作为辅助设计手段,通过流体混合状态的模拟计算,进行各种类型混合反应器的设计与优化,在光气化混合反应器的开发中已被广泛采用,大大地提高了开发的速度、效率和准确性,节省了大量人力、物力和时间,其重要性越来越受到人们的重视。CFD辅助设计-中间试验-工业放大的开发模式已成为现今光气化混合反应器开发设计所普遍采用的方法。

3.2.2.2 非光气化工艺技术及进展

光气法技术成熟、经济合理。然而,光气法的高毒性和高腐蚀性一直威胁着安全生产。采用无毒、无污染的绿色化学方法合成有机异氰酸酯的研究越来越受到人们的关注,一直是有机异氰酸酯研究的热点之一。

具有工业化价值的非光气法制异氰酸酯主要包括:硝基还原羰基化一步合成异氰酸酯法;通过多种方法先合成氨基甲酸酯,再热裂解制异氰酸酯;氨基盐脱水制异氰酸酯等。

硝基还原羰基化直接合成异氰酸酯,以及先合成氨基甲酸酯化合物再热裂解的方法,在20世纪70~90年代处于研究鼎盛时期,但迄今为止尚未工业化应用。如何提高CO利用率和催化剂的效率,解决催化剂分离回收和设备腐蚀等问题是还原羰基化研究的核心。

氨基甲酸酯热裂解制异氰酸酯的方法是非光气法制异氰酸酯最具工业化潜力的方法,是工业界和科学界所关注的焦点之一。随着以CO、甲醇为原料合成碳酸二甲酯技术的进步,以低毒、高活性的碳酸二甲酯用作羰基化剂,伯胺和碳酸酯在催化剂的作用下生成氨基甲酸酯,氨基甲酸酯再热分解生成二异氰酸酯,今后将成为非光气化制异氰酸酯的主导方向之一。氨基甲酸酯热分解副产品甲醇可再利用生产碳酸二甲酯,这是一种绿色、清洁的生产过程。其中,羰基化催化剂的研究是重点。

通过胺与尿素、正丁醇反应制得氨基甲酸丁酯,再热裂解的工艺制取异氰酸酯,反应的总收率可高达90%以上。此工艺是目前唯一的已工业化的非光气法大规模生产有机异氰酸酯的方法。此法由德国BASF和Degussa分别开发成功,并建成万吨级规模的生产装置,生产脂肪族异氰酸酯HDI、IPDI和H_{12}MDI。需要高温和操作困难是该方法制异氰酸酯的主要问题。

3.2.3 常见的二异氰酸酯

3.2.3.1 甲苯二异氰酸酯(TDI)

甲苯二异氰酸酯简称TDI,是聚氨酯树脂最重要的二异氰酸酯原料之一,广泛用于软质聚氨酯泡沫塑料、涂料、弹性体、胶黏剂、密封胶及其他小品种聚氨酯产品。TDI的分子式为$C_9H_6N_2O_2$,分子量为174.15。

TDI工业化制备主要由甲苯经硝化生成二硝基甲苯,然后经催化氢化生成二氨基甲苯,最后与光气反应制得。国内外工业生产TDI的方法大多采用液相光气化法的工艺。光气法反应大致由五个工序组成:一氧化碳和氯气反应生成光气,甲苯与硝酸反应生成二硝基甲苯(DNT),DNT与氢反应生成甲苯二胺（TDA），经干燥处理过的 TDA 与光气反应生成甲苯二异氰酸酯（TDI），TDI 的提纯。

TDI 有 2,4-TDI 和 2,6-TDI 两种异构体。结构式如下：

2,4-TDI　　　　2,6-TDI

TDI 工业品以 2,4-TDI 和 2,6-TDI 质量比 80:20 的混合物（简称 TDI-80 或 TDI-80/20）为主，还有纯 2,4-TDI（又称 TDI-100）和 TDI-65（2,4-TDI 和 2,6-TDI 两种异构体质量比约为 65:35 的混合物）产品。其中 TDI-65 等产品可以通过结晶后分离两种异构体而制备。TDI-100 含 99% 左右的 2,4-TDI，可通过结晶进行纯化而制备。

TDI 是一种芳香族二异氰酸酯，反应活性较脂肪族异氰酸酯高，TDI 本身及其聚氨酯产品长期暴露在自然光下会发生黄变。TDI 在一定条件下（如加热、某些催化剂存在）可自聚成二聚体或多聚体。

TDI 工业品中以 TDI-80 用途最广，主要用途包括聚氨酯软泡、聚氨酯弹性体、涂料、胶黏剂等，TDI-80 在 TDI 系列产品中消耗量最多，尤其在各种聚氨酯软泡领域的使用量最大；TDI-100 结构规整，可用于合成特殊的预聚体，主要用于生产浇注型聚氨酯弹性体、聚氨酯涂料；TDI-65 主要用于高承载及高回弹聚氨酯软泡、聚酯型聚氨酯泡沫塑料等。

少数公司提供高酸度的特殊 TDI 产品，主要用于合成预聚体，制备的预聚体具有较好的贮存稳定性。

常温下 TDI 为无色或淡黄色有特殊刺激性气味的透明液体，不溶于水，但与水发生化学反应产生 CO_2 气体。TDI 溶于丙酮、乙酸乙酯、甲苯和卤代烃等。TDI-80 在 10℃ 以下放置会产生白色结晶。TDI 的典型物性见表 3-1。

■表 3-1　甲苯二异氰酸酯的典型物理性质

项　目	TDI-100	TDI-80	TDI-65
凝固点/℃	19.5～22	11.5～14	3.5～7
相对密度(20℃/4℃)	1.22		
沸点/℃	251(101kPa), 120(1.33 kPa), 100(0.47 kPa)		
蒸气压/Pa	1.33(20℃), 2.7(25℃), 7.46(35℃), 16.0(45℃)		
蒸气相对密度	6(以空气相对密度为1计)		
闪点/℃	127(2,4-TDI 闭杯), 132(开杯)		
在空气中可燃极限(体积分数)/%	0.9～9.5		
蒸发热/(kJ/kg)	369(120℃), 365(180℃)		
比热容/[kJ/(kg·K)]	1.46(20℃), 1.71(100℃)		
折射率	1.569(20℃), 1.566(25℃)		
NCO 质量分数/%	48.2		
黏度(20℃)/mPa·s	3.2		
自燃温度/℃	620		

注：表中数据大部分来源于 BASF TDI 手册；TDI-65 的蒸气压（25℃）为 3.3Pa。

TDI 中 2,4-异构体和 2,6-异构体的比例影响它的物性，如凝固点、黏度。随着 2,4-异构体含量的增加，TDI 产品的凝固点上升。2,4-TDI 和 2,6-TDI 的异构体的含量（或比例）可以通过它们的红外吸收光谱中波长 12.25μm 和 12.75μm 的峰高来测定。

TDI 具有易挥发、毒性大的特点，特别是在贮运方面，各个国家对此都有严格的管理。根据我国《危险化学品安全管理条例》的规定，2003 年初，国家八部委在第二号令公告的《剧毒化学品目录》（2002 年版）中，将 TDI 列为剧毒化学品进行管理。

3.2.3.2 二苯基甲烷二异氰酸酯（MDI）

二苯基甲烷二异氰酸酯，简称 MDI，国外也有简称 MMDI（单体 MDI）、MBI。MDI 的别名有：二苯基亚甲基二异氰酸酯，亚甲基双（4-苯基异氰酸酯），二苯甲烷二异氰酸酯，单体 MDI 等。单体 MDI 分子式为 $C_{15}H_{10}N_2O_2$，分子量为 250.25。二苯基甲烷二异氰酸酯一般有 4,4'-MDI、2,4'-MDI 和 2,2'-MDI 三种异构体，而以 4,4'-MDI 为主，没有单独的 2,4'-MDI 和 2,2'-MDI 工业化产品。

结构式：

4,4'-二苯基甲烷二异氰酸酯
(4,4'-MDI)

2,4'-二苯基甲烷二异氰酸酯
(2,4'-MDI)

2,2'-二苯基甲烷二异氰酸酯
(2,2'-MDI)

MDI 是由苯为原料合成的，工艺步骤包括：苯用硝酸硝化生产硝基苯，硝基苯加氢还原生产苯胺，苯胺与甲醛进行缩合反应得到二氨基二苯甲烷（MDA），MDA 进行光气化反应并精制得到 MDI。但纯 MDI 很少单独生产，一般与 PAPI 联产。

通常，纯 MDI 一般是指 4,4'-MDI，即含 4,4'-二苯基甲烷二异氰酸酯 99％以上的 MDI，又称 MDI-100，此外它还有少量 2,4'-MDI 和 2,2'-MDI 异构体，其中 2,2'-MDI 异构体的含量很低（一般小于 0.5％）。

常温下 4,4'-MDI 是白色固体，熔点 38～43℃，熔化后为无色至微黄色液体。MDI 可溶于丙酮、四氯化碳、苯、氯苯、硝基苯、二氧六环等。MDI 在 230℃以上蒸馏易分解、变质。MDI 在贮存过程缓慢形成不熔化的二聚体，但低水平二聚体（0.6％～0.8％）的存在不影响 MDI 的外观及性能。4,4'-MDI 的典型物性见表 3-2。

■表 3-2　4,4'-MDI 的典型物性

项　目	指标	项　目	指标
外观	白色固体	黏度(50℃)/mPa·s	约 5
NCO 质量分数/%	33.5	蒸气压(25℃)/Pa	约 0.001
熔点范围/℃	39~43	蒸气压(45℃)/Pa	约 0.01
沸点(0.67kPa)/℃	196	蒸气压(100℃)/Pa	约 2.6
沸点(常压 101.3kPa)/℃	364(DSC 法)	凝固点/℃	38
相对密度(20℃固体)	1.325	比热容(40℃)/[J/(g·K)]	1.38
相对密度(50℃熔融)	1.182	熔化热/(J/g)	101.6
折射率(50℃)	1.5906	闪点(COC 开杯)/℃	200~218

4,4'-MDI 一般需要在低温下保存，建议在 5℃以下贮存，最好是在 0℃以下隔绝空气贮藏，尽快使用。据 Bayer 公司 Mondur M 产品说明书，在 20~39℃放置数小时，就可能产生明显的二聚体沉淀。在 5℃贮存也只能有约 3 个月的保质期。在 -20℃以下，可稳定贮存最长 12 个月的时间。一般推荐已加温熔化了的液状 MDI 的贮存温度为 41~46℃，并及早用完。据 Dow 公司的资料，在 43℃可贮存 45 天而维持液体透明状态。不宜再次冷冻贮存，更不宜反复冷冻-熔化，因为冷冻或熔化过程经过 20~39℃温度区，会以较快的速率产生二聚体。

除了固态 4,4'-MDI，市场上的液态 MDI 单体（不含改性 MDI）一般是 2,4'-MDI 和 4,4'-MDI 含量各 50%左右的高 2,4'-MDI 含量的 MDI 产品，业内称为 MDI-50。

与 4,4'-MDI 相比，高 2,4'-MDI 含量的 MDI 产品具有相对较低的反应活性和熔点。一般情况下，当 MDI 中 2,4'-异构体含量大于 25%（质量分数）时，在常温下是液态，稍低温度仍会结晶。高 2,4'-MDI 含量的 MDI 产品最佳贮存温度是 25~35℃。由高 2,4'-MDI 含量制备的预聚体，其黏度比由 4,4'-MDI 制备的相同 NCO 含量预聚体的低。

由于 2,4'-MDI 与 4,4'-MDI 反应活性的差异，MDI-50 为模塑制品的生产提供了更好的流动性能，该产品可应用于软质、半硬质和微孔弹性体等各类聚氨酯泡沫塑料的生产，还用于聚氨酯弹性体制品、胶黏剂和黏合剂、密封胶、涂料等的生产。它作为 TDI 的替代品应用于软质聚氨酯泡沫的生产，可减轻环境污染，改善操作条件。

烟台万华聚氨酯有限公司的纯 4,4'-MDI 产品牌号为 Wannate MDI-100，而 4,4'-MDI 与 2,4'-MDI 的混合物产品牌号为 Wannate MDI-50，它们的基本物理指标见表 3-3。

■表 3-3　烟台万华聚氨酯有限公司的 Wannate MDI 主要物理性能指标

项　目	MDI-100	MDI-50
外观	白色或微黄晶状固体	无色或微黄透明液体
纯度(MDI 总含量)/%	≥99.6	≥99.6
熔点(凝固点)/℃	38~39(≥38.1)	≤15
相对密度(50℃/4℃)	1.19	1.22~1.25

续表

项　目	MDI-100	MDI-50
黏度(50℃)/mPa·s	4.7	3～5
水解氯/%	≤0.005	≤0.005
环己烷不溶物/%	≤0.3	≤0.3
4,4′-异构体含量/%	≥98	50±5
2,4′-异构体含量/%	≤2	50±5
色度(APHA)	≤30	≤30

　　MDI是用于聚氨酯树脂合成的一种重要的二异氰酸酯。其分子结构中含有两个苯环，具有对称的分子结构，制得的聚氨酯弹性体具有良好的力学性能；MDI的反应活性比TDI大；MDI分子量比TDI大，挥发性较小，对人体的毒害相对较小。纯MDI主要应用于各类聚氨酯弹性体的制造，多用于生产热塑性聚氨酯弹性体、氨纶、PU革浆料、鞋用胶黏剂，也用于微孔聚氨酯弹性材料（鞋底、实心轮胎、自结皮泡沫、汽车保险杠、内饰件等）、浇注型聚氨酯弹性体等的制造。

3.2.3.3　异佛尔酮二异氰酸酯（IPDI）

　　异佛尔酮二异氰酸酯简称IPDI，化学名称：3-异氰酸酯基亚甲基-3,5,5-三甲基环己基异氰酸酯。

　　IPDI工业产品是含75％顺式和25％反式异构体的混合物。

　　IPDI分子式为$C_{12}H_{18}N_2O_2$，分子量为222.29。

　　结构式：

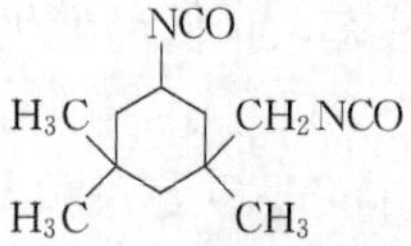

　　IPDI为无色或浅黄色液体，有轻微樟脑气味，与酯、酮、醚、芳香烃和脂肪烃等有机溶剂完全混溶。其典型物理性质见表3-4。

■表3-4　异佛尔酮二异氰酸酯的典型物理性质

项　目	指标	项　目	指标
外观	无色或浅黄色液体	蒸气压(20℃)/Pa	0.04
NCO质量分数/%	37.5～37.8	蒸气压(25℃)/Pa	0.12
密度(20℃)/(g/cm³)	1.058～1.064	蒸气压(50℃)/Pa	0.9
黏度(0℃)/mPa·s	37	纯度/%	≥99.5
黏度(20℃)/mPa·s	15	闪点(闭杯)/℃	155
沸点(1.33 kPa)/℃	158	折射率(25℃)	1.4829
沸点(13.3 kPa)/℃	217	自燃温度/℃	430
沸点(101.3kPa)/℃	310	凝固点/℃	约-60
蒸气密度(空气为1)	7.63	比热容(20℃)/[J/(g·K)]	1.68

IPDI 是脂肪族二异氰酸酯，也是一种环脂族二异氰酸酯，反应活性比芳香族二异氰酸酯低，蒸气压也低。IPDI 分子中 2 个 NCO 基团的反应活性不同，连在环己烷环上的仲 NCO 基团的反应活性比伯 NCO 的高 1.3～2.5 倍。

IPDI 制成的聚氨酯树脂具有优异的光稳定性和耐化学药品性，一般用于制造高档的聚氨酯树脂如耐光耐候聚氨酯涂料、耐磨耐水解聚氨酯弹性体，也可用于制造不黄变微孔聚氨酯泡沫塑料等。

3.2.3.4 六亚甲基二异氰酸酯（HDI）

六亚甲基二异氰酸酯简称 HDI。别名：己二异氰酸酯，1,6-亚己基二异氰酸酯。HDI 分子式为 $C_8H_{12}N_2O_2$，分子量为 168.19。

结构式：OCN—$CH_2CH_2CH_2CH_2CH_2CH_2$—NCO

HDI 为无色或微黄色的液体，有特殊刺激性气味。微溶于水，在水中缓慢反应。沸点约 255～261℃，熔点（凝固点）-67～-55℃。20℃ 和 30℃ 的饱和蒸气浓度分别为 46mg/m³ 和 137mg/m³。工业品纯度 99.5% 以上。HDI 产品的典型物性及质量指标见表 3-5。

■表 3-5 HDI 产品的典型物性及质量指标

项目	指标	项目	指标
外观	无色至微黄色液体	沸点(101 kPa)/℃	255
NCO 质量分数/%	49.7～49.9	凝固点/℃	-67
相对密度 d_4^{20}	1.05	黏度(25℃)/mPa·s	约 3
折射率(20℃)	1.4530	闪点(开杯)/℃	135
沸点(0.67 kPa)/℃	112	比热容(25℃)/[J/(g·K)]	1.75
沸点(1.33 kPa)/℃	120～125	蒸气压(20℃)/Pa	1.3～1.5
沸点(13.3Pa)/℃	82～85	蒸气密度(空气为1)	6

HDI 可由己二胺经光气化制得。光气化反应式如下：

$$H_2N-(CH_2)_6-NH_2 + 2COCl_2 \longrightarrow OCN-(CH_2)_6-NCO + 4HCl$$

可采用非光气法制 HDI：在乙酸钴催化下，己二胺、尿素、乙醇反应，在 170～175℃ 生成一种二氨基甲酸酯，这种二氨基甲酸酯在 260～270℃ 时在薄膜蒸发器中热分解，可得到 HDI。

HDI 是一种脂肪族多异氰酸酯，制得的聚氨酯制品具有不黄变的特点。它的反应活性较芳香族二异氰酸酯的小。由于 HDI 不含芳环，聚氨酯弹性体的硬度和强度都不太高，柔韧性较好。HDI 的挥发性较大，毒性也大，一般是将 HDI 与水反应制成缩二脲二异氰酸酯，或者催化形成三聚体，用于制造非黄变聚氨酯涂料、涂层、PU 革等，既降低了挥发性，较高的分子量和官能度也使得涂料易快干，力学性能好，耐化学品和耐候性好，黏附力高。

3.2.4 PAPI 及液化 MDI

多亚甲基多苯基异氰酸酯（PAPI）是聚氨酯行业用量最大的多异氰酸

酯原料，液化 MDI 是纯 MDI 的液化改性产品，它们是 MDI 的同系物或衍生物。

3.2.4.1 多亚甲基多苯基异氰酸酯

多亚甲基多苯基异氰酸酯简称 PAPI、粗 MDI、聚合 MDI、PMDI，别名：多芳基多亚甲基异氰酸酯，聚芳基聚异氰酸酯，多亚甲基多苯基多异氰酸酯，多次甲基多苯基异氰酸酯。国内多称为 PAPI、聚合 MDI 和粗 MDI，它实际上是一种含有不同官能度的多亚甲基多苯基多异氰酸酯的混合物，其中单体 MDI（下面结构式中 $n=0$ 的二异氰酸酯）占混合物总量的 50% 左右，其余均是 3～6 官能度的低聚异氰酸酯。

结构式：

$$\underset{n=0,1,2,3\cdots}{\text{NCO—C}_6\text{H}_4\text{—[CH}_2\text{—C}_6\text{H}_3\text{(NCO)]}_n\text{—CH}_2\text{—C}_6\text{H}_4\text{—NCO}}$$

PAPI 可与 MDI 联产，也可专门生产。对于联产法制 MDI 与 PAPI 的生产工艺所要求的多胺，必须是含 60%～75% 二胺的多胺化合物，通过改变苯胺与甲醛的投料摩尔比来实现。当苯胺/甲醛摩尔比为 4/1.4 的情况下，合成的多胺约含有 75% 二胺化合物。然后多胺化合物经光气化反应则得富含单体 MDI 的 PAPI。通常，采用 MDI 与 PAPI 联产的工艺，提纯出一定量的纯 4,4′-MDI 后，剩余是一定品级的 PAPI 即粗 MDI。

单独生产 PAPI（粗 MDI）的方法与联产 MDI 相同，只是苯胺与盐酸的摩尔比小一些。控制二胺的含量在 50% 左右。

各种 PAPI 产品的区别主要在于所含的 4,4′-MDI 和 2,4′-MDI 以及各种官能度的多亚甲基多苯基多异氰酸酯的比例不同，因而平均官能度、反应活性不同。标准级聚合 MDI 的平均官能度约为 2.7，黏度 100～300 mPa·s，约含质量分数 50% 的 MDI，其中大部分为 4,4′-异构体。另外含约 30% 的三异氰酸酯、10% 的四异氰酸酯、5% 的五异氰酸酯和 5% 左右的更高官能度的同系物。典型的 PAPI 产品的 NCO 质量分数为 31%～32%，平均分子量在 300～400 范围。这类聚合 MDI 大量用于硬泡、自结皮软泡和半硬泡，以及与 TDI 和液化 MDI 混用制造冷熟化高回弹泡沫塑料。低黏度 PAPI 的平均官能度一般在 2.5～2.6 之间，主要用于高密度软泡、自结皮泡沫塑料等领域。还有高 MDI 含量的 PAPI、低 MDI、高官能度的 PAPI 以及二醇轻度改性的 PAPI 产品，分别用于不同的用途，如胶黏剂、涂料、泡沫塑料等。

不同的 PAPI 生产商的 PAPI 产品系列各不相同，一般需注意 NCO 含量、黏度、平均官能度、水解氯等技术指标。

PAPI 常温下为褐色至深棕色中低黏度液体。溶于多种有机溶剂，能与含羟基和其他活泼氢基团的化合物反应。不溶于水，可与水反应，产生二氧化碳气体。相对密度（20℃）约 1.23；黏度（25℃）100～2000mPa·s（高于 1000 mPa·s 的 PAPI 可能是预聚体改性产品）；平均官能度一般在 2.2～3.2 之间；蒸气压（25℃）小于 0.001 Pa，其蒸气压小于单体 MDI 的蒸气压；饱和蒸气浓度（25℃计算值）小于 0.15mg/m³；闪点约 230℃（高于 200℃）；凝固点约 5℃，在 10℃以下可能结晶；沸点大于 358℃（DCS 方法），高温时能自聚，分解温度大于 230℃。

国家标准 GB 13658—1992《多亚甲基多苯基异氰酸酯》规定的 PAPI 产品一等品理化性能为：外观棕色液体，NCO 质量分数 30.0%～32.0%，酸度（以 HCl 质量分数计）≤0.2%，水解氯含量≤0.3%，密度（25℃）1.220～1.250g/cm³，黏度（25℃）100～400mPa·s。

PAPI 分子中含有多个刚性苯环，并且具有较高的平均官能度，制得的聚氨酯制品较硬。固化速率较低官能度的 MDI 和 TDI 快。PAPI 主要用于制备硬质聚氨酯泡沫塑料、半硬质聚氨酯泡沫塑料、模塑高回弹泡沫塑料、胶黏剂等的原料，还用于铸造工业中自硬砂树脂等。高官能度、低酸值的 PAPI 一般用于快速固化体系，也可用于涂料等。

3.2.4.2 液化 MDI

纯 MDI 常温下是固体，使用不方便。4,4'-MDI 在贮存过程中，还容易产生二聚物，贮存稳定性差。在使用之前必须加热熔化成液体才可使用。反复加热将影响 MDI 的质量，而且使操作复杂化。液化 MDI 是 20 世纪 70 年代发展起来的一种改性 MDI，它克服了以上缺点，可用于弹性体、胶黏剂、微孔聚氨酯制品等多种聚氨酯材料的制造，还可适用于制造特殊性能要求的自结皮聚氨酯模塑制品。

液化 MDI 简称 L-MDI、C-MDI。最常用的 MDI 液化技术是通过在 4,4'-MDI 中引入氨基甲酸酯或碳化二亚胺基团，得到液态的 MDI 改性物。

(1) 氨酯改性 MDI　将 MDI 和少量二醇混合反应，可制得氨酯改性 MDI。例如，按 NCO∶OH 摩尔比 10∶1 的投料比加入分子量为 600 的聚醚二醇，升温至 50～60℃，搅拌反应 5h 即可得到液化 MDI。如果二醇用量高，则得到半预聚体或 MDI 预聚体。

2 OCN—Ar—NCO ＋ HO—R—OH ⟶

2 OCN—Ar—NHCOO—R—OCONH—Ar—NCO

(2) 碳化二亚胺改性 MDI　进行碳化二亚胺改性是将 MDI 液化而同时保持改性物具有与 MDI 相近性质的一种重要方法。一般在微量有机膦催化剂的存在下，将纯 MDI 加热到一定温度后，MDI 自聚并放出二氧化碳，形成部分含碳化二亚胺基团（—N═C═N—）的液态混合物。产品中的碳化二亚胺质量分数一般在 10%～20% 之间。制备碳化二亚胺改性 MDI，典型的有机膦催化剂是 1-苯基-3-甲基-1-亚磷基氧化物。反应结束后必须除去混合物中氧化膦催化剂，可加入失活剂如路易斯酸、磺酸酯和磷卤化物等使催化剂失活。碳化二亚胺改性的 MDI 溶液在冷却和贮存过程中，MDI 的 NCO 加成到碳化二亚胺基团上，生成三异氰酸酯官能度的脲酮亚胺（反应式如下），因此这种改性 MDI 的平均官能度通常为 2.15～2.20，NCO 含量通常为 28%～31%。

$$2\ OCN-\phi-CH_2-\phi-NCO \xrightarrow{\text{氧化膦催化剂}}$$

$$OCN-\phi-CH_2-\phi-N=C=N-\phi-CH_2-\phi-NCO + CO_2$$

$$\downarrow MDI$$

（脲酮亚胺）

碳化二亚胺与异氰酸酯反应生成脲酮亚胺的反应是可逆反应，在高于 90℃下，脲酮亚胺结构可分解为碳化二亚胺和异氰酸酯。

若需制备低官能度的碳化二亚胺改性 MDI，即不含酮亚胺结构的、官能度约为 2 的碳亚胺改性 MDI，可加入特殊物质抑制 MDI 与碳化二亚胺发生加成反应。

碳化二亚胺改性的 MDI 是重要的液化 MDI 产品，这种液化 MDI 具有低黏度，并且 NCO 含量也与纯 MDI 接近。另外碳化二亚胺基团还增进聚氨酯制品的耐水解性能。

实例：340g 二苯基甲烷二异氰酸酯（熔点 37～41℃，含 4,4′-MDI 90%、2,4′-MDI 10%）与 5g 磷酸三乙酯加热到 200℃，搅拌 25min 后，反应物料冷却至室温（25℃），放置 48 h。将少量固体物过滤掉，清澈透明的滤液即为液化 MDI，于 25℃放置 8 周也无固态物析出。

不同厂家、不同改性方法得到的产品物性各有不同。烟台万华聚氨酯股份有限公司的液化 MDI 产品是碳化二亚胺-脲酮亚胺改性 MDI，其中牌号 Wannate MDI-100HL 的是含高效催化剂的液化 MDI，Wannate MDI-100LL 是含低效催化剂的液化 MDI。这两种碳化二亚胺改性的液化 MDI 的 NCO 质量分数均在 28%～30% 范围，外观均为淡黄色液体，黏度 25～60mPa·s，凝固点不大于 15℃，密度（25℃）均在 1.21～1.23g/cm^3，酸分（以 HCl 质量分数计）不大于 0.04%。平均官能度略大于 2.0。MDI-100LL 比 MDI-100HL 贮存稳定，但颜色稍深。

除此之外，可在 MDI 制造过程通过增加 2,4′-MDI 比例而使 MDI 成为液态（可见"二苯基甲烷二异氰酸酯"条目），或者在 MDI 中掺混 TDI，形成低凝固点的混合二异氰酸酯。

液化 MDI 使用方便、贮存稳定，以 MDI 为基本组分，可用于高性能微孔聚氨酯弹性体、喷涂弹性体涂层、冷熟化模塑软泡、高回弹 PU 软泡、自结皮泡沫塑料和半硬泡制品的制造，包括：鞋底、实芯轮胎、汽车保险杠、挡泥板、减震器、阻流板、方向盘、坐垫、座椅头枕、扶手、内饰件等。还应用于胶黏剂、喷涂聚脲和聚氨酯脲、涂料、织物涂层等的制造。使用前必须搅匀。如因低温或久放而产生部分结晶，可于60～70℃下熔化，搅拌均匀后使用。

3.2.5 其他二异氰酸酯

3.2.5.1 二环己基甲烷二异氰酸酯

4,4′-二环己基甲烷二异氰酸酯又称氢化MDI，简称$H_{12}MDI$、HMDI、DMDI。$H_{12}MDI$分子式为$C_{15}H_{22}N_2O_2$，分子量为262.35。

结构式：

$$OCN-\underset{}{\bigcirc}-CH_2-\underset{}{\bigcirc}-NCO$$

$H_{12}MDI$在室温下为无色至浅黄色液体，有刺激性气味，不溶于水，溶于丙酮等有机溶剂。对湿气敏感，与含活性氢的化合物起反应。在温度低于25℃可能会结晶。$H_{12}MDI$的物性及质量指标见表3-6。

■表3-6 $H_{12}MDI$的物性及质量指标

项 目	指标	项 目	指标
外观	无色液体	闪点(COC开杯)/℃	约201
NCO质量分数/%	31.8～32.1	蒸气压(25℃)/Pa	0.002
黏度(25℃)/mPa·s	约30	蒸气压(150℃)/Pa	53
沸点(106Pa)/℃	160～165	纯度/%	≥99.5
沸点(1.33kPa)/℃	206	色度(Hazen)	≤30
凝固点/℃	10～15	水解氯/(mg/kg)	≤10
相对密度(25℃)	约1.07	酸度/(mg/kg)	≤10
折射率(25℃)	1.496	总氯/(mg/kg)	≤1000

注：产品指标以Bayer公司的Desmodur W的指标为主。

$H_{12}MDI$的合成方法与MDI相似，也是以4,4′-二氨基二苯基甲烷为原料，不同的是在光气化前把MDA的苯环在钌系催化剂存在下，于溶剂中进行高温催化加氢制得4,4′-二氨基二环己基甲烷，然后再经过光气化反应制得$H_{12}MDI$。MDA的加氢产物有几种，包括3种顺-反式异构体和多环多胺低聚物，可通过蒸馏的方法分离HMDA。

也可用MDI得到的氨基甲酸二甲酯进行氢化，得到含亚环己烷环的氨基甲酸二甲酯，再在290℃热解、减压蒸馏，得到$H_{12}MDI$，得率72%左右。也可由封闭MDI进行苯环加氢，得到封闭型$H_{12}MDI$。

美国DuPont公司最早开发生产的$H_{12}MDI$牌号为Hylene W，现已归属Bayer公司生产，牌号Desmodur W。德国Hüls公司早期生产$H_{12}MDI$，现归德国Evonik Degussa公司，产品牌号为Vestanat $H_{12}MDI$。

$H_{12}MDI$在化学结构上与4,4′-二苯基甲烷二异氰酸酯相似，以环己基取代苯环，属脂环族二异氰酸酯。用它可制得不黄变的高性能聚氨酯材料，特别适合于生产聚氨酯弹性体、水性聚氨酯、织物涂层和辐射固化聚氨酯-

丙烯酸酯涂料，除了优异的力学性能，还赋予制品杰出的耐水解性和耐化学品性能。

3.2.5.2 萘二异氰酸酯

萘-1,5-二异氰酸酯简称 NDI，分子式为 $C_{12}H_6O_2N_2$，分子量为 210.19。结构式：

NDI 是片状结晶固体，其典型物性及质量指标见表 3-7。

■表 3-7 NDI 的典型物性及质量指标

项 目	指标	项 目	指标
外观	白色固体	闪点/℃	155 或 192
NCO 质量分数/%	40.8±1.0	蒸气压(20℃)/Pa	<0.001
熔点/凝固点/℃	126~130	比热容(25℃固态)/[J/(g·K)]	1.064
沸点/℃		折射率(130℃)	1.4253
5×133.3Pa	167	纯度/%	99.0
10×133.3Pa	183	水解氯/%	≤0.01
密度(20℃)/(g/cm³)	1.42~1.45	总氯/%	≤0.1

日本三井化学株式会社的 NDI 产品（牌号 Cosmonate ND）的水解氯含量 0.004%~0.008%。Bayer 公司的 NDI 产品牌号为 Desmodur 15。

NDI 是用萘与硝酸经两次硝化制得二硝基萘，再还原得二氨基萘，再经光气化制得。近年来一般用氯甲酸三氯甲酯（双光气，TCF）或二（三氯甲基）碳酸酯（BTC，三光气）代替光气合成 NDI 等。

NDI 是高熔点芳香族二异氰酸酯，具有刚性芳香族萘环结构，用于制造高弹性和高硬度的聚氨酯弹性体。因为熔点高，制造聚氨酯弹性体的方法比较特殊。其预聚体不能稳定贮存。

用 NDI 制成的浇注型弹性体特别是微孔聚氨酯弹性体具有优异的动态特征和耐磨性，且阻尼小、回弹性高、内生热少、永久变形小，可应用于高动态载荷和耐热场合，微孔聚氨酯主要用于汽车减震缓冲部件。用 NDI 制成的模压聚氨酯制品具有同样优异的性能。

3.2.5.3 对苯二异氰酸酯

对苯二异氰酸酯别名 1,4-苯二异氰酸酯、亚苯基-1,4-二异氰酸酯、对亚苯基二异氰酸酯，简称 PPDI、p-PDI。其分子式为 $C_8H_4N_2O_2$，分子量为 160.13。

结构式：

PPDI 为白色片状固体，不溶于水，部分溶于丙酮、乙酸乙酯等有机溶剂。熔化时有升华现象。PPDI 的典型物性见表 3-8。

■表 3-8　对苯二异氰酸酯产品的典型物性

项目	指标	项目	指标
外观	白色至浅黄色固体	黏度(100℃)/mPa·s	1.1
NCO 质量分数/%	52.5	蒸气压(20℃)/Pa	0.27
相对密度(100℃)	1.17	蒸气压(95℃)/Pa	676
熔点/℃	94	熔化热/(J/kg)	184
沸点(3.3kPa)/℃	110~112	闪点(闭杯)/℃	120
沸点(101kPa)/℃	260	松装密度/(g/cm³)	0.64

对苯二异氰酸酯是由对苯二胺为原料，进行光气化反应而生产。

可用氯甲酸三氯甲酯（双光气，TCF）或二（三氯甲基）碳酸酯（BTC，三光气）代替光气合成这类特种多异氰酸酯。

PPDI 是一种特种二异氰酸酯，它具有紧凑而对称的分子结构，在聚氨酯中形成紧密的硬段和产生高度的相分离，使得聚氨酯具有优异性能。PPDI 主要用于特殊浇注型及热塑性聚氨酯弹性体的生产。PPDI 制造聚氨酯弹性体，一般用二醇扩链。制得的弹性体具有优良的动态力学性能、力学性能、回弹性、耐磨性、耐屈挠疲劳性、耐热性、耐湿热性、耐溶剂性，以及在较高温度下的低压缩变形性能，可在 135℃ 连续使用，这些性能比 MDI/BDO 体系和 TDI/MOCA 体系弹性体要好得多。动态力学性能比 NDI 性聚氨酯弹性体更佳。应用领域包括：湿热环境、油性环境使用的部件，需耐磨、耐撕裂的场合、动力驱动重复运动的部件，如密封圈和密封垫、水泵皮线、油田设备材料、动力联轴节、传送带、减震器、辊及承载轮等。聚氨酯弹性体应用市场还包括：电动工具、采矿业、汽车、体育用品和办公设备。

但 PPDI 熔点较高，而且在高于 100℃ 的熔融状态下易生成二聚体和三聚体，所以在合成预聚体时应将 PPDI 固体加到温度 70~80℃ 的液体多元醇中，剧烈搅拌使其溶解并参加反应。

3.2.5.4　苯二亚甲基二异氰酸酯

苯二亚甲基二异氰酸酯简称 XDI。苯二亚甲基二异氰酸酯工业产品主要是纯 m-XDI（间苯二亚甲基二异氰酸酯），也有 70%~75% m-XDI+30%~25% p-XDI 的异构体混合物。

XDI 分子式为 $C_{10}H_8N_2O_2$，分子量为 188.19。

结构式：

m-XDI　　　　　　　o-XDI　　　　　　　p-XDI

m-XDI 是无色透明液体，凝固点约为 -7℃，沸点（1.6 kPa）为 159~162℃；p-XDI 的凝固点为 45~46℃，沸点（1.6 kPa）为 165℃。

常温下 XDI（异构体混合物）是无色透明液体。XDI 易溶于苯、甲苯、乙酸乙酯、丙酮、氯仿、四氯化碳、乙醚，难溶于环己烷、正乙烷、石油醚。混合 XDI 产品的典型物性见表 3-9。

■表 3-9 混合苯二亚甲基二异氰酸酯产品的典型物性

项　　目	指标	项　　目	指标
间位异构体含量/%	70~75	折射率(20℃)	1.429
对位异构体含量/%	30~25	表面张力(30℃)/(mN/m)	37.4
NCO 质量分数/%	44.7	沸点(6×133.32Pa)/℃	151
凝固点/℃	5.6	沸点(10×133.32Pa)/℃	161
密度(20℃)/(g/cm^3)	1.202	黏度(20℃)/mPa·s	4
蒸气压(20℃)/Pa	0.8	闪点/℃	185

工业上合成 XDI，可直接采用混合二甲苯（间位/对位约为 70/30）为原料，在 370~500℃、39~206kPa 下经空气氨氧化成苯二腈，然后加压氢化成苯二亚甲基二胺异构体混合物，再经光气化制得 XDI。

XDI 的蒸气压较低、反应活性较高。由于分子结构中异氰酸酯基团不直接与苯环相连而被亚甲基（—CH$_2$—）相隔，防止了苯环与异氰酸酯基之间产生共振现象，使得 XDI 及其聚氨酯制品对光稳定，不变黄。可用于聚氨酯涂料、弹性体、皮革、胶黏剂等。

3.2.5.5　二甲基联苯二异氰酸酯

二甲基联苯二异氰酸酯简称 TODI。化学名称：3,3′-二甲基-4,4′-联苯二异氰酸酯。别名：邻联甲苯二异氰酸酯，二甲基联苯二异氰酸酯等。分子式为 C$_{16}$H$_{12}$N$_2$O$_2$，分子量为 264.28。

结构式：

$$\text{OCN} - \underset{CH_3}{\underset{|}{\bigcirc}} - \underset{CH_3}{\underset{|}{\bigcirc}} - \text{NCO}$$

TODI 常温下为白色固体颗粒，工业品纯度 99.0% 以上，熔点 70~72℃，沸点（667 Pa）195~197℃，相对密度（80℃）1.197，闪点（COC 开杯）218℃。不溶于水，可与水缓慢反应。溶于丙酮、四氯化碳、煤油、苯、氯苯等。NCO 含量约 31.8%。

TODI 分子内两个苯环具有对称结构，由于邻甲基的位阻效应，反应活性比 TDI 和 MDI 小。用 TODI、低聚物多元醇和 MOCA 制备的聚氨酯弹性体与 NDI 弹性体具有相似的物性，如具有优异的耐热性、耐水解性和力学性能。TODI 制得的预聚体可稳定贮存一定时间，并且由于其釜中寿命（适用期）较长，比 NDI 型弹性体体系操作方便。

TODI 可用于许多领域，包括：密封件（防油密封、活塞环、水封等），汽车部件（格栅、减震器、车顶、车门、车窗等），工业传送带、辊和脚轮，电子行业涂层剂，医疗用品（人工器官等）。

3.2.5.6　1,4-环己烷二异氰酸酯

1,4-环己烷二异氰酸酯别名 1,4-二异氰酸酯基环己烷，简称 CHDI。分子式为 $C_8H_{10}N_2O_2$，分子量为 166.18。

结构式：

$$OCN-\bigcirc-NCO$$

其工业产品是反式 CHDI，常温下为白色蜡状固体，不溶于水。它不易形成二聚体，所以在隔绝空气和潮气的环境下它的稳定性较 PPDI 好。反式环己烷二异氰酸酯产品的典型物性见表 3-10。

■表 3-10　反式环己烷二异氰酸酯产品的典型物性

项目	指标	项目	指标
外观	白色固体	蒸气压(20℃)/Pa	<0.8
NCO 质量分数/%	50.5	蒸气压(60℃)/Pa	40
熔点/℃	60	闪点(闭杯)/℃	>99
沸点(101 kPa)/℃	260	相对密度(70℃)	1.116

DuPont 公司的 Hylene CHDI 产品是反式 CHDI，纯度≥99.0%，顺式 1,4-CHDI（cis-CHDI）含量≤0.5%，含氯单异氰酸酯含量≤0.10%，对苯二异氰酸酯≤50mg/kg，甲苯不溶物≤0.5%，水解氯≤200mg/kg。

制 CHDI 方法是，由对苯二胺催化加氢制得 70% 反式和 30% 顺式 1,4-环己烷二胺（CHDA）异构体的混合物，再进行光气化反应，制得 CHDI。另一种制法是，用对苯二甲酸二甲酯或其他对苯二甲酸酯加氢，得到环己烷-1,4-二甲酸甲酯（或乙酯等），再热解制备 CHDI。

CHDI 是一种特种二异氰酸酯，它具有紧凑而对称的分子结构，在聚氨酯中形成紧密的硬段。基于 CHDI 的聚氨酯弹性体具有优异的高温动态力学性能（低的热滞后性能）、光和色稳定性、耐溶剂性和耐磨性以及耐水解性能，软化温度可高达 270℃，玻璃温度可低至约 -80℃。这类聚氨酯弹性体特别适合于湿热环境、油性环境、需耐磨和耐撕裂的场合。主要用于有动态性能和生物稳定性能要求的医用聚氨酯弹性体，其他应用包括用于汽车、采矿、工业及医疗装置的密封件、传送带、软管、涂层和薄膜。

3.2.5.7　四甲基间苯二亚甲基二异氰酸酯

四甲基间苯二亚甲基二异氰酸酯简称 TMXDI、m-TMXDI。别名：四甲基间二亚甲苯基二异氰酸酯，1,3-双（1-异氰酸酯基-1-甲基乙基）苯。分子式为 $C_{14}H_{16}N_2O_2$，分子量为 244.29。

结构式：

四甲基苯二亚甲基二异氰酸酯有间位和对位两种异构体，其中 m-TMXDI 已有工业化生产，p-TMXDI 未见工业化产品。

m-TMXDI 常态为无色液体，凝固点-10℃。溶于大多数极性有机溶剂，微溶于脂肪烃。不溶于水，能与水、醇、胺反应。m-TMXDI 产品的典型物性见表 3-11。

■表 3-11　四甲基间苯二亚甲二异氰酸酯产品的典型物性

项目	指标	项目	指标
外观	无色液体	沸点(101kPa)/℃	约 320
NCO 含量/%	34.4	沸点(667Pa)/℃	150
密度(25℃)/(g/cm^3)	1.07	沸点(67Pa)/℃	105
黏度(20℃)/mPa·s	9	闪点(闭杯)/℃	153
黏度(0℃)/mPa·s	25	蒸气压(25℃)/Pa	0.4
凝固点/℃	-10	折射率(20℃)	1.511

美国 Cytec 工业公司的 m-TMXDI 产品牌号为 TMXDI(META)。

TMXDI 的合成，文献上介绍得最多的是由四甲基苯二亚甲基二氯与异氰酸钠为原料制得。TMXDI 还可由间二异丙烯基苯与异氰酸反应得到。另一种方法是，间二异丙烯基苯（m-DIPEB）与乙氨基甲酸乙酯反应，生成二氨基甲酸乙酯。这种二氨基甲酸乙酯产物热解，就生成 TMXDI 和间异烯丙基二甲基亚甲基异氰酸酯（TMI）。

四甲基苯二亚甲基二异氰酸酯的分子结构是 XDI 的两个亚甲基上的氢原子以甲基取代，NCO 基团在与苯环相连的亚甲基上，不与芳环键共轭，因此，它具有脂肪族和芳香族两者的特点，制得的弹性体柔软，具有较高的强度、黏附力、外观、柔韧性和耐久性。

甲基取代了氢原子以后，提高了耐紫外线老化性和水解稳定性，减弱了氢键作用，使聚氨酯的伸长率增加，而且由于 TMXDI 的两个 NCO 基团是叔位 NCO，立体位阻影响，使 NCO 的反应活性减弱。低反应活性使其可在较高温度乳化，并且较低的预聚体黏度，特别适合于制备水性聚氨酯而无需加入有机溶剂。它可用于生产无溶剂水性聚氨酯胶黏剂和涂料，包括水性聚氨酯汽车底漆、水性塑料涂层和木器漆、水性油墨、低热活化温度水性聚氨酯胶黏剂、覆膜层压胶黏剂和水性聚氨酯皮革涂饰剂等。

TMXDI 还可用于制备封闭型异氰酸酯，并进一步配制单组分热固化涂料。叔位异氰酸酯的解封温度比伯位、仲位异氰酸酯的低 10~15℃。

3.2.5.8 三甲基-1,6-六亚甲基二异氰酸酯

三甲基-1,6-六亚甲基二异氰酸酯工业产品是 2,2,4-及 2,4,4-三甲基-1,6-六亚甲基二异氰酸酯混合物，质量比约 1∶1。简称 TMHDI、TMDI、TMHMDI。

分子式为 $C_{11}H_{18}N_2O_2$，分子量为 210.28。

结构式：

$$\text{OCN—CH}_2\text{—}\underset{\underset{\text{CH}_3}{|}}{\overset{\overset{\text{CH}_3}{|}}{\text{C}}}\text{—CH}_2\text{—CH—CH}_2\text{CH}_2\text{NCO}$$

$$\text{OCN—CH}_2\text{—}\underset{}{\overset{\overset{\text{CH}_3}{|}}{\text{CH}}}\text{—CH}_2\text{—}\underset{\underset{\text{CH}_3}{|}}{\overset{\overset{\text{CH}_3}{|}}{\text{C}}}\text{—CH}_2\text{CH}_2\text{NCO}$$

TMHDI 为无色或浅黄色液体，有刺激性气味。其产品的典型物性见表 3-12。

■表 3-12　三甲基-1,6-六亚甲基二异氰酸酯产品的典型物性

项　目	指标	项　目	指标
NCO 质量分数/%	39.7～40.0	闪点(闭杯)/℃	148
相对密度(20℃)	1.010～1.016(1.012)	蒸气压(20℃)/Pa	0.12～0.27
折射率(20℃)	1.461～1.462	蒸气压(50℃)/Pa	2.7
沸点(13.3 kPa)/℃	149	纯度/%	≥99.5
黏度(25℃)/mPa·s	5～8	总氯/(mg/kg)	≤10
凝固点/℃	约-80	色度(APHA)	≤10

注：主要参考 Evonic Degussa 公司的 Vestanat TMDI 产品说明书。

工业上制 TMHDI，是将异佛尔酮加氢还原，得顺式、反式三甲基环己醇，然后再用硝酸氧化生成二羧酸的混合物。混合物经氨化、脱水、氢化后生成相应的二胺，经光气化反应制得 TMHDI。

TMHDI 用于生产耐光性和耐候性聚氨酯。与环脂族二异氰酸酯相比，可得到低黏度预聚体。以 TMHDI 为基础的聚氨酯具有良好的柔韧性、相容性。TMHDI 用于生产涂料用预聚体，应用领域包括：热固化体系、水性聚氨酯和辐射固化聚氨酯-丙烯酸酯。

TMHDI 的反应活性比芳香族异氰酸酯的低，可用 0.001%～0.01%的二月桂酸二丁基锡催化。

3.2.5.9　环己烷二亚甲基二异氰酸酯

环己烷二亚甲基二异氰酸酯化学名称为：二（异氰酸酯基甲基）环己烷，简称 HXDI、H_6XDI、H6XDI，别名氢化 XDI 等。

分子式为 $C_{10}H_{14}N_2O_2$，分子量为 194.23。

它有两种异构体：1,3-二（异氰酸酯甲基）环己烷和 1,4-二（异氰酸酯甲基）环己烷，即间二（异氰酸酯甲基）环己烷和对二（异氰酸酯甲基）环己烷。工业化产品一般是 m-HXDI。

结构式：

将苯二甲胺（也是生产 XDI 的中间体，一般是间苯二甲胺）氢化成环

己烷二甲胺，再进行光气化，可制得环己烷二亚甲基二异氰酸酯。

日本三井化学株式会社 m-HXDI 产品牌号为 Takenate 600，为无色透明液体，凝固点－50℃，相对密度（25℃）约 1.101，蒸气压（98℃）53Pa，黏度约 6 mPa·s，闪点 150℃，折射率（20℃）1.485。其纯度 99.5％以上，水解氯 0.1％以下，NCO 质量分数 43.3％。

HXDI 是一种环脂族二异氰酸酯，可进一步改善 XDI 型聚氨酯的耐黄变性。以 HXDI 为二异氰酸酯原料，制得的聚氨酯无黄变，具有强韧性。可用于制造各种耐光聚氨酯涂料、弹性体、胶黏剂等。

3.2.5.10 降冰片烷二异氰酸酯

降冰片烷二异氰酸酯化学名称：2,5(2,6)-二（异氰酸酯甲基）二环[2.2.1]庚烷。别名：降莰烷二异氰酸酯，降冰片烯二异氰酸酯。简称 NBDI。分子式为 $C_{11}H_{14}N_2O_2$，分子量为 206.27。

结构式：

工业品是 2,5-NBDI 和 2,6-NBDI 异构体的混合物。

NBDI 为无色至微黄色透明低黏度液体，有轻微的特殊气味。常温下的蒸气压比 TDI 和 HDI 低。沸点 135℃（266Pa）或 159℃（800Pa），凝固点＜－30℃，闪点（COC）172℃。黏度（25℃）约 9.0 mPa·s，相对密度 1.14～1.15（20℃）或 1.07（25℃）。NCO 质量分数约 40.8％。

日本三井化学株式会社的 Cosmonate NBDI 产品，纯度 99.5％以上，水解氯 0.03％以下，色度（APHA）10 以下。

NBDI 是一种新型的环脂族二异氰酸酯，2 个异氰酸酯基团的活性相等，反应活性与 HDI 相似，比 IPDI 高。

由于 NBDI 分子中含刚性双环结构，与线型链结构的二异氰酸酯如 HDI 相比，制得的聚氨酯弹性体具有较高的热稳定性和硬度。NBDI 可用于生产光稳定、耐热及耐候性聚氨酯、聚脲及聚异氰脲酸酯树脂，它可以以预聚体、封闭型异氰酸酯、三聚体形式使用，主要用于涂料，具有无黄变、速干性、强韧性和耐药品性；也用于胶黏剂、密封材料、皮革涂层、浇注型聚氨酯弹性体。

3.2.6 二异氰酸酯衍生物

3.2.6.1 TDI 二聚体

TDI 二聚体又称 2,4-TDI 二聚体，因含脲二酮（uretidione）四元杂环，又称 TDI 脲二酮，产品简称 TD、TT。TDI 二聚体理论分子式为 $C_{18}H_{12}N_4O_3$，分子量为 348.3。

结构式：

它是白色至微黄色固体粉末，密度（20℃）1.48 g/cm^3，熔点＞145℃，在100℃以上缓慢分解，在干燥阴凉处可稳定贮存12个月。TDI二聚体的游离NCO含量理论值为24.1%。它不溶于水，微溶于甲苯（23℃、50℃和100℃溶解度分别为0.1%、3%和18%）。

德国朗盛集团莱茵化学莱脑有限公司，牌号为Addolink TT（前Bayer的Desmodur TT），纯度约98%，NCO含量约24%，游离TDI单体含量＜0.1%。美国TSE工业公司产品牌号为Thanecure T9。

TDI二聚体室温稳定，在130℃以下的温和反应条件，可用作二官能度异氰酸酯。而在145~150℃以上高温，或者在90℃以上强碱性催化剂存在下，二聚体在固化过程中解聚成2个TDI分子参加反应，反应活性基团增加一倍。在三烷基膦催化剂存在下，TDI二聚体可在80℃苯溶液中100%分解成TDI单体。

TDI二聚体早期主要用作混炼型聚氨酯弹性体高温硫化剂（固化剂、交联剂）。TDI二聚体中的NCO基团活性较低，加之TDI二聚体熔点较高，在贮存及混炼温度下几乎不参加反应，但在超过150℃的混炼胶硫化温度下，二聚体会分解生成两个TDI分子，具有很强的反应性，能赋予满意的交联效果。

TDI二聚体也可用于室温稳定的单组分聚氨酯弹性体、涂料、胶黏剂的高温交联剂。例如用于汽车密封件等，也可用于水性分散液，例如用于聚酯织物浸渍整理，还可用做硫化橡胶对织物（特别是聚酯纤维）的附着力促进剂。

3.2.6.2 TDI-TMP加成物

TDI-TMP加成物是甲苯二异氰酸酯与三羟甲基丙烷的加成物。

纯品分子式为C$_{33}$H$_{32}$O$_9$，分子量为656.6。

结构式：

纯 TDI-TMP 加成物是固体，为了方便操作，一般在制备时加入溶剂，并可用溶剂稀释，溶剂一般是乙酸乙酯、乙酸丁酯、丙酮等。

表 3-13 为德国 Bayer 公司的 TDI 加成物产品的典型物性。

■表 3-13　德国 Bayer 公司的 TDI 加成物产品的典型物性

Desmodur 牌号	固含量 /%	NCO 含量 /%	黏度(23℃) /mPa·s	相对密度 (20℃)	闪点 /℃	溶剂
L 67 BA	67±2	11.9±0.4	600±200	1.14	30	乙酸丁酯
L 67 MPA/X	67±2	11.9±0.4	1600±400	1.15	40	混合溶剂
L 75	75±2	13.3±0.4	1600±400	1.17	5	乙酸乙酯
L 1470	70±1	9.5~10.0	1700~2140	1.14	1	乙酸乙酯
CB 55N	55±2	9.4~10.2	≤700	1.03	−3	甲乙酮
CB 601N	60±2	10.0~11.0	170~600	1.15	45	MPA
CB 60N	60±2	10.3~11.3	130~430	1.13	28	混合溶剂
CB 72N	72±2	12.3~13.3	1200~1800	1.12	51	甲戊酮
CB 75N	75±2	12.5~13.5	650~1650	1.17	7	乙酸乙酯

注：固体分树脂中游离 TDI 质量分数小于 0.7%，溶剂型产品游离 TDI 低于 0.5%。L 67 MPA/X 的溶剂为丙二醇单甲醚乙酸酯/二甲苯 (1/1)，CB 60N 的溶剂为丙二醇单甲醚乙酸酯/二甲苯 (5/3)。

TDI-TMP 加成物是国内外最常用的芳香族多异氰酸酯固化剂，广泛用于各种双组分聚氨酯涂料（例如家具漆、地板清漆、金属漆、塑料涂料等）、胶黏剂（通用型聚氨酯胶黏剂、食品包装软塑复合胶黏剂、纸塑复合）等。TDI-TMP 加成物也可与低羟值聚酯二醇反应，制备单组分湿固化聚氨酯涂料。

3.2.6.3　IPDI 三聚体

不含溶剂的 IPDI 三聚体是固体。IPDI 三聚体产品的固含量一般是 70%，为浅黄色透明液体，NCO 质量分数在 12% 左右。例如，德国 Evonik Degussa 公司 Vestanat T 1890/100 为 100% 固含量，熔程在 100~115℃，松装密度 0.6g/cm³，其余 T 1890 系列产品固含量为 (70±1)%，含不同溶剂，NCO 质量分数 (12.0±0.3)%，游离 IPDI 含量均小于 0.5%。IPDI 三聚体的基本反应活性低于线型脂肪族二异氰酸酯。

IPDI 三聚体产品是 IPDI 的三聚体及少量多聚体的混合物，它含异氰脲酸酯基团，是环脂族多异氰酸酯，平均官能度在 3~4 之间。属于不黄变的多异氰酸酯交联剂。溶剂可以是乙酸丁酯、甲苯、二甲苯、丙二醇单甲醚乙酸酯等及其混合溶剂。主要用于基于含羟基聚酯、丙烯酸酯、柔性中等油度或短油度醇酸树脂以及双组分聚氨酯漆的交联剂。与合适的多元醇结合，可得到具有优异耐候性和耐光（不黄变）性的涂料。在基于线型脂肪族异氰酸酯的双组分聚氨酯涂料中加入部分 IPDI 三聚体，可改善干燥性、表面硬度、适用期和耐环境腐蚀性能。IPDI 三聚体也用于聚氨酯胶黏剂的交联剂，还用于生产封闭型多异氰酸酯或聚氨酯，IPDI 溶液产品可用于水性聚氨酯交联剂。

3.2.6.4 其他二异氰酸酯衍生物

HDI 三聚体、HDI 缩二脲等主要用于涂料交联剂，请参见聚氨酯涂料一章。三异氰酸酯参见聚氨酯胶黏剂和密封胶一章。

3.3 聚酯多元醇

聚酯多元醇包括常规聚酯多元醇、聚己内酯多元醇和聚碳酸酯二醇，它们含酯基（COO）或碳酸酯基（OCOO），常规聚酯多元醇是由二元羧酸与二元醇等通过缩聚反应得到的产物。

3.3.1 聚酯多元醇的原料

聚酯多元醇的主要原料是多元醇和二元羧酸。多元醇包括二元醇、三元醇，乙二醇（EG）、一缩二乙二醇（二甘醇，DEG）、1,2-丙二醇（1,2-PG）、1,4-丁二醇（BDO）、新戊二醇（NPG）、2-甲基丙二醇（MPD）等是聚酯多元醇合成中最常用的二元醇，1,6-己二醇（HDO）等二醇也用于合成聚酯二醇。三羟甲基丙烷（TMP）、丙三醇（甘油）也可少量用于聚酯多元醇的合成，起调节支化度的作用，使聚酯的羟基官能度大于 2。常用二元醇的典型物性见表 3-14。

■表 3-14 聚酯合成中常用的二元醇原料的典型物性

二醇简称	EG	1,2-PG	DEG	NPG	BDO	MPD	HDO
分子量	62.1	76.1	106.1	104.1	90.1	90.1	118
熔点/℃	-13	-60	-7	125	20	-54	43
沸点/℃	196	188	245	208	229	212	250
黏度(25℃)/mPa·s	17	46	36(20℃)	—	70	168	—
密度/(g/mL)	1.11	1.035	1.12	—	1.017	1.02	—
羟基性质	2伯	1伯1仲	2伯	2伯	2伯	2伯	2伯

原则上含伯羟基或仲羟基的脂肪族二醇都可用于聚酯合成，除上述常用二醇外，还有 1,3-丁二醇、1,3-丙二醇、1,5-戊二醇、3-甲基-1,5-戊二醇、2,4-二乙基-1,5-戊二醇、2,2,4-三甲基-1,3-戊二醇、一缩二丙二醇、1,4-二羟甲基环己烷、1,4-环己二醇、羟基新戊酸羟基新戊醇单酯、2-丁基-2-乙基-1,3-丙二醇、2-乙基-1,3-己二醇、十二碳二醇、十二碳环烷二醇、三环十二碳伯羟基二醇等。

在这些二元醇中，偶数碳原子的二元醇（如 1,4-丁二醇、1,6-己二醇）与己二酸制得的聚酯二醇结晶性较高，多用于要求有高初粘接强度的聚氨酯胶黏剂以及高强度弹性体的生产。带侧基的二醇如新戊二醇、3-甲基-1,5-戊二醇、2,4-二乙基-1,5-戊二醇、2,2,4-三甲基-1,3-戊二醇等制备的聚酯二醇具有较好的柔韧性和耐水解性。

瑞典 Perstorp 公司生产的多元醇 NS20 是由新戊二醇与环氧丙烷以 1∶2 的摩尔比合成的二元醇，分子量 220，羟值 480～530mg KOH/g，典型黏度 170mPa·s，用作合成聚酯多元醇的原料。日本可乐丽公司利用该公司生产的 3-甲基-1,5-戊二醇为原料，生产系列化的聚酯二醇及聚酯三醇。由于不少二元醇成本较高，实际上用于聚酯二醇生产的不多。

在聚酯合成中最常用的二元羧酸是己二酸，价格较高的癸二酸也少量用于合成有耐水解要求的特殊聚酯二醇。对苯二甲酸、邻苯二甲酸酐、间苯二甲酸是合成芳香族聚酯多元醇常用的原料。特殊的聚酯多元醇也可采用少量偏苯三酸酐，以形成一定的支化度。

可用于聚酯合成的二元羧酸（酐、酯）还有丁二酸、戊二酸、壬二酸、十二碳二酸、1,4-环己烷二甲酸、二聚酸、混合二酸等。表 3-15 为部分二酸（酐/酯）的熔点、分子量等参数。

■表 3-15　部分二元酸（酐/酯）的熔点、分子量等参数

二元酸(酐)名称	CAS 编号	分子量	熔点/℃
丁二酸	110-15-6	118.09	190
戊二酸	110-94-1	132.12	99
己二酸	124-04-9	146.14	152
庚二酸	111-16-0	160.17	106
辛二酸	505-48-6	174.20	143
壬二酸	123-99-9	188.22	106
癸二酸	111-20-6	202.25	134
十二烷二酸	693-23-2	230.3	128
对苯二甲酸	100-21-0	166.13	300 升华
间苯二甲酸	121-91-5	166.13	347 升华
邻苯二甲酸	88-99-3	166.13	230
苯酐	85-44-9	148.12	130.5
对苯二甲酸二甲酯	120-61-2	194.18	141
1,4-环己烷二甲酸	1076-97-7	172.2	167

3.3.2　聚酯多元醇的生产方法和物料计算

3.3.2.1　聚酯多元醇的生产方法

聚酯的合成分两个主要阶段。第一阶段是把二元羧酸、二元醇（及微量催化剂）加入反应器中，在 140～220℃进行酯化和缩聚反应，控制分馏塔（柱）顶温度在 100～102℃，常压蒸除生成的绝大部分的副产物水后，200～230℃保温 1～2h，此时酸值一般已降低到 20～30mg KOH/g。第二阶段抽真空，并逐步提高真空度，减压除去微量水和多余的二醇化合物，使反应向生成低酸值聚酯多元醇的方向进行，可称为"真空熔融法"；也可持续通入氮气等惰性气体以带出水，称为"载气熔融法"；还可以在反应体系中

加入甲苯等共沸溶剂，在甲苯回流时用分水器将生成的水缓慢带出，此法称为"共沸蒸馏法"。

另外，近年来已经研究出酶催化低温合成聚酯多元醇的技术，不过离工业化似乎还有一段距离。

3.3.2.2 聚酯多元醇生产中的物料计算

二元酸与二醇合成聚酯多元醇的反应式如下：

$$n\text{HOOC—R—COOH} + (n+1)\text{HO—R}'\text{—OH} \longrightarrow$$

$$\text{HO—R}'\!\!-\!\!\left(\text{O}-\overset{\overset{\text{O}}{\|}}{\text{C}}-\text{R}-\overset{\overset{\text{O}}{\|}}{\text{C}}-\text{OR}'\right)_{\!n}\!\!\text{OH} + 2n\text{H}_2\text{O}$$

据反应式可列出聚酯多元醇分子量与原料的配比关系式：

$$\overline{M}_n = nM_{\text{COOH}} + (n+1)M_{\text{OH}} - 2nM_{\text{H}_2\text{O}}$$

$$n = \frac{\overline{M}_n - M_{\text{OH}}}{M_{\text{COOH}} + M_{\text{OH}} - 2M_{\text{H}_2\text{O}}} \tag{3-1}$$

式中，$\overline{M}_n$ 为聚酯多元醇的分子量；M_{COOH} 为二元酸的分子量；M_{OH} 为二元醇的分子量；$M_{\text{H}_2\text{O}}$ 为水的分子量；n 为链节数（聚合度）或二元酸的物质的量数。

对于每一个 $\overline{M}_n$ 的设计值来说，都可求出对应的聚合度 n，而 $1/n$ 为醇的过剩率，即过剩二元醇的物质的量与二元酸物质的量之比。

[例1] 己二酸和1,4-丁二醇制备分子量为2000的聚酯多元醇，若己二酸的投料量100kg，求1,4-丁二醇的理论用量？

解：将已知量代入式(3-1)得：

$$n = \frac{\overline{M}_n - M_{\text{OH}}}{M_{\text{COOH}} + M_{\text{OH}} - 2M_{\text{H}_2\text{O}}} = \frac{2000 - 90}{146 + 90 - 2 \times 18} = 9.55$$

$$1,4\text{-丁二醇投料量} = 90 \times \frac{100}{146} \times \left(1 + \frac{1}{9.55}\right) = 68.1(\text{kg})$$

[例2] 己二酸与9:1（摩尔比）的乙二醇和1,2-丙二醇制备 $\overline{M}=2000$ 的聚酯。己二酸投料量为100kg，求乙二醇和丙二醇的理论用量及理论出水量？

解：将已知量代入式(3-1)得：

$$n = \frac{2000 - \dfrac{62 \times 9 + 76 \times 1}{9+1}}{146 + \dfrac{62 \times 9 + 76 \times 1}{9+1} - 2 \times 18} = 11.17$$

二元醇理论用量 $= 63.4 \times \dfrac{100}{146} \times \left(1 + \dfrac{1}{11.7}\right) = 47.31(\text{kg})$

其中　　　乙二醇用量 $= 62 \times \dfrac{47.31}{63.4} \times \dfrac{9}{10} = 41.64(\text{kg})$

丙二醇用量 $= 76 \times \dfrac{47.31}{63.4} \times \dfrac{1}{10} = 5.67(\text{kg})$

理论出水量 $= 2 \times \dfrac{100}{146} \times 18 = 24.66(\text{kg})$

由于高温下真空脱水要带出少量二元醇,所以二元醇的实际用量要比理论用量多,需视二元醇的沸点和生产工艺条件而定,一般过量5%左右。

3.3.3 主要聚酯多元醇品种和特点

3.3.3.1 常规聚酯多元醇及其改性聚酯

聚酯多元醇(polyester polyol)是聚酯型聚氨酯的主要原料之一,根据是否含苯环,可分为脂肪族多元醇和芳香族多元醇。其中脂肪族多元醇以己二酸系聚酯二醇为主。

(1) 己二酸系聚酯二醇 普通脂肪族聚酯多元醇实际上以聚酯二醇居多,一般是由己二酸(少量产品采用癸二酸)与乙二醇、丙二醇、1,4-丁二醇、一缩二乙二醇(即二甘醇)等二醇中的一种或两种(以上)缩聚而成。

采用混合二醇或混合二酸制得的聚酯结构式复杂,下面仅列出己二酸(AA)与乙二醇(或丁二醇等)所合成的聚酯二醇的结构式。

$$H{-}[O(CH_2)_aO{-}C{-}CH_2{-}_4C]_n{-}O(CH_2)_aOH$$

式中,$O(CH_2)_aO$ 表示小分子二醇链节,$a=2、3、4、6$等;$-CO(CH_2)_4CO-$ 表示己二酸链节。

根据原料组成的不同,聚酯二醇常温下为乳白色蜡状固体或无色至浅黄色黏稠液体。固态聚酯熔点范围一般在25~50℃,熔化后即为黏稠液体。微溶于水。聚酯酸值一般低于1.0mg KOH/g。

部分己二酸系传统聚酯二醇的技术指标见表3-16。

■表3-16 部分传统己二酸系聚酯二醇的技术指标

型号	分子量	羟值 /(mgKOH/g)	熔点 /℃	黏度(75℃) /mPa·s	其他温度下的典型黏度 /mPa·s	代表性牌号
PDA-1000	1000	97~117	<5	150~200	1500(25℃)	5100-1000
PDA-2000	2000	51~61	<5	750~950	8000(25℃)	POL-156
PEA-3000	3000	34~42	蜡状	1600~1800	—	PE-230
PEA-2000	2000	53~59	40~50	600~750	1300(60℃)	CMA-24
PEA-1000	1000	106~118	35~45	100~200	380(60℃)	CMA-1024
PBA-2000	2000	53~59	40~50	600~750	1300(60℃)	CMA-44
PBA-1000	1000	106~118	35~45	100~250	380(60℃)	CMA-1044
PBA-580	580	185~205	30~40	50~150	—	CMA-44-600
PHA-1000	1000	109~115	45~50	—	—	YA-7610
PHA-2000	2000	52~58	55~60	—	—	YA-7620
PHA-3000	3000	37~41	60~65	—	—	YA-7630
PEBA-2000	2000	53~59	25~35	700~900	4000(40℃)	CMA-244
PEBA-1500	1500	71~79	20~30	200~500	2000(40℃)	MX-785

续表

型号	分子量	羟值 /(mgKOH/g)	熔点 /℃	黏度(75℃) /mPa·s	其他温度下 的典型黏度 /mPa·s	代表性牌号
PEBA-1000	1000	106~118	20~30	100~300	800(40℃)	MX-355
PEDA-2000	2000	53~59	30~40	500~800	—	CMA-254
PEDA-2000B	2000	53~59	<5	500~750	—	MX-2016
PEDA-1500	1500	71~79	<5	200~500	1800(40℃)	MX-706
PETA-2000	2000	57~63	<0	1000~1600	—	MX-2325
PHNA-1500	1500	71~79	30~40	300~600	—	CMA-654
PEPA-2000	2000	53~59	50~60	500~800	—	ODX-218

常规命名中与英文缩写相对应，如聚己二酸乙二醇酯二醇（polyethylene adipate glycol）简称 PEA。第一个 P 代表"聚合"之意；最后一个字母或末位第二个 A 表示己二酸（AA）；I 代表间苯二甲酸；P 代表邻苯二甲酸；中间字母 E 代表乙二醇（EG）；D 代表二甘醇（DEG）；B 代表 1,4-丁二醇（BDO）；P 代表 1,2-丙二醇（PG）；H 代表 1,6-己二醇（HDO）；N 代表新戊二醇（NPG）；M 代表 2-甲基丙二醇（MPD）；T 代表三羟甲基丙烷（TMP）；G 代表甘油（Gly）。英文缩写后的数字代表聚酯的分子量。

聚酯型聚氨酯具有较多的酯基、氨酯基等极性基团，内聚强度和附着力强，具有较高的强度、耐磨性等性能。因此脂肪族聚酯二醇多用于生产浇注型聚氨酯弹性体、热塑性聚氨酯弹性体、微孔聚氨酯鞋底、PU 革树脂、聚氨酯胶黏剂、聚氨酯油墨和色浆、织物涂层等。由己二酸与 1,4-丁二醇、1,6-己二醇或乙二醇制得的聚酯二醇为蜡状固体，得到的聚氨酯弹性体结晶性强，初黏力大；由带侧基的二醇制得的聚酯如 PMA 和 PPA 常温呈液态，柔软，用于油墨、软革等，PMA 耐水解性较好。

另外，有部分低羟值、稍高酸值的聚酯多元醇以溶液形式供应，主要用于涂料。

（2）芳香族聚酯多元醇 芳香族聚酯多元醇（芳烃聚酯多元醇）即是含苯环的聚酯多元醇。一般是指以芳香族二元羧酸（或酸酐、酯）与二元醇（或及多元醇）为原料合成的聚酯多元醇。聚酯的原料一般是邻苯二甲酸酐（苯酐、PA）、对苯二甲酸（PTA）、间苯二甲酸（IPA）等，常用的二元醇原料是一缩二乙二醇（二甘醇、DEG），也可采用其他二醇等，加入少量三元醇可使聚酯多元醇分子有支链结构。

聚邻苯二甲酸一缩二乙二醇酯二醇的结构式如下：

$$HO\text{—}[\text{—}CH_2CH_2OCH_2CH_2O\text{—}CO\text{—}C_6H_4\text{—}CO\text{—}]_n\text{—}OCH_2CH_2OCH_2CH_2\text{—}OH$$

聚氨酯行业使用的芳香族聚酯多元醇产品，目前以苯酐聚酯多元醇为主。另外还有由涤纶聚酯废料、PTA 残渣等原料与一缩二乙二醇等原料通过酯交换反应制得对苯二甲酸聚酯多元醇，以及由对苯二甲酸、间苯二甲酸、己二酸、癸二酸等二元酸与乙二醇、二甘醇、新戊二醇等二元醇缩聚得到的中高分子量芳香族共聚酯二醇。

芳香族聚酯多元醇为淡黄色至棕红色黏性透明黏稠液体，性质稳定，略带芳香气味，无毒，无腐蚀性，不溶于水，与绝大多数有机物相溶性好，为非易燃易爆品。芳香族多元醇以聚酯二醇居多，官能度一般在2~3之间。芳香族聚酯二醇的黏度比同等分子量的脂肪族聚酯二醇的高。部分苯酐聚酯二醇的典型物性见表3-17。

■表3-17　部分苯酐聚酯二醇的典型物性

Stepanpol 牌号	组成	平均分子量	典型黏度(25℃)/mPa·s	相对密度(25℃)	T_g/℃
PS-4002	DEG/PA	280	1300	1.22	NA
PS-3152	DEG/PA	350	2700	1.24	NA
PS-2402	DEG/PA	450	8000	1.25	NA
PD-200LV	DEG/PA	560	3500 或 220（80℃）	1.19	-60
PS-2002	DEG/PA	570	26000	1.26	NA
PS-1752	DEG/PA	650	3800	1.26	-47
PD-110LV	DEG/PA	1000	11000 或 500（80℃）	1.15	-60
PS-70L	DEG/PA	1600	1900	1.076	NA
PD-56	DEG/PA	2000	6000（80℃）	1.27（75℃）	-1
PN-110	NPG/PA	1000	≥950（100℃）	1.24	26
PH-56	1,6-HD/PA	2000	4400（80℃）	1.16	-15

注：本表数据参考美国Stepan公司的产品说明书。T_g是指纯聚酯的玻璃化温度，固化后T_g会改变。NA表示数据不详，下同。

芳香族聚酯多元醇的制造方法与脂肪族聚酯多元醇相似，不同的是采用苯酐为主要二元酸成分，缩聚过程产生的水较少；大部分芳香族聚酯多元醇是高羟值，醇相对于酸过量较多。

以涤纶聚酯废料、PTA残渣等原料与一缩二乙二醇通过酯交换反可制得芳香族聚酯多元醇。由于成本低廉，颇有竞争力。

苯酐聚酯多元醇以及由废涤纶/废PTA制得的芳香族聚酯多元醇一般用于制造硬质聚氨酯泡沫塑料。以高羟值芳香族聚酯多元醇为基的硬质泡沫塑料，其阻燃性优于聚醚多元醇为基的泡沫塑料。聚氨酯泡沫塑料行业多以芳香族聚酯多元醇替代聚氨酯泡沫塑料和聚异氰酸酯硬质泡沫塑料配方中的部分或全部聚醚多元醇。在冬季冰箱组合料配方中加入部分芳香族聚酯多元醇，还可提高泡沫的韧性和粘接性。苯酐聚酯多元醇特别适宜用于聚异氰脲酸酯（PIR）泡沫，泡沫塑料中含大量苯环，既提高了泡沫的耐热性，同时又改善了制品的阻燃性。国内外将芳香族聚酯多元醇广泛用于制造建筑用夹心泡沫板材生产和建筑业现场喷涂施工。聚酯多元醇含大量的伯羟基，活性高，可在低温施工，还可降低催化剂用量。这种含有聚酯的聚氨酯硬泡除了基本具有聚醚型聚氨酯硬泡的性质外，还具有泡沫细腻、韧性好、阻燃性能优良、价格低等优点。在硬泡行业的具体应用领域有：硬质泡沫板材和夹芯板，冰箱冰柜绝热用组合料，热水器绝热用组合料，喷涂硬泡，仿木材，单组分硬泡，包装泡沫，硬质微孔鞋底料等。

较低羟值的苯酐聚酯二醇还可用于高回弹软质泡沫塑料、整皮泡沫和半硬泡，也可用于非泡沫聚氨酯，如聚氨酯涂料、胶黏剂（无溶剂覆膜胶、反应性热熔胶、普通溶剂型胶黏剂等）、弹性体等。芳香族聚酯制得的聚氨酯具有优良的耐水解性、耐热性和黏附性。

由对苯二甲酸、间苯二甲酸、己二酸、癸二酸等二元酸中的一种或两种，与乙二醇、二甘醇、新戊二醇、甲基丙二醇等二元醇中的一种或两种缩聚得到的中高分子量芳香族共聚酯二醇，一般用于制备双组分溶剂型食品软包装复合薄膜和铝塑复合聚氨酯胶黏剂。

(3) 聚合物聚酯多元醇 聚合物聚酯多元醇也即聚合物接枝改性聚酯多元醇，是以聚酯多元醇为基础，用苯乙烯或苯乙烯和少量丙烯腈的混合物作为乙烯基单体进行自由基聚合得到的产物。它的性质与聚醚聚合物多元醇相似，外观为白色黏稠液体。

聚合物聚酯多元醇中乙烯基聚合物的含量（也称作"固含量"）一般在10%～30%之间，线型或轻微支化的基础聚酯分子量一般在1000～2500之间。由于聚酯多元醇的黏度比聚醚多元醇大，所以制备工艺比聚醚系聚合物多元醇要难一些。

聚合物聚酯多元醇主要用于生产微孔聚氨酯鞋底和鞋垫，也用于聚氨酯软泡，代替部分聚酯多元醇，可大大提高微孔泡沫体网络的承载能力和强度。其优点包括：良好的耐水解性能；在同样泡沫密度下具有较高的硬度，可以降低密度而得到同样的硬度，也可以降低异氰酸酯预聚体的用量，生产低密度微孔弹性体鞋材，以此节省原料用量和成本；泡孔结构更均匀，增加泡沫塑料制品开孔率和改善制品尺寸稳定性，可减少匀泡剂用量，在微孔鞋垫配方中甚至不用匀泡剂也可得到均匀微细的泡孔；提高泡沫塑料制品的撕裂强度等力学性能；在聚酯型聚氨酯软泡中使用，可降低 TDI-65 的用量，制造低密度泡沫，且减少废品率。

国内有烟台万华北京研究院、中国科学院山西煤炭化学研究所进行过研发和应用试验，聚合物聚酯多元醇试验品的质量可达到进口品相当的水平，但目前国内似乎还未见工业化产品。而西班牙 Synthesia 公司旗下的虎克 (Hoocker) 公司早在 2000 年前后就有 Hoopol PM 系列产品推出，目前仍在供应。其 Hoopol PM 2245 和 PM-245 是以支化聚酯多元醇为基础的产品，Hoopol PM 445 为聚合物接枝改性的聚酯二醇。

3.3.3.2 聚己内酯多元醇

聚己内酯简称 PCL。聚己内酯多元醇官能度取决于所用多元醇起始剂的官能度。聚己内酯多元醇产品以聚己内酯二醇居多。聚己内酯二醇和三醇的分子量范围通常在 300~4000 之间。

聚 ε-己内酯多元醇是由单体 ε-己内酯和起始剂（二醇、三醇或醇胺）在催化剂（钛酸四丁酯、辛酸亚锡等）存在下经开环聚合而成。聚己内酯二醇的结构式如下：

$$H{\rm \!-\!}[O{\rm \!-\!}CH_2CH_2CH_2CH_2CH_2{\rm \!-\!}\overset{O}{\overset{\|}{C}}]_m O{\rm \!-\!}R{\rm \!-\!}O[\overset{O}{\overset{\|}{C}}{\rm \!-\!}CH_2CH_2CH_2CH_2CH_2{\rm \!-\!}O]_n H$$

起始剂是 HO—R—OH

聚己内酯多元醇一般具有低色度、高纯度，官能度与起始剂精确匹配（与理论官能度非常相近），分子量分布窄，黏度（熔融黏度）比一般聚酯二醇的低。聚己内酯二醇的相对密度（55℃/20℃）约为 1.07。

聚 ε-己内酯二醇制成的聚氨酯树脂耐温和水解稳定性都比二酸系聚酯多元醇优良。制得的聚氨酯具有较高的拉伸强度、低温柔韧性、良好的弹性、耐水解性和耐候性，优良的耐撕裂和耐磨性、高温黏附性、耐烃类溶剂和耐化学品性能。

聚己内酯二醇一般用于特殊聚氨酯弹性体、胶黏剂、涂料等，应用领域包括：浇注型聚氨酯弹性体、热塑性聚氨酯弹性体、聚氨酯合成革树脂、聚氨酯涂料、聚氨酯胶黏剂、密封胶、微孔聚氨酯弹性体、鞋底、聚氨酯薄膜和薄片、反应性稀释剂，以及各种树脂改性中间体、光学透明聚氨酯透镜、水性聚氨酯等。用二羟甲基丙酸（DMPA）作起始剂得到的含羧基聚己内酯二醇，一般用于水性聚氨酯涂料或胶黏剂。聚己内酯三醇等还可用于生产聚氨酯泡沫塑料。

通常，低酸值聚己内酯二醇制得的聚氨酯，耐水解性能更优异。窄分子量分布的 PCL 制得的聚氨酯具有改善的耐磨性和低压缩变形性。

PCL 具有生物降解性质，如何抑制 PCL 型聚氨酯制品的降解也是应用中遇到的问题。

3.3.3.3 聚碳酸酯二醇

聚碳酸酯二醇简称 PCDL。

最初的聚碳酸亚己酯二醇是由 1,6-己二醇（HDO）和二苯基碳酸酯进行加热酯交换反应制得。目前一般采用小分子二元醇和小分子碳酸酯在催化剂的存在下进行酯交换反应，最后减压抽出小分子物质，即得到聚碳酸酯二醇。通过调整二元醇的种类可以合成多种结构的聚碳酸酯二醇，分子量可调，催化剂使用量少，产品色度低，羟基官能度比较接近理论值。

用于合成聚碳酸酯二醇的二元醇原料有 1,6-己二醇、1,4-丁二醇、1,4-环己烷二甲醇、1,5-戊二醇、3-甲基戊二醇等。小分子碳酸酯有碳酸二甲酯、碳酸二乙酯、碳酸二丙酯、碳酸二苯酯、碳酸亚乙酯、碳酸亚丙酯等。催化剂可用甲醇钠、钛酸四丁酯、Mg/Al 水滑石、三亚乙基二胺等。另外还可用低分子量聚四氢呋喃二醇等合成聚四氢呋喃碳酸酯二醇，也可以用己内酯开环参与聚碳酸酯二醇的合成。

中国科学院广州化学研究所开发了由二氧化碳和环氧丙烷、环氧乙烷为原料制脂肪族聚碳酸酯二醇的工业化技术，已经生产出聚碳酸亚丙酯二醇和聚碳酸亚乙酯二醇。

聚碳酸 1,6-己二醇酯二醇（聚碳酸亚己酯二醇）的结构式如下：

$$HO-(CH_2)_6-O-\overset{\overset{O}{\|}}{C}-O-(CH_2)_6-O_nH$$

不同原料合成的聚碳酸酯二醇，在室温下为浅色透明黏稠液体或固体。聚碳酸酯二醇不溶于水，溶于酯、酮、芳烃和醚酯类有机溶剂。

常见的聚碳酸 1,6-己二醇酯二醇（聚六亚甲基碳酸酯二醇、PHCD）常温在为白色蜡状固体。

聚碳酸酯二醇有轻微的吸湿性，在30℃以下密封容器中可稳定贮存6个月以上。起始剂对PCDL的外观、物性有较大的影响，某些PCDL产品常温为液体，某些产品常温下结晶，可加热熔化后使用。

由聚碳酸酯二醇制得的聚氨酯具有优良的耐候性、耐水解特性和耐磨性，是性能最好的一种低聚物多元醇，它可用于热塑性聚氨酯弹性体、薄膜、高档PU革、氨纶、胶黏剂、水性漆和溶剂型聚氨酯漆。还可用于流淌型或耐垂挂聚氨酯密封胶。聚碳酸酯二醇可与脂肪族异氰酸酯结合，配制涂料、胶黏剂等，具有优良的耐候性和耐水解性。

3.4 聚醚多元醇

分子端基（或/及侧基）含两个或两个以上羟基、分子主链由醚链（—R—O—R′—）组成的低聚物称为聚醚多元醇。聚醚多元醇通常以多羟基、含伯氨基化合物或醇胺为起始剂，以氧化丙烯、氧化乙烯等环氧化合物为聚合单体，开环均聚或共聚而成。聚氧化丙烯多元醇及聚氧化丙烯-氧化乙烯共聚醚多元醇在此归类为普通聚醚多元醇，其官能度在2～8之间，分子量在200～8000之间。

3.4.1 聚醚多元醇的原料

3.4.1.1 起始剂

聚醚多元醇的官能度与起始剂的官能度相关。多元醇、多元胺、醇胺化合物可单独用作聚醚多元醇的起始剂，也可两种或三种混合，作为起始剂，例如甲苯二胺/甘油、蔗糖/甘油、甘露醇/乙二醇等组合。

聚醚多元醇常用的起始剂及相关官能度见表3-18。大多数小分子多元醇、醇胺、多元胺的物化性能详见有关章节。

■表3-18　聚醚多元醇常用的起始剂及相关官能度

官能度	起始剂
2	水、乙二醇、丙二醇、二乙二醇、二丙二醇等
3	丙三醇、三羟甲基丙烷、三乙醇胺等
4	季戊四醇、乙二胺、甲苯二胺等
5	木糖醇、二乙烯三胺等
6	山梨醇、甘露醇、α-甲基葡萄糖苷
8	蔗糖

3.4.1.2 环状单体

用于制备聚醚多元醇的环状单体主要是氧化丙烯（即环氧丙烷）、氧化乙烯（环氧乙烷）和四氢呋喃。另外特殊的阻燃聚醚等可采用环氧氯丙烷、三氯环氧丁烷等含卤素环氧化合物。

(1) 环氧丙烷　1,2-环氧丙烷又称氧化丙烯，简称 PO。其分子式为 C_3H_6O，分子量为 58.08。

结构式：

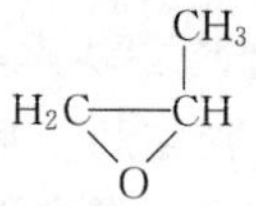

环氧丙烷是无色透明液体，有类似乙醚的气味。沸点 34.2℃，馏程 33~37℃。凝固点/熔点约 -104℃，黏度（20℃）$0.3×10^{-6} m^2/s$，相对密度（20℃）0.830，蒸气压（20℃）59 kPa。闪点（PMCC）-37℃，在空气中爆炸极限（体积分数）1.8%~36%。蒸气密度为空气的2倍。可溶于水，溶解度（20℃）41g/100mL。工业品纯度一般≥99.9%。

环氧丙烷以丙烯为原料，主要生产方法有氯丙醇法、过乙酸氧化法、联产共氧化法（即哈康法）、无联产产物的共氧化法和过氧化氢直接氧化法（HPPO法）等。全球大约2/3的PO用于生产聚醚多元醇。

(2) 环氧乙烷　环氧乙烷又称氧化乙烯，简称 EO。其分子式为 C_2H_4O，分子量为 44.06。

结构式：

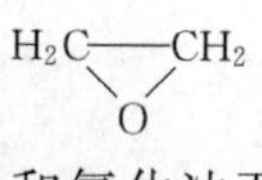

环氧乙烷制备方法有氯醇法和氧化法两种。常温下环氧乙烷为无色气体，在加压或冷却时可液化为透明液体，沸点 10.4℃，闪点 -17℃，液态密度（20℃）0.87 g/mL，蒸气压（20℃）151.6 kPa。蒸气密度是空气的1.5倍。环氧乙烷与空气混合物爆炸极限为（体积分数）3%~100%。可溶于水，容易和含活泼氢的化合物发生反应。环氧乙烷蒸气毒性大，并且大鼠急性中毒数据 LD_{50} 约为 100 mg/kg。

(3) 四氢呋喃　四氢呋喃简称 THF。分子式为 C_4H_8O，分子量为 72.11。

结构式：

$$\begin{array}{c} O \\ CH_2\!-\!CH_2 \\ | \quad\quad | \\ H_2C\!-\!CH_2 \end{array}$$

四氢呋喃的合成工艺有糠醛法、1,4-丁二醇法和顺酐法。

四氢呋喃是无色透明液体，有特殊气味。相对密度（20℃）0.889。沸点 66℃。凝固点 -108.5℃。闪点 -17.2℃。折射率 $1.405\sim1.407$。蒸气压（20℃）17.2kPa。蒸气密度是空气的 2.5 倍。溶于水、乙醇、乙醚、脂肪烃、芳香烃、氯化烃、丙酮、苯等多数有机溶剂。

蒸气能与空气形成爆炸性混合物，爆炸极限（体积分数）$1.5\%\sim12\%$。接触空气或在光照条件下可生成具有潜在爆炸危险性的过氧化物。工业品纯度 $\geqslant99.90\%$，一般含抗氧剂 BHT。水分含量 $\leqslant0.2\%$。

四氢呋喃在聚氨酯行业中最主要的用途是作为聚四氢呋喃二醇（PTMEG）的单体原料，这也是 THF 的主要用途之一。另外少量用作溶剂。

3.4.2 聚醚多元醇生产方法

聚醚的分子量由氧化烯烃单体（环氧丙烷，或环氧丙烷/环氧乙烷混合单体）与多元醇起始剂的投料比决定，随着起始剂二醇对氧化烯烃摩尔比的增大，所合成的聚醚分子量降低，羟值增大。例如，对于分子量为 2000 的 PPG，起始剂丙二醇与单体环氧丙烷的摩尔比值为 $1.2\%\sim1.3\%$。

传统的制造方法：将起始剂（二元醇或多元醇）和催化剂（氢氧化钾）的混合物加入小釜内，升温至 $80\sim100$℃，在真空下除去催化剂中的水分，以便促使醇钾的生成。然后将醇钾催化剂转入聚合反应釜中，加热升温至 $90\sim120$℃，在此温度下将环氧丙烷（或/及环氧乙烷）通入聚合釜中，使釜内压力保持 $0.07\sim0.35$MPa。在此温度和压力下，环氧丙烷（或/及环氧乙烷）进行连续聚合，直至到达一定的分子量。蒸出残存的环氧丙烷后，将聚醚混合物转入中和釜，用酸性物质进行中和，然后经过滤、精制，加入稳定剂，得到精制的聚醚产品。

实际合成聚醚的分子量比理论分子量偏低。通用聚醚三醇一般以甘油（丙三醇）、三羟甲基丙烷等为起始剂，以氢氧化钾为催化剂，进行环氧丙烷（氧化丙烯）的开环聚合而得。

目前部分厂家采用双金属氰化络合物催化剂（DMC）催化开环聚合工艺，以低分子量聚醚二醇或聚醚三醇作起始剂，进行氧化丙烯开环聚合，可得到分子量为 $4000\sim8000$ 的聚醚二醇或聚醚三醇，这种聚醚具有很低的双键含量即不饱和度，最低值可达 0.001mmol/g。由于含双键的单官能度聚醚多元醇较少，故羟基的平均官能度接近于理论值，有较窄的分子量分布和较低的黏度。用这种聚醚制造聚氨酯弹性体和软泡，其性能比相同成分的非不饱和度聚醚多元醇的高。

DMC 催化剂有很高的活性，在制造聚醚多元醇时，DMC 的最低加入量以制成的聚醚质量计为 0.002%，而常规聚醚多元醇制备工艺中 KOH 催化剂的加入量为 0.1%~0.3%。由于 DMC 的加入量很小，成品聚醚多元醇中金属离子残存时低于 0.005%，故可以不从成品聚醚中除去。后处理工序的免除，不但可节约一半的生产时间，物耗和能耗也省很多。这是生产聚醚多元醇的重大改革，给生产厂家带来可观的经济效益。

在低不饱和度聚醚的基础上还可以再接上氧化乙烯，制得高活性的低不饱和度高分子量聚醚。

3.4.3 普通聚醚多元醇

3.4.3.1 聚醚多元醇的应用领域

聚醚多元醇多用于制造软质、硬质和半硬质聚氨酯泡沫塑料，聚醚多元醇不仅原料易得，成本低廉，而且合成的聚氨酯泡沫塑料性能好，是聚氨酯泡沫塑料业用量最大的多元醇原料。

聚醚多元醇还用于生产聚氨酯防水材料、聚氨酯跑道和铺地材料、聚氨酯弹性体、聚氨酯涂料、聚氨酯胶黏剂、聚氨酯密封胶等弹性非泡沫聚氨酯材料（简称 CASE 材料）。

采用新型 DMC 催化剂合成的低不饱和度中高分子量聚醚，其分子量分布窄，官能度接近理论值。在低不饱和度聚氧化丙烯多元醇的基础上，通过加接环氧乙烷，可制得高伯羟基含量的高活性聚醚二醇和三醇，应用于聚氨酯微孔弹性体、密封胶、胶黏剂、涂料等领域。与普通聚醚相比，低不饱和度聚醚多元醇制得的聚氨酯制品强度和伸长率等性能得到提高。

3.4.3.2 各种官能度的聚醚多元醇

(1) 聚醚二醇 最常用的普通聚醚二醇是聚氧化丙烯二醇（PPG），又称聚环氧丙烷二醇、聚丙二醇。聚氧化丙烯二醇结构式：

$$H {\leftarrow} OCHCH_2 {\rightarrow}_{n_1} OCHCH_2 O {\leftarrow} CH_2 CHO {\rightarrow}_{n_2} H$$
（各 CH 上带 CH_3 取代基）

最常见的聚醚二醇是分子量分别为 1000 和 2000 的聚氧化丙烯二醇，国内俗称 210 聚醚和 220 聚醚。分子量分别为 400、600、700、3000、4000 的聚醚二醇一般相应地称为 204 聚醚、206 聚醚、207 聚醚、230 聚醚和 240 聚醚。也有厂家以含字母 D、G 等以及分子量命名聚醚二醇，如 DL-2000、TDB-6000、PPG-2000。除了聚氧化丙烯二醇外，有些厂家还供应聚氧化丙烯-氧化乙烯二醇。

一般情况下聚醚二醇为清澈无色或浅黄色透明油状液体，溶于甲苯、乙醇、丙酮等大多数有机溶剂，PPG-200、PPG-400、PPG-600 可溶于水，较高分子量的 PPG 不溶于水。它们可与二异氰酸酯反应生成线型聚氨酯。

不同分子量的聚氧化丙烯二醇的典型物性见表 3-19。

■表 3-19 不同分子量的聚氧化丙烯二醇（PPG）的典型物性

平均分子量	羟值 /(mg KOH/g)	相对密度 （20℃）	黏度（25℃） /mPa·s	不饱和度[①] /(mmol/g)≤
400	280±15	1.008	60~80	—
600	190±20	NA	NA	NA
700	160±10	1.006	NA	0.04
1000	112±4	1.005	120~200	0.04
2000	56±2	1.003	260~370	0.05
3000	37±2	1.002	460~600	0.07
4000	28±1.5	1.002	900~1100	0.11
5000	22.5±2	NA	1100~1500	NA
2000（含 EO）	56±2	1.014	NA	0.03
2000（DMC）	56±2	—	320~420	0.01

① 不饱和度是指普通 KOH 法聚醚的典型数值，对于低不饱和度聚醚（DMC 法聚醚，分子量可高至 8000），不饱和度或双键值通常 ≤0.01mmol/g，甚至 ≤0.006mmol/g。水分一般 ≤0.1%，酸值≤0.1mg KOH/g，pH 值5.5~7.5。

注：NA 代表数据不详。

聚醚二醇主要应用于制备聚氨酯弹性体、塑胶跑道及铺装材料、防水涂料、胶黏剂、聚氨酯泡沫塑料等。由于二羟基聚醚与二异氰酸酯反应生成线型直链聚氨酯，所以起到增加聚氨酯柔软程度、增加拉伸伸长率的作用。聚醚的分子量越大，制品的柔软度、伸长率也越高。中等分子量（如 2000）的聚醚二醇可作为辅助聚醚，和聚醚三醇配合，用于生产聚氨酯软泡。

(2) 聚醚三醇 聚氨酯行业常用的聚醚三醇为聚氧化丙烯三醇（聚环氧丙烷三醇）以及氧化丙烯-氧化乙烯共聚醚三醇，也有个别聚氧化乙烯三醇产品。

用于合成聚醚三醇的起始剂有丙三醇（甘油）、三羟甲基丙烷（TMP）、乙醇胺、二乙醇胺、三乙醇胺等，以甘油和 TMP 居多。

以甘油或三羟甲基丙烷为起始剂的聚氧化丙烯三醇的结构式如下：

$$CH_2-O(CH_2-CH-O)_{\overline{n}}H$$
$$\qquad\qquad\qquad CH_3$$
$$CH-O(CH_2-CH-O)_{\overline{n}}H$$
$$\qquad\qquad CH_3$$
$$CH_2-O(CH_2-CH-O)_{\overline{n}}H$$
$$\qquad\qquad\qquad CH_3$$

$$CH_2-O(CH_2-CH-O)_{\overline{n}}H$$
$$\qquad\qquad\qquad\qquad CH_3$$
$$H_5C_2-C-CH_2-O(CH_2-CH-O)_{\overline{n}}H$$
$$\qquad\qquad\qquad\qquad CH_3$$
$$CH_2-O(CH_2-CH-O)_{\overline{n}}H$$
$$\qquad\qquad\qquad\qquad CH_3$$

聚醚三醇的品种较多，羟值一般在 25~550mg KOH/g 范围。聚醚三醇是聚氨酯泡沫塑料、弹性体、防水涂料、胶黏剂、密封胶等的重要原料。

聚氨酯软泡和硬泡对聚醚的分子量或羟值要求不同。用于软泡的聚醚多元醇一般是长链、低官能度聚醚，聚醚的分子量为 3000 左右，即羟值约 56mg KOH/g。硬泡通常要求聚醚的分子量在 300~400 范围内，羟值450~550mg KOH/g。以甘油为起始剂的硬泡聚醚多元醇，相对来说官能度较低，形成交联网络的速率比高官能度聚醚多元醇慢，使得硬泡发泡物料具有较好的流动性。

在软质聚氨酯泡沫塑料制造业中用量很大的聚醚三醇是标称分子量为3000的聚氧化丙烯三醇和聚氧化丙烯-氧化乙烯三醇。其中甘油与环氧丙烷聚合制得的聚醚多元醇，代表性牌号有 MN-3050、MN-3030、MN-3000、N-330、Caradol SC 5601 等，其黏度（25℃）一般在 400～600mPa·s，不溶于水；由甘油与环氧丙烷、少量的环氧乙烷（10%～15%）混聚而成的聚醚三醇，其活性及水溶性有所改善，增加了辛酸亚锡催化剂的宽容度，从而稳定提高了发泡的成功率，代表性的牌号有 Voranol-3010、Voranol-3031、Voranol-3050E、Caradol SC 5602、Arcol 5613、ZS-2802、ZS-530、ZS-350、ZS-553、GEP-560S 等。氧化乙烯-氧化丙烯无规共聚或嵌段共聚醚三醇已广泛应用于软质与半硬质聚氨酯泡沫塑料的生产中。具有一定伯羟基含量的、分子量在 3000～3500 的聚醚三醇，具有较高的活性，用于热模塑聚氨酯泡沫。高活性聚醚三醇将专门在"高活性聚醚"小节中介绍。另外，低不饱和度高分子量聚醚多元醇用于制备软质聚氨酯泡沫塑料时，可大大减少异氰酸酯用量，当配方中水量相等时，TDI 用量可节约 50%，泡沫更具有舒适感。

大部分羟值在 200～550mg KOH/g 范围的聚醚三醇是由甘油和环氧丙烷为原料而合成，用于聚氨酯硬泡、半硬泡等。

(3) **聚醚四醇** 根据起始剂的不同，聚氧化丙烯四醇（四羟基聚醚）通常有乙二胺（基）聚醚多元醇、季戊四醇（基）聚醚多元醇和甲苯二胺聚醚多元醇等。

由二氨基化合物如乙二胺、甲苯二胺、二氨基二苯基甲烷（亚甲基二苯胺）、间二甲苯二胺等为起始剂合成聚醚四醇，含叔胺基团。其中乙二胺聚醚即乙二胺基聚醚四醇最常见，俗称"胺醚"。

叔氨基聚醚四醇一般为淡黄色透明至褐色、较高黏度的液体，有碱性。乙二胺聚醚一般可溶于水，黏度较大，颜色一般稍深，为浅琥珀色。但也有少数产品黏度较小，如一种羟值为 440～460mg KOH/g 的低黏度、含 EO 的乙二胺聚醚四醇（牌号 TAE-305），其黏度（25℃）为 700～1200mPa·s。

最常见的乙二胺聚醚四醇是分子量约为 300 的低分子量聚醚，俗称 403 聚醚，它多应用于硬质聚氨酯泡沫塑料现场喷涂配方中，作为具有催化作用的多元醇原料。由该聚醚多元醇制得的硬质泡沫塑料尺寸稳定性较高。

以季戊四醇为起始剂的聚醚四醇产品，一类是用于高回弹模塑软泡的较高分子量聚醚四醇；另一类是低分子量、高羟值硬泡聚醚，主要应用于一般硬泡配方中，由于官能度高，所以相应制得的硬泡耐热性与尺寸稳定性较好。低分子量聚醚四醇还用于聚氨酯胶黏剂、涂料等领域。季戊四醇聚醚四醇是无色至浅黄色、中低黏度黏稠液体。分子量为 400、500 和 600（羟值分别为 560mg KOH/g、448mg KOH/g 和 374mg KOH/g）的季戊四醇聚醚四醇黏度分别约为 2800mPa·s、1500mPa·s 和 1140mPa·s。

(4) 高官能度聚醚多元醇 官能度大于 4 的聚醚可称为高官能度聚醚。少数高官能度聚醚多元醇，采用木糖醇、山梨醇、蔗糖等单一的多羟基起始剂制造。高官能度聚醚多元醇黏度很大，与其他组分混容性差。为降低聚醚黏度，在工业制备上通常采用高官能度和低官能度混合多元醇（胺）起始剂，如采用山梨醇-甘油、山梨醇-丙二醇、蔗糖-甘油、蔗糖-甲苯二胺混合起始剂，调整各起始剂的用量，也可采用少量 EO 与 PO 共聚，可合成各种黏度、不同组分的聚醚多元醇。制得的聚醚多元醇官能度在 3~8 之间，实际官能度多在 3~6 之间。大多数高官能度聚醚多元醇的分子量在 300~600 范围。

由二亚乙基三胺（二乙烯三胺）或木糖醇为起始剂，与环氧丙烷开环聚合，可制得聚醚五醇（polyether pentol）。由山梨醇或甘露醇为起始剂，可得六羟基聚醚。若完全由蔗糖为起始剂，进行氧化丙烯开环聚合，则得到官能度为 8 的蔗糖聚醚，它是一种高黏度、浅棕色液体，制得的聚氨酯硬泡耐热性好、耐压强度大、尺寸稳定。由于蔗糖是结晶体，与氧化丙烯不互容，同时纯的蔗糖聚醚官能度高、黏度大，与其他发泡组分相容性差，因此在实际聚合中也一般采用混合起始剂。例如采用甘油或采用其他低官能度多羟基化合物与蔗糖混合作起始剂。

绝大多数高官能度聚醚多元醇产品用于制备硬质聚醚型聚氨酯泡沫塑料，如普通硬泡、仿木材、硬泡夹心板、电冰箱绝热材料。

3.4.4 特种聚醚多元醇及聚醚基多元醇

3.4.4.1 高活性聚醚

凡具有较高的伯羟基含量的共聚醚多元醇，包括聚醚三醇、聚醚二醇和聚醚四醇都可称为"高活性聚醚"，尤以分子量在 4500~6500 的环氧丙烷-环氧乙烷共聚醚三醇在工业上最常用，伯羟基含量为 70%~90%，总的氧化乙烯链节质量分数为 10%~20%。另外分子量为 3000 的高活性聚醚也用于聚氨酯软泡的生产。还有高活性聚醚二醇、高活性聚醚四醇等。

高活性聚醚为无色至浅黄色透明黏稠液体，典型的高活性聚醚多元醇国内以 330N 为代表，羟值 33.5~36.5mg KOH/g，黏度（25℃）800~1000mPa·s；另一种高活性聚醚多元醇以 551C 为代表，羟值 54~58mg KOH/g，主要用于制造热模塑软质聚氨酯泡沫。羟值 28mg KOH/g 左右的高活性聚醚多元醇也用于制造聚氨酯软泡。

高活性聚醚的制法与常规共聚醚多元醇相似，但一般分步聚合：在甘油起始剂和催化剂的存在下，先投入环氧丙烷反应，在氧化丙烯聚醚反应结束后，加入部分环氧乙烷单体继续反应，使其端基为伯羟基，经中和、过滤、减压蒸馏得成品。采用双金属氰化络合物催化合成低不饱和度高分子量聚氧化丙烯多元醇，再用环氧乙烷聚合成聚醚的方法，可使聚醚的官能度接近于理论值，且使聚醚的应用性能大大提高。

高活性聚醚中含有大量活性较仲羟基普通聚氧化丙烯多元醇高的伯羟基，与异氰酸酯的反应速率较快，主要用于泡沫塑料快速模塑工艺，如冷熟化高回弹泡沫塑料生产工艺、反应注射成型（RIM）、整皮聚氨酯半硬泡模塑工艺，还用于聚氨酯密封胶等。

3.4.4.2 聚四氢呋喃二醇

聚四氢呋喃二醇又称聚四亚甲基醚二醇，简称 PTMEG、PTG、PTMG、PTMO 等，广泛用于高性能耐水解聚氨酯弹性体。

结构式：$HO[CH_2CH_2CH_2CH_2O]_nH$。

在常温下大多数聚四氢呋喃二醇是白色蜡状固体，在 40℃ 左右熔化成低黏度无色至浅黄色透明液体。不溶于水，可溶于极性有机溶剂。分子量为 650～2900 的 PTMEG 熔点/凝固点为 11～38℃，熔化了的 PTMEG 可过冷，结晶缓慢。聚四氢呋喃二醇在隔绝氧气下贮存稳定。在 100℃ 只能贮存数天。长期接触空气可导致氧化和降解。为了改善贮存稳定性，PTMEG 工业品中一般加有微量抗氧剂。

聚四氢呋喃二醇是由四氢呋喃（THF）在阳离子引发下开环聚合而得到的均聚醚，聚四氢呋喃二醇的工业化生产工艺根据催化剂的不同主要有氟磺酸催化聚合工艺、乙酸酐-高氯酸催化聚合工艺和杂多酸催化聚合工艺等。

PTMEG 是一种常用的特种聚醚多元醇，以伯羟基为端基，主要用作聚氨酯弹性体的软段，是聚氨酯的高档原料。制得的聚氨酯弹性体具有较高的模量和强度，优异的耐水解、耐磨、耐霉菌、耐油、动态力学性能、电绝缘性能和低温柔性等。PTMEG 用于注射及挤出热塑性聚氨酯弹性体（TPU）、浇注型聚氨酯弹性体、聚氨酯纤维纺丝、混炼型聚氨酯弹性体等制造工艺，特别适合用于氨纶、汽车配件、电缆、薄膜、织物涂层、合成革、医疗器材、高性能胶辊、耐油密封件、胶黏剂、金属部件耐磨内衬、体育运动制品，以及用于水下、地下、矿井及低温场合的制品。弹性体多用于耐水解要求高的场合。

少量四氢呋喃与环氧丙烷或环氧乙烷的共聚醚用于特殊聚氨酯弹性体。日本旭化成株式会社生产一类由四氢呋喃与新戊二醇得到的共聚物二醇 PTXG。

日本保土谷化学工业株式会社的 PTG-L 系列是由四氢呋喃和侧基取代四氢呋喃共聚得到的改性聚四氢呋喃二醇，这类二醇既具有 PTG 产品的独特物性，又改善了普通 PTMEG 产品的室温结晶性，常温下为液体，制得的聚氨酯弹性体具有高弹性，可用于高性能氨纶、聚氨酯弹性体、涂料等。该公司从 1990 年起生产该系列产品。

PTMEG 非聚氨酯用途包括共聚酯弹性体、聚醚酰胺工程塑料。

3.4.4.3 聚合物多元醇及聚脲多元醇

(1) 普通聚合物多元醇 以 PO-EO 共聚醚三醇为基础的苯乙烯-丙烯腈

接枝聚醚多元醇，一般称作"聚合物多元醇"，又称接枝聚醚、"白聚醚"，简称 POP。

常见的商品聚合物多元醇是由聚醚多元醇为基础，加丙烯腈、苯乙烯（或/及甲基丙烯酸甲酯等乙烯基单体）及引发剂偶氮二异丁腈，在氮气保护下进行自由基接枝聚合而成。维持正压可限制反应混合物中乙烯基单体的挥发，促使反应进行。合成温度范围一般在 115～125℃。聚合物多元醇的合成主要有间歇和连续两种工艺。连续工艺的停留时间范围最好是 30～120min，间歇工艺的停留时间最好控制在 4h 左右。反应结束后一般需减压脱除未反应的单体，减轻聚合物多元醇的气味。

接枝聚醚的示意化学结构式如下：

$$HO{-}(CH_2{-}CH(CH_3){-}O)_x{-}(CH{-}CH(CH_2CN)_n{-}O)_n{-}(CH{-}CH(CH_2C_6H_5)_m{-}O)_p{-}CH_2{-}CH_2{-}OH$$

聚合物多元醇外观一般为乳白色至浅乳黄色黏稠液体，相对密度 1.02～1.05。性质稳定，略带特殊气味，难溶于水，与绝大多数有机物相容性好。聚合物多元醇主要用于生产软质及半硬质聚氨酯泡沫塑料，以提高软质泡沫塑料的硬度和承载能力。

(2) 聚脲多元醇　　二胺或肼和二异氰酸酯在聚醚多元醇中反应而生成的聚脲微粒分散于聚醚中，即形成聚脲多元醇（"PHD 分散体"）。实际上它也是一种聚合物改性多元醇。聚脲多元醇和普通聚合物多元醇一样，用于提高泡沫塑料的承载能力。

由肼和 TDI 在聚醚多元醇中进行原位逐步聚合制备聚脲多元醇的步骤为：先将高伯羟基含量的多元醇加热，与肼水溶液在有搅拌的反应器中混合，加入相当于肼反应量的 TDI，利用反应热使其混合物回流，冷却反应器，真空脱除过量的水。聚脲多元醇的固含量（TDI 和肼在多元醇中的含量）一般为 20%。

最常用于合成聚脲多元醇的基础聚醚一般是高活性聚醚多元醇。由于聚脲微粒的密度较聚醚大，为了防止存放时沉淀，合成时可使异氰酸酯对于氨基稍过量，生成部分脲-氨酯共聚物，后者起稳定作用。

聚脲多元醇的制备可用间歇法，也可用连续法。国外工业化的聚脲多元醇多用连续法生产。

国外典型的聚脲多元醇产品性能为：

羟值	28mg KOH/g	平均分子量约	6000
聚脲含量	20%	pH 值	8～9
黏度（25℃）	3000～4000mPa·s		

还有一种称为 PIPA 的改性聚醚多元醇，是由聚醚多元醇与三乙醇胺（TEA）在 20℃混合后迅速加入 TDI 反应而成的聚氨酯改性聚醚多元醇。

3.4.4.4 聚氧化乙烯多元醇

聚氧化乙烯二醇是一类由乙二醇或二甘醇为起始剂，由环氧乙烷聚合而成的聚醚二醇，又称聚乙二醇，简称 PEG。

化学结构式为：$HO(CH_2CH_2O)_nH$。

聚氧化乙烯二醇常温为无色透明或白色蜡状固体，无毒、无刺激性，具有良好的水溶性，并与许多有机物有良好的相容性。它们具有优良的润滑性、保湿性、分散性、抗静电性及柔软性等。

聚氧化乙烯二醇很少用于单独合成聚氨酯，因为吸湿性严重、强度低，甚至不能固化。另外，普通 PEG 在制备聚氨酯时可能发生爆聚和凝胶问题。但 PEG 可用于改善某些特殊聚氨酯产品的亲水性，可赋予聚氨酯树脂透湿性，小分子量 PEG 可用作扩链剂。专用于聚氨酯的 PEG 需去除聚醚制造中引入的金属离子。

国外少数公司有以三羟甲基丙烷、季戊四醇为起始剂的聚氧化乙烯多元醇，这些低分子量的亲水性多元醇可用作聚氨酯泡沫和弹性体的交联剂。

以 EO 为主的 EO-PO 共聚醚多元醇可用于水溶性聚氨酯，如灌浆材料等，以及亲水性软质 PU 泡沫塑料等。

3.4.4.5 聚三亚甲基醚二醇

聚三亚甲基醚二醇（polytrimethylene diol）是一种特殊的聚亚丙基醚二醇，结构式：$HO[CH_2CH_2CH_2O]_nH$。

美国 DuPont 公司近年来已经把这种新聚醚二醇工业化。该公司以玉米为原料，通过生物技术制得 1,3-丙二醇，再通过一步法缩聚工艺制得聚三亚甲基醚二醇，产品牌号为 Cerenol，称为 Cerenol H 系列均聚物。

Cerenol H 系列聚三亚甲基醚二醇具有与 PTMEG 相似的耐热氧化性能。它是液态无定形相，黏度低，操作方便，并且即使在 -5℃低温结晶速率也比 PTMEG 慢。DuPont 公司已经用这种聚醚二醇生产聚氨酯瓷漆，据称具有优异的耐久性、光泽和保色性。在汽车底漆和清漆配方中使用少量 Cerenol 聚醚二醇，改善柔韧性和抗石屑性能。

DuPont 公司还生产四氢呋喃与 1,3-丙二醇的共聚物二醇 Cerenol G 系列，产品品种不详，据称其中可再生资源占 70%～80%。

3.4.4.6 芳香族聚醚多元醇

芳香族聚醚多元醇一般指含苯环的聚醚多元醇（不包含苯乙烯接枝的聚合物多元醇）。含苯环的聚醚多元醇具有耐热、阻燃等特点。

获得芳香族聚醚多元醇的途径比较多，例如工业上还有用甲苯二胺、二苯甲烷二胺等芳香族胺作起始剂进行环氧丙烷/环氧乙烷开环聚合，得到四羟基聚醚；用苯酚、甲醛、仲胺等为原料合成含苯环的起始剂，再合成芳香族聚醚多元醇；还有用双酚 A（BPA）作起始剂合成双酚 A 聚醚多元醇。

苯胺或取代苯胺等含两个活性氢的胺化合物，都可以作起始剂合成聚醚二醇，这类叔氨基聚醚二醇产品主要用作弹性体扩链剂。

以苯酚（或壬基酚等）、甲醛和二元醇胺为原料，利用 Mannich 反应，可制备芳胺多元醇（Mannich 碱）起始剂，再进行氧化烯烃的开环聚合，即制得含苯环的聚醚多元醇，或称 Mannich 多元醇。通过控制起始剂的官能度和氧化烯烃的用量，聚醚多元醇的羟值和官能度可以调节，官能度一般在 3~7 之间。聚醚中含酚醛结构芳环、叔氨基，苯环的引入使聚氨酯制品具有优异的耐热、阻燃和力学性能，而叔氨基使其具有一定的自催化性，在发泡配方中可以不用或少用催化剂。

法国 SEPPIC 公司、日本保土谷（株）、日本青木油脂工业（株）、日本乳化剂（株）等公司生产双酚 A/氧化烯烃聚醚二醇。

双酚 A 聚氧化乙烯醚的结构式：

$$HO-()_{n_1}-O--C(CH_3)_2--O-()_{n_2}-OH$$

这些双酚 A/氧化乙烯以及双酚 A/氧化丙烯聚醚，可以用于聚氨酯弹性体、聚氨酯粉末涂料、光固化聚氨酯丙烯酸涂料、胶黏剂、聚氨酯及 PIR 泡沫塑料等，材料具有良好的韧性、硬度、阻燃性、耐热性和耐水性。这类芳香族多元醇也用于环氧树脂、丙烯酸酯以及聚酯树脂等。

3.5 其他低聚物多元醇及含活性氢低聚物

3.5.1 聚烯烃多元醇

常见的聚烯烃多元醇主要是聚丁二烯多元醇，还有端羟基聚丁二烯-丙烯腈、端羟基丁苯液体橡胶、氢化端羟基聚丁二烯等。这些多元醇的特点是链段具有疏水性，制得的聚氨酯材料耐水解性能优异。

3.5.1.1 端羟基聚丁二烯

端羟基聚丁二烯（hydroxyl-terminated polybutadiene）液体橡胶，简称丁羟胶，英文缩写为 HTPB。它是以聚丁二烯为主链的多元醇。

端羟基聚丁二烯的通常组成结构式如下：

$$HO-[]_{0.6}-[]_{0.2}-[]_{0.2n}-OH$$

HTPB 的官能度一般在 2~2.6 范围。HTPB 常温下为无色或淡黄色透明液体，常温下密度为 $0.89~0.92\mathrm{g/cm^3}$。

端羟基聚丁二烯的微观结构是由其合成方法决定的。一般来说，利用自由基聚合时，1,4-结构占 75%～80%，其中 1,4-反式结构约占 60%，1,2-乙烯基结构为 20%～25%。利用阴离子配位聚合，分子中几乎全部是 1,4-结构，而且 1,4-顺式结构的比例较高。利用阴离子活性聚合，有的产品中 1,2-乙烯基结构可达 90%，所得预聚物分子量分布亦窄，M_w/M_n 接近于 1。例如，Cray Valley 公司 Poly bd 品牌的 HTPB（表 3-20）是通过自由基聚合得到的，其官能度较高，羟基平均官能度约 2.5；Krasol LBH 品牌的 HTPB 是通过阴离子聚合法生产的，分子量分布窄，平均官能度约为 2，1,2-乙烯基含量约 65%。日本曹达株式会社采用阴离子聚合工艺生产的端羟基聚丁二烯，牌号为 Nisso PB，1,2-乙烯基含量达 85% 以上，可以称为端羟基聚 1,2-丁二烯。日本出光兴产株式会社的产品与 Cray Valley 公司 Poly bd 品牌的 HTPB 相似，其 1,4-聚合结构（$CH_2CH=CHCH_2$）约占全部丁二烯单元的 80%。

■表 3-20 Poly bd 牌号的 HTPB 典型物性

Poly bd 牌号	分子量 (M_n)	羟基含量 /(mmol/g)	黏度(10℃/30℃/50℃) /Pa·s	碘值 /(g/100g)	相对密度 (30℃/4℃)	羟值 /(mg KOH/g)
R-45HT	2800	0.83	16/5/2	250	0.897	46.6
R-15HT	1200	1.83	8/1.5/0.4	264	0.906	102.7

HTPB 是一种新型液体橡胶。它与扩链剂、多异氰酸酯交联剂在室温或高温下反应可以生成交联结构的固化物。聚丁二烯主链使聚合物具有类似天然橡胶及丁基橡胶等聚合物的性能，具有较强的疏水性，固化物具有优异的力学性能，透明度好，特别具有优异的耐水解性、电绝缘性、耐酸碱性，优异的低温柔顺性、耐老化，对非极性和低极性材料的黏附性较好，气密性优良，湿气透过率非常低。它一般用于制造固体推进剂的黏合剂等，近年来推广用于生产民用特殊浇注型聚氨酯弹性体、RIM 聚氨酯制品和水下聚氨酯弹性材料。HTPB 用于电器灌封胶和胶黏剂，具有优良的耐低温性能和柔韧性。

一般小分子二醇扩链剂与 HTPB 相容性不好。HTPB/MDI 体系合适的扩链剂有：N,N-苯胺二异丙醇（DIPA）、2-乙基-1,3-己二醇（EHD）、2-丁基-2-乙基-1,3-丙二醇（BEPG）以及 2,2,4-三甲基-1,3-戊二醇（TMPD）。

3.5.1.2 端羟基氢化聚丁二烯

将端羟基聚丁二烯催化加氢，可得到氢化端羟基聚丁二烯产品。特点是：主链为饱和结构，具有更好的光候稳定性，与普通的端羟基聚丁二烯相比，改善了耐热性和对聚烯烃材料的粘接性。

美国 Sartomer 公司的 Krasol HLBH-P 3000 是氢化端羟基聚丁二烯产品，为无色透明液体，典型物性指标如下：二醇含量＞97%，氢化度＞98%，羟基官能度 1.9，羟值 31mg KOH/g 或 0.56mmol/g，分子量 3100，黏度 65 Pa·s（25℃）或 7 Pa·s（50℃），水分 0.03％，玻璃化转变温度 $T_g=-46℃$。

另外还有端羟基环氧化聚丁二烯树脂。

3.5.1.3 端羟基聚丁二烯-丙烯腈

端羟基聚丁二烯-丙烯腈简称丁腈羟、HTBN，化学结构式如下：

$$HO\text{-}[(CH_2\text{-}CH=CH\text{-}CH_2)_a(CH\text{-}CH_2)_b]\text{-}OH$$
$$\qquad\qquad\qquad\qquad\qquad |$$
$$\qquad\qquad\qquad\qquad\quad CN$$

式中，a/b 摩尔比一般为 0.85/0.15，$n=55\sim65$。

端羟基聚丁二烯-丙烯腈是浅黄色透明黏稠液体。

由于 HTBN 分子链中含有极性氰基，所以丁腈羟液体橡胶除具有端羟基聚丁二烯的一般特性外，还具有良好的耐油性和粘接性、耐老化性、耐低温性能。用 HTBN 制备聚氨酯弹性材料可用于军工、民用方面，主要用于制造聚氨酯胶黏剂与密封胶。

3.5.1.4 端羟基丁苯液体橡胶

端羟基丁苯液体橡胶，简称丁苯羟或 HTBS，是一种以丁二烯、苯乙烯为分子主链，两端带有活性官能团羟基的低分子遥爪聚合物。

山东淄博齐龙化工有限公司的 HTBS 产品指标见表 3-21。

■表 3-21　山东淄博齐龙化工有限公司的端羟基丁苯液体橡胶产品指标

型号	分子量 （M_n）	黏度（40℃） /Pa·s	羟值 /(mmol/g)	结苯含量 /％	水分 /(mg/kg)
Ⅰ型	>2500	<12	0.60~0.70	10	500
Ⅱ型	>2000	<16	0.70~0.80	18	500

该产品纯度高、透明性好、耐老化性以及加工性能好。HTBS 可用于环氧树脂、聚氨酯材料的改性以及电器材料的绝缘密封。也可用作弹性体灌封材料，或单独用于轮胎浇注等。该类橡胶不仅具有固体丁苯橡胶的特性，而且还可作为浇注材料和密封材料。

3.5.1.5 端羟基聚异戊二烯及端羟基氢化聚异戊二烯

日本出光兴产株式会社小批量生产端羟基聚异戊二烯（HTPI）和端羟基氢化聚异戊二烯（H-HTPI），牌号分别为 Poly ip 和 Epol（エポール），分子量约 2500，羟基含量分别是 0.83mmol/g 和 0.9mmol/g，黏度（30℃）分别是 7.5Pa·s 和 75Pa·s，相对密度（30/4℃）分别是 0.907 和 0.862。另外法国 Total 集团的子公司也曾经生产过此类产品，牌号相同。端羟基聚异戊二烯 Poly ip 具有高反应活性的羟基，与 HTPB 相比，得到的 PU 具有低模量、高伸长率、优良的附着力等优点。用 Epol 为原料制得的聚氨酯弹性体具有耐热、耐候、低透湿性、低透气性和优良的粘接性。

3.5.1.6 聚苯乙烯多元醇

聚苯乙烯多元醇可由苯乙烯和烯丙醇聚合得到，烯丙醇提供羟基和官能度。这种多羟基聚合物也称为聚苯乙烯-烯丙醇共聚物多元醇，简称 SAA 多元醇。

美国 Lyondell Basell 工业公司开发的 SAA 多元醇系列产品是白色颗粒，具有较高的伯羟基含量，主要用作功能性树脂的改性剂，用于聚氨酯涂料和油墨体系，可改善硬度、光泽、耐化学品性、耐污和耐腐蚀性、黏附性、颜料分散性、耐摩擦性。

SAA 多元醇一般先溶于溶剂，单独或与其他树脂一起使用。SAA 或混合树脂溶液用多异氰酸酯或三聚氰胺交联剂固化，形成快速固化的高光泽涂层。

3.5.2 植物油多元醇

蓖麻油是用于聚氨酯历史悠久的一种天然植物油多元醇，该天然农副产品无需通过化学方法改性即可使用。其他生物基多元醇大多是以天然产物为原料进行化学反应而制备。

近十年来，国内外充分利用价格比较低廉的植物油如大豆油、棕榈油为原料，开发了一系列植物油多元醇（或称天然油多元醇 NOP），代替石油化工资源的聚醚多元醇，主要用于聚氨酯硬泡的原料，少量用于聚氨酯软泡原料以及聚氨酯 CASE 材料。

大多数植物油分子不像蓖麻油那样含多个羟基，需要通过化学方法增加羟基含量。大豆油和棕榈油等植物油的分子结构中含有不饱和双键，可以通过过渡金属催化羰基化法、臭氧氧化法、环氧开环法制备多元醇。

3.5.2.1 蓖麻油

蓖麻油是脂肪酸的甘油酯，其中约含 70% 左右的甘油三蓖麻油酸酯和 30% 左右的甘油二蓖麻油酸酯单亚油酸酯等。蓖麻油皂化产生的脂肪酸中约含 90% 的蓖麻油酸，还有约 10% 是不含羟基的成分。

蓖麻油没有确定的分子式，其主成分示性结构式如下：

$$\begin{array}{l} CH_2OCO(CH_2)_7CH=CH-CH_2-CH(OH)(CH_2)_5CH_3 \\ | \\ CHOCO(CH_2)_7CH=CH-CH_2-CH(OH)(CH_2)_5CH_3 \\ | \\ CH_2OCO(CH_2)_7CH=CH-CH_2-CH(OH)(CH_2)_5CH_3 \end{array}$$

蓖麻油的羟基平均官能度约为 2.7。蓖麻油的典型羟值为 163~164mg KOH/g，羟基含量约为 4.9%，碘值 82~90mg I_2/g。未经处理的蓖麻油酸值<5.0mg KOH/g，过氧化值<5.0mg KOH/g，经活性白土漂制后的精漂（精制）蓖麻油为无色或浅黄色透明液体，酸值 1~2mg KOH/g，水分及挥发物≤0.2%，游离脂肪酸≤1.0%。

蓖麻油为浅黄色液体，有轻微的特殊气味，密度（20℃）0.950～0.965g/mL，黏度（25℃）730×10^{-6} m^2/s。折射率（20℃）1.475～1.480。蓖麻油不溶于水，能与醇、乙酸、苯和三氯甲烷等混溶。

蓖麻油具有长链脂肪基，制得的聚氨酯制品具有良好的耐水（解）性、柔韧性、低温性能和电绝缘性。蓖麻油可直接用于制造聚氨酯胶黏剂、涂料、泡沫塑料，也可改性后使用。

3.5.2.2 蓖麻油衍生物多元醇

通过加入乙二醇、甘油、三羟甲基丙烷、季戊四醇、山梨醇甚至是低分子量聚醚多元醇进行醇解和酯交换，还可得到不同羟值、官能度和分子量的蓖麻油衍生物。酯交换反应得到的蓖麻油衍生物，不仅增加了羟值和官能度，而且因为伯羟基含量的增加，提高了产物的反应活性。这些蓖麻油醇解产物多元醇已广泛应用于涂料，可用于聚氨酯硬泡和半硬泡。

美国 Vertellus 特性材料公司专业供应 Polycin 和 Caspol 系列的以蓖麻油为基础的低聚物多元醇，用于聚氨酯涂料、胶黏剂、填缝剂和弹性体等领域，具有优良的黏附性、防潮耐水、耐化学品等性能。德国 Elastogran 公司（BASF 的子公司）的 Lupranol Balance 50 是基于蓖麻油的天然油脂多元醇产品，含 31% 的蓖麻油，采用双金属催化剂（DMC）在蓖麻油羟基上进行环氧丙烷/环氧乙烷开环聚合得到蓖麻油聚醚多元醇。Lupranol Balance 50 的典型羟值 50mg KOH/g，官能度约 2.7，典型黏度 725 mPa·s，气味低。主要用作软泡聚醚多元醇。

日本伊藤制油株式会社生产 Uric H 系列蓖麻油基多元醇产品，其中 Uric H30 是精制蓖麻油。Uric H 系列蓖麻油基多元醇用于 CASE 聚氨酯材料，具有比一般聚醚型和聚酯型聚氨酯更好的热稳定性、耐水解性、耐酸性和耐化学品性能，并且具有优异的柔韧性、电绝缘和耐磨性、耐冲击性等力学性能。Uric Y 多元醇黏度较低，适合用作双组分聚氨酯的活性稀释剂。Uric AC 是含芳香族骨架的蓖麻油基多元醇，用于无溶剂聚氨酯体系。Uric PH 系列是特殊的蓖麻油基多元醇，与不同的多异氰酸酯固化剂组合可得到柔软、高伸长率的聚氨酯弹性体，具有比一般聚醚型和聚酯型聚氨酯更好的热稳定性、耐水解性能。

3.5.2.3 大豆油多元醇

大豆油（soybean oil）是一种甘油三酸酯，含 20%～30% 油酸（C18：1，表示十八碳烯酸，含一个双键）、45%～58% 亚油酸（C18：2）和 4%～10% 亚麻酸（C18：3）。

大豆是美国、中国等国家广泛种植的食用油农产品，来源广泛，相对于石油类产品成本较低。目前植物油多元醇多采用大豆油为原料，进行环氧化和羟基化制备大豆油多元醇。国内外有不少厂家从事大豆油多元醇的研发以及相应聚氨酯材料的开发。大豆油多元醇官能度为 1～6，羟值在 50～700mg KOH/g 之间。

3.5.2.4 棕榈油多元醇

精炼棕榈油为白色或淡黄色半固体,主要成分为棕榈酸和油酸的甘油三酸酯。分子结构中所含的双键经环氧化和羟基化后得到棕榈油多元醇。环氧棕榈油与小分子多元醇在催化剂等条件下反应得到棕榈油多元醇,其羟值与多元醇的类型有关。

马来西亚是全球最大的棕榈油生产地,该国研究人员将棕榈油进行改性,制得了一系列棕榈油多元醇,促进可再生资源利用。马来西亚 Maskimi 多元醇公司的 Maskimiol PKF 3000 和 PKF 5000 的平均分子量分别是 3000 和 5000,羟值分别是 58~65mg KOH/g 和 28~35mg KOH/g,黏度 (25℃) 1500~1900mPa·s 和 2650~3150mPa·s,用于制造聚氨酯软泡;PK 317 羟值 315~330mg KOH/g,用于生产聚氨酯硬泡。马来西亚万盛泡沫工业公司棕榈油多元醇牌号为 Natura。其中一个产品的技术指标为:外观棕黄色液体,稍有典型的棕榈油气味,羟值 170~200mg KOH/g,黏度 (35℃) 3500~4500mPa·s,pH 值为 6.5~7.5,酸值≤3mg KOH/g,相对密度 0.95~0.98,水分≤0.30%。

3.5.3 松香酯多元醇

以林产品天然松香树脂为原料的松香酯多元醇(俗称"松香聚酯多元醇")是一类生物基低聚物多元醇,一般用作聚氨酯硬泡的原料,泡沫塑料的性能与聚醚多元醇为原料的相当,价格上也有竞争力。

一种改性松香的方法是将松香与马来酸酐反应,制备含 3 个羧酸(酐)的马来松香。马来松香与多元醇(如二甘醇、乙二醇)在氮气保护下进行酯化和熔融缩聚反应,当酸值降到 5mg KOH/g 时,停止反应。通过改变马来松香与多元醇的比例及多元醇的组成可得到不同羟值的以马来松酯多元醇为主要成分的松香酯多元醇。

松香酯多元醇   松节油酯二醇

另一种方法是将松香改性为二元酸,再与过量小分子多元醇进行酯化反应制备松香酯多元醇。获得改性松香二羧酸采用的方法有:松香二聚、松香与甲醛加成、丙烯酸改性等。

另外,松节油马来酸酐加成物二甘醇酯多元醇也是一种复杂的混合物,该松节油酯二醇是天然产物二醇,具有双环二酸酯结构。

也可在制备松香酯多元醇的过程中加入脂肪族和芳香族二酸(酐)得到混合松香酯多元醇。

松香酯多元醇主要用于生产浇注和喷涂聚氨酯硬泡，具有与其他原料混容性好，黏附力好，泡孔细腻，耐热和阻燃性优良的特点。

3.5.4 端氨基聚醚

端氨基聚醚是主链为聚醚的多元胺，又称"聚醚多胺"（polyether polyamine）。目前市场上大多数端氨基聚醚是以端仲羟基聚醚二醇或三醇（包括 PPG 和 PO-EO 共聚醚）经高压催化加氨加氢胺化后的产物，是脂肪族聚醚胺，其中端基以伯氨基为主，氨基与甲基相邻，如此使得氨基的反应性比较温和。

Huntsman 公司的共聚醚二胺包括 ED 和 THF 系列，一般是端仲羟基聚醚胺化产物，Jeffamine ED 系列等共聚醚二胺的结构式如下：

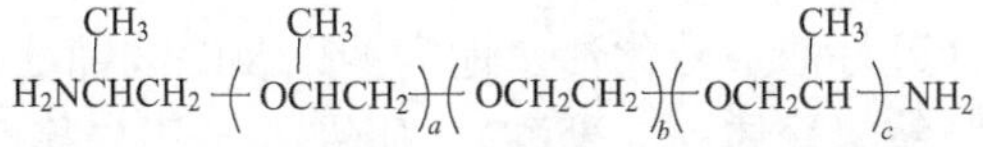

$$H_2NCHCH_2 + (OCHCH_2)_a + (OCH_2CH_2)_b + (OCH_2CH)_c NH_2$$
（其中 CH_3 取代基位于标注位置）

由于氨基与异氰酸酯的活性比羟基高得多，聚醚多胺是一种高活性的聚醚，与异氰酸酯基团反应迅速。这类氨基聚醚多用作环氧树脂固化剂。Huntsman 公司近年来推出 Jeffamine SD/ST 系列仲氨基聚醚，活性较低，更适合于聚氨酯。

普通端氨基聚醚中含有少量羟基没被胺化，一般在 2%～5% 之间。聚醚二胺和聚醚三胺常态为无色到浅黄色液体，有轻微胺臭味，黏度低到中等。低分子量或高 EO 含量的聚醚多胺溶于水，中高分子量聚氧化丙烯多胺一般不溶于水。市场上的端氨基聚醚产品以二官能度的 D-400 以及 D-2000 以及三官能度的 T-403、T-3000、T-5000 居多，其分子量分别约为 430、2000、440、3000 和 5000。

还有特殊的以 PTMEG 为主链、端基为芳氨基的端氨基聚醚，典型产品是 Air Products 公司的 Versalink P-250、P-650 和 P-1000。结构式如下：

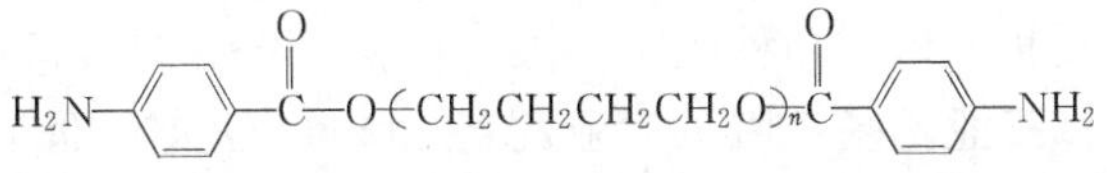

$$H_2N-\text{C}_6H_4-C(O)-O+CH_2CH_2CH_2CH_2O+_n C(O)-C_6H_4-NH_2$$

由端氨基聚醚与异氰酸酯等制得的喷涂聚脲弹性体强度高、延伸率大、耐摩擦、耐腐蚀、耐老化，广泛应用于混凝土和钢结构表面的防水防腐耐磨涂层，以及其他构件的防护、装饰涂层。

3.5.5 脂肪酸二聚体二醇以及二聚体聚酯二醇

二聚体二醇是从天然油脂得到的产物，属于生物基二醇。

英国 Croda 公司的 Pripol 2033 是一种特殊的二聚体二醇，它是由脂肪酸二聚体还原得到，含 36 个碳原子，有支链，不含双键，结构示意如下：

该二聚体二醇分子量 540，羟值 196～206mg KOH/g，酸值≤0.2mg KOH/g，不含酯基，常温下为液态，用于 CASE 聚氨酯弹性材料，显著改善聚氨酯的水解稳定性、流动性和玻璃化转变温度范围。

Pripol 2030 也是无定形二聚体二醇，分子量 570，用于制造 CASE 聚氨酯材料、工程塑料等，具有耐水解、耐化学品和耐 UV 性能。Croda 公司还生产以二聚体（酸/醇）等天然产物为基础的 Priplast 系列聚酯多元醇。美国 Jarchem 工业公司的二聚体二醇 DD36 相对密度 0.90，黏度 2500mPa·s，羟值 185～210 mg KOH/g，酸值约 0.4 mg KOH/g，皂化值 1.3～5mg KOH/g。

中国林业科学研究院林产化学工业研究所 2004 年在国内率先实现在用天然油脂（菜籽油、酸化油、地沟油以及海滨锦葵油等）生产生物柴油的同时联产脂肪酸二聚体（二聚酸）。研究人员用二聚酸替代常规二元羧酸制备二聚酸聚酯二醇，建成年产 500t 油脂基聚酯多元醇的中试生产线。

3.6 助剂

3.6.1 催化剂

在聚氨酯及其原料合成中常用催化剂主要有叔胺催化剂（包括其季铵盐类）和有机金属化合物两大类。

3.6.1.1 叔胺类催化剂

叔胺类催化剂有脂肪胺类、脂环胺类、芳香胺类和醇胺类及其铵盐类化合物。叔胺催化剂品种较多，限于篇幅，仅介绍最常用的几种。

(1) 三亚乙基二胺 三亚乙基二胺（三乙烯二胺）简称 TEDA、DABCO。化学名称：1,4-二氮杂双环 [2.2.2] 辛烷。结构式：$N(CH_2CH_2)_3N$。

TEDA 常态为无色或白色晶体，相对密度（25℃）约为 1.14。易溶于丙酮、苯及乙醇，溶于水。纯品熔点 158～159℃，沸点 174℃。三亚乙基二胺工业品纯度一般能达到 99.0% 甚至 99.5% 以上。

三亚乙基二胺广泛地用于各种聚氨酯泡沫塑料（包括软质、半硬质、硬质聚氨酯泡沫塑料、微孔弹性体）、涂料、弹性体等。在一步法发泡工艺中，三亚乙基二胺的重要性尤其显著。TEDA 固体作为聚氨酯的催化剂使用不方便，往往将它熔化在一缩二丙二醇（DPG）、丙二醇、一缩二乙二醇（二甘醇）或乙二醇（EG）中，配制成质量分数为 33%（或其他浓度）的二醇溶液使用。由33%的TEDA与67%的DPG所配制成的液体催化剂，美国Air Products公司的牌号为Dabco 33-LV，美国GE东芝有机硅公司的牌号为Niax A-33。A-33用于各种类型的聚氨酯泡沫塑料及微孔弹性体。

由33%的TEDA与67%的EG所配制成的催化剂，主要用于EG扩链的微孔聚氨酯弹性体和聚氨酯半硬泡。由33%的TEDA与67%的1,4-丁二醇（BDO）所配制成的催化剂，主要用于BDO扩链的微孔聚氨酯弹性体和聚氨酯半硬泡体系。由20%的三亚乙基二胺与80%的二甲基乙醇胺配制而成的催化剂，一般用于聚醚型聚氨酯硬泡、软泡及半硬泡。

(2) 双（二甲氨基乙基）醚 双（二甲氨基乙基）醚全称是二［2-(N,N-二甲氨基乙基)］醚。结构式：$(CH_3)_2NCH_2CH_2OCH_2CH_2N(CH_3)_2$。外观为淡黄色透明液体，可无限溶于水，黏度（25℃）1.4 mPa·s，密度（25℃）0.85g/cm^3。双（二甲氨基乙基）醚对发泡反应有极高的催化活性和选择性，纯品活性很高，人们用二醇把它稀释成溶液使用。由质量分数为70%的双（二甲氨基乙基）醚与30%的一缩二丙二醇（DPG）配成的催化剂牌号为Niax A-1。Niax A-1催化剂主要用于软质聚醚型聚氨酯泡沫塑料的生产，也可用于包装用硬泡。

催化剂厂家还有23%、10%的双（二甲氨基乙基）醚和DPG组成的低浓度产品，以及以双（二甲氨基乙基）醚为基础的延迟性催化剂产品。

(3) 反应性低散发叔胺催化剂 这类叔胺催化剂以含羟基的叔胺为主，是反应性催化剂，可结合到聚氨酯中，制品的胺散发性、雾化性很低，多用于生产坐垫软泡。

二甲基乙醇胺的催化活性不高，但它的碱性较强，可以有效地中和发泡组分中的微量酸，是一种辅助催化剂。

2-(2-二甲氨基-乙氧基)乙醇（DMAEE）用于聚氨酯硬泡的低气味反应性发泡催化剂，也可用于模塑软泡和聚醚聚氨酯软泡。可单独使用，也常与A-33并用。

$$H_3C-N(CH_3)-CH_2CH_2-O-CH_2CH_2-OH$$

DMAEE

三甲基羟乙基丙二胺，即N-甲基-N-(二甲氨基丙基)氨基乙醇，是低烟雾的发泡/凝胶平衡性叔胺催化剂，由于该催化剂参与反应，生产的泡沫塑料制品不会散发胺蒸气，可用于模塑泡沫、包装用半硬泡等，不会腐蚀金属，对PVC制品无污染性。三甲基羟乙基乙二胺也是相似结构的反应性发泡催化剂。

N,N-双（二甲胺丙基）异丙醇胺是一种反应性凝胶发泡剂，低散发性，用于聚醚型聚氨酯软泡、微孔聚氨酯弹性体、RIM聚氨酯、硬泡等。

N,N,N'-三甲基-N'-羟乙基双氨乙基醚是一种高效反应性发泡催化剂，用于聚醚型聚氨酯软块泡、模塑泡沫、包装用硬泡等。

N-(二甲氨基丙基)二异丙醇胺是一种低散发反应性凝胶发泡剂，用于低密度聚醚型聚氨酯软泡、微孔聚氨酯弹性体、RIM 聚氨酯、硬泡等，提供良好的初期流动性。

四甲基二亚丙基三胺即双-(3-二甲基丙氨基)胺是一种促进表面固化的低气味反应性催化剂，主要用于聚氨酯硬泡、模塑软泡和半硬泡，也用于聚醚型聚氨酯软块泡和聚氨酯 CASE 材料。

(4) 其他叔胺催化剂　其他常见叔胺类催化剂有 N,N-二甲基环己胺、N,N,N',N'-四甲基亚烷基二胺、N,N,N',N'',N''-五甲基二亚乙基三胺、N,N-二甲基乙醇胺、N-乙基吗啉、2,4,6-(二甲氨基甲基)苯酚、三甲基-N-2-羟丙基己酸、N,N-二甲基苄胺、N,N-二甲基十六胺等。1,3,5-三（二甲氨基丙基）-六氢化三嗪、2,4,6-(二甲氨基甲基)苯酚、三甲基-N-2-羟丙基己酸等叔胺或季铵盐等促进异氰酸酯三聚的催化剂常用于硬质聚氨酯泡沫塑料。

3.6.1.2　有机金属类催化剂

有机金属化合物包括羧酸盐、金属烷基化合物等，所含的金属元素主要有锡、钾、铅、汞、锌、钛、铋等，最常用的是有机锡化合物。有机锡类催化剂催化 NCO 与 OH 反应的能力比催化 NCO 与 H_2O 反应要强，在聚氨酯树脂制备时大多采用此类催化剂。在聚氨酯弹性体以及胶黏剂、涂料、密封胶、防水涂料、铺装材料等配方中，二月桂酸二丁基锡等有机金属催化剂最为常用，它对促进异氰酸酯基与羟基的反应很有效，它也可用于少数硬泡、半硬泡和高回弹泡沫配方。辛酸亚锡是连续法块状发泡聚氨酯软泡的常用催化剂，羧酸钾类催化剂具有三聚催化效果，多用于聚异氰脲酸酯改性聚氨酯硬泡。

羧酸铋催化剂是近年来受到关注的一类催化剂，主要促进聚氨酯的形成反应，可替代有机锡、有机汞和有机铅催化剂。

近年来，随着高环保要求，限制含汞、铅等重金属催化剂在某些聚氨酯弹性体和涂料配方中的使用。

3.6.2　溶剂及增塑剂

为了调节黏度，便于工艺操作，在聚氨酯胶黏剂、涂料、PU 革树脂等产品的制备过程或配制使用时，经常要使用溶剂。用于聚氨酯合成的有机溶剂一般必须是"氨酯级溶剂"，基本上不含水、醇等活性氢化合物。用于双组分聚氨酯体系的溶剂，如果一个组分含 NCO 基团，则稀释用溶剂也应采用高纯度的氨酯级溶剂。

可用于聚氨酯胶黏剂、涂料、聚氨酯浆料的溶剂品种很多，溶剂的选择可根据聚氨酯分子与溶剂的溶解原则——即溶度参数 SP 相近、极性相似以及溶剂本身的挥发速率等因素来确定。可采用混合溶剂来提高溶解性、调节挥发速率来适应不同工艺的要求。

聚氨酯树脂中使用的溶剂或稀释剂通常包括酮类（如甲乙酮、丙酮）、酯类（如乙酸乙酯、乙酸丁酯）、芳香烃（如甲苯）、二甲基甲酰胺、二醇醚（酯）、环醚（四氢呋喃、二氧六环）、卤代烃等。

二甲基甲酰胺（DMF）和二甲基乙酰胺（DMAc）是聚氨酯的强溶剂，以 DMF 最常用。N-甲基吡咯烷酮能与水和常规有机溶剂混溶，可用于聚合物包括聚氨酯的溶剂和反应介质，例如它可用于水性聚氨酯。

二醇醚酯（如乙二醇乙醚醋酸酯、丙二醇单甲醚醋酸酯）是高沸点溶剂，一般用于涂料和油墨，还用作成膜剂、流平剂的组分，可用于聚氨酯涂料。二醇单醚和二醇双醚类溶剂也可以用于聚氨酯溶剂，如水性聚氨酯和无 NCO 存在的聚氨酯体系。

二元羧酸或混合二元羧酸与甲醇进行酯化反应得到的二羧酸酯，是高沸点溶剂，部分可用作增塑剂，可被用作聚氨酯设备的清洗剂，能良好地消除设备中的残余物料，防止设备管路堵塞。

聚氨酯本身可通过调节原料组成改变其硬度，所以增塑剂在聚氨酯制品中的用途不广泛，仅用于某些特殊制品，如制造低硬度弹性体、改善泡沫脆性，可少量用于密封胶、防水涂料配方等。许多增塑剂如邻苯二甲酸二辛酯、苯甲酸二乙二醇酯、对苯二甲酸二辛酯、磷酸三（2-乙基己基）酯、烷基磺酸苯酯等都可用于聚氨酯树脂。

3.6.3 扩链剂和交联剂

在聚氨酯材料配方中，扩链剂或交联剂是常用的助剂。扩链剂是指含两个官能团的化合物，通常是小分子二元醇、二元胺、乙醇胺等，在聚氨酯合成中，一般通过与端 NCO 聚氨酯预聚体进行扩链反应生成线型高分子；聚氨酯行业的交联剂一般指三官能度以及四官能度化合物如三醇、四醇等，它们使得聚氨酯产生交联网络结构。

扩链剂和交联剂用于各种类型的聚氨酯材料，包括浇注型非泡沫聚氨酯弹性体、微孔聚氨酯弹性体、RIM 聚氨酯、热塑性聚氨酯弹性体、聚氨酯涂料、胶黏剂、高回弹泡沫塑料、半硬质泡沫塑料等。

扩链剂和交联剂是小分子，在聚氨酯分子中对硬段含量产生贡献。在满足固化的前提下，扩链剂用量越多，相应二异氰酸酯用量也越多，聚氨酯的硬段含量高，由此得到高强度、较高硬度的材料。

扩链剂和交联剂可在一步法合成聚氨酯时使用，也可在合成预聚体时采用。能够与预聚体反应而得到固化物的扩链剂（如二胺、二元醇）或交联剂（如多元醇）也称作固化剂。

水是特殊的扩链剂和固化剂，水分子的 2 个氢原子都与异氰酸酯基反应，相当于是二官能度扩链剂。湿固化聚氨酯泡沫、胶黏剂和涂料利用空气中的水分进行固化反应。

低聚物多元醇或端羟基聚氨酯与二异氰酸酯反应，生成（端羟基或端异氰酸酯基）预聚体或者聚氨酯弹性材料，因为二异氰酸酯用量少，有时也称二异氰酸酯为扩链剂或固化剂。三异氰酸酯常用作双组分聚氨酯涂料和聚氨酯胶黏剂的交联剂或固化剂。

常用二醇类扩链剂及固化剂主要有1,4-丁二醇、乙二醇、一缩二乙二醇、1,6-己二醇、对苯二酚二羟乙基醚（HQEE）、间苯二酚双羟乙基醚（HER）、对双羟乙基双酚A等。常用的多元醇交联剂有甘油、三羟甲基丙烷、季戊四醇及低分子量聚醚多元醇。

二羟甲基丙酸、二羟甲基丁酸及一些自制的含羧基二醇是一类含亲水性基团的扩链剂，用于制备水性聚氨酯。

一些聚醚厂商有分子量为150~700的低分子量聚醚多元醇交联剂供应，如乙氧基化的三羟甲基丙烷，季戊四醇与环氧丙烷反应得到的仲羟基聚醚四醇，用于聚氨酯泡沫塑料体系和"CASE"弹性聚氨酯体系，应用领域包括硬泡、半硬泡、高回弹、软泡、涂料、胶黏剂、弹性体等。

常用的二胺扩链剂（固化剂）有3,3'-二氯-4,4'-二苯基甲烷二胺（MOCA）、3,5-二甲硫基甲苯二胺（DMTDA）、3,5-二乙基甲苯二胺（DETDA）等芳香族二胺，以及脂肪族仲胺、含芳环的脂肪族仲胺。脂肪族二元伯胺活性太高，一般不用于芳香族异氰酸酯体系的交联剂，仅少量用于喷涂聚脲。另外，还有Unilink和Clearlink牌号的液态二胺扩链剂用作聚氨酯预聚体固化剂，如1,4-双仲丁氨基苯（Unilink 4100）、4,4'-双仲丁氨基二苯基甲烷（Unilink 4200）、脂肪族二仲胺Clearlink 1000和Clearlink 3000、N,N'-双仲戊基环己烷二胺（Jefflink 754）、脂肪族胺的混合物扩链剂Jefflink 555等。

同时含有羟基和伯氨基（或仲氨基）的化合物、含有叔氮原子的多元醇都可以作聚氨酯交联剂，叔氨基对异氰酸酯和多元醇的反应还有一定的催化作用。常用的醇胺类交联剂有二乙醇胺、三乙醇胺、乙醇胺、N,N-双（2-羟丙基）苯胺、N,N,N',N'-四（2-羟丙基）亚乙基二胺等。

3.6.4 耐久性助剂

在自然界和特殊的使用环境中，聚氨酯和其他聚合物材料一样，在光、热、氧、水以及微生物存在下发生热氧降解、水解、光降解以及微生物降解等，这将使得聚合物的强度降低，直至失去使用价值。为了抑制降解，延长材料的使用寿命，必须添加抗氧剂、光稳定剂、抗水解剂等改善材料耐久性的助剂。

3.6.4.1 光稳定剂

大部分聚氨酯材料是以芳香族异氰酸酯TDI、MDI、PAPI为主要原料制得的，芳香族氨酯基的存在使得聚氨酯在长期日光照射下发生黄变，为了减轻变色，可添加光稳定剂。

用于聚氨酯的光稳定剂主要有紫外线吸收剂和受阻胺光稳定剂（HALS）。

紫外线吸收剂主要有苯并三唑类、水杨酸酯类、二苯甲酮类和甲脒类化合物，可用于聚氨酯弹性体的主要是苯并三唑类化合物等，如紫外线吸收剂 Tinuvin 213、Tinuvin 571、UV-327、UV-328 等。

受阻胺类光稳定剂与紫外线吸收剂不同，它不吸收紫外线，而是发生热氧化或光氧化，产生稳定的氮-氧自由基，后者是一种有效的自由基清理剂，优先与烷基自由基反应，产生光稳定作用。受阻胺在很低的浓度下就能起到很好的光稳定作用，比一般的紫外线吸收剂的稳定效果高 2~4 倍。用于聚氨酯的受阻胺类稳定剂有（2,2,6,6-四甲基哌啶）癸二酸酯、双（1,2,2,6,6-五甲基-4-哌啶基）癸二酸酯（光稳定剂 765 或 292）及 4-苯甲酰氧基-2,2,6,6-四甲基哌啶等。

性能良好的光稳定剂通常是受阻胺光稳定剂、紫外线吸收剂等复配形成的混合物，有的含辅助稳定剂如亚磷酸癸基二苯酯。

氨纶防黄剂是一种特殊的光稳定剂，可用于氨纶纤维、合成革、人造革等，品种有双（N,N-二甲基肼碳酰 4-氨苯基）甲烷（氨纶防黄剂 UDT）、聚甲基丙烯酸二乙基氨乙酯的有机溶液（氨纶防黄剂 SAS）等。

3.6.4.2 抗氧剂

抗氧剂主要用于防止聚氨酯热氧降解，这类稳定剂从作用机理分有自由基链封闭剂和过氧化物分解剂。自由基链封闭剂有受阻酚和芳香族仲胺两类。过氧化物分解剂有硫酯和亚磷酸酯两类，能够阻止由氧诱发的聚合物的断链反应，并分解生成的过氧化氢。

2,6-二叔丁基对甲酚（防老剂 264 或 BHT）是一种具有消除自由基作用的传统抗氧剂，它也用于聚醚多元醇和聚氨酯材料中。由于其分子量较低，具有较高的挥发性，近年来在国外逐渐被其他低挥发性的抗氧剂所取代。

四［β-(3,5-二叔丁基-4-羟基苯基）丙酸］季戊四醇酯，即抗氧剂 1010，是一种高分子量的受阻酚抗氧剂，它能有效地防止聚合物材料在长期老化过程中的热氧化降解，同时也是一种高效的加工稳定剂，可用于聚合物包括聚氨酯的主抗氧剂。在聚氨酯领域，可用于 RIM 材料、氨纶、TPU、胶黏剂和密封胶等。

空间位阻酚及芳族仲胺作抗氧防老剂，与亚磷酸酯、膦、硫醚等化合物组成复合物，可使防老抗氧效果更佳。

丁基、辛基化二苯胺（Irganox 5057 和 Naugard PS-30）是一类低挥发性的液态高效芳香族仲胺抗氧剂，用于许多聚合物，包括多元醇和聚氨酯。即使在较低浓度，也能防止聚合物的热降解。它们一般与受阻酚抗氧剂（如抗氧剂 1135）、亚磷酸酯和协效剂结合使用，用于聚氨酯泡沫塑料。它们易于与多元醇在室温下混合，用于软泡聚醚多元醇，可防止聚氨酯软块泡生产中的烧芯。并且在多元醇中添加抗氧剂，可防止贮存和运输过程的氧化。抗氧剂5057中二苯胺残留量非常低，很适合于生产聚氨酯。

亚磷酸酯化合物如亚磷酸三苯基酯、亚磷酸三（壬基苯）酯、亚磷酸二苯基异癸基酯、亚磷酸三异癸基酯、二亚磷酸季戊四醇二异癸酯以及硫酯类化合物如硫代二丙酸月桂酯，是具有过氧化物分解作用的辅助性热氧稳定剂，通常与受阻酚和芳香族仲胺类抗氧剂复合使用，使得聚氨酯材料具有优良的抗热氧老化性能。

3.6.4.3 水解稳定剂

聚酯及聚酯型聚氨酯中的酯基长期在潮湿环境中或者浸泡在水中容易水解，酯键断裂，聚合物降解，生成羧酸基团，而羧基的存在又加速了酯基的水解。添加水解抑制剂或称水解稳定剂，可抑制水解或延缓水解。

最常用的水解稳定剂有碳化二亚胺及其衍生物和环氧化合物。

碳化二亚胺很容易与羧酸反应，生成稳定的酰脲，抑制水解的继续进行。碳化二亚胺水解稳定剂包括单碳化二亚胺、聚碳化二亚胺，是聚酯型聚氨酯弹性体最常用的耐水解稳定剂。单碳化二亚胺一般由单异氰酸酯制备，在常温下是黄色至棕色液体或结晶固体。代表性产品Stabaxol I的化学名称为二（2,6-二异丙基苯基）碳化二亚胺，室温下为微黄蜡状结晶固体，熔点40～50℃，熔化后为黄色至棕色液体。一般以熔融状态用于液态聚酯型聚氨酯体系，如浇注型聚氨酯体系、聚氨酯涂料等，加工温度不超过120℃。

单碳化二亚胺分子量小，会缓慢从聚氨酯树脂中向外迁移。多碳化二亚胺或聚碳化二亚胺常温为黄色至棕色片状粉末，分子量一般大于600，具有较好的耐热和耐迁移性能。代表性的聚碳化二亚胺是Staboxol P，它是由1,3,5-三异丙苯-2,4-二异氰酸酯自聚，并以2,6-二异丙苯单异氰酸酯封端而制得。

碳化二亚胺在预聚体、聚氨酯胶黏剂、TPU中加入量0.1%～5%，一般在0.3%～1%，就可产生明显的耐水解性效果。

在环氧化合物水解稳定剂中，应用比较广泛的是缩水甘油醚类环氧化合物，如苯基缩水甘油醚、双酚A双缩水甘油醚（即通常的环氧树脂）、四（苯基缩水甘油醚基）乙烷、3-(缩水甘油醚基)丙基三甲氧基硅烷（即偶联剂KH-560）等。在高温、高湿条件下环氧化合物对聚氨酯的水解稳定作用比碳化二亚胺的好。环氧类水解稳定剂的用量较大，一般为1.5%～8%。

3.6.4.4 杀菌防霉剂

在潮湿环境下使用的某些聚氨酯制品，特别是聚酯型聚氨酯容易受到微生物侵蚀，发生霉变，产生霉斑和气味，加速材料的老化。添加杀菌剂、防霉剂可抑制霉菌的生长，保持制品整洁的外观，延长使用寿命。

杀菌/防霉/防腐剂的品种很多，包括有机锡、有机汞等有机金属化合物和不含金属元素的有机物，有液体和固体粉末等产品形式，固体可在溶于合适的溶剂后添加，也可将微细粉末直接拌入物料。含锡、汞元素的杀菌剂毒性大，有机杀菌剂毒性较低或无毒。

常见的杀菌防霉剂有：异噻唑啉酮衍生物，如 5-氯-2-甲基-4-异噻唑啉-3-酮、2-甲基-4-异噻唑啉-3-酮、N-正丁基-1,2-苯并异噻唑啉-3-酮、辛基异噻唑啉酮；2,4,4-三氯-2-羟基-二苯基醚；2-(4-噻唑基)苯并咪唑；8-羟基喹啉铜或双（8-羟基喹啉基）铜；有机锡化合物如富马酸三丁基锡、乙酸三丁基锡、双（三丁基锡）硫化物、双（三正丁基）氧化锡；N,N-二甲基-N'-苯基（氟二氯甲基硫代）磺酰胺等。有些杀菌防霉剂商品是两种或两种以上化合物的复配产品，比单一化合物杀菌防霉剂效果更好。

3.6.5 填料

为了降低制品生产成本，同时改善硬度或其他性能（阻燃、补强、耐热、降低收缩应力和热应力），在某些聚氨酯制品生产时可加入有机或无机填料。填料也称作填充剂、增量剂。某些填料同时又是体质颜料。微细的填料具有良好的遮盖力，常用于涂料行业。

填料可用于多种聚氨酯制品，例如聚氨酯涂料、密封胶、聚氨酯浆料、特殊弹性体、聚氨酯泡沫塑料。

三聚氰胺、植物纤维、聚合物多元醇等有机填料可用于聚氨酯泡沫塑料；而碳酸钙、高岭土（陶土、瓷土）、分子筛粉末、滑石粉、硅灰石粉、钛白粉、重晶石粉（硫酸钡）等微细无机粉末一般可用作聚氨酯密封胶、软泡、弹性体、胶黏剂、涂料等的填料，每 100 份聚醚多元醇或树脂，填料的用量可达 50~150 份，甚至更高。液态树脂如石油树脂、煤焦油、古马隆树脂、萜烯树脂等可用作聚氨酯防水涂料、胶黏剂等的填充剂（填料）。在 RIM 硬质、半硬质聚氨酯泡沫塑料以及微孔弹性体制品中，玻璃纤维、云母片、植物纤维等纤维或片状填料已广泛使用。在 RIM 及微孔弹性体中采用合适的填料，能在相当大的温度范围内增加弹性模量，改善热稳定性，降低热膨胀系数。铝粉、锌粉等金属粉末可用作导电填料。水泥、粉煤灰等也可用作填料。木粉、淀粉等植物性粉末也可用作填料。氧化钙可少量用于聚氨酯胶黏剂和密封胶体系，兼具二氧化碳吸收剂的作用。

少量使用填料可提高其整体性能，但使用量过大则使得物性降低，并且填料掺量大时操作困难。填料使得物料黏度增加，特别是纤维填料使黏度明显增加。

添加前的填料需经过脱水处理，以避免消耗掉部分异氰酸酯且反应产生的二氧化碳气泡影响聚氨酯产品的物性。

为了能够加快填料润湿速率，同时降低体系黏度，或者在聚氨酯树脂中添加更多的填料，有时需预先在树脂中添加润湿分散剂。

3.6.6 阻燃剂

与其他大多数高分子材料一样，聚氨酯不耐燃，容易被点燃，产生有毒气体，危害人身和财产安全。特别是聚氨酯软泡，由于开孔率较高，可燃成分多，燃烧时由于较高的空气流通性而源源不断地供给氧气，易燃且不易自熄。所以，一般通过各种方法，使聚氨酯制品具有一定的阻燃性。添加阻燃剂是最常用的方法，阻燃剂是聚氨酯材料，特别聚氨酯泡沫塑料的重要助剂。

材料中的阻燃剂一般需达到一定的量，才能起到阻燃效果。

卤代磷酸酯阻燃剂是聚氨酯泡沫塑料的常用阻燃剂。多数卤代磷酸酯常温下是液态，与多元醇有良好的相溶性，且价格适中，是聚氨酯泡沫塑料中应用广泛、效果显著的一大类添加型有机阻燃剂。卤代磷酸酯阻燃剂品种有：三(2-氯丙基)磷酸酯(TCPP)、三(2-氯乙基)磷酸酯(TCEP)、三(二氯丙基)磷酸酯(TDCPP)、三(二溴丙基)磷酸酯、四(2-氯乙基)亚乙基二磷酸酯、双[二(2-氯乙基)]二乙二醇磷酸酯、2,2-二甲基-3-氯丙基双(1,3-二氯-2-丙基)磷酸酯、2,2-二甲基-3-溴-丙基-β-溴乙基磷酸酯等。TCEP、TCPP 等氯代磷酸酯因分子量小，长久会慢慢挥发。为了减少液体阻燃剂在泡沫塑料中长期挥发损失，可选用较高分子量的卤代多磷酸酯。不少阻燃剂厂家以及研究人员开发了二聚及多聚卤代磷酸酯。

添加卤代磷酸酯类阻燃剂的聚氨酯材料在燃烧时，阻燃剂也分解，产生大量烟雾和腐蚀刺激性气体，因此国内外近年来关注无卤阻燃剂，包括含磷、氮元素的阻燃剂及无机阻燃剂。

甲基膦酸二甲酯(DMMP)是一种低黏度液态膦酸酯添加型阻燃剂，其特点是含磷量高，阻燃性能优良，在聚氨酯中添加量少（5%～10%），不含卤素，价格低，使用方便，具有降低黏度和阻燃的双重作用。可用于聚氨酯的磷酸酯(膦酸酯)类阻燃剂还有许多，例如乙基膦酸二乙酯、丙基膦酸二甲酯、磷酸三异丙基苯酯、磷酸三乙酯等。

液态阻燃剂同时具有增塑效果，所以需考虑阻燃性与聚氨酯物性的平衡。添加型的液态阻燃剂可能在材料使用过程中发生迁移和缓慢的挥发。而如果采用反应性阻燃剂，使阻燃成分通过化学键结合到聚氨酯材料中，就可解决这些缺点。反应型阻燃剂作为一种反应成分参与反应，对材料性能影响小。

聚氨酯所用的反应型阻燃剂多为各种液态及固态的含磷、氮或(和)卤素的阻燃多元醇等，如：三(一缩二丙二醇)亚磷酸酯(俗称P430)，三(聚氧化烯烃)磷酸酯，三(聚氧化烯烃)亚磷酸酯，N,N-二(2-羟乙基)氨基甲基膦酸二甲酯，N,N-二(2-羟乙基)氨基甲基膦酸二乙酯，三(氰化多元醇)磷酸酯二溴戊二醇的聚醚多元醇溶液，溴化季戊四醇及四溴苯酐衍生物系列阻燃多元醇，三聚氰胺衍生物多元醇，以甘油、环氧氯丙烷为原料合成的氯代阻燃聚醚等。

无机固态添加型阻燃剂也可用于聚氨酯材料，例如三聚氰胺（蜜胺）及其衍生物、膨胀性石墨粉末、聚磷酸铵及覆复合物（微胶囊包覆聚磷酸铵）、红磷及其复合物、氢氧化铝粉末等。固态阻燃剂添加到液态原料中容易沉淀，一般在发泡前或发泡时加入。用于泡沫塑料的阻燃剂粉末越细越好。

3.6.7 着色剂

聚氨酯的着色性较好。通过添加染料或颜料色浆，可制造具有所需颜色的聚氨酯制品，如彩色聚氨酯软泡、弹性体、合成革等。这些使制品着色的助剂可称作着色剂。

除了利用颜色提供功能性的效果，对聚氨酯泡沫塑料染色还有以下作用：①利用不同的颜色区分不同密度和不同功能的聚氨酯软泡，不同颜色和深度代表不同的密度，或阻燃性海绵，或抗静电海绵；②可用棕色、红色、黄色或黑色来掩饰聚氨酯的变黄现象，使聚氨酯制品的变黄现象不明显或不易察觉，从而将负面效果降低至最低点。

颜料及染料的品种很多，由于聚氨酯反应体系存在高活性 NCO 基团，所以要注意颜料（及染料）中是否存在易和聚氨酯原料发生反应而失去着色效果的官能团或化合物。最好通过实验选择颜料是否适用于聚氨酯体系，颜料要能很容易在组分中分散，并可经受加工温度，对材料性能的影响要尽可能地小，不发生色移和颜料析出。颜料用量范围可大也可小，调节方便。

黑色颜料和染料有炭黑、苯胺黑、钛黑等，白色颜料有钛白粉等，红色颜料有硫化镉、氧化铁红、色淀红等，黄色颜料有钛黄、异吲哚啉酮系颜料等，绿色颜料有氧化镉、酞菁绿等，橙色颜料有铬红等。

为了使用上的方便以及染色效果更佳，一般把颜料或染料预分散和溶解在聚醚中，制成色浆。生产色浆时，为了使粉末颜料良好地分散，通常需添加润湿分散剂。

有一类牌号为 Reactint 的反应性色料，颜色分别为蓝色、橙色、红色、黄色和紫色。通过将2种甚至3种色料，还有黑色料，按一定比例混合，可得到各种不同的制品颜色。据称因为色强度高，所以用量较一般色浆少。这种着色助剂的高分子链上含有羟基和发色基团。将着色基团接入聚合物网络，色彩牢固，不会迁移褪色。

模内漆是具有涂料、色浆和脱模剂三种功能的助剂。它均匀喷涂于模具内，漆膜干燥后，即可模塑聚氨酯鞋底、自结皮泡沫塑料、聚氨酯软泡、硬泡制品，脱模后，色漆附着在成型固化的制品上。

3.6.8 其他助剂

3.6.8.1 除水剂

在某些情况下如果不能采用减压脱水或者固体粉末干燥的方法进行脱水，则可通过添加除水剂来除去水分。

物理除水剂（即干燥剂）有分子筛。分子筛粉末可作为填料加入多元醇/颜填料混合物中，但要考虑分子筛对适用期的影响。国外有分子筛糊产品供应，是将分子筛微细粉末分散在增塑剂中得到的。

化学除水剂可以通过化学反应把水分除去。化学除水剂品种有特殊的噁唑烷化合物、对甲基苯磺酰异氰酸酯、原甲酸三乙酯等。

例如，噁唑烷类化学除水剂是通过对水分敏感的噁唑烷环的分解，消耗水分，来去除聚氨酯原料中的水分，主要用于聚氨酯涂料、密封胶和弹性体。美国 Angus 化学公司的噁唑烷除水剂 Zoldine MS-Plus，化学名称为 3-乙基-2-甲基-2-(3-甲基丁基)-1,3-噁唑烷。英国 ICL 公司 Incozol 2 为低毒性单噁唑烷干燥剂和除湿剂，与异氰酸酯间接反应的官能度为 2。Incozol 3 是湿气去除剂和反应性稀释剂，为含羟基的单噁唑烷，与异氰酸酯间接反应的官能度为 3。

对甲基苯磺酰异氰酸酯（PTSI）是一种单官能度异氰酸酯，活性较高，可优先于 TDI、HDI 等常规二异氰酸酯与多元醇、溶剂中的水分反应，生成的氨基甲酸酯不增加体系的黏度。缺点是毒性较噁唑烷等除水剂的大；它与水反应产生二氧化碳和甲苯磺酰胺，因此不能直接用于涂料配方，一般用于预先除水。

原甲酸三乙酯也是一种可用于聚氨酯体系的除水剂。它微溶于水并消耗水分、同时分解，能部分除去体系中的水分。

氧化钙也是一种无机除水剂，它与水反应生产氢氧化钙，同时也能吸收二氧化碳。

根据水分含量加入最佳量的除水剂，就可获得最好的除水效果。

3.6.8.2 脱模剂

脱模剂分内脱模剂和外脱模剂两种，前者加入物料中，后者涂在模具表面。

聚氨酯材料与许多材料都有较好的黏结性，因此在模塑成型时，需在模具表面涂上脱模剂。在聚氨酯泡沫塑料、聚氨酯弹性体制品生产中一般使用外脱模剂，主要成分是有机硅、石蜡、聚乙烯蜡、矿脂、高级脂肪酸金属盐、有机氟等。

为了适应提高生产效率的要求，内脱模剂作为 RIM 聚氨酯（脲）的重要助剂被开发，内脱模剂是加到配方中的助剂，在聚氨酯成型过程中可部分迁移到制品表面而起隔离作用。最初开发的内脱模剂有含活性有机基团的聚硅氧烷化合物。高级脂肪醇或胺与氧化乙烯的加成物（非离子型表面活性剂）、硬脂酸锌等也是常用的内脱模剂。

3.6.8.3 触变剂

在聚氨酯密封胶、胶黏剂、涂料中，有时会用到触变剂。少量触变剂加入树脂体系中，通过氢键与聚合物分子形成三维网络结构，使树脂黏度增长数倍到许多倍，甚至失去流动性。当施工时，在一定的剪切力作用下，网状结构被破坏，体系黏度迅速下降，可达到施工要求。当剪切力消失后，三维网状结构又重新形成，体系黏度上升，从而防止了漆膜和胶黏剂、密封胶的渗胶、流挂。

触变剂品种有气相白炭黑、氢化蓖麻油、聚酰胺、膨润土等。有些填料如硫酸钙晶须，可产生触变性，可用于密封胶、胶黏剂等。

气相白炭黑即气相制备的二氧化硅，具有很高的比表面积，表观密度很低，是常用的触变剂。为了增强白炭黑的触变效果，可加入少量助触变剂，如多羟基羧酸酰胺类溶液。由于白炭黑易吸水，用于聚氨酯体系时应注意水分的影响。

氢化蓖麻油和改性氢化蓖麻油是用于含低极性溶剂涂料的触变剂和增稠剂，产品形式是微细白色粉末，可以粉末形式直接添加，预调配成糊状加入，效果更好。适合用于包括聚氨酯在内的树脂。

主要有效成分为改性脲低聚物的液态触变剂 BYK-410 和 BYK-411 是用于溶剂型和无溶剂树脂体系的液体流变助剂。含类似成分的 BYK-420 是用于水性涂料及色浆的液态流变性添加剂。

3.6.8.4 偶联剂

在聚氨酯胶黏剂、密封胶、涂料、弹性体、增强 RIM 等材料中可能采用偶联剂。偶联剂主要是用作无机填料如玻璃纤维、白炭黑、滑石粉、云母、陶土和硅灰石等的表面处理剂，得到活化填料，提高与聚氨酯等聚合物树脂的结合力。还可用作胶黏剂、填料等的添加剂，用有机溶剂稀释的稀溶液也可用作基材表面底涂剂，以提高胶黏剂或涂层附着力。偶联剂种类包括硅烷类和钛酸酯类。硅烷偶联剂是聚氨酯常用的偶联剂。含氨基、环氧基或巯基等的有机硅偶联剂都可用于聚氨酯材料。常用的有机硅偶联剂有 γ-氨丙基三乙氧基硅烷（KH-550 或 A-1100），N-β（氨乙基）-γ-氨丙基三甲氧基硅烷（A-1120），γ-缩水甘油氧丙基三甲氧基硅烷（KH-560 或 A-187）等。

3.6.8.5 抗静电剂

一般的聚氨酯具有良好的电绝缘性能，因摩擦而产生的静电荷不易消失，静电荷的积聚会产生许多问题，甚至成为灾害。在某些应用场合，要求聚氨酯弹性体、软质聚氨酯泡沫塑料等具有静电消散性能，即需降低聚氨酯制品的表面电阻，一般需要添加抗静电剂或进行其他抗静电处理。

抗静电剂是一种表面活性剂，其化学结构上有极性基团（亲水基），还有非极性基团（亲油基）。抗静电剂又可分为外部涂层型和内部添加型。用于聚氨酯的抗静电剂以季铵盐化合物居多，如 N-烷基二甲基乙胺硫酸乙酯盐、（3-月桂酰胺丙基）三甲基胺硫酸甲酯盐。另外，导电炭黑是填料型抗静电剂，也用于聚氨酯泡沫塑料等。

3.6.8.6 消泡剂

在某些产品的生产中产生的泡沫很多、影响操作，另外在涂料和 PU 革浆料成膜过程也需防止内在和外来因素造成的涂层表面泡孔等缺陷，可添加消泡剂和脱泡剂来消除泡沫。消泡剂用量很少，合适的消泡剂作用效果明显。

有机硅是人们熟知的一种消泡剂成分，聚丙烯酸酯等也可用作聚氨酯等体系的脱泡和消泡。为了在生产和应用期间阻止泡沫和气泡生成，一般将消泡剂先加在树脂中。用于溶剂型及无溶剂体系的消泡剂产品以聚硅氧烷或其他消泡性聚合物的有机溶液居多。水性聚氨酯乳液的消泡剂也多以憎水性聚硅氧烷为主要成分。

3.6.8.7 流平剂

流平剂是表面活性剂，它能降低涂料的表面张力，使得涂料容易流平，得到平整的涂膜。聚氨酯体系的流平剂可以是有机硅聚合物，也有丙烯酸酯聚合物等类型。

3.6.8.8 润湿剂

聚氨酯是极性聚合物，对低极性表面的润湿性较差，此时可考虑在聚氨酯涂料体系中添加基材润湿剂。这类润湿剂是能够显著降低表面张力的有机硅类化合物，用于溶剂型涂料对基材的润湿。

某些 PU 革基材和离型纸润湿剂的有效成分为聚醚改性聚二甲基硅氧烷，这些添加剂由于较强地降低界面张力效果而改善基材润湿性，还改善涂料的流动性和流平性。它们用于一般 PU 树脂、湿法 PU 树脂与人造革的生产，在水性聚氨酯等体系中改善基材润湿。

3.6.8.9 活性稀释剂

在聚氨酯涂料体系中，为了符合低 VOC（挥发性有机化合物）环保法规要求、得到高固含量的配方，采用活性稀释剂是一种较好的办法。

活性稀释剂起溶剂和增塑剂的降黏作用，但不同于溶剂和增塑剂的地方是它们能够结合到树脂中。用于聚氨酯体系的活性稀释剂有噁唑烷、环状碳酸酯、内酯等。

噁唑烷类如官能度分别为 2、3、4 的噁唑烷 Zoldine RD-20、噁唑烷-醛亚胺 Zoldine RD-4、双环噁唑烷 Incozol LV，它们一般加入涂料和胶黏剂多元醇组分中，推荐加入量一般在 10%～30%之间。

亚丙基碳酸酯是一种低黏度、高沸点化合物，可作为聚氨酯预聚体的降黏剂、活性稀释剂和增塑剂，用于喷涂聚氨酯弹性体体系等。

γ-丁内酯用途广泛，在聚氨酯领域，可用作聚氨酯的黏度改性剂（活性稀释剂）以及聚氨酯和氨基涂料体系的固化剂。

3.6.8.10 增黏剂和增稠剂

在聚氨酯胶黏剂的组成中加入增黏剂可提高胶黏剂的初黏性和黏度，常用的增黏树脂有萜烯树脂、酚醛树脂、萜烯酚醛树脂、松香树脂、丙烯酸酯低聚物、苯乙烯低聚物等。

增稠剂也是聚氨酯涂层剂及胶黏剂的常用助剂，某些触变剂可用于增稠。增稠剂有有机膨润土、微粉化二氧化硅等。在水性聚氨酯体系中可采用聚丙烯酸类和非离子型聚氨酯类增稠剂。

3.6.8.11 其他助剂

聚氨酯的多数助剂可用于聚氨酯泡沫塑料的制造，其中发泡剂、泡沫稳定剂、开孔剂、软化剂是聚氨酯泡沫的专用助剂，将在泡沫塑料一章中介绍。

水性聚氨酯交联剂品种较多，常用的有可水分散多异氰酸酯、氮丙啶、碳化二亚胺、环氧基硅烷、脂肪族环氧树脂（缩水甘油醚）等，将在水性聚氨酯一章介绍。

第 4 章　聚氨酯泡沫塑料

4.1 概述

由大量微细孔及聚氨酯树脂孔壁经络组成的多孔性聚氨酯材料，一般称为"聚氨酯泡沫塑料"，英文中称为"polyurethane foam"或"cellular polyurethane"。聚氨酯泡沫塑料是聚氨酯材料中用量最大的品种之一，在聚氨酯制品中所占的比例超过50%。它在欧洲约占聚氨酯制品的55%，在亚洲约占65%甚至超过这个比例，在美国甚至约占70%。它的主要特征是多孔性、密度低、比强度高。根据所用原料品种的不同以及配方用量的变化，可以制得不同密度、不同性能的软质、半硬质以及硬质聚氨酯泡沫塑料，用于各种不同的用途，例如各种保温隔热材料、缓冲材料、座椅靠垫及床垫等。

在各种类型的泡沫塑料市场量中，聚氨酯约占50%以上。与其他泡沫材料相比，聚氨酯泡沫塑料在性能上具有许多特色，除密度低外，还具有无臭、透气（软泡）、高绝热性（硬泡）、泡孔均匀、耐老化、一定的耐有机溶剂侵蚀等特性，对金属、木材、玻璃、砖石、纤维等有很强的黏附性，为其他泡沫材料所不及，因此受到了各应用部门的欢迎。在保温材料应用领域，聚氨酯泡沫塑料已占有稳固的市场地位。

4.1.1 发展概况

聚氨酯泡沫塑料的发展起源，可追溯到20世纪40年代。第二次世界大战期间，德国拜耳实验室的研究人员用二异氰酸酯与多元醇为原料，制得了硬质泡沫塑料、胶黏剂和涂料等。聚氨酯泡沫塑料的重量轻、易加工成型、比强度高等性能引起了美国工业，特别是与空军有关工业的兴趣，1946年后也开展了硬质聚氨酯泡沫塑料的研究工作，在古德伊尔航空公司、洛克希德航空公司进行硬质聚氨酯泡沫塑料（以下简称聚氨酯硬泡）的制造，用于飞机夹芯板材部件。

1952年，拜耳公司报道了软质聚氨酯泡沫塑料（以下简称聚氨酯软泡）的中试研究成果。1952～1954年，拜耳公司又开发了用异氰酸酯和聚酯多元醇为原料，采用连续方法生产聚酯型软质聚氨酯泡沫塑料的技术，并开发了相应的生产设备。聚酯型软质泡沫塑料虽然性能优良，但成本较高，因此人们寻找比聚酯价廉的原料。美国杜邦公司等将以廉价的氧化烯烃、蓖麻油等为原料制备聚醚多元醇用于软质聚氨酯泡沫塑料的生产，用这种聚醚多元醇制得的制品，性能较好，价格较低，使聚氨酯工业又发生了一次重大的突破。聚氨酯泡沫塑料的新产品、新工艺和新设备不断被开发。

聚氨酯软泡以及聚氨酯硬泡开始工业化发展是在20世纪50年代末至60年代。在1958年年底，美国莫贝公司和联碳公司采用了催化活性高的三亚乙基二胺作为发泡催化剂，并结合采用有机硅表面活性剂配方，开发了"一步法"工艺技术。这是泡沫生产技术的重大突破，至今广为采用。随着一步法泡沫生产技术的成功开发，软泡连续法生产工艺及设备的开发，以及价格较低的聚醚多元醇在20世纪60年代的大量工业化生产，聚氨酯软泡首先获得了应用。20世纪60年代中期，冷熟化半硬泡和自结皮模塑泡沫被开发，1964年美国联碳公司开发了聚合物多元醇，发展了软泡新品种，20世纪70年代在高分子量高活性聚醚多元醇的基础上开发了冷熟化高回弹泡沫。20世纪70年代在60年代的连续水平发泡工艺的基础上开发了聚氨酯软泡的Maxfoam平顶发泡工艺、垂直发泡工艺，使块状聚氨酯软泡的工艺趋于成熟。后来，有各种新型聚醚多元醇及匀泡剂被开发出来，开发了各种模塑聚氨酯泡沫。

在20世纪60年代前后，低黏度的聚醚多元醇和低挥发性的多苯基多亚甲基多异氰酸酯（PAPI）的开发，低气体热导率的发泡剂一氯三氟甲烷（CFC-11）的发现，新型泡沫稳定剂和高效催化剂的开发，以及增进效率高的发泡机械的开发，促进了硬质聚氨酯泡沫塑料的发展和应用。现场喷涂工艺使硬质泡沫塑料的应用范围得到进一步扩大。

我国的聚氨酯泡沫塑料起步于20世纪50年代中后期，我国一些科研单位如上海市轻工业研究所、天津市纺织研究所先后开展了聚酯型及聚醚型聚氨酯泡沫塑料的研制。1963年，江苏省化工研究所、南京大学化学系以及南京塑料厂协作攻关，在国内首先成功研制出一步法聚醚型聚氨酯软泡生产工艺，并于1966年建成聚醚多元醇、匀泡剂（水溶性有机硅"发泡灵"）以及国产设备的聚氨酯软泡生产装置。20世纪60年代中期，上海塑料制品六厂、天津纺织科学研究所等单位分别从英国引进连续水平发泡机生产块状软泡。20世纪80年代初，各泡沫厂先后引进多条生产线，生产水平有了大幅度的提高。聚氨酯硬泡1964年才开始研究，20世纪70年代中期才有一定规模的小工业装置生产，先用于船舶、冷库、石油化工管道保温等，以后冰箱冷柜成为硬泡的一个主要应用领域。由于原材料配套工业以及应用开发工作基础薄弱，发展缓慢。1978年全国以泡沫塑料为主的聚氨酯制品产量仅5000t左右。在20世纪80年代才开始进入快速发展阶段，特别是近10年来国民经济的快速发展，以及跨国大公司进入中国市场，聚氨酯泡沫塑料以及整个聚氨酯工业进入高速发展期。1984年我国聚氨酯泡沫产量估计约2万吨，1986年约4万吨，1988年约9.1万吨（软泡约4.6万吨，硬泡约4.5万吨），1994年约20万吨，2000年约44万吨（软泡26万吨，硬泡18万吨），2004年约103万吨（软泡55万吨，硬泡48万吨），2006年约148万吨（软泡73万吨，硬泡75万吨），2007年约157万吨（软泡75.5万吨，硬泡81.4万吨）。

发泡助剂氟里昂替代技术经过10多年的探索与实践已逐步成熟，形势也明朗化。在我国，聚氨酯软泡生产中的CFC替代，大多以二氯甲烷生产线作为过渡，以及全水发泡-软化技术等。对于零臭氧潜值（ODP）发泡剂替代技术，有以二氧化碳为发泡剂的生产装置。自结皮泡沫以一氟二氯乙烷（HCFC-141b）和二氟一氯甲烷（HCFC-22）作为过渡路线，而以全水发泡为技术的自结皮泡沫塑料生产，在国内也同时得到应用。在聚氨酯硬泡生产方面，对于热导率要求不太严格的场合，全水发泡技术使用得比较普遍，而对于绝热要求高的场合，如建筑保温板材，国内大都以HCFC-141b作为过渡性替代品。在冰箱行业，一度以HCFC-141b作为发泡剂，现在以使用环戊烷为主。中国已于2007年7月1日宣布禁用CFC-11。近年来，各大企业开始研发并推出HCFC-141b的理想替代品。其中物理性能和泡沫性能与HCFC-141b接近并在国际上最主要的三种替代品是HFC-245fa、HFC-365mfc和环戊烷等。

4.1.2 聚氨酯泡沫塑料的主要类型和特点

由于生产工艺的不同、配方组分可调性，聚氨酯可以制成许多不同品种的泡沫塑料。可以对这种多样性进行分类。

(1) 硬泡、软泡及半硬泡 按聚氨酯泡沫塑料的软硬程度，可分为软质聚氨酯泡沫塑料（简称聚氨酯软泡）、硬质聚氨酯泡沫塑料（聚氨酯硬泡）以及介于两者之间的半硬质聚氨酯泡沫塑料（聚氨酯半硬泡，国外也有称作半软泡）。

聚氨酯软泡俗称聚氨酯海绵、泡棉，这类泡沫塑料弹性好，主要应用于各种垫材、缓冲材料，如车船及家具沙发座椅的坐垫、靠垫及扶手、床垫、服装衬垫等。

聚氨酯硬泡质硬。低密度硬泡多为脆性材料。大多数聚氨酯硬泡是闭孔结构，采用低热导率发泡剂发泡，因而热传导率低，广泛用于各种隔热保温领域。高密度硬泡韧性好，强度高。

半硬泡具有一定的开孔结构，其承载性能好，吸收振动性能好，多用于缓冲材料、汽车部件等。

(2) 高密度及低密度泡沫塑料 聚氨酯泡沫塑料包括软泡、硬泡和半硬泡，根据用途的不同，有高密度和低密度之分，具体的将在有关小节介绍。

(3) **聚酯型及聚醚型聚氨酯泡沫塑料** 按采用的低聚物多元醇原料种类不同，聚氨酯泡沫塑料又可分为聚醚型及聚酯型。聚酯型聚氨酯泡沫塑料强度高，但由于酯基不耐水解，泡沫的耐水解性能较差，并且聚酯多元醇成本偏高，也限制了其应用；聚醚多元醇品种丰富，成本相对较低，制品耐水解性能好，故在软泡市场以聚醚型聚氨酯泡沫塑料为主，占90%以上市场。聚酯型聚氨酯软泡用于服装衬垫等特殊应用场合。芳香族聚酯型聚氨酯硬泡韧性好，用于PIR结构板材。

(4) **TDI型及MDI型泡沫** 按异氰酸酯原料种类的不同，聚氨酯泡沫可分为TDI型、MDI型及TDI/MDI混合型。一般来说，聚氨酯硬泡的多异氰酸酯原料目前基本上已采用粗MDI（即PAPI），而对软泡来说，这三种异氰酸酯类型的泡沫都存在，有的聚氨酯泡沫塑料采用液化MDI或预聚体改性MDI制造。普通块状软泡一般以TDI为原料，采用TDI为异氰酸酯原料的软泡较为柔软，密度小；而高回弹泡沫一般以TDI与PAPI（或改性MDI）的混合物为异氰酸酯原料，以获得较快的固化和承载性能。近20年来，熟化快、生产周期短的全MDI型模塑高回弹软泡被开发，已形成一定的市场。

(5) **聚氨酯泡沫塑料及聚异氰脲酸酯泡沫塑料** 按发泡时的异氰酸酯指数，聚氨酯硬泡可分为聚氨酯（PU）泡沫塑料及聚异氰脲酸酯（PIR）泡沫塑料。一般聚氨酯硬泡发泡时的异氰酸酯指数在100左右。而当异氰酸酯大大过量，制得的PIR泡沫塑料的刚性、阻燃性比普通聚氨酯硬泡显著提高。

(6) **开孔及和闭孔泡沫塑料** 聚氨酯泡沫塑料可分闭孔型和开孔型两类。

闭孔型泡沫塑料中的气孔互相隔离，在水面有漂浮性。大多数聚氨酯硬泡具有闭孔型泡孔结构，这是因为硬质泡沫塑料的形状对温度的变化没有明显依赖性，可以制得尺寸稳定的闭孔泡沫塑料。而闭孔的聚氨酯软泡会因温度而改变形状，冷却后会收缩变形，尺寸不稳定。

开孔型泡沫塑料中的气孔互相连通，在水中无漂浮性。大多数聚氨酯软泡具有开孔结构，气体可以通过泡沫体。高开孔率的泡沫可以用于过滤等用途。网状泡沫塑料是经过特殊工艺制造的高开孔率软质或半软质泡沫塑料，用于过滤材料等。也有一类开孔型聚氨酯硬泡，可用于制造特殊的真空泡沫塑料隔热板材等，生产量很少。

(7) **聚氨酯泡沫塑料的生产工艺** 按聚氨酯泡沫的生产工艺，可分为一步法和预聚体法（两步法）。目前基本上用一步法生产聚氨酯泡沫塑料。在硬泡、半硬泡及高回弹模塑泡沫的生产中，为了使用方便，将多元醇及助剂预混合配成一个组分，多异氰酸酯作为另一个组分，经计量后混合、发泡。

聚氨酯泡沫塑料可采用连续法和间歇法工艺生产。普通软泡可采用连续法工艺生产，对泡沫塑料通过切割，得到块状泡沫（简称块泡）。软泡和硬泡都可制得块状泡沫，由于块状聚氨酯泡沫塑料以软质泡沫为主，如非特别指出，"块泡"一般指块状软泡。用于建筑材料、保温板材的硬质聚氨酯泡沫层压板，多采用连续法生产工艺。聚氨酯硬泡还可以通过喷涂成型工艺生产，可现场发泡。

模塑泡沫塑料一般采用间歇法生产，直接在模具中发泡制得所需形状的泡沫塑料制件，需生产特殊几何形状的制品时多采用这种工艺。硬泡、半硬泡、软泡都可以通过模塑的方法生产，比如高回弹泡沫、微孔聚氨酯鞋底、整皮软泡及RIM制品等。根据是否需加热熟化，模塑软泡有冷模塑和热模塑之分。有的间歇法工艺无需模具，直接浇注，如硬泡层压板材、冰箱、冰柜、热水器隔热层等。软泡和硬泡的箱式发泡在小型企业中仍有一定的应用。

4.1.3 原料及发泡助剂

4.1.3.1 多异氰酸酯

聚氨酯泡沫塑料工业生产中最常用的多异氰酸酯有甲苯二异氰酸酯（TDI）、多亚甲基多苯基异氰酸酯（PAPI）、二苯基甲烷二异氰酸酯（MDI）以及液化MDI（L-MDI）等。

TDI在泡沫塑料行业主要用于生产聚氨酯软泡。MDI的反应活性比TDI大，挥发毒性较小，某些液化改性MDI作为TDI的替代品应用于聚氨酯软泡的生产，如高密度聚氨酯软泡和半硬泡或微孔聚氨酯弹性材料的制造。

PAPI又称粗MDI、聚合MDI，典型的PAPI产品平均分子量在300～400范围，其NCO质量分数为31%～32%。低黏度PAPI的平均官能度一般在2.5～2.9之间。在泡沫塑料领域，PAPI以及改性PAPI主要用于生产各种聚氨酯硬泡，少量用于生产高回弹软泡、整皮泡沫、半硬泡。它可与TDI混用，制造冷熟化、高回弹泡沫塑料。

4.1.3.2 聚醚和聚酯多元醇

(1) 聚醚多元醇 用于软泡的聚醚多元醇一般是长链、低官能度聚醚。软泡配方中聚醚多元醇官能度一般为2～3，平均分子量在2000～6500之间。在软泡中用得最多的是聚醚三醇，一般以甘油（丙三醇）为起始剂，由1,2-环氧丙烷开环聚合或与少量环氧乙烷共聚而得到，分子量一般在3000～7000。其中高活性聚醚主要用于高回弹软泡，也可用于半硬泡等泡沫制品。少量聚醚二醇可作为辅助原料，与聚醚三醇在软泡配方中混合使用。低不饱和度高分子量聚醚多元醇可用于柔软泡沫的生产，降低TDI的用量。

用于硬泡配方的一般是高官能度、高羟值聚醚多元醇，如此才能产生足够的交联度和刚性。硬泡聚醚多元醇的羟值一般为350～650mg KOH/g，平均官能度在3以上。一般的硬泡配方多以两种聚醚混合使用，平均羟值在

400mg KOH/g 左右。

半硬泡配方一般复配使用部分高分子量软泡聚醚,特别是高活性聚醚多元醇和部分高官能度低分子量的硬泡聚醚。

聚醚多元醇的详细内容可参看 3.4.3 小节。

(2) 聚酯多元醇 普通的低黏度脂肪族聚酯多元醇例如羟值 56mg KOH/g 左右的聚已二酸二甘醇酯二醇,或略带少量支链的聚酯多元醇,可以用于制造聚酯型聚氨酯软泡。聚酯多元醇反应活性高。目前聚酯型 PU 块状泡沫仅用于服装辅材等少量领域。

以苯酐(或/及对苯二甲酸等)等二元酸和二甘醇等小分子二醇或多元醇为原料合成的芳香族多元醇,高羟值的可用于生产聚氨酯和聚异氰脲酸酯硬泡。较低羟值的苯酐聚酯二醇还可用于高回弹软质泡沫塑料、整皮泡沫和半硬泡,以及非泡沫聚氨酯材料。

(3) 聚合物多元醇 聚合物多元醇(接枝聚醚多元醇)中含刚性的苯乙烯、丙烯腈均聚物及共聚物和接枝聚合物,这些乙烯基聚合物起类似有机"填料"的作用,提高承载性能。聚合物多元醇可用于生产高硬度软质块泡、高回弹泡沫、热模塑软泡、半硬泡、自结皮泡沫、反应注射模(RIM)制品等,可减少制品厚度、降低泡沫密度而降低成本,还可增加泡沫塑料的开孔性,并赋予制品一定的阻燃性能。

聚脲多元醇(PHD 分散体)也是一种特殊聚合物改性多元醇,可用于高回弹软泡、半硬泡、软泡,目前市场上产品很少。

还有一些特殊多元醇用于生产聚氨酯泡沫塑料,如植物油多元醇、松香聚酯多元醇、聚合物聚酯多元醇,可参看第 3 章相关内容。

4.1.3.3 发泡助剂

在聚氨酯泡沫塑料制造中必不可少的发泡助剂有催化剂、泡沫稳定剂(匀泡剂)、发泡剂等,还有一些助剂是可选的,在有需要的时候使用,如阻燃剂、扩链剂/交联剂、抗氧剂、光稳定剂、泡沫软化剂、开孔剂、填料、色浆、抗静电剂、水解稳定剂、泡沫组合料贮存稳定剂等。有关内容请参看第 3 章。

(1) 发泡剂 水是聚氨酯材料重要的发泡剂,它是化学发泡剂,通过与异氰酸酯反应生成的二氧化碳气体,使黏弹性的泡沫物料膨胀、发泡、固化,得到各种聚氨酯泡沫塑料。由于二氧化碳热导率较高,并且渗透性较强,因此对于要求有高绝热性能的硬质聚氨酯泡沫塑料配方,必须使用物理发泡剂。因为硬泡生产中的物料混合初期,在数十秒内产生大量的热量,它需要发泡剂吸收部分热量,同时发泡剂的气化使泡沫膨胀发泡。而在聚氨酯软泡生产中,为了获得低密度的柔软泡沫塑料,同时不因水用量过多而引起泡沫僵硬,一般需控制水的用量,而添加适量的物理发泡剂作为辅助发泡剂。

CFC-11(三氯一氟甲烷)在 20 世纪 20 年代末工业化。由于 CFC-11 具有不燃、沸点适宜、易于气化、气相热导率低、毒性低、与聚氨酯原料相容性好、无腐蚀性、价格低、发泡工艺简单等特点，是聚氨酯泡沫塑料生产中非常理想的发泡剂。自20世纪60年代至90年代初，CFC-11广泛用作聚氨酯泡沫塑料的发泡剂。但在20世纪70年代科学家发现散发在大气中的CFC-11可缓慢破坏臭氧层，引起了全球环保学家的重视。目前作为CFC-11的替代物的主要发泡剂类型有HCFC（氢氯氟烃）、HFC（氢氟烃）、HC（烷烃）、液态CO_2及水等。

表4-1是部分常见HCFC发泡剂与CFC-11的典型物性及其比较。

■表4-1 部分常见HCFC发泡剂与CFC-11的典型物性及比较

项目	发泡剂						
	CFC-11	HCFC-141b	HFC-365mfc	HFC-245fa	二氯甲烷	环戊烷	二氧化碳
分子式	CCl_3F	CH_3CCl_2F	$CH_3CF_2CH_2CF_3$	$CF_3CH_2CHF_2$	CH_2Cl_2	C_6H_{10}	CO_2
分子量	137.4	116.9	148	134	84.9	70.1	44
沸点/℃	24	32	40.2	15.2	40	49	-78.5
密度/(g/cm³)	1.49	1.24	1.26	—	1.32	0.745	—
蒸气压（20℃）/kPa	—	69	47	123	47.4	36	5780
热导率λ(25℃)/[mW/(m·K)]	8.7	9.7	10.6	12.2	—	12.6	16.3
爆炸极限（体积分数）/%	无	无	3.5~9	无	12~25	1.5~8.7	无
ODP值	1.0	0.11	0	0	0	0	0
GWP值	3300	300	840	820	0	约0	1
大气寿命/年	65	7.8	10.8	7.4		0.05	>120

注：温室效应潜值（GWP）以CO_2的GWP=1计。密度在20℃测定，低沸点HCFC的密度为在加压液化后测定。

(2) 泡沫稳定剂 生产聚氨酯泡沫塑料时，泡沫稳定剂（或称匀泡剂）是一个不可缺少的组分。它增加各组分的互溶性，起着乳化泡沫物料、稳定泡沫和调节泡孔的作用。

泡沫稳定剂属于表面活性剂，有非硅系化合物以及有机硅化合物两类。目前使用的泡沫稳定剂大多是聚硅氧烷-氧化烯烃嵌段共聚物，属于聚醚改性有机硅表面活性剂，行业有时俗称"硅油"。由于这类表面活性剂的结构组成变化范围广，使用效果良好，目前聚氨酯泡沫塑料行业已广泛采用聚醚改性有机硅表面活性剂作为泡沫稳定剂。

(3) 开孔剂 获得开孔聚氨酯泡沫塑料的方法：第一种是采用合适的催化剂，使得凝胶反应和发泡反应达到所需的平衡，在泡沫物料上升到最高点时泡孔的壁膜强度不足以把气泡封闭在内，气体破壁而出，形成开孔的泡沫结构；第二种是采用合适的聚醚多元醇原料，形成开孔泡沫；第三种是当催化剂和主原料不足以解决问题时，采用少量的开孔剂，使得水发泡形成的脲分散，以获得一定开孔率的泡沫塑料。

开孔剂是一类特殊的表面活性剂，一般含疏水性和亲水性链段或基团，它的作用是降低泡沫的表面张力，促使泡孔破裂，提高聚氨酯泡沫塑料的开孔率，改善因闭孔造成的软质、半硬质、硬质泡沫塑料制品收缩等问题。通常的聚氨酯硬泡由于交联密度高，发泡中泡孔壁膜强度大，一般是闭孔的泡孔结构，但添加开孔剂，可制造开孔硬质聚氨酯泡沫塑料，用于消音、过滤等用途。

早期疏水性的液体石蜡、聚丁二烯、二甲基聚硅氧烷等可用作泡沫稳定剂和开孔剂，石蜡分散液、聚氧化乙烯也可用作开孔剂，目前多采用特殊化学组成的聚氧化丙烯-氧化乙烯共聚醚、聚氧化烯烃-聚硅氧烷共聚物等作为开孔剂。

(4) **软化剂** 在高水量配方聚氨酯软泡生产中采用软化剂，可以抑制过多的脲基带来的泡沫体僵硬问题。泡沫软化改性剂具有软化效果，采用软化剂可以降低异氰酸酯用量进而降低泡沫硬度，用于软质聚氨酯泡沫塑料的生产。商品软化剂一般含特殊聚醚、特殊多元醇和水等成分。

4.2 聚氨酯泡沫塑料成型机理及计算

4.2.1 基本反应

多元醇与多异氰酸酯生成聚氨酯的反应，是所有聚氨酯泡沫塑料制备中都存在的反应。发泡过程中的"凝胶反应"一般即指氨基甲酸酯的形成反应。因为泡沫原料采用多官能度原料，得到的是交联网络，这使得发泡体系能够迅速凝胶。基团的反应式如下：

$$\sim\!\!\sim\!\!NCO + \sim\!\!\sim\!\!OH \longrightarrow \sim\!\!\sim\!\!NHCOO\!\!\sim\!\!\sim$$

在有水存在的发泡体系中，例如聚氨酯软泡、水发泡聚氨酯硬泡，多异氰酸酯与水的反应不仅是生成脲的交联（凝胶）反应，而且是重要的产气发泡反应。所谓"发泡反应"，一般是指有水参加的反应。

$$\sim\!\!\sim\!\!NCO + H_2O + OCN\!\!\sim\!\!\sim \longrightarrow \sim\!\!\sim\!\!NHCONH\!\!\sim\!\!\sim + CO_2\uparrow$$

上述两个反应产生大量热量，这些热量可促使反应体系温度的迅速增加，使发泡反应在很短的时间内完成；并且反应热使物理发泡剂（辅助发泡剂）气化而发泡。

由于反应体系中短时间内存在大量异氰酸酯基团（NCO 基团），在反应温度（可高达 130℃以上）和催化剂的作用下，少量 NCO 可与氨基甲酸酯、脲进一步反应，分别形成脲基甲酸酯和缩二脲交联键。NCO 在三聚催化剂的作用下发生三聚反应。有关反应式可详见第 2 章等有关章节。

发泡体系存在几种反应，但各种反应不是同步进行的。研究表明，在聚氨酯泡沫塑料的形成过程中，虽然氨酯的形成反应（凝胶反应）和脲的生成反应（发泡反应）都在发生，但反应的程度是不一样的，即各种反应之间存在竞争。总体来说，在反应初期脲的生成反应比氨酯的生成反应要快。在聚异氰脲酸酯泡沫形成的过程中，一般是当氨酯或及脲形成反应使体系热量积累到一定程度，在较高温度下 NCO 三聚反应明显发生，形成第二个温度升高峰。

4.2.2 泡沫体的形成机理

4.2.2.1 气泡的成核过程

泡沫物料在混合后几秒钟内一般就在催化剂的作用下开始反应。在泡沫的形成过程中，水与异氰酸酯反应生成的 CO_2，或者物理发泡剂，或者体系中同时存在的水产生的二氧化碳以及辅助发泡剂，首先溶解于反应混合液中，随着液相中气体浓度的增大，逐渐达到饱和。在体系中微细固体颗粒、液体泡沫稳定剂或是本来溶解在物料中的微细气泡等成核物质的存在下，二氧化碳或/及发泡剂在吸收反应热后气化所产生的气体开始逸出而形成气泡。这种引起气泡形成的物质称为"成核剂"。在成核剂的存在下，气体可从较低浓度的气液饱和溶液中析出形成气泡。反应混合料中缺少成核剂时，气体也能从其过饱和溶液中分离出来形成气泡，但成核剂可使气体在物料中产生更多的气泡。成核剂包括溶解在多元醇和异氰酸酯中的空气或氮气、物料中水分产生的二氧化碳、泡沫稳定剂、炭黑等填料。泡沫稳定剂越多，生成的泡孔就越细。最经济、作用最明显的成核剂是干燥空气或氮气。为了得到均匀细密泡孔的制品，常向混合头内通入少量空气，并通过高速搅拌，使其均匀分散。

由于气泡内部的压力比周围液体中的压力高，压力差（ΔP）与液体的表面张力（γ）成正比而与气泡的半径（R）成反比，即 $\Delta P = 2\gamma/R$，于是小的气泡因内压高而向液体中扩散而失去气体，大的气泡倾向于接受从液体中扩散来的气体而长大。将不再产生新的气泡。

当气泡开始长大时，可以看到混合物料发白（乳白）。从物料混合至出现乳白的这段时间称为"乳白时间"。

在发生乳白后，泡沫开始上升。发泡体系中形成的气泡数量和泡沫塑料中泡孔的大小取决于外加成核剂的作用。温度对气泡形成的影响也很大。当温度升高时，气体在液体中溶解度降低，因而会有更多的气泡形成或使先前的泡孔长大。

在泡沫生产中，延长乳白时间，有利于大气泡的生长；增加催化剂用量，缩短乳白时间，由于凝胶反应和气泡形成的竞争反应，可得到细孔泡沫；有机硅表面活性剂降低液体的表面张力，会减少溶解与分散的气体之间的压差，减少了相邻气泡的压力差，降低气泡变大的趋势，使泡沫体系稳定。

4.2.2.2 泡沫的稳定作用

气泡表面自由能（ΔF）与表面张力（γ）及气泡的总表面积（A）之间存在如下关系：

$$\Delta F = \gamma \times \Delta A$$

由于体系的自发过程总是朝着自由能降低的方向进行，因此泡沫体系中总是存在着气泡破裂或小气泡并成大气泡的趋势。如上所述，在一个液态泡沫体系中，形成小气孔泡沫，比形成大气孔泡沫要增加更多的自由能，小气泡倾向于并成大气泡，若在气泡长大过程中泡沫孔壁树脂不固化，则气泡壁不能承受气泡内气体的压力而破裂，即泡孔增大到一定程度后发生崩塌。

泡沫稳定剂是一类表面活性剂，它在气体核化过程中起着至关重要的作用。它一方面具有乳化作用，使泡沫物料各组分间的互溶性增强；另一方面，加入有机硅表面活性剂后，由于它大大降低了液体的表面张力（γ），气体分散时所需增加的自由能减少，使分散在原料中的空气在搅拌混合过程中更易成核，有助于细小气泡的产生，提高了泡沫的稳定性。

在泡沫体上升的过程中，构成气泡壁的液膜在重力和与气液界面相切的表面张力作用下向相邻气泡的间隙排液，使气泡壁减薄，是影响泡沫稳定性的因素之一。泡沫稳定剂在气液界面形成一个黏度高于液相物料的表面活性层，使气泡液膜具有一定的伸缩弹性和较高黏度，而液相物料黏度低，相对容易流动，因此，排液现象对气泡壁减薄的影响减弱，使得膨胀中的泡沫和气泡得以稳定。随着反应的进行，在泡沫升起的过程中物料黏度逐渐增高。在泡沫膨胀后期，随着反应的进行和泡沫内部温度的升高，泡孔内气体压力达到最大值。但此时气泡壁膜上的聚合物黏度很大，气泡不易破裂。

许多研究发现，在软泡等水发泡体系中由于脲的聚集，产生微观相分离，对泡沫的稳定性也有较大的影响。泡沫体中的早期反应主要是聚脲的生成反应。研究表明，在反应初期发泡体系中产生的少量脲基，与泡沫混合物是相溶的。脲基逐渐增多，通过氢键结合，发生了脲链的聚集，逐渐不溶于泡沫状物料，相分离出来的聚脲微相起消泡的作用，可引起塌泡。加入有机硅-聚氧化烯烃表面活性剂，可使聚脲在发泡体系中良好地分散。分散均匀的聚脲微相区起着"物理交联点"的作用，并能明显提高泡沫混合物的早期黏度。

温度对气泡的形成影响也很大。当温度升高时，反应速率加快，同时气体在液体中的溶解度降低，会有更多的气泡形成，或使先前的气泡长大，更需表面活性剂的泡沫稳定作用。

4.2.2.3 开孔或闭孔泡沫形成机理

对于软泡等发泡体系，形成开孔泡沫的原因可能是几种因素的综合。一般观点认为，大多情况在气泡内产生最大压力时由于凝胶反应形成的泡孔壁膜强度不高，不能承受气体压力升高引起的壁膜的拉伸，气泡壁膜便被拉破，气体从破裂处逸出，形成开孔的气泡。

聚脲的生成和微相分离对气泡开孔也有促进作用。相分离造成了富脲-水-TDI 相的形成，有一部分 NCO 没有参加凝胶和发泡反应。由于交联不足，大量气泡开始破裂开孔，泡沫体停止上升。

自然开孔的泡沫，大部分聚合体由壁膜流向泡沫经络，因此其拉伸强度、伸长率、承载能力（即泡沫硬度、压缩强度）、回弹性等各项指标，均比闭孔的泡沫为高。

对于硬泡体系，由于采用多官能度低分子量的聚醚多元醇与多异氰酸酯反应，凝胶速率相对较快，在泡孔内气体形成最大压力时，气泡壁膜已有一定的强度，不容易被气泡内的气体挤破，从而形成以闭孔结构为主的泡沫塑料。

硬泡体系多采用物理发泡剂，不易从封闭的泡孔中很快地逸出，且泡沫在熟化后，泡孔壁膜具有较高的硬度和支撑力，因而不会在泡沫发泡后产生明显的收缩。而对于软泡和半硬泡则不然，由于泡沫孔壁的弹性好，若发泡过程形成闭孔，则由于气体的热胀冷缩，整个泡沫体在冷却过程中会发生较明显的收缩变形。

聚氨酯泡沫塑料是否具有理想的开孔或闭孔结构，主要取决于泡沫形成过程中的凝胶反应速率和气体膨胀速率是否平衡。而这一平衡可以通过调节配方中的催化剂以及泡沫稳定剂等助剂来实现。

4.2.3 配方中异氰酸酯用量的基本计算

聚氨酯泡沫塑料配方中通常以 100 份多元醇为基准，配方其余组分则一般表示为"份/100 份多元醇"，或直接表示为多少份。

按配方中所含羟基（或氨基）及水的用量，可计算需耗用异氰酸酯的用量。异氰酸酯的用量，还可以用异氰酸酯指数来表示，若计算异氰酸酯正好与活泼氢基团完全反应，则异氰酸酯指数为 100（有时用 1.00），若异氰酸酯指数为 105（或 1.05），则表示异氰酸酯过量 5%。

聚氨酯泡沫塑料的基本配方中一般含聚醚多元醇（对于聚酯型聚氨酯泡沫则为聚酯多元醇）、水（化学发泡剂）、物理发泡剂、泡沫稳定剂（匀泡剂）、催化剂及异氰酸酯等。

一般根据文献资料、开发及生产经验确定配方中各组分的品种和用量。确定多元醇、催化剂、发泡剂及匀泡剂等的用量后，需计算异氰酸酯组分的用量。一般可采用分别计算每单元重量的活性氢组分所需的多异氰酸酯的用量，再进行加和的方法。

① 由聚醚（或聚酯）多元醇的羟值或分子量可计算每份多元醇所需异氰酸酯的单元用量（质量份）。

软泡所用的多异氰酸酯以 TDI 为主，所需 TDI 的单元用量设为 m_{1T}。硬泡以及部分冷熟化模塑软泡等采用粗 MDI（即 PAPI），设其单元用量为 m_{1M}。计算式为：

$$m_{1T}=[(1\times Q)/56100]\times(174.1/2)=0.00155Q$$

$$或\ m_{1T}=[(1/M)\times f]\times(174.1/2)=87.05f/M$$

$$m_{1M}=[(1\times Q)/56100]/(0.30/42)=0.0025Q$$

式中，Q 为多元醇的羟值；M 和 f 分别表示多元醇的分子量和平均官能度；174.1 和 2 分别是 TDI 的分子量和官能度；0.30 和 42 分别是 PAPI 中的 NCO 质量分数（可稍有差异）和 NCO 的摩尔质量。若采用 TDI 与 PAPI 混合物，则可根据混合异氰酸酯的 NCO 质量分数（代替 m_{1M} 计算式中的 0.30）进行各项计算。

② 计算每份水所需消耗异氰酸酯的用量。

$$m_{2T}=(1/18.02)\times174.1=9.67$$

$$m_{2M}=(1/18.02)\times2/(0.30/42)=15.54$$

式中，m_{2T} 和 m_{2M} 分别表示 1 份多元醇所需 TDI 和 PAPI 的用量；18.02 是水的分子量。根据反应方程式，1 个水分子消耗 2 个 NCO（如 1 个 TDI 分子）。配方中化学发泡剂水的用量一般指总的水用量，除加入的水外，还包括聚醚多元醇及其他组分所含的水分。

$$OCN\text{-}R\text{-}NCO+H_2O \longrightarrow [\text{-}R\text{-}NHCONH\text{-}]+CO_2$$

由于多元醇含有少量水分，100 份多元醇所含的水分就较可观，一般需把多元醇及填料、助剂中所含的水分计算在内。

③ 其他含活性氢组分所需 TDI 的计算。

若使用三亚乙基二胺的 33%溶液，则需计算 67%"溶剂"如二丙二醇或其他二醇的重量及所需 TDI 的用量。

泡沫中有时使用交联剂如二乙醇胺等，亦可用 $m=[(1/M)\times f]\times(174.1/2)=87.05f/M$ 计算所需 TDI 或 PAPI 等的用量。一些常见的活性氢组分每质量份所需消耗的 TDI 用量见表 4-2。

■表 4-2 配方中某些成分消耗的 TDI 用量

含活性氢组分	M	官能度	TDI 用量(份/份)
多元醇	可变	可变	0.00155×羟值
水	18.02	2	9.67
DABCO 33LV[①]			0.870
二甲基乙醇胺	89.1	1	0.977
二乙醇胺	105.1	3	2.485
三乙醇胺	149.2	3	1.751
乙二醇	62.06	2	2.806
丙二醇	76.08	2	2.289
二丙二醇	134.2	2	1.298
二乙二醇	106.1	2	1.641

① 67%二丙二醇溶液。

④ 计算整个配方所需异氰酸酯的用量。把每质量份含活性氢原料所需消耗的异氰酸酯分别乘以实际用量,加和后即得整个配方所需异氰酸酯的用量。若异氰酸酯指数不为100,则需乘以指数。

例如,在软泡生产中,一次用68kg多元醇(羟值56mgKOH/g,含水分0.1%),配方中加水3份/100份多元醇,不计助剂消耗的TDI,TDI指数为105,TDI纯度以100%计,则TDI的用量为:

$$68 \times [0.00155 \times 56 + (0.03 + 0.001) \times 9.67] \times 1.05$$
$$= (5.90 + 20.38) \times 1.05 = 27.59 (kg)$$

4.3 软质聚氨酯泡沫塑料

4.3.1 聚氨酯软泡的分类和用途

软质聚氨酯泡沫塑料(简称聚氨酯软泡)是指具有一定弹性的一类柔软性聚氨酯泡沫塑料,它是产量最大的一种聚氨酯产品。在聚氨酯泡沫塑料制品中,有一半以上是软泡。聚氨酯软泡的泡孔结构多为开孔的。一般具有密度低、弹性回复好、吸音、透气、保温等性能,主要用作家具垫材、交通工具座椅垫材以及各种软性层压复合垫材。工业和民用上也把软泡用作过滤材料、隔音材料、防震材料、装饰材料、包装材料及隔热保温材料等。

按软硬程度即耐负荷性能的不同,聚氨酯软泡可分为普通软泡、超柔软泡沫、高承载型软泡、高回弹泡沫塑料等,其中高回弹泡沫、高承载软泡一般用于制造坐垫、床垫。

聚氨酯软泡按生产工艺又可分为块状泡沫及模塑软泡,前者是通过连续法工艺生产的大体积泡沫再切割成所需形状的泡沫制品。模塑泡沫(在模具中生产)按熟化方式分,可分为热熟化软泡和冷熟化软泡。

最早的软质聚氨酯泡沫塑料是用聚酯多元醇和TDI-65通过箱式发泡工艺生产的。现在,聚酯型软泡产量已很小,它被弹性更好的聚醚型软泡所代替。但应用于某些特殊场合的聚酯型PU软泡仍有生产,例如,用低支化度聚酯多元醇和TDI-65或TDI-80制造的高伸长率软泡主要用于纺织品的夹层中。聚酯型软泡拉伸强度和撕裂强度较好,也比较坚挺。但回弹性较差,这种泡沫有良好的耐氧化和耐溶剂性能,用于纺织和服装复合衬里等领域,但因聚酯本身的耐水解性能不好,泡沫在湿热条件下使用寿命不长。

目前聚氨酯软泡中有90%是用聚醚多元醇生产的,大部分为通用软泡(以块状泡沫为主)和高回弹软泡,还有一少部分特种软泡如超柔软泡沫塑料、高承载泡沫塑料、慢回弹泡沫塑料、亲水性软泡、吸音泡沫塑料和过滤用软泡(包括网状泡沫)等。

聚氨酯软泡的生产最早采用预聚体法，即先由聚醚多元醇和过量的 TDI 反应，制成含有游离 NCO 基的预聚体，然后再和水、催化剂、稳定剂等混合制成泡沫塑料。预聚法生产流程长、成本高，仅在一些特殊产品的生产中采用。目前的普通聚氨酯软泡几乎都是用一步法生产的，即各种物料通过计量直接进入混合头混合，一步制造泡沫塑料。依其生产方式的不同，可分为连续式和间歇式。

具有较高硬度的弹性聚氨酯泡沫，可称为聚氨酯半硬泡，有人把它归于软泡，但其配方和功能与常规软泡有一定的区别。

4.3.2 块状软泡

块状软质聚氨酯泡沫塑料（简称块状软泡）的生产方式主要有箱式发泡和连续发泡两种，得到的大块泡沫半成品根据需要切割成片状或其他形状的制品。块状软泡是最早实现工业化生产的聚氨酯制品之一，一直是聚氨酯材料的最大应用领域。大部分聚氨酯软块泡采用连续法工艺生产，也有少量采用连续发泡方式生产的高回弹块泡。软块泡以聚醚型聚氨酯为主，约占这类软泡总量的 90%。聚酯型聚氨酯块泡也有一定的市场，约占 6%。

4.3.2.1 箱式发泡工艺

小规模生产块状软泡通常采用箱式发泡工艺，这是一种间歇式生产工艺。这种发泡方法是在实验室手工发泡的基础上发展起来的。

反应物料混匀后立即倒入箱子一样的敞口模具中发泡成型，故得名"箱式发泡"。箱式发泡的模具（箱体）可以是长方形或圆柱形。为防止泡沫块形成拱圆形顶，可在发泡箱上部设置浮动盖板，发泡时盖板紧贴在泡沫体的顶部，并随泡沫体的升起而逐渐上移。

箱式发泡主要设备包括：①电控机械搅拌器，混合料筒；②模具（箱）；③称量工具，如磅秤、电子秤、量杯、玻璃注射器等计量器具；④用以控制搅拌时间的秒表。生产时，箱内壁涂用少量脱模剂，以使泡沫容易脱出。

最合理的箱式发泡装置是将无筒底的混合筒直接置于发泡箱中央，计量泵将发泡所需的各种原料输送到混合筒内，开动搅拌器混合几秒钟以后，提升装置便将混合筒升高而离开发泡箱，发泡物料便平稳地流散于整个箱底。这样泡沫就不会因物料的涡流而产生开裂，同时泡沫各处高度也较为均一。

采用箱式发泡法生产软泡的优点主要有：设备投资少，占地面积小，设备结构简单，操作和维修简单方便，生产机动灵活。国内一些资金不足的小型企业和乡镇企业用这种方法生产聚氨酯软泡。

由于箱式发泡为非连续性生产软泡的技术，所以生产效率比连续法低，设备多为手动操作，劳动强度较大。生产能力受到限制，泡沫塑料的切割损失也较大。

箱式发泡的工艺参数应控制在一定的范围，因为即使相同的配方，采用不同的工艺参数制得的泡沫性能也不一定相同。原料温度可控制在（25±3）℃，搅拌速率900~1000r/min，搅拌时间5~12s。加TDI之前聚醚及助剂混合物搅拌时间可根据情况灵活掌握，加TDI之后搅拌时间为3~5s即可，关键是加入TDI后必须混合均匀。

箱式发泡时，应注意以下几个方面：①做好生产前的准备工作，包括原料温度、机器设备的检修；②计量要尽量准确；③合适地控制搅拌时间；④倾倒混合料液要迅速、轻稳，不能用力过猛；⑤箱体放置平稳，底纸放平，避免倒料时料流不均匀；⑥泡沫升起时，压盖要轻，保证泡沫自然平稳上升；⑦各助剂用料现配现用，预混合料不能久置。

箱式发泡只适合于聚醚型聚氨酯软块泡，包括高回弹软块泡的生产。聚酯型聚氨酯块状泡沫因物料黏度大而不能采用这种方法，一般采用连续法生产。

4.3.2.2 连续发泡软泡生产工艺

连续发泡块状软泡的生产可分为几个阶段，即：备料、发泡、连续泡沫体的切断、熟化及块泡的切割加工。

(1) 流量的标定和配方实施 首先是物料的准备和流量的标定。为了保证计量的准确性，胺催化剂、锡催化剂等用量很少的原料可各自预先溶于聚醚多元醇中，配成10%~25%的聚醚溶液。若使用三聚氰胺等固体粉末阻燃剂和填料，则需预先加入聚醚多元醇中，并充分预混。

可用称重法测定计量泵流量。通过所标定泵的工作曲线或通过计算，确定各组分在配方所需流量下计量泵的转速或定位游标位置，并得到各组分每分钟所需的流量。

(2) 发泡过程 反应物料经计量泵计量后进入混合头中混合。混合头上设有微量空气输入和调节装置，通过调节混合头的压力和空气进入量，可以控制和调节泡沫泡孔结构。混合后注射到带有衬纸（纸模）的传送带上进行发泡。为了使物料向单一方向流动，传送带与水平可形成4°左右的倾斜度。物料在传送带上发泡成型并初步固化。纸模通常由底纸和两侧的壁纸组成，呈U形。输送带的两侧应有硬挡板，因为最初形成的泡沫体还没有足够的强度支撑其自重。纸模材料一般是牛皮离型纸或衬垫一层聚丙烯（聚乙烯）薄膜，易于与泡沫剥离开。传送带长度取决于发泡机总输出量等因素，一般在12~40m范围。

开始操作发泡机发泡时，通常在很短的时间依次加入聚醚多元醇、发泡剂、匀泡剂和催化剂，最后加入TDI。有的发泡机各组分阀门的开关由程序自动控制。当按动发泡机上的供料钮后，各组分均将连续进入混合头，混合均匀的物料均匀注射到传送带纸模上，在移动中逐渐发泡，由传送带经过排风通道，并逐渐固化。

位置基本固定的混合头将反应物料浇注在运行着的传送带上，在传送带上出现三个反应区段。开始的第一段（Ⅰ区）料液基本透明，此时刚开始反应，尚未有气体析出，称为清浆区。在离浇注口一段距离时发泡反应开始，混合物略有膨胀，料液发白，此为第二段（Ⅱ区），为乳白区。经过一定时间后，发泡反应明显加快，形成泡沫体，泡沫高度不断升高，这时到了第三段（Ⅲ区），称为上升区。泡沫升起之后泡孔打开，并逸出发泡气体。各区的长短由混合料的发白时间、传送带速度以及发泡机的输出料量等因素所决定。乳白时间长、输出流量大，传送带速度高，则Ⅰ区就长，泡沫厚度较薄；而如果Ⅰ区过短，则可能造成刚浇注的尚未发泡的低黏度料液在刚发泡的泡沫下面的流动，即产生潜流，而引起泡沫体产生严重的劈裂。输送带速度一般控制在2~10m/min。在发泡过程中要注意传送带速度的调整，保持合适的Ⅰ区长度，既能得到最大高度的泡沫，又不致造成劈裂等重大缺陷。

泡沫从倾斜的输送带移向水平输送带时，必须平稳，以避免未熟化的泡沫块受损。输送带的表面应十分平滑。所有输送器的传动装置必须同步，以免泡沫受到挤压或拉伸。

在发泡过程中，有少量TDI蒸气、胺等有害物质与发泡气体一起从泡沫体中逸出，因此发泡设备的整个发泡反应区应该密闭，并安装通风系统。

泡沫体在输送过程中逐步固化，随后，纸模从泡沫体上剥离，将连续传送过来的泡沫体锯割成泡沫块。

发泡所需的时间因原料和配方而异。一般来说，在Ⅱ区的时间为5~12s，上升时间（起发到最大高度的时间）一般在60~130s。在混合物料注射后5min左右，泡沫可达足够的强度，可以切割成大块。

(3) 熟化及切割

① 熟化与贮存　在块状软泡生产开始时供给部分热量，而在发泡及熟化过程中产生的热量足以使反应完成，可不需加热。泡沫材料的导热性差，大块泡沫体中间热量积聚，可达到较高温度。在发泡0.5h后，泡沫块内部温度最高可达160℃甚至160℃以上。泡沫熟化期如泡沫芯温度过高，可引起聚醚氧化丙烯链节的氧化，放出更多的热量，使泡沫中心变色（烧芯）甚至自燃。泡沫体积大，则产生的热量多，熟化过程快，发生烧芯的可能性大。并且泡沫熟化过程产生的热量足以使胺催化剂及少量未反应的TDI挥发。因此，在泡沫熟化贮存区内，必须考虑泡沫块的堆放方式、通风和防火装置。

低密度块泡通常加入辅助发泡剂以减少配方中水的用量，发泡时发泡剂吸收反应热而气化，可减少烧芯的危险。

② 切割　泡沫从输送带下来，首先必须切割成大块泡，以便于贮放。在熟化后可根据需要切割成所需大小的片材或其他特殊形状的制品。厚的片材可用作各种形状规整的制品，如沙发垫、全泡沫床垫等；薄片材可用作各种内衬垫料，或与纺织面料复合后，用于包覆弹簧床垫以及其他外部装饰材料。还可采用仿形复制和压缩切割等异形切割工艺，将泡沫块切成具有各种断面形状或立体构型的制品。

4.3.2.3 连续法块泡生产设备

(1) 基本发泡设备 连续法块泡生产线设备一般包括：各组分贮罐及配料罐，各组分计量系统，混合头及混合头支架系统，模纸（底纸及侧纸，如采用压板法平顶工艺，还配有顶纸）供料系统，块泡输送系统，模纸收卷系统，块泡切断机械，抽风排气系统，控制面板，块泡输送系统，块泡熟化系统。

最初的连续块状发泡机是联邦德国 Hennecke 公司在 1952 年为生产聚酯型软泡而制造的。早期连续发泡工艺所形成的泡沫块，其顶部呈圆拱形，增大了泡沫体的切割损失。后来已进行了各种改进，产生了多种生产工艺和设备。目前存在两大类型的工艺设备：一是矩形截面的平顶水平发泡工艺；二是生产矩形或圆柱形泡沫体的垂直发泡工艺。

(2) 水平平顶发泡设备 水平平顶发泡工艺的基本工艺原理是克服或补偿发泡过程中，侧边对泡沫上升的阻滞作用。

① 边膜提升法（Petzetakis/Draka 法） 最早的平顶发泡工艺是 20 世纪 60 年代开发的 Petzetakis/Draka 法，即边膜提升法。该方法在原始水平发泡机基础上增加了向上牵引侧纸装置，使泡沫边缘与中部同步上涨发泡，从而制得接近平顶的泡沫块。但不同发泡阶段泡沫上涨速度不一样，因此对侧纸提升装置的控制要求较高。泡沫块有较厚的上皮层和底皮层。目前只有较少的工厂采用。

② 平衡压板法（Hennecke/Planibloc 法） 平衡压板法是 Hennecke 公司和 Planibloc 公司在 20 世纪 70 年代开发出来的连续法块状泡沫生产方法。其特点是采用了顶纸和顶部盖板。在泡沫乳化起发阶段，通过覆在泡沫表面的顶纸，用平衡压板将刚刚起发的泡沫向发泡机两侧挤压，使在顶纸和边纸槽隙间的泡沫多于传送带中部，以此补偿边纸对泡沫发泡的阻滞，得到矩形截面、顶皮较薄的泡沫体。平衡压板法发泡机仅适用于聚醚型块状软泡的生产。如果停用平衡压板及顶纸系统，可当作传送带式发泡机使用，可用于生产聚酯型聚氨酯软泡。

③ 溢流槽法（Maxfoam 法） 溢流槽法工艺是 1970 年由挪威莱德贝格公司首先开发出来的一种软块泡生产工艺。它突破了传统发泡工艺由下向上升起的发泡原理，特点是采用溢流槽和传送带降落板。反应物料经混合后由底部进入溢流槽，开始起泡乳化的泡沫料液从溢流槽上口溢流至传送带降落板上，通过调节降落板向下倾斜一定的角度，实现由上向下发泡。由于不需克服自下向上发泡时泡沫自重的影响，因此得到平顶泡沫，并且泡沫体的底皮较薄，整体密度也较低。图 4-1 所示为其原理示意图。

溢流槽工艺（"槽式发泡"）目前被许多厂家广泛采用。

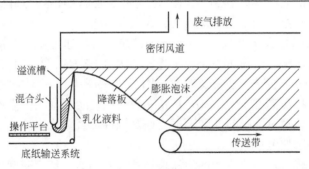

■ 图 4-1　溢流槽法原理示意图

在溢流槽发泡机中，由溢流槽流出到传送带上的是已经乳化发白的泡沫料。溢流槽上宽下窄，具有倒梯形截面，常用容积为 60～100L，溢流槽上部宽度与泡沫块一致。应根据所需生产的泡沫密度及发泡机的总流量水平，选用大小合适的溢流槽，控制料液在溢流槽内的停留时间，使从溢流槽出来的泡沫具有良好的流动性。若料液在溢流槽内的停留时间过长，流到传送带上的物料流动性差，泡沫表皮易产生块状斑纹；若料液在溢流槽内的停留时间过短，则泡沫块表面平整度下降。通常合适的溢流槽停留时间为18～23s。

目前，溢流槽发泡机已可实现计算机控制，在发泡过程中可不停机改变计量泵配比，中间的配方过渡区仅 1～2m，从而可实现一次发泡不停机生产多个密度等级的产品，大大减少了停车物料损耗。溢流槽式平顶发泡机的最大生产能力可达 450～500kg/min，可生产宽达 2.4m、高达 1.4m 的块泡。该类机器只可用于生产聚醚块泡。

有厂家把 Maxfoam 工艺与 Hennecke/Planiblock 工艺的压顶式结合起来，推出了 Pintomax 发泡设备，解决了 Maxfoam 法存在的顶皮较厚及中部物料流量大于两边的问题，可生产普通块泡，也能生产高回弹软块泡。

④ 其他平顶发泡工艺　降落板法（Topfoam 法）是运用向下发泡原理的又一种工艺方法。物料自混合头混合之后，浇注在降落板上的纸模中并开始发泡，通过降落板角度的调整，达到泡沫由上而下的发泡，从而实现泡沫块料的平顶化。较大的气泡能容易地向表面逸出，泡沫内裹夹气泡的情况可有较大的改善。

Hennecke 公司开发的 QFM 发泡机械结合了平衡压板法的泡沫截面矩形规整及降落板法向下发泡的优点，使产品的上表面平整，泡沫所受的平衡压板的压力也减少，得到比较完美的矩形截面泡沫，泡沫整体密度可有所下降。

(3) **垂直发泡设备**　垂直发泡（又称竖式发泡）工艺即在垂直输送带上完成发泡的工艺。它是在 20 世纪 80 年代初开发成功的。其基本工艺过程是：将经混合头充分混合的发泡物料送入发泡装置底部，物料向上发泡，进入衬有聚乙烯薄膜的定型槽，在泡沫四周，用垂直方向的传送带以与泡沫上涨相同的速度把连续的泡沫体向上输送。泡沫体基本固化后，被发泡机顶部的切刀切割成泡沫块，然后用水平输送机把泡沫块输送到熟化区熟化和后加工。

垂直发泡工艺的优点有：①可以用较小的流量（如40～80kg/min）得到大截面积（如1m×2m）的泡沫块料，而通常用水平发泡机要得到同样截面的块料，流量水平要比垂直发泡大3～5倍；②由于泡沫块横截面大，不存在上下表皮，边皮也较薄，因而大大减少了切割损失；③设备占地面积小，厂房高度12～13m，厂房和设备投资费用较水平发泡工艺的低；④可以方便地通过更换料斗及型模，生产圆柱形或矩形泡沫体，特别是可生产供旋切的圆块泡坯料。

垂直发泡机生产的泡沫块料的长度不能太长，密度过大或过小的泡沫在生产上也有一定困难。但垂直发泡机的经济性（投资省、成品率高）及生产灵活性，使得到迅速发展。该工艺尤其适合于年产量在千吨左右的工厂。

4.3.2.4 配方原料体系对块泡性能的影响

(1) 多元醇 普通聚氧化丙烯多元醇其端基是仲羟基，反应活性较低，需采用较多的催化剂，且需加热熟化。而共聚醚多元醇含一定的伯羟基，具有良好的反应活性；并且由于环氧乙烷链段的亲水性，可与配方中的水良好混溶，提高了各反应组分的相容性。

聚醚多元醇分子量越大，泡沫的拉伸强度、伸长率和回弹性提高。聚醚的官能度增加，则反应相对加快，得到的聚氨酯交联度提高，泡沫硬度随之提高，伸长率下降。为了得到综合性能优良的软泡，可加入聚醚二醇，但多元醇的平均官能度应在2.5以上。若平均官能度太低，泡沫体在受压后回复性较差。

此外，多元醇的酸值、钾钠离子、不饱和度也是值得引起重视的指标，它们会影响催化剂的活性及发泡过程中反应的平衡，还会影响分子量增加，使发泡过程出现开裂、烧芯等缺陷。

聚合物多元醇（POP）一般用于高承载块泡及模塑泡沫，由于乙烯基聚合物的填料效应，泡沫的硬度较高。

例如，分别用两种固含量为42%的POP及普通软泡聚醚多元醇（POP为聚醚总投料量的45%）为多元醇原料，用箱式发泡工艺制造块泡。发泡基本工艺参数及所得泡沫塑料的物性见表4-3的1#和2#。使用国产平顶连续发泡机生产的块泡性能见表4-3的3#和4#。3#使用固含量为42%的POP 15份，4#使用38%的POP 50份，其他原料品种相同。

(2) 异氰酸酯 在配方中需要重视控制异氰酸酯指数即TDI指数，TDI指数是指TDI实际用量与理论计算所需用量的比值。为了使泡沫中生成脲基甲酸酯和缩二脲而提高泡沫交联度，异氰酸酯指数可大于100，例如105～115，在此范围内可以方便而安全地控制泡沫体的硬度。TDI指数在一定范围内增大，则泡沫硬度增大。但TDI指数过高，会引起撕裂强度、拉伸强度和伸长率下降，闭孔率上升，回弹率下降，表面长时间发黏，还会引起泡沫烧芯。若TDI指数过低，泡沫易产生裂纹，强度低，回弹差，压缩永久变形大，表面有潮湿感。

■表 4-3 采用聚合物的聚氨酯块泡物性

项目	编号			
	1#	2#	3#	4#
乳白时间/s	13	12	—	—
泡沫上升时间/s	100	93	—	—
密度/(kg/m³)	28.4	27.6	31.0	36.7
拉伸强度/kPa	155	162	132	134
伸长率/%	254	246	165	153
50%压缩硬度/kPa	9.1	9.3	6.1	6.0
撕裂强度/(N/cm)	10.3	10.9	6.1	5.6
落球回弹率/%	—	—	43	45

（3）催化剂 块状软泡发泡用的催化剂有两类：一类是有机金属化合物，以辛酸亚锡（俗称 T-9）最为常用；另一类是叔胺，以双（二甲氨基乙基）醚（俗称 A-1）和三亚乙基二胺（TEDA，或称"A-33"）为常用。有机锡是对 NCO 与 OH 反应具有很强催化作用的凝胶催化剂。三亚乙基二胺和 A-1 等是发泡反应的催化剂。将有机锡和叔胺类催化剂结合使用，会产生很好的协同催化效应。以辛酸亚锡与三亚乙基二胺的复合催化体系是块状发泡最普遍使用的复合催化剂。而美国联碳公司认为辛酸亚锡和 A-1 合用的复合催化剂体系更好。该公司曾对 A-1 与三亚乙基二胺的发泡功能做过测定和比较，认为三亚乙基二胺对发泡和凝胶反应的催化功能是 60%对 40%，与锡催化剂的宽容度低；而 A-1 具 80%的发泡催化效果对 20%的凝胶催化效果，与辛酸亚锡的宽容度好，产生开孔泡沫。有机锡与叔胺催化剂的用量需取得平衡。如果有机锡用量过多，凝胶反应过快，泡沫体产生闭孔，导致泡沫体收缩；若叔胺用量过多，发泡速率过快，发泡体将发生开裂，强度明显下降。

辛酸亚锡是低密度块状软泡最常用的催化剂，其催化活性比二月桂酸二丁基锡（T-12）高。它发泡后留在泡沫塑料内，对泡沫性能没有不利影响。但易水解和氧化，不能用于组合聚醚（预混物）中。

辛酸亚锡用量对软泡性能的影响见表 4-4。

■表 4-4 辛酸亚锡用量对软泡性能的影响

性能	辛酸亚锡用量	
	减少	增加
泡沫的透气性	大	小
龟裂或收缩	容易发生	容易收缩
泡孔粗细	粗	细
固化性能	差	好
泡沫密度	大	小
泡沫硬度	小	大
伸长率	小	大
压缩永久变形	小	大
回弹性	大	小

(4) 泡沫稳定剂 泡沫稳定剂（匀泡剂）在泡沫塑料生产中的作用有：在发泡初期稳定泡沫，在发泡中期防止并泡引起的泡孔粗大，在发泡后期使泡孔连通。在泡沫制备过程中，由于发泡反应开始比加聚反应快，首先生成的高极性脲基并不溶于反应体系，会产生固相分离。脲基不仅具有消泡作用，而且也起着开孔作用。随着反应程度的增加，不稳定因素上升。如果没有泡沫稳定剂存在，最后会导致泡沫坍塌。泡沫稳定剂是泡沫配方中不可缺少的组分，在聚酯型聚氨酯块状泡沫中以非硅系表面活性剂为主，聚醚型块状发泡中主要采用有机硅-氧化烯烃共聚合物。有机硅表面活性剂能降低发泡料的表面张力，提高各组分的相容性，稳定制造工艺，并使泡孔微细均匀。

(5) 发泡剂 一般在制造密度大于 $21kg/m^3$ 的聚氨酯软块泡时，可只使用水作发泡剂；在低密度配方中才使用二氯甲烷（MC）等低沸点化合物作辅助发泡剂。有时为了调整泡沫塑料的硬度，在生产较高密度的泡沫时，也使用少量的辅助发泡剂。液态二氧化碳也已经用作块泡的发泡剂。

辅助发泡剂（物理发泡剂）会使泡沫的密度及硬度下降；由于发泡剂的气化吸收了部分反应热，会使固化减慢，需增加催化剂用量；对于高水量泡沫，由于吸收反应热，缓解了烧芯的危险。

为了方便地表述配方中发泡剂的发泡能力，可采用"发泡指数"的概念，即把相当于在100份聚醚中使用的水的份数定义为发泡指数（I_F）。发泡指数可用以下经验式来表述（m表示发泡剂用量）：

$$I_F = m(水) + m(CFC-11)/10 + m(MC)/7.5（每100份聚醚）$$

一般来说，发泡指数越大，泡沫塑料的密度就越低。这一经验关系依赖于温度和大气压力等环境条件；还和配方中的其他因素，如加入阻燃剂、填充剂等有关。

在水量较少时，增加配方中的水量将会提高脲基的含量，脲基与过量NCO反应可产生缩二脲交联键，通过极性基团的氢键物理交联作用及化学基团的交联作用，可提高泡沫塑料的硬度。但随着配方中水用量的增加，泡沫塑料密度降低，泡孔筋络变细，承载能力下降。

4.3.2.5 环境因素对生产以及块泡物性的影响

(1) 温度的影响 聚氨酯的发泡反应随着物料温度的上升而加快，在敏感的配方中将会引起烧芯和着火的危险。试验表明，若将多元醇组分温度由22℃提高到30℃，在发泡机上生产块泡时，将引起轻微到严重的烧芯，故对多元醇、异氰酸酯等组分贮槽料温需精确地控制。

在生产聚氨酯软泡时，发泡时的气温环境对泡沫的反应性及泡沫塑料的物理性能也有一定的影响。例如，同样的配方，在夏季，由于气温高，反应加快，引起泡沫密度下降、硬度降低、伸长率增加、机械强度增加。表 4-5

■表 4-5　聚氨酯块泡物性的季节性变化

项　目	辛酸亚锡用量/份							
	0.30		0.34		0.38		0.42	
季节	夏	冬	夏	冬	夏	冬	夏	冬
泡沫上升时间/s	93	102	87	96	78	91	75	86
泡沫密度/（kg/cm³）	23.2	24.9	22.9	23.9	22.4	23.9	22.6	23.1
25%压陷硬度/N	99	123	110	133	110	141	123	140
伸长率/%	172	110	184	110	177	115	153	110
撕裂强度/（N/cm）	7.2	5.1	6.2	4.0	6.6	4.1	5.4	4.9

为日本三井东压（株）所做的不同的辛酸亚锡用量的配方在夏、冬季的反应参数及物性变化试验数据。

软块泡最好在装备空调的车间中生产。为了得到所需性能的泡沫，可调节发泡配方以适合不同的气温环境。在夏季，可适当提高 TDI 指数以纠正硬度的下降，但需注意泡沫内部反应热的散发。

(2) 空气湿度的影响　泡沫物料在发泡、熟化时与空气接触，大气湿度对泡沫物理性能有影响，表 4-6 为不同绝对湿度的环境下块泡的最终物性。

■表 4-6　不同绝对湿度的环境下块泡的最终物性

性　能	绝对湿度/%		
	0.32	1.04	2.07
泡沫密度/（kg/m³）	21.6	21.6	21.6
压陷硬度/N	176	159	150
拉伸强度/kPa	100	123	139
伸长率/%	160	235	298

(3) 大气压的影响　大气压的变化及不同地区海拔高度引起的大气压力所不同，对聚氨酯软泡的密度有显著影响。对同样的配方，当在海拔较高的地方发泡时，密度明显降低。

使用相等的发泡剂，在海平面和在海拔若干高度地区制得的块状泡沫密度是不同的，前者比后者要高得多。为了要获得所预定的泡沫密度，不同海拔的地区应考虑使用不同量的发泡剂，防止用量不当而导致发泡的失败。

根据这一原理，采用在真空条件下发泡以降低泡沫塑料密度，即变压发泡技术。

4.3.2.6　软块泡配方及性能举例

块状软泡配方及性能举例见表 4-7 和表 4-8。

■ 表 4-7 一种块状软泡的配方及性能

配方	指标	泡沫物理性能	指标
聚醚三醇（羟值56）/质量份	100	密度/(kg/m³)	22.4
TDI-80/质量份	46	25%压陷硬度/N	133
水/质量份	3.6	65%压陷硬度/N	254
叔胺催化剂/质量份	0.2	拉伸强度/kPa	96
有机锡催化剂/质量份	0.4	伸长率/%	220
有机硅匀泡剂/质量份	1.0	50%压缩变形/%	6
TDI指数	105	撕裂强度/(N/m)	385
		回弹率/%	38

■ 表 4-8 低密度块状软泡的配方及性能

配方	指标	泡沫物理性能	指标
聚醚三醇（JH-3010T）/质量份	100	乳白时间/s	13
水/质量份	4.2	密度/(kg/m³)	17
叔胺催化剂（A33）/质量份	0.25	65%压陷硬度/N	130
辛酸亚锡/质量份	0.2	拉伸强度/kPa	115
发泡剂/质量份	4.0	压缩变形/%	10
有机硅匀泡剂（L-580）/质量份	1.0	撕裂强度/(N/m)	400
TDI指数	105		

一种高承载聚氨酯块状软泡的配方如下。

普通软泡聚醚/质量份	75	叔胺催化剂/质量份	0.2
接枝聚醚多元醇/质量份	25	辛酸亚锡/质量份	0.2
水/质量份	3.6	TDI指数	110
匀泡剂/质量份	0.8		

4.3.3 模塑软泡发泡工艺

4.3.3.1 概述

模塑软泡生产方法是将聚氨酯原料混合后直接注入模具发泡成型，因而泡沫制品的形状完全由模具决定。与块状软泡制造工艺相比，模塑工艺无需切割成型工序，可减少泡沫边角料的浪费，对于复杂形状制品的生产，模塑成型的优势更为突出。还可制成"双硬度"的坐垫。

聚氨酯软泡的模塑发泡工艺主要用于制造车船和家具的坐垫、靠垫、头枕等。通过选择原料和配方，可改变模塑泡沫的性能，以满足不同应用领域的需求。一般的模塑软泡垫材有较好的耐老化性能，在长期使用中，制品厚度及承载能力的损失很小。因此，模塑泡沫生产发展很快。在工业发达国家，模塑软泡已占软泡总产量的20%。车辆用聚氨酯软泡以模塑泡沫为主。

可以使用高压或低压发泡机进行软泡生产。因为模具必须逐个充填，生产形式为间歇式。但通过自动化程度高的生产线，可连续高效率地生产。根据所用原料的反应特性，模塑聚氨酯软泡的生产分为热熟化工艺和冷熟化工艺两种。

热熟化模塑泡沫的原料反应活性较低，反应混合物在模具中发泡结束后，需要连同模具一起加热，泡沫制品在烘道中熟化完全后才能脱模。这种聚氨酯泡沫塑料的配方组成与普通块状软质泡沫塑料基本相同，热熟化模塑也需使用含部分端伯羟基的聚醚多元醇，以缩短熟化周期，催化体系及催化剂用量方面与块泡有所不同。

冷熟化模塑所用原料的反应活性较高，熟化时无需外部供热，依靠体系产生的热量，短时间即可基本上完成熟化反应，原料注模后几分钟内即可脱模。由于原料体系及发泡反应过程的特点，大多数冷熟化模塑软泡具有较高的回弹性，而且压陷比大，是高回弹泡沫塑料。

影响泡沫密度的因素有：模具形状、制品尺寸、模温、物料填充量及出气孔的大小。配方中水的用量影响着泡沫的密度和硬度。其次是泡沫在模具中的填充系数（即浇注于模具中的物料与所需最少物料重量之比）和 TDI 指数。受模具温度、模内压力等的影响，模塑泡沫中心到表面的密度呈现出一定的变化梯度，芯密度比表皮附近的密度小。泡沫密度变化的程度取决于原料和模具温度、多元醇的活性、催化剂及泡沫稳定剂。

热模塑泡沫在许多方面都与较高密度的块状泡沫塑料相似，但冷模塑泡沫塑料则大不相同。

热熟化泡沫和冷熟化泡沫体系的对比见表4-9。

■表4-9 热熟化泡沫和冷熟化泡沫体系的对比

指标	热模塑泡沫	冷模塑泡沫
设备和模具投资	高	低
生产周期/min	20～30	5～10
生产能耗	高	低
原料成本	低	较高
产品成本	低	较高
泡沫物料流动性	好	稍差
舒适性	较好	更好
耐久性	较好	优
综合物性	较好	优

4.3.3.2 热模塑软泡

(1) 原料配方体系　热熟化模塑聚氨酯软泡又称热模塑泡沫。热模塑泡沫所用的主要原料与普通聚醚型聚氨酯块泡的差别不大。

一般使用水和异氰酸酯反应放出的二氧化碳作为发泡剂，100份聚醚多元醇的水用量多在2.5～4份。泡沫的密度主要通过改变水量进行调节。为了降密度及硬度也可加入适量的物理发泡剂。

热模塑泡沫所用发泡催化剂有三亚乙基二胺或双（二甲基氨基乙基）醚，凝胶催化剂有辛酸亚锡或二月桂酸二丁基锡。因为模塑泡沫体积小、散热快，泡沫体内部温度比大块泡低得多，因此需要相对较多量的发泡催化剂，叔胺催化剂用量一般多于辛酸亚锡。和块状泡沫生产一样，热模塑制品也必须注意凝胶反应和发泡反应的平衡，使得到的泡沫体具有开孔结构，配方调整原则也和块泡的相仿。

与块状软泡相比，当发泡剂用量相同时，模塑软泡的密度较高，承载负荷（硬度）要高出30%～50%，拉伸强度和断裂伸长率要低些，而压缩变形值却要高一些。

用作坐垫的软泡需要有较高的硬度和密度，可在配方中部分甚至全部采用聚合物多元醇，也可适当提高异氰酸酯指数；用作靠背的软泡要求较为柔软，常规方法是添加辅助发泡剂，使用发泡剂可改善物料的流动性和泡沫开孔率，得到密度和硬度均较低而弹性较高的软泡。

(2) 模具 热熟化模塑泡沫所用模具一般由钢、铝或铸铝制成。

热模塑泡沫的生产是在接近常压下进行的，模具上可设排气孔，过量的混合物将从模具排气孔挤出。出气孔的孔径、数量和位置根据模具形状及经验而定，出气孔排布要尽可能均匀，出气孔孔径应在1～2mm。热模塑泡沫不宜用过量填充的方法提高制品的密度和硬度，过量的物料在固化前通过排气孔溢出，生产中基本上没有压力，对模具的密封要求不严。

另外，制品脱模后往往发生轻微的收缩，设计模具时必须加以考虑，一般按1%～2%的收缩率设计。

热模塑工艺中模具使用率比较低。初期的热模塑工艺，在模具中基本固化需40min，制品脱模后在100℃下要熟化2h。目前热模塑生产周期已缩短至20～40min。常用的熟化温度为150～200℃，脱模时间仅12min。

模塑发泡时工艺参数也会影响泡沫质量和重复性，例如料温、计量、发泡原料的混合和成核作用、浇注时的模温等，与块状发泡相似。

(3) 生产工艺及注意事项 典型的热模塑软泡生产线如图4-2所示。

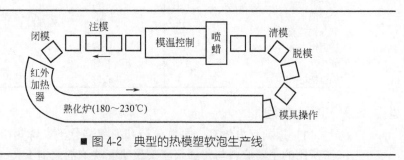

■ 图4-2 典型的热模塑软泡生产线

生产模塑软泡时，必须先将模具清理干净，喷涂上脱模剂，将模具温度调整至30～40℃。若需在泡沫体内放置金属或塑料嵌入件，则先将内插件等固定在模具内，然后用高压或低压发泡机将混合物料注入模具中，锁上模盖，在120℃以上的烘道内熟化。熟化后打开模盖，取出泡沫塑料制品，然后进入下一个操作循环。

流水线传送带速度可自行调节，一般一条流水线上有几十副模具，需数名操作人员。在环形（椭圆形）流水线上，除脱模、清模、安放内插件、喷涂脱模剂和用发泡机注模需人工控制或操作，其他均可自动进行。

清模时，应将模具中残存的泡沫碎屑清理干净，否则会影响脱模效果和制品外观质量。

用于热模塑软泡的脱模剂一般是高熔点微晶蜡，可制成蜡乳液，也可用其他水性脱模剂，用喷枪喷涂在模腔表面。由于模具刚从高温烘道内缓慢输送出来时，模具温度达100℃以上，足可将水性脱模剂中的水分蒸发掉，而在模腔表面上留下薄薄的一层脱模剂，这样便可起到良好的脱模效果。有一种半永久性有机硅脱模剂，在中高温会发生聚合反应，从而在模腔表面形成有一定强度的低表面能有机硅薄膜，经一次喷涂后可经多次脱模。

发泡用原料的温度需控制在一定狭小范围内，一般在20～40℃调整，具体温度根据多元醇品种及模温等因素调整。敞模浇注时，要使反应混合料保持层流，以避免在复杂模制品中夹带气泡。

模温对发泡速率和泡沫最终性能有很大影响。在喷涂脱模剂之后，需将模具温度调节到30～40℃。

泡沫体熟化是在烘道内进行的。泡沫体表面在100～120℃时，可满足泡沫熟化的要求，而热量浪费又较少。模具在烘道中经过的时间有10～15min，加上脱模、清理模具、模具冷却所需的10～15min，整个生产周期为20～30min。

低密度的模塑泡沫一般采用热模塑法，如日本、欧洲主要采用热熟化模塑法生产密度低于30kg/m³的小汽车座椅的背靠及扶手泡沫。

4.3.3.3 冷模塑高回弹软泡

冷熟化模塑泡沫塑料又称高回弹（HR）模塑泡沫塑料、冷模塑软泡。冷熟化高回弹软泡与热熟化软泡相比，具有以下的特点：①生产过程中可以无需外部提供热量，可节省大量热能；②Sag系数（压陷比）高，舒适性能好；③回弹率高；④不加阻燃剂的泡沫塑料也有一定的阻燃性能；⑤生产周期短，可节省模具，节约成本。

高回弹聚氨酯泡沫塑料目前已在汽车工业中广泛地用来制造汽车的座椅和靠背、摩托车及自行车坐垫等。

与热模塑软泡和高回弹块泡相比，冷模塑泡沫的原料可选择范围较宽，助剂品种多。

(1) 原料配方体系　冷熟化高回弹模塑软泡采用高活性的高分子量聚醚三醇（羟值26～35mg KOH/g）为基础原料，以高效叔胺催化剂和低活性有机硅泡沫稳定剂为助剂，在较低温度下（30～65℃）模塑发泡并熟化。

聚合物多元醇及聚脲多元醇有利于改善承载性能，形成开孔泡孔结构，而且可提高全TDI基高回弹泡沫配方的工艺宽容度。在高承载冷熟化高回弹泡沫的配方中，一般掺入部分聚合物多元醇。聚合物多元醇一般占多元醇质量分数的30%～50%。随着聚合物多元醇用量的增加，泡沫的压陷硬度增加，承载能力明显增强。

根据所用异氰酸酯不同，冷模塑泡沫的配方体系可分为 TDI 基泡沫、MDI 基泡沫和 TDI-粗 MDI（即 PAPI）基泡沫等几个类型。

以 TDI-80 作为异氰酸酯组分，配方的工艺宽容度较低，制造的软泡熟化时间稍长、密度较低，但 TDI 挥发毒性大。高官能度的多异氰酸酯如 PAPI 发泡速率快，但密度高。所以不同比例的 TDI-粗 MDI 混合异氰酸酯体系成为常用的高回弹模塑泡沫塑料黑料组分。

MDI 基泡沫塑料的快速熟化特性，提高了生产效率，泡沫具有良好的性能，并可开发多硬度产品，以及比较好的劳动环境，使其很快获得了广泛应用。全 MDI 型冷模塑软泡所用的异氰酸酯，通常是指改性 MDI 及其与粗 MDI 的混合物。MDI 基冷模塑泡沫的显著特点是硬度高、熟化快。由于 MDI 系列产品的异氰酸酯基团反应活性高，泡沫脱模时间很短。MDI 基 HR 泡沫的另一个重要优点是，通过改变异氰酸酯指数可明显改变泡沫硬度。这样用多混合头发泡机和同一种双组分原料便可生产出双硬度泡沫垫材。另外，泡沫的耐用性能、湿热老化性能也较 TDI 基 HR 泡沫优异。泡沫在熟化时对空气的湿度不敏感。脱模后几个小时便可装配。

TDI 基 HR 泡沫的密度低于 MDI 基泡沫。这是因为对于相同的组合聚醚，TDI 为二官能度，且 TDI 与羟基的反应活性比 MDI 低，凝胶反应较发泡反应慢，这些因素有利于泡沫密度的降低。对于 TDI-粗 MDI 体系，随粗 MDI 掺入量增加，泡沫的硬度增加，密度有所增加。在泡沫密度相同的情况下，TDI 基泡沫的硬度、撕裂强度、拉伸强度和伸长率以及耐疲劳性等物理性能均比 MDI 基泡沫塑料要好些。TDI 基泡沫物料流动性好而具有较好的模塑性能，而 MDI 基软泡因体系反应活性高而具有快速脱模的优点。

随着配方中水量的增加，高回弹软泡密度并不是明显降低。甚至密度随水用量的增加而增加，这是因为反应体系反应迅速，水还没来得及完全反应以产生大量二氧化碳气体，凝胶反应已同时进行，泡沫迅速固化成型。由于水产生脲基，使得泡沫的 25% 压陷硬度增加，泡沫的舒适指数下降。故水的用量应控制，一般以 3 份左右为宜。

冷模塑软泡的原料体系常预混成双组分组合料，其中"白料"（A 组分）是多元醇、水、催化剂和泡沫稳定剂等助剂的混合物，"黑料"（B 组分）为异氰酸酯组分。"黑料"不一定是完全黑色的。

许多高回弹模塑泡沫配方通常采用三亚乙基二胺（A-33）和双（二甲基氨基乙基）醚（A-1）复合催化剂。其他叔胺催化剂也用于 HR 泡沫的配方中。A-33 主要作为凝胶催化剂，A-1 主要作发泡催化剂。二月桂酸二丁基锡在冷模塑配方中应用不多，一方面因为其凝胶作用很强，易造成泡沫闭孔收缩；另一方面有机锡在组合料中不稳定。为使泡沫塑料配方具有较高的工艺宽容度，常常加入一些中等活性的叔胺作辅助催化剂，如二甲基乙醇胺和三乙醇胺等，一方面对主催化剂起保护作用，同时也发挥多种催化剂的协同作用，使发泡反应和凝胶反应保持很好的平衡。延迟催化剂可以延迟泡沫的乳白时间，以使物料有足够的时间充满模具，并不会延长泡沫的上升时间和凝胶时间。近年来开发了反应性低散发催化剂等。

HR泡沫配方中的叔胺催化剂用量应尽量少，因为它不会像在热熟化软泡中那样受热可挥发，而会留在泡沫制品中。

为了提高泡沫的承载能力，配方中经常采用小分子多元醇、醇胺类化合物或芳香族多元胺交联剂。但交联过多时将会形成闭孔，引起收缩。热熟化泡沫一般不用交联剂。由于冷熟化泡沫原料的反应活性较高，要求交联剂的活性不要太高，否则可引起泡沫收缩。二乙醇胺具有3个官能团，它作交联剂时兼顾对回弹率、Sag指数及压缩硬度的影响，用量一般较小，如1%左右。

由于HR泡沫反应体系活性较高，泡沫反应混合物的黏度增长很快，发泡混合物具有较高的内在稳定性，因此，冷模塑泡沫要求使用较低活性的有机硅表面活性剂，以免泡沫闭孔收缩。

早期的HR泡沫有部分闭孔，往往在脱模后立即采用机械辊压方法来使闭孔泡沫开孔。后来研制的新型有机硅泡沫稳定剂，可制得具有开孔结构的泡沫，免去了碾压工序。

一般的冷模塑HR泡沫以水作发泡剂，低密度泡沫体系可采用辅助的物理发泡剂。

(2) 模具 冷模塑泡沫的模具一般为薄壁铸铝模，与热模塑泡沫不同的是模具要承受0.1～0.2MPa的压力。因此，模具应尽可能密封，关键是合模线应紧密。如果发生漏料，泡沫体就会因降压而产生空穴或塌泡。模具上应设有排气孔，但排气孔极为细小，主要控制在物料尚未完全充满模具之前排气。冷模塑泡沫通常采用原料过量填充，使模塑泡沫密度比自由发泡泡沫约增大1/4。

为了使制品表面达到良好固化，模温一般保持在30～65℃。

(3) 生产工艺 冷模塑泡沫的生产过程与热模塑泡沫相似，一般同样采用环形转台生产线。与热模塑工艺相比，模具温度较低，无需冷却过程。一般喷涂含低沸点有机溶剂的脱模剂。根据实际需要可敞模也可闭模充填物料。泡沫熟化温度低，一般在50℃左右加热数分钟即可。

热模塑泡沫在1～2h之内能达到最终硬度，而冷熟化泡沫体的熟化温度低，故时间较长，可能要半天。冷熟化模塑体的硬度在未达到最终硬度的90%之前，必须单独存放和运输，如受挤压则可能留下不可恢复的永久变形。而快速脱模体系熟化时间相对较短。

生产双硬度泡沫是冷熟化模塑工艺中的一种特殊方法。它是指由软、硬两层泡沫组成的泡沫垫。这种坐垫也能由不同硬度的切割泡沫块胶合而成，但直接发泡比较经济。可以用具有两种不同形状模盖的模具，也可使用两个单独的模具分层浇注。

4.3.3.4 模塑 HR 泡沫塑料配方与性能

模塑聚氨酯软泡广泛用于各种车辆、船舶、飞机的座椅垫材及家具垫材等领域,根据不同的用途,人们研制了不同的配方,下面举例介绍几个有代表性的配方以及模塑泡沫的物理性能。

(1) 热模塑泡沫 典型的热模塑软泡的基本配方及性能见表 4-10。坐垫用热模塑泡沫配方及性能见表 4-11。

■表 4-10 典型的热模塑软泡的基本配方及性能

配 方	指标	泡沫物理性能	指标
聚醚三醇/质量份	100	芯密度/(kg/m^3)	28~42
水/质量份	2.5~4.0	25%压缩强度/kPa	2.2~7.0
叔胺催化剂/质量份	0.2~0.4	65%压缩强度/kPa	5.0~22.0
辛酸亚锡/质量份	0.1~0.2	拉伸强度/kPa	100~180
泡沫稳定剂/质量份	0.6~1.5	伸长率/%	100~400
TDI 指数	95~110	撕裂强度/(N/m)	200~500
		回弹率/%	35~45
		50%压缩变形/%	2.5~6.5

■表 4-11 坐垫用热模塑泡沫配方及性能

项 目	编号		
	1	2	3
配方/质量份			
聚醚 Arcol 1455	100	50	—
聚醚 Arcol 1346	—	50	—
聚醚 Arcol DP1402	—	—	100
水	3.5	3.0	4.8
催化剂 Dabco 33LV	0.2	0.3	0.2
催化剂 A-1	0.1	0.1	0.1
辛酸亚锡	0.05	0.06	—
匀泡剂 BF2370	0.8	0.6	1.3
TDI 指数	102	105	100
泡沫物理及力学性能			
密度/(kg/m^3)	37	42	42
25%压陷硬度/N	156	222	189
65%压陷硬度/N	350	526	466
拉伸强度/kPa	106	165	101
伸长率/%	186	145	119
撕裂强度/(N/m)	211	370	517
回弹率/%	40	43	45
50%压缩变形/%	4.0	2.7	5.8

注: Arcol 1455 是羟值为 (56±2.5)mg KOH/g 的聚醚三醇; Arcol 1346 是羟值为 (40±2)mg KOH/g 的聚合物多元醇; 聚醚 Arcol 1402 的羟值为 (54.6±2.5)mg KOH/g。

(2) 冷模塑 HR 泡沫 一种用高活性聚醚和 TDI 组成的冷熟化高回弹聚氨酯泡沫塑料配方及泡沫性能见表 4-12。美国联碳公司的一种典型聚合物多元醇 HR 泡沫配方及性能见表 4-13。

■表 4-12　高活性聚醚-TDI 高回弹泡沫体系配方与性能

配　　方	用量/质量份	泡沫物理性能	指标
高活性聚醚（羟值 35）	100	密度/（kg/m³）	40
水	2.1	25%压陷硬度/N	135
交联剂 Crtegol 204	3.0	65%压陷硬度/N	383
二乙醇胺（交联剂）	0.4	65%/25%压陷比	2.8
催化剂 Dabco 33LV	0.1	拉伸强度/kPa	138
催化剂 A-1	0.15	伸长率/%	140
二月桂酸二丁基锡	0.03	回弹率/%	65
匀泡剂 Tegostab B4113	1.0	90%压缩变形/%	5
TDI-80（指数 100）	38.2		

■表 4-13　典型 HR 泡沫配方及性能

配　　方	用量/质量份	泡沫物理性能	指标
高活性聚醚 Niax 11-34	60	密度/（kg/m³）	40
聚合物多元醇 Niax 34-28	40	25%压陷硬度/N	175
水	2.8	65%压陷硬度/N	476
催化剂 Dabco（固态）	0.08	拉伸强度/kPa	197
催化剂 Niax A-1	0.08	伸长率/%	185
N-乙基吗啉	0.8	回弹率/%	60
二月桂酸二丁基锡	0.03	50%压缩变形/%	19.6
匀泡剂 L-5305	1.5	阻燃性能	自熄
TDI-80（指数 100）	34.2		

4.3.4　特种软质泡沫塑料

4.3.4.1　网状泡沫塑料

网状聚氨酯泡沫塑料（reticulated polyurethane foam，又称网化泡沫）是一种具有特殊功能的软质聚氨酯泡沫塑料。它是把软质聚氨酯泡沫塑料经网化处理加工、去掉泡孔经络之间的泡膜而成。网化后的材料去除了泡沫的筋膜，仅剩下开孔的网络状立体骨架结构，气体、流体通过阻力小。该类材料具有较高的拉伸和撕裂强度、较好的柔性和可塑性，通常含 95% 以上的空隙体积。由于网状聚氨酯泡沫的特点，在过滤材料、油箱抑爆材料等领域获得较广泛的应用。

聚氨酯网状泡沫塑料（图 4-3）的制备通常包括两个步骤：首先制备所需孔径的聚氨酯软泡，再通过网化处理制得无泡膜的、由经络组成的网状泡沫。也可以通过调节发泡配方，制备无泡膜或基本上无泡膜的开孔聚氨酯软泡。一般情况下，网状泡沫是对所需孔径的普通开孔软泡进行处理而制备的。网状泡沫的孔径大小一般以"孔数"表示，它是指 25mm（约 1in）长度内的泡孔数目。

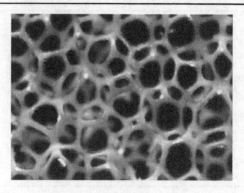

■ 图4-3 网状聚氨酯泡沫塑料

（1）聚氨酯软泡的制备 网状聚氨酯泡沫塑料可采用聚醚型或聚酯型聚氨酯软泡为原料。用于网化的泡沫一般应有较高的开孔率和一定的机械强度。如用水蒸气热解法进行网化，则选择开孔聚醚型聚氨酯软泡。

① 无泡膜泡沫塑料的制备　在制备软泡时，可通过延迟凝胶速率，形成经络状开孔泡沫。由于基本上无泡膜，因此无需进一步处理。下面介绍两个实例。

【实例1】

配方		发泡参数	
聚醚三醇（M=3000）/质量份	80	搅拌速度/（r/min）	1500
聚醚（M=740，羟值225mg KOH/g）/质量份	20	搅拌时间/s	7
三亚乙基二胺/质量份	0.1	泡沫性能	
辛酸亚锡/质量份	0.1	泡沫密度/（kg/m³）	22
泡沫稳定剂/质量份	1.5	孔数（个/25mm）	30
水/质量份	3.5		
TDI指数	45.7		

【实例2】

配方		物理性能	
聚酯多元醇/质量份	100	泡沫密度/（kg/m³）	22
低羟值聚酯[①]/质量份	20	孔数（个/25mm）	13
水/质量份	3.7	拉伸强度/kPa	142
有机硅匀泡剂/质量份	2.0	伸长率/%	200
三亚乙基二胺/质量份	0.1	25%压缩硬度/N	110
TDI指数	105	通气率/[mL/(cm²·s)]	350

① 低羟值聚酯为聚己二酸乙二醇酯多元醇部分羟基被乙酸酯化而成，M=1000，羟值10mg KOH/g。

② 普通粗孔泡沫塑料的制备　通过普通块泡生产工艺生产的开孔性聚醚型聚氨酯软泡和聚酯型聚氨酯软泡，都可通过处理，成为网状泡沫塑料。不同的原料用量对泡沫塑料的孔径及性能有较大的影响，用于制造网状泡沫塑料的聚氨酯软泡一般应具有较明显的泡孔。

开孔聚酯型聚氨酯泡沫塑料一般采用一步法水发泡制备。

聚醚型聚氨酯软泡一般采用通常块泡的生产配方，如采用通用软泡聚醚多元醇、叔胺和辛酸亚锡催化剂。在软泡配方中可采用2种或3种表面活性剂或叔胺，以调节泡孔大小，得到泡膜薄而均匀的粗孔泡沫。随着泡孔孔径的加大，泡孔壁膜也变薄。

【实例1】几种聚酯型聚氨酯网状泡沫的配方及性能见表4-14。

■表4-14　几种聚酯型聚氨酯网状泡沫的配方及性能

项目	编号		
	1	2	3
配方/质量份			
PDEA 聚酯多元醇	100	100	100
水	3.5	3.3	3.2
吐温-80	3	—	—
有机硅匀泡剂	—	—	0.13
聚氧化乙烯蓖麻油	—	0.3	0.4
N-乙基吗啉	0.35	—	—
二乙基乙醇胺	—	0.3	0.4
三亚乙基二胺	—	0.15	0.07
TDI-80	40	39	38
性能			
密度（网化前/后）/（kg/m³）	41/37	43/42	43/43
拉伸强度（网化前/后）/kPa	77/79	91/97	62/83
伸长率（网化前/后）/%	113/278	121/291	84/270
25%压缩强度（网化前/后）/kPa	60/41	82/37	75/41
25%压缩变形（网化前/后）/%	3.2/9.2	3.9/14.4	3.3/9.3
回弹率（网化前/后）/%	27/27	24/28	30/26

【实例2】　粗孔聚醚型聚氨酯泡沫塑料的配方及性能例如下。

配方/质量份		物理性能	
聚氧化丙烯三醇（羟值 56mg KOH/g）	99	泡沫密度（kg/m³）	25.3
共聚醚三醇（EO 65%以上）	1	最大泡孔直径/mm	2
泡沫稳定剂 L-5340	1.5	拉伸强度/kPa	108
水	3.7	伸长率/%	120
辛酸亚锡	0.18	撕裂强度/（N/m）	980
N-甲基吗啉	0.5	25%压缩硬度/N	102
三亚乙基二胺	0.05		
TDI-80	51.2		

(2) 聚氨酯泡沫塑料的网化处理　网状聚氨酯泡沫塑料主要有碱液水解法、爆炸法、热空气法、蒸汽水解法等制法。

① 碱液水解法　将开孔聚氨酯泡沫塑料浸入8%～25%的氢氧化钠溶液中一定时间,除去泡沫结构中的泡膜,可获得网状泡沫。聚酯型聚氨酯软泡的网化液中氢氧化钠水溶液的质量分数为10%,处理温度50℃,需浸渍10min左右。在碱液中添加异丙醇及二元醇等溶剂,可加快泡膜破坏的速率,处理温度可降低到30℃,时间可缩短到30~60s,制得的网状泡沫具有光泽的表面,其产品性能与爆炸法近似,重量损失率只有一般碱液水解法一半。从碱液中取出后用清水冲洗并轻轻挤压,用2%的乙酸水溶液浸泡,用清水冲洗干净,再经干燥后即得到网状泡沫。

用此法网化处理,块泡不宜过厚,否则网化效果不均匀,且影响强度。因此必须严格控制网化温度和时间,若时间过长、温度过高,则聚氨酯树脂分子发生过分的降解,泡沫体物理强度降低。

② 爆炸法和热空气法　爆炸法是指在特制爆炸箱内利用氢气、乙炔或丙烷等爆炸性气体遇氧气产生爆炸,瞬间爆炸力及高温火焰冲破和熔结开孔聚氨酯泡沫塑料的残留泡孔膜壁。制得的网状泡沫其经络具有光泽的表面,并且网化过程不会发生降解,制品的形状不受限制,但需用专门的设备进行爆炸网化。爆炸法工艺简单,可用大体积泡沫制造网状泡沫,产量高,已经成为网状泡沫的主流生产工艺。

美国Foamex等公司采用热空气法工艺生产网状泡沫。使400℃左右的热空气以1m/s以上的速度快速穿过开孔软泡,利用高温降解和高速冲刷两种作用使泡孔膜完全破裂,从而得到高透气性的网状泡沫。这与爆炸法的原理相似。

③ 蒸汽水解法　开孔聚醚型聚氨酯泡沫以水湿润后,置于表压为0.14MPa左右的热压釜中以饱和蒸汽处理2～8h,再在105℃干燥3h。经蒸汽处理可完全去除泡孔膜,制得网化泡沫。但易发生降解,使成品强度降低。

(3) 网状泡沫的性能　网状泡沫开孔率通常为95%以上,孔数一般为6～70孔/25mm,即孔径为0.3～3mm,多为10～50孔。网状聚氨酯泡沫其机械强度、透气等性能均比普通泡沫高。

① 机械强度　在网化处理后,泡沫塑料的拉伸强度及伸长率增加,而压陷硬度(压缩强度)降低,见表4-15。另外,配方基本相同制得不同孔径的网状泡沫,单位长度上的孔数越大,则拉伸强度与伸长率也越高。

■表4-15　网状聚氨酯泡沫塑料与网化前物性的比较

性　能	聚酯型聚氨酯泡沫		聚醚型聚氨酯泡沫	
	一般泡沫	网状泡沫	一般泡沫	网状泡沫
孔数/(个/25mm)	40	40	40	40
表观密度/(kg/m³)	28	27	25	24
25%压陷硬度/N	150	120	120	90
拉伸强度/kPa	147	196	98	137
伸长率/%	350	500	150	200
50%压缩变形/%	10	10	5	5

② 透气性能 透气性能与泡沫塑料的开孔率、孔径及厚度有关。开孔率高的普通聚氨酯泡沫塑料也能透气，但由于在泡孔上残留细胞膜，则透气的阻力大，而网状泡沫透气性很好，压力损失非常小。

③ 吸音性能 一般聚氨酯泡沫由于存在细胞膜，故吸音的性能较差，而网状泡沫不受细胞膜的影响，故吸音性能特别佳。吸音的效率与网状泡沫的孔数及厚度有关。

网状泡沫耐化学药品性、耐热性与一般软质聚氨酯泡沫塑料近似。制品后加工方法也常用类似软质聚氨酯泡沫体裁切的方法。

(4) 网状泡沫的应用 网状聚氨酯泡沫由于具有密度低、柔软性、高透气性，受到人们的重视，在国防及民用工业获得应用。

① 油箱充填材料 美国最初用网状泡沫作为车辆油箱内的充填材料，特别是燃料运输车辆（汽车与火车的油槽车）、军用车辆及竞赛汽车等车辆上，后来用于飞机油箱。在油箱被子弹击穿或破裂的情况下，网状泡沫体可使燃料油及其蒸气的流泄和扩散速率大大减少，并使火焰的蔓延速度大大延缓，具有较强的抑制爆炸连锁反应扩大的能力，大大降低油箱爆炸所引起的伤亡率。

由于网状泡沫的筋络仅占5%以内空间，所以不会减少油箱的容量。网状泡沫内经络纵横充满油箱，可在很大程度上减少车辆、船只，飞机由于转向或其他动作引起的燃油晃动和油箱局部缺油，方便了车辆、船只或飞机的控制和操作。

美军标 MIL-B-83054B 规定了用于飞机燃油箱填充的网状泡沫材料的性能，见表4-16，另外还规定了这些型号的网状泡沫置换油量、在燃油等液体介质中的体积膨胀率、燃烧性能等指标。

■表4-16 MIL-B-83054B 规定的网状泡沫材料特性

性　　能		型号				
		Ⅰ型(橘黄)	Ⅱ型(黄)	Ⅲ型(红)	Ⅳ型(深蓝)	Ⅴ型(浅蓝)
PU泡沫塑料类型		聚酯型	聚酯型	聚酯型	聚醚型	聚醚型
密度/(kg/m³)		27.2～32.2	19.7～21.63	19.2～23.2	19.2～23.2	19.2～23.2
孔数/(个/25mm)		7～15	8～18	20～30	8～18	20～30
空气压降/mmH₂O		4.83～7.24	4.83～5.84	6.09～8.38	3.6～5.8	6.8～9.4
拉伸强度/kPa	≥	103	103	103	69	103
伸长率/%		220	220	220	100	100
撕裂强度/(N/m)	≥	875	875	875	525	525
压缩定形/%	≤	30	35	35	30	30
压缩强度(25%)/kPa		2.76	2.07	2.07	2.41	2.41
压缩强度(65%)/kPa		4.14	3.45	3.45	4.14	4.14

注：1mmH₂O=9.8Pa。

② 过滤材料 网状泡沫作为过滤材料其优点是泡沫网孔基本均匀、孔隙率高、空隙大，对液体阻力小，同时易于洗涤干净，从而可反复使用。它可用于摩托车、各种汽车的小型发动机过滤器以及空调设备过滤器、真空吸

尘器、水族箱过滤器、高速烟雾消除器等设备的过滤材料。用于汽车、拖拉机等空气滤清器,与铝丝网或纸介质滤芯相比,网状泡沫可节油3%～5%。聚氨酯网状泡沫塑料还用于血浆、油、水、油漆等液体的过滤,防毒服用透气过滤材料等。

以网状聚氨酯泡沫为基材,通过浸渍陶瓷浆料、碳化硅浆料处理后进行煅烧,得到耐高温网状泡沫陶瓷材料。泡沫陶瓷可作为高温液态金属的过滤材料,如用于过滤钢水以生产优质钢。

③ 其他用途 聚氨酯泡沫浸渍呋喃树脂后,进行高温网化处理后,制得比表面积很大的网状多孔碳结构,耐热与耐腐蚀性都很优越,可用作化学反应的催化剂载体。网状泡沫也用于其他催化剂载体。

网状陶瓷板材用于各种类型的炉灶内,可节能30%～40%。

网状泡沫经处理所得到的活化网状泡沫塑料,可用于水净化,吸附水中的微量有害重金属物质;有的活化网泡对气体中的有机物及微生物有较强的吸附效果,可作冰箱吸附除菌剂,还可用于工业"三废"处理。

网化泡沫用于电池生产中电瓶电极材料。另外网状泡沫还用来制造消声室的隔音材料,用作传声器、麦克风等部件,不影响其频率性能,使声音不会失真,还可用于计算机和打印机部件等。

4.3.4.2 亲水性/吸水性聚氨酯泡沫塑料

亲水性和吸水聚氨酯泡沫塑料是采用特殊原料或配方生产的一类功能聚氨酯泡沫塑料。

具有吸水性的聚氨酯泡沫塑料一般够吸收比自身质量高许多倍的水,并能保持水分,它可用于医用绷带和医用海绵、卫生巾和婴儿尿布、清洁擦洗用品、无土栽培等领域。

传统的聚氨酯泡沫是由低聚物多元醇与异氰酸酯等反应合成而得的,泡沫结构单元一般多呈疏水性能,泡沫整体对水的亲和力差,要提高泡沫的亲水和吸水能力,必须在泡沫结构中引入亲水基团,引入亲水基团的方法一般有两种。

① 在聚氨酯泡沫的原料中,引入含亲水性基团的多元醇,如聚氧化乙烯二醇、氧化乙烯-氧化丙烯共聚醚多元醇、带有亲水基团的多元醇等。由于亲水链节如氧化乙烯(EO)连接在聚氨酯泡沫的结构上,在使用过程中,亲水链节不会随水而析出。

② 在泡沫制备时加入改性淀粉吸水性树脂、交联聚丙烯酸盐等吸水性物质,使之充填到泡沫体中,使泡沫具有吸水功能。由于这些吸水性物质是分散在泡沫体中,因此遇水后可能易随水析出。根据实际用途,可在配方中加入医用药物(如杀菌剂)、香料或肥料等。

医药卫生及擦洗材料用的亲水性聚氨酯泡沫塑料一般是软泡,而用于无土植物栽培的吸水泡沫可以是硬质、半硬质或软质聚氨酯泡沫塑料。亲水性聚醚型聚氨酯泡沫耐水解性能较好。

有报道认为，在采用富含氧化乙烯链节的聚醚多元醇制备吸水性聚氨酯泡沫塑料时，若采用预聚体工艺，水可大大过量，实际用水量一般要比理论用水量高出数十倍到数百倍，整个反应过程实际上是在水相中进行的。可在配方中加入溶于水的功能物质，在水相中掺入肥料和养分，所得泡沫可用作无土栽培基。采用类似方法可制得其他用途的泡沫塑料。

一种吸水性软泡采用高 EO 含量 EO-PO 共聚醚多元醇 85 份、高 PO 含量 PO-EO 共聚醚 15 份、水 3.6 份及匀泡剂、叔胺和有机锡催化剂适量，制得的软泡密度 $26kg/m^3$，吸水率 $1.5g/g$。而采用聚氧化乙烯二醇与 TDI 制得的预聚体 100 份、PPG 聚醚 32 份、PAPI 13 份及吐温-80 1 份制得的泡沫，其性能为：密度约 $173kg/m^3$，吸水率 870%，吸水后体积膨胀率 28%，压缩变形 67%。

吸水性聚氨酯软泡具有吸水和高柔性特点，主要用途是医用卫生材料，它可以制成片材、异型材等。这种材料可以用作病人床垫、母乳垫、手术用的各种垫褥、婴儿尿布内衬材料、妇女卫生巾内衬材料等，还可以替代医用绷带用于医治烧伤、感染性发炎的治疗。由于其具有亲水性和柔软性，解决了棉纱绷带干燥后对病人带来的痛苦，降低了臭味，可避免褥疮，有利于创面康复。

亲水性/吸水性聚氨酯泡沫用作蔬菜、园艺植物、特殊农作物等的无土工业化栽培的基材，具有重量轻、基材组成可根据不同作物要求进行调整及可制成各种形状等独特的优点。无土栽培用吸水泡沫，泡孔应该比较粗糙，孔径大小有一定的分布，这样才能满足作物根系的生长。通过选择泡沫稳定剂，可以达到这样的效果。由于亲水/吸水性聚氨酯泡沫的密度比较小，总空隙度比较大，容纳水分和空气的能力强，有利于根系的发育。因吸水性泡沫为开孔结构，且具有亲水功能，浇水时，水分能迅速渗透到泡沫体内部，使泡沫整体重量增加，因而不易漂浮，这与其他轻质类基材所不同。

4.3.4.3 超软聚氨酯泡沫塑料

超软聚氨酯泡沫塑料是压陷硬度小的软质聚氨酯泡沫塑料，一般用于高档沙发、汽车坐垫、枕芯、床垫等方面。

传统的超软泡沫塑料是通过使用大量 CFC-11 等辅助发泡剂来降低泡沫的硬度的。国外开发的超软泡沫塑料多采用软化剂加辅助发泡剂的方法，如软化剂/二氯甲烷体系。例如，国外采用添加软化剂 Carapor 2001、Geolite 改性剂 91（沸石）以及特种聚醚生产超柔软泡沫。特种聚醚多元醇一般是高活性的、高 EO 含量聚醚。国外还采用液态二氧化碳发泡制备低密度超软聚氨酯软泡产品。

中高密度的超软聚氨酯泡沫塑料（$22\sim42kg/m^3$）具有较高的舒适系数，市场需求量较大。有工作研究了通过使用软化剂降低 TDI 指数或者采用改性聚醚制备中高密度的超软聚氨酯泡沫。几种泡沫的性能见表 4-17。表中的 3# 和 6# 和 7# 为超软泡沫。

■表4-17　TDI指数及软化剂对泡沫硬度的影响

项目	1#	2#	3#	4#	5#	6#	7#
配方/质量份							
聚醚 TMN3050	100	100	100	100	100	100①	50/50②
总水量	3.6	3.6	3.6	3.6	2.8	2.8	2.7
泡沫稳定剂 L-580	1.0	1.0	1.0	1.0	1.2	1.2	1.2
二氯甲烷	0	0	0	8	—	—	—
开孔剂	5	5	5	0	5	5	—
软化剂 Ortegol 310	0	0.5	1.0	1.0	—	—	—
二乙醇胺	0.5	0.5	0.5	0	0.5	0.5	—
叔胺催化剂 BDE	0.12	0.12	0.12	0.12	0.12	0.12	0.13
辛酸亚锡	0.23	0.23	0.23	0.24	0.25	0.25	0.23
性能							
TDI指数	95	95	95	108	95	95	108
密度/(kg/m³)	26	26	26	26	36.2	36.6	37
25%压陷硬度/N	90	70	48	51	90	38	30
65%/25%压陷比	—	—	2.5	2.2	2.25	2.81	—
70%压缩变形/%	7.0	7.2	8.0	6.3	7.8	10.6	8.0
拉伸强度/kPa	—	—	—	—	120	130	—

① 6#配方聚醚为全EO聚醚。
② 7#配方另外50质量份聚醚为高EO含量共聚醚三醇。

一种用于真皮沙发内表层的超柔软弹性泡沫塑料的配方及性能如下。

聚醚（Voranol 3137）/质量份	100	二氯甲烷/质量份	6
水/质量份	3.0	TDI指数/质量份	110
泡沫稳定剂（B 8110）/质量份	1.3	密度/(kg/m³)	20~22
辛酸亚锡（K 29）/质量份	0.42	25%压陷硬度/N	66
胺催化剂（Tegoamine PTA）/质量份	0.48	65%/25%压陷比	2.1
软化剂（Ortegol 310）/质量份	1.0	回弹率/%	49

4.3.4.4 慢回弹泡沫塑料

慢回弹泡沫塑料又称黏弹性泡沫塑料、低回弹泡沫塑料、记忆泡沫塑料、形状记忆泡沫塑料、温度敏感泡沫塑料、压力减缓泡沫塑料、缓慢复原泡沫塑料或缓慢释放泡沫塑料等。

2003年美国聚氨酯泡沫协会建议人们对这类材料统一使用"黏弹PU泡沫塑料"这个术语。慢回弹泡沫塑料（即黏弹性聚氨酯泡沫塑料）最典型的特性是：泡沫塑料受压后的复原比较缓慢。例如，将一个物体（或人体一部分）压在黏弹性泡沫塑料上，则泡沫体形状逐渐变得与该物体形面相贴合，而当压力去除后，泡沫塑料会缓慢地复原到它原来的形状。由于形状恢复过程是缓慢的，所以人们把它称作"缓慢复原泡沫"或"慢回弹泡棉"。

这种聚氨酯泡沫塑料，始于20世纪60~70年代美国太空总署艾姆斯氏研究中心为减轻宇航员离地升空时所承受的压力而研制，并且为长时间飞行过程中的飞机驾驶员提供一个感觉更舒适的座椅表面。

慢回弹或黏弹性泡沫塑料的一些特点如下。

① 泡沫塑料受压后的复原比较缓慢。

② 回弹率较低，钢球回弹值通常低于20%。

③ 属于开孔性软质泡沫塑料。

④ 具有黏弹性，玻璃化温度一般在室温或低于室温。

⑤ 大部分慢回弹泡沫塑料对温度比较敏感；因泡沫原料特性，对湿度也有响应。慢回弹泡沫塑料的承载性、支撑能力和复原速度受温度和湿度的影响。

⑥ 表面贴合和压力分布的特性使这种泡沫体能与人体形状相贴合，且具有缓慢复原的特性使人感觉舒服。

⑦ 阻尼性能好，能吸收冲击振动。有些黏弹泡沫能吸收90%以上的冲击能。

⑧ 部分转变温度在室温或室温以上的黏弹性泡沫具有温度敏感形状记忆性能。

下面重点介绍一下近年来发布的慢回弹软质聚氨酯泡沫塑料国家标准。

GB/T 24451—2009 慢回弹软质聚氨酯泡沫塑料对慢回弹泡沫塑料的定义为：一种具有缓慢复原、低回弹和高滞后损失特性的特殊聚氨酯泡沫塑料。该标准将慢回弹软质聚氨酯泡沫塑料按最终用途分为5类，其中X指长期连续使用重负荷坐垫及类似用途；V指交通工具、影剧院、办公用等座椅坐垫、床垫等用途；S指私人或商用车乘客车座坐垫、家居坐垫、座椅的靠背、扶手及类似用途；A指私人和商用车座及家居座椅的靠背、扶手及类似用途；L指填充垫、靠垫、枕头、颈枕、其他枕垫、耳塞等及类似用途。国家标准GB/T 24451—2009对慢回弹软质聚氨酯泡沫塑料产品按40%压陷硬度指数分级，从泡沫塑料硬度级别30（对应40%压陷硬度25~40N）到600（521~650N）分为12级。各类产品见表4-18。

■表 4-18 GB/T 24451—2009 规定的慢回弹软质聚氨酯泡沫塑料物理性能要求

性　　能		X	V	S	A	L
复原时间/s				3~15		
75%压缩永久变形/%	≤	6	6	8	10	12
回弹率/%	≤			12		
拉伸强度/kPa	≥			50		
伸长率/%	≥			100		
撕裂强度/(N/cm)	≥			1.30		
气味等级/级	≤			3.0		
干热老化后拉伸强度变化率/%				±30		
湿热老化后拉伸强度变化率/%				±30		
65%25%压陷比	≥			1.8		
恒定负荷反复压陷疲劳后40%压陷硬度损失值/%	≤	10	18	26	31	36
慢回弹温湿度敏感系数①	≤	1.2	1.5	1.8	2.1	2.4

① 慢回弹海绵在相对湿度50%时，温度为5℃时的硬度值与温度为40℃时的硬度值的比值。

慢回弹泡沫塑料一般是以模塑方法制备，其配方与普通软泡相似，配方成分包括聚醚多元醇、催化剂、发泡剂、扩链剂、开孔剂、多异氰酸酯等。聚醚多元醇一般以氧化乙烯-氧化丙烯共聚醚为主，通常由 2 种甚至 3 种聚醚多元醇复配使用，其中一种聚醚多元醇可以是常规聚醚多元醇，例如高活性聚醚三醇 330N、低分子量聚醚二醇 N206 等；另一种聚醚多元醇是特殊的慢回弹聚醚多元醇，羟值一般在 200～250mg KOH/g 范围。不同的配方体系采用的聚醚多元醇不同。有的聚醚多元醇混合物中含少量聚醚一元醇。发泡剂一般是水，特殊的配方可以用辅助发泡剂。催化剂一般采用有机锡和叔胺类复配，锡类催化剂多采用辛酸亚锡，叔胺类催化剂可用三亚乙基二胺、双（二甲氨基乙基）醚等。开孔剂可协助得到开孔泡沫结构，如果聚醚多元醇混合物中没有配用具有开孔性能的多元醇，可配用少量开孔剂。扩链剂可在有需要的配方中使用。对于比较软的低密度慢回弹泡沫塑料，多异氰酸酯组分一般采用甲苯二异氰酸酯；如果制备具有温度敏感性或稍高密度、稍高硬度的制品，多采用改性 MDI 或 PAPI、纯 MDI。异氰酸酯指数一般不超过 105，有时远低于 100。

表 4-19 为某慢回弹泡沫塑料的配方及性能实例。

■表 4-19　某慢回弹泡沫塑料的配方及性能实例

项　目	1	2
配方		
聚醚三醇如 ZS-2802/质量份	30	30
慢回弹聚醚/质量份	(A) 70	(B) 70
水/质量份	1.5	1.5
匀泡剂 B-8002/质量份	1.0	1.0
开孔剂 SK-1900/质量份	1.5	1.5
催化剂 T-9/质量份	0.03	0.025
催化剂 A-33/质量份	0.45	0.50
多异氰酸酯 TDI 指数	90	90
泡沫塑料性能		
芯密度/(kg/m^3)	84	87
拉伸强度/kPa	114	120
伸长率/%	115	113
拉伸断裂强度/(N/cm)	4.5	4.6
回弹率/%	9	8.4
回弹时间/s	8.5	8.0
压缩永久变形/%	3.5	3.1

4.3.5　聚氨酯软泡生产中的常见问题和解决方案

环境条件（温度、湿度、季节）和发泡条件（发泡机械、发泡方法、操作条件）均会对发泡结果产生影响。即使用同样的原料，采用同一配方，在不同条件也可能生产出性能有明显差异的泡沫塑料。需根据具体情况调整配方。

对于各种产品质量问题，应根据具体情况具体分析，找出主要影响因素，并采取相应的解决办法。首先检查缺陷是否由配方因素引起的，即检查各种原料的质量和品种是否存在问题、物料的配比是否正确（包括机械泵计量或人工称量），然后根据缺陷的情况采取相应措施，包括对机械设备故障的排除及对配方的调整。

表 4-20 列举了软泡（特别是软块泡）生产中部分常见的泡沫缺陷及排除方法，供读者遇到问题及排除故障时参考。

■表 4-20 泡沫生产中常见缺陷及排除方法

缺陷	现象及原因	排除方法
沸腾，塌泡	泡沫表面呈沸腾状，有此起彼伏的大泡爆裂；泡沫起发后塌下	①检查硅油质量及用量；②检查锡催化剂质量；③查看系统有无受到污染
回陷	泡沫起发至最大高度后，向下跌落过大，原因可能是匀泡剂过少或发泡反应比凝胶反应快得多	①增加硅油用量；②适当增加锡催化剂用量，减少胺用量；③检查原料质量；④适当控制料温；⑤增加辅助发泡剂用量或加大注气量
潜流	液体反应料在已起发的泡沫下流动，泡沫体上表面有凹槽或龟裂	①加大输送速度；②增大输送机角度
空洞（气孔）	泡沫内部有气泡或针孔。主要是混入空气太多，或反应太快	①检查原料管路系统包括原料进料及混合头部分是否漏气；②原料配好后静置一段时间，贮槽中慢速搅拌；③减少注气量，提高混合头压力；④填料要干燥，预浸泡，以防夹带空气；⑤提高发泡机总流量；⑥物料打循环时间勿长；⑦降低料温；⑧降低有机锡用量
表面开裂	泡沫顶部或侧边有不深的开裂。主要是凝胶反应不好所致，也有可能由于机械振动引起	①增加锡催化剂用量；②提高起始发泡区的烘道及输送带温度；③检查侧纸与传送带速度是否同步；④注意发泡机降落板与输送线连接处是否平滑
内部开裂	泡沫内部有大小不一的裂缝（泡孔孔径正常、透气好），一般由凝胶不足所致	①检查锡催化剂活性，适当增加其用量；②适当提高料温；③适当增加硅油用量；④适当提高 TDI 指数；⑤减少胺用量；⑥检查搅拌混合是否均匀
大开裂	整块泡沫或侧面产生大裂缝	①适当加大锡催化剂用量；②检查锡催化剂是否变质；③检查 TDI 及水的出料量
裂面光滑的大裂	整块泡沫产生表面光滑的大开裂	①降低体系反应速率，即减少胺、锡催化剂及硅油用量；②检查配方计算，尤其检查 TDI 出料量
配方宽容度小	锡催化剂允许的操作调节围窄，即从开裂到闭孔调节范围窄	①减少胺催化剂用量；②减少硅油用量；③换用较低活性硅油；④采用发气作用强的胺催化剂
瘪泡（闭孔），甚至严重收缩	泡沫闭孔多（断面泡膜闪亮），回弹慢，透气性差；严重时泡沫块固化时收缩变形	①减少辛酸亚锡用量；②适当降低料温；③减少硅油用量；④降低混合头压力；⑤加大通气量

续表

缺陷	现象及原因	排除方法
闭孔又开裂	泡沫体既闭孔又有开裂	①调整硅油和锡催化剂用量；②降低TDI指数，调整锡催化剂用量；③检查TDI异构比，冬季尤应检查是否全部烘化
泡孔粗大	泡沫由粗大泡孔构成	①检查硅油用量与活性；②适当增加有机锡用量，或降低催化剂总活性；③提高低压发泡机混合及箱泡搅拌速度，加大注气量，降低高压发泡机混合头压力
固化缓慢	泡沫过软发黏，切割困难，外形不稳定	①加大胺和/或锡催化剂用量；②检查原料计量有无差错
烧芯	泡沫内部温度过高、变成焦黄色，并且泡沫块内部性能劣化	①检查配方是否合理，各组分配比是否准确；②检查多元醇质量；③适当减少水量，增加物理发泡剂用量；④适当降低TDI指数；⑤添加抗氧剂；⑥减小泡沫块体积或发泡体积
臭味	泡沫成品臭味大说明有明显的催化剂等残留	①试用其他胺催化剂；②让泡沫塑料放置一段时间，鼓风加强换气
料块表面发黏	经过长时间后料块表面仍然发黏	①加大催化剂的总量；②检查配比，尤其是TDI/多元醇比例是否正确
易碎	高密度（低水量）块泡强度差，易粉化	①调整TDI指数；②检查有机锡质量；③调整料温
底部空化	料块底部有封闭泡孔，表面光滑，严重时底部脱落	①减少锡催化剂用量；②检查计量有无差错

4.4 硬质聚氨酯泡沫塑料

4.4.1 硬泡的特性、用途和原料体系

4.4.1.1 硬泡的性能特点和用途

硬质聚氨酯泡沫塑料简称聚氨酯硬泡，这类泡沫塑料具有绝热效果好、重量轻、比强度大、耐化学品性优良以及隔音效果好等特点，最突出的是其保温隔热性能比岩棉等天然保温材料及发泡聚苯乙烯等合成保温材料的优异，已成为一类重要的合成树脂绝热材料。聚氨酯硬泡在聚氨酯制品中的用量仅次于聚氨酯软泡。

可以根据不同使用要求，通过改变配方，调整原料规格，能分别制成不同密度、硬度、耐热性能、阻燃性能的硬泡制品。硬质泡沫塑料的密度可在很大范围内调整，密度可低至$10kg/m^3$，高至到几乎实心体的$1100kg/m^3$左右。低密度聚氨酯硬泡主要用于保温。大部分聚氨酯硬泡的密度在28～$50kg/m^3$。主要用于保温隔热用途，如冰箱冷柜等的绝热保温层填充材料，

热水、蒸汽、加热原油及化工输送管道的保温，建筑屋面墙面的保温隔热、冷库、冷藏车的隔热等。高密度的聚氨酯硬泡以及玻璃纤维增强硬泡具有较高的强度，可用于仿木制品，特点是密度比木材小，制造工艺简单，可模塑制造各种仿雕刻木制品、结构板材、车船部件、仿木家具等。超低密度的硬泡用作包装材料等。

聚氨酯硬泡在一定负荷下不发生明显变形，而当负荷加大到一定程度后可能碎裂，形变不能恢复。并且多数硬泡制品为闭孔泡孔结构，这些特征和软泡明显不同。

4.4.1.2 原料体系

聚氨酯硬泡是由聚醚（或聚酯）多元醇及多异氰酸酯在发泡剂、催化剂、泡沫稳定剂等助剂的存在下反应而制得的。原料体系与其他聚氨酯制品（包括与聚氨酯软泡）不同，如用于制造聚氨酯硬泡的聚醚通常是高官能度聚醚多元醇，异氰酸酯组分以粗 MDI（PAPI）为主。

(1) 多元醇 用于硬泡配方的聚醚多元醇一般是高官能度、高羟值（低分子量）聚氧化丙烯多元醇，俗称"硬泡聚醚"，其羟值一般为 350~650mg KOH/g，官能度一般在 3~8 之间，按聚醚起始剂的不同，可分为甘油聚醚、山梨醇聚醚、季戊四醇聚醚、蔗糖聚醚、淀粉聚醚、胺类聚醚等。为了提高聚氨酯泡沫塑料的耐燃性，可采用含卤素或含磷元素的小分子多元醇起始剂，合成含磷含卤素的阻燃硬泡聚醚多元醇。为了满足对聚醚多元醇官能度、羟值、黏度等性能要求以及满足成本、性能等要求，可采用混合起始剂合成聚醚多元醇。

在配方中为了调节泡沫物性，可以把两种聚醚混合使用。硬泡配方中聚醚多元醇（或聚醚混合物）的平均官能度一般在 3 以上。

以甘油为起始剂的硬泡聚醚多元醇，羟值一般为 450~550mg KOH/g，分子量在 300~400 范围内。采用部分聚醚三醇可使得发泡料具有较好的流动性。

以多胺化合物如乙二胺、二亚乙基三胺、甲苯二胺等化合物与氧化烯烃聚合所制得的聚醚多元醇，由于分子结构中存在叔氨基，本身具有一定的催化活性。它们与多异氰酸酯的反应活性较高，可减少胺催化剂的用量，可用于快速固化发泡成型的场合，如喷涂发泡等。由于这类"胺醚"反应活性高，一般宜与其他聚醚多元醇掺和。

一般来说，聚醚的官能度越高，制得的聚氨酯硬泡压缩强度大，耐热氧化性、耐油性及尺寸稳定性均较好。

除通用硬泡聚醚多元醇之外，还可以通过在聚醚制备时采用特殊原料，制得用于耐温、阻燃等方面的特种硬泡聚醚。例如，采用芳香族或杂环多元醇如双酚 A、苯酚-甲醛低聚缩合物、甲苯二胺、苯胺-甲醛低聚物、三（羟乙基）异氰脲酸酯等化合物作起始剂合成聚醚多元醇。这类聚醚所制备的聚氨酯硬泡具有较高的耐热性、耐压性、阻燃性和尺寸稳定性。以芳香族二胺类化合物为起始剂的聚醚多元醇，发泡后期固化较快，制备的泡沫塑料强度高、泡孔细密、热导率低。

芳香族聚酯多元醇可用于聚氨酯硬泡和聚异氰脲酸酯硬泡，常用的芳香族聚酯多元醇有苯酐类聚酯、少量采用聚酯废旧料再生的低成本芳香族聚酯多元醇。另外，在我国，也有少量由天然松香酯化而成的松香聚酯多元醇，用于聚氨酯硬泡的生产。

在聚氨酯硬泡配方中选用多元醇，一方面要根据泡沫制品的用途、性能要求；另一方面要考虑原料价格、配方的工艺性能等。

(2) 异氰酸酯 目前用于硬泡的异氰酸酯主要是多亚甲基多苯基多异氰酸酯（PAPI），即粗 MDI、聚合 MDI。

PAPI 是二苯甲烷二异氰酸酯（纯 MDI）与多官能度的聚合 MDI 的混合物，PAPI 产品中不同的 MDI 含量，不同的 $2,4'$-异构体及 $4,4'$-异构体的含量，影响产品的反应性能及黏度、官能度等指标。PAPI 系列产品的平均官能度在 2.5~3.0 范围内，25℃时的黏度大致为 100~1000mPa·s。不同官能度的 PAPI 可用于不同场合，若要求硬泡发泡时物料流动性好，可用低官能度、低黏度产品。随着官能度增加，PAPI 黏度也增大，发泡时流动性降低，泡沫熟化时间缩短，生成的硬质泡沫塑料热稳定性较好，压缩强度也有所提高。

(3) 发泡剂 聚氨酯硬泡生产过程发热量大，一般需用物理发泡剂，最初的发泡剂是 CFC-11（一氟三氯甲烷）。但 CFC 是一种破坏大气臭氧层的臭氧消耗物质（ODS），在 20 世纪 90 年代起被"蒙特利尔协议"等国际公约禁止使用。曾经使用 HCFC-141b 等过渡性发泡剂，目前硬泡多使用戊烷发泡剂，特殊场合使用 HFC-245fa（1,1,1,3,3-五氟丙烷）和 HFC-365mfc（1,1,1,3,3-五氟丁烷）这两种零 ODP 发泡剂。高密度泡沫采用全水发泡。

(4) 泡沫稳定剂 用于聚氨酯硬泡配方的泡沫稳定剂一般是聚二甲基硅氧烷与聚氧化烯烃的嵌段共聚物，由于实际应用中原料预混成双组分组合料形式使用，而含 Si—O—C 结构的有机硅表面活性剂与配方中的水长期作用会水解而失效，目前大多数泡沫稳定剂以 Si—C 型为主。应用于硬泡的有机硅稳定剂，除了起到泡沫稳定、均化作用外，还要提高泡孔的闭孔率。少量特殊的泡沫稳定剂用于开孔硬泡。

(5) 催化剂 在硬质聚氨酯泡沫塑料的生产过程中，常常用两种或两种以上催化剂，以调节链增长速率与交联速率间的平衡。硬泡配方的催化剂以叔胺为主，在特殊配方中可使用有机锡催化剂。常用的叔胺催化剂有：N,N-二甲基环己胺、四甲基亚乙基二胺、四甲基丁二胺、N,N'-二甲基哌嗪、三亚乙基二胺、三乙醇胺和二甲基乙醇胺、二甲基苄胺、N-乙基吗啡啉、五甲基二亚乙基三胺及三乙胺等。

异氰脲酸酯硬泡有独特的催化体系，这是由于这种泡沫分子中具有异氰脲酸酯环的缘故。异氰酸酯在特种催化剂存在下，可形成环状结构。近几年来，季铵盐类催化剂发展较快。

硬泡的催化剂选择，除考虑各种催化剂的活性之外，还应注意硬泡制品的特点、发泡体系、成型工艺等。

(6) **其他助剂** 另外，根据聚氨酯硬泡制品的不同用途与需要，还可在配方中加入阻燃剂、开孔剂、发烟抑制剂、防老剂、防霉剂、增韧剂、增强剂等助剂。

例如，用于建筑、交通工具等领域的硬泡，需添加阻燃剂与发烟抑制剂，以提高硬泡制品的耐火性能。用作过滤材料、吸音材料、可热成型硬泡、真空隔热板材或植物栽培材料等硬泡，需添加开孔剂以提高制品开孔率。

4.4.2 硬泡成型工艺

4.4.2.1 聚氨酯硬泡的基本制造方法

聚氨酯硬泡一般为室温发泡，成型工艺比较简单。按施工机械化程度可分为手工发泡及机械发泡。根据发泡时的压力，可分为高压发泡及低压发泡。

按成型方式可分为浇注发泡及喷涂发泡。浇注发泡按具体应用领域、制品形状又可分为块状发泡、模塑发泡、保温壳体浇注等。

按是否连续化生产可分为间歇法和连续法。间歇法适合于小批量生产。连续法适合于大规模生产，采用流水线生产方法，效率高。

在不具备发泡机、模具数量少和泡沫制品的需要量不大时可采用手工浇注的方法成型。手工发泡劳动生产率低，原料利用率低，有不少原料黏附在容器壁上，成品率也较低。

开发新配方以及生产之前对原料体系进行例行检测和配方调试，一般需先在实验室进行小试，即进行手工发泡试验。

在生产中，手工发泡只适用于小规模现场临时施工、生产少量不定形产品或制作一些泡沫塑料样品。手工发泡大致分几步：①确定配方，计算制品的体积，根据密度计算用料量，根据制品总用料量一般要求过量5%～15%；②清理模具、涂脱模剂、模具预热；③称料，搅拌混合，倒模，熟化，脱模。

手工浇注的混合步骤为：将各种原料精确称量后，将多元醇及助剂预混合，多元醇预混物及多异氰酸酯分别置于不同的容器中，然后将这些原料混合均匀，立即注入模具或需要充填泡沫塑料的空间中去，起化学反应并发泡后即得到泡沫塑料。

在我国，一些小中型工厂中手工发泡仍占有重要的地位。手工浇注也是机械浇注的基础。但在批量大、模具多的情况下手工浇注是不合适的。

批量生产、规模化施工，一般采用发泡机机械化操作，效率高。其中，现场喷涂发泡是硬泡比较常用的成型工艺之一。

4.4.2.2 浇注成型工艺

浇注发泡是聚氨酯硬泡常用的成型方法，也就是将各种原料混合均匀后，注入模具或制件的空腔内发泡成型。

聚氨酯硬泡的浇注成型可采用手工发泡或机械发泡，机械发泡可采用间歇法及连续法发泡方式。

机械浇注发泡的原理和手工发泡的相似，差别在于手工发泡是将各种原料依次称入容器中，搅拌混合；而机械浇注发泡则是由计量泵按配方比例连续将原料输入发泡机的混合室快速混合。

硬泡浇注方式用于生产块状硬泡、硬泡模塑制品，在制件的空腔内填充泡沫，以及其他的现场浇注泡沫。

浇注发泡成型的催化剂以胺类催化剂为主，可采用延迟性胺类催化剂延长乳白时间，满足对模具的填充要求，这类催化剂可提高原料体系的流动性，但不影响其固化性。异氰酸酯指数稍大于100，如105。

浇注发泡成型过程中，原料温度与环境温度直接影响泡沫塑料制品的质量。环境温度和发泡温度以20～30℃为宜。对船舶、车辆等大型制品现场浇注成型，难以控制环境温度，则可适当控制原料温度并调节催化剂用量。

对模具的要求是结构合理，拆装方便，重量轻，耐一定压力，并且内表面还要有一定的光洁度。同时还要根据模具的大小和不同的形状，在合适的位置钻多个排气孔。制造模具的材质般是铝合金，有时也用钢模。模具温度的高低直接影响反应热移走的速度。模温低，发泡倍率小，制品密度大，表皮厚；模温高则相反。为制得高质量的泡沫塑料制品，一般将模温控制在40～50℃范围内。料温和模温较低时，化学反应进行缓慢，泡沫固化时间长；温度高，则固化时间短。

在注入模具内发泡时，应在脱模前将模具与制品一起放在较高温度环境下熟化，让化学反应进行完全。若过早脱模，则熟化不充分，泡沫会变形。原料品种与制件形状尺寸不同，所需的熟化时间和温度也不同。一般模塑泡沫在模具中需固化10min后才能脱模。

由于混合时间短，混合效率是需重视的因素。手工浇注发泡，搅拌器应有足够的功率和转速。混合得均匀，泡沫孔细而均匀，质量好；混合不好，泡沫孔粗而不均匀，甚至在局部范围内出现化学组成不符合配方要求的现象，大大影响制品质量。

(1) 块状硬泡及模塑发泡 块状硬质泡沫塑料指尺寸较大的硬泡块坯，一般可用间歇式浇注或用连续发泡机生产。块状硬泡切割后制成一定形状的制品。模塑硬泡一般指在模具中直接浇注成型的硬泡制品。

块状硬泡的生产方法与连续法块状软泡及箱式发泡软泡相似。

原料中可加入一定量的固体粉状或糊状填料。

块状硬泡在模具顶上常装有一定重量的浮动盖板。反应物料量按模具体积和所需泡沫塑料密度计算，另加 3%～5% 比较合适。这种情况下，泡沫上升受到浮动盖板的限制，结构更为均匀，各向异性程度减小。也可用自由发泡生产块状硬泡，即在没有顶盖的箱体内发泡，泡沫密度由配方决定。小体积（体积小于 $0.5m^3$，厚度不大于 10cm）聚氨酯硬泡生产配方及工艺目前已经成熟，国内普遍采用。大体积块状硬泡发泡工艺难度较大，国内生产厂家少。在大体积聚氨酯硬泡生产中，应注意防止泡沫内部产生的热量积聚而引起烧芯。一般需控制原料中的水分，不用水发泡以减少热量的产生，尽量采用物理发泡剂以吸收反应热，降低发泡原料的料温。

　　间歇式箱式发泡和模塑发泡，发泡过程大致是这样的：多元醇、发泡剂、催化剂等原料精确计量后置于一个容器中预混合均匀，加入异氰酸酯后立即充分混合均匀，将具有流动性的反应物料注入模具，经化学反应并发泡成型。

　　箱式块状发泡工艺的优点是投资少，灵活性大。一个模具每小时一般可生产两块硬泡。缺点是原料损耗大，劳动生产率低。

　　模塑发泡是在有一定强度的密闭模具内（如密闭的箱体）发泡，密度由配方用量和设定的模具体积来决定。一般用于生产一些小型硬泡制品，如整皮硬泡、结构硬泡等。模塑发泡的模具要求能承受一定的模内压力。原料的过填充量根据要求的密度及整皮质量而定。

　　大体积块泡一般需用发泡机混合与浇注物料。高、低压发泡机均可。机械发泡，发泡料的乳白时间远比批量搅拌式混合的短。因此，生产大块泡沫塑料，最好选用大输出量发泡机。

　　连续法生产块状硬泡的过程与块状软泡的相似，所用发泡机，其原理和外观也与生产软泡的机器相似。如 Planiblock 平顶发泡装置也适用于生产块状硬泡。

　　(2) 连续法和非连续法生产硬质板材及夹芯板　聚氨酯硬泡板材重量轻、强度高、绝热效果好，是理想的隔热材料，用于建筑物分隔材料、活动房屋、冷库、冷藏车等。聚氨酯硬泡板材大多为覆有面层的夹芯板材（或称复合板材）。面材有薄钢板、铝板、塑料板等。

　　聚氨酯夹芯板加工方法大致分为非连续复合成型法、连续复合成型法、硬泡块料块割法等。

　　① 非连续复合成型法生产夹芯板　非连续法适用于较厚的、尺寸较大、结构较复杂的板材生产。

　　压机注射法生产工艺为：发泡机混合头把反应物料混合均匀后，从模具注料孔把原料注入模具，模具上下预先放好面材，用边框条撑住。固化时在 40℃ 左右用平板压机对模具施加一定的压力。待泡沫发泡固化后，从模具中取出板材。模具中间设有隔板，故一次发泡可得数块板材。该法优点是设备简单，适应多品种复合板材的生产。根据应用需要，选用平面或凹凸形的软硬面材作复合板的面层。模具边框条在泡沫加工完毕后即卸去，可反复使用。该法反应物料过充填量一般为10%～15%。生产中温度控制很重要，关系到硬泡的性能及泡沫与面层的粘接性。面层材料温度以30～40℃为宜，根据物料的反应性能等因素控制。模压时间取决于泡沫芯层的厚度、物料反应性及过充填程度，以防止板材离开压机后变形。泡沫厚为50～75mm，板材尺寸为3m×1.2m，生产周期约15min，其中注料时间约10s。对于较长的板材，如房屋侧墙板、大型冷藏车及冷藏库的侧壁板，可用分区浇注法。若用特制的扁平状注料管伸入模具腔内，控制其移动，则可生产长度达12m的长板材。

垂直发泡法适用于制造大尺寸厚板材，如厚度大于100mm的冷藏库用复合板材。该法将模具竖放，面材预先放在模具侧面。把发泡机出料口与软质料管相连，沿着板材长度方向来回移动注射聚氨酯发泡混合料，每来回一次，增加一定硬泡高度，直到顶部。垂直发泡法一般不过量充填注料，故泡沫膨胀压力比压机注射法低。

② 连续复合成型法生产夹芯板　连续复合成型法生产硬质泡沫塑料板材，生产效率高。产品主要用在建筑业。聚氨酯夹芯板不仅绝热效果好，而且可简化屋顶施工过程。

一种方法是采用水平复合成型法制复合板材。复合成型机上有两个连续提供上、下面材的辊筒。泡沫原料经发泡机计量、充分混合后，连续浇注到匀速移动的底层面材上发泡。当泡沫上升到一定高度时，与下层同速移动的上层面材被压辊压合在未凝固的泡沫上，形成夹芯板。复合后的板材被输送至加热区固化，使面材与泡沫很好地粘接。在泡沫初步固化后，连续板材被切断，并进一步熟化。

水平连续复合设备，计量与混合部分采用高低压发泡机均可。注料方式有混合头带喷出管或分配管往返移动注料，也有混合头固定，连接配料装置或压料辊把反应物均匀送到底层面材上。

有一种异型金属面夹芯板的制造过程与上法相似，但在复合前金属板被加工成特定凹凸形状的面板。还可以在泡沫中加入玻璃纤维等增强材料，只需在水平复合法装置中安装一套添加纤维的装置。玻璃纤维增强可提高硬泡夹芯板的强度及阻燃性。特别可用于建筑用聚异氰脲酸酯阻燃板材的生产。

反面复合法适用于制造一面为硬质面材、另一面为软质面材的复合板材。泡沫原料混合均匀后被浇注到软质面材上，通过传送带和辊把软面材反转成泡沫面向下，这时泡沫恰好反应到一定程度，与另一面材（硬面材）压合。

由于建筑材料对阻燃的要求，用于夹芯板的聚氨酯硬泡一般为阻燃硬泡，聚氨酯-异氰脲酸酯泡沫（即改性PIR泡沫）比较适合。根据自动连续化生产复合板材工艺的需要，从喷料到制品通过加热通道出口只有3～4min的时间，复合板就进入切割工段。因此，在加热通道出口前制品就必须完全固化定型。而冰箱、冰柜用组合料的小试脱模时间通常在6～7min以上。

故要求快的发泡时间。组合料的乳白时间一般为10s左右，拉丝时间（纤维时间）为60～65s，不黏时间为90s左右，上升时间为105s左右。

在高速连续复合成型生产过程中，对温度及泡沫料的反应速率非常敏感，特别是聚异氰脲酸酯泡沫体系。为减弱敏感程度，应采用高黏度规格的聚合MDI。

另外，可把块状硬泡切割成板材（片材），可用胶黏剂把聚氨酯硬泡片材与面材粘贴，制成复合板材。

(3) 冰箱等腔体的浇注　聚氨酯硬泡在保温隔热方面典型的应用之一是作为冰箱、冰柜的保温层。原始的冰箱用玻璃纤维、软木、岩棉等作保温材料，但保温层厚、重量大、保冷效果差。聚氨酯泡沫塑料由于成型方便、保温隔热效果优异而成为许多种家用器具如冰箱、冰柜、热水器等的最佳保温材料。除此之外，聚氨酯硬泡还用于各种管道、贮罐保温层的现场浇注填充。

聚氨酯原料注入各种器具的壳体空腔内，可将所有空间充满硬泡，发泡成型后，与壳体形成整体，耐冲击，绝热效果好。

冰箱、冷柜的箱体外壳一般是薄钢板，内衬是热塑性塑料。壳体与内衬之间填充聚氨酯硬泡。发泡过程，壳体与内衬都必须承受压力。工位上夹具等部件是生产设备重要组成部分，支撑与承受发泡压力，并使壳体与内衬间空隙距离保持恒定。发泡时，箱体温度一般控制在40～45℃，以有助于形成总体密度较均匀的泡沫，且使泡沫具有良好的粘接性。浇注口的位置选择也很重要。

冰箱外壳与塑料内衬之间的腔体形状复杂，大致属扁平形状，在浇注时要注意使物料充满整个空腔，故物料应具有较好的流动性，泡沫必须在凝胶之前（纤维时间以前）充满腔体。但物料黏度也不能太低。冰箱腔灌注聚氨酯发泡料时，一般过填充10%～15%，这样可减少垂直方向与水平方向泡孔形状和强度的差异。而若泡沫密度过低，冷冻后收缩率过大，这就要求冰箱泡沫的密度不能小于某一数值，否则易变形。因此冰箱硬泡存在"最小填充密度"。但若发泡几分钟后物料还没完全固化，则撤去夹具后泡沫塑料可能膨胀，故评价泡沫的脱模时间和相关性能仍非常重要。

反应原料一般采用组合料，典型的机械发泡工艺参数为：乳白时间8～11s，拉丝时间50～80s，不黏时间70～110s，脱模时间4～8min。轻工行业标准 QB/T 2081—1995"冰箱、冰柜用硬质聚氨酯泡沫塑料"提出的聚氨酯硬泡技术指标为：表观芯密度28～35kg/m³，压缩强度≥100kPa，热导率≤0.022W/(m·K)，吸水率（体积分数）≤5%，闭孔率≥90%，尺寸稳定性（线性变化率）：低温（-20℃、24h）≤1%，高温（100℃、24h）≤1.5%。

(4) 管道保温层　城市区域集中供热管道、石油输送管道及需保温的化工管道等是由金属内管、聚氨酯硬泡绝热层和外套管（或保护层）组成的。

外层可用聚烯烃等材料制作。这种管道可在工厂预制，也可在现场加工。

浇注成型是最普遍的方法。此法把聚氨酯硬泡原料浇注到管道的内外管之间的空腔内。聚氨酯保温管道的生产主要有手工浇注、一步法工业化连续生产及两步法工业化生产等。

手工浇注模塑发泡制造保温管道效率低，已不常采用。

在一步法成型工艺中，钢管在传输带上向前运行，硬质聚氨酯泡沫塑料保温层和高密度聚乙烯外保护套同时成型，即在喷枪喷聚氨酯混合料进行发泡成型的同时，挤塑机挤出高密度聚乙烯塑料外保护管套。为了使聚乙烯管套快速成型，在挤塑的同时用冷却水对聚乙烯外保护层进行冷却。这种生产工艺自动化程度高，可以 3m/min 的速度制造保温管道。一步法保温管连续生产工艺一般只能生产管径在 425mm 以下的管道。大管径管道需料多，挤塑过程太慢，还容易造成钢管与保温层偏心。一步法生产效率高，但生产设备一次性投资大。

一步法要求发泡工艺参数与外保护层高密度聚乙烯的挤出工艺参数相匹配。根据管道保温生产工艺的不同，对聚氨酯组合料的发泡工艺参数要求也不一样。

对大管径管道保温一般采用两步法生产工艺，即先做好外保护套，套在钢管外，再在内外管之间浇注聚氨酯原料，发泡成型。两步法对原料的流动性要求较高，要求泡沫密度分布均匀。聚氨酯组合料两步法发泡成型工艺参数见表 4-21。两步法生产投资小。

■表 4-21　聚氨酯组合料两步法发泡成型工艺参数

管径 ϕ /mm	乳白时间/s	不黏时间/s
75~159	20~25	85~100
159~425	30~38	120~150
425~900	40~45	150~180

城市集中供热管道采用直埋方式，要求具有一定的承压能力。石油行业标准 SY/T 0415—1996《埋地钢质管道硬质聚氨酯泡沫塑料防腐保温层技术标准》对聚氨酯硬泡规定以下五项主要指标：

表观密度/（kg/m^3）	40~60
压缩强度/MPa	≥0.20
吸水率（23℃水中 96h）/（g/cm^3）	≤0.03
热导率/[W/(m·K)]	≤0.03
耐温性（130℃烘箱中 96h）	尺寸变化≤3%、重量变化≤2%

城市集中供热管道用硬质聚氨酯泡沫塑料，一般要求长期耐 100℃、短期耐 130℃，有的管道用聚氨酯硬泡能耐 130℃以上的高温。目前主要用改性聚异氰脲酸酯泡沫。由于管道埋在地下，应有一定的耐压要求，不能经常维修，要求使用寿命长，一般用密度 60~80kg/m^3 的硬泡。中国城镇行业标准 CJ/T 114—2000《高密度聚乙烯外护管聚氨酯泡沫塑料预制直埋保温

管》对用于输送介质温度不高于120℃（偶然峰值温度140℃）保温管、保温层的聚氨酯泡沫塑料的要求为：

表观密度/（kg/m³） ≥60
压缩强度（10%）/MPa ≥0.30
吸水率（沸水浸泡90min）/% ≤10
热导率（50℃）/[W/（m·K）] ≤0.033
闭孔率/% ≥88

　　管道保温还有其他浇注方法，如模塑半圆形预制件、连续浇注物料到引入管内的纸条上使聚氨酯料液在管道内发泡、由块泡切割成圆形或半圆形保温层以及喷涂等方法，这里不一一列举。

4.4.2.3 喷涂聚氨酯硬泡

　　喷涂发泡成型即是将双组分聚氨酯硬泡组合料直接喷射到物件表面而发泡成型。喷涂是聚氨酯硬泡的一种重要的施工方法。可用于冷库、粮库、住宅及厂房屋顶、墙体、贮罐等领域的保温层施工，应用已逐渐普及。

　　喷涂发泡成型的优点是：不需要模具；无论是水平面、垂直面、顶面、形状简单或复杂的表面都可通过喷涂方法形成泡沫塑料保温层；劳动生产率高；喷涂发泡所得的硬质聚氨酯泡沫塑料无接缝，绝热效果好，兼具一定的防水功能。

　　（1）低压及高压喷涂　一般按喷涂设备压力分为低压喷涂和高压喷涂，高压喷涂发泡按提供压力的介质种类又分为气压型和液压型高压喷涂工艺。

　　低压喷涂发泡是靠柱塞泵将聚氨酯泡沫组合料——"白料"（即组合聚醚）、"黑料"（即聚合MDI）从原料桶内抽出并输送到喷枪枪嘴，然后靠压缩空气将黑、白两种原料从喷枪嘴中吹出的同时使之混合发泡。低压喷涂发泡施工一般是先开空压机，调节空气压力和流量到所需值，然后开动计量泵开始喷涂施工，枪口与被喷涂面距离300～500mm。流量1～2kg/min、喷枪移动速度0.5～0.8s/m为宜。喷涂结束时先停泵，再停空压机，拆喷枪用溶剂清洗。低压喷涂发泡的缺点是：原材料损耗大，污染环境；黑白两种原料容易互串而造成枪嘴、管道堵塞，每次停机都要手工清洗枪嘴；另外压缩空气压力不稳定，混合效果时好时坏，影响发泡质量，喷涂表面不光滑。但低压喷涂发泡设备价格较高压机低。

　　高压喷涂发泡，物料在空间很小的混合室内高速撞击并剧烈旋转剪切，混合非常充分。高速运动的物料在喷枪口形成细雾状液滴，均匀地喷射到物件表面。高压型喷涂发泡设备与低压型喷涂发泡设备相比，具有压力波动小、喷涂雾化效果好、属无气喷涂、原料浪费少、污染小、喷枪自清洁等一系列优点。为防止两个发泡料组分在流经长管道时冷却降温，长管外面包有保温层，内有温度补偿加热器，以保证"黑料"、"白料"达到设定的温度。

　　选择合适的喷涂发泡设备是控制硬质聚氨酯喷涂泡沫平整度及泡沫质量的关键因素之一。高压喷涂发泡效果明显优于低压喷涂发泡。

(2) 喷涂发泡工艺对原料的要求　用于喷涂的聚氨酯原料,要求快速固化,一般采用高活性催化剂,如三亚乙基二胺、辛酸亚锡、二丁基锡二月桂酸酯等。具有自催化作用的叔胺类聚醚多元醇常用于喷涂发泡配方。由于喷涂发泡时,原料被喷射成微细的液滴,为减少对环境的污染,除了物理发泡剂外,应严格控制原料中其他低沸点物质。

喷涂组合料的黏度比较低,这有利于在极短的时间内混合均匀。

组合料的固化速率应调节在适当的范围,如乳白时间3~5s,不黏时间10~20s。

(3) 喷涂发泡施工注意事项　环境温度和待喷涂表面的温度应在10℃以上。温度过低,泡沫塑料与物体表面的粘接性差,易脱离,而且泡沫密度明显偏高;温度太高,则发泡剂损耗大。环境温度最好在15~35℃之间。

一次喷涂的厚度要适宜,单层喷涂的厚度约15mm为宜。厚度太薄,泡沫密度增大,太厚则不易控制喷涂表面的平整度。

待喷涂物体表面不能有油、灰尘等。若表面有露水或霜,应予以除去,否则将影响泡沫与物体表面的粘接性,影响泡沫性能。

在室外喷涂时,当风速超过5m/s时,物料和热量损失大,不易得到满意的泡沫层,并且污染环境。必要时可使用防风帷幕。

聚氨酯保温层喷涂施工结束后必须严格保护,以免破坏隔热效果或造成其他问题。隔气层及聚氨酯硬泡表面均需采取保护性措施。地坪喷涂完毕后必须做好防水层及其上面的水泥砂浆保护层。墙面泡沫喷涂完毕后也必须采取其面层保护措施,以防碰坏。

(4) 喷涂硬泡性能指标　国家标准GB/T 20219—2006《喷涂硬质聚氨酯泡沫塑料》把普通硬泡产品根据使用状况分为非承载面层(Ⅰ类)和承载面层(Ⅱ类,主要暴露于大气)两类。表4-22为该标准的喷涂硬泡性能指标。

■表4-22　GB/T 20219—2006对喷涂硬泡性能指标

项　　目			Ⅰ类	Ⅱ类
压缩强度或形变10%的压缩应力/kPa		≥	100	200①
初始热导率 /[W/(m·K)]	平均温度10℃	≤	0.020	0.020
	平均温度23℃	≤	0.022	0.022
老化热导率 /[W/(m·K)]	10℃制造后3~6月	≤	0.024	0.024
	23℃制造后3~6月	≤	0.026	0.026
水蒸气透过率 /[mg/(Pa·m·s)]	23℃,相对湿度为0~50%		1.5~4.5	1.5~4.5
	38℃,相对湿度为0~88.5%		—	2.0~6.0
尺寸稳定性/%	(-25±3)℃,48h		-1.5~0	-1.5~0
	(70±2)℃,相对湿度为(90±5)%,48h		±4	±4
	(100±2)℃,48h		±3	±3
闭孔率/%			85	90
粘接强度试验			泡沫体内部破坏	
80℃和20kPa压力下48h后压蠕变/%		≤	—	5

① 必要时供需双方可根据涂层性能商定较高的压缩强度要求值。

4.4.3 聚异氰脲酸酯泡沫塑料

聚异氰脲酸酯（polyisocyanurate）简称 PIR，是由异氰酸酯三聚而形成的、含许多异氰脲酸酯六元杂环的聚合物。异氰脲酸酯（环）基是一种热稳定的多元杂环，具有较高的耐热性。分子结构中含异氰脲酸酯环的聚氨酯泡沫塑料称为聚异氰脲酸酯泡沫塑料。

根据 ISO 标准定义，PIR 泡沫塑料是指发泡配方中异氰酸酯指数高于 400 的泡沫塑料。由于在泡沫塑料中使用的异氰酸酯原料多为 PAPI 等芳香族多异氰酸酯，由芳香族异氰酸酯形成的 PIR 含大量刚性的苯环和异氰脲酸酯环，交联密度高，因此单纯由多异氰酸酯制得的 PIR 泡沫塑料是脆性的，没有使用价值。通常使用的 PIR 泡沫塑料实际上是由多元醇和多异氰酸酯为主要原料制得的复杂的聚合物，即聚氨酯改性聚异氰脲酸酯。其分子结构中含醚（或酯）基、氨基甲酸酯基（或及脲基）及异氰脲酸酯基。改性 PIR 泡沫塑料（下文仍称 PIR 泡沫）配方的异氰酸酯指数一般在 300 以下，多在 200～300 之间。

习惯上把 PIR 泡沫塑料归于聚氨酯泡沫塑料一类。

与普通硬质聚氨酯泡沫塑料相比，PIR 泡沫塑料具有以下特点。

(1) 较高的热稳定性：一般异氰脲酸酯环的热稳定性在 200℃ 以上，苯异氰脲酸酯环的热分解温度为 350℃ 以上。异氰脲酸酯环的热稳定性是由于杂环上没有不稳定的氢原子以及—CONR—结构本身的热稳定性所致。

(2) 因为异氰脲酸酯环结构中富含具有阻燃性的氮元素，材料具有较好的阻燃性，耐火焰贯穿能力高、发烟量低。

由于 PIR 泡沫塑料的这两个主要优点，被广泛用于阻燃保温材料，特别是建筑用板材及喷涂施工材料等。

获得含异氰脲酸酯环的泡沫塑料有两种方法：一种是在泡沫发泡过程中，多异氰酸酯的 NCO 基团与羟基（或水）反应的同时或稍后发生三聚反应，形成聚氨酯-异氰脲酸酯泡沫塑料；另一种方法是采用含异氰脲酸酯环的多元醇（可由异氰脲酸与氧化烯烃合成）制备。在聚氨酯硬泡中以第一种方法为主，操作简便，成本低。

PIR 泡沫所用的多元醇、异氰酸酯等原料与 PU 硬泡相同，所不同的是发泡配方中必须含三聚催化剂。三聚催化剂品种很多，催化剂可同时催化异氰脲酸酯反应和聚氨酯（脲）反应。选择三聚催化剂时应选择反应活性高、用量低、与原料混容好、成本低的。三聚催化剂的主要类型有：叔胺、季铵盐、三烷基膦、碱金属羧酸盐、甲醇钠等。最常用的三聚催化剂是 N,N', N''-三(二甲氨基丙基)-六氢化三嗪、2,4,6-三(二甲氨基甲基)苯酚（Dabco TMR 30 或 DMP-30）、乙酸钾（多元醇溶液）、异辛酸钾（乙二醇溶液）等。国外公司推出了多种叔胺及季铵盐类三聚催化剂。判断催化剂对三聚催化活性的强弱,可在室温下把定量的催化剂加到异氰酸酯中,测量反应放热引起的温升。

在采用烃类发泡剂生产聚氨酯硬泡后,为了满足建筑业硬泡对阻燃性的要求、减少阻燃剂的用量,欧洲的硬泡生产开始转向 PIR 泡沫。

用于 PIR 硬泡的多元醇有普通聚醚多元醇和芳香族聚酯多元醇两类。

对聚异氰脲酸酯进行改性,除了采用加入多元醇的方法进行氨酯改性外,还有用环氧树脂改性(异氰酸酯与环氧树脂反应生成噁酮唑烷)、多元醇-环氧树脂改性、碳化二亚胺改性等方法,这些都是制造耐高温聚氨酯泡沫的方法。据有关实验结果,在 400℃同样条件下时,几种类型聚合物的热失重分别为:聚异氰脲酸酯 15%,聚氨酯 50%,聚氨酯改性聚异氰脲酸酯 39%,碳化二亚胺改性聚异氰脲酸酯 5.5%。

普通聚氨酯硬泡的浇注、喷涂、夹芯板材生产工艺等都可用于生产 PIR 泡沫。一步法、预聚体法都可以,以一步法为主。与普通硬泡相比,PIR 泡沫配方中多元醇用量较少。

下面为一种聚酯型 PIR 泡沫的配方和性能。

配方/质量份		热导率/[W/(m·K)]		0.015
聚酯多元醇	70	热导率(30 天后)/[W/(m·K)]		0.021
发泡剂	55.5	闭孔率/%		89
匀泡剂	2.5	压缩强度/kPa		248
三聚催化剂	适量	脆性(质量损失)/%		7.0
异氰酸酯	242	体积变化/%	110℃	125℃
异氰酸酯指数	3.0	1 天	0.2	0.9
泡沫性能		7 天	1.3	2.4
密度/(kg/m³)	33.7	21 天	1.9	3.0
氧指数	24.5	28 天	1.8	3.0

注:聚酯羟值 440mg KOH/g,酸值 1.4mg KOH/g,25℃黏度 1250mPa·s。

一种聚氨基甲酸酯-脲-异氰脲酸酯泡沫的配方为:

芳香族聚酯多元醇(Terate 203)/质量份	80
叔胺醚多元醇(Quadrol)/质量份	20
有机硅匀泡剂(DC-193)/质量份	5.1
水/质量份	1.5~3.5
三聚催化剂(Dabco TMR-2)/质量份	8.5
二月桂酸二丁基锡(Dabco T-12)/质量份	0.25
PAPI/质量份	363~442
异氰酸酯指数	300

该泡沫在 121℃老化 72h 后,平行于上升方向的压缩强度为老化前的 93.4%~98.5%,垂直方向的为 99.1%~106.7%。模塑温度对泡沫性能会产生影响,在 60℃模塑最佳。

PIR 泡沫(包括各种改性 PIR 泡沫)是一类具有较好阻燃性及耐热性

能的泡沫塑料，在国内外已广泛用于建筑用夹芯板材、保温硬泡、耐高温集中供热管道保温泡沫等的制造，还用于喷涂施工的保温泡沫塑料。

4.4.4 整皮硬泡和增强硬泡

整皮硬质泡沫塑料的制造原理与后面讲的整皮半硬泡差不多，与普通硬泡不同的是它密度比较高，所以一般用作结构材料，如仿木材、支撑架、汽车箱盖板等。整皮硬泡由于在模具中压力大、靠模具的部分发泡剂冷却形成致密表皮，或者通过特殊催化剂在近模具的区域形成密实表皮。整皮泡沫塑料的芯密度比表皮低。整皮泡沫塑料是非均匀密度的泡沫塑料（芯密度低、表皮密度高），普通的泡沫体密度基本均匀。

在反应注射成型一章中会介绍的高密度增强硬泡，是通过玻璃纤维或其他填料增强制得的增强硬泡。与未增强的整皮硬泡相比，增强硬泡具有较高的弯曲强度，也是一种应用广泛的聚氨酯结构材料。

4.4.5 开孔硬泡

绝大部分硬质聚氨酯泡沫塑料是闭孔泡沫，主要原因是闭孔硬泡在发泡成型、冷却后，泡壁坚硬不会变形；闭孔中含低热导率气体，绝热性能优异，这是聚氨酯硬泡优于其他保温材料的特点之一。但硬泡也能以开孔方式制备。开孔硬泡可用于对绝热要求不高的场合如普通填充缝隙泡沫。偏韧性的硬泡（半硬泡）也是以开孔结构尺寸对稳定有利。还有一种真空绝热板采用开孔聚氨酯芯材，外包复合薄膜，抽真空后具有良好的隔热效果。

有文献介绍填充用开孔聚氨酯硬泡组合料的研制，用某种聚醚多元醇、开孔性泡沫稳定剂、30%～40%HCFC-141b 和 3%～4%的水组合发泡剂以及其他助剂配制组合聚醚，制得开孔率100%的、密度约15kg/m³ 的开孔硬泡，压缩强度≥100kPa。

有一种开孔硬泡体系用于海底管道补口，是双组分聚氨酯原料经机械混合或人工搅拌发泡，可以完全充满补口空间，可在 4～5min 内完成一个补口作业，可有效地缩短海底管道铺设施工时间，替代沥青玛蹄脂补口施工技术，成本相当，效果好，不收缩，与混凝土结构粘接强度高，整体性好，不会产生脱落现象。得到的开孔硬泡密度在 130～220kg/cm³、开孔率＞70%，压缩强度＞1.8MPa。

用于真空绝热板的开孔聚氨酯芯材，当密度为 45～60kg/m³、泡孔孔径在 140～220μm、开孔率在 95%以上、板内真空度在 10 Pa 以下时，具有良好的绝热效果。一个开孔硬泡的组合聚醚配方为：复配聚醚多元醇 100 份，泡沫稳定剂 0.5～1.0 份，开孔剂 0.5～1.0 份，复合催化剂 3～6 份，物理发泡剂 7～10 份与水复合发泡剂 0.5～2 份。

制备开孔硬泡时，特殊的具开孔性能的泡沫稳定剂，或者外加开孔剂，是组合聚醚的重要成分，一般通过实验选择合适的配方成分和用量。

4.5 聚氨酯半硬泡

半硬质泡沫塑料（简称半硬泡）是硬度介于软泡与硬泡之间的一种开孔性泡沫塑料。聚氨酯半硬泡是聚氨酯泡沫塑料的一大品种。这种泡沫塑料制品的特点是具有较高的压缩负荷值。

半硬泡与高承载聚氨酯软泡及低密度韧性聚氨酯硬泡之间没有严格的区别。从泡沫分子结构看，它的交联密度远高于软质泡沫塑料而仅次于硬质泡沫塑料制品，交联点之间的平均分子量 M_c 一般在 650～2500 之间，最好在 1200～2000 之间。从配方看，半硬泡与软泡在原料体系上的主要差别是，半硬泡配方在软泡的基础上使用较多的交联剂或硬泡聚醚（低分子量高官能度多元醇），从而使泡沫塑料具有较高的压缩硬度和较低的弹性。半硬泡受压变形后，其形状复原速度比软泡慢得多，压缩永久变形较高。半硬泡的这种高滞后损失特性使其不适用于制造柔软的坐垫材料，而特别适合用作各种吸能减震材料。目前半硬泡的主要市场是汽车等交通工具缓冲抗震材料、包装材料及仪表板填充材料等。由于反应性注射模塑（RIM）技术的发展，可以快速模塑制造大型制件。

4.5.1 聚氨酯半硬泡的原料体系

(1) 聚醚多元醇 聚氨酯半硬泡所需的聚醚多元醇，一般是软泡用长链聚醚多元醇与硬泡用短链聚醚多元醇的结合。其中长链聚醚可采用普通软泡用的软泡聚醚，如分子量在 3000 的聚醚三醇、分子量在 5000～6500 的高活性聚醚多元醇，还可使用较低分子量（如 $M=1000～2000$）的聚醚二醇及三醇。短链高官能度聚醚多元醇可采用一般的硬泡聚醚多元醇，但多以胺系聚醚多元醇为主，这些多元醇也可称为交联剂。

在模塑半硬泡配方中，还可采用接枝聚醚多元醇（聚合物多元醇），以提高泡沫的硬度。

(2) 多异氰酸酯 TDI、粗 MDI 都可用于制造聚氨酯半硬泡。目前在一步法模塑半硬泡工艺中，多异氰酸酯主要是粗 MDI 与改性 MDI 的混合物。

(3) 交联剂 半硬泡配方中，可采用丙三醇、三羟甲基丙烷等多元醇，二乙醇胺、三乙醇胺等醇胺交联剂，也可使用适量二醇扩链剂。而高羟值的胺醚多元醇也是一类常用的交联剂。

交联剂与扩链剂的类型和用量，决定着制品的硬度及模量，对物料流动

■表4-23 交联剂用量对聚氨酯半硬泡性能的影响

性　　能	交联剂 PAEO 用量/质量份					
	0	6	8	10	12	14
脱模时间/min	11	8	8	7	6	6
密度/（kg/m³）	108	110	125	120	115	110
压缩强度（40%）/kPa	31	37	46	47	49	58
拉伸强度/kPa	206	222	241	238	255	242
伸长率/%	47	52	50	55	55	50

性也有显著影响。表4-23为交联剂聚氧乙烯苯胺醚多元醇（PAEO为苯胺与环氧乙烷加成物，羟值310mg KOH/g左右）用量对聚氨酯半硬泡性能的影响。

(4) 催化剂 催化剂的类型和用量是影响泡沫塑料性能的主要因素，例如物料流动性、发泡性能、泡沫熟化速率、泡沫开孔率和泡沫塑料外观质量，还可能影响半硬泡与表层材料的粘接性。半硬泡的催化剂以叔胺催化剂为主，常用品种有三亚乙基二胺、三乙胺、N,N-二甲基环己胺（DMCHA）和 N,N-二甲基乙醇胺（DMEA）等。有机锡催化剂很少用，它会引起泡沫闭孔而使泡沫收缩。

在某些半硬泡配方中，特别是采用通用软泡聚醚多元醇的配方，常用采用开孔剂，因为若闭孔率太高，会导致泡沫收缩。对于以高活性聚醚为基础的配方，可不用开孔剂。

与高回弹泡沫塑料、硬质泡沫塑料一样，模塑半硬泡一般配制成组合料使用或出售。

4.5.2 普通半硬泡

聚氨酯半硬泡可以预聚体工艺或一步法工艺进行反应，采用块状发泡与模塑发泡工艺生产。聚氨酯半硬泡制品的制造目前以一步法模塑工艺为主，其中有不少是在塑料皮壳层内进行直接模塑发泡的。

一步法模塑半硬泡配方目前多采用高活性聚醚多元醇为原料，异氰酸酯多用粗 MDI（PAPI）或其与改性 MDI 的混合物。发泡时组合聚醚与多异氰酸酯组分混合均匀，浇注到模具中，基本固化后脱模。

在汽车部件如仪表板、方向盘等部件的制造中，往往采用 PVC 或 ABS 等塑料作为制品表层（护面层），采用真空成型工艺等将面层塑料预成型成所需形状，放置在模具中（外形与模具腔吻合），再浇注聚氨酯料液。一步法模塑半硬泡制造一般采用高压发泡机，对模具的密封要求比普通模塑软泡的高。

模塑制品的密度很大程度取决于模具的结构和充填系数。半硬泡制品在浇注时一般需过量填充，以提高制品密度和承载性能。

料温一般控制在25℃左右，模温通常控制在35～40℃。由于泡沫形成反应是剧烈的放热反应,而且模塑半硬泡都采用过量填充,因此在大多数情况下,反应热足已使泡沫固化,不需要对模具另外供热。

脱模时间取决于配方体系,模具大小和结构,以及后熟化温度。室温固化脱模时间一般在 20min 以内,生产线上制品的脱模时间一般在 10min 以内。一种模塑半硬泡的配方及性能如下。

配方			
		上升时间/s	210
高活性聚醚三醇(羟值 35~40mgKOH/g)/质量份	95	熟化温度/℃	70
		熟化时间/min	15
三乙醇胺/质量份	5	制品性能	
水/质量份	1.5	密度/(kg/m^3)	158
二乙基乙醇胺/质量份	0.5	拉伸强度/kPa	118
PAPI 指数	105	伸长率/%	33
工艺参数		撕裂强度/(N/m)	735
乳化时间/s	15	落球回弹/%	42

以高活性聚醚三醇、三乙醇胺、粗 MDI 等为原料制得的模塑半硬泡的性能为:密度 0.10~0.15kg/m^3,25% 压缩强度 80~120kPa,压缩滞后值 50%~80%,压缩变形 15%~20%,拉伸强度 100~150kPa,伸长率 10%~50%。

聚氨酯半硬泡部件具有优良的减震性能。在受到冲击时,它能以空气阻尼(变形时泡孔截流空气的逸出和再进入)和机械阻尼(泡孔结构发生变形)两种方式吸收及消散能量。当受外力作用时,半硬泡的初期形变速度远远滞后于外力增加速度;而当外力增至某一值后则发生蠕变现象,形变迅速增大,冲击能被泡沫体迅速吸收而转化为热能,从而起到减震作用。

聚氨酯半硬泡在汽车制造领域可用于保险杠、仪表板、方向盘、扶手等制品。聚氨酯占仪表板泡沫市场的 90%,PVC 占 4%,PP 和 PE 占 6%。1997 年全球生产了 5500 万辆汽车,其仪表板消耗的塑料材料为 50 万吨。

4.5.3 整皮半硬泡

整皮模塑泡沫塑料(ISF)又称自结皮泡沫塑料,是在制造时自身产生致密表皮的泡沫塑料。整皮聚氨酯半硬泡不同于普通半硬泡。普通的聚氨酯半硬泡制品是以 PVC 或 ABS 等塑料作表皮,聚氨酯半硬泡填充其中。整皮泡沫塑料则是依靠发泡原料在发泡成型时,一次性形成表皮与泡沫芯材。整皮泡沫中存在明显的密度梯度,其外皮厚度在 0.3~2.3mm,密度为 1000~1200kg/m^3,而芯密度一般为数十至数百千克每立方米。这样的制品具有类似聚氨酯弹性体的弹性和耐磨性,但重量轻,密度只有弹性体的几分之一。其机械强度高于同等密度的普通泡沫塑料。可达到节省用量、降低制品成本的目的。

整皮聚氨酯半硬泡制品多应用于汽车方向盘、扶手、门把、阻流板以及保险杠等。

传统整皮泡沫的生产原理是：泡沫料在泡沫成型过程中，由于反应热使发泡料所含的惰性低沸点物理发泡剂气化而产生泡孔，但在过量填充条件下，模具内较高的内压以及模具较低的温度而使靠近模具的物料中的发泡剂冷凝，因此，固化后在整皮表面产生高密度的、致密的表皮。通过调节模塑温度、类型、发泡剂的量及填充量的平衡可制得具有不同厚度表皮的制品。模温降低，则表皮厚度增加。

发泡剂是生产整皮聚氨酯半硬泡的关键原料之一。在CFC替代技术中，采用HCFC-141b、戊烷、水、液态二氧化碳等都可以制得整皮聚氨酯半硬泡。例如戊烷能产生2.5mm厚的表皮，还可得到密度最低为64kg/m³的整皮泡沫。而Dow、Bayer等公司开发了生产聚氨酯半硬泡的新型液态CO_2发泡体系，克服了通常的水发泡体系表皮不完整的缺点，能获得较好的泡沫密度梯度。这种泡沫的耐磨性和手感几乎与CFC-11发泡的整皮半硬泡相近。该体系还具有良好的加工性和较快的脱模性，密度80～400kg/m³的方向盘用泡沫脱模时间仅为70s。采用水发泡的整皮泡沫和传统整皮泡沫的生产原理不一样，主要是采用特殊的催化剂体系，制得表皮致密的泡沫塑料。

整皮半硬泡在汽车工业及家具工业具有广泛的应用，例如扶手、头枕、变速排挡、方向盘、缓冲带及膝保护垫。整皮半硬泡用于制造方向盘可免去PVC等塑料外皮的使用。它们还用于家具、工具和家用电器的手柄、儿童座椅的安全垫。例如，自行车鞍座一般是采用高回弹泡沫与人造革等组合而制成，也可采用较高密度的整皮半硬泡，密度为200～600kg/m³，邵尔A硬度为55～85；车辆和家具的扶手及头枕用整皮泡沫密度为200～600kg/m³，邵尔A硬度为32～70。典型物性见表4-24。

用于汽车保险杠、阻流板等的半硬泡，一般采用RIM工艺制造。

■表4-24 低硬度整皮半硬泡制品泡沫性能

性能	整体密度/(kg/m³)		
	200	300	500
邵尔A硬度	32	50	67
表皮物性			
密度/(kg/m³)	690	840	970
撕裂强度/(kN/m)	3.5	5.4	7.6
伸长率/%	150	160	175
撕裂蔓延强度/(kN/m)	6.0	8.0	10.5
泡沫芯物性			
密度/(kg/m³)	156	240	430
拉伸强度/kPa	35	58	145
撕裂蔓延强度/(kN/m)	1.15	1.85	3.20
伸长率/%	165	145	155

4.5.4 超低密度聚氨酯泡沫

超低密度聚氨酯泡沫塑料一般指密度低于 $10kg/m^3$ 的泡沫塑料，是 20 世纪 70 年代开始被开发应用的。它通常是在使用现场发泡成型，具有成型方便、缓冲性能优异等优点，主要用作易碎品及精密仪器元件的包装材料。

超低密度聚氨酯泡沫塑料实际上是一种密度很低的半硬质泡沫塑料。它是具有一定开孔率的开孔泡沫塑料，有一定限度的弹性回复。

超低密度聚氨酯泡沫塑料的典型原料是高活性聚醚多元醇，也可用部分接枝聚醚。异氰酸酯一般采用粗 MDI（PAPI）。为了制得低密度泡沫，一般使用物理发泡剂和化学发泡剂水相结合的路线。异氰酸酯指数一般控制在 0.85 以内，甚至可为 0.50 左右，可使水大大过量。例如，一种包装用超低密度聚氨酯泡沫塑料的配方中，PAPI 用量 120～200 份，高活性聚醚 65～40 份，水用量达 15～40 份，发泡剂 15～25 份，催化剂 2～5 份，泡沫稳定剂 1 份，发泡参数为：乳化时间 1～3s，上升时间 15～20s，不黏时间 17～22s，发泡倍率 100 倍，泡沫压缩强度 10kPa，压缩 50% 复原率 96%。

一种超低密度聚氨酯泡沫塑料的组合聚醚配方为：高活性聚醚三醇 40～60 份，低分子量聚醚三醇（$M=375$）60～40 份，匀泡剂 1.0～1.5 份，叔胺催化剂 A-33 及 A-1 各 0.5～1 份，发泡剂 50～60 份，水 10～12 份。组合聚醚与 PAPI 质量比约为 1∶1。发泡工艺参数为：搅拌时间 6～7s，乳白时间 16～18s，拉丝时间 45～50s，不黏时间 60～65s。泡沫密度 $9.8kg/m^3$，压缩强度 9.8kPa。

常用的包装材料聚苯乙烯泡沫塑料（EPS）一般不能现场发泡，需预制成型，发泡设备费用较高，且 EPS 产生的碎屑因静电易吸附在仪器上。而聚氨酯包装泡沫可现场机械发泡或手工发泡，方便快捷，泡沫把套由保护薄膜的易碎物品紧密地包裹住，缓冲性能好，安全可靠，尤其是对不规则形状制品的保护有独特的优点，并且聚氨酯包装泡沫密度比 EPS 泡沫低，成本低，因而在国内很有发展前途。

4.5.5 微孔聚氨酯

弹性微孔聚氨酯是一种介于聚氨酯弹性体和泡沫塑料之间的材料；与普通泡沫塑料相比，它具有较高的密度，较高的弹性和强度，可称为微孔聚氨酯弹性体；但它又是一种中高密度的半硬质泡沫塑料，可称为微孔聚氨酯泡沫塑料。微孔泡沫可制成整皮制品。

微孔弹性体所用的异氰酸酯一般是液化改性 MDI，MDI 可使整皮具有较高的耐挠屈性；多元醇有聚醚多和聚酯两类。微孔聚氨酯泡沫一般应用于制鞋工业及汽车工业。

聚酯型微孔聚氨酯一般用于鞋底制造，质轻，耐磨性又好，受到制鞋厂商的青睐。一般采用预聚体法工艺生产，聚酯多元醇与MDI（或改性MDI）制成的半预聚体为一组分，NCO含量一般在18%左右；多元醇组分由聚酯多元醇、二醇扩链剂、有机硅匀泡剂、催化剂、水及防老剂等组成。一般采用半自动化生产线进行生产。聚醚型微孔聚氨酯也用于鞋底制造，一般采用一步法工艺。聚醚型聚氨酯具有耐水解稳定性优良的特点。微孔聚氨酯鞋底制品密度在 $0.6g/cm^3$ 以下，比传统的密度为 $1.2\sim1.4g/cm^3$ 的橡胶底和PVC鞋材要轻得多。它主要用于旅游鞋、皮鞋、运动鞋、凉鞋等的鞋底及鞋垫。为了降低成本、提高市场竞争力，国内有些厂家正在开发密度低至 $0.3\sim0.4\ g/cm^3$ 的微孔PU鞋底材料。

在汽车工业中，微孔聚氨酯用于减震制品。例如，用于某款奥托微型车前悬支柱总成中起缓冲减震作用的聚氨酯防压垫是一种自结皮微孔聚氨酯制品，邵尔A硬度65。保险杠等微孔聚氨酯一般采用聚醚型聚氨酯体系，用RIM工艺制备。

一种用于鞋底的低密度微孔聚氨酯的配方为：聚酯多元醇100份，乙二醇17份，水1份，匀泡剂（DC-193）0.5份，催化剂（Dabco EG）1.0份，催化剂（Dabco 1027）0.6份，异氰酸酯指数100。反应参数为：乳白时间10s，上升时间18s，不黏时间54s，拉丝时间118s，脱模时间195s。表4-25为几种微孔弹性体的性能。

■表4-25　几种微孔弹性体的性能

性能	聚酯型	聚醚型	聚醚型
密度/（g/cm³）	0.6	0.6	0.58
邵尔A硬度	75	70	50
拉伸强度/MPa	8.0～9.0	5.5～6.5	3.5
伸长率/%	450～500	450～480	400
磨耗/mg	30～80	150～180	450

4.6 聚氨酯泡沫塑料的阻燃

聚氨酯泡沫塑料由于含可燃的碳氢链段、密度小、比表面积大，未经阻燃处理的聚氨酯是可燃物，遇火会燃烧，一旦着火，燃烧过程将非常快速，燃烧和分解产生大量有毒烟雾，给灭火带来困难。特别是聚氨酯软泡开孔率较高，可燃成分多，燃烧时由于较高的空气流通性而源源不断地供给氧气，易燃且不易自熄。聚氨酯泡沫塑料的许多应用领域如建筑材料、床垫、家具、保温材料、汽车座垫及内饰材料等，都有阻燃要求。国外对聚氨酯泡沫材料的阻燃相当重视，颁布了许多有关阻燃的法规和阻燃标准。我国对用于飞机、轮船、铁路车辆、汽车、其他重要行业部件、设备及某些场所的聚氨酯泡沫，先后都提出了阻燃要求，且很多已采用了阻燃级聚氨酯泡沫。

所谓阻燃，实际上指达到某种规范或某种试验方法的一个具体标准，聚氨酯硬泡的"阻燃"或"难燃"一般只是对于小火而言，在大火中仍能燃烧。不过阻燃性能好的泡沫塑料，不易引起火灾，即使发生火灾，由于燃烧性能的降低，可减少快速火灾蔓延及产生刺激性有毒烟雾的危险。

一般通过添加阻燃剂提高泡沫塑料的阻燃性，以延缓燃烧、阻烟甚至使着火部位自熄。也可采用含阻燃元素的多元醇（及反应性阻燃剂）为泡沫原料。

获得阻燃泡沫塑料除了在泡沫中加入阻燃剂外，还几种其他方法，其中最主要的是通过异氰酸酯的三聚反应制造聚异氰脲酸酯硬质泡沫塑料，这类泡沫塑料具有良好的阻燃性和耐热性能。

采用添加阻燃剂和三聚催化剂结合的方法，可制得具有较高阻燃性的泡沫塑料。

对普通泡沫塑料，还可采用浸渍法，使之具有阻燃性。该法一般是采用含胶黏剂的阻燃剂溶液或分散液浸渍处理聚氨酯软泡，经过压轧除去多余的溶液，烘干即可得到阻燃软泡。因为浸渍处理是在泡沫成型之后进行的，浸渍不受发泡工艺限制，阻燃剂的量可以适当增大，有时阻燃效果比添加法明显，制品氧指数高达 29.5~34.3，燃烧发烟量较小。浸渍法阻燃处理 PU 软泡的技术关键在于研究出阻燃液干燥后与 PU 软泡经络既具有足够粘接力但又不使泡沫变硬的阻燃液配方。

4.7 聚氨酯泡沫塑料的应用

聚氨酯泡沫塑料具有优良的力学性能、电学性能、声学性能和耐化学性能，而且其密度、强度、硬度等均可以随着原料配方的不同而改变，再加上其成型施工十分方便，因此在国民经济各部门获得了越来越广泛的应用，如在冷藏运输、建筑绝热、家具制造等方面已被大量使用。

4.7.1 聚氨酯软泡的应用

软质聚氨酯泡沫塑料主要用于家具垫材、床垫、车辆座垫、织物复合制品、包装材料及隔音材料等。

4.7.1.1 垫材

聚氨酯软泡是制作家具软垫及车船座椅的理想材料。目前大部分座椅、沙发的坐垫和靠背等的垫材是聚氨酯软泡。垫材是聚氨酯软泡用量最大的领域。

坐垫用泡沫塑料的密度一般在 $35kg/m^3$ 以上。坐垫一般由聚氨酯软泡和塑料（或金属）骨架支撑材料制成，也可采用双硬度聚氨酯软泡制造全聚氨酯座椅。

　　用聚氨酯块泡制造坐垫时，一般裁成简单的长方体，如火车和大客车上的长座椅、沙发等。外形复杂的坐垫，特别是各种车辆及其他交通工具用软坐垫基本上全部采用模塑泡沫塑料。高回弹泡沫塑料具有较高的承载能力，较好的舒适度，已广泛用于各种车辆的坐垫、靠背、扶手等。

　　聚氨酯软泡透气透湿性好，还适合制作床垫。例如，在我国称为"席梦思"的床垫，大多数由聚氨酯软块泡片材、弹簧及面料等制成。有全聚氨酯软泡床垫，也可用不同硬度和密度的聚氨酯泡沫塑料制成双硬度床垫。

　　慢回弹泡沫塑料（黏弹性聚氨酯泡沫塑料、记忆海绵）具有受力后回复缓慢、手感柔软、与身体贴合紧密、反作用力小、舒适性良好等特点，近年来流行用作床垫、枕芯、靠垫等垫材。其中温感型的慢回弹泡沫塑料床垫、枕头更是被称作高档"太空棉"制品。

4.7.1.2　吸音材料

　　开孔的聚氨酯软泡具有良好的吸声消震性能，可用于具有宽频音响装置的室内隔音材料，也可直接用于遮盖噪声源（如鼓风机和空调器等）。聚氨酯软泡同样用作室内隔音材料。汽车等音响、扬声器采用开孔泡沫作吸音材料，使传出的音质更优美。

　　聚氨酯块泡制成的薄片材可与PVC材料、织物复合，用作汽车车厢内壁衬里，可降低噪声，并起到一定的装饰效果。

4.7.1.3　织物复合材料

　　软泡片材与各种纺织面料采用火焰复合法或胶黏剂黏合法制成的层压复合材料，是软泡的经典应用领域之一。复合薄片质轻，具有良好的隔热性和透气性，特别适合用作服装内衬。例如用作服装垫肩、胸罩海绵垫、各类鞋的衬里以及手提包等的衬里等。

　　复合泡沫塑料还大量用于室内装饰材料和家具的包覆材料，以及车辆座椅的罩布等。织物与聚氨酯软泡制成的复合材料与组合铝合金金属条、高强力粘扣带等制成医用绷臂、绷腿、颈围等支具产品，透气性是石膏绷带的200倍。

4.7.1.4　玩具

　　聚氨酯可用于制造多种玩具。为了幼儿的安全，聚氨酯玩具基本上是软质的。应用于玩具的大多数为软质泡沫塑料，少量是半硬泡。采用整皮聚氨酯软泡原料，以简单的树脂模具即可模塑各种形状的整皮软泡玩具制品，如地球及足球等球形模型玩具、各种动物模型玩具等。采用彩色喷皮工艺，可使玩具具有斑斓的色彩。采用慢回弹原料生产的实心玩具在受压后慢慢回复，增加了玩具的玩赏性，比较流行。除了用模塑工艺制作玩具外，也可用块泡的边角料切割成一定形状，用聚氨酯软泡胶黏剂粘接成多种造型的玩具和工业品。

4.7.1.5 聚氨酯软泡的其他应用

由于聚氨酯软泡弹性好、质轻，是一种理想的包装材料，特别适合用于轻质贵重物品。采用适当的制造方法，可使软泡包装材料的外形与被包装物品完全吻合。

聚氨酯软泡可用于容器和管道的保温，其保温性能虽然不如硬泡，但它与被保温物体表面的吻合性好，可用于临时或长期保温，无需像硬泡那样现场灌注成型。例如用于管道保温时，可将块泡裁成的片材缠绕在管道上，再用 PVC 外壳包覆。

聚氨酯软泡配方中采用少量特殊表面活性剂制成"乱孔海绵"，可用作洗浴擦澡用品等。

聚氨酯软泡可制作体操、柔道和摔跤运动的保护软垫，也可作为跳高和撑杆跳的耐冲击垫等，还用于制造拳击手套内胆、体育用球类。

聚氨酯泡沫用于地毯背衬，使地毯具有较好的弹性。软泡边角料可粉碎和黏结，用于地毯背衬以及其他垫材。

开孔性好的软泡可用作过滤材料，过滤空气、液体等，应用于许多领域。特种开孔泡沫塑料可用于喷墨打印机的墨盒贮墨泡沫。

抗静电聚氨酯软泡可用于计算机等设备的包装材料。

4.7.2 聚氨酯硬泡的应用

由于硬质聚氨酯泡沫塑料具有重量轻、绝热效果好、施工方便等特点，还具有隔音、防震、电绝缘、耐热、耐寒、耐溶剂等优良特性，在国内外已广泛用于航天、船舶、石油、电子设备、车辆、食品等工业部门。

较低密度的聚氨酯硬泡主要用作隔热（保温）材料，较高密度的聚氨酯硬泡可用作结构材料（仿木材）。

聚氨酯硬泡的热导率比聚苯乙烯及其他泡沫塑料以及天然保温材料的低，绝热效果优良，并且可现场浇注或喷涂成型，与被保温材料结合成一体，使得保温效果更好，因此，在保温隔热领域，聚氨酯泡沫塑料是首选材料，应用面大。

聚氨酯硬质泡沫塑料主要用途有以下几个方面。

4.7.2.1 家电及食品等行业冷冻冷藏设备

为了达到较理想的保温效率，经过选择，聚氨酯硬泡成为冷冻、冷藏设备最理想的绝热材料。

冰箱、冰柜是居民家庭和食品工业等行业普遍使用的电器。聚氨酯硬泡作绝热层的冰箱、冷柜，绝热层薄，在相等外部尺寸条件下，有效容积比其他材料作绝热层时大得多，并减轻冰箱等的自重。聚氨酯硬泡强度较高，浇注在冰箱的壳体与内衬之间，形成整体，不存在"热桥"，确保了冰箱、冰柜整体优异的绝热效果。家用电热水器、太阳能热水器、啤酒桶夹层中一般采用硬质聚氨酯泡沫塑料体保温材料。聚氨酯硬泡还用于制造便携式保温箱，用于运送需低温贮存的生物制品、药品和需保温保鲜的食品。

随着渔业和肉类加工业的发展，往往就地加工、速冻、冷藏这些食品，以减少腐败变质、提高资源利用率。海洋渔业、肉类等食品加工业等企业的冷冻冷藏室、大型冷库也多用聚氨酯泡沫塑料作隔热材料，多采用硬泡金属夹芯板材组装，方便、快捷。复合夹芯板板宽一般为60~120cm，厚度为6~20cm。板材厚度视冷冻温度而异。也可现场喷涂施工，形成冷库硬泡绝热层。在多层冷库或高低温混用的冷库中，必须做好高温侧隔气层，以避免泡沫塑料受潮失效。按照GB 6343，墙、顶喷涂泡沫密度≥37kg/m³，地面密度≥45kg/m³；墙、顶泡沫压缩强度为147kPa，一般地坪≥245kPa，行走叉车的地坪≥249kPa；墙、顶泡沫热导率≤0.022 W/(m·K)；尺寸稳定性≤2%；吸水率≤4%；氧指数≥26，按照GB 8333—1987规定离火自熄时间必须达到"0"级标准。

4.7.2.2 工业设备和管道保温

许多酿酒、化工、贮运等企业，存在不同的保热、保冷等要求，聚氨酯硬泡施工方便、卫生、保温效果优良，是良好的保温材料。

贮罐、管道是工业生产中常用的设备，在石油、天然气、炼油、化工、轻工等行业均广泛使用。为防止热量或冷量在贮槽贮存的过程中或者在输送过程中损失，冷/热贮罐和管道必须采取保温措施。

贮罐形状有球形、圆柱形，聚氨酯硬泡可采取喷涂、浇注及粘贴预制泡沫三种方法施工。对于大型贮罐用喷涂法施工较宜；也可先在贮罐外加上一个金属薄板围套，再用浇注法成型。形状规则的圆柱形贮罐可采用预制硬泡块与罐外壁粘贴的工艺。

贮放低温介质的贮罐，一般须在硬质泡沫塑料外加防潮层。对于贮运液化石油气和液化天然气的低温贮罐（温度低于−30℃），聚氨酯硬泡设置在金属罐内侧或罐外，最好采用玻纤增强硬泡。

聚氨酯硬泡作为管道保温材料，普遍用于原油输送管道、石油化工等行业管道的绝热，已成功地取代珍珠岩等吸水性较大的材料。

城市、工厂集中供热工程的热水管道一般采用聚氨酯硬泡作保温材料，要求长期耐100℃，其中主管道要求耐130℃甚至更高的温度，已有一些耐高温聚氨酯硬泡产品被开发用于此类用途。集中供热管道要求尽量埋于地下，而且要求有一定的耐压性能和较长的使用寿命。

4.7.2.3 建筑材料

房屋建筑是聚氨酯硬泡的最重要应用领域之一。美国等国家的建筑用聚氨酯硬泡占硬泡总耗用量的一半左右，是冰箱、冰柜等硬泡用量的一倍以上。世界上很多国家对房屋建筑能量消耗都有明确的规定，这促进了硬泡在房屋建筑中的应用。美国建筑用聚氨酯泡沫塑料年消耗量在30万吨左右，占建筑泡沫市场的65%（其余为聚苯乙烯和酚醛泡沫），占聚氨酯硬泡总量的50%左右。

在我国，硬泡已被推广应用于住宅和办公楼屋顶的隔热防水，墙壁的隔热，冷库、粮库等的保温材料等。喷涂硬泡用于屋顶，外加保护层，兼具隔热保温和防水的双重效果。

金属面硬质聚氨酯夹芯板，是以阻燃型硬质聚氨酯泡沫塑料（分PU、PIR两种不同配方）作芯材，以彩色涂层钢板为面材，通过PU或PIR发泡连续成型而得，又称复合板材。它集轻质、高强、隔热、防水、装饰于一体，是一种易于生产、施工、安装的多功能新型建筑材料。目前，国内金属面硬质聚氨酯夹芯板大量应用于工业厂房、仓库、体育场馆、民用住宅、别墅、活动板房与组合式冷库等建筑，用作屋面板与墙板。因其质轻、绝热、防水、装饰等特性，且运输（安装）方便，施工进度快，深受设计、施工与开发商的欢迎。

对于跨度大的候客厅、农贸市场的顶棚，在彩钢板下表面喷涂聚氨酯硬泡并进行装饰，已在北方一些城市采用。

除了用夹芯板作墙体，还可在内墙或外墙表面喷涂一层隔热层，加外饰面层，可有效地对房屋进行保温。

聚氨酯硬泡填充于空心砖中，可制成硬泡填空空心砖，具有较好的保温效果。还可制成聚氨酯硬泡混凝土，这种混凝土块密度200kg/m^{3}左右，压缩强度0.59~0.78MPa，热导率64mW/(m·K)，可制成大尺寸建筑构件。

聚氨酯硬泡板材可以制作成各种折叠式流动房屋，作为野外临时用房。如将10mm厚的聚氨酯硬泡的表面覆上聚乙烯，可做成折叠房屋，也可用喷涂聚氨酯硬泡制成全聚氨酯硬泡球形临时房屋。

国内外普遍应用单组分聚氨酯泡沫塑料（由聚氨酯预聚体与低沸点发泡剂贮存在气雾剂罐中而成）填缝胶用于窗与墙体、门与墙体等空隙的密封。单组分泡沫塑料请见7.2.1.4小节"发泡型单组分聚氨酯密封胶/胶黏剂"。

水利设施如混凝土大坝在寒冬施工需采取保温措施，可在新混凝土表面喷涂聚氨酯硬泡作为保温层。严寒地区可采用聚氨酯保温板作为渠道衬砌的防冻材料，减少冻胀作用对渠道刚性衬砌材料的破坏，确保衬砌的稳定和渠道安全使用。

4.7.2.4 交通运输及水上材料

除了上述的用于冷藏运输工具保温材料外，硬质聚氨酯泡沫塑料还应用于汽车、火车、船舶等交通工具的其他部件。

聚氨酯硬泡目前广泛用于汽车顶篷和内饰件，以前是织物或聚氯乙烯薄膜与聚氨酯软泡复合而成，目前基本上采用聚氨酯硬泡材料，如浇注硬泡、喷涂硬泡、玻璃纤维增强硬泡以及热成型硬泡片材与装饰面料的热压复合物等。特别是采用开孔性泡沫制成的热成型复合硬泡，提高了车辆的装配效率，且强度、尺寸稳定性、隔热性、吸声性等都能满足使用要求。

硬质聚氨酯结构泡沫塑料用于多种汽车部件，如车门板、行李箱盖板、发动机盖板等。

具有弹性的聚氨酯半硬泡用作汽车减震部件。

火车车厢采用聚氨酯硬泡进行保温，效果好。

聚氨酯硬泡还用于冷藏车、冷藏集装箱等的绝热材料，能保证长距离运输过程中冷冻食品温度在要求的范围内。还可用于空调车厢的保温材料。

硬质泡沫塑料还用于液化气船及液化气贮槽等的深冷隔热材料，气化率低，比矿棉等保温效果好得多。

在多年冻土和季节冻土地区修筑铁路、公路时，必须采取相应的防冻措施，以免路基因冻胀或融沉损坏而造成巨大损失。我国青康公路、青藏铁路的冻土区已采用硬质聚氨酯泡沫塑料作为路基保温材料。用于公路路基的聚氨酯硬泡性能指标为：密度$\geq 60 kg/m^3$，抗压强度$\geq 300 kPa$，体积吸水率$\leq 1.5\%$，热导率$\leq 0.022 W/(m \cdot K)$。硬质聚氨酯泡沫塑料在路基上应用的施工方法有铺粘板材法和现场喷涂法两种。

闭孔结构的聚氨酯硬泡可以用作救生圈的填充料，具有质轻、强度高、耐水等优点。填充式聚氨酯护舷（靠球）是利用轻质韧性高弹性泡沫作为缓冲介质的轻型漂浮护舷系统，比充气护舷有更好的吸能性，轻巧灵活，广泛应用于游艇、小型船只、海军船只等的船靠船作业。

4.7.2.5 仿木材料和运动休闲娱乐器材

高密度（密度为$300 \sim 700 kg/m^3$）聚氨酯硬泡或玻璃纤维增强硬泡是结构性泡沫塑料，又称仿木材料。模塑成型的聚氨酯结构硬泡通常是整皮硬泡，具有强度高、韧性好、结皮致密坚韧、成型工艺简单、生产效率高等特点，强度可比天然木材高，密度可比木材低，可替代木材用作各类高档型材、板材、体育用品、装饰材料、家具、镜框、灯饰配件管托和仿木雕工艺品等，并可根据需要调整制品的外观颜色，具有广阔的市场前景。加入阻燃剂制成的结构硬泡具有比木材高得多的阻燃性。

例如，结构硬泡在低成本模具中模塑成型所制成的仿木雕装饰线条装饰材料、花盆、工艺品等，具有制作简便、成本低、艺术风格独特的优点。聚氨酯硬泡已用于制作雪橇板等轻质高强度体育娱乐器材。窗架、窗扇、窗框、门框等构件可用聚氨酯结构泡沫制作。

运动器具要求坚固耐用，要能经受极高的机械荷载而不损坏，具有耐候性，并在严寒酷暑不会脆化。使用整皮硬质聚氨酯泡沫塑料制造的运动器具能满足以上要求，如雪橇（芯材）、高尔夫球、球拍、滑雪板、运动鞋底、划船桨叶、冲浪板、还可以制造保龄球（芯材）、垒球芯材、高尔夫球杆、泳池设备等。某些玩具和雕塑也可以用聚氨酯整皮半硬泡和硬泡制造。聚氨酯硬泡做成的假山等人造景观质轻强度高，搬运方便。多种影视道具也可以用聚氨酯泡沫塑料制造，在影视道具模型外可喷涂聚氨酯脲保护层。

4.7.2.6 灌封材料及矿井材料等

聚氨酯硬泡材料能够方便地对电线等进行灌注密封保护，如用于煤矿井下电缆接线盒的发泡型填充胶料，具有较高的机械强度、阻燃自熄、耐腐蚀、无环境污染、固化体无毒等特点，电性能指标满足要求，适宜井下现场浇注。

液态聚氨酯泡沫料作为锚固材料，在使用时双组分混合发泡膨胀，能使渗入裂隙中，固化后则将煤岩体黏结成一体从而达到加固补强的目的。另外，聚氨酯硬泡可作为铀矿控氡的密闭材料以及矿洞的隔爆材料。

4.7.2.7 军事及航天航空

聚氨酯泡沫塑料还用于不受电磁波干扰的无回波暗室的吸波材料的载体，用于国防及有关研究领域。国内外吸波材料大多是以聚氨酯泡沫塑料为基体，混入吸波剂而制成。美国的 Rantic 公司早在60年代就研制出了适用于 60MHz～40GHz 的超宽频带的 EMC 系列吸波体，该吸波体采用软质聚氨酯泡沫塑料渗碳结构，其形状多为尖劈状，高度从 0.6～2.5m 不等，适用于建造不同用途的无回波暗室。我国有几个单位生产，软泡和硬泡都可采用。聚氨酯硬泡吸波材料是将吸波剂加入聚氨酯硬泡组合料中模塑而成。聚氨酯软泡基吸波材料是将块泡切割成预定形状、浸渍吸波剂后烘干而成。聚氨酯泡沫塑料吸波材料还可用在隐身飞机的机身和机翼上；可用来建造无回波箱，用以覆盖测试环境中的反射物体，如雷达天线仓、天线支架、转台、试验架等；聚氨酯泡沫塑料基吸波材料还可用来建造微波吸收墙，消除微波污染等。聚氨酯泡沫塑料还用于军事设施伪装材料，以喷涂聚氨酯硬泡材料为基体、添加不同助剂和填料而得到的防光学侦察、防热红外侦察和防雷达侦察的材料，可模拟天然地表状态，达到"隐真示假"的伪装目的。浇注聚氨酯硬泡还用于弹药箱等的隔热材料。

聚氨酯硬泡还用作宇航飞机等的隔热材料。聚氨酯硬泡在 $-45\sim100℃$ 温度范围耐温耐寒性和绝热性能优异，用作航天工业地面设备方舱的隔热材料非常合适。

4.7.2.8 抛光垫片

抛光垫是化学机械抛光（CMP）系统的重要组成部分，也是主要耗材。用于各类光学玻璃元件、不锈钢、宝石、半导体单晶片等的抛光。聚氨酯抛光垫是硬质多孔性聚氨酯材料，化学、摩擦学性能稳定，是高性能抛光材料。在抛光过程中，聚氨酯抛光垫表面微孔可以软化和使抛光垫表面粗糙化，并且能够将磨料颗粒保持在抛光液中。较有名的聚氨酯抛光垫是美国 Rodel 公司生产的 IC1000 型圆形抛光垫，其标准厚度 1.27mm（50mils）和 2.0mm，硬度邵 D57，压缩率 2.25%，密度 $0.63\sim0.80\text{g/cm}^3$ 之间。国内部分厂家生产各种规格圆形、方形聚氨酯抛光片，厚度 0.5～5.0mm，邵 A 硬度 55～96，一般含磨料，有的产品不含填料。

4.7.3 聚氨酯泡沫塑料的其他应用

聚氨酯泡沫塑料具有良好的隔音性能，软泡和硬泡都在不同场合被用作隔音材料。用作隔音材料，以开孔泡沫的吸音效果为佳。

把开孔聚氨酯泡沫塑料与活性载体结合，可用于微量金属离子的富集和测定。例如把 8-羟基喹啉等负载到聚氨酯泡沫上，可与许多金属离子反应形成易溶于有机溶剂的螯合物而使金属被萃取，进而被测定，可测定地质样品或水样中的微量～痕量金、银、铂、钯、铀、铅、镉、铜、镍、锌、锰等。例如，金矿植物样品灰化后用王水溶解，加入铁盐，用聚醚型聚氨酯泡沫塑料吸附、富集金，硫脲溶液解脱，可测定到 10^{-10} 数量级的微量金含量。

开孔和网状聚氨酯泡沫塑料因具有亲水性强、比表面积大、微生物易附着等优点已成为较理想的悬浮载体材料。它可以作为微生物固定化载体，用于发酵、生产酶和污水处理等，大幅度提高效率。生物固定生长法污水处理方法依赖载体使得微生物在其上面大量繁殖，从而提高微生物的有机降解能力，是废水生物处理的一项新兴材料。例如对降酚菌株进行固定化可处理含酚废水。

金属泡沫材料（泡沫金属）具有孔隙率高、比表面积大、活性强等优异性能，被广泛用于催化基体、过滤分离器、热交换器及电极材料等。电极材料的泡沫金属常采用电沉积法制备，即以聚氨酯泡沫塑料为基体材料，通过表面金属化（如化学镀铜）使其表面导电，并经电沉积制备得到三维网络状、结构均匀和机械性能好的泡沫金属。电极材料常用的泡沫金属主要有泡沫镍、泡沫铅和泡沫锌。

有关特种软泡和半硬泡等的应用，可见有关小节。

第 5 章 聚氨酯弹性体

5.1 概述

5.1.1 性能特点

聚氨酯弹性体是一种高性能弹性体，又称作聚氨酯橡胶，是一类在分子链中含有较多氨基甲酸酯基团（NHCOO）的弹性聚合物材料。

从分子结构上看，聚氨酯是一种嵌段聚合物，一般由低聚物多元醇柔性长链构成软段，以二异氰酸酯及扩链剂构成硬段，硬段和软段相间，形成重复结构单元。除含有氨酯基团外，聚氨酯弹性体中还含有醚、酯或及脲基团。由于大量极性基团的存在，聚氨酯分子内及分子间可形成氢键，软段和硬段可形成微相区并产生微观相分离。即使是线型聚氨酯也可通过氢键而形成物理交联。这些结构特点使得聚氨酯弹性体具有优异的耐磨性和韧性，以"耐磨橡胶"著称。并且由于聚氨酯的原料种类多，可调节原料的品种及配比，制成不同性能范围的制品，加工方法多样，使得聚氨酯弹性体适合于许多应用领域。

聚氨酯弹性体的产量在聚氨酯制品总量中所占比例虽然不大，却是不可或缺的重要聚氨酯材料，也是一类高性能的特种合成橡胶。

聚氨酯弹性体具有优良的综合性能，模量介于一般橡胶和塑料之间，它具有以下的特性：较高的强度和弹性，可在较宽的硬度范围内（邵尔 A10～邵尔 D75）保持较高的弹性；在相同硬度下，比其他弹性体承载能力高；其耐磨性优异，是天然橡胶的 5～10 倍；耐油脂及耐化学品性优良；芳香族聚氨酯耐辐射；耐氧性和耐臭氧性能优良；耐疲劳性及抗震动性好，适于高频挠曲应用；耐冲击性好；低温柔顺性好；一般无需增塑剂便可制得所需的柔性材料，因而无增塑剂迁移带来的问题；普通聚氨酯不能在 100℃ 以上使用，但采用特殊的配方，可耐 140℃ 高温；模塑和加工成本低。

在许多情况下，与金属材料相比，聚氨酯弹性体制品具有重量轻、噪声低、耐损耗、加工费用低及耐腐蚀等优点；与塑料相比，聚氨酯弹性体具有不发脆、耐磨等优点。与常规橡胶相比，聚氨酯弹性体有如下优点：耐磨、耐切割、耐撕裂、高承载性、透明或半透明、耐臭氧、可灌封、浇注、硬度范围广。

5.1.2 发展概况

早在20世纪40年代初，德国和英国就开发了聚酯型聚氨酯弹性体，40~50年代，混炼型、浇注型及热塑性聚氨酯弹性体相继出现，由于各种原料的开发、各个应用领域的开拓，60年代以来聚氨酯弹性体发展较快，已成为重要的聚氨酯材料和特种合成橡胶品种。2000年全球聚氨酯弹性体产量约88万吨/年，占聚氨酯制品总量的10%左右。2005年，全球聚氨酯弹性体消费量约为162.7万吨/年，其中热固性聚氨酯弹性体占76%，热塑性聚氨酯弹性体占24%。

我国自20世纪50年代末开始有研究，60年代以聚酯多元醇为基础的混炼型聚氨酯弹性体中试成功，初步研制了基于聚醚多元醇及聚酯多元醇的浇注型聚氨酯弹性体，70年代混炼型聚氨酯弹性体投入生产，浇注型聚氨酯则处于中试规模，先后研制成功聚酯型和聚醚型热塑性聚氨酯弹性体，聚酯型聚氨酯弹性体开始小批量生产。据统计，1976年我国聚氨酯弹性体实际产量不足400t/年，1984年约为1.1kt/年，1989年约15kt/年，1994年约23kt/年，1997年约55kt/年。据中国聚氨酯工业协会统计，1998年弹性体（包括传统的弹性体制品、防水材料及铺装材料等）产量达到67kt。常规浇注型、热塑性聚氨酯弹性体、防水及铺装材料、氨纶、鞋底原液产量2004年分别为41kt/年、82kt/年、80kt/年、11.8kt/年、18kt/年，2006年分别为64kt/年、108kt/年、112kt/年、152kt/年、242kt/年。随着聚氨酯工业整体水平的提高，聚氨酯弹性体的生产技术也日趋成熟，新技术、新产品、新工艺不断涌现出来，其应用范围进一步扩大。

5.1.3 基本分类

聚氨酯弹性体的品种繁多，若按低聚物多元醇原料分，聚氨酯弹性体可分为聚酯型、聚醚型、聚烯烃型、聚碳酸酯型等，聚醚型中根据具体品种又可分聚四氢呋喃型、聚氧化丙烯型等；根据所用二异氰酸酯的不同，可分为脂肪族和芳香族弹性体，又细分为TDI型、MDI型、IPDI型、NDI型等类型。常规聚氨酯弹性体以聚酯型/聚醚型、TDI型/MDI型为主。扩链剂主要有二元醇和二元胺。二元胺扩链得到的聚氨酯严格地讲是聚氨酯-脲。

从制造工艺分，传统上把聚氨酯弹性体分为浇注型、热塑性、混炼型三大类，都可采用预聚法和一步法合成。但一些革新工艺制备的制品产量已超过某些传统类型，如反应注射成型（RIM）工艺生产实心及微孔聚氨酯弹性体已成为一个重要的类别。另外溶液涂覆及溶液浇注成型也是制造弹性聚氨酯的一个重要方法，主要用于生产合成革。离心浇注、喷涂成型也是近十多年来国内外发展较快的新技术。

5.2 原料及其对性能的影响

5.2.1 聚氨酯弹性体的原料

5.2.1.1 低聚物多元醇

聚氨酯弹性体所用的低聚物多元醇原料有聚酯多元醇、聚醚多元醇、聚烯烃多元醇等品种。

(1) 聚酯多元醇 聚酯分子中含有较多的极性酯基（—COO—），可形成较强的分子内氢键，因而聚酯型聚氨酯具有较高的强度、耐磨及耐油性能。聚酯具有适中的价格，在聚氨酯弹性体中以聚酯型聚氨酯居多。用于制备聚氨酯弹性体的聚酯以分子量为1000~3000的己二酸系脂肪族聚酯二醇为主，少量聚酯产品带有轻微支化度（平均官能度稍大于2.0）。少量芳香族聚酯二醇（如由己二酸、苯二甲酸、一缩二乙二醇合成的聚酯）也可用于制备弹性体。

普通聚酯型聚氨酯弹性体耐水解性能不佳。但含侧基的聚酯及长碳链的聚酯制成的聚氨酯具有良好的耐水解性。

聚 ε-己内酯二醇（PCL）型聚氨酯弹性体具有类似聚醚型聚氨酯的优良耐水性、类似聚酯型聚氨酯的耐油性，以及良好的力学性能、耐低温及耐高温性能。聚碳酸酯二醇中常见的是聚己二醇碳酸酯二醇，制得的聚氨酯弹性体具有优良的耐水解和一定的耐热性能。由于 PCL、聚碳酸酯二醇价格较高，只应用于特殊制品。

(2) 聚醚多元醇 弹性体常用的聚醚多元醇种类有聚四氢呋喃二醇、聚氧化丙烯二醇（PPG）、四氢呋喃/氧化丙烯/氧化乙烯的二元或三元共聚醚二醇（如聚四氢呋喃-氧化丙烯二醇）等。聚醚多元醇制得的弹性体具有较好的水解稳定性、耐候性、低温柔顺性和耐霉菌等性能。

聚四亚甲基醚二醇（PTMEG 即聚四氢呋喃二醇）结构规整，制成的聚氨酯弹性体具有较高模量和强度，优异的耐水解、耐磨、耐霉菌、耐油性、动态性能、电绝缘性能和低温柔性等性能，特别适合用于氨纶、汽车配件、电缆、薄膜、医疗器材、高性能胶辊、耐油密封件以及用于水下、地下、矿井及低温场合的制品。

PPG 含有较多的醚键和侧甲基，因而制得的弹性体具有较好的柔顺性和回弹性，但由于侧甲基影响弹性体软段的有序结晶，且普通 PPG 含少量单羟基聚醚杂质，弹性体强度不太高，故在实心弹性体制品中应用不多，一般用于生产弹性铺面材料、微孔弹性体等。

低不饱和度聚醚制得的聚氨酯弹性体强度比常规 PPG 的高，可用于对强度要求不是太高的低硬度浇注弹性体体系，如聚氨酯鞋底。端伯羟基低不饱和度聚醚有较高的反应性，可用于一步法浇注工艺。具有伯羟基的低不饱和度 PPG 聚醚可部分替代 PTMEG，取得性能与价格的平衡。四氢呋喃-氧化丙烯共聚醚二醇结合了 PTMEG 和 PPG 的特点。

(3) 聚烯烃多元醇　　以端羟基聚丁二烯（HTPB）、端羟基聚丁二烯-丙烯腈（HTBN）、端羟基聚异戊二烯（HTPI）为基础的聚氨酯具有优异的耐水解性、电绝缘性能、低温柔性、气密及水密性能，可用于聚氨酯弹性体密封件、胶辊、电子元件灌封胶等领域。以 HTPI、HTPB 等与二异氰酸酯制成的端官能团预聚体具有类似于天然橡胶的主链结构，是名副其实的液体橡胶，经过适当的扩链或交联反应制得弹性体材料。

由于制备过程的自由基链转移副反应，HTPB 一般有一定的支化度，官能度在 2～3 之间，主要适合于与浇注成型。采用特殊聚合方法也可制得线型的窄分子量分布的 HTPB，适合于制备 TPU。

(4) 其他低聚物多元醇　　低官能度的聚丙烯酸酯多元醇制得的弹性体具有良好的耐水和耐紫外线性能。精制蓖麻油是一种含烯键的植物油多元醇，制得的弹性体耐水解、成本低，但强度不高。还有苯乙烯及丙烯腈接枝聚醚多元醇、接枝聚酯多元醇、聚脲改性聚醚多元醇等，国外还研制了耐化学药品性的螺二醇、聚三亚甲基醚二醇 Cerenol 等，都可用于聚氨酯弹性体的制备。

5.2.1.2　二异氰酸酯及多异氰酸酯

用于聚氨酯弹性体的多异氰酸酯以二异氰酸酯为主，有甲苯二异氰酸酯（TDI）、二苯甲烷二异氰酸酯（MDI）、异佛尔酮二异氰酸酯（IPDI）及 1,5-萘二异氰酸酯（NDI）、四甲基苯亚甲基二异氰酸酯（TMXDI）、六亚甲基二异氰酸酯（HDI）、对苯基二异氰酸酯（PPDI）、二亚甲基苯基二异氰酸酯（XDI）等。以 TDI 和 MDI 最常用。

用于浇注弹性体的 TDI 以 2,4-TDI 居多。由于纯 2,4-TDI（TDI-100）的 NCO 位于甲苯环的 2-位和 4-位上，反应活性相差 2～3 倍，这使得它在制备预聚体时反应均匀，预聚体黏度低。但 TDI-100 的价格较高。

MDI 的蒸气压低，毒性小，对称性又好，制得的弹性体强度一般比 TDI 基弹性体高。多用于一步法合成热塑性聚氨酯。在浇注型聚氨酯弹性体体系中，MDI 预聚体一般采用醇类固化剂。在 PU 鞋底、RIM 弹性体等浇注工艺中，为了改进工艺性能，一般采用液化 MDI（如碳化二亚胺改性 MDI 等）。另外高 2,4'-MDI 含量的 MDI（如 MDI-50）常温下为液态，反应活性比 4,4'-MDI 低，在浇注型聚氨酯弹性体体系中提供较好的流动性能。

一些小品种二异氰酸酯也在特殊场合下用于合成聚氨酯弹性体。结构对称的 PPDI 及环己烷-1,4-二异氰酸酯（CHDI）合成的弹性体具有较高的机械强度和耐热性。NDI 基聚氨酯弹性体具有较高的耐疲劳性能，特别是力学性能、动态性能、永久变形及耐油性能极优，用于特殊汽车部件等。TMXDI 具有脂肪族和芳香族两者的特点，制得的弹性体柔软。IPDI、HDI 制得的弹性体具有不易黄变的特点。特种二异氰酸酯价格较贵，一般仅用在有特殊性能要求的领域。

5.2.1.3 扩链剂及交联剂

聚氨酯弹性体扩链剂比较多，通常分为二元胺和二元醇两类。扩链剂是浇注型聚氨酯体系预聚体的固化剂。在热塑性聚氨酯、RIM 聚氨酯等一步法工艺中也可使用扩链剂，以增加弹性体的硬度和强度。

(1) 二胺类扩链剂 浇注型聚氨酯弹性体工艺中普遍使用二胺扩链剂。芳香族二胺的反应活性比脂肪族二胺的低得多，使得浇注工艺具有良好的可操作性。浇注型聚氨酯中常用的是 $3,3'$-二氯-$4,4'$-二苯基甲烷二胺（MOCA、MBOCA）。由于 MOCA 分子中含有两个苯环，并且生成的脲基具有较强的极性，这些因素在很大程度上赋予弹性体较高的强度。MOCA 能很好地与 TDI 型预聚体配合。MOCA 常温下是固体，在 100～110℃熔化，一般用于弹性体热浇注工艺。曾有不少二胺类化合物被开发，但综合性能及价格上与 MOCA 有差距。

液态芳香族二胺扩链剂二甲硫基甲苯二胺（DMTDA）和二乙基甲苯二胺（DETDA）可用于 RIM 聚氨酯弹性体等，其中 DMTDA 与预聚体的扩链反应速率比 DETDA 低 5～9 倍，可用于浇注弹性体体系。

(2) 醇类扩链剂和交联剂 二元醇扩链剂有乙二醇、1,4-丁二醇、对苯二酚二羟乙基醚［双(β-羟乙基)醚氢醌，简称 HQEE］、N,N-二(2-羟丙基)苯胺（BHPA）等。

二醇扩链剂多用于 TPU 及其他弹性体的扩链剂，在 TDI 基浇注型弹性体体系中很少应用，可用于 MDI 基浇注弹性体。芳香族二醇 HQEE 是较高熔点的固体，需加热预熔化。间苯二酚-双(β-羟乙基)醚（HER）与 HQEE 是同分异构体。当用 HER 代替 1,4-BD 作扩链剂时，弹性体的耐热性能提高，与 HQEE 相比可降低加工温度并延长操作时间，制品收缩率较低。聚氧乙烯苯胺醚二醇可用于 MDI 系浇注弹性体的扩链剂。

有时，为了增加弹性体的交联密度，提高弹性体的回弹性和耐膨润性，常常配用少量的三元醇，如三羟甲基丙烷（TMP）、三异丙醇胺（TIPA）和丙三醇等交联剂。

为了改进某些性能与加工工艺，可使用混合型扩链/交联剂。例如可把胺类与醇类扩链剂配合，将双官能度扩链剂与多官能度交联剂的配合。几种常见扩链剂的物性见表 5-1。

■表 5-1　几种常见扩链剂的物性

简称	化学名称	M_w	常态下外观
MOCA	3,3'-二氯-4,4'-二苯基甲烷二胺	267.2	固体，熔点 98~105℃
BD	1,4-丁二醇	90.1	无色透明液体
HQEE	对苯二酚二羟乙基醚	198.2	固体，熔点 98~102℃
HER	间苯二酚-双（β-羟乙基）醚	198.2	固体，熔点 89℃
MPD	2-甲基-1,3-丙二醇	90.1	无色透明液体
EG	乙二醇	62.1	无色透明液体
DMTDA	3,5-二甲硫基甲苯二胺	214	琥珀色液体
DETDA	3,5-二乙基甲苯二胺	178.3	琥珀色液体
M-CDEA	4,4'-亚甲基双(3-氯-2,6-二乙基苯胺)	379.6	米色结晶，熔点 88~90℃

5.2.1.4　其他原料

(1) 填料　常见填料有碳酸钙、云母粉等。为了降低聚氨酯弹性体成本、减小固化收缩率、降低热膨胀系数及改善耐热性能，可加入填料。填料可在浇注型弹性体合成时加入，也可在 TPU 和混炼胶加工时混入。可通过硅烷类和钛酸酯类偶联剂改善无机填料与聚氨酯基体的结合力。

(2) 水解稳定剂　聚酯型聚氨酯弹性体的酯基长期与水接触或在湿热环境下容易发生水解，在这些环境下使用的弹性体必须加入水解稳定剂。碳化二亚胺类化合物是重要的水解稳定剂，缩水甘油醚类也可以使用。

(3) 阻燃剂等助剂　在特殊场合使用的聚氨酯弹性体配方中需加入阻燃剂如甲基磷酸二甲酯（DMMP）等，使之具有阻燃性能。其他助剂有防霉剂（如 8-羟基喹啉酮等）、抗静电剂（季铵盐类表面活性剂）、抗氧剂（如抗氧剂 1010 等）、抗紫外线剂、增塑剂、着色剂、脱模剂等。加入增塑剂可降低预聚体黏度，并可降低成本。

5.2.2　原料对性能的影响

由于聚氨酯原料及其组合的多样性，聚氨酯种类繁多，性能各异。对于聚氨酯弹性体，原料种类及配比对性能的影响相当明显。作为一种嵌段聚合物，组成软段的低聚物二醇，组成硬段的二异氰酸酯和扩链剂的品种对弹性体的性能有着固有的联系。

5.2.2.1　低聚物二醇对性能的影响

(1) 低聚物种类的影响　不同的低聚物多元醇结构不同，构成的聚氨酯弹性体分子的软段极性不同，由此产生的软硬段聚集态结构不同。

低聚物链段结构的规整性对软段分子链段的排列、低聚物本身结晶性及制得的聚氨酯弹性体性能有很大的影响。表 5-2 为不同的聚酯结构对聚氨酯弹性体力学性能的影响。由表中数据可见，在聚氨酯软段聚酯链段中引入侧甲基后，使分子间的作用力减弱，强度较直链聚酯型聚氨酯低，并且永久变形变大。

■表 5-2　不同聚酯结构对聚氨酯弹性体力学性能的影响

聚酯二醇品种	邵尔 A 硬度	300%模量 /MPa	拉伸强度 /MPa	伸长率 /%	永久变形 /%
聚己二酸乙二醇酯	60	10	48	590	15
聚己二酸-1,4-丁二醇酯	70	13	42	510	15
聚己二酸-1,5-二醇酯	60	12	44	450	10
聚己二酸-1,3-丁二醇酯	58	7	22	520	15
聚丁二酸乙二醇酯	—	22	47	420	40
聚丁二酸-2,3-丁二醇酯	85	—	24	380	105
聚丁二酸新戊二醇酯	67	14	18	400	70

注：表中弹性体由聚酯-2000、MDI 和 1,4-丁二醇以 1∶3.2∶2.0（摩尔比）合成。

由聚酯 PBA、PEPA 及聚醚 PTMEG 作软段得到的弹性体的力学性能较好。因为这种弹性体内部不仅硬段间能够形成氢键，而且软段上的极性基团也能部分地与硬段上的极性基团形成氢键，使硬相能更均匀地分布于软相中，起到弹性交联点的作用。有侧基的 PPG 得到的弹性体强度稍差。聚酯易受水分子的侵袭而发生断裂，且水解生成的酸又能催化聚酯的进一步水解。聚酯种类对弹性体的物理性能及耐水性能有一定的影响。随聚酯二醇原料中亚甲基数目的增加，制得的聚酯型聚氨酯弹性体的耐水性提高。如由聚酯 PEA、PBA 或 PHA 与 MDI 及 1,4-BD 合成的聚酯，在 70℃热水中浸泡 21 天后，拉伸强度保留率分别为 40%、60% 和 70%，见表 5-3。PCL 中含 5 个亚甲基，酯基含量较少，其耐水性也较好。同样，采用长链二元酸合成的聚酯，制得的聚氨酯弹性体的耐水性比短链二元酸的聚酯型聚氨酯好。

■表 5-3　软段类型对弹性体强度及耐水解性能的影响

性能	低聚物二醇类型					
	PEA	PBA	PHA	PCL	PPG	PTMEG
硬度（邵尔 A）	88	85	89	—	76	86
拉伸强度/MPa	49.0	62.8	60.8	55.2	29.0	47.6
伸长率/%	650	485	515	—	640	710
拉伸强度保留率/%	40	60	70	66	88	94

注：聚酯及聚醚的分子量（M_n）均约为 1000，PCL 的 M_n=1250；硬段（MDI+BD）质量分数为 34%~37%。

聚醚型聚氨酯的耐水解性能比聚酯型聚氨酯好。由表 5-4 可见，同样硬段含量的聚氨酯弹性体，聚醚型聚氨酯的拉伸强度的保留率高达 88% 和 94%。而由于 PTMEG 的直链醚链排列较整齐，不仅硬度和拉伸强度高，而且耐水解性也比含侧甲基的 PPG 型聚氨酯好，即使在 70℃热水中浸泡 9 周，弹性体拉伸强度的保留率仍高达 84%。

(2) 低聚物分子量的影响 在原料化学配比一定的情况下，改变柔性链段的长度，对于不同软段类型弹性体性能的影响是不一样的。软段分子量增加，也即降低了硬链段的比例。由于醚键内聚能较低，键的旋转位垒较小，随着聚醚分子量增加，链更柔顺，软段比例增加，故强度下降，弹性增加，永久变形增加，见表5-4。而对于聚酯二醇来说，软段长度对强度的影响并不很明显。这是因分子中存在极性酯基，聚酯软段的分子量增加，酯基也增加，抵消了软段增加、硬段减少对强度的负面影响。另外，聚酯型聚氨酯的耐水解性能随聚酯链段长度的增加而降低，这是由于酯基增多的缘故；聚醚型聚氨酯的耐水解性能随聚醚链段长度的增加而提高。

■表5-4 聚氧化丙烯二醇分子量对物性的影响

性 能	分 子 量		
	820	1000	2000
NCO质量分数/%	6.07	6.00	5.98
硬度（邵尔A）	89	87	88
100%模量/MPa	6.8	5.0	4.9
300%模量/MPa	9.5	7.8	7.1
拉伸强度/MPa	22.2	20.4	11.8
伸长率/%	500	580	550
磨耗/(cm^3/1.61km)	0.21	0.28	0.73
永久变形/%	9.4	10.0	32.5
回弹值/%	23	23	40

注：预聚体由PPG与TDI合成，用MOCA扩链，扩链系数0.85。

5.2.2.2 异氰酸酯对性能的影响

不同的二异氰酸酯结构可影响硬段的规整性，影响氢键的形成，因而对弹性体的强度有较大的影响。一般来说，异氰酸酯芳环上引入取代基、芳环的不对称结构都会引起弹性体模量及强度的降低。脂肪族聚氨酯硬段中不含刚性苯环，因此HDI基、IPDI基聚氨酯弹性体强度较芳香族聚氨酯弹性体差。

采用相同的原料，当二异氰酸酯的用量增加时，硬段的含量增加，分子中的极性基团增多，氢键易于形成，增进硬段的聚集，一般使弹性体的硬度和强度增加。

5.2.2.3 扩链/交联剂的影响

通常，用醇类扩链/交联剂制得的浇注型弹性体强度比二胺扩链的弹性体差，见表5-5。

■表 5-5　胺及醇类扩链剂对 PTMEG-TDI 型弹性体性能的影响

项　　目	扩　链　剂			
	MOCA	MOCA/MDA	1,4-BD/TMP	1,4-BD/TMP
用量/质量份	12.5	10.0/1.0	4.0/0.3	3.0/1.3
硬度（邵尔A）	90	90	57	60
拉伸强度/MPa	33	31	9	10
300%模量/MPa	14	13	2	3
伸长率/%	475	465	560	470
压缩变形/%	31	32	18	6

注：聚醚-TDI 型预聚体的 NCO 质量分数为 4.1%；浇注型弹性体配方中扩链剂用量以 100 质量份预聚体为基础。

5.3　浇注型聚氨酯弹性体

5.3.1　特性及合成原理

浇注型聚氨酯弹性体即通过浇注工艺、由液体树脂浇注并反应成型而生产的一类聚氨酯弹性体，简称为"浇注胶"。这类液体原料体系又称"液体橡胶"。在聚氨酯弹性体产品中，以浇注型聚氨酯弹性体产量最大。主要原因有：①以液体原料浇注或注射到制品模具中反应而固化成型，可以直接制得大体积及形状复杂的聚氨酯橡胶制品；②制得的制品综合性能好；③可以调节原料的配方组成及用量，获得不同硬度的制品，性能的可变范围大；④小批量可手工浇注，设备投资小；⑤可制造小批量的或单件的制品原型，灵活性好。随着反应注射成型（RIM）技术的出现，浇注弹性体生产效率得到大幅度提高。

浇注型聚氨酯的制备成型工艺有一步法、预聚体法和半预聚体法三种。浇注型聚氨酯多采用芳香族二胺为扩链剂。

浇注型聚氨酯弹性体的合成中，常见的反应有以下几种。

（1）异氰酸酯基与羟基反应　这是浇注型聚氨酯弹性体制备的主要反应，在预聚体法中，通常先由含端羟基的低聚物多元醇（如聚酯二醇、聚醚二醇）与过量二异氰酸酯反应，生成端 NCO 的含有氨基甲酸酯基团的预聚体。

—NCO + —OH ⟶ —NHCOO—（氨基甲酸酯基）

（2）异氰酸酯基与伯胺（或仲胺）反应　这也是浇注型聚氨酯的基本反应。大部分浇注型弹性体以芳香族二胺为扩链剂，端 NCO 预聚体与氨基的反应如下：

$$—NCO + —NH_2 \longrightarrow —NHCONH— （脲基）$$

大部分浇注型聚氨酯需热熟化才能达到最佳性能。在120℃以上后熟化，聚氨酯体系中残留的未参与扩链的NCO基团与脲基或氨基甲酸酯反应，生成缩二脲及或脲基甲酸酯基，使聚合物带有少量的支化或交联键，这有益于提高弹性体制品的耐热性及强度。

一般的浇注型聚氨酯采用MOCA为扩链剂，得到的聚氨酯脲含较多的刚性苯环及极性脲基，即使是线型聚氨酯分子，也不易熔融成液体或溶解在普通溶剂中；况且MOCA扩链的弹性体以热浇注工艺生产，在100℃以上的浇注反应温度及高温熟化下，不可避免地产生少量脲基甲酸酯或缩二脲支化或交联。所以大部分浇注型聚氨酯弹性体的热行为及溶解行为与热塑性聚氨酯不同，甚至类似于热固性树脂。

5.3.2 浇注型聚氨酯的合成方法

在浇注型聚氨酯弹性体生产中可采用一步法、预聚体法和半预聚体法工艺。浇注型聚氨酯弹性体多是聚酯（或PTMEG）-TDI-MOCA体系，MDI-BD浇注型弹性体体系不多。

在合成弹性体之前，对低聚物多元醇进行脱水处理。一般将低聚物多元醇加热到100~120℃，搅拌下抽真空使体系真空度在665~1330Pa，脱水1~3h。脱水时间取决于多元醇数量、含水量及反应容器的大小与形状。

5.3.2.1 一步法

所谓一步法工艺是指将低聚物多元醇、二异氰酸酯、扩链剂和催化剂等同时混合后直接注入模具中，在一定温度下固化成型的方法。此法生产效率高，因无需制备预聚体而节省能量，生产成本较预聚体法低，可用小型浇注机生产。但反应较难控制，所得聚合物分子结构不规整，力学性能不如预聚体法佳，故常用于制造低硬度、低模量的制品，如印刷胶辊、小型工业实心轮胎、压力传动轮等。

5.3.2.2 预聚体法

首先将低聚物多元醇与二异氰酸酯进行反应，制备端NCO基聚氨酯预聚物，再将预聚物与扩链剂/交联剂反应，制备聚氨酯弹性体的方法，称为预聚体法或预聚法。预聚体法浇注弹性体体系是双组分体系，一个组分为预聚体；另一组分为扩链/交联剂或其加有催化剂、防老剂、色料、填料等助剂的混合物。扩链剂组分也称为固化剂组分。采用预聚体法制备聚氨酯弹性体，反应分两步进行，由于采取了预聚步骤，在进行扩链反应时放热低，易于控制，制得的聚氨酯分子链段排列比较规整，制品具有良好的力学性能，重复性也较好。故多数浇注型弹性体采用预聚体法制备。预聚体法工艺流程如图5-1所示。

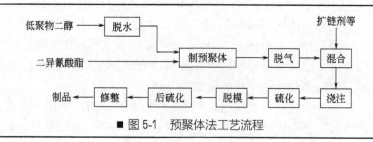

■ 图 5-1　预聚体法工艺流程

通常在合成预聚体时，将已脱水的低聚物多元醇与计量的二异氰酸酯反应，在 75～80℃保温反应 2h 左右，分析 NCO 质量分数后，贮存待用。在隔绝湿气的情况下，生产的预聚体在室温下可贮存数月。

普通浇注型聚氨酯弹性体多采用热浇注工艺生产，一般把预聚体加热至 80℃或更高的温度，最好在 100～105℃下对预聚物进行真空脱气处理，再加入扩链剂。以低分子量二元醇或其他液体扩链剂扩链时，混合温度可取 60～70℃；以 MOCA 作扩链剂时，应首先将 MOCA 加热至 115～120℃使之熔化，再在 80～100℃下与预聚物混合，快速搅拌混合 1～2min 后，迅速注入预热的模具中。在较高的温度下预聚体黏度降低，有利于均匀混合和气泡逸出。在某些工艺中，混合后立即减压脱泡，然后再进行浇注。

5.3.2.3　半预聚体法

半预聚体法与预聚体法的区别是将部分聚酯多元醇或聚醚多元醇留待扩链时与扩链剂、催化剂等以混合物的形式添加到预聚物中。也就是说，配方中的低聚物多元醇分两部分：一部分与过量的二异氰酸酯反应合成预聚体；另一部分与扩链剂混合，在浇注时加入。制备的预聚体中游离 NCO 质量分数较高，一般为 12%～15%，故常把这种预聚体称作"半预聚体（quasi-prepolymer）"。

半预聚体法的特点是，预聚体组分黏度低，可以调节到与固化剂混合组分的黏度相近，而且配比也相近（即混合质量比可为 1∶1），这不仅提高了混合的均匀性，而且也改善了弹性体的某些性能。

半预聚体法多用于 MDI 型浇注弹性体的生产，这是由于 MDI 预聚体黏度较大，制成半预聚体则黏度低；并且常用的二醇扩链剂用量少，若采用预聚体法，计量和配比的误差大，还不易混合均匀。采用半预聚体法，可使两个组分的黏度和用量相匹配。并且游离 MDI 单体气味小。半预聚体法还适于反应注射成型（RIM）工艺使用。

半预聚体法制备浇注型聚氨酯弹性体的工艺条件基本上与预聚体法工艺相同，但应注意低聚物多元醇、扩链剂及催化剂的混合物事先须进行脱水、脱气处理。一般来说，半预聚体法虽不及由预聚体制得弹性体性能好，但半预聚体法有其工艺上的优点：如两组分黏度较低，易混合均匀，在多数情况下，合成性能不同的一系列产品时，半预聚体可以通用，只需对另一组分

（扩链剂和低聚物多元醇）的配方进行适当的调整即可，可大大缩短生产和加工周期。

5.3.2.4 浇注工艺

浇注型聚氨酯弹性体一般以液体原料注入模具经硫化（固化）而得最终制品，一般可采用手工浇注工艺及机械浇注工艺。浇注弹性体生产最好应采用自动化水平较高的混合-反应-浇注一体化的浇注机注模，这样才能保证弹性体的质量和性能的稳定性。也有采用离心机和真空浇注等方法，这些都有利于成型和消除气泡。

(1) 手工浇注 手工浇注适于生产批量小、品种多的小型制品，是实验室和小型工厂较为常用的生产弹性体制件的方法。一步法、预聚体或半预聚体法都可采用手工浇注工艺。手工浇注简单灵活，成本也低，然而可能存在搅拌不均的问题，气泡也不易消除。

(2) 机械浇注 聚氨酯弹性体浇注机已越来越多地用于聚氨酯弹性体的生产，提高了生产效率。浇注机配备自动计量泵和混合器，把预聚物脱气后再与经活塞泵严格计量的扩链剂同时输送到混合器中混合均匀，浇注时液料经过混合器的浇口直接注入模具中，经硫化即得制品。预聚体的预热、脱泡和计量以及扩链剂 MOCA 的熔化、计量、混合和浇注都可通过浇注机进行，所有指令都可以通过程序自动控制。

机械浇注可连续和间歇进行。机械浇注生产效率高、产品质量稳定，适合于大批量及中大型制品的生产。

(3) 一些特殊的浇注工艺 浇注型聚氨酯弹性体的生产一般可采用常压浇注，即反应混合物浇注到敞口的模具中再合模。常压浇注过程中，往往容易混入搅拌带入的空气，使弹性体制品中可能含有气泡。对于一些形状复杂或不允许胶中夹有气泡的制品，可将模具置于大型真空室中，借浇注压力注模，边浇注边抽真空脱泡，这种方法称为真空浇注。

当制品的精度要求严格时可采用加压浇注法模压成型，即将物料倒入模具腔内后合模，对模具加压的方法。当采用模压法时，液料充满模腔后，不能立即合模升压，必须停留一段时间，使胶料达到凝胶点再模压，这时物料表面变硬、无黏性但可发生塑性变形。若在凝胶点前加压，物料流动性大，外溢较多，难以保持模具内部压力，气泡难以逸出；在凝胶点后加压，因物料发生交联，弹性大易造成表面破裂，影响制品质量。可通过调节催化剂用量使物料具有合适的凝胶点。类似方法还有压柱法，即用柱塞将反应物料压入模腔，也需选择合适的加压时间。

也可将模具置于离心机上，使模具随离心机转动，浇注时在模具中央注入的液料在高速离心力的作用下向圆柱形模具的四周内壁均匀分布，经加热硫化后脱模，这种方法称为离心浇注。离心浇注适于制备薄片状或添加了增强材料的制品，也可以制造胶辊。物料中的气泡受到模具高速旋转产生的离心力而破裂，制品中一般不会存在气泡。离心法浇注成型工艺中，混合胶料的黏度和凝胶时间与离心机旋转速度（离心力）之间必须保持平衡，否则会出现不均匀现象。

将液体胶料注入模具的方法有垂直浇注法、倾斜浇注法等，必须采用合适的方法，避免注料时混入气泡。

RIM 工艺的混合头是采用高压液流碰撞原理实现两组分的均匀混合。为适用微孔 PU 的生产（例如生产聚氨酯鞋），混合头改成借助高速旋转的螺杆（转速为 18000r/min）实施混合，目前这种结构的 RIM 机已开始用于普通浇注型聚氨酯的生产。这种 RIM 机由贮料系统、计量系统和混合头三个结构单元构成。A 组分液料和 B 组分液料经计量泵精确计量输入混合头中，经螺杆混合后迅速注入模具中。与普通浇注机浇注相比，RIM 工艺具有自动化程度高、节能和生产效率高等优点，又因采用半预聚体法原理，产品质量也高。

5.3.3 影响制品性能的工艺因素

原料的品种、配方组成等原料方面的影响因素，在 5.2.2 中已简要阐述。下面简述一下有关工艺因素的影响。

(1) 扩链系数 所谓扩链系数是指扩链剂中氨基、羟基的量（单位：mol）与预聚体中 NCO 的量的比值，也就是活性氢基团与 NCO 的摩尔值。

浇注聚氨酯弹性体以 TDI 预聚体-MOCA 扩链剂体系为主。MOCA 是一种反应活性适中的芳香族二胺，由于含刚性苯环，以及与异氰酸酯反应后产生强极性脲基，在进行扩链反应时，部分 MOCA 参加反应即可使胶料凝胶，并获得一定的强度，故通常 MOCA 的用量可有一定范围的变化，而对弹性体最终性能影响不大。人们知道，在聚氨酯弹性体及胶黏剂等体系中，为了抵消体系中可能含有的微量水分及空气中湿气的影响，固化时异氰酸酯指数一般稍大于 1，即 NCO 稍过量，并且过量的 NCO 可产生交联反应而提高弹性体的性能。对于 MOCA 交联体系也是如此，即一般保持 NCO 稍过量。过量 NCO 与脲基反应形成缩二脲，可使弹性体具有合适的交联度。大量的实践表明，MOCA 的扩链系数以 0.85～0.95 范围为宜，在此范围内，缩二脲所形成的一级交联与分子间氢键形成的二级交联之间具有良好的平衡，弹性体具有良好的综合性能。扩链系数在 1 左右及大于 1 时，由于 MOCA 的增塑效应，且化学交联和氢键的减弱，强度明显降低，永久变形较大，所以不可使 MOCA 过量。

而采用二醇扩链剂时，则需严格控制扩链系数或异氰酸酯指数。

(2) 合成方法 对于相同的配方，采用不同的合成方法得到的弹性体的性能不同。例如，由 PTMEG、TDI 及 DADMT 为原料，按 2.0∶3.2∶1.2 的摩尔比，以 3 种不同的工艺制成的聚氨酯弹性体，性能见表 5-6。

■表 5-6　不同合成方法对聚氨酯弹性体性能的影响

制备方法	硬度(邵尔 A)	拉伸强度/MPa	撕裂强度/(kN/m)	伸长率/%
预聚体法	78	30.4	87	550
半预聚体法	76	29.5	85	540
一步法	78	17.4	64	500

一般来说，由预聚体法制得的弹性体性能最好，一步法最差。因为用一步法时，聚合、扩链反应同时进行，相对于低聚物多元醇和二异氰酸酯的反应，扩链剂（低分子二元醇或二元胺）和异氰酸酯基的反应活性更高一些，反应过于激烈，使硬段不能在软段中较好地分布，即所谓的物理交联点过于集中，影响弹性体的性能。而由预聚体法制得的弹性体，因反应分步进行且反应活性弱的反应即低聚物多元醇与异氰酸酯的预聚反应有足够的时间进行，反应比较彻底，制得的预聚体再与扩链剂反应，制得的弹性体结构较均匀，有利于聚氨酯大分子的硬段间形成氢键，也利于硬段与软段中的强电负性基团之间产生氢键，提高弹性体的性能。半预聚体法制得的弹性体性能一般在预聚体法的和一步法之间，本例中与预聚体法弹性体性能相差不大。

(3) 混合温度及固化温度　浇注型聚氨酯弹性体的浇注工艺可分为热浇注弹性体和室温浇注体系。对于大多数制品，采用 TDI-MOCA 热浇注工艺。适当提高熟化反应温度有利于提高制品的力学性能。但提高预聚体与扩链/交联剂的混合温度，会使凝胶和凝固期缩短，有时来不及浇注和使搅拌带入的气泡逸出。混合温度以 80~120℃ 为宜，在此范围弹性体的物理性能随混合温度的升高而降低。高于 120℃ 时性能下降幅度更大。

熟化条件对弹性体的最终性能有较大影响，对于相同的浇注型弹性体体系，适当延长后熟化时间及稍微提高温度可改善性能。液态芳香族二胺 DADMT 与 TDI-PTMEG 预聚体生产浇注弹性体时在 100℃ 后熟化 16h，可得到良好的性能，见表 5-7。

■表 5-7　后熟化条件与弹性体的性能关系

性　能	后熟化条件		
	100℃、2h	100℃、16h	130℃、16h
硬度(邵尔 A)	88	88	88
拉伸强度/MPa	33.7	49.2	60.1
伸长率/%	500	410	515
100%模量/MPa	7.1	7.9	7.9
300%模量/MPa	12.3	13.7	12.4
C 形撕裂强度/(kN/m)	59.5	64.8	90.2
撕裂强度/(kN/m)	14.2	15.4	21.0
压缩永久变形/%	34	33	27
回弹率/%	47	45	44

浇注入模后，提高固化温度会缩短凝固时间，缩短脱模周期，但若固化温度过高，如在140℃以上时，物理性能又会急剧下降。因此固化温度一般控制在100~120℃。

(4) 熟化时间的影响 浇注型聚氨酯弹性体通常在固化之后物理性能并不能马上达到稳定值，一般需经数天时间的后熟化，才能达到最终物性值。特别对于室温固化弹性体，更应保证熟化时间。

有人把经100~120℃固化的聚氨酯弹性体薄膜试样进行红外光谱测试，发现室温熟化数天后还存在微量的异氰酸酯基，经100℃固化3h后仍有未反应的异氰酸酯基残存下来，这些异氰酸酯基在熟化过程中会慢慢与脲基反应形成缩二脲交联键，或者与空气中的水反应而消失。可以适当延长热熟化时间，以使残留的NCO减少。为了达到最终性能，还需室温放置数天，使聚氨酯分子之间形成氢键。

(5) 预聚体的贮存 由于预聚体中含有活性较大的NCO基团，一般须在充有干燥氮气的密封桶内贮存。另外，在用脱泡机于加热下脱泡时，须注意勿使空气中的水分进入系统内。一般来说，TDI系预聚体可稳定贮存半年时间以上。只要异氰酸酯基含量基本上无变化，对制成的弹性体的物理性能影响就很小。长时间的存放，预聚体的NCO含量会有所降低，故制得或购得预聚体后，最好尽快用于生产，不宜久存。

对预聚体铁桶加热，降低黏度，有利于预聚体的取出和称量。但若经常对预聚体长时间加热，会使预聚体所含异氰酸酯基减少、黏度上升，使预聚体贮存稳定性下降。

对于预聚体NCO含量降低、黏度增大的问题，若预聚体中没有发现凝胶结块等现象，可采用添加TDI或与NCO含量稍高的同类新鲜预聚体混合的方法进行补救，以提高NCO含量，降低黏度。

(6) 注模时的环境 浇注弹性体的物性还受浇注时空气中水分的影响，尤其在夏季高温多湿的情况下，制品的强度会因此而大幅度地降低，降低的程度随预聚体的不同而不同。对于中硬度弹性体则影响较大。浇注时注意空气湿度，可在一定程度上防止物理性能的降低。

5.3.4 浇注弹性体种类、配方及性能

根据低聚物多元醇、多异氰酸酯的品种不同，浇注型聚氨酯弹性体类型较多，下面列举一些配方及其性能例。

5.3.4.1 TDI基浇注型弹性体

(1) 聚酯-TDI-MOCA浇注型聚氨酯 几种由不同分子量聚己二酸乙二醇酯二醇（PEA）制得的低、中及高硬度浇注型聚氨酯弹性体的配方和性能见表5-8。

■表 5-8　聚酯-TDI-MOCA 浇注型聚氨酯的配方及性能

项目	配方类型		
	低硬度	中硬度	高硬度
预聚体配方/质量份			
PEA	200（$M=2000$）	100（$M=1000$）	100（$M=840$）
TDI-80	34.8	34.8	32
NCO 质量分数/%	3.6	6.2	4.1
浇注胶配方/质量份			
预聚体	100	100	100
MOCA	10.37	18.7	12
混合温度/℃	100	80	
熟化条件	110℃×16h	110℃×16h	
弹性体性能			
邵尔 A 硬度	31	56	90
拉伸强度/MPa	45.3	50.3	32.5
伸长率/%	750	525	340
100% 模量/MPa	4.0	11.0	7.3
玻璃化温度/℃	-32	-16	
撕裂强度/(kN/m)	—	—	6.37
压缩永久变形/%	—	—	24

(2) 聚醚-TDI-MOCA 浇注型聚氨酯　聚醚型浇注型聚氨酯弹性体一般以聚四氢呋喃二醇（PTMEG）为软段的弹性体为主。以聚氧化丙烯二醇为基础的弹性体强度较差，一般很少用于制备浇注型弹性体制件。

一种邵尔 A 硬度为 70~75 的 PTMEG-TDI 浇注型弹性体，预聚体配方为：PTMEG（$M=1000$）1000 份，TDI-80 461.1 份，制得的预聚体中 NCO 质量分数为 9.5%。浇注配方为：预聚体 100 份，MOCA 27.2 份。

制得的聚氨酯弹性体物性为：

　　邵尔 A 硬度　　　　　　　73
　　拉伸强度/MPa　　　　　　62.1
　　100% 模量/MPa　　　　　 32.1
　　伸长率/%　　　　　　　　210
　　撕裂强度/(kN/m)　　　　 19.3
　　回弹率/%　　　　　　　　45

5.3.4.2　MDI 基聚氨酯浇注弹性体

与常规的 TDI-MOCA 浇注聚氨酯弹性体体系相比，MDI-二醇浇注弹性体体系具有挥发性低等优点。

但 MDI 浇注体系存在加工性能差的缺点，如 MDI 稳定性比 TDI 差，在加工中连续受热时，会发生交联现象；MDI 预聚体采用二醇扩链剂固化速率偏慢，在未熟化的制品中产生收缩应力，引起制品的撕裂、龟裂和孔穴，造成较高的废品率。性能良好的 MDI 预聚体可克服贮存稳定性和加工性能差的弱点，弹性体性能可与 TDI-MOCA 相媲美。通过采用半预聚体法提高了 MDI 基浇注胶的配方变化幅度，可使制品的硬度从邵尔 A50 到邵尔 D70 调节。

MDI 基聚酯型和聚醚型聚氨酯浇注弹性体一般用二醇作扩链剂，最常用的为 1,4-丁二醇，特殊的可用 HQEE 等。

(1) MDI-BD 体系聚氨酯浇注胶 一种聚酯-MDI-BD 浇注型聚氨酯的性能如下：

浇注胶配方（质量份）

聚酯-MDI 预聚体（M_n/f=655）	100
1,4-丁二醇（扩链系数 0.95）	6.34

操作条件

预聚体/固化剂温度	90℃/60℃
适用期（釜中寿命）/min	8
后熟化条件	120℃×24h

弹性体性能

邵尔 A 硬度	85
100%模量/MPa	6.0
300%模量/MPa	10.3
拉伸强度/MPa	44.7
伸长率/%	555
撕裂强度/(kN/m)	95.1
回弹率/%	37
压缩变形（70℃×22h）/%	40

(2) MDI-HQEE 聚氨酯浇注胶 氢醌-双(β-羟乙基)醚（HQEE）是一种芳香族二醇，MDI-HQEE 型聚氨酯弹性体与 TDI-MOCA 弹性体相比，具有较高的力学性能（如硬度、拉伸强度、撕裂强度和回弹率等）、较低的压缩变形和滞后损失、优异的水解稳定性及耐高温性能。邵尔 A 硬度为80～85 的聚醚型 MDI 预聚体-HQEE 体系的回弹率最高可达 60%左右，室温 Ross 弯曲强度比 TDI-MOCA 弹性体高 9 倍。聚酯-MDI-HQEE 体系的性能比聚醚型还要好。用于 TDI-MOCA 体系的加工设备略加改造，即可用于 MDI-HQEE 体系浇注型聚氨酯的制造。并且由于这种浇注型聚氨酯的交联键是脲基甲酸酯键，加热到一定温度可分解，这种浇注胶还可像热塑性聚氨酯那样用于注射和挤出成型，可回收利用。

制备 MDI-HQEE 浇注型聚氨酯的常规工艺过程为：将 MDI 预聚体和 HQEE 分别加热至 110℃，并在真空下脱气 3～5min，然后将两个组分在

110～120℃的温度下充分混合并减压脱泡，倒入预热到 110～120℃的模具中，在 110℃熟化至凝胶，从模具中取出制品，再放入 110℃烘箱中后熟化 16h，并在室温存放 7 天，以达最佳物理性能。要注意 HQEE 在 110℃以下会结晶析出，所以混合和模具温度不宜低。

一种聚酯-MDI-HQEE 聚氨酯浇注胶配方和性能如下。

配方

  聚酯-MDI 预聚体 [w(NCO)＝6.5％]/质量份 100
  扩链剂 HQEE/质量份 14.1
  异氰酸酯指数 1.1

加工条件

  预聚体温度/℃ 110
  扩链剂温度/℃ 115
  浇注温度/℃ 110
  适用期/min 7
  开模时间/min 25
  总模塑时间/min 120
  后熟化条件 110℃×16h，23℃×7d

弹性体性能

  邵尔 A 硬度 92
  拉伸强度/MPa 28.3
  伸长率/％ 610
  撕裂强度/(kN/m) 40.3
  压缩永久变形/％ 17.5

5.3.4.3 其他热浇注体系

(1) NDI 基浇注聚氨酯 NDI 基浇注聚氨酯弹性体具有以下特点：①弹性体耐热性好，NDI-丁二醇硬段一直到 320℃时还未熔融，而 MDI-丁二醇和 TDI-丁二醇硬段分别在 230℃、210℃熔融；②撕裂强度和回弹高，耐磨性好，永久变形低；③在较宽的温度变化范围内，弹性阻尼值较低，它在 20～80℃下显示最低的阻尼值，因而在动态条件下，内生热较低，在高动态负荷下，比 TDI 和 MDI 体系更经久耐用；④通过改变 NDI 和聚酯的比例，就可制备较宽硬度范围的产品。

NDI 类弹性体一般由预聚体法合成。先在 120～130℃下合成预聚体，再与扩链剂 1,4-丁二醇反应，在 110℃下硫化成制品。NDI 预聚体稳定性差，必须在生产 NDI 弹性体时制备新鲜预聚体。

NDI 弹性体可用于实心轮胎。由于该品种具有较高的负荷承载能力，其实心轮胎可比同样尺寸的传统材料多承受 1/3 的重量，与其他聚氨酯弹性体相比，其负荷承载能力超过 TDI-聚醚型的 42％，超过 MDI-聚酯型的 14％。

NDI-聚酯-扩链剂合成的浇注型聚氨酯弹性体早在 1950 年就被 Bayer 公

司开发，1952年工业化，该类型弹性体商品牌号为 Vulkollan。

几种 NDI-聚酯-BD 浇注型聚氨酯弹性体的配方和性能如下。

配方/质量份	1	2	3	4
聚己二酸乙二醇酯($M=2000$)	100	0	100	100
聚己二酸乙二醇丁二醇酯($M=2000$)	0	100	0	0
1,4-丁二醇	2	2	1.38	7
三羟甲基丙烷	0	0	0.92	0
NDI	18	18	18	30
釜中寿命/min	4	4	5	1
脱模时间/min	25	25	45	10
弹性体性能				
邵尔 A 硬度	80	85	65	94(D44)
拉伸强度/MPa	48.7	24.3	29.1	27.2
300%定伸模量/MPa	6.9	6.4	4.9	17.2
伸长率/%	650	650	600	450
撕裂强度/(kN/m)	54.9	44.1	23.5	68.6
磨耗损失/mm³	40	65	50	55
压缩变形/%				
20℃×70h	7	9.5	12	5
70℃×24h	17	22	22	14
100℃×24h	43	47	55	27
回弹率/%	50	55	47	45

通常用二胺扩链的 NDI 基聚氨酯弹性体撕裂强度较高，而拉伸强度低于二醇及水扩链的 NDI 基聚氨酯弹性体。

(2) HMDI 基聚氨酯浇注弹性体 HMDI 即氢化 MDI（又称 $H_{12}MDI$），是一种脂环族二异氰酸酯，制成的聚氨酯弹性体具有不变黄性，用于对色泽有特殊要求的制品。一种聚醚-HMDI-二胺浇注体系的配方及性能如下。

PTMEG($M=2000$) 与 HMDI 以摩尔比 2∶1 制成预聚体，以甲苯二胺扩链，扩链系数 1.00。浇注后制品在 110℃熟化 16h。

弹性体性能	
邵尔 A 硬度	94
拉伸强度/MPa	40.0
100%模量/MPa	10.7
回弹率/%	38
玻璃化温度/℃	69

(3) HDI 基浇注型聚氨酯 HDI 是一种脂肪族二异氰酸酯，几种 HDI-聚酯-二胺浇注型聚氨酯的配方及性能如下。

配方/质量份			
聚酯（羟值 50mg KOH/g）	PEA, 100	PEA, 100	PPA, 100
HDI	13	13	10
二胺扩链剂	MDA, 5	TDA, 6.5	TDA, 6.5
弹性体性能			
邵尔 A 硬度	90	69	70
拉伸强度/MPa	26.3	26.1	12.3
300%定伸模量/MPa	7.8	3.9	2.5
伸长率/%	680	710	707
撕裂强度/(kN/m)	206	140	110
回弹率/%	53	57	54

注：PEA 代表聚己二酸乙二醇酯二醇；PPA 代表聚己二酸丙二醇酯二醇；MDA 代表二苯甲烷二胺；TDA 代表甲苯二胺。

(4) PPG 型浇注聚氨酯 通常聚氧化丙烯（PPG）型聚氨酯弹性体的机械强度不高，在浇注型聚氨酯弹性体系列中用量较少，但 PPG 黏度小、预聚体黏度低，弹性体具有良好的耐水性、低温性能，可用于制造混凝土模具、胶辊等制品。

可采用两步法合成浇注型聚醚聚氨酯弹性体。预聚体真空脱泡，加热到 90℃左右加入预先熔化的 MOCA，剧烈搅拌后，浇注到模具内，加热硫化。脱模后的制品再进行后熟化 24h，即成制品。一种硬度为邵尔 A87 的 PPG-TDI-MOCA 弹性体，拉伸强度、伸长率及扯断永久变形分别为 25MPa、350%及 3%。

5.3.4.4 室温浇注型聚氨酯弹性体及灌封胶

在弹性体制件实际生产中，浇注型弹性体以热浇注、热固化为主，即把预聚体加热，然后与熔化的芳香族二胺类固化剂或二元醇固化剂混合，然后再经高温熟化。此法的优点是脱模快、效率高、弹性体性能好，缺点有：固化剂和预聚体升温加热时会挥发出有害物质，对操作人员健康不利；多次加热，可能使预聚体慢慢变质，从而造成黏度增加，并可使弹性体物性下降；由于需在较高温度下混合、固化及后熟化，耗费能量，增加了成本。

人们开发了操作方便、安全的室温固化浇注型聚氨酯弹性体的制备方法，可用于特殊应用场合，如用于不能加热或无法加热的部件的生产。室温固化型浇注胶主要用于制备低模量产品，如作为运动场地的铺装材料、电子设备的灌封材料以及填充轮胎等。

室温浇注及固化的弹性体的制备方法有多种，采用的低聚物多元醇一般是液态的聚酯、聚醚多元醇及聚丁二烯等,扩链/交联剂(固化剂)有液态或固体芳香族二胺、低分子量聚酯或聚醚二醇等,异氰酸酯一般是 TDI 或液化 MDI。

(1) 聚醚(聚酯)-MOCA 系室温固化浇注型聚氨酯　MOCA 常温下为固体,为了便于室温浇注,可把它与多元醇加热混合,也可与增塑剂加热混合,以冷却到室温不析出固体及不分层为宜。

【实例】　一种由聚四氢呋喃二醇、TDI、MOCA 为主要原料,以半预聚体法制备室温浇注弹性体的配方及性能如下。

异氰酸酯组分配方(质量份)

PTMEG(羟值 131.5mg KOH/g)	100
TDI-100(2,4-TDI)	39.1
TDI-80	13.7

活性氢组分配方(质量份)

PTMEG(羟值 103)	100
MOCA	39.9
三亚乙基二胺	0.35
乙酰丙酮锌	0.2

浇注配方(质量份)

异氰酸酯组分	212
活性氢组分	140.5

注：异氰酸酯组分先由 PTMEG 与 TDI-100 加热合成预聚体,再与 TDI-80 混合而得。活性氢组分中聚醚先加热减压脱水,再加入 MOCA 和催化剂,升温混合均匀,冷却。将冷却至 20℃ 的两个组分混合均匀,脱泡,浇注到模具中,釜中寿命约 7min。

不同的固化温度对制得的弹性体性能有影响,见表 5-9。

■表 5-9　固化温度对 PTMEG-TDI-MOCA 室温浇注弹性体性能的影响

性　　能	固化温度/℃		
	25	63	100
后熟化条件	25℃×24h	60℃×5h	60℃×5h
脱模时间/min	180	28	13
弹性体物性			
邵尔 A 硬度	85	92	91
100%定伸模量/MPa	6.4	7.5	7.6
300%定伸模量/MPa	13.2	13.9	14.4
拉伸强度/MPa	44.2	55.2	57.6
伸长率/%	480	510	510
撕裂强度/(kN/m)	83	111	108

(2) HTPB 基浇注型聚氨酯弹性体 聚丁二烯型聚氨酯弹性体具有优异的电性能，极佳的水解稳定性和耐腐蚀性，可用于室温固化电器灌封胶、水下密封材料等。

制备方法：将脱过水的 HTPB 及适量的增塑剂（如邻苯二甲酸二丁酯）混合物在 60℃以下加入计量的 TDI，控制反应温度为（80±5）℃，反应 2h，制得预聚体；将计量的扩链剂及助剂加入三口烧瓶中，（90±5）℃下脱水 2～4h，冷却，即制得固化剂。将固化剂及预聚物按一定比例混合，充分搅拌后浇注到涂有脱模剂的模具中，放到真空干燥箱内脱气后取出熟化，制得弹性体。在配方中添加无机填料如 ZnO、Al_2O_3 及 $CaCO_3$，不仅可以降低成本，而且有一定的补强作用，对热收缩性、电性能等可以得到某种程度的改善。一种 HTPB 型聚氨酯弹性体介电常数 2.7～3.2，表面电阻 $(1～2)\times 10^{15}\Omega$，体积电阻率 $1\times 10^{15}～1\times 10^{16}\Omega\cdot cm$，击穿电压 20～32kV/mm。

扩链剂品种对灌封胶的性能影响较大，用 2,4-二氨基-3,5-二甲硫基甲苯（DADMT）扩链，弹性体的强度较高，用 N,N'-双（2-羟丙基）苯胺（BHPA）扩链剂制得的弹性体强度及硬度较低。对不同性能要求的灌封胶，可选择不同 NCO 质量分数的预聚体及扩链剂。

5.3.5 浇注聚氨酯弹性体的发展

各种硬度的常规双组分浇注体系和单组分的（封闭型）浇注体系都有开发。

原 Lyondell 公司利用低不饱和度新型聚醚开发了新的应用领域，如弹性体、胶黏剂、密封胶，其中新型聚醚配成的 Accuflex 多元醇体系，用于生产微孔聚氨酯鞋底。

快速成型聚氨酯是近年来浇注型聚氨酯的开发重点，它提高了生产效率，可用于制作原型。有几个公司开发了新产品。如 Ciba 特殊化学品公司开发一种快速固化产品，凝胶时间 35～60s，能够在 15～30min 脱模，制品弯曲模量高达 2980MPa，弯曲强度达 114MPa，Izod 冲击强度为 46.5J/m。

端羟基聚丁二烯（HTPB）制成的聚氨酯具有优异的耐水解性、耐化学品性、低温柔性及电绝缘性能。法国 Elf Atochem 公司最近又开发了一种端羟基聚异戊二烯 Poly IP，以及相应的氢化聚异戊二烯二醇 EPOL。以 Poly IP 为基础的聚氨酯除了具有与 HTPB 同样优异的弹性体特性外，还具有更高的力学性能。这些聚氨酯弹性体用于电子元件的灌注和包封材料。基于 EPOL 的聚氨酯具有较高的热稳定性。

耐热性 PU 弹性体是国内外致力研究的高性能弹性体，据报道，一种主要方法是引入噁唑烷酮结构，是用异氰酸酯与环氧树脂反应而成。最高具有 300℃的 T_g，耐高温性能良好，还具有良好耐化学品性、阻燃性（UL94 V-0）和较低的热膨胀性。

由普通工艺以 TDI 为原料制得的 PU 预聚体中,一般含有百分之几的游离 TDI,从而使预聚体具有刺激而有毒的气味,当将其加热固化时,气味更大。低游离异氰酸酯单体含量的预聚体国外已有产品出售,国内也有开发。低 TDI 含量预聚体与同样 NCO 质量分数的相同原料的预聚体相比,具有稍长的适用期,较快的脱模时间及较好的性能。

5.4 热塑性聚氨酯

5.4.1 概述

热塑性聚氨酯弹性体简称 TPU,又称 PU 热塑胶,是一种由低聚物二元醇软段与二异氰酸酯-扩链剂硬段构成的线型嵌段共聚物。

TPU 的主要用途有:汽车部件及机器零件、运动鞋底、胶辊、电线电缆、软管、薄膜及薄板、织物(涂层及高弹衣袜等)、磁带黏合剂、织物涂料、胶黏剂等。

TPU 按软段结构可分为聚酯型、聚醚型等。根据结构特点分类,TPU 可分为全热塑型和半热塑型。前者分子之间不存在化学交联键,仅以氢键为主的物理交联键,可溶于二甲基甲酰胺等溶剂;后者分子之间含有少量脲基甲酸酯化学交联键,这些化学交联键在热力学上是不稳定的,在 150℃ 以上的加工温度下会断裂,在成型冷却后又会重新再生。少量化学交联键的存在对改善制品的压缩永久变形和扯断永久变形性能起着重要的作用。

与其他热塑性塑料相似,热塑性聚氨酯在室温下具有橡胶弹性或塑料特性,在高温下会熔融,变为黏流体并能按照热塑性塑料加工方式加工。热塑性聚氨酯靠分子间的氢键形成物理交联,具有较高的机械强度。热塑性聚氨酯与浇注型聚氨酯的主要差别在于加工成型方法的不同以及扩链剂品种的不同。热塑性聚氨酯可由本体熔融法聚合或溶液法聚合。商品 TPU 通常是粒状,可采用热塑性塑料加工方法如挤出、注射、压延、吹塑、模压等方法,制成各种形状的制品或复合制品,其中以挤出成型和注射成型应用最多,约占 70% 以上。TPU 还用于制造弹性纤维、合成革树脂、胶黏剂和涂料等。

5.4.2 TPU 基本合成工艺

热塑性聚氨酯弹性体可通过预聚体法、一步法和半预聚体法合成。一步法工艺简单、生产效率高,弹性体的性能较好,工业生产一般采用一步法。TPU 生产工艺有间歇本体法(又称熔融法)、双螺杆本体连续法、溶液聚合法等。

热塑性聚氨酯弹性体一般是由聚酯或聚醚多元醇、二异氰酸酯或/及小分子二醇扩链剂反应而成。为了改善制品性能，可在合成时加入少量助剂。有的助剂也可在 TPU 粒料加工成型时添加。

由聚酯二醇或聚醚二醇 MDI 和 1,4-丁二醇合成颗粒，其主反应的反应式如下：

$$HO-OH + OCN-Ar-NCO \longrightarrow [O-OCONH-Ar-NHCO]_n$$

在一定的温度下以及在微量水分或微量金属杂质等的存在下，合成过程中可能存在生成脲以及脲基甲酸酯、缩二脲等交联键的副反应，反应式在第 2 章已述。

在合成前，一般根据需要预先设计各种原料的用量，例如通过设计低聚物二醇与二异氰酸酯、二醇扩链剂的摩尔比，根据各原料的分子量分别计算其投料量。通常异氰酸酯指数在 0.97~1.03 之间。

由于体系中很少量的水就可消耗可观量的二异氰酸酯（18g 水可与 250g MDI 完全反应），影响反应原料的实际配比，故合成 TPU 之前二醇原料必须严格脱水干燥，控制水分在 0.15％以内。

5.4.2.1 间歇式本体法

间歇式本体法聚合工艺适合于实验室制备及小规模生产。其优点是设备简单、操作简便，缺点是产品质量不稳定，影响 TPU 的加工性。批量生产一般采用一步法。预聚体法可用于小规模的试验。

(1) 预聚体法生产工艺 在反应容器中加入计量的预干燥的聚醚二醇和二异氰酸酯，在不断搅拌下升温至 80℃，抽真空反应 30~60min，通氮气解除真空，加入计量好的二醇扩链剂，快速搅拌，抽真空脱气，物料温度逐渐上升到 120℃，黏度明显增加，停止搅拌，解除真空，迅速将仍有流动性的反应混合物注入预先准备好的聚四氟乙烯盘中，放入烘箱内，在 110~130℃熟化 2~3h，冷却，从盘内取出，然后粉碎造粒，即得聚氨酯热塑胶。

(2) 间歇一步法生产工艺 将计量聚酯二醇（或聚醚二醇）和小分子二醇加入反应釜中，加热升温到 100~120℃，真空脱水 2h 左右（真空度 665~1330Pa），使水分含量低于 0.05％，通氮气解除真空，冷却到 80℃左右，快速加入二异氰酸酯（MDI 需预热至液态）并搅拌，然后抽真空脱气，在 90~120℃搅拌反应数分钟，黏度显著增加后，将反应混合物倒入聚四氟乙烯模具或涂过脱模剂的盘中，在 100~120℃熟化 2~4h，冷却，从盘内取出，然后造粒，即得 TPU 胶粒。为了预防物料凝胶而板结在反应釜中，也可直接在敞开式圆形反应容器中反应。

间歇法小批量制备的热塑性聚氨酯，由于短时间的剧烈搅拌难以保证体系完全均匀，并且各处的温度不一定相同，故一般需将得到的 TPU 胶块或胶粒进行均匀化处理，即：把胶块切碎成小块胶粒，可把不同批次的胶粒掺混在一起，在加工温度下，在注塑机、挤塑机或混炼机上挤出或压延，再切粒，这样有利于制品质量的提高。

间歇法操作反应速率不易控制,产物出料较困难,生产效率低,产品质量不稳定,不适合大规模工业化生产。对于规模生产 TPU 胶粒,间歇法工艺显得落后,一般采用连续化、机械化生产。

5.4.2.2 连续本体法

连续合成 TPU 工艺基本上采用一步法投料,是将原料的计量、输送、混合、反应以及熔融 TPU 的造粒等工序以流水作业线形式连续进行的聚合工艺。工业上大批量生产 TPU,一般采用机械自动计量混合设备,具有计量准确、混合均匀、批间重复性、稳定性好,TPU 加工性能好等优点,缺点是设备投资高。

将脱过水的聚酯二醇或聚醚二醇、二醇类扩链剂和二异氰酸酯从贮槽中经计量泵抽出后,送入混合头,物料在混合头中经剧烈混合,停留很短时间后送出。可通过熔融加工方法或浇注加工方法制备粒料。一般可分为传送床连续化生产工艺和双螺杆连续化生产工艺。

(1) 传送床连续化生产工艺 先将低聚物二醇和二醇扩链剂加热减压脱水,将 MDI 加热熔化,分别用计量泵按比例准确计量,送入反应器中,在氮气保护和 80℃温度下,快速搅拌反应 5min,将熔融反应物料浇注到载于输送带上的预先涂好脱模剂的钢盘或聚四氟乙烯盘中,该输送带置于 100℃的熟化炉内,连续浇注的物料在传送带上边移动,边熟化。再冷却至一定温度并保持一定时间,便送至造粒装置中造成颗粒。固化后的胶块自动进入粉碎机中,将大块片料破碎成小颗粒,经干燥后包装。破碎后小颗粒也可再经挤出机造粒制得均匀粒状产品。TPU 粒料需贮存在隔绝空气、干燥和避光容器中,以备加工成型使用。

(2) 双螺杆连续化生产工艺 双螺杆连续法生产工艺流程为:将经预脱水的低聚物二醇和二醇扩链剂以及预熔的 MDI,分别通过计量泵准确计量后输送入高速混合器混合,混合物料进入 100℃左右的双螺杆反应器中,在一定的螺杆转速下,连续反应和移动,经双螺杆反应器的不同分段温度区反应一定时间后,由机头挤出胶条,并牵引进入水槽冷却。造粒冷却后的胶条经造粒机切粒,胶粒在 100~110℃的烘箱中干燥,冷却后,即可包装。

双螺杆连续反应挤出机是一种较为理想的 TPU 反应装置。该方法目前已成为 TPU 的主流生产工艺。它具有许多特点:在高温高压下进行反应,温度 140~250℃、压力 4~7MPa,可确保副反应降到最低限度,高压可基本上抑制生成气体的副反应;产品质量稳定;在双螺杆挤出机中混合速率高,这样可防止反应物黏附在杆轴和筒壁上,防止因停留时间过长而产生不均匀的情况。双螺杆连续反应法生产的 TPU 质量好,这是间歇法无法相比的。它生产的 TPU 可用于制造弹性体部件、塑料、纤维和胶黏剂等。

5.4.2.3 溶液法合成 TPU 溶液

在有机溶剂中加入二醇及二异氰酸酯进行溶液聚合,一般用于制备胶黏剂、合成革树脂和弹性涂料用的 TPU 溶液。溶液聚合一般采用极性溶剂，如二甲基甲酰胺、甲苯、二氧六环、甲乙酮等。

溶液法的优点是反应平稳、缓慢、易控制，均匀性好，能获得线型聚氨酯。缺点是对溶剂纯度要求高，要求溶剂不含水、醇、胺、碱等杂质；溶剂易挥发，可造成环境污染；胶膜强度没有本体聚合法高。

合成革树脂、溶剂型聚氨酯胶黏剂等通常采用溶液聚合法合成，得到带少量羟基的热塑性聚氨酯弹性体的溶液。

溶液聚合法有一步法和预聚法。可把所有原料一起加入反应容器中，在一定温度下进行反应；也可以先把聚酯二醇、扩链剂和 MDI 加入反应容器中进行反应，待黏度增加后再分步加入溶剂。直到反应体系的黏度和固含量达到规定值，降温至 50℃ 左右，过滤出料。

5.4.2.4 TPU 合成配方及性能例

【实例1】 一种聚酯型 TPU 配方及性能如下。

配方（质量份）

聚己二酸丁二醇酯二醇（羟值 106mg KOH/g，酸值 2mg KOH/g）	100
邻苯二甲酸二羟乙基酯	24.2
二苯基甲烷二异氰酸酯（MDI）	47.8

弹性体物性

拉伸强度/MPa	75
伸长率/%	400
永久变形/%	15

【实例2】 一种耐热型 TPU 采用含苯环的二醇扩链剂，其配方、制备方法及性能如下。

配方（质量份）

聚四氢呋喃二醇（羟值 106）	100
MDI	43.0
1,4-二羟甲基苯	10.76

制备方法：首先将 PTMEG 在 120℃、399Pa 真空下脱水干燥 1h，然后加入 MDI，搅拌反应 10min，再加入二羟甲基苯，继续搅拌 15min，倒入预先涂有脱模剂的容器中，在 130℃ 加热器内静置 3h 左右，即得热塑性聚氨酯弹性体。

弹性体物性

拉伸强度/MPa	42
伸长率/%	800
永久变形/%	25
软化点/℃	190

其耐磨耗性（按 ASTM D-394-47NBS 法）为天然橡胶的 2.5 倍。

热塑性聚氨酯弹性体（TPU）作为鞋用材料，如鞋底、运动鞋底、靴等，正得到越来越广泛的应用。该种 TPU 不仅要求高度的耐磨性，耐破损,而且要保持优良的力学性能,如低温下的高耐冲击性及良好的蠕变性能。该 TPU 可通过聚酯和聚醚混合二元醇、二元醇链增长剂和二异氰酸酯,采用双螺杆挤出机制备。

【实例3】
配方(mol)

聚己二酸丁二醇酯二醇($M=2000$)	1	0.925
聚四氢呋喃二醇($M=2000$)	—	0.075
1,4-丁二醇	8.5	8.5
MDI	9.60	9.40
蜡润滑剂(质量分数)/%	0.10	0.12
抗氧剂(质量分数)/%	0.10	0.12

物性

邵尔 D 硬度	65	67
拉伸强度/MPa	68.3	70
伸长率/%	384	383
压缩变形(22h×70℃)/%	45.2	51
缺口冲击强度(−20℃)/(kJ/m^2)	3.0	8.0
弯曲模量(20℃)/MPa	256	218
耐磨性(DIN53516)/mg	40	41
耐磨性(3.5kg 负荷,56r/min,10min)/mg	>2000	230
撕裂强度/(kN/m)	224	239

若聚氨酯链中含有叔氨基、侧链中含有羟基,可提高颜料、无机填料在聚氨酯溶液中的分散性,并且可改善与其他树脂的相容性。以下为一种含叔氨基热塑性聚氨酯的溶液聚合的配方及合成方法。

【实例4】
配方(质量份)

聚己二酸丁二醇酯二醇($M=2000$)	1000
MDI	250.3
N-异丙醇二乙醇胺	84.8
二月桂酸二丁基锡	0.1
甲乙酮	2480

制备方法:将计量好的聚酯二元醇、MDI 加入反应釜,在 80~90℃反应 3h,然后加入 1335 份甲乙酮及 N-异丙醇二乙醇胺、催化剂,在 60~70℃进行反应,最后加入 1145 份甲乙酮进行稀释。所得热塑性聚氨酯溶液固含量为 35%,25℃黏度为 26Pa·s,羟值 0.39mmol/g,叔氨基含量为 0.39mmol/g。

5.4.3 TPU 加工成型工艺

热塑性聚氨酯常以颗粒状形式出售，可以说它是一种半成品，能用多种方法加工成型。TPU 可以无需添加任何助剂而直接加工。加工方法可分为熔融加工和溶液加工两大类。熔融加工是最主要的加工方式。根据制品的形状、大小和粒料的加工特性，热塑性聚氨酯弹性体可采用挤出成型、注射模塑、压延成型、吹塑薄膜等熔融加工方式加工。注射模塑和挤出成型是 TPU 广泛采用的加工方法。

一般来说，在 TPU 硬链段氨基甲酸酯等基团或链段之间形成的氢键，是物理交联键，是 TPU 具有良好物理性能的主要因素之一。在加热及剪切力作用下，这种物理交联受到可逆性的破坏，TPU 熔融，可加工成各种形状。冷却后形成氢键，又形成物理性交联。

5.4.3.1 预干燥处理及助剂配料

（1）干燥 聚氨酯是极性聚合物，当其暴露在空气中时会慢慢吸湿。

据报道，一种硬度为邵尔 A80 的 TPU 产品在相对湿度 95% 的环境中 10min 后吸水量达 0.12%，而平衡吸水率达 1.2%；在相对湿度 50% 的环境中平衡吸水率达 0.5%。用吸湿的 TPU 粒料熔融加工成型，水在加工温度汽化，使得制品表面不光滑，内部产生气泡，降低物性。因此 TPU 颗粒最好贮存在密封的低温环境中。如果 TPU 的吸水率超过 0.1%，不仅影响其加工性能和制品外观，而且制品的力学性能明显降低。如含水量 0.033% 的 TPU 制得的弹性体试片拉伸强度、伸长率、压缩变形分别为 40MPa、650% 和 30%，而含水量 0.182% 的 TPU 粒料制得的试片拉伸强度、伸长率及压缩变形则分别为 25MPa、550% 和 50%。若水分在 0.5% 或以上，制品则呈豆渣状开裂，不能成型。

为了保证制品的性能和防止熔融加工时水分汽化引起的气泡，在 TPU 加工之前，一般需对粒料进行干燥处理。例如可放在浅盘里，于 100～110℃ 的鼓风烘箱干燥 1～4h，并经常翻动。大规模生产时，可采用料斗式干燥器。若 TPU 胶粒水分在 0.1% 以下，可直接用于注射成型加工。为了检查 TPU 胶粒是否需要预干燥步骤，可取热塑胶颗粒放在铁板上熔化，观察是否产生气泡来判定。

（2）助剂 一般情况下 TPU 可不配合其他材料，直接注塑或挤塑成型。但有些 TPU 加工时加入某些配料可改善加工性能或物性。功能助剂有润滑剂、减摩剂、增塑剂、水解稳定剂、光稳定剂、阻燃剂、防霉剂及填料等。TPU 挤出成型时添加 1%～4% 的润滑剂可降低剪切生热、降低物料压力，有助于料流的稳定挤出，改善加工性能，防止 TPU 熔融挤出时在口模附近的黏附，有利于管材表面光洁度的提高。最佳的润滑剂是硬脂酸钡、硬脂酸锌等硬脂酸盐或酯类。

添加抗氧剂对 TPU 制品老化性能的影响见表 5-10。

■表 5-10　TPU 中添加抗氧剂 1010 后的性能

性　　能	抗氧剂 1010 用量/%			
	0	0.4	0.6	0.8
拉伸强度/MPa				
老化试验前	46.1	48.8	49.1	46.1
105℃×100h 老化后	27.3	49.1	48.9	45.9
105℃×200h 老化后	18.3	47.8	39.1	39.6
伸长率/%				
老化试验前	421	390	413	405
105℃×100h 老化后	360	470	481	480
105℃×200h 老化后	318	488	448	446

又如，在 TPU 中添加 0.4%的抗氧剂 1010 和 1%的炭黑，初始拉伸强度、伸长率和邵尔 A 硬度分别为 50.8MPa、417%和 93，经曝晒 2 个月后的物性数值分别为 47.2MPa、413%和 94。但不加抗氧剂和炭黑的 TPU 经 2 个月曝晒后上述物性值分别为 14.5MPa、288%和 95。

一种由 PBA、MDI 及 BD 制得的 TPU，在加入 1%粉状四羟基苯乙烷四缩水甘油醚（环氧树脂类水解稳定剂）后注射成型，制得的 TPU 具有良好的耐水解性能，见表 5-11。

■表 5-11　加入环氧类水解稳定剂后 TPU 的耐水解性能

性　　能	沸水浸泡时间/h		
	0	48	96
邵尔 A 硬度	93	90	90
拉伸强度/MPa	42	32.5	27.5
伸长率/%	700	745	805
100%定伸模量/MPa	5.9	6.9	4.5
300%定伸模量/MPa	14.3	15.3	13.2

TPU 制品的着色可添加色糊、浓色母料粒料等，加入量为：色母料 1%～4%，或色糊 0.5%～1%，或颜料 0.2%～0.5%。使用纯颜料时需避免混合不均匀而在制品中出现色点。

5.4.3.2　挤出成型

硬度在邵尔 A 92 以下的 TPU 适合于用挤出机加工成型。异型件、软管、电缆外套、薄膜等聚氨酯制品都可用挤出机连续生产。

挤出成型的工艺过程：将干燥 TPU 粒料，由料斗加入挤出机的料筒，加热后，由旋转的螺杆传送并热塑化，从口模挤出，冷却定型，整理修饰。

TPU 的挤出成型中，选择挤出机类型是很重要的，一般长径比在 20～28 的单螺杆挤出机较为合适，另外，压缩段、均化段都较长，均化段的槽深比一般塑料用螺杆浅一些，螺杆的压缩比（进料口面积与出料口面积之比）为(2.5∶1)～(3.5∶1)较为适宜。

TPU 的挤出温度与其物性有关，一般硬度越大，挤出温度越高。对一种特定牌号的 TPU，都有相应的挤出加工温度范围。挤出机料筒的温度通常分别为：送料段 140～160℃，熔化段 160～180℃，计量段 180～190℃，机头 185～190℃，口模 185～195℃。实际采用的温度根据 TPU 的硬度、类型等进行调整。TPU 的熔融温度范围较窄，温度微小变化都会造成黏度急剧变化。温度的控制是生产性能优良制品的关键，即使温度有 3～5℃ 的变动，也会影响正常的生产。

粒料在加工之前需预热，在加工中粒料温度一般控制在 170～180℃ 的范围内为好。设计 TPU 的最佳挤出温度时，特别对于高硬度材料，温度的变动范围应尽可能窄。TPU 的挤出压力（模具入口部位的压力）也是根据 TPU 的品种而定。

TPU 挤出后，应迅速冷却定型。可直接导入水槽中冷却，也可采用喷水或气流方式冷却。

采用挤出工艺可生产聚氨酯管材、片材、电缆护套、吹塑薄膜等，所用设备除挤出机外，后序设备一般根据产品种类而不同。例如生产管材的设备有挤出机、机头、口模、定型装置、冷却槽、牵引和切断装置等，口模应采用高质量钢材制成，内表面镀铬，尺寸比管材实际尺寸大 20%～30%，以适应熔融牵引工艺。生产 TPU 挤出片材或薄膜时，一般采用柔性唇口模，高黏性熔料经水平挤板口模挤出，空气冷却后的薄片在有温控的辊上缠绕。吹塑薄膜可采用旋转式吹塑口模，熔料由压缩空气吹起成为薄膜，由空气冷却成型。生产电缆电线护套时熔融的物料经导线口模与来自放线盘的运行的金属电线接触，包裹在电线外，导向管使导线在挤出的熔料中央，经水槽冷却后形成弹性护套。可采用挤出机将 TPU 熔料贴合在基材上，这就是挤出熔涂。

5.4.3.3 注射成型

注射成型（注塑）是 TPU 的一种重要的加工手段，通过注塑工艺可生产小于 1g 的精密部件至重达 10kg 的大型制品。TPU 制品一般可采用螺杆式或柱塞式注塑机加工。注射成型的基本工艺为：将干燥预热的粒料加入注塑机的料筒中，经加热熔化呈流动态后，由柱塞或螺杆压送至注射喷嘴，压注入预热的模具中，热熔料充满模腔后冷却成型，脱模修饰后即得到制品。

螺杆注塑机能以均匀的速度使粒料熔融和注射，TPU 加工采用这类注塑机较好。一般螺杆注塑机都有五个温区，由电热丝分段加热料道外壁，可使原料迅速到达熔融温度。螺杆的转动使熔融的 TPU 充分混合，工艺上比较容易控制。往复式螺杆长径比为 16～24，压缩比以 2.5/1～3.5/1 为宜。在熔料筒内添置一个分流梭，可使熔融的 TPU 在注塑前进一步混合均匀。

通常的注射成型温度分别为：加料段 130～150℃，塑化段 140～180℃，计量段160~190℃，喷嘴170~190℃；模具的温度则一般为20~60℃。同样，加工温度、压力等参数的选择取决于TPU的硬度、加热区段的数量及设备规格，对于不同硬度的TPU，熔融温度分别选择：硬度为邵尔A 75~90（邵尔D 28~40）时为180~210℃；硬度为邵尔A 90~95（邵尔D40~52）时为190~225℃；硬度为邵尔A 95以上（邵尔D 52以上）时为210~240℃。操作人员需根据生产出的制品外观及时调整各区的温度。

需要控制的压力有热塑化压力和注射压力。保持一定的热塑化压力是为了使熔体的温度更均匀。由于TPU的熔融黏度较低，使物料充满流道和模具的注射压力较一般热塑性塑料的低。注射压力可在30~100MPa范围内。塑化压力（背压）高可保证塑化和熔料均匀，一般在0.3~2MPa之间。模具温度一般控制在20~60℃，硬度高、结晶度高的制品模具温度要高一些。

还必须控制充模时间和保压时间，在生产中，一般充模时间为2~3s，保压时间为20~120s。冷却时间主要取决于粒料的热性能、结晶性和制件的厚度等因素，这些因素对制品的质量和性能影响较大。TPU模塑周期一般在20~60s。螺杆转速一般为20~80r/min。

5.4.3.4 模压及压延成型

模压工艺比较简单，将粒料和配合料送到密炼机中混炼，经压片后，送到预热的模具中，在1~7MPa的压力下模压1~5min，脱模冷却，即得制品。

压延成型过程一般是：指将TPU熔料及配料送到预热的密炼机中塑炼，再通过2个以上相向旋转的辊筒间隙压延成连续薄片，冷却成型，再牵引出来卷取。一般包括两个阶段：前段是配料、塑炼和向压延机供料，后段包括压延、牵引、冷却、卷取等。塑炼时TPU材料温度一般在140~170℃。

由于TPU熔料黏性大，一般需添加少量润滑剂等助剂。

5.4.3.5 熔融加工工艺的其他问题

(1) 收缩率 TPU成型制品的收缩率与制品的形状、厚度、加工注料时浇口受力方向、成型条件、热塑性聚氨酯的软段类型、硬度等级等因素有关。收缩率范围一般在0.005~0.020cm/cm（即0.5%~2.0%）。树脂硬度与制品收缩率大致上的关系见表5-12。制品收缩率的影响因素较复杂。在模具设计时，可根据实测的类似形状模具制品的收缩率进行修正，把收缩率考虑在内，以获得精确尺寸的制件。

■表5-12 TPU树脂硬度与收缩率关系

硬度（邵尔）	65A	80A	85A	90A	95A	59D	64D
收缩率/%	2.0	1.8	1.6	1.4	1.2	1.1	1.0

(2) 制件的退火处理 脱模后的TPU制品一般需进行热处理（退火），以消除制品中的内应力。一般在80~120℃烘箱或烘房中放置5~20h。如果

未经热处理，在使用之前应在高于 20℃ 的环境下放置 40 天以上。经过热处理，可改善压缩永久变形，提高拉伸强度。

(3) 废旧料回收利用　与热固性聚氨酯、浇注型聚氨酯不同，热塑性聚氨酯废旧料与其他热塑性塑料一样可回收利用。注塑机、挤出机等流道内的 TPU 残料、零件废品等可粉碎，再与新料混合用于制品生产。有些废旧料经历过较长时间高温，性能会降低，如产生部分降解、发生交联、泛黄等，就不宜再用于 TPU 制品生产。回收利用的废旧料需干燥。一般只可用在性能要求不苛刻的制品生产中，在新料中添加 10%～30% 的、干燥干净的旧料。还可将 TPU 废旧料加到其他热塑性塑料如 PVC、ABS 中，以提高这些塑料的弹性和韧性。

5.4.3.6　溶液成型工艺

热塑性聚氨酯弹性体除了可熔融加工外，某些产品在某些强极性溶剂中有较好的溶解性。当有机溶剂挥发或除去后，TPU 树脂一般能结晶成型，因而，可以采用溶液法加工成型，采用流延成膜、刷涂、喷涂和浸渍等工艺进行加工。在加工中的主要控制参数一般包括：聚氨酯溶液的固含量、工作黏度、涂覆后的干燥速率等。

用于溶解 TPU 粒料常用的溶剂有 N,N-二甲基甲酰胺（DMF）、丙酮、甲乙酮（MEK）、乙酸乙酯、甲苯、四氢呋喃（THF）、环己酮等，为了获得良好的溶解性、体系黏度和挥发速率，可采用混合溶剂。采用溶液法生产的 TPU 溶液可直接用于加工。TPU 溶液主要用于合成革/人造革、胶黏剂、涂料及溶液法浇注薄膜等。

合成革及人造革用聚氨酯树脂属于热塑性聚氨酯，一般采用溶液法生产，加入色料及其他助剂的聚氨酯溶液俗称"聚氨酯浆料"，可采用多种加工方式，如干式转移涂层法加工是指将聚氨酯浆料涂覆在离型纸上，溶剂挥发后将胶膜转移辊贴到织物或革基布上而完成加工；湿法加工是指浸渍或涂覆有聚氨酯浆料的"基布"在凝固水浴中浸泡，使 DMF 与水充分交换，在革表层产生一层含微孔的聚氨酯树脂层。详见第 8 章。

为了提高成品的耐热及耐溶剂、耐水性能，可在聚氨酯溶液中加入少量多异氰酸酯交联剂，得到的聚氨酯膜层为交联型聚氨酯。此方法不适用于 PU 革的湿法涂层工艺。

5.5　混炼型聚氨酯弹性体

混炼型聚氨酯弹性体是研制最早的一类弹性体，主要加工特征是先合成贮存稳定的固体生胶，再采用通用橡胶的混炼机械进行加工，制得热固性网状分子结构的聚氨酯弹性体。根据主链软段结构，混炼型聚氨酯（简称混炼胶）可分为聚酯型和聚醚型两大类。

由于聚氨酯对水分敏感，混炼胶在硫化时不能直接用蒸汽加热，加工设备多，耗能大，造成生产成本较高；而且混炼胶的性能低于浇注型和热塑性聚氨酯弹性体，硬度也不能在较宽的范围内调节。因此，混炼型聚氨酯弹性体的发展速度比浇注型和热塑型慢得多，世界上发达国家混炼胶的使用比例都不太高，在聚氨酯弹性体总量中混炼型所占比例不足10%。虽然混炼型聚氨酯弹性体的物理性能稍逊于浇注型或热塑性聚氨酯弹性体，但它仍具有聚氨酯弹性体高耐磨、高弹性、高强度等优良的综合性能，使用温度也比热塑性弹性体高，尤其是能生产其他胶种不适应的制品，运输、贮存时安全、方便。所以混炼型聚氨酯仍然具有一定的市场需求和发展潜力。

混炼型聚氨酯弹性体的生产主要包括生胶的合成及混炼加工两个步骤。生胶中加入补强填料炭黑、硫化剂、硬脂酸等助剂，在混炼机混炼数十分钟后，胶料注入模具，在100℃以上硫化模压后即得制品。混炼型聚氨酯橡胶制品主要有密封圈垫、泥浆泵活塞、凡尔胶皮、防尘盖和套筒、橡胶织物压层件、耐磨防滑鞋底等。

5.5.1 混炼胶原料体系

(1) 低聚物多元醇及二异氰酸酯　混炼型聚氨酯体系采用的低聚物二醇以及二异氰酸酯是常规原料，如己二酸系聚酯、聚四氢呋喃二醇、TDI及MDI等。

MDI型聚氨酯生胶适合于过氧化物交联，因为MDI与苯环之间的亚甲基能形成自由基。

(2) 扩链剂　混炼胶体系的扩链剂包括除普通二醇外，还有一类不饱和二醇扩链剂用于在聚氨酯中引入不饱和双键，如 α-烯丙基甘油醚［结构式 $H_2C=CHCH_2OCH_2CH(OH)CH_2OH$］及三羟甲基丙烷单烯丙基醚等。

(3) 填料　在混炼胶中可使用通用橡胶的补强填料，例如炭黑、白炭黑，以降低成本，改善某些性能。所有的轻质填料均降低交联密度，并因此使压缩永久变形增大。在混炼胶中推荐使用炭黑，用量一般在5%以上。与使用沉淀法白炭黑相比，添加气相法白炭黑后胶料的动态性能和耐磨性要好得多。气相法白炭黑因含水量低，可优先选用。再加入2%～3%白炭黑用量的硅烷，可改善强度、耐磨性和压缩永久变形，能获得与炭黑填充胶料相似的性能。它们适用于过氧化物硫化体系。

(4) 增塑剂　在混炼胶中使用增塑剂的目的是增加混炼胶料的可塑性，改善加工性能及硫化胶的硬度和低温性能。要获得硬度低于邵尔A50的橡胶，可使用增塑剂。品种有己二酸酯增塑剂、亚磷酸三甲酚酯等。

(5) 其他助剂　在过氧化物硫化胶料中可添加交联剂如三烯丙基氰脲酸酯（TAC），用量为1～1.5份时，能提高交联密度，并改善压缩永久变形。还可加入甲基丙烯酸酯，甲基丙烯酸酯通常反应过快，因此建议与焦烧延迟剂合用。三官能度甲基丙烯酸酯与过氧化物反应形成硬段，可提高硫化胶的硬度，但在加工过程中起增塑剂的作用。

在聚酯型聚氨酯弹性体中可采用耐水解剂，以改善耐水解性能，耐水解剂一般是聚碳化二亚胺，用量以3.0%为宜，不超过4.5%。

可加入1%左右的防老剂，可改善耐老化性能。

加入0.5%硬脂酸，可防止胶料粘在辊筒上或模具中。但因硬脂酸会降低制品的耐水解性，有人建议使用季戊四醇四硬脂酸盐。

有关硫化剂的品种，将分别在下文的硫化体系中论述。

5.5.2 生胶的合成工艺

生胶即未经混炼加工的混炼胶半成品，一般由聚酯或聚醚二醇、小分子二醇或二胺扩链剂和多异氰酸酯反应而成，其分子量一般在10000~30000之间。

生胶的制备有间歇法和连续法两种工艺。可采用预聚体法和一步法合成，将二醇及二异氰酸酯原料初步反应，生成黏流胶料，倒入浅盘，经一定温度下烘烤，固化成生胶。一步法的工艺简单，有利于连续化生产，工业上多采用一步法生产生胶。

在生胶合成中，一般控制NCO与OH的摩尔比值$R<1$时，以合成端羟基的生胶。为了使生胶具有合适的分子量、贮存稳定性和良好的加工性能，通常将R值控制在0.85~0.98之间。低聚物多元醇及扩链剂的脱水很重要，否则因1份水消耗约10份TDI或14份MDI，引起计量不符，生胶分子量降低，甚至不能得到固态生胶。混炼型聚氨酯的生胶一般是线型分子结构，可含少量支链。生胶中不宜含未反应的NCO基团，否则会在贮存过程中引起生胶分子量增大甚至交联。有时在生胶中还残存少量尚未参加反应的NCO基团，为了保证贮存稳定性，可加入少量醇类终止剂。

为了合成均匀的、凝胶含量很少的生胶，除加强搅拌混合效果、控制反应温度外，可加入苯甲酰氯、对甲基苯磺酸或磷酸等酸性物质，以抑制交联反应。初步反应得到的黏流状聚合物在110℃左右的温度下烘烤4~6h进一步固化。最好在生胶中加入一定量的稳定剂，用开式炼胶机混合均匀，成为生胶产品。为了加速反应，也可加入有机锡催化剂。

生胶的硫化方式有加入硫黄硫化和加入过氧化物等物质进行自由基引发聚合，以及加入多异氰酸酯加聚而固化。生胶可分为饱和型和不饱和型两种。下面举几例说明。

【实例1】 一种用于硫黄硫化的不饱和聚醚型聚氨酯混炼胶生胶的制备方法为：将聚四氢呋喃二醇（羟值56mg KOH/g）500g(0.25mol)在120℃左右665Pa真空脱水1~2h，冷却到80℃左右，加入2,4-甲苯二异氰酸酯

62.7g(0.36mol)，搅拌升温到120℃左右，反应30~60min，冷却到90℃，加入α-烯丙基甘油醚，混合均匀。可加入0.1%的辛酸亚锡催化剂。搅拌到物料开始变黏稠时出料，将物料倒入涂覆聚四氟乙烯的金属浅盘中，在115~120℃烘焙4~6h，即得生胶。

【实例2】 一种用过氧化物硫化的饱和聚酯型聚氨酯混炼胶生胶的制备方法如下：将脱过水的聚己二酸乙二醇丙二醇酯二醇与二苯甲烷二异氰酸酯（MDI）按摩尔比1.00∶0.96计量、混合，搅拌加热到70℃左右反应一段时间后，倒入浅盘中，在120~130℃反应8h，即制成生胶。

【实例3】 一种用多异氰酸酯硫化的饱和聚酯型聚氨酯混炼胶生胶的制备方法为：将脱过水的聚己二酸乙二醇丙二醇酯二醇100份、1,4-丁二醇4.5份及甲苯二异氰酸酯（TDI）15.7份（三者摩尔比0.50∶0.50∶0.90）投入反应容器中，在60~80℃搅拌反应30min左右，倒在浅盘中，于110℃烘4~6h，即得端羟基聚氨酯生胶。

5.5.3 混炼工艺

混炼型聚氨酯生胶可采用通用橡胶的加工设备加工。

在生胶混炼时，要依次加入硬脂酸、补强填料、硫化促进剂和硫化剂，并混炼均匀。为了获得很好的加工性能和产品性能，要选择好辅助料的种类和合理配比。混炼时的加料顺序很重要，一般先加入其他配合剂，在混炼后期加入硫化剂。由于聚氨酯分子极性强，应注意混炼时由于内摩擦生热而使胶料温度急剧升高，发生"焦烧"现象。可调低混炼机的辊速和辊速比，投料量以额定投料量的2/3为宜，另外可选用较低生热的填料，采取冷却措施、严格控制加入各种配料的顺序等。还可采用两步混炼，加入除硫化剂以外的配料后混炼，冷却放置，回炼时再加入硫化剂。

混炼时，将生胶在60~100℃下烘软，切成块，在辊温为20~30℃的塑炼机中塑炼3~10min，再在辊温40~60℃的混炼机中依次加入辅料，混炼15~25min，同时薄通多次，然后可分别采用挤出、注压、辊压或模压等工艺加工成型，经硫化和修整，制得制品。不同硫化体系的聚氨酯混炼胶都适合采用模压法制造弹性体制品。要注意选择合适的模压力，一般来说，模压力随制品厚度减小而增大，例如，制品厚度2mm时模压力需6MPa，制品厚度0.5mm时需13MPa才能制得所需形状尺寸合格的制品。模具需涂脱模剂。

在注射模制时，特别是用硫黄和异氰酸酯交联时，挤出机头温度和套筒温度应低于焦烧温度。可用挤出机生产简单形状的制品。

聚氨酯混炼胶的硫化工艺与通用橡胶相似，由于聚酯不耐水，而异氰酸酯硫化体系忌水，只有硫黄硫化的聚醚型聚氨酯混炼胶能直接用蒸汽硫化。硫化温度一般以130~140℃为宜。

5.5.4 硫化体系

5.5.4.1 硫黄硫化体系

只有不饱和聚氨酯生胶才能用硫黄硫化。在合成生胶时，引入 α-烯丙基甘油醚等含烯键二醇，使生胶的链段中含有不饱和键。这些不饱和键引入的位置对性能也有一定的影响。采用硫黄硫化的弹性体，一般需要加入补强性填料，才能获得较好的性能。

硫黄用量一般为每 100 份生胶 1.5～2.0 份，促进剂常用巯基苯并噻唑（促进剂 M，MBT）及二硫化巯基苯并噻唑（硫化促进剂 DM，MBTS）。此外还需用 $ZnCl_2$ 活化。但 $ZnCl_2$ 吸湿性大，通常制成络合物，如促进剂 DM-氯化锌-氯化镉的络合物，或促进剂 DM 与氯化锌的络合物。硬脂酸锌或硬脂酸镉同时起活性助剂和加工助剂的作用。聚氨酯混炼胶胶料不使用氧化锌，因为氧化锌会降低弹性体的耐热空气老化性和耐水解性能。

用硫黄作硫化剂，胶料加工安全性好、存放时间长，撕裂性能较好。由于不饱和聚氨酯的不饱和度较低，用硫黄硫化，交联密度低，较软，伸长率和永久变形较大，耐热性差。如需要高硬度的制品，常通过加入异氰酸酯来获得。硫化温度不应超过 150℃，以在 140～150℃ 硫化 20～50min 为宜。稍长时间的硫化可获得较好的综合物性。

配方举例（质量份）：聚氨酯生胶 100；硬脂酸 0.5；促进剂 DM 4.0；促进剂 M 2.0；氯化锌-促进剂 DM 络合物 0.5～1.0；硬脂酸镉 0.5；硫黄 1.5～2.0；填料 0～30。硫化条件：150℃×(20～40)min。

5.5.4.2 过氧化物硫化体系

饱和与不饱和聚氨酯生胶均可采用过氧化物作硫化剂。过氧化物硫化胶的突出优点是压缩永久变形和扯断永久变形低、耐热老化性能好。缺点是硬度和撕裂强度较低。

用过氧化物硫化的聚氨酯生胶通常是由聚酯或聚醚多元醇与 MDI 反应制备的，一般认为发生 MDI 型饱和聚氨酯生胶硫化交联位置是在 MDI 的亚甲基上。

常用的过氧化物硫化剂有过氧化二异丙苯（DCP、二枯基过氧化物）、叔丁基过氧化异丙苯、过氧化苯甲酰、十二烷基过氧化物等。虽然有多种过氧化物可以作为生胶的硫化剂，但用 DCP 作硫化剂，减少了早期硫化现象，延长了混炼胶料的贮存时间，不易焦烧，提高了加工性能，并且混炼胶的综合性能最好。为了提高 DCP 的分散效果，可使用 DCP 质量分数为 40% 的轻质碳酸钙分散体。

过氧化物在中性或碱性介质中，受热分解成两个自由基，可使双键交联，或者使大分子链上的烷基氢原子失去，产生大分子自由基，而成为交联点。自由基与生胶的反应非常迅速，而过氧化物分解为自由基的速率取决于硫化温度，故在硫化时，关键是控制硫化温度。根据过氧化物在不同温度下的半衰期，可通过改变硫化温度来调整硫化时间。过氧化二异丙苯硫化体系一般在150～160℃硫化40～50min。

应尽量避免加入酸性物料，但硬脂酸无影响。

单独使用过氧化物时硫化胶往往难以获得满意的硫化程度，若在配方中添加多官能团化合物如三烯丙基氰脲酸酯，可以大大改善硫化程度并减小过氧化物用量。

DCP适宜用量可通过试验来确定。每100份生胶，对于不饱和型聚氨酯，DCP用量一般为1.5份左右；饱和型聚氨酯生胶中DCP用量一般为3～5份。随DCP用量的提高，其硫化胶的拉伸强度、定伸强度及回弹率均有提高，压缩永久变形减小，撕裂强度下降。若DCP用量过低，则压缩永久变形大。例如，一种聚酯型聚氨酯生胶100份与30份高耐磨炭黑、0.3份硬脂酸及DCP组成的混炼胶体系，在相同混炼及硫化条件下，当DCP用量由3份增加到7份时，硬度由邵尔A64提高到70，拉伸强度由26.3MPa增加到33.2MPa，伸长率由420%降低到280%，冲击弹性由36%提高到43%，扯断永久变形由6%降低到2%，撕裂强度由68kN/m降低到56kN/m。

【实例】（质量份）

聚酯型聚氨酯生胶	100
硬脂酸	0.5
DCP	1.5～4.0
三烯丙基氰脲酸酯	0～1.0
聚碳化二亚胺	1～3
非酸性填料	0～30

硫化条件：150℃×45min。

由PPBA聚酯与MDI以摩尔比1.00∶0.96反应制得的生胶，按上述混炼配方混炼，得到的聚氨酯弹性体物性为：

邵尔A硬度	60～70
拉伸强度/MPa	19.5～30
伸长率/%	250～600
撕裂强度/(kN/m)	30～80

在DCP硫化混炼胶配方体系中添加甲基丙烯酸锌盐作为助硫化剂，可延长胶料的焦烧时间，缩短硫化时间，提高硫化胶的拉伸强度、硬度、撕裂强度等物性及耐油性。

5.5.4.3 异氰酸酯硫化体系

饱和与不饱和聚氨酯生胶均可用多异氰酸酯进行硫化。异氰酸酯与生胶中的端羟基聚氨酯进行扩链反应，过量的异氰酸酯与聚氨酯反应，生成脲基甲酸酯及缩二脲交联键，使生胶完全硫化。

异氰酸酯硫化胶的最大特点是可以获得较高的硬度（邵尔A78～邵尔D70），撕裂强度高，但胶料贮存稳定性差，制品压缩永久变形大。

由于芳香族异氰酸酯单体如 TDI、MDI、PAPI 对生胶分子中的活泼氢、水分等具有较高的反应能力，在加工过程中易产生早期交联反应，并放热迅速，在混炼温度下极易引起焦烧，因此工业上常采用 2,4-TDI 的二聚体 TD 作硫化剂。该二聚体（国外产品 Addolink TT、Thanecure T9）是一种白色结晶体，熔点为 145℃，气味小，可降低加工时的挥发毒性，所含的 2 个 NCO 反应活性较低，在贮存及混炼温度下几乎不参加反应，但在超过 150℃的混炼胶硫化温度下，二聚体会分解生成两个 TDI 分子，具有很强的反应性，能赋予满意的交联效果。一般在 132～135℃硫化数小时后脱模，再进行后熟化。如果高于 135℃，便接近脲基甲酸酯和缩二脲的分解温度，会降低混炼型弹性体的性能。

异氰酸酯用量可通过理论计算，并考虑异氰酸酯的额外消耗，适宜用量可通过实际试验确定。一般以每 100 份生胶加 4～6 份 TD 为宜，异氰酸酯稍加过量便可以获得较大的交联密度。

对于无填充剂体系，用异氰酸酯硫化就能获得良好性能。若要提高硬度和耐撕裂强度，可加入少量炭黑，但随填料用量的增加，体系黏度增加，混炼时产生的热量会促进扩链反应，故填料不宜多加，补强炭黑及白炭黑用量一般在 30%以内。

生胶在生产及贮存过程中若吸收空气中的水分，会对异氰酸酯硫化体系产生不利影响：水会与 NCO 反应，加快早期硫化的速率，且在混炼和硫化过程生产气泡，并会降低硫化胶的物理机械性能。故生胶贮存、混炼加工过程需注意防止与潮湿空气接触，生胶水分应尽可能控制在 0.1%以下。混炼温度应控制在 60℃以下。

除了硫化剂之外，为了促进硫化，缩短硫化时间，在配方中还常添加少量的催化剂如二硫代氨基甲酸铅等。这种催化剂在温度低于 90℃时不发生催化作用，因此对混炼和贮存过程的稳定性影响较小。

后硫化一般需室温 1 周以上或 130℃×10min＋110℃×2h 后硫化，130℃后硫化 10～20min，能改进异氰酸酯硫化的混炼胶的性能。

通常，异氰酸酯硫化体系加入补强填料（如 20 份高耐磨炭黑），制得的混炼胶制品具有较高的硬度。也可在混炼时加入刚性二醇扩链剂如对苯二酚二羟乙基醚（HQEE），并加入较多的 TDI 二聚体。

【实例】（质量份）

生胶	100.0
硬脂酸	0.5
TDI 二聚体	30.0
HQEE	12.54
二硫代氨基甲酸铅盐（Thanecure LD）	0.2

采用上述配方有三种硫化体系。

① 以一种 TDI-聚酯多元醇生胶（美国 TSE 公司 Millathane 96）制得的

混炼胶的硬度为邵尔 A 96，拉伸强度 43MPa，伸长率 520%，撕裂强度 130kN/m。

② 以一种 TDI-聚己二酸二甘醇酯（Bayer 公司 Urepan 600）型生胶，在 130℃硫化 10min 并 110℃后硫化 15h 得到的弹性体性能为：邵尔 A 硬度 92，拉伸强度 23.4MPa，伸长率 450%，压缩变定（70℃ 24h）40%，回弹率 37%。

③ 以 TDI-聚己二酸己二醇酯（Bayer 公司 Urepan 601）型生胶，得到的弹性体性能为：邵尔 A 硬度 95，拉伸强度 41MPa，伸长率 400%，回弹率 37%。

除上述三种硫化体系外，还常采用过氧化物/异氰酸酯并用体系，这种并用硫化体系能赋予硫化胶高硬度和高弹性，特别适用于承载高负荷的制品。

各种硫化体系与其典型的性能特点，可归纳于表 5-13。

■表 5-13 混炼型聚氨酯的硫化体系性能特点

性　　能	硫黄	过氧化物	异氰酸酯
配方变化范围	较窄	较窄	一般
胶料贮存稳定性	良	良	差
焦烧危险性	很小	不大	有
用促进剂调整硫化时间	有限	不能	有限
硫化温度范围/℃	140～160	150～210	130～150
改变硫化温度以调整硫化时间	有限	可以	有限
热空气硫化的制品表面状况	良	表面发黏	良
硬度范围（伸长、回弹都较好时）	邵尔 A 60～90	邵尔 A 50～85	邵尔 A 75～邵尔 D 70
撕裂强度	较好	稍差	很好
高温压缩永久变形	大	小	比较大

5.6 聚氨酯纤维

聚氨酯纤维（一般称为氨纶，spandex）是聚氨酯弹性体的一种特殊产品，它是一种高弹性合成纤维。氨纶除了传统地应用于针织品、内衣、袜类、泳装等领域外，近年来越来越多地用于运动装、休闲装、童装、牛仔裤、时装夹克和长裤等服装。

5.6.1 氨纶的发展简况

氨纶最早由德国拜耳公司于 20 世纪 30 年代开发成功，1959 年美国杜邦公司首先实现工业化生产，商品名称为莱卡（Lacra），随后欧洲部分国家及日本也相继生产。1995年全球氨纶只有32家生产厂，总生产能力大约为8.3万吨/年；2000年发展到49家生产厂，总生产能力为21万吨/年；2004年全球氨纶生产能力提高到了近41万吨/年，其中中国占40%。

我国氨纶生产起步于20世纪80年代末，起步虽晚但发展很快，目前有厂家40多家。1998年我国氨纶产能约为0.6万吨/年、表观消费量约1.1万吨/年。2000年产能约1.5万吨/年、表观消费量约2.6万吨/年。2001年产能2.1万吨/年、产量1.7万吨/年、表观消费量3.5万吨/年，近10年来，我国氨纶产能迅速膨胀，2008年国内氨纶总产能已经达到34万吨/年、产量20.9万吨/年、表观消费量19.5万吨/年。熔纺氨纶近年来发展较快，2008年产能约1万吨/年、产量5300t。

5.6.2 聚氨酯树脂的原料和制备

聚氨酯弹性纤维的生产主要有三个步骤：聚氨酯树脂制备、纺丝、纤维后加工。

用于氨纶生产的聚氨酯树脂，通常是热塑性聚氨酯或其溶液，其原料是聚酯或聚醚二醇、二异氰酸酯以及扩链剂。用于氨纶生产的聚醚二醇一般指聚四氢呋喃二醇（PTMEG），PTMEG型聚氨酯纤维具有高弹性、耐低温性、耐水耐碱、耐洗涤等优点，90%以上的聚氨弹性纤维是由聚四氢呋喃二醇制造的。但普通聚醚型聚氨酯纤维耐光、耐（游离）氯较差。采用耐水解聚酯二醇生产的氨纶克服了聚酯型聚氨酯不耐水解的问题，耐光、耐游离氯性能比PTMEG型的氨纶好。二异氰酸酯一般采用4,4'-MDI，也有采用其他二异氰酸酯，不过很少见。常规的扩链剂是二胺，少数情况用二醇或其他类型的扩链剂。干法和湿法纺丝采用TPU溶液，其溶剂一般是N,N'-二甲基甲酰胺即DMF，或N,N'-二甲基乙酰胺即DMAc。聚氨酯树脂液制成后，一般还添加抗氧剂（如2,6-二丁基对甲酚或分子量更高的低挥发性受阻酚类化合物）、光稳定剂（如氢化二苯甲酮或氢化苯并噻唑类）与改性剂。

为了改进聚氨酯弹性纤维的染色性以及耐气体的褪色性能，可引入叔氨基。透明的聚氨酯弹性纤维可加入有色颜料或染料，调节色度，如加入3%～6%的TiO_2或ZnO等，其白度可接近合成纤维的色泽，同时可提高防紫外线和抗氯气的性能。

氨纶用聚氨酯的合成方法与常规聚氨酯的相似，有本体法和溶液两步法等，在前面已经论述。

5.6.3 氨纶的生产方法

氨纶有干法纺丝、湿法纺丝、化学反应纺丝和熔融纺丝四种主要制备方法。氨纶生产采用的原料以热塑性聚氨酯（TPU）溶液或熔融态 TPU 为主，也有用到聚氨酯预聚体。

(1) 干法纺丝 干法纺丝是 TPU 溶液在热气流下，因溶剂挥发而固化成丝的方法。聚氨酯溶液经过纺丝泵过滤后，通过喷丝头的微细液流在热风干燥箱中溶剂挥发，干燥成丝、卷绕成型。

干法纺丝技术是当前氨纶工业生产最为普遍的方法。据称该方法生产的氨纶占世界总产量的 86%，典型代表是英威达公司的 Lycra 纤维（原属杜邦）和拜耳公司的 Dorlastan 纤维。此外，东洋纺公司、日清纺公司、旭化成公司、晓星公司等也采用该技术。该技术的优点是：产品以生产细旦及中旦丝为主，规格齐全，品种调整灵活；纺速快（200～800m/min），产品质量优良，丝卷均一，强度高，弹性恢复率好，适用面广。但是投资规模大，工艺流程长，溶剂对环境有污染，需回收。

(2) 湿纺纺丝 湿纺纺丝是热塑性聚氨酯溶液在凝固浴中经双扩散作用而固化成丝的方法。湿纺纺丝大致流程：聚氨酯原液经纺丝泵过滤后，从喷丝板进入 90℃ 以下热水凝固浴，在凝固浴中析出纤维，水洗，出浴后的丝条在干燥定型前上油，以防止丝束的并黏，然后干燥定型、上油后卷绕成型。湿纺纺丝法氨纶约占总生产能力的 8%，此法工艺复杂，厂房建筑和设备投资费用高，纺速慢（50～150m/min），生产成本高，在逐渐萎缩。其技术代表是日本富士纺公司。

(3) 熔融纺丝 熔融纺丝是 TPU 加热到熔点以上成为熔体而成丝的方法。TPU 主要采用一步法工艺生产，即将二异氰酸酯、聚醚（酯）二醇、扩链剂、助剂等经计量后直接加入双螺杆反应器中聚合而成。TPU 颗粒或切片经干燥后进入螺杆压机制成熔体，经喷丝板挤出，通过冷箱冷却，卷绕成型，再经上油、平衡等工序，即得到熔融纺丝氨纶产品。

熔纺氨纶生产具有流程短、纺速高（600～1600m/min）、成本低、无溶剂污染、对环境友好等特点。熔融纺丝法于近年发展起来，占生产能力的 3%～5%。

(4) 化学法纺丝 化学反应法制备氨纶是指含 NCO 的聚氨酯预聚体溶液经喷丝板压至含二胺扩链剂的凝固液中，发生化学反应而固化成丝的方法。

化学反应法纺丝纺速慢（50～150m/min）、生产成本高，且存在二胺化合物污染环境污染的问题，其生产量也在逐步萎缩。

经纺丝后制得的初生纤维，表面具有黏性，特别是干法纺丝和熔融纺丝得到的初生纤维，表面黏性较大，一般采用低黏度石蜡/低聚合度聚乙烯类油剂、聚二甲基硅氧烷油剂以及含聚氧化烯烃改性的聚硅氧烷油剂等。另外还可用硬脂酸金属盐如硬脂酸镁为基的润滑剂，也可使用添加剂，使聚氨酯弹性纤维具有抗静电性能。

5.6.4 氨纶的性能及应用

聚氨酯纤维具有较高的断裂伸长率（400%～800%），是一种应用广泛的高弹性人造纤维。一般情况下氨纶可拉伸至原长的 5 倍，在 2 倍的拉伸下其回复率几乎是 100%，在 5 倍的拉伸下弹性回复率为 95%～99%，这是其他纤维望尘莫及的。不同的布种可选择不同弹性的氨纶。

干纺氨纶的横截面为圆形、椭圆形和花生形；湿纺氨纶主要为粗大的叶形及不规则形状，并且各丝条之间在纵向形成不规则的黏结点，形成黏结复丝；熔纺氨纶主要为圆形截面的单丝或复丝。

氨纶的密度在 1.1g/cm³ 左右，相同纤度氨纶丝的粗细也有差异。氨纶的干态断裂强度为 0.44～0.88cN/dtex，湿态断裂强度为 0.35～0.88cN/dtex，是橡胶丝的 3.5 倍左右。氨纶的弹性模量较小，如杜邦公司的某种 Lycra 产品的模量仅为 0.11cN/dtex，柔软性好。温度低则贮存期相对较长，一般建议在 20℃存放。一般情况，氨纶丝越粗，贮存期越长，例如纤维细度为 20D（D 表示 denier，1D＝1g/9000m＝0.111mg/m）的氨纶贮存期限一般为 3 个月，30D 的 4 个月，40～70D 的 6 个月，100～280D 的 9 个月，粗于 420D 的可达 12 个月。不同品种氨纶的耐热性差异较大，大多数纤维可经受在 95～150℃短时间存放。当超过 150℃时，纤维变黄、发黏，强度下降。由于氨纶一般在其他纤维包覆下存在于织物中，因此可承受短时间较高的热定形温度（180～190℃）。

氨纶耐普通的酸碱和化学溶剂，但有的品种耐酸碱较差。聚酯型氨纶在热碱中会发生分解。次氯酸钠等漂白剂会使氨纶变黄，强度下降。

氨纶丝分不同亮光度形态，通常有透明、白根（即原白）、半透明、亚色等几种。透明氨纶丝表面纤维较平滑，条干均匀度较差，上色亦较差，适宜于短纤类材料生产，经织物采用多。白根氨纶丝表面纤维较凹凸不平，摩擦面大，上色效果好，适宜配长纤类生产，如胸围产品及辅料用得较多。半透明氨纶丝内加进钛白粉及防滑剂，耐氧性能好，多用于游泳衣，因而有抗氯功能。亚色氨纶丝介于原白与半透明之间，为亚白色，适宜于针织物用。大多数氨纶为不透明消光长丝。

氨纶一般不单独使用，而是少量地掺入织物中。氨纶丝因用途不同而有不同产品形态，主要分为裸纱、包芯纱、包覆纱（合捻纱）三种。

裸纱为 100%氨纶纱，裸纱一般与其他纤维材料共同使用，并需采用特殊装置生产。裸纱细度以 22～78dtex 为主，一般用于针织品，如泳衣、运动服等。

包芯纱（CSY）是以氨纶为芯，棉、涤等材料为外皮纺成的纱。弹力包芯纱的主要特点：可获得良好的手感与外观，以天然纤维组成的外纤维吸湿性好；只用 1%～10%的氨纶长丝就可生产出优质的弹力纱；弹性百分率控制范围从10%~20%。易于纺制不同粗细的丝,广泛用于弹性编织物、针织品、绷带、袜子、内衣、牛仔服等,一般以22~235dtex为主。

包覆纱(合捻纱)是氨纶裸丝和氨纶与其他纤维合并加捻而成,主要用于各种经编、纬编织物,机织物和弹性布等。大多数弹性袜是采用锦纶包氨纶而形成的包覆纱生产的。棉包氨纶用来做成比较高档的棉袜。涤纶包氨纶袜,由于价格比较低廉,且结实耐用,仍有一定的市场。毛包氨纶包覆纱制成的毛袜的保暖性、透气性、吸排湿性、弹性均非常良好。棉包氨纶、麻包氨纶、毛包氨纶包覆纱主要用于制作比较高档的男女内衣、健美服、运动服、比赛服、休闲服等。锦纶包氨纶、涤纶包氨纶包覆纱面料,具有更好的弹性、耐磨性、鲜艳的色泽,其耐水洗和日晒牢度强,经久耐用,是制作泳装、比赛服、训练服、运动服、练功服、骑车服等服装的理想面料。由真丝包氨纶形成的包覆纱面料制成的服装的产品档次很高。

5.6.5 氨纶纤维技术发展

目前干法纺丝仍占主导地位,熔融纺丝工艺正在发展,质量日趋完善。最初熔融纺丝氨纶产品在弹性回复率、耐热性等方面不如干纺氨纶,但随着纤维级聚氨酯切片技术生产日益成熟及熔融纺丝技术的改善,熔融纺丝氨纶产品在中低档弹性织物的使用领域中完全可取代干法氨纶。熔法氨纶生产设备投资少、成本低、纺速高、无污染、能耗低等优点极具竞争力,近年来发展较快。

有公司用聚碳酸酯二醇为原料,制备出耐热性优良的TPU和氨纶。采用在TPU熔体中加入预聚体的方法来改善纺丝加工条件和成品的力学性能,已在氨纶熔融纺丝中被普遍使用。加入预聚体的作用一方面可降低TPU的熔化温度,使纺丝可在较低的温度下进行;另一方面,在纤维成型过程中,含NCO的预聚体能在TPU大分子间形成化学交联,从而提高纤维的力学性能。所得纤维的强度可达1.38~1.51cN/dtex,断裂伸长率450%~550%,在190℃时的弹性回复率仍可保持在40%~70%。带有异氰酸酯基的预聚体的贮存稳定性差,可将预聚体中的异氰酸酯基封闭,在纺丝的温度下,封闭的预聚体将会重新活化,起化学交联的作用。TPU生产可采用芳香族二醇扩链剂以改善耐热性。另外,应严格控制TPU切片含水率,一般要求切片含水率低于0.01%。

氨纶纤维产品向功能化发展。日本旭化成公司推出牌号为Roica BZ的吸放湿式氨纶。该氨纶纤维特征是吸湿量大而放湿速度极快,其吸湿性比棉快1倍,以解决氨纶织物在夏季与运动时穿着的闷热感觉。旭化成还开发了第二代耐氯性醚型氨纶Roica SP,可与尼龙交织,已领先生产用于制作竞赛用泳衣。

5.7 聚氨酯弹性体的应用

5.7.1 在选煤、矿山、冶金等行业的应用

煤矿、金属及非金属矿山对高耐磨、高强度、富有弹性的非金属材料需求非常大。聚氨酯弹性体是最符合矿山要求的非金属材料，可取代部分金属材料。用于矿山的聚氨酯弹性体制品有筛板、弹性体衬里、运输带等。

5.7.1.1 聚氨酯橡胶筛板

矿山在选矿和分级筛机上采用各种各样的聚氨酯橡胶筛板，筛板可采用浇注型和热塑性聚氨酯成型工艺制造。有的浇注成型筛板中用钢丝作为增强骨架。通常这些筛板在运行时既要自身机械振动，又要承受矿石、煤块、石头等物料对筛板产生冲击、摩擦和磨蚀。传统的金属筛板（网）磨损快，使用寿命短，频繁更换影响正常生产。聚氨酯筛板耐磨性能好，使用寿命为钢筛板的3~5倍，可使用几个月甚至几年；并且噪声小，从而改善了工作环境；筛孔经过设计不易堵塞、自清理效果好，是金属筛板及其他橡胶筛板的理想替代品。筛板在设计时须考虑到安装结构合理，使得更换时拆装方便、快捷。

聚氨酯橡胶筛板品种有弛张筛板、张力筛板、条缝筛板等。聚氨酯橡胶筛板充分发挥了聚氨酯弹性体优异的耐磨、耐水、耐油、吸振消声、强度高、与金属骨架粘接牢固等特性，噪声小，自清理效果好，并减轻了筛机负荷，节省能耗，延长了筛机寿命，筛分的质量好。聚氨酯弹性体也用于筛板的安装附件。

采用聚氨酯筛板提高了筛分效果，降低了生产成本。选矿厂、洗煤厂及其他筛选行业对筛网筛板的需求量非常大，聚氨酯橡胶筛板已经广泛应用。

5.7.1.2 在矿山等行业的其他应用

许多矿山设备如摇床、浮选机、各种选矿机、旋流器、螺旋流槽、粉碎机、磁选机、管道和弯头，接触碎石等物料，需要耐磨的衬里；矿山还需要很多的耐磨制件与配件，如矿用输送带、托轮、各种矿用车辆的轮胎、浮选机盖和搅拌叶轮、内衬聚氨酯橡胶的管道、水力旋流器、锥形除渣器、轻杂质除渣器、球磨机与砾磨机的衬里、矿井罐车上天轮衬垫、煤矿喷浆机用的结合板、矿用单轨吊车的钢芯聚氨酯驱动轮、阻燃抗静电的聚氨酯输送带、各种地矿及设备电缆TPU护套、矿山电缆冷补用聚氨酯胶料、矿用自卸车上的密封圈、防尘圈、减震块、矿山上浮选机的水轮推动筛板、筛滤器等，聚氨酯弹性体是首选的材料。

在石油开采、洗矿、洗煤中需用旋流器将液体和固体分开，石油开采设

备基本上都配有聚氨酯旋流器。采用聚氨酯与金属整体浇注而成的聚氨酯旋流器已替代内衬普通橡胶衬里的金属旋流器。

煤和矿石的输送条件很恶劣，聚氨酯弹性材料取代其他橡胶是一种良好的选择。

5.7.2 聚氨酯胶辊

聚氨酯胶辊是采用浇注工艺制成的特种橡胶制品。聚酯型聚氨酯多用于低、中硬度的胶辊，其力学性能好，耐溶剂性能较好，常用于有色金属行业。聚醚型聚氨酯多用于高转速、高硬度的胶辊中，它的耐水性能佳，常用来制造拉丝辊、印花辊等。聚氨酯材料应满足胶辊所要求的力学性能指标，表面无气泡、杂质及机械损伤，胶辊硬度应符合要求，辊面硬度均匀一致。

聚氨酯胶辊具有较高的弹性，优异的耐磨性能和耐撕裂性能，使用寿命比钢辊和普通橡胶长。与普通胶辊相比，它具有较高的机械强度、卓越的耐磨性、优异的耐油性、突出的耐压缩性，硬度范围广，而且在高硬度下仍具有高弹性，与金属辊芯的粘接性能也比普通胶辊高得多，比较适合于高线速度和高压力下使用。

根据用途分种类有：粮食加工业的砻谷胶辊，造纸工业中的挤压胶辊和轧浆胶辊，纺织印染工业中各种牵伸辊、拉丝辊、切丝辊、平洗机辊、毛布导辊、浆纱机压浆辊、印花胶辊等，木材、玻璃和包装工业所用的传动轴承胶辊，各种仪器用小型胶辊，输送系统用传送胶辊，各种印刷胶辊，金属冷轧用传送胶辊，金属钢板彩涂胶辊等，这些胶辊的胶层都可以用聚氨酯弹性体制作。

胶辊规格和用途各异，各种用途的胶辊的硬度及其他性能各有不同。印刷及塑料涂层胶辊一般采用低模量的聚氨酯弹性体，邵尔 A 硬度多在 15～55 之间，很容易达到印刷胶辊所需的低硬度。邵尔 A 硬度 55～95 的胶辊主要用于钢铁、造纸、粮食加工、纺织等行业。

胶辊大多数采用浇注工艺制造，一般采用把钢芯放在圆筒型模具中央浇注 PU 胶料、固化成型。特殊的胶辊也可在圆筒模具中采用离心浇注法先浇注弹性体胶层，再与辊芯粘接成整体，采用此法可制得不同硬度胶层的复合胶辊。还有一种旋转浇注法，采用浇注机在辊芯外旋转浇注弹性体，此法无需模具，采用室温硫化浇注弹性体体系，总加工时间缩短。

在胶辊性能改进方面，已开发有耐溶剂型胶辊用于金属薄板彩色涂层涂覆及印刷行业，还开发出耐热胶辊用于高速摩擦等场合。

5.7.3 聚氨酯胶轮及轮胎

聚氨酯弹性体承载能力大、耐磨、耐油、与金属骨架粘接牢固，可用于制造在各种传动机构中广泛使用的胶轮，如：生产线传送带用托轮、导轮、缆车的滑轮等。体育娱乐方面，高档溜冰鞋旱冰轮及滑板车的轮子都是用聚氨酯制造的。聚氨酯胶轮还具有耐油、韧性好、附着力强等特点，在矿用单轨吊车、齿轨车及清洗车等车辆上使用效果十分明显。聚氨酯还用于小型电子精密仪器传动轮、各种万向轮等。

利用聚氨酯的高强度，高硬度下的高弹性模量，国内外已开发出各种轮胎。聚氨酯弹性体适合于制造低速、载重车辆用轮胎，如用于各种矿山车的轮胎耐碎石性能是天然橡胶轮胎不能比拟的。聚氨酯弹性体已部分用于载重小卡车、运货叉车、电瓶车、手推车、自动提升装卸车、矿山叉车、铲车和矿山卡车上的实心轮胎。

自行车轮胎和拖车轮胎等免充气轮胎采用浇注型微孔聚氨酯弹性体制造，具有重量轻、高负荷、耐老化、回弹好等特性，无需充气和补胎，不怕刺扎，寿命为橡胶充气胎的 3 倍以上。聚氨酯弹性体还可用于橡胶轮胎翻新，这种轮胎以新旧橡胶胎为基体，浇注上一定厚度的高耐磨、耐刺扎的聚氨酯橡胶面层。

5.7.4　交通运输业及机械配件

随着汽车工业的发展和汽车轻量化的要求，聚氨酯等合成材料的应用也越来越广泛。聚氨酯弹性体可用于汽车内外部件，如仪表板皮、吸能衬垫、保险杠、挡泥板、车身板、包封组合车窗等。反应注射成型（RIM）聚氨酯、热塑性聚氨酯都可用于保险杠。轿车上采用微孔聚氨酯弹性体密封的空气滤芯，与传统的"金属端盖＋胶黏剂＋橡胶垫圈"制成的空气滤芯密封盖相比，具有重量轻、加工工艺简单、效率高、密封性好等优点，降低了发动机的磨损。

利用微孔聚氨酯弹性体强度高、韧性好、重量轻、吸收冲击性能好、在高应变下压缩应力传递均匀、平稳等特点，微孔弹性体减震材料在多种汽车上已代替普通橡胶和金属弹簧材料。

汽车上的连接件如聚氨酯万向连接器、转向轴球碗具有耐磨、耐油及韧性。汽车变速杆护套等可用聚氨酯制成。用 TPU 制成的汽车轮胎防滑链与金属防滑链相比，具有噪声低、柔韧性好、耐久性好及不损害路面等优点，增加了汽车在积有冻雪马路上行使的安全性。安全气囊多用 TPU 薄膜制成，不破裂，在汽车受到猛烈碰撞时展开，对驾驶员提供保护。

汽车上的零部件还有球接头、防尘罩、脚踏制动器、门锁锁子、轴承、防震件、弹簧件等。汽车仪表板制造中，可将 TPU 复合于 ABS 等材料表面，以提高其弹性及防刮擦性能。汽车、火车、飞机的安全玻璃也是脂肪族 TPU 有发展前途的领域。

轨枕垫板用于钢轨和枕木（或混凝土轨枕）之间，以缓冲车辆高速通过时产生的强烈振动和冲击而起到保护路基的作用，还具有降噪作用。微孔聚氨酯弹性体轨枕垫板或在 TPU 中添加廉价填料制成的轨枕垫板，耐磨性能优于橡胶垫板，可较大限度地吸收行驶的列车对钢轨和路基的冲击压力，从而可在不增加列车牵引动力、不改造路基、不减少停站点的情况下，使列车达到提速目的。每块 TPU 轨枕垫板约几百克。目前在国内高速铁路和地铁中已得到普遍应用，市场需求量巨大。

由于高铁采用无砟轨道，要求防护层不仅具有防水、防渗和耐裂等基本性能，还要能经受火车高速行驶带来的高速、重载、交变冲击等作用。聚脲弹性体涂层无接缝，黏结力强，现场施工成为整体涂层，同时还具有优异的耐磨性、耐冲击、耐开裂、耐紫外线和耐高低温性能，可满足高铁的特殊要求，用量较大。除高铁外，与高铁配套的海底隧道、过江隧道、山体隧道和地铁隧道，均需大量聚脲涂层。

以 TPU 为原料采用挤出方法制成的机场拦阻网，具有强度大、重量轻、弹性好等特点，其各种性能均优于尼龙编织网体。

用于机械行业的聚氨酯弹性体部件还有各种轴衬、轴瓦、轴套，各种联轴器、齿轮、密封垫圈、垫板等，玻纤增强的 TPU 可以用于制造工业齿轮、耐磨皮带等。

5.7.5 鞋材

聚氨酯弹性体具有缓冲性能好、质轻、耐磨、防滑等特点，加工性能好，已成为制鞋工业中一种重要的鞋用合成材料，制造棒球鞋、高尔夫球、足球等运动鞋的鞋底、鞋跟、鞋头，以及滑雪鞋、安全鞋、休闲鞋等。用于鞋材的聚氨酯材料有浇注型微孔弹性体及热塑性聚氨酯弹性体等，以微孔弹性体鞋底为主。

聚氨酯微孔弹性体质轻，耐磨性好，受到制鞋厂商的青睐。制品密度在 $0.6g/cm^3$ 以下，比传统的橡胶底和 PVC 鞋材要轻得多。在国内微孔聚氨酯弹性体主要用于旅游鞋、皮鞋、运动鞋、凉鞋等的鞋底及鞋垫。RIM 聚氨酯体系还用于包封滑雪鞋鞋底金属部件。TPU 已成为重要的鞋材，国外主要可用于需耐磨性和弹性的特殊运动鞋鞋底，设计可多样化。TPU 鞋后跟具有高耐磨性。可在注射成型前的 TPU 物料中加入热分解性发泡剂，制成发泡 TPU 弹性鞋材。

5.7.6 模具衬里以及钣金零件成型用冲裁模板等

用常规钢制冲模冲裁薄片零件，断口常有毛刺。用聚氨酯橡胶代替传统钢模的冲压技术是金属薄板冲压技术的一次飞跃，能大幅度缩短模具制造周期，延长模具使用寿命，降低成型零件的生产成本，并提高零件表面质量和尺寸精度，特别适用于中小批量和单件产品的试制生产，对薄而复杂的冲压零件更加适合。同一副模具可冲制不同厚度的薄片零件，制件平整光洁、无毛刺，模具结构简单、制造容易。

在瓷砖生产线上，采用PU弹性体内衬模具，替代传统的钢模，可使冲压次数由原来的每套模具10万次增加到40万次，大大降低了生产成本，提高了瓷砖的合格率。陶瓷厂采用聚氨酯橡胶作模具的衬里，同样提高了生产效率和成品率。聚氨酯弹性体可制造混凝土模具，采用聚氨酯模具可复制各种花纹，生产装饰性砌块。五金模具冲压生产中采用聚氨酯弹性体棒、管及板垫代替金属弹簧作缓冲材料，弹性高、柔韧性好、压缩变形强度高，不损坏模具。

5.7.7 医用弹性制品

医用聚氨酯弹性体在国外以热塑性聚氨酯为主，也有少量浇注型聚氨酯弹性体及微孔弹性体。由于聚氨酯弹性体的高强度、耐磨、生物相容性、无增塑剂和其他小分子惰性添加剂，在医用高分子材料中占有重要的地位。

医用聚氨酯制品有聚氨酯胃镜软管、医用胶管、人工心脏隔膜及包囊材料、聚氨酯弹性绷带、人工血管、气管套管、男性输精管聚氨酯可复性栓堵剂、颅骨和关节软骨缺损修补用聚氨酯弹性体等，高湿气透过率的TPU薄膜可用于灼伤皮肤覆盖层、伤口包扎材料和取代缝线的外科手术用拉伸薄膜、治疗用的服装及被单等，TPU薄膜还用于病人退烧的冷敷冰袋、义乳的柔软外皮、安全套等。

5.7.8 管材

利用聚氨酯弹性体的柔韧性、高拉伸强度、冲击强度、耐低温、耐高温、有较高的耐压强度等特点，可制成各种软管和硬管，如高压软管、医用导管、油管、压缩空气输送管、燃料输送管、涂料用软管、消防用软管、固体物料输料管、水冲压管及机械臂保护的波纹管等。聚氨酯管大多采用热塑性聚氨酯挤塑成型。

采用钢丝增强，可制得新型耐用型输送管，用于输送侵蚀性物质，如碎石、谷类、木碎片及泥浆。这种新型软管直径在3.8～40cm之间。用TPU聚氨酯弹性体挤出成型制成的管材及其由PET丝编织的增强复合软管，具有良好的耐磨性、拉伸强度和伸长率，经纤维增强后它的爆破压力提高到27MPa，特别适用于潜水作业用的耐高压输气管和军用装备上的耐高压输油管。TPU也可挤出涂覆在尼龙管/编织层外制成耐高压塑胶管。

5.7.9 薄膜、薄片及层压制品

热塑性聚氨酯可被挤塑、吹塑或压延或浇注成薄膜，用途广泛，例如可制成透明囊状物、可充气设备的软外壳、多种医疗用品。TPU 薄膜及薄片可与织物及塑料等制成层压制品，用途有：飞机救生衣，救生筏和充气船，飞机紧急滑梯，水中呼吸补偿器，自携式潜水呼吸器背心，军用充气自膨胀床垫，用于隔音的薄膜/泡沫层压物。有透气性的 TPU 产品用于制造防水透湿织物，如雨衣、野营用帐篷面料及背包、无尘室工作服、滑雪服、登山服、水上运动服、探险服、羽绒服及军用服装等。具有光学透明性及较强粘接力的脂肪族 TPU 制品可以用作聚碳酸酯与玻璃之间的胶黏剂，制造安全玻璃。TPU 层压物能采用介电热封，因而简化了气囊或液体囊的无缝防水体系设计。软体储油罐是由双面覆胶的宽幅胶布粘接而成的枕形储油容器。聚氨酯软体储液罐由 TPU 涂层布热压合成型，具有重量轻、方便搬运、铺设撤收便捷快速、劳动强度低、无需大型工程机械、存放体积小、无需特别保养等优点，对油品无污染，使用安全可靠，是传统钢制油罐的优秀替代产品。由于聚氨酯弹性体具有耐油、耐臭氧、耐低温、强度高等特点，用作软体储罐的原材料。美军从 70 年代初开始，就大量装备这种聚氨酯型软体储油罐，并在多次军事行动中使用。我国北京五洲燕阳特种纺织品有限公司专业生产各种聚氨酯软体油罐，还生产聚氨酯高压输油软管等。

5.7.10 聚氨酯灌封材料及修补材料

聚氨酯灌封胶在国内用于洗衣机、洗碗机、程控电路板等集成电路板灌封，电器插头及接线头的灌封，软波导管和电压、电流互感器包覆等，起到了防水、抗震、电气绝缘作用。灌封胶多以聚醚多元醇、TDI 或 MDI 以及多种助剂制成，一般为双组分，常温固化。双组分弹性聚氨酯胶料可用作多种用途的常温固化修补材料。

5.7.11 其他应用领域

由于聚氨酯原料及配方的多样性，以及聚氨酯弹性体突出的耐磨性、高弹性和耐低温性能，聚氨酯制品应用面广，并且许多新的应用领域正在被开发。除上述领域，其他不少领域采用聚氨酯弹性体制品，例如：用于活塞及活塞杆密封的孔用密封圈、轴用密封圈；用于活塞杆外露处防尘的 J 形无骨架防尘圈；用于电动工具、纺织机械、打印机、传真机、电脑绣花机、磨床、精密设备仪器（如点钞机、电子计算机）等行业的机械传动领域的各种

同步齿形带、多楔带、微型三角带及高速平带等传动带；混凝土喷浆机的喷嘴和摩擦片；采用聚氨酯整体衬里的球磨机、球磨罐、聚氨酯耐磨球，用于高纯电子陶瓷粉料及一般材料的研磨；纺织机械上的编织机落纱棒、各种齿轮、齿轮带、三角皮带、平胶带、摩擦轮；保龄球馆聚氨酯回球轮；机械行业上各种规格的密封件、联轴器等零部件；注射成型级的 TPU 用于磁性介质，如录音带、录像带及计算机磁带；低软化点的聚酯型 TPU 可用于单组分及双组分聚氨酯胶黏剂、合成革树脂等；计算机键盘的保护套、计算机壳、蜂窝电话保护外壳；工具夹头和厨房用具；标牌面胶；热塑性聚氨酯合金代替进口尼龙 12 用于 VCD 机芯驱动轮、凸轮和录音机机芯传动齿轮；滑板车、高档溜冰鞋一般采用耐磨的聚氨酯弹性体滚轮。泳衣一般使用聚氨酯纤维（氨纶）。铺地用预成型彩色聚氨酯弹性垫型材（弹性地砖）；田径运动场聚氨酯跑道、塑胶球场；透明手套，或通过浸渍或层压制手套；用于冬季运动用品，如滑雪用品；微孔聚氨酯橡胶管用于护套材料；具有透声性能的聚氨酯弹性体可用于水声系统换能器包覆橡胶、导流罩；TPU 用于多种电缆及电线的护套层，具有耐磨、耐水、耐霉菌和阻燃性和电性能；保龄球及高尔夫球聚氨酯蒙皮。

  风能发电设备中的风电发电机叶片采用 PU 弹性体复合材料，可以克服环氧树脂复合材料的缺点，尤其适合用于高功率、超高空和气候条件恶劣环境下作业的风能发电机组。欧美国家已制成了 PU 复合材料风机叶片，并已得到了应用。

  PU 材料与开发太阳能新能源有着密切关系，包括太阳能电池用 TPU 薄膜新材料、太阳能光伏组件背板与垫板用 PU 材料。

  化纤机械加弹机的摩擦片是关键部件。与陶瓷摩擦片相比，聚氨酯摩擦片柔韧性好，耐油，耐温，阻燃，抗静电。采用聚氨酯摩擦片具有加捻效果好、均匀，一等品率高，对聚酯等纤维长丝条损伤小，染色均匀率高等优点，使得纤维产品质量更好。

  聚氨酯涂层用于多种服装，特别是防水透湿聚氨酯材料。耐寒的滑雪护目镜可以用 TPU 制造。TPU 薄膜可用作体育器材等的外部保护层。聚氨酯黏合剂用于人造草皮的粘接等。

第6章 聚氨酯涂料

6.1 概述

6.1.1 发展简况

聚氨酯涂料是以聚氨酯树脂为主要成膜物质的涂料。最早的聚氨酯涂料于20世纪40年代由德国Bayer公司推出，是双组分涂料。而全球范围内聚氨酯涂料的研制和开发始于20世纪50年代。1951年美国用干性油及其衍生物与甲苯二异氰酸酯反应制得油改性聚氨酯涂料，以后研究成功双组分催化固化型聚氨酯涂料与单组分湿固化型涂料。20世纪60年代各国都相继投入生产，并发展了聚氨酯涂料的品种。我国是1958年开始自力更生发展聚氨酯涂料的，天津化工研究院和天津油漆厂在国内最早开展聚氨酯涂料的研究，直到1965年后，在天津、上海等地才有少批量聚氨酯涂料生产。自20世纪80年代后，随着人们生活水平的提高，对木器家具、汽车、铁路机车需求增长，以及石油化工、桥梁船舶、机械工业等产业的发展，使聚氨酯涂料进入飞速发展时期。1980年我国聚氨酯涂料产量仅约1700t，1999年聚氨酯涂料总产量达11万吨，2003年、2004年、2005年、2006年、2007年产量分别为29万吨、32万吨、35万吨、40万吨和50万吨。聚氨酯涂料主要品种为木器家具涂料、地板漆、汽车修补漆、防腐蚀涂料和特种涂料。聚氨酯涂料产量仅次于醇酸树脂漆、酚醛树脂漆和丙烯酸树脂漆，成为第四大涂料品种。

据中国聚氨酯工业协会涂料专业委员会的资料，2007年聚氨酯涂料占我国涂料总产量的7%。我国聚氨酯涂料以双组分为主，主要用于木器家具的涂装，约占到木器涂料市场的75%，丙烯酸聚氨酯涂料等在汽车修补漆市场占40%以上的份额。聚氨酯树脂在防腐涂料、塑料涂料和汽车原厂漆方面的应用也越来越大，占10%的市场份额。近来，聚氨酯涂料在中国涂料市场中正以15%的平均增长率在增长。为了解决聚氨酯涂料使用过程中的污染公害问题，水性聚氨酯涂料和聚氨酯粉末涂料等品种已经得到发展。

6.1.2 聚氨酯涂料的分类与特性

6.1.2.1 分类

聚氨酯涂料品种很多，可根据不同的标准和方法来进行分类，一般采用美国材料试验协会（ASTM）提出的分类方法。

据 ASTM 对聚氨酯涂料的分类，按其组成和成膜机理将聚氨酯涂料分为五大类，其特性和主要用途见表 6-1。有些聚氨酯涂料固化机理是互相交叉的，只能按其主要方面归纳。

■表 6-1 常规单组分聚氨酯涂料的分类及主要应用领域

类型	氨酯油型	湿固化型	封闭型
固化方式	氧化聚合	空气中湿气固化	加热固化
NCO 含量/%	0	<15	0
颜料分散方法	常规	难，不能使用碱性颜料	常规
干燥时间/h	0.4~4.0	0.2~8.0（相对湿度>30%）	0.5（~150℃）
耐腐蚀性	一般	良好	良好
主要应用领域	木器、地板、水泥等装饰漆；船舶等工业防腐蚀涂料	木材、钢材、塑料、地板、水池、壁面、地下设施的防腐涂装，如化工防腐涂料等	烘烤漆用于电器绝缘漆以及金属卷材、轿车、家电等涂装

性质	催化固化型	羟基固化型
固化方式	催化剂使涂膜中 NCO 与 OH 加速交联固化	多异氰酸酯预聚物与含羟基化合物反应
NCO 含量/%	5~10	6~12
颜料分散方法	不能使用碱性涂料，采用特殊方法研磨着色	利用多羟基组分研磨色浆，颜料易分散
干燥时间/h	0.1~2.0（相对湿度>30%）	2~16
耐腐蚀性	良好~很好	优异
主要应用领域	木材、混凝土、石化设备防腐蚀涂料；耐磨涂料；皮革、橡胶用涂料	木材、金属、塑料、水泥、皮革、橡胶制品等的装饰和防腐蚀涂料

除了这几种传统的聚氨酯涂料外，还有聚氨酯弹性涂料、水性聚氨酯涂料、聚氨酯粉末涂料以及聚氨酯沥青涂料等。按涂料干燥机理，可分为反应固化型和溶剂挥发型两种。如按所用异氰酸酯品种，可分为芳香族型和脂肪族型。按介质的不同，可分溶剂型、无溶剂型、水分散型、粉末型等。以包装分类有单组分型、双组分型甚至多组分型。

6.1.2.2 特性

聚氨酯涂层中除含有大量极性氨酯基外，有些还含有酯、醚、不饱和油脂双键、脲基、缩二脲和脲基甲酸酯等基团，聚氨酯原料以及配方具有多样性，使得聚氨酯涂料具有优异性能。

① 涂膜耐磨、黏附力强。聚氨酯涂膜具有优良的力学性能，涂膜坚硬、柔韧、光亮，耐磨性优异，且对基材的黏附力高，因此广泛地用于地板漆、甲板漆以及金属、水泥、橡胶、塑料的涂料等。

② 涂膜防腐性能优良，多数聚氨酯涂料能耐油、耐酸、碱、盐等化学药品和工业废气。

③ 施工温度范围广，聚氨酯涂料能在室温固化，也能加热烘烤固化。施工适应季节长，施工环境适应性好。

④ 可根据需要而调节聚氨酯的原料配方，得到各种聚氨酯涂料，从极坚硬的涂膜调节到极柔韧的弹性涂层。可得到高弹性涂膜，用于皮革、橡胶、织物等软材料的涂饰。

⑤ 优良的电气性能。适合于制作漆包线用漆，制成的聚氨酯漆包线具有自焊、自黏的特性，特别宜作电信及仪表线圈。

⑥ 能与多种树脂混用。聚氨酯树脂能与聚酯、聚醚、环氧树脂、醇酸树脂、有机硅、丙烯酸酯树脂、纤维素、氯醋共聚树脂以及沥青、干性油等混用，因而可以根据不同要求配成许多新的涂料品种。

⑦ 聚氨酯涂料兼具装饰性与保护性能，可用于高级木器、钢琴、大型客机等的涂装。

⑧ 耐温性能好。聚氨酯耐低温性能好。有些聚氨酯涂料耐高温性能好。例如，异氰酸酯与偏苯三甲酸酐等配合使用，可制成耐高温绝缘漆，性能接近于聚酰亚胺。

聚氨酯涂料具有以上这些独特的性能，所以，在国防、基建、化工、防腐、电气绝缘、木器涂料等各方面都得到了广泛的应用，产量日增，新品种相继出现，发展较快。但是它的价格较一般涂料贵，因此，目前大多采用于要求较高的地方。随着我国石油化工的发展和原料成本的降低，聚氨酯涂料的应用必将越来越广泛。

6.1.3 聚氨酯涂料的部分助剂

聚氨酯涂料的主要原料是异氰酸酯与多羟基化合物（聚醚与聚酯）。这在前面的章节中已经介绍。关于涂料专用的多羟基化合物的制备方法，将在有关的涂料品种中叙述。而聚氨酯涂料中所用的催化剂、防老剂等助剂，因与聚氨酯弹性体等所用的近似，这里也不再赘述。以下主要介绍聚氨酯涂料所用的溶剂与颜料、流平剂、增稠剂。

6.1.3.1 溶剂

大多数聚氨酯涂料是溶剂型的，溶剂是涂料的重要原辅料。聚氨酯涂料使用溶剂主要有两个目的：溶解聚氨酯树脂，调节涂料黏度和挥发速率，便于施工；溶剂常常也是制备溶剂型聚氨酯涂料的反应介质。聚氨酯涂料溶剂的选择，除了考虑溶解度、挥发性等溶剂的共性以外，还要考虑聚氨酯树脂中异氰酸酯基（NCO）的特性。在含多异氰酸酯原料的涂料制备体系以及用作含 NCO 基团的聚氨酯涂料体系的稀释剂时，对溶剂的要求较高，溶剂中不能含有与异氰酸酯基反应的物质如水、醇（羟基）、胺（氨基）、酸和金属离子，否则会使聚氨酯涂料变质。一般情况下，在聚氨酯涂料中应使用氨酯级溶剂。氨酯级溶剂是指含杂质极少，可供聚氨酯涂料用的溶剂，其纯度比一般工业品高。溶剂是否达到氨酯级溶剂的标准，通常用二丁胺法分析残留的异氰酸酯来衡量。消耗异氰酸酯多的溶剂不能用。常用"异氰酸酯当量"表示溶剂消耗 NCO 的程度，异氰酸酯当量是指消耗 1mol NCO 基所需溶剂的质量（g）。数值越大，稳定性越好，一般来说，异氰酸酯当量低于 2500 的，即为不合格溶剂。

聚氨酯涂料采用的溶剂，以酯类溶剂为最多，其次是酮类和芳烃类溶剂。酯类和酮类溶剂溶解力强。酯类溶剂包括乙酸丁酯、乙酸乙酯、乙酸异戊酯、乙酸异丁酯、乙二醇乙醚乙酸酯、丙二醇甲醚乙酸酯等。酮类溶剂采用的是环己酮、甲乙酮、二丙酮醇和甲基异丁酮等。芳烃类溶剂常用二甲苯、甲苯、溶剂油等。部分聚氨酯涂料常用溶剂的物性参数及异氰酸酯当量见表 6-2。

■表 6-2　部分聚氨酯涂料常用溶剂的物性参数及异氰酸酯当量

溶剂	沸程/℃	表面张力/(mN/m)	异氰酸酯当量	蒸气压/kPa
甲乙酮	77.6	24.6	3800	9.5
乙酸乙酯	76~78	23.9~24.3	5600	9.7
乙酸丁酯	123~128	27.6~28.9	3000	1.3
甲基异丁基酮	117~118	25.4	5700	2.0
甲苯	110.8	30	>10000	2.9
二甲苯	137~140	32.8	>10000	0.82
环己酮	157	38.1	—	0.45
乙二醇乙醚乙酸酯	150~160	31.8~32.7	5000	0.4
丙二醇甲醚乙酸酯	140~150	27.4	—	0.46

制备涂料时宜选用氨酯级溶剂以保证贮存的稳定性，还应考虑溶剂对异氰酸酯基反应速率的影响。某些聚氨酯涂料在施工期间的少量稀释，也可用普通级溶剂。

对于溶剂型聚氨酯涂料的施工，还应考虑溶剂的表面张力对聚氨酯涂料涂布展开和成膜质量的影响。例如对湿固化型聚氨酯涂料的研究表明，涂料的表面张力超过 0.035N/m 时，漆膜不易产生微小气泡和泡孔。大多数聚氨酯涂料树脂是高极性聚合物，溶剂型涂料的表面张力比相应溶剂的表面张力稍高。

6.1.3.2　颜料和填料

颜料是制备有色聚氨酯涂料（色漆）的重要原辅料，它的作用是使涂料具有各种色彩，有一定的遮盖力，提高涂料的保护性能，并使涂膜增加耐久性、耐候性、耐热性、防腐性及力学性能等。

涂料颜料是有色的细颗粒粉状物质，一般不溶于水。颜料/染料有可溶性和不可溶性的，有无机颜料和有机颜料的区别。大多数无机填料属于体质颜料，具有填料、颜料的双重功能。颜料分白色、彩色、黑色等颜色。一般来说，天然无机颜填料比有机合成颜料耐光。

选择聚氨酯涂料用颜料和填料的基本原则是，它们不和异氰酸酯基团发生化学反应，没有明显的催化性，颜料本身的耐化学腐蚀性和耐热性必须高于涂料用树脂。某些颜填料由于具有较强的吸湿性，或者含有某些反应基团，或者有催化性，限制了其在含 NCO 基树脂的聚氨酯涂料配方中的应用。例如碱性颜料一般就不能使用。吸湿性填料必须烘干水分后才能混入聚氨酯涂料体系。

可用于聚氨酯涂料的体质颜料/填料有碳酸钙、云母粉、滑石粉、陶土、硅藻土以及某些金属氧化物如钛白粉、氧化锑、氧化铁红等。

针状和片状颜料/填料能有效地改善配方稠度，并提高涂膜的强度。

6.1.3.3 流平剂

在某些聚氨酯涂料中，尤其是聚酯型聚氨酯涂料中，往往需要使用流平剂以便提高其流平性，消除刷痕和橘皮等表面缺陷。能改善湿涂膜流动性的物质，称为流平剂，它的主要作用是降低涂料组分之间的表面张力，增加流动性，使其达到光滑、平整，从而获得无针孔、缩孔、刷痕和橘皮等表面缺陷的致密涂膜，某些高沸点溶剂、有机硅、聚丙烯酸酯、醋酸丁酸纤维素、丁醇改性三聚氰胺甲醛树脂和聚乙烯醇缩丁醛等都是有效的流平剂。流平剂产品品种多，一些涂料精细化学品公司有各种流平剂供应。

6.1.3.4 增稠剂

凡能提高涂料黏度，减少流动，但并不引起触变的物质称为增稠剂。使用增稠剂提高涂料黏度的目的在于防止施工时产生流挂，同时可防止涂料贮存过程中的分层（颜料沉底）和颜料絮凝，以提高涂料的贮存稳定性。纤维素醚类、有机润土、微粉化二氧化硅、某些丙烯酸系聚合物等都是有效的涂料增稠剂。

6.2 单组分聚氨酯涂料

6.2.1 氨酯油型涂料

氨基甲酸酯改性油脂称氨酯油或油脂改性聚氨酯涂料，是甲苯二异氰酸酯（TDI）与干性油的醇解物反应而制成的涂料产品。干性油是指在空气中易氧化干燥形成富有弹性的柔韧固态膜的油脂，如桐油、亚麻油等，其主要成分是亚麻酸、亚油酸等不饱和脂肪酸的甘油酯。

在氨酯油分子中不存在活性异氰酸酯基团，来自干性油原料中的不饱和双键，在钴、铅、锰等金属盐催干剂的作用下氧化聚合成膜。其光泽、丰满度、硬度、耐磨、耐水、耐油以及耐化学腐蚀性能均比醇酸树脂涂料好，但涂膜耐候性不佳，户外用易于泛黄。氨酯油型聚氨酯涂料的贮存稳定性好、无毒、有利于制造色漆、施工方便，价格也较低，一般用于室内木器家具、地板、水泥表面的涂装及船舶等防腐涂装。其缺点是流平性差、涂膜易于变黄。

6.2.1.1 合成原理和配方原则

干性油与多元醇（如甘油）发生酯交换反应而生成甘油二酸酯，甘油二酸酯再与二异氰酸酯反应制成氨酯油。

干性油与甘油发生醇解（酯交换）反应如下：

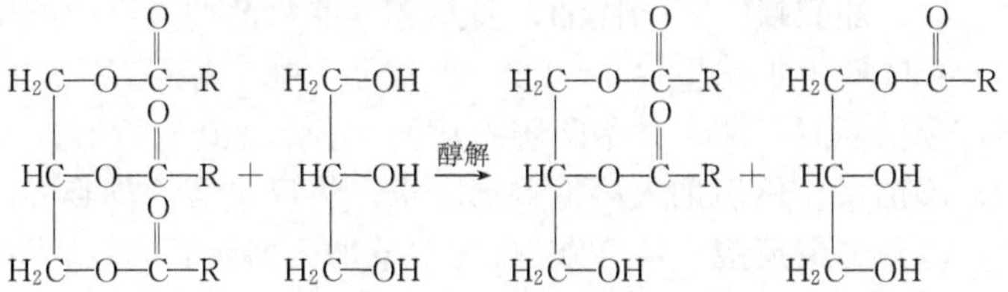

(R—COOH 为不饱和脂肪酸)

干性油经甘油醇解所生成的产物是混合物，含甘油二酸酯、甘油一酸酯，还有未反应的少量甘油三元醇等存在，由这三种产物组合再经与甲苯二异氰酸酯进行氨酯化反应，得到的氨酯油也是混合物，结构式比较多，在此只列出其中一种氨酯油成分的结构式。

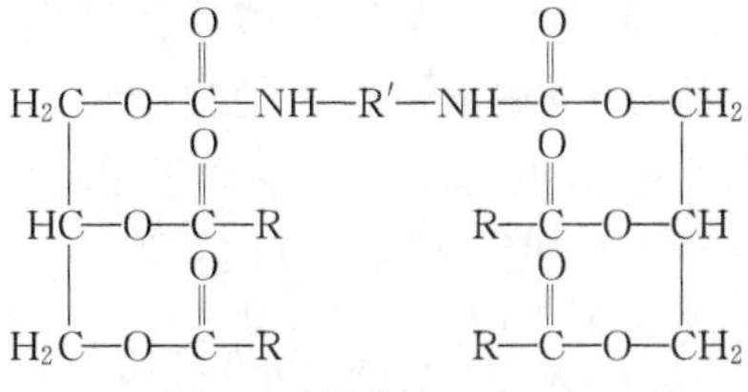

(氨酯油)

采用季戊四醇与干性油等制得的氨酯油与采用甘油与干性油等制得的氨酯油相比，固化快，并且固化成膜后交联密度高，硬度高，但只使用季戊四醇容易引起凝胶。

制备干性油醇解物的反应温度一般在 220～250℃，一般需加入催化剂，如采用钙含量为 4% 的环烷酸钙，加入量为油量的 0.1%～0.3%。反应温度增加，醇解反应加快。但温度越高，干性油的自聚倾向也就越大。醇解物和 TDI 的反应温度与普通聚氨酯合成相似。

制备氨酯油时，其配方设计一般采取异氰酸酯基与羟基的摩尔比略小于 1，NCO/OH 摩尔比值通常在 0.90～0.98，也可等于 1。若 NCO/OH>1，产品中存在残留的游离 NCO，影响氨酯油产品的贮存稳定性。若 NCO/OH 远小于 1，产品黏度低、残留羟基过多，涂膜耐水性和干燥性较差。另外，油度即油脂在氨酯油树脂中的质量分数一般在 60%～75%。油的种类应是以干性油或半干性油为主。这样在油度适量、油种合适的情况下，制得的氨酯化涂膜在光泽、强度、耐化学品性能等方面均较好。

制备氨酯油涂料所采用的二异氰酸酯单体一般为 TDI。芳香族聚氨酯容易泛黄。采用脂肪族二异氰酸酯和豆油等的醇解物反应制得改性氨酯油涂料基本不泛黄，但 HDI 在氨酯反应时活性低，需加入二丁基锡类催化剂促进氨酯化反应。氨酯化反应后，若氨酯油中仍残留极少量游离 NCO 时，可加入少量甲醇或丁醇以除去残留 NCO。

若配方中的 TDI 较多，在固体成分中超过 26% 时，宜用芳烃溶剂；若含 TDI 较低，则用石油系溶剂。

6.2.1.2 制备方法

(1) 酯交换 将干性油、多元醇、催化剂加入反应釜中，通入氮气，于 230～250℃下加热搅拌 1～2h，使其进行酯交换反应（醇解反应），待醇解物符合指标后（测定其甲醇容忍度），分析羟值与酸值，根据分析结果算出 TDI 添加量。然后加入溶剂共沸脱水，将反应液冷却到 50℃。

(2) 缩聚反应 将 TDI 于 50℃下加入醇解产物（甘油酯）中，此时反应温度保持在 60～65℃，TDI 加完后，充分搅拌半小时，将温度升至 80～90℃，并加入催化剂，使异氰酸酯充分反应、NCO 基团完全消失。冷至 50～55℃时，可添加少量甲醇或乙醇作为反应终止剂，消除残留 NCO。另外还添加一定量的溶剂，再加入抗结皮剂及催干剂。

由于氨酯油中不含残余的异氰酸酯基，因此可用普通的干燥颜料和传统方法进行研磨及配制色漆。为防止芳香族氨酯油的泛黄，用脂肪族异氰酸酯制成氨酯油，可配制成耐候性很好的浅色装饰性涂料。

【实例】 将亚麻油 1756g、季戊四醇 288g、环烷酸钙 (4%) 8g 在 240℃左右醇解约 1h，使甲醇容忍度达到 2:1。冷却至 180℃，加入第一批 200# 溶剂油 2000g 和二甲苯 160g 搅匀，升温回流脱除微量水分，冷却至 40℃。将甲苯二异氰酸酯 626g 与第二批 200# 溶剂油 450g 预先混合，在半小时内边搅拌边经滴液漏斗慢慢加入，同时通入氮气。加毕后加入催化剂二月桂酸二丁基锡 2g，升温至 95℃，保温、抽样，待黏度达加氏管 5s 左右（需 2～3h），冷却至 60℃，加入丁醇 60g 与残留的 NCO 反应。趁热过滤，冷却后加入催干剂（按不挥发分计加 0.3% 有机金属铅、0.03% 有机金属钴）以及 0.1% 的抗结皮剂（如丁酮肟或丁醛肟）即可装罐。此漆干燥迅速，可供地板清漆等用途。漆的不挥发分约为 50%，其原料中含亚麻油 65.6%、甲苯二异氰酸酯 23.4%。

6.2.1.3 物理性能

氨酯油型聚氨酯漆比醇酸树脂漆干得快，耐磨性好，而且耐水解及耐碱性也较好。这主要是因为氨酯键之间可形成氢键,而醇酸树脂的键间不能形成氢键,分子间的内聚力较低。

氨酯油漆膜的物理性能见表 6-3,其性能均比醇酸树脂漆优越,但比含异氰酸酯基的双组分或单组分潮气固化聚氨酯漆要差。因氨酯油中不含游离的异氰酸酯基,所以其贮存稳定性良好,而且,制造色漆的手续简单,施工应用方便,价格也比含异氰酸酯基的双组分或单组分潮气固化型聚氨酯漆低廉。

■表 6-3 氨酯油漆膜的物理性能

品种	干燥时间 /min	斯沃德硬度			Taber 磨耗 /(mg/1000 循环)	耐气候性	耐碱性 (5%NaOH)
		1d	7d	28d			
大豆油型	10~15	26	38	45	35~45	优	良
亚麻油型	10~15	27	36	48	40~50	优	良
醇酸树脂	180~210	12	22	41	50~70	中	中

6.2.2 湿固化聚氨酯涂料

6.2.2.1 湿固化聚氨酯涂料的特点

湿固化聚氨酯涂料,即潮气固化聚氨酯涂料、湿固化聚氨酯漆,它是一类靠空气中的湿气固化成膜的单组分涂料。湿固化聚氨酯涂料一般是含游离NCO 基团的多异氰酸酯预聚物,在相对湿度 50%~90% 的环境中涂布之后,单组分湿固化聚氨酯涂料通过吸收水分缓慢成膜固化。空气中的水汽通过表层向涂层中渗透,与预聚物分子上的 NCO 反应,最终生成脲键而固化成膜,同时产生二氧化碳气体。湿固化聚氨酯树脂既可以制造底漆,也可以制成面漆,两者配套性好。因水汽渗透固化机理,交联固化过程可能较慢,不过湿固化涂料的涂层较薄,一般能固化得较为透彻,漆膜最终性能良好。

单组分湿固化聚氨酯涂料的优点是使用方便,并可避免双组分聚氨酯涂料临用前配制的麻烦和误差以及余漆隔夜凝胶报废的弊端。温度最低可在 0℃ 固化成膜。环境湿度越高、气温越高,固化时间也越短。涂膜的干燥性能与所选择的溶剂挥发性关系也较大。

单组分湿固化漆的缺点是配制色漆困难,贮存期较短;漆膜的固化受环境湿度影响,固化过程中影响因素比较复杂。冬季施工困难、固化较慢。如果环境温度高、湿度大,或者基面过于潮湿,有可能使产生的二氧化碳气体来不及逸出,漆膜出现针孔、鼓起等不良现象。

传统的湿固化聚氨酯涂料,常采用分子量较高的蓖麻油醇解物的预聚体,也可以用其他低聚物与多异氰酸酯合成聚氨酯预聚体。可用于制备湿固化涂料的低聚物有聚醚多元醇、聚酯多元醇、丙烯酸酯多元醇、环氧树脂等。涂料中 NCO 基质量分数为 5%~15% 不等。为了便于涂布施工,大多数湿固化涂料是溶剂型的。

湿固化聚氨酯涂膜中含有大量的脲键和氨基甲酸酯键。因此涂膜具有附着力强、柔韧性好、耐磨、耐化学品腐蚀、耐油、耐水、耐辐射等优良特点。对重型设备振动和滚压，涂膜很少受损。涂料中的NCO基含量越高、官能度越大，成膜后交联度越高，涂膜便趋向硬而脆，其耐化学腐蚀性能和耐磨性也越得到改善。在使用中还可采用丁二醇、聚醚二醇调整涂膜的硬度和弹性。

湿固化聚氨酯涂料多应用于可大面积施工、在大气中常温固化并且对漆膜性能的增长速率要求相对不太紧迫的场合，例如地板漆、房屋室内装修用漆、地下工程、金属及混凝土表面的防腐涂装等。

6.2.2.2 湿固化型聚氨酯涂料的制备

湿固化聚氨酯涂料的主要成膜树脂是含NCO基团的聚氨酯预聚体，这种预聚体的羟基原料广泛，不仅有常规的聚醚多元醇、聚酯多元醇，还有丙烯酸酯多元醇、醇酸树脂、蓖麻油及其醇解物、环氧树脂等。异氰酸酯原料一般是TDI、PAPI、MDI等芳香族多异氰酸酯。脂肪族异氰酸酯的NCO活性较低，预聚体遇水汽固化相当缓慢。

如果预聚体的分子量较低，为了改善固化慢的问题，需加入催化剂，促进NCO与水汽的反应。较高分子量的预聚体、低NCO含量的聚氨酯预聚体树脂在潮气作用下固化可不需催化剂。例如用二异氰酸酯和低聚物多元醇（如聚醚二醇、聚醚三醇）在NCO/OH摩尔比＜2的情况反应，先制成端羟基预聚体，再和二异氰酸酯反应，制备端NCO高分子量预聚体。也可用较高分子量的低聚物多元醇制备预聚体。

用于与异氰酸酯反应的含羟基低聚物水分最好在0.05％以下，否则需通过真空减压脱水或者共沸脱水。还有一种除去原料中水分的方法是加入物理除水剂如沸石分子筛干燥剂，加入化学除水剂如噁唑烷类除水剂、对甲基苯磺酰异氰酸酯等。因为除水剂一般比较昂贵，对于含水分较高的原料，不宜采用化学除水剂。

湿固化聚氨酯涂料通常是清漆。这是因为预聚体树脂不仅对空气的湿气敏感，制备时NCO基团还容易与颜填料中的水分反应，所以制备色漆比较困难。若仍按常规方法制备含填料、颜料的湿固化色漆，则产品贮存稳定性差，可能发生胶凝、鼓罐现象。

制备湿固化聚氨酯色漆通常采用共沸脱水法：将颜料、填料和用于制造预聚体的含羟基树脂一起研磨分散好，并将全部溶剂一起加入反应釜中，先通过共沸回流法脱水，以此除去绝大多数水分，冷却后，加入多异氰酸酯与羟基反应，即可制得稳定的色漆。当然所用的颜、填料不能是碱性的，否则在贮存过程中可能引起NCO与氨基甲酸酯等反应或者自聚，引起黏度增加甚至凝胶。

另一种去除颜、填料中的水分的方法是色浆球磨法：先测出所用颜、填料中的水分含量，同时计算出要消耗掉这些水分所需异氰酸酯的数量，然后，将全部颜、填料和所需 TDI 或 MDI 一起加入球磨机中分散，不时排放反应释放出的二氧化碳，待颜、填料所含水分完全消耗掉之后，加入端 NCO 基预聚体，充分研磨达到规定细度后，出料。

色浆球磨法需首先测定颜料水分含量，并需要良好的球磨设备，生产中常需排气，相当不便，并且有一部分二异氰酸酯被水分消耗掉，很不经济，产品的贮存稳定性也不是很好，故不常采用。对于不耐温的颜料的除水，可采用此法。

下面举例介绍几种湿固化聚氨酯涂料。

(1) 蓖麻油制备的单组分湿固化涂料　蓖麻油是一种甘油三脂肪酸酯，在不饱和脂肪酸链上含有羟基，羟基的平均官能度为 2.7，典型羟值在 163mg KOH/g 左右。蓖麻油直接与多异氰酸酯 PAPI 进行加成反应，生成端 NCO 预聚物。通过设计这两种主要原料的化学配比，在 NCO 大量过量的条件下，可得到具有一定黏度范围的端 NCO 预聚体。

一种传统的蓖麻油型湿固化涂料的生产过程是：在干燥的反应釜内加入 420kg 的 PAPI 和无水二甲苯，50℃左右开始边搅拌边滴加 300kg 已脱水处理的蓖麻油溶液（可用二甲苯回流脱水并加入很少的稳定剂磷酸或亚磷酸二苯酯），控制反应温度不超过 75℃，约 1h 加完，升温至 80℃左右，保温反应 1～1.5h，取样测 NCO 含量，合格后，降温、出料、密封包装，得到 50%固含量的褐色透明湿固化聚氨酯清漆。上述涂料的 NCO 质量分数≥5%，涂-4 杯黏度 50～80s。

也可不使用二甲苯，采用乙酸丁酯等酯类溶剂，蓖麻油采用真空脱水，制备 50%固含量的湿固化单组分清漆。NCO 质量分数约 5%，涂-4 杯黏度 20～50s。采用溶剂共沸脱水法制取色浆，再调制色漆，可以生产湿固化色漆。

涂料的表干时间 2～4h，实干 12～24h，附着力 1 级，摆杆硬度＞0.7，冲击强度 490N·cm。这种聚氨酯清漆是一种防腐清漆，涂膜具有优异的耐化学腐蚀性能，耐稀酸、碱液、盐水和油。这类聚氨酯涂料应用广泛，例如在湿固化聚氨酯清漆中添加异噻唑啉酮等杀藻剂，可制成船舶等的无污染防腐杀藻涂料；添加特殊填料可制成隐形涂料，吸波性能良好；可应用于混凝土钢筋的防腐蚀涂料；用于铁路、桥梁及扣件的防腐；用于泵和阀门的叶轮及壳体内外表面的防腐涂料具有优异的耐酸碱介质腐蚀、耐磨损性能；用于各种金属机械如汽车底盘、热交换与散热器等的防腐涂装；还可用于地板漆和家具漆、油罐防护涂层，地坪、墙面及污水处理池防腐涂层等。

(2) 蓖麻油醇解物制备的单组分湿固化涂料

① 制备原理　蓖麻油和甘油、季戊四醇或三羟甲基丙烷等醇解，制备蓖麻油单甘油酯和二甘油酯等醇解物，醇解物再与过量的 TDI 反应，制得端 NCO 预聚体湿固化清漆产品。制备过程与氨酯油的相似，不同之处在于

湿固化涂料是异氰酸酯过量，而氨酯油是羟基过量。

② 醇解物的制备　例如，将蓖麻油 263.3kg、甘油 24.2kg 和环烷酸钙 0.1kg 投入反应锅内，通氮气或二氧化碳，在 1~1.5h 内升温至 200℃，再过 0.5h 升至 240℃，保温反应 1h 后每隔 15min 取样测醇容忍度（80%乙醇水溶液与醇解物体积比达 4 左右仍透明），合格后加入二甲苯，并加入总量 1/5 的苯，减压脱除苯及水。得到黄棕色透明油状醇解物，固含量 65%~75%，羟值 155~215mg KOH/g。

③ 清漆的制备　在加热至 50℃左右的 TDI 与二甲苯中边搅拌边缓慢加入醇解物溶液，控制反应温度不超过 70℃，加完醇解物后继续在 60~90℃保温 1h，加入剩余的二甲苯调节固含量，取样测定 NCO 含量，合格后冷却、出料。例如某种清漆产物固含量 60%~70%，涂-4 杯黏度 18~28s，NCO 质量分数 9%~11%。

可以用上述清漆配制色漆，一般清漆中的树脂固体分与颜、填料的质量比为 (1~1.5):1，面漆中树脂偏多。可以在球磨机中用 TDI 将颜、填料中的水分除去。例如可用 200~300 目的铁红粉、云母粉、高岭土与计算量的 TDI 在球磨机研磨 15h 后，再与清漆研磨混合，制备铁红色底漆。而如果用湿固化树脂配制富锌底漆，必须在使用前配制，例如按清漆中树脂固体分与金属锌粉以 1:8 的质量比混合均匀，现配现用。白色面漆可用钛白粉、云母粉和滑石粉等与清漆研磨配制，同样需先对颜料进行除水处理。

蓖麻油醇解型湿固化涂料一般建议在较高湿度环境下使用。如果需要加快固化速率，可以配入微量催化剂。

可以在制备聚氨酯树脂预聚体时加入环氧树脂，制备环氧树脂改性聚氨酯涂料。例如，在 70℃的 236 份 TDI 的二甲苯溶液中，3h 内缓慢滴加 200 份 75%固含量的醇解物和 304 份 50%固含量的环氧树脂 E-35 的混合液，加完后再继续保温 3h，冷却，即制得一种浅黄色环氧树脂改性蓖麻油聚氨酯清漆，NCO 质量分数约 9.5%。

(3) **羟基醇酸树脂制备的单组分湿固化涂料**　醇酸树脂是由小分子多元醇、邻苯二甲酸酐和脂肪酸或油（甘油三脂肪酸酯）缩合聚合而成的油改性聚酯树脂。普通醇酸树脂是端羧基的，要与氨基树脂混合，经加热才能固化。而羟基醇酸树脂与过量的二异氰酸酯反应，可制备湿固化的醇酸树脂型聚氨酯涂料。

① 醇酸树脂的制备　例如，首先将 22.4g 蓖麻油、5.5kg 95%的甘油、5.5kg 一缩二乙二醇投入高温反应釜中，搅拌、升温、通二氧化碳，当温度升至 240~250℃时醇解 0.5h，取样滴在玻璃板上透明为合格，降温到 220℃，加入 4.1kg 422# 树脂（以松香和顺丁烯二酸酐进行加成反应并且以甘油酯化而成）、12.5kg 苯酐及 4kg 二甲苯，升温到 204~210℃回流脱水，1.5~2h 取样测酸值，当酸值小于 10mg KOH/g 后，加入 46kg 二甲苯等溶剂兑稀成固体分为 50%的长油度醇酸树脂溶液。

② 单组分聚氨酯湿固化清漆的制备　在预热至40℃的TDI中，1h内边搅拌边缓慢加入上述醇酸树脂液，控制反应温度不超过70℃，然后继续在75～80℃保温反应1h，取样测定NCO含量合格后，降温、出料，即为单组分湿固化清漆。该清漆为浅黄色透明液体，固含量55%±3%，NCO质量分数7%～8%，涂-4杯黏度30～80s。25℃表干时间≤2h，实干≤24h。这种涂料有光泽和韧性，附着力强，并具有良好的耐水性、耐磨性、耐候性和绝缘性等，该涂料主要用于木器家具、室内地板、装潢及塑料罩光等。

(4) 环氧树脂改性聚酯单组分湿固化聚氨酯涂料　将由己二酸、一缩二乙二醇、三羟甲基丙烷制得的聚酯多元醇以及环氧树脂E-12的乙酸丁酯/二甲苯/甲苯混合溶液，按固体分质量比4∶1加热搅拌回流，稍冷却，加入无水的乙酸丁酯、二甲苯和甲苯混合溶剂，降温到40℃，加入计量的TDI在80～85℃反应3h左右，降温出料，得到浅黄色透明单组分清漆，其固含量55%±2%，NCO质量分数5.5%～6.5%，涂-4杯黏度30～50s。

(5) 聚醚型单组分湿固化聚氨酯涂料　单组分湿固化聚醚型聚氨酯涂料清漆，其羟基原料一般采用低分子量聚醚二醇或聚醚三醇，或其混合物，异氰酸酯原料一般用TDI，也可用MDI、PAPI等。为了改善涂膜性能，在使用（混合）聚醚二醇时常加入适量的三羟甲基丙烷以调节平均官能度和羟值，使预聚物中游离NCO基含量符合设计要求。与其他类型湿固化聚氨酯涂料一样，控制预聚物中的NCO含量在5%～15%之间。

该类湿固化涂料，耐水性极佳、干燥快、硬度高、耐磨性好，柔韧性好、耐化学品腐蚀性强。木器漆"水晶王"即采用该类型单组分湿固化涂料，施工方便，可喷涂、刷涂。

分子量较低的聚醚二醇或三醇与二异氰酸酯反应，NCO/OH低于2，一般在1.2～1.8之间，在异氰酸酯封端的同时，使预聚物的分子量提高，聚醚链段中间嵌入氨酯键，提高机械强度，并保证涂层迅速干燥。这种方法目前已广泛采用，通常潮气固化聚氨酯漆，大多数指的是这类，不需加催化剂就能迅速固化。

例如，按投料NCO/OH比为1.5设计配方，将预脱水的聚醚三醇N303投入反应釜，加入TDI，搅拌，升温至60～70℃反应，加入10%甲苯以调节黏度，然后加入预先脱水的聚醚二醇N204，升温至80～90℃，保温2～3h，取样测NCO基含量，合格后降温、加入溶剂、0.5%流平剂（醋酸丁酸纤维素配成溶液）、抗氧剂（二叔丁基对甲酚，为全重量的0.9%），包装备用。产品NCO质量分数为7%。

又如，206.8份聚醚三醇N-303、152.4份聚醚三醇N-330、384.5份TDI和溶剂制备固含量50%、NCO质量分数约7.1%的湿固化聚氨酯预聚体，可加入适量助剂制成单组分清漆。

(6) 其他类型的单组分湿固化聚氨酯涂料　TDI-TMP加成物也可与低羟值聚酯二醇反应，制备单组分湿固化聚氨酯涂料。

酮亚胺与封闭型多异氰酸酯组成一种特殊的湿固化的单组分聚氨酯涂料，将在下一节介绍。

6.2.3 封闭型聚氨酯涂料和烘烤漆

封闭型聚氨酯漆的成膜原料与双组分聚氨酯漆相似，是由多异氰酸酯组分和羟基组分两部分组成的。所不同的是多异氰酸酯被封闭，形成的封闭型多异氰酸酯在常温具有良好的稳定性，它与含羟基的树脂可以混合在一起而不产生化学反应，因此，可以单组分包装而不反应，成为单组分涂料。封闭型多异氰酸酯的优势在于容易操作，且对大气湿度不敏感，可以配制具有足够贮存稳定性的单组分聚氨酯涂料。封闭型多异氰酸酯需通过加热固化成膜，仅用于高温烘烤体系。封闭型聚氨酯漆也称作单组分热固性聚氨酯涂料。

聚氨酯粉末涂料也是一类特殊的粉末状单组分封闭型聚氨酯涂料，将另外介绍。此处主要介绍液态的单组分封闭型聚氨酯涂料。

封闭型多异氰酸酯本质上是相对热稳定的化合物，仅在一定反应物存在下，才能达到可行的交联温度，通过加入催化剂可进一步降低交联温度。单组分聚氨酯涂料的解封反应温度，取决于所用封闭剂和多异氰酸酯的类型。

6.2.3.1 封闭剂的类型

用于通过化学反应封闭异氰酸酯基的物质称为封闭剂。常用的封闭剂有苯酚类、丙二酸酯、己内酰胺、二甲基吡唑和甲乙酮肟等。部分常见封闭剂对 HDI 封闭物的解封闭温度见表 6-4。

■表 6-4　部分常见封闭剂对 HDI 封闭物的解封闭温度

封闭剂	解封温度/℃	封闭剂	解封温度/℃
甲醇、乙醇	≥180	丙二酸二乙酯	130~140
苯酚	160~180	ε-己内酰胺	160
丙酮肟、环己酮肟	≥160	乙酰丙酮	140~150
甲乙酮肟	110~140	亚硫酸氢钠	50~70
3,5-二甲基吡啶	110~130	乙酰乙酸乙酯	140~150

脂肪族聚氨酯漆不用酚类封闭剂，以免变色，可采用乳酸乙酯、己内酰胺、丙二酸二乙酯、乙酰丙酮、乙酰乙酸乙酯等。其裂解温度（解封闭温度）为 130~160℃。

其他封闭剂包括二异丙胺、二异丙胺/丙二酸酯、二异丙胺/三唑、环戊酮-2-羧基甲酯（CPME）、异壬基酚等。

6.2.3.2 封闭及解封闭

多异氰酸酯组分与苯酚、丙二酸酯、己内酰胺等封闭剂反应生成氨酯键

[反应式见（1）、（2）、（3）]，而氨酯键在加热的情况下又裂解生成异氰酸酯[反应式见（4）]，再与羟基组分反应生成聚氨酯。

$$RNCO + HO-C_6H_5 \rightleftharpoons RNHC(O)-O-C_6H_5 \quad (1)$$

$$RNCO + CH_2(COOR)_2 \rightleftharpoons RNHC(O)-CH(COOR)_2 \quad (2)$$

$$RNCO + HN(CH_2CH_2)_2 \rightleftharpoons RNHC(O)-N(CH_2CH_2)_2 \quad (3)$$

$$RNHCOOC_6H_5 \longrightarrow RNCO + C_6H_5OH \quad (4)$$

因此封闭型聚氨酯漆的成膜就是利用不同结构的氨酯键的热稳定性的差异，以较稳定的氨酯键来取代较弱的氨酯键。例如，苯酚封闭异氰酸酯遇到羟基化合物的解封闭反应式如下：

$$-RNHCOAr + R'OH \stackrel{\triangle}{\rightleftharpoons} \left(-RNHC(O)-OAr \atop R'OH\right) \rightleftharpoons -RNHC(O)-OR' + ArOH \quad (5)$$

一般来说，芳香族的封闭型异氰酸酯与脂肪族的封闭型异氰酸酯相比，具有稍低的解封温度。这是因为芳香环的吸电子作用比脂肪族基团的要稍大一些。异氰酸酯的空间位阻同样会影响解封速率。I. Muramatsu 等人用甲乙酮肟（MEKO）与脂肪族或芳脂族二异氰酸酯封闭物的解封闭温度，研究电子效应和空间位阻效应共同作用的结果，发现 IPDI 的解封温度比 HDI 低。TMXDI 的叔位异氰酸酯的解封温度比伯位、仲位异氰酸酯的低 10～15℃，其解封闭温度最低。这些 MEKO 封闭的异氰酸酯的解封闭温度分别为：六亚甲基二异氰酸酯（HDI）132℃、异佛尔酮二异氰酸酯（IPDI）121℃、亚二甲苯基二异氰酸酯（XDI）140℃、氢化苯二亚甲基二异氰酸酯（H_6XDI）147℃、四甲基苯二甲基二异氰酸酯（TMXDI）100℃。

用二月桂酸二丁基锡、辛酸亚锡、叔胺的羧酸盐催化剂，能降低解封闭温度。

6.2.3.3 封闭型聚氨酯清漆的类型及举例

封闭型聚氨酯清漆按被封闭的异氰酸酚组分区分一般有下述几种类型。

(1) 预聚物或加成物型 端 NCO 的聚氨酯预聚体或二异氰酸酯-多元醇加成物，NCO 基团被封闭剂封闭。最常见的是用苯酚封闭的 3TDI-TMP 加成物，常规制法是在苯酚的乙酸乙酯溶液中，加入化学计量的 TDI-TMP 加成物溶液（苯酚可过量 2%～5%），将溶液加热至 100℃，保持数小时（也可加入少量叔胺催化剂以促进反应）。取样并以丙酮稀释，当加入苯胺而无沉淀析出时，表示异氰酸酯基已封闭完全，即可停止。蒸除溶剂后，得固体产品，软化点为120～130℃，含12%～13%的有效NCO基。这是封闭型中最常用的氨酯加成物。它和聚酯多元醇配成单组分烘烤型聚氨酯涂料，常用作自焊电磁线漆及一般的聚氨酯烘烤漆。Desmodur AP stable 是该类封闭型聚氨酯的典型产品，该固体树脂软化点约100℃，封闭NCO质量分数12.1%，可用氨酯级溶剂溶解。它与苯酐聚酯多元醇结合，配制漆包线漆，得到可直接焊接的漆包线。在140℃以上解封闭。

(2) 异氰脲酸酯型 即利用苯酚封闭的甲苯二异氰酸酯三聚体。主要用于高温电磁线漆。苯酚封闭的TDI三聚体含热稳定的异氰脲酸酯六元杂环，因此比苯酚封闭的TDI加成物的耐热性要好。苯酚封闭TDI三聚体的制备，首先是等物质的量的TDI与苯酚在150℃下反应，使TDI单封闭、在TDI的第4位置上生成氨酯键。然后将此中间产物在160℃下加热，并加入催化剂使其三聚成苯酚封闭的异氰脲酸酯三异氰酸酯。该产品溶于乙酸乙酯、丙酮等溶剂。TDI的单封闭反应式如下：

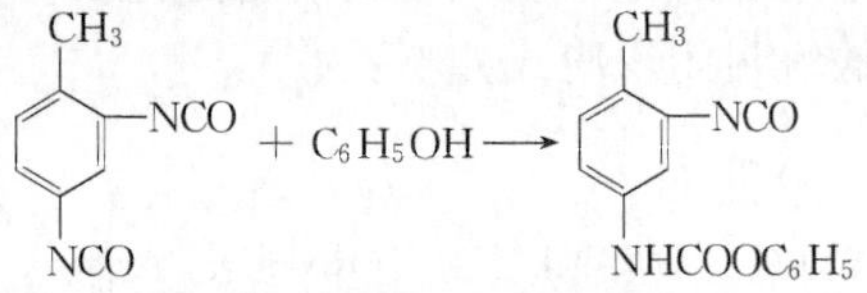

苯酚封闭的甲苯二异氰酸酯三聚体结构式如下：

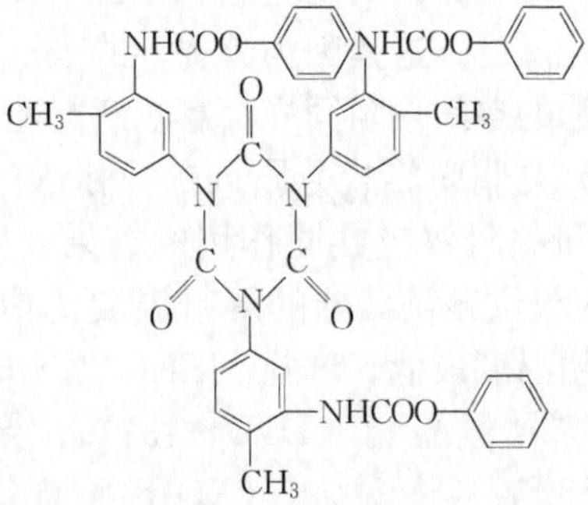

(3) 缩二脲型 例如用肟封闭的HDI缩二脲多异氰酸酯。主要用于配制耐候性、耐黄变好的装饰性轿车漆。例如，以甲乙酮肟（肟羟基N—OH）与HDI缩二脲多异氰酸酯中NCO的摩尔比约1.05，在70℃以下反应，制成封闭物中被封闭NCO质量分数为12.2%的封闭型树脂。

下面以Bayer MaterialScience公司的封闭型异氰酸酯为例，介绍部分封闭型异氰酸酯的特性和用途。Bayer公司的封闭型多异氰酸酯产品的典型物性见表6-5。部分封闭多异氰酸酯产品的用途说明如下。

Desmodur BL 1100 是己内酰胺封闭的，与环脂族二胺（如BASF公司Laromin C260）可以10∶1的质量比组成高柔韧性单组分烘烤漆。在40℃以下贮存稳定，烘烤固化条件为150℃×45min，或160℃×30min或180℃×10min。可用氨酯级溶剂稀释。用于浸渍涂布或幕涂的涂料。

■表 6-5　Bayer 公司的封闭型多异氰酸酯产品的典型物性

Desmodur 牌号	封闭的 NCO/%	黏度(23℃)/mPa·s	相对密度(20℃)	闪点/℃	固含量/%	异氰酸酯
BL 1100	约 3.0	(43±10) Pa·s	1.07	>150	100	TDI
BL 1265 MPA/X	约 4.8	(20±5) Pa·s	1.1	32	65±2	TDI
BL 3165 SN/DBE	约 9.6	550±200	1.06	50	65	HDI
BL 3175 SN	约 11.1	3300±400	1.06	45	75±2	HDI
BL 3272 MPA	约 10.2	2700±750	1.1	50	72±2	HDI
BL 3370 MPA	约 8.9	3800±1200	1.08	49	70±3	HDI
BL 3475 BA/SN	约 8.2	1000±300	1.1	41	75	HDI/IPDI
BL 3575 MPA/SN	约 10.5	3600±1000	1.10	53	75±2	HDI
BL 4265 SN	约 8.1	(11±3) Pa·s	1.03	47	65±2	IPDI
BL 5375	约 8.9	4000±1500	1.04	48	75±2	HMDI
VP LS 2078/2	约 7.0	2000±500	1.04	47.5	60±2	IPDI
VP LS 2257	约 8.8	约 2300	1.10	47	约 70	HDI
VP LS 2352	约 7.2	1500±500	0.99	32	60±2	HDI/IPDI
VP LS 2376/1 (MEK)	约 11.5	1350±200	1.09	2	79±2	HDI
PL 340 (BA/SN)	约 7.3	600±50	1.03	38	60±2	IPDI
PL 350 (MPA/SN)	约 10.5	4300±1500	1.10	53	75±2	HDI
VP LS 2117 MPA/SN	约 8.9	约 4000	1.04	53	约 75	H_{12}MDI

注：游离 NCO 质量分数一般小于 0.2%。牌号后的英文为溶剂符号，MPA 为丙二醇单甲醚乙酸酯；SN 为 100# 溶剂石脑油；BA 为乙酸丁酯；DBE 为二元酸酯；X 为二甲苯。

Desmodur BL 1265 为己内酰胺封闭型芳香族多异氰酸酯，与多元醇组分或多元胺结合，配制单组分烘烤漆。需用氨酯级溶剂稀释。一般与聚酯多元醇配合，也可与增塑剂、环氧树脂混容。当用作多元醇的交联剂组分时，得到的涂料具有高硬度、优良的耐变形性、耐冲击性和耐化学品性能。应用领域包括管内涂料、罐头漆和耐碎石涂料。可在 150℃×30min 固化。可与 BL 1100 配合，改善卷材涂料等的硬度。

Desmodur BL 3165 是丁酮肟封闭的 HDI 型多异氰酸酯交联剂，用于烘烤漆，以 100# 石脑油/二元酸酯（25/10）为混合溶剂。BL 3165 用作固化剂，与聚酯多元醇等配制耐黄变、耐候的单组分聚氨酯烘烤漆。主要用途为卷材涂料、汽车漆、电器涂料、罐头漆等。典型固化条件（与支化聚酯配合）为无催化剂下 160℃×60min、180℃×15min 或 200℃×7min，加 DBTL 可明显降低烘烤温度，而不降低贮存稳定性，催化固化条件为 130℃×60min、150℃×15min 或 175℃×7min。

Desmodur BL 3175 是基于 HDI 的交联烘烤漆树脂，溶剂为 100# 石脑油。其用途与 BL 3165 相似，固含量比 BL 3165 高。

Desmodur BL 3575（Desmodur VP LS 2253）是基于 HDI 的封闭型多

异氰酸酯,用于配制单组分耐光变色烘烤漆。溶剂是 100# 石脑油/丙二醇单甲醚乙酸酯,它与聚酯多元醇组分按 NCO/OH 摩尔比 1/1 配合,典型固化条件为 160℃×20min 或 170℃×10min 或 190℃×5min。与 Desmodur BL 3175 或 BL 3165 相比,烘烤温度降低 10℃。

Desmodur BL 4265 是丁酮肟封闭的脂肪族多异氰酸酯交联剂,溶剂为石脑油。它可与柔性聚酯结合,配成单组分耐黄变、耐候、耐化学品的烘烤型涂料,用于高级工业整修涂料及卷材涂料。与聚酯多元醇配合,无催化剂下固化需 180℃×20min,有催化剂(占固体分 1% 的 DBTDL)烘烤条件为 150℃×15min 或 125℃×60min。它添加到常规烘烤涂料中以改善硬度、耐候性和耐化学品性能。

BL 5375 是基于 HMDI 的封闭型环脂族多异氰酸酯,溶剂是 SN/MPA (1/1),它与羟值聚酯等配制卷材及罐头听等用的高质量单组分耐黄变烘烤漆。

与丁酮肟封闭型聚异氰酸酯相比,Desmodur PL 340 和 PL 350 烘烤温度约降低 10℃,同时其耐溶剂与耐化学品性并无下降。

6.2.3.4 酮亚胺潜固化封闭型聚氨酯涂料

酮亚胺与封闭型聚氨酯树脂组成的聚氨酯涂料是一种特殊的封闭型、湿固化的单组分聚氨酯涂料。

单独的封闭型聚氨酯涂料(封闭型多异氰酸酯)解封闭温度较高,所以一般是热固化涂料,用于烘烤漆。但封闭型异氰酸酯易与脂肪族胺反应,因为脂肪族伯胺反应活性强,所以无需烘烤就能在常温下固化。因此,封闭型异氰酸酯与脂肪族胺的混合物贮存稳定性差,只能分装成两个组分。若将脂肪胺先与酮(如甲乙酮)反应,制成酮亚胺,则不会出现与封闭多异氰酸酯反应过速的现象。封闭型多异氰酸酯可以与酮亚胺配制成单组分湿固化聚氨酯涂料。这种涂料在涂布后吸收空气中的潮气时,胺再生,很快与封闭型异氰酸酯反应固化成膜。

酮亚胺的制备和分解反应式如下:

$$R-NH_2 + O=C\begin{matrix}R'\\R''\end{matrix} \rightleftharpoons R-N=C\begin{matrix}R'\\R''\end{matrix} + H_2O$$

(酮亚胺)

这种漆可用于潮湿环境和潮湿表面,干燥迅速、附着力强,力学性能优良、耐潮、耐水、耐盐,制造也方便,价格便宜,使用简单,贮存期长,可满足各种矿山、地下工程等基建部门的需要。

6.3 双组分聚氨酯涂料

传统的双组分聚氨酯树脂,其中一个组分为含 NCO 基的异氰酸酯组分；另一个组分为含 OH 基的树脂组分。施工时将两个液态组分按比例混合，利用 NCO 和 OH 基的反应生成固体聚氨酯。在聚氨酯涂料产品中，这类通过 NCO/OH 反应固化的双组分溶剂型聚氨酯涂料的品种多，产量最大，用途最广。目前我国聚氨酯涂料产品也是以双组分聚氨酯涂料为主流，主要用于木器家具的涂装。其中以蓖麻油醇解物/TDI 加成物或预聚物为甲组分，以松香改性或脂肪酸改性醇酸树脂为乙组分的双组分木器漆产品产量较大。

双组分聚氨酯涂料可室温固化，亦可低温固化。

在双组分溶剂型聚氨酯涂料中，习惯上把多异氰酸酯组分称为甲组分或 A 组分，把羟基树脂组分称为乙组分或 B 组分。

多异氰酸酯组分一般采用二异氰酸酯多聚或者与羟基化合物反应制得，会存在少量二异氰酸酯残留，有的多异氰酸酯固化剂产品中游离 TDI 含量高达百分之几。TDI、HDI 等二异氰酸酯挥发毒性大，以致在使用中发生中毒现象。为了保障人民健康，国家颁布了强制性标准 GB 18581—2001《室内装饰装修材料 溶剂型木器涂料中有害物质限量》，2009 年修订版的要求更高，与 2001 年版相比，规定聚氨酯涂料中游离二异氰酸酯总量由≤0.7%改为≤0.4%，另外苯含量由≤0.5%改为≤0.3%，溶剂甲苯、二甲苯和乙苯含量总和由≤40%改为≤30%。经过业界多年的努力，目前多数厂家的游离二异氰酸酯的含量可以达到要求。而一些跨国公司的涂料固化剂产品，游离二异氰酸酯含量更低，甚至小于 0.2%，在这方面国内外还是有一定的差距。

降低涂料加成物中游离 TDI 的方法主要有化学法、萃取法、超临界萃取法和薄膜蒸发法四种，主要集中于制备多异氰酸酯的工艺，化学法和薄膜蒸发最常用。化学法不需增添设备，通过调整二异氰酸酯与多元醇的适当配比和控温工艺，或添加少量催化剂，制得符合要求的多异氰酸酯，便于国内推广。薄膜蒸发法蒸发面积大，可使受热时间缩短到最低几分钟，在高真空的作用下，游离 TDI 蒸出快，免除普通减压蒸馏需长时间的高温加热的缺点，但设备投资高。

6.3.1 多异氰酸酯组分以及选择

对于溶剂型双组分聚氨酯涂料，多异氰酸酯组分一般不用二异氰酸酯单体，因为如果用挥发性的二异氰酸酯如 TDI、HDI、XDI 等配制涂料，二异氰酸酯挥发到空气中，危害操作人员的身体健康。所以，GB 18581—2009 把聚氨酯涂料中游离二异氰酸酯含量总和限制在 0.4%以内。把二异氰酸酯本身自聚或与多羟基化合物反应，制成低聚物多异氰酸酯，不仅把异氰酸酯的挥发性降低到最小，而且获得较高官能度的产物，使涂膜具有优良的耐热、耐化学品等性能。

作为多异氰酸酯组分,要求具有良好的溶解性以及与羟基树脂的混容性,并要求有足够的官能度和反应活性,与羟基树脂组分混合后有适当的使用期,而且毒性要小。

加工成为不挥发性的多异氰酸酯组分有多种方法,主要有:①与多元醇的加成物;②缩二脲;③异氰酸酯三聚体。其中加成物和缩二脲对其他树脂的混容性优良,而三聚异氰酸酯与其他树脂的混容性稍差,漆膜也较脆,但它干得快,抗泛黄性和耐热性较好。

我国双组分聚氨酯涂料最早是以 TDI-TMP 加成物和各种聚酯多元醇配制的芳香族聚氨酯涂料。后来,又开发了以 HDI 缩二脲多异氰酸酯和各种聚酯多元醇配制的脂肪族聚氨酯涂料。此外,还研制和生产了以 TDI 三聚体及 TDI-HDI 共聚体为基础的快干性聚氨酯涂料,其干燥时间可比原先的双组分聚氨酯涂料缩短 1/4。

6.3.1.1 多异氰酸酯加成物

这类多异氰酸酯是二异氰酸酯与多元醇反应制得。最常见是甲苯二异氰酸酯-三羟甲基丙烷(TDI-TMP)加成物,类似物有 XDI-TMP 加成物、IPDI-TMP 加成物等。这里主要介绍 TDI-TMP 加成物。

TDI-TMP 加成物产品的固含量有 75%、67%、65%、60%、55%、50%、45%等种类,不同厂家的产品固含量、溶剂等可能不同。合成时 TDI 与 TMP 的摩尔比一般是 3.0~3.1。一般在纯 TDI 或 TDI 溶液中滴加 TMP 有机溶液,维持反应温度在 60~70℃,反应 3h 左右,取样检测 NCO 含量,合格后降温、出料。TDI-TMP 加成物产品的介绍请参见 3.2.7.2 小节。

还有在制备加成物过程中采用部分低分子量聚醚三醇和 TMP 一起与 TDI 反应的,制备的加成物 NCO 含量稍低。

其他二异氰酸酯加成物,国外有产品,国内很少。例如日本三井化学株式会社的 Takenate D-140N 是 IPDI 加成物产品,为浅黄色黏稠溶液,固含量 75%,溶剂乙酸乙酯,NCO 质量分数约 10.5%,黏度约 2500mPa·s,它是一种快干型不黄变交联剂,反应活性低,使用期长,涂膜较硬。XDI 加成物如 Takenate D-110N 具有较高的反应性,作为不黄变交联剂可使涂料快干,制备方法与 TDI-TMP 的相似。

6.3.1.2 HDI 缩二脲

缩二脲多异氰酸酯是一种最常用的含缩二脲结构的多异氰酸酯,主要工业产品是六亚甲基二异氰酸酯(HDI)与水反应生成的具有缩二脲结构的三异氰酸酯。因合成时副反应的存在,有少量多聚产物,平均官能度一般在 3~4 之间。HDI 缩二脲主要用于不变黄的双组分聚氨酯涂料的交联剂。涂料树脂可以是含羟基的聚酯、丙烯酸酯、中短油度醇酸树脂等。它可与 IPDI 三聚体结合使用,获得良好的干燥性能、表面硬度、适用期和耐环境化学品腐蚀性能。典型应用领域包括:维修漆、木器漆、工业涂料和塑料涂料,在航空、车辆、船舶等行业中广泛应用。

缩二脲是由 3 个 HDI 和 1 个水分子反应生成的三官能度多异氰酸酯，实际制备中 HDI 需过量 1 倍。HDI 缩二脲的结构式如下：

$$O=C=N+CH_2\!\!+_6\!\!N\!\!-\!\!CH_2\!\!+_6\!\!N=C=O$$

制备方法：①将 1124 份 HDI 加入反应釜中，开动搅拌，升温至 98℃，在 6h 内滴加 36 份 50%的丁酮-水溶液；②升温至 135℃，保温 4h 后取样测 NCO 含量。合格后降温至 80℃，真空过滤，用真空蒸馏或薄膜蒸发法回收过量的 HDI，得透明、黏稠的缩二脲产品，加入乙酸丁酯将固体分稀释至 75%。

不含溶剂的 HDI 缩二脲多异氰酸酯是一种浅色黏稠透明液体，是 NCO 含量最高的 HDI 衍生物产品，但黏度很大，可用溶剂稀释，降低黏度，改善可操作性。HDI 缩二脲与酯类、酮类和芳烃类溶剂有良好的相容性，可用这些溶剂稀释。表 6-6 为 Bayer 公司的 Desmodur N 系列 HDI 缩二脲产品性能及质量指标。

■表 6-6　Bayer 公司的 Desmodur N 系列 HDI 缩二脲产品性能及质量指标

Desmodur 牌号	NCO/%	固含量/%	黏度(23℃)/mPa·s	游离 HDI/%	相对密度(20℃)	摩尔质量/(g/mol)
N 100	22.0±0.3	100	(10±2) Pa·s	<0.7	1.14	191
N 3200	23.0±0.3	100	2500±1000	<0.5	1.13	183
N 50 BA/MPA	11.0±0.5	50±1	18±10	<0.5	1.01	382
N 75 BA	16.5±0.3	75±1	160±50	<0.5	1.07	255
N 75 MPA/X	16.5±0.3	75±1	250±75	<0.5	1.07	255
N 75 MPA	16.5±0.3	75±1	250±75	<0.5	1.07	255

注：溶剂标记，BA 为乙酸丁酯，MPA 为丙二醇单甲醚乙酸酯，X 为二甲苯。Desmodur N 3200 是低黏度无溶剂 HDI 缩二脲产品。

缩二脲不宜稀释到固含量 40%以下，否则贮存时可能产生浑浊或者沉淀。HDI 缩二脲的反应活性低于芳香族多异氰酸酯，但高于环脂族多异氰酸酯。如果有必要，可添加辛酸锌、辛酸锡或辛酸铋催化剂。

6.3.1.3　二异氰酸酯三聚体

二异氰酸酯在某些有机磷、叔胺、有机金属催化剂的存在下加热发生三聚反应，得到具有异氰脲酸酯环的三聚体产物。大多数三聚体并不是纯三聚体，而是多聚体的混合物。在制备过程可以加硫酸二甲酯、对甲苯磺酸酯、苯甲酰氯、磷酸等阻聚剂以终止反应。未反应的过量的异氰酸酯单体可采用减压蒸馏、萃取、薄膜蒸发器分离、回收再用。

(1) TDI 三聚体 TDI 三聚体产品属于 TDI 均聚物。TDI 三聚体产品含部分多聚体,固体分的 NCO 质量分数在 16% 左右。工业产品一般为 TDI 三聚体的 50% 乙酸丁酯溶液,无色至浅黄色中低黏度液体,NCO 基的质量分数为 8% 左右。

TDI 三聚体反应活性较高,一般用于快干型双组分聚氨酯清漆的固化剂,赋予漆膜快干性、硬度高、耐热性能好。缺点是不耐光,会泛黄。应用领域包括家具漆等。因其可操作使用期短、颜料润湿性差,不宜制备色漆。

(2) HDI 三聚体 HDI 三聚体是一种最常见的 HDI 均聚物,它是含异氰脲酸酯杂环结构的三异氰酸酯。产物实际平均官能度通常在 3~4 之间。HDI 三聚体是中等黏度浅黄色透明液体,无溶剂 HDI 三聚体产品 NCO 质量分数一般在 22% 左右。可用有机溶剂稀释。国外的 HDI 三聚体产品较多,固含量 50%、70%、75%、80%、85%、90% 和 100% 的产品都有。表 6-7 为 Bayer 公司部分 HDI 三聚体产品性能及质量指标。

■表6-7 Bayer 公司的 HDI 三聚体产品性能及质量指标

Desmodur 牌号	NCO/%	固含量 /%	黏度(23℃) /mPa·s	游离 HDI /%	相对密度 (20℃)
N 3300	21.8±0.3	100	3000±750	<0.15	1.16
N 3350 BA	10.9±0.5	50±1	8±3	<0.15	1.01
N 3368 BA/SN	14.8±0.5	68±1	45±15	<0.15	1.06
N 3375 MPA	16.3±0.3	75±1	125±30	<0.15	1.11
N 3386 BA/SN	18.7±0.5	86±1	320±80	<0.15	1.11
N 3390 BA	19.6±0.3	90±1	500±150	<0.15	1.13
N 3600	23.0±0.5	100	1200±300	<0.25	1.16
N 3790 BA	17.8±0.5	90±1	1800±500	<0.30	1.13
N 3900	23.5±0.5	100	730±100	<0.30	1.15

注:溶剂标记,BA 为乙酸丁酯; MPA 为丙二醇单甲醚乙酸酯; SN 为 100# 石脑油。Desmodur N 3600 是以 HDI 三聚体为主的低黏度 HDI 均聚物, Desmodur N 3790 BA 是高官能度产品。

HDI 三聚体比 HDI 缩二脲的性能优越,表现在:HDI 三聚体多异氰酸酯的黏度比缩二脲低,可配制成高固量产品,有利于环保;HDI 三聚体的异氰脲酸酯环很稳定,久贮后黏度变化不大;HDI 三聚体的制品耐光性高于缩二脲;HDI 三聚体使用期比缩二脲长;HDI 三聚体的制品硬度高,韧性与黏附力与缩二脲相近。

HDI 三聚体的反应性低于芳香族多异氰酸酯,但高于环脂族多异氰酸酯。如果有必要,可添加辛酸锌、有机锡或有机铋类催化剂。

HDI 三聚体主要用作不变黄的双组分聚氨酯涂料和胶黏剂的交联剂。涂料树脂可以是含羟基的聚酯、丙烯酸酯、中短油度醇酸树脂等。它可与

IPDI 三聚体结合使用，获得良好的干燥性能、表面硬度、适用期和耐环境化学品蚀刻性能。典型的应用领域包括：汽车漆、维修漆、木器漆、工业涂料和塑料涂料。

(3) TDI-HDI 三聚体 TDI-HDI 三聚体是指 2 个 HDI 与 1 个 2,4-TDI 形成的三聚体。实际产物含 TDI-HDI 混合多聚体。TDI-HDI 多异氰酸酯的制品耐候性、耐光性都比 TDI 加成物和 TDI 三聚体多异氰酸酯好。TDI-HDI 混合多聚体多异氰酸酯配制成双组分涂料的固化速率，快于 TDI 加成物多异氰酸酯，稍慢于 TDI 三聚体固化体系。它与聚酯多元醇等含羟基树脂配制双组分聚氨酯清漆、色漆或磁漆，具有快干和耐黄变特点，其快速初期固化和早期可砂磨性能是它用于木器漆的突出优点。

制法如下：将 170 份 2,4-TDI 和 300 份 HDI 加入反应器中，搅拌，升温至 60℃，加入 0.125 份三正丁基膦，保温 4.5h。当 NCO 质量分数降至 36% 时，加入 0.1 份对甲苯磺酸甲酯和 0.1 份硫酸二甲酯，并迅速升温至 100℃，减压蒸馏除去未反应的异氰酸酯单体，制得 180 份浅黄色脆性树脂（TDI-HDI 混合多聚体）。异氰酸酯基含量为 19.8%。稀释成 67% 的乙酸乙酯溶液黏度为 725mPa·s（20℃）。混合三聚体中 HDI 一般占 40%。

几个厂家的 HDI-TDI 混合多聚体典型物性见表 6-8。

■表 6-8 几个厂家的 HDI-TDI 混合多聚体典型物性

牌号	固含量/%	NCO 含量/%	相对密度	黏度(25℃)/mPa·s	溶剂
Coronate 2604	60	10.6	—	$500 \times 10^{-6} m^2/s$	乙酸丁酯
Takenate D-702	47	8.7	1.05（25℃）	30	EtAc/Xyl 等
Desmodur HL BA	60±2	10.5±0.5	1.13（20℃）	2200±1000	乙酸丁酯
Desmodur HL EA	60±2	10.5±0.5	1.12（20℃）	1100±600	乙酸乙酯
Desmodur RN	约 40	7.2±0.3	1.04（20℃）	约 11	乙酸乙酯
Desmodur VP LS2394	60	约 10.2	1.13（20℃）	约 340（23℃）	乙酸丁酯
Aknate TH-60	60±1	11.0±0.5		Gardner E-H	丁酯+乙酯
JQ-RN	约 40	7.2±0.3	1.04（20℃）	约 11	乙酸乙酯

注：外观浅黄色液体。溶剂 EtAc 为乙酸乙酯，Xyl 为二甲苯。

另外还有 IPDI 三聚体等，限于篇幅，在此不作介绍。

6.3.1.4 预聚体多异氰酸酯

甲苯二异氰酸酯或其他二异氰酸酯单体与聚酯多元醇、聚醚多元醇、羟基丙烯酸树脂、环氧树脂、醇酸树脂等含羟基高分子化合反应，制得含端基 NCO 的聚氨酯树脂。在双组分聚氨酯涂料中，这也是一类重要的多异氰酸酯组分。

(1) 蓖麻油醇解物多异氰酸酯 这类多异氰酸酯已经在单组分湿固化聚

氨酯涂料小节中介绍。蓖麻油与甘油、三羟甲基丙烷或季戊四醇的醇解物，经脱水处理后与过量的二异氰酸酯如TDI反应得到多异氰酸酯，可以用作双组分聚氨酯涂料的甲组分。

(2) 松香改性羟基醇酸树脂多异氰酸酯 TDI-醇酸树脂型聚氨酯预聚物特别是松香改性的蓖麻油醇酸树脂预聚物，作为甲组分的双组分聚氨酯涂料，即通常所说的685#聚氨酯涂料，因价廉、性能佳，被用户大量使用。甲组分制备实例如下：274.5份蓖麻油、197份甘油、227.7份松香、239份苯酐和64份二甲苯升温到130～140℃，回流脱水，再逐步升温到170℃、180℃、240℃保温回流脱水若干小时，当取样测定酸值≤5mg KOH/g时，降温蒸出二甲苯，冷却，加入168份干燥二甲苯、冷却。取上述醇酸树脂300份，加90份二甲苯回流脱水，降温到50℃以下，投入84份TDI，在80～90℃反应2～3h，取样测NCO合格后冷却、出料。该多异氰酸酯固含量约50%，NCO质量分数5.6%～6.0%。

(3) 聚醚型预聚体多异氰酸酯 聚醚型聚氨酯预聚体多异氰酸酯，主要是甲苯二异氰酸酯与低分子量的聚醚二醇（如N-201、N-210、N-220）或聚醚三醇（如N-303、N-330）反应，制得端NCO基的多异氰酸酯预聚物，这与上面介绍的单组分湿固化聚醚型聚氨酯清漆相似。根据具体用途，将上述聚醚单独或混合后再与多异氰酸酯反应制成纯聚醚预聚物。有时为了改善性能的需要，在聚醚二醇中加入适量的TMP等调节羟基原料的羟值和官能度。

(4) 聚酯型预聚体多异氰酸酯 与聚醚型聚氨酯预聚体多异氰酸酯相似，限于篇幅，不多介绍。

6.3.2 多羟基组分以及选择

可用于聚氨酯涂料的多羟基化合物，其制造方法和性质已在第3章中详细介绍。以下主要介绍专供涂料用的较特殊的羟基树脂。

6.3.2.1 聚酯多元醇

合成聚酯中若三元醇用量多，支化度高，羟基含量高，聚酯多元醇组分与多异氰酸酯组分反应后，漆膜交联密度高，漆膜坚硬，耐化学药品性好。普通的己二酸系低支化聚酯制成的漆膜柔韧，可用于皮革、橡胶等涂料。普通聚酯的酯键不耐水解，是配方设计和使用时需注意的。可采用新戊二醇、甲基丙二醇、间苯二酸等制备具有改善耐水解性能的涂料用聚酯多元醇。芳香族聚酯用于聚氨酯涂料，具有耐热、耐化学品等性能。为了降低成本，聚氨酯涂料行业用含羟基多的醇酸树脂代替聚酯多元醇。

Bayer公司的Desmophen 650、Desmophen 651、Desmophen 670、Desmophen 800、Desmophen 850、Desmophen 1100、Desmophen 1200、Desmophen 1300等涂料用支化聚酯多元醇，树脂不挥发分的羟基含量为

4.2%~9%（羟值 140~300mg KOH/g），酸值一般≤5mg KOH/g，少数产品酸值在 10~20mg KOH/g。部分产品是 75%的溶液，溶剂是乙酸丁酯、二甲苯、丙二醇甲乙醋酸酯。Desmophen 1700、Desmophen 1800 等羟值在 60mg KOH/g 左右的用于软涂料。Desmophen 1145、Desmophen 1150、Desmophen 1155 是聚醚酯多元醇，羟基含量分别为（7.1±0.5）%、（4.7±0.2）%和（5.0±0.2）%，酸值≤2mg KOH/g。

【实例】 芳香族聚酯多元醇的制备：将邻苯二甲酸酐 444g（3.0mol）、三羟甲基丙烷 469g（3.5mol）、二甲苯 60g 装于反应瓶中，逐步升温至 200℃，保温回流并使其酯化至酸值达 10mg KOH/g 以下，然后减压蒸除低分子量的挥发物，用环己酮、乙酸丁酯和二甲苯混合溶剂稀释成 50%的溶液。此时羟值为 145~150mg KOH/g。此种硬性聚酯可与 HDI 缩二脲配漆。上例若采用 496g TMP，并且先在 150℃保温回流 6~7h，再升温到 200℃保温回流 8h，取样测酸值小于 5mg KOH/g 时降温，加溶剂溶解，可得到固含量 50%、羟值 250mg KOH/g 左右的高羟值聚酯多元醇溶液。

6.3.2.2 聚醚多元醇

聚醚多元醇配制的聚氨酯涂料耐碱性、耐水解、黏度低，而且成本相对较低，还适合制造无溶剂涂料和高弹性涂料（如厚涂型铺地材料和聚氨酯防水涂料等）。

但是，由于聚醚中有醚键存在，所以在紫外线照射下易氧化成过氧化物，使高分子链段断裂。因此它适宜用作室内耐化学药品腐蚀涂料、耐油涂料、地板漆等。若聚醚型聚氨酯涂料用于室外，由于涂膜容易失光粉化，则需添加颜料、紫外线吸收剂等进行保护。

用于聚氨酯涂料羟基组分的聚醚多元醇，分子量一般在 3000 以下，水分含量以低于 0.05%为宜，必要的时候需进行减压脱水或溶剂回流共沸脱水处理。高官能度、高羟基含量的聚醚多元醇，配制的双组分涂料漆膜较硬；低官能度、高分子量聚醚配制的涂料较柔韧。

6.3.2.3 蓖麻油及其衍生物

蓖麻油是一种天然产物多元醇。蓖麻油中非极性长链脂肪酸酯使涂膜具有良好的耐水解性和挠曲性。因为价格低廉、来源丰富，所以蓖麻油被广泛地用于聚氨酯漆。它可以直接用作双组分聚氨酯漆的羟基组分，也可以与甘油等多元醇经酯交换制成羟基树脂组分，用于配制双组分漆。前面在单组分湿固化聚氨酯涂料小节已经介绍了蓖麻油的醇解制备羟基树脂的例子，第 3 章也有蓖麻油及其衍生物的介绍。

6.3.2.4 羟基丙烯酸树脂

含羟基的丙烯酸酯单体与其他丙烯酸酯（或及苯乙烯）采用溶液共聚合的方法制得羟基丙烯酸酯树脂溶液。按基于固体分计，羟基质量分数为 2%~4%。这种羟基丙烯酸酯树脂作为羟基组分，与异氰酸酯组分配制成双组分聚氨酯涂料，或称为聚氨酯丙烯酸酯涂料。

羟基丙烯酸树脂组分与多种脂肪族多异氰酸酯固化剂组分配合，可制成色泽浅、保光保色性优、户外耐候性好的高装饰性涂料。可配制清漆。也可在羟基丙烯酸树脂中混入各种颜填料、助剂等，经研磨分散，制成羟基丙烯酸树脂色漆组分。这种涂料可室温交联固化成膜，漆膜耐磨、耐油、硬度高，用于金属装饰、保护漆。

6.3.2.5 羟基醇酸树脂

在我国，含羟基的醇酸树脂是双组分聚氨酯涂料，特别是木器漆常用的一种羟基组分。羟基醇酸树脂主要利用半干性油、不干性油和多元醇及多元酸为原料，经醇解、酯化脱水而制得的含羟基的醇酸树脂。原料来源广泛、成本也低。可用顺酐季戊四醇酯或者甘油松香酯等来改性醇酸树脂，提高漆膜硬度和施工打磨性，降低成本，提高竞争力。

一般含羟基醇酸树脂或者松香改性醇酸树脂为乙组分，可配制色漆，与多异氰酸酯加成物配制成双组分聚氨酯涂料，流平性好，漆膜干燥快，光泽好。

含羟基醇酸树脂组分的制法与一般醇酸树脂的生产工艺相同，在前面的湿固化涂料部分（6.2.2.2小节）以及双组分涂料的多异氰酸酯组分部分（6.3.1.4小节）已经有介绍。

还有厂家用丙烯酸酯改性醇酸树脂用作羟基组分，与HDI缩二脲组成双组分聚氨酯漆。羟基丙烯酸酯和羟基醇酸树脂的混容性差，而采用共聚可以得到低成本的均匀树脂。例如先制备羧基丙烯酸酯，再与甘油、月桂酸、苯酐进行酯化，制备含羟基丙烯酸酯改性醇酸树脂。

6.3.2.6 环氧树脂以及衍生物

常见的环氧树脂是由双酚A与环氧氯丙烷缩聚而成的，在结构中含有仲羟基和环氧基。

环氧树脂可用于双组分聚氨酯涂料的羟基组分，它与多异氰酸酯组分组成环氧改性聚氨酯涂料。这种杂合聚氨酯涂料具有许多优异性能，涂膜具有优良的附着力、优良的耐油、耐酸、耐碱、耐盐水、耐水、耐溶剂等化学药品性。此外，涂层具有优良的电绝缘性能和防腐蚀性能，但因环氧树脂分子链中含有大量的醚键，易粉化，不宜作户外装饰性涂料。

双酚型环氧树脂和HDI缩二脲配制的聚氨酯双组分涂料，可以部分地弥补环氧树脂的弱点，并充分发挥环氧树脂固有的特性，其耐热、耐湿热、耐水等性能比聚酯-缩二脲涂料要好得多。

环氧树脂用于双组分聚氨酯涂料的羟基组分使用，有几种途径。

(1) 环氧树脂单独用于羟基组分 将环氧树脂单独或将其与其他羟基组分混合，作为羟基组分。如将环氧树脂和醇酸树脂混合作为羟基组分，可改善涂料的施工性、涂膜的柔韧性。又如，由支化聚酯多元醇与环氧树脂混合配制的环氧-聚酯羟基组分，与TDI-TMP加成物组成双组分聚氨酯清漆或色漆，漆膜坚柔、硬度高、光泽强、耐油、耐酸、耐碱、电绝缘和耐化学腐蚀性好，通常应用于潮湿环境下的钢铁防腐蚀涂装。

(2) 利用与胺（如羟胺）使环氧树脂开环制得羟基组分

$$-\text{CH}-\text{CH}_2 + \text{HN} \begin{matrix} \text{CH}_2\text{CH}_2\text{OH} \\ \text{CH}_2\text{CH}_2\text{OH} \end{matrix} \longrightarrow -\text{CH}-\text{CH}_2-\text{N} \begin{matrix} \text{CH}_2\text{CH}_2\text{OH} \\ \text{CH}_2\text{CH}_2\text{OH} \end{matrix}$$

树脂分子中叔氨基的存在，可加速 NCO 与 OH 间的反应。

(3) 用酸性树脂的羟基，使环氧基开环，生成羟基

$$-\text{R}-\text{COOH} + \text{CH}_2-\text{CH}- \longrightarrow -\text{R}-\text{COO}-\text{CH}_2-\text{CH}-$$

例如，先由 435 份蓖麻油、435 份亚麻仁油、185 份甘油通过 75 份二甲苯回流脱水，再加入 455 份苯酐保温回流，当酸值＜50mg KOH/g 后，降温加溶剂，制得羧基醇酸树脂。按配方将 60% 的上述羧基醇酸树脂溶液 2432 份和固含量 60% 的 E-42 环氧树脂溶液 1368 份在 145～150℃ 保温 3～5h，测定酸值＜3mg KOH/g 后，蒸出部分二甲苯，补充乙酸丁酯，得到固含量约 60% 的棕黄色透明液，羟基质量分数约 2.1%，涂-4 杯黏度为 25～40s。这种醇酸树脂改性环氧树脂作为羟基组分，与 TDI-TMP 加成物或聚醚型多异氰酸酯预聚体配制成耐湿热的防腐面漆。

6.3.2.7 羟基有机硅树脂

羟基有机硅树脂是一类特殊的羟基组分，它与多异氰酸酯组分配合，得到双组分聚氨酯有机硅树脂涂料。它兼有有机硅树脂涂料优越的耐候性、电性能、耐热性、防霉菌性，以及聚氨酯树脂涂料优越的耐磨性、耐化学药品性、耐溶剂性和耐油性等。聚氨酯有机硅树脂涂料可以高温固化成膜，也可以在低温或常温下固化成膜。

例如，可采用一苯基三氯硅烷、二甲基二氯硅烷共水解体系，或一苯基三氯硅烷、二苯基二氯硅烷、二甲基二氯硅烷共水解体系，先制得硅醇。然后将硅醇、三羟甲基丙烷、一缩二乙二醇在 170℃ 左右缩聚，得到无色至浅黄羟基有机硅树脂。又如，硅醇在环烷酸锌催化剂存在下缩聚，再与聚酯多元醇在 170℃ 左右缩聚，得到一种羟基聚酯改性有机硅树脂。这种羟基树脂可用作清漆的羟基组分，或者与颜料、填料混合后研磨后配制色漆的羟基组分。它可与 HDI 缩二脲或 TDI-TMP 加成物配制成面漆与底漆，其漆膜具有优异的耐高温、耐腐蚀和优良的耐候性。

还有一些树脂用于双组分聚氨酯涂料的羟基组分，如含羟基的氯醋树脂、羟基含氟丙烯酸树脂等。

羟基氯醋共聚树脂一般含羟基 2%～4%，与 TDI 加成物配漆，可不按 NCO/OH 当量比，而是以两者固体分质比比 1:1 时效果较好。

6.3.3 双组分聚氨酯涂料的配制及施工

6.3.3.1 涂膜性能影响因素

(1) 组分的选择 双组分溶剂型聚氨酯涂料的两种组分各自品种繁多，采用不同的树脂组分，涂料的性能差异大。应根据应用要求，选择甲乙组分。

有关多异氰酸酯组分的特点，在相关小节已经介绍，不再赘述。

对于羟基树脂以及主体树脂成分的选择，如果要求耐户外曝晒可选用羟基聚丙烯酸酯、聚酯多元醇或羟基醇酸树脂，不宜选用聚醚树脂和环氧树脂，同时多异氰酸酯也不能选芳香族的；要求涂膜耐高温可选用对苯二甲酸聚酯（耐溶剂性方面，聚酯比聚醚好）；要求耐化学腐蚀可选用环氧树脂、聚醚多元醇或含羟基的氯醋共聚树脂；如要获得耐碱优良的聚氨酯防腐涂料，则不宜选择聚酯树脂作为羟基组分，而以选择环氧树脂或者羟基氯醋树脂较为合适。

除了品种选择外，这些树脂的平均官能度、分子量、羟基含量等都能调节漆膜的柔韧性和硬度。

还需添加一些必要助剂如紫外线吸收剂、流平剂等。

(2) 两个组分的配比 双组分聚氨酯漆分成多异氰酸酯组分（甲组分）与羟基组分（乙组分），若甲组分加入量太少，不足以与羟基反应，则漆膜发软或发黏，耐水性、耐化学药品等性能都降低。若甲组分加入量太多，则多余的 NCO 基就吸收空气中的潮气转化成脲，增加交联密度和耐溶剂性，但漆膜较脆，不耐冲击，且因产生二氧化碳气体可能导致漆膜质量问题。因此 NCO/OH 的最佳比例要通过试验来确定。一般 NCO/OH 基团摩尔比为 1.05~1.15，保证漆中的 OH 基团充分参与反应，且多余的 NCO 与潮气反应。

(3) 催化剂的选择 催化剂用于促进 NCO 与 OH 的反应，加快交联固化成膜，对涂膜的早期性能有较大影响。聚氨酯涂料采用的催化剂有叔胺、环烷酸盐类和金属盐三大类。对于不同的异氰酸酯组分和羟基组分，催化剂的品种和用量也各异。比如，叔胺催化剂可用于芳香族聚氨酯涂料，但对脂肪族聚氨酯则不理想，需用异辛酸锌、环烷酸锌、二月桂酸二丁基锡、乙酸锡等为催化剂。锡盐的用量为基料量的 0.01%~0.05%，锌盐的用量为 0.1%~0.2%。有机锡催化剂的残留可能使涂膜降解作用加剧，耐候性和耐腐蚀性降低。采用锌盐则较好，但它对聚氨酯环氧树脂涂料催化效果差。

(4) 固化条件 双组分聚氨酯涂料的固化环境的温度和湿度，对漆膜的性能有一定的影响。在较低的温度固化较慢，加热可加快固化。

在潮湿的环境下，空气中的水分会消耗涂膜表层的 NCO，可能造成没有足够的 NCO 与 OH 反应，使得漆膜变软，性能和表面质量劣化，所以环境的湿度应尽可能控制在70%以内。

6.3.3.2 双组分涂料的施工和保养

双组分聚氨酯涂料是一种综合性能优异的反应性涂料。要使其性能得到发挥，必须掌握聚氨酯涂料的特点，严格按规程施工。施工要点如下：

① 针对不同的底材，采取相应的施工前处理。例如在金属表面，需进行除锈、打磨、除油脂等处理；对塑料、橡胶等表面也根据要求进行处理；如需在混凝土表面施工，应注意其表面干燥，不宜在新浇筑的湿混凝土表面涂聚氨酯涂料。

② 双组分聚氨酯涂料在使用时要严格按照两个组分的配比准确称量配制，必须采用专用溶剂稀释到所需施工浓度。稀释剂不能含有水、醇及酸碱等杂质。混合均匀后，放置30min，待气泡消失后即可施工。聚氨酯涂料宜现用现配、及时使用，当日用完，余漆隔日易凝胶造成浪费。配漆后如放置过长后使用，漆膜的性能下降。施工用喷枪和涂刷工具等，在施工完之后必须用溶剂及时清洗干净。

③ 若喷涂（或刷涂、辊涂）两道以上，需在头道漆未透干之前即喷下一道漆。在已基本固化的漆膜上喷涂下一道聚氨酯漆必须经砂纸打磨后再施工，否则影响层间附着力。小物件施工以刷涂为宜。如大面积喷涂，以采用高压无气喷涂为宜。

④ 双组分聚氨酯的室温固化一般需1~2周，甚至需15天以上才能完全固化。过早使用可能会损伤漆膜。如果条件允许，可以先在室温固化若干小时甚至数天，待实干后在70~90℃熟化，有利于改善硬度、强度、耐磨、耐热、耐腐蚀等性能。

⑤ 关于施工环境，如果温度高于35℃、湿度高于90%，或者温度低于5℃，均不宜施工。湿度太高易产生针孔等涂膜病态，温度太低涂膜干性慢影响涂装作业，漆膜易出现沾污、流挂等缺陷。在冬季施工时，为了使涂料既有足够的使用期又能够快速成膜，可在底漆中添加适量催化剂，当底漆快速干燥后，再涂面漆，这时底漆中的催化剂可以少量渗透到面漆中，从而加快面漆的固化。

⑥ 涂膜未干燥之前不能触碰。

6.3.4 催化固化型双组分聚氨酯涂料

虽然一些文献按ASTM对聚氨酯涂料的分类，将催化固化型湿固化聚氨酯涂料归为双组分，但这种涂料可以看作是在湿固化涂料的基础上，增加了一个催化剂组分。某些多异氰酸酯预聚体树脂固化太慢，故需加入催化剂以加速其固化。催化剂和预聚体是分装的，在临用前按计算量加入；加催化剂后，漆液的活化期大为缩短，一般要求在12h内用完，使用比较麻烦。另外和湿固化型聚氨酯涂料一样，配制色漆比较困难，所以应用有限，主要限于清漆产品。

催化固化型双组分聚氨酯涂料所采用的催化剂主要有两大类：一类是反应性催化剂，一般是含羟基的叔胺，如 N,N',N,N'-四(α-羟丙基)乙二胺（Quadcol）、甲基二乙醇胺、三异丙醇胺；另一类是非反应性催化剂如三亚乙基二胺、二月桂酸二丁基锡、异辛酸锌等。

加入催化剂后，涂膜固化受空气中的潮气和湿度变化影响较小，所以涂料在较低温度下也可加快成膜。催化剂的选择和应用要根据多异氰酸酯预聚体的类型和使用要求而定。

反应性催化剂可加快涂料的固化。例如由蓖麻油、甘油、苯酐、TDI 制备的端 NCO 基蓖麻油醇酸树脂清漆，本身干燥缓慢，加入 0.1% 的二甲基乙醇胺后可在 6h 内干燥。漆膜耐柴油，富有弹性。

这样配制的双组分聚氨酯涂料，除湿气固化而形成脲键之外，在催化剂的作用下，还可能有三聚异氰酸酯和脲基甲酸酯键生成，从而提高了涂膜的化学稳定性和耐化学腐蚀性能，并具有干燥快、涂膜附着力强、耐水性、耐磨性和光泽好的特点，适用于木材和金属罩光以及混凝土表面的涂装。

6.4 聚氨酯粉末涂料

聚氨酯粉末涂料在国外的研究开发和生产应用较早，在 20 世纪 70 年代末 80 年代初就已经进入使用阶段，在发达国家发展较快。国内正在研发和应用中。粉末涂料主要用于金属表面涂装。

6.4.1 聚氨酯粉末涂料的特点

粉末涂料是由特制树脂、颜填料、固化剂及其他助剂制备而成的。它们在常温下贮存稳定，经静电喷涂或流化床浸涂，再加热烘烤熔融固化，形成平整光亮的涂膜，达到装饰和防腐蚀的目的。

目前聚氨酯粉末涂料大多是由羟基聚酯和封闭异氰酸酯组成的。

聚氨酯粉末涂料是一种高性能的粉末涂料，兼具环氧粉末涂料和丙烯酸粉末涂料的优点，与纯聚酯（TGIC 固化体系）粉末涂料相比无毒。聚氨酯粉末涂料的优良性能包括：施工性好，主要以静电粉末喷涂法施工；熔融黏度低、涂膜流平性好，特别是解封闭之前不起化学反应，使涂料具有足够的流平时间，得到平整光滑的涂膜；配方设计范围广，通过改变树脂分子的结构和羟值、封闭异氰酸酯的含量，可配制不同性能要求和固化速率的粉末涂料，并且粉末涂料配色性能好；附着力好，一般不需要涂底漆；涂膜耐磨性能强、光泽度高、装饰性能优良；具有良好的耐候性、耐化学药品性能、电性能和力学性能。另外，具有粉末涂料的一般优点，如不含溶剂、无火灾危险、机械涂装效率高、可一次性得到厚涂膜、贮存和运输安全方便。

在耐候性粉末涂料中，聚氨酯粉末涂料的产量仅次于聚酯粉末涂料。芳香族异氰酸酯固化粉末涂料的防腐性好，适于户内使用；脂肪族异氰酸酯固化粉末涂料的耐候性好，适于户外高装饰性涂装，如自行车、摩托车、汽车的装饰漆等。

聚氨酯粉末涂料的最大缺点是在烘炉内固化成膜时，释放出封闭剂，会造成对环境大气的污染，所以要在固化设备上加有回收封闭剂的处理装置。另外，当涂膜过厚时，由于封闭剂的释放容易产生针孔或气泡。为此，要尽量减少封闭剂的用量。

6.4.2 封闭型聚氨酯粉末涂料的制备和性能

目前聚氨酯粉末涂料主要是由固态羟基聚酯树脂与封闭型多异氰酸酯固化剂为基料，加流平剂、颜填料等助剂经混合、熔融、挤出、粉碎而成。其固化原理与封闭型单组分清漆相同。

6.4.2.1 羟基聚酯

羟基树脂多是固态聚酯树脂。一般采用减压缩聚法合成粉末涂料用羟基聚酯树脂。例如，一种常规的羟基聚酯树脂的合成方法如下：把配方量的新戊二醇、三羟甲基丙烷、乙二醇和催化剂投入反应釜，通惰性气体并搅拌，加热使其熔化，然后加对苯二甲酸、间苯二甲酸、己二酸、苯酐，升温进行酯化脱水反应，直到反应温度达到230℃进行保温脱水，当酸值降为20mg KOH/g以下后，改为减压缩聚并除去反应物残余的水以及低分子物，当体系内酸值低于5mg KOH/g，软化点为100～110℃时，停止反应，出料。冷却后树脂为浅色透明脆性固体，羟值为30～50mg KOH/g，T_g为50～60℃。

目前，我国的聚氨酯粉末涂料工业化产品较少，这里介绍几种国外大公司的产品，供国内技术人员参考。表6-9为Bayer公司聚氨酯粉末涂料用羟基聚酯树脂的典型物性。

6.4.2.2 封闭异氰酸酯

用于粉末涂料固化剂的多异氰酸酯必须用封闭剂对活泼的NCO进行保护。封闭剂种类和封闭化学可见单组分封闭型涂料小节。

虽然有多种多异氰酸酯和多种封闭剂的组合，但目前在粉末涂料中使用最普遍的是己内酰胺封闭的异佛尔酮二异氰酸酯（IPDI）衍生物。例如，在辛酸亚锡催化剂存在下，1mol IPDI与1mol己内酰胺在70～90℃反应得到部分封闭的中间产物；该部分封闭IPDI与等当量、配比为（30∶70）～（50∶50）的二元醇/三醇混合物在90～140℃反应，直到异氰酸酯基完全消耗，得到己内酰胺封闭IPDI低聚物。

■表 6-9　Bayer 公司聚氨酯粉末涂料用羟基聚酯树脂的典型物性

Rucote 牌号	羟值 /(mg KOH/g)	酸值 /(mg KOH/g)	T_g /℃	黏度 /Pa·s	配比	特性
102	35~45	11~14	59	3.5~4.5	82:18	极高光泽，耐化学品
106	40~44	11~15	63	3.8~4.8	81:19	优异的流动性和反应性
107	约47	11~14	63	3.5~4.5	79:21	高T_g，耐熔结，耐溶剂
112	27~33	约6	58	3.5~4.5	86:14	低固含量用量，高光泽
118	38~44	11~15	63	6.5~8.0	84:16	用于低光泽体系
121	38~43	1~4	57	3~4	82:18	柔性，用于低光泽体系
194	42~47	8~13	60	3.7~4.7	80:20	与脲二酮配合，含催化剂，耐候
103	255~280	≤2	53	3.5~4.5	40:60	与 Rucote 107 合用，高硬度、耐化学品、耐候
104	108~117	约10	57	3.5~4.5	65:35	耐洗涤剂，高光泽，耐候
109	250~280	6~10	55	2~3	40:60	高硬度，低光泽，耐候。与低羟值聚酯合用
117	102~118	约4	58	3.5~4.5	62:38	高耐化学品、高光泽和韧性，耐候
123	20~26	≤2	61	6.5~8.5	90:10	低光泽，耐候
108	280~310	约2	53	3~4	38:62	用于其他体系的硬度改性剂，耐久
182	25~35	≤5	58	2.5~4.5	86:14	较少固化剂用量，超耐久性
184	45	约9	59	3.5~4.5	85:15	与脲二酮交联剂并用，耐久
1003	55	3	57	25	78:22	高光泽、耐化学品，耐久
1004	80	3	56	28	70:30	优异的耐化学品性和高硬度，耐久

注：黏度是指 200℃下的黏度。聚酯树脂与封闭型异氰酸酯粉末涂料固化剂 Crelan VP LS2147 按表中比例配合，烘烤固化周期为 200℃×10min 或 180℃×20min。

Crelan 是 Bayer 公司静电喷涂粉末涂料的固化剂牌号，该系列封闭型脂环族多异氰酸酯固化剂，是己内酰胺封闭的 IPDI 或 HMDI 预聚体。与羟基聚酯配合，可获得户外光泽保持率和耐粉化、耐腐蚀的防护性能。表 6-10 为 Bayer 公司封闭型脂环族多异氰酸酯固化剂的典型物性。

■表 6-10　Bayer 公司封闭型脂环族多异氰酸酯固化剂的典型物性

牌号/产品形态	NCO 含量/% 总的	NCO 含量/% 游离	T_g/℃	单体含量/%	烘烤固化条件
Crelan UI 片状	约11.5	≤1.5	>60	IPDI<0.1	180℃×15min 或 200℃×10min
Crelan NW-5 颗粒	约12.7	≤1.5	48~58	HMDI<0.5	175℃×15min 或 200℃×5min
Crelan EF 403 片状	约13.5	≤2.0	40~55	IPDI<0.5	170℃×30min 或 180℃×15min
Crelan NI-2 颗粒	约15	≤1.0	55~60	IPDI<0.1	180℃×15min 或 200℃×10min
Crelan VP LS 2256	约15	≤1.0	46~58	IPDI<0.1	180℃×15min（片状固体）

日本三井化学株式会社的粉末涂料用封闭型 MDI 预聚体产品 Takenate PW-2400 是一种白色粉末，熔点 170～190℃，封闭 NCO 含量为 17.2%，烘烤温度 180℃，它还可用作许多聚合物的改性剂。

德国 Evonik Degussa 公司的 Vestagon B 1065、Vestagon B 1400、Vestagon B 1530 是己内酰胺封闭的 IPDI 衍生物，熔点范围 60～100℃，封闭 NCO 质量分数在 10%～16%，解封闭温度大于 170℃。

为了消除涂装烘烤时封闭剂的散发，开发了内封闭的多异氰酸酯，这种无封闭剂的多异氰酸酯固化剂是异氰酸酯（如 IPDI）在碱性介质中通过自缩合工艺制得的。例如，在三（二甲胺）膦催化剂的存在下，于室温使 IPDI 二聚制造 IPDI 的缩脲二酮，然后与不同用量的丁二醇反应可以得到分子量在 500～4000 之间、熔点在 70～130℃之间以及游离 NCO 含量小于 0.8% 的一系列交联剂。可以用一元醇如 2-乙基己醇作封端剂。在烘烤固化期间，可有 98% 的缩脲二酮变回 IPDI。德国 Evonik Degussa 公司的 Vestagon BF 1540 就属于这类产品，该片状产品熔点在 93～112℃范围内，T_g 在 74～86℃，封闭 NCO 质量分数约 15.4%，解封闭温度大于 160℃。IPDI 缩脲二酮和己内酰胺封闭型多异氰酸酯相比最明显的优势是在固化期间没有副产物离开体系。但由于其平均官能度低于 2，聚氨酯漆膜的耐溶剂性和耐化学药品性差。Vestagon BF 1320、Vestagon BF 1350 是脲二酮内封闭同类产品，反应活性得到改善，封闭 NCO 质量分数为 12.5%～14.0%。最佳固化条件是 170℃×20min 或 210℃×5min。

芳香族异氰酸酯如 TDI、MDI 的衍生物封闭产物在粉末涂料领域的应用有限，因为它对紫外线敏感并严重变黄。对涂料白度要求不高的室内用途粉末涂料，可以用封闭 TDI 衍生物作固化剂。

间（对）-四甲基苯二亚甲基二异氰酸酯（TMXDI）是制造粉末涂料固化剂有潜力的原料。

封闭型多异氰酸酯可在溶剂中制备，再脱除溶剂。

6.4.2.3 聚氨酯粉末涂料的制备

聚氨酯粉末涂料的制备，首先用羟基聚酯树脂、封闭型多异氰酸酯、颜填料和助剂进行预混合，然后经挤出、粉碎、筛分，最后包装成产品。预混合的均匀程度对产品质量有很大的影响。有许多混合设备可供选用，其中高速混合机因其混合效果好、效率高而被广泛应用。

熔融挤出是制备聚氨酯粉末涂料的关键工序。经预混合的物料在挤出加工时，借助于外热和螺杆旋转时产生的剪切力，使树脂熔融并充分润湿、分散颜填料。通常采用各种机械筛进行筛分，获得所需细度的粉末。封闭 NCO 基团与羟基的摩尔比值一般为 1.05～1.15。

一种聚氨酯粉末涂料的参考配方如下：

原料名称	用量/质量份
含羟基聚酯树脂	100
异氰酸酯固化剂	18～25
流平剂	1.2～2.0
安息香	0.8～1.0
钛白粉	50～60
其他助剂	0.2～0.5

6.4.3 其他功能基团的聚氨酯粉末涂料

聚氨酯粉末涂料体系在固化过程中挥发出的封闭剂对大气造成了严重的污染，并且易引起涂膜的外观变差。因此，技术人员研究了一些不含封闭 NCO 基团的聚氨酯或含氨酯基的杂合粉末涂料体系。

① 含羧基的聚氨酯树脂，可以用环氧树脂、异氰脲酸三缩水甘油酯（TGIC）或含环氧基的丙烯酸酯树脂作固化剂。

② 含环氧基的聚氨酯树脂，可以用与含氨基的聚氨酯树脂或聚酰胺树脂等组成聚氨酯粉末涂料。含环氧基的聚氨酯树脂还可以与羧基丙烯酸酯、羧基聚酯树脂等组成聚氨酯粉末涂料。

③ 主链或侧链含烯键的固体羟基聚氨酯预聚体树脂，可以加入自由基引发剂如过氧化二异丙苯，配成聚氨酯粉末涂料。烯键可以通过不饱和聚酯或含烯键的扩链剂引入。

6.5 水性聚氨酯涂料

水性涂料是以水为介质的涂料。水性聚氨酯涂料和无溶剂聚氨酯涂料都是溶剂型聚氨酯涂料的环保型替代品，虽然在一些领域水性产品不能替代溶剂型产品，但人们一直为实现无有机溶剂化而努力着。

水性聚氨酯涂料国外在 20 世纪 70 年代已经开发使用，我国研发较晚，80 年代也已经有聚氨酯乳液皮革涂饰剂产品开发，水性聚氨酯木器漆等产品开发迟一些，目前也有不少厂家推出产品。

6.5.1 水性聚氨酯的分类和特点

水性聚氨酯是水性聚氨酯涂料的成膜树脂，水性聚氨酯的合成有多种方法，包括强制乳化法、自乳化法、熔融分散法、封闭 NCO 乳化法等，将在水性聚氨酯一章中详细介绍，此处不再赘述。

和溶剂型聚氨酯涂料一样，水性聚氨酯涂料也有单组分和双组分之分。大多数聚氨酯树脂是通过树脂本身所带的亲水性基团或链段自乳化而得,根据亲水性基团的种类,水性聚氨酯有阳离子、阴离子、非离子以及混合型等分类。

从水性聚氨酯的外观,有透明的水溶液,有蓝光半透明到不透明的分散液,有白色乳液。后两者可以统称为分散液,水性聚氨酯涂料一般是分散液状态。

聚氨酯与其他树脂共混或共聚,可以得到水性杂合树脂,使涂料兼有两种或者多种树脂的优点,这些水性涂料体系包括水性聚氨酯丙烯酸酯、环氧树脂改性水性聚氨酯、有机硅改性水性聚氨酯等。

水性聚氨酯树脂用于涂料,可以制作清漆,也可以制备色漆;可以用于底漆,也可以用于面漆。

6.5.2 单组分水性聚氨酯涂料

单组分水性聚氨酯涂料是应用最早的水性聚氨酯涂料。由于制备时水分散工艺的限制,传统的单组分水性聚氨酯涂料通常分子量较低或交联度低,强度和硬度不高,耐水性和耐溶剂性能较差。

有一些方法用于改善单组分水性聚氨酯涂膜的性能,例如在制备时引入多官能度的原料以提高涂膜干燥后的交联度;用双丙酮丙烯酰胺和二乙醇胺制备的含酮羰基的二元醇 3-[二-(2-羟乙基)]氨基-(1,1-二甲基-3-丁酮)丙酰胺作为聚氨酯扩链剂,通过外加己二酸二酰肼得到单组分常温自交联的水性聚氨酯;含封闭异氰酸酯或脲二酮的采用热活化交联单组分水性聚氨酯涂料(包括水性烘烤漆),以及自氧化交联体系等。

为提高单组分水性聚氨酯涂料的力学性能和耐化学品性,还可以共混或共聚的方法对聚氨酯进行改性,组成单组分水性聚氨酯有机硅涂料、水性环氧聚氨酯、水性聚氨酯丙烯酸酯涂料、含氟水性聚氨酯等。将环氧树脂较高的支化度引入聚氨酯主链上,可提高乳液涂膜的附着力、干燥速率、涂膜硬度和耐水性;与聚硅氧烷复合制备低表面能、耐高温、耐水、耐候性和透水性良好的复合乳液;与丙烯酸复合,将聚氨酯较高的拉伸强度和冲击强度、优异的柔性和耐磨损性能与丙烯酸树脂良好的附着力和外观、低成本相结合,制备高固含量、低成本的聚氨酯-丙烯酸(PUA)复合乳液。

某自交联型聚氨酯分散体 Hypomer WPU-3401 与助剂组成的单组分水性聚氨酯木器涂料的配方如下。

原材料	质量分数/%
水性聚氨酯 Hypomer WPU-3401	90.0
润湿剂 Levaslip W-469	0.3
消泡剂 Defom W-0506	0.1
蜡分散体 DeuWax W-2335A	1.5
流变助剂 DeuRheo WT-204	0.3
水	7.8

该单组分涂料克服了传统的丙烯酸乳液与聚氨酯分散体在耐水性、耐醇性、耐粘连性方面的不足，并具有优秀的施工性、成膜性、耐磨性、硬度和凸显木纹的表观效果。

某些亲水性的封闭型多异氰酸酯可用于单组分水性聚氨酯烘烤漆。例如，Bayer 公司的 Bayhydur BL 5140 是含封闭型异氰酸酯基团的水性聚氨酯分散液，其固含量约 40%，黏度（8±4）Pa·s，封闭的 NCO 含量约 4.4%，它可与多种多元醇混合，用于配制耐黄变单组分水性聚氨酯烤漆。该公司的 VP LS 2240 是基于双（4-异氰酸酯基环己基）甲烷（H_{12} MDI）的亲水改性封闭型多异氰酸酯，固含量约 35%，黏度 225 mPa·s，封闭的 NCO 含量约 2.5%；VP LS 2310 也是水性脂肪族封闭型多异氰酸酯，固含量约 38%，pH 值 8~10，封闭的 NCO 含量约 1.1%。它们都可用于配制耐黄变的单组分水性聚氨酯烘烤漆，目前此类封闭型多异氰酸酯已在水性聚氨酯汽车中涂漆中广泛应用。

6.5.3　双组分水性聚氨酯涂料

大多数单组分水性聚氨酯分散液成膜后强度和硬度不高，耐水性和耐溶剂性能较差，这可以通过添加交联剂的方法进行改善。不少加入交联剂的水性聚氨酯体系不能长期贮存，所以一般就采用双组分水性聚氨酯涂料体系，使用前将两个组分混合，配好的涂料有几个小时的适用期。

双组分水性聚氨酯涂料的组合比较多，例如水性聚氨酯树脂（乳液或称分散液）作为主剂，与含异氰酸酯、环氧基、氮丙啶、氨基等活性基团的水溶性或水分散性交联剂组成双组分聚氨酯涂料。双组分水性聚氨酯涂料的含羟基的水性聚合物组分，除了水性聚氨酯外，还有丙烯酸酯改性、环氧树脂改性、有机硅或氟改性、纳米材料复合改性体系等。含羟基的丙烯酸酯分散液与多异氰酸酯组成双组分水性聚氨酯涂料已经成为双组分水性聚氨酯的主流配合。

20 世纪 90 年代初，随着可分散于水的多异氰酸酯固化剂的开发，在双组分聚氨酯涂料产品中，多异氰酸酯已经成为重要的交联剂组分。这种水性聚氨酯涂料有成膜温度低、附着力强、耐磨性好、硬度高以及耐化学品性、耐候性好等优点。这类双组分水性聚氨酯涂料中，存在水和异氰酸酯基团 NCO 的副反应，在涂膜干燥过程中还易产生气泡。经研究，利用 NCO 与水、OH 反应速率的不同，选择合适的水性多元醇和固化剂可获得有实用价值的双组分水性聚氨酯涂料，其涂膜光泽、硬度、耐化学品性和耐久性可与溶剂型双组分涂料相当。

对多异氰酸酯交联剂在水性聚合物树脂中的均匀分散研究也比较多。根据所采用多异氰酸酯的不同（疏水性或亲水性），采用强力分散、相转换、自分散等制备技术可获得分散稳定的双组分水性聚氨酯。目前用得比较多的是亲水性的多异氰酸酯交联剂。水性聚合物组分具有一定的乳化能力，一般可在搅拌下将亲水性多异氰酸酯交联剂分散均匀。疏水性多异氰酸酯分散不太容易，可以通过高效混合器使得多异氰酸酯在水性聚合物中均匀分散，例如 Bayer 公司曾经开发了一种连续式双组分喷涂设备，把多异氰酸酯剪切成粒径为 $0.5\sim1\mu m$ 的分散液，使以疏水性异氰酸酯为交联剂的水性双组分聚氨酯涂料替代溶剂型涂料成为可能，并用作汽车面漆。

尽管双组分水性聚氨酯涂料涂膜性能好，具有较好的耐水性、耐溶剂性能等，但某些产品也存在一些缺陷，如：采用某些交联体系、在较高环境温度下使用时适用期短；因含羟基的水性树脂分子量低或固含量低导致干燥慢；可能存在两个组分的混合困难，特别是采用某些非亲水性的交联剂；多异氰酸酯等交联剂价格昂贵；耐水性可能因亲水基团的残留而不佳。

6.5.4 用于各领域的水性聚氨酯涂料

6.5.4.1 水性聚氨酯木器漆

用聚氨酯树脂制备的木器漆具有耐磨性好、丰满度高、低温成膜性好、柔韧性好、手感好及耐热回黏性好等优点。溶剂型双组分聚氨酯涂料是最常用的木器漆。作为溶剂型涂料的替代品，水性聚氨酯具有优异的低温膜性、流平性及柔韧性，而且耐磨、硬度高，也适用于配制各种高档的水性木器面漆，如家具漆和地板漆。

水性聚氨酯木器漆有单、双组分之分。作为涂料使用，一般也是在水性聚氨酯树脂中添加各种助剂如润湿剂、消泡剂、流平剂、增稠剂、颜料等而成。有的配方还加入改性树脂。

相对于单组分水性木器涂料而言，双组分聚氨酯产品特别能满足厨房家具、地板、办公室家具等场合的更高性能要求，具有更高的硬度和耐磨性、更好的耐热性、耐沾污和耐化学品性等。

双组分水性聚氨酯木器涂料的外交联剂组成由水性聚氨酯的结构决定：聚氨酯分子中带羟基、氨基时，常用的外交联剂有水分散多异氰酸酯、氮丙啶化合物、氨基树脂等；聚氨酯分子中带有羧基时，常用含氮丙啶、环氧基等基团的化合物作交联剂组分。最常见的双组分水性聚氨酯木器漆，是以羟基丙烯酸酯乳液为主剂，水分散多异氰酸酯为交联剂的组合，性能比较好。水性聚丙烯酸酯多元醇树脂具有较低的分子量，较高的羟基官能度，形成涂膜后涂膜交联密度高、耐溶剂、耐化学品、耐温变、抗回黏、耐候性等效果好，因其对颜料的润湿性、性价比高，尤其适用于色漆。

用于木器漆单组分水性聚氨酯，除了采用自交联等制备技术外，也可以通过其他树脂改性以提高其性能。水性聚氨酯丙烯酸（PUA）树脂既具有水性聚氨酯优异的硬度、耐磨性、柔韧性、附着力等性能，又具有丙烯酸树脂优异的耐候性、耐化学品性及对颜料的润湿性等性能，比起丙烯酸树脂和水性聚氨酯的物理共混体系的性能有很大的提高，一般用于制备中高档水性木器面漆。环氧树脂具有较强刚性和附着力，光泽、稳定性、硬度等性能好，且为多羟基化合物，可以将支化点引入聚氨酯的主链，使之形成部分网状结构，并可以使涂层的拉伸强度、耐水性和耐溶剂性明显增强，环氧树脂改性的水性聚氨酯漆适用于木地板等的涂装。有机硅、有机氟改性水性聚氨酯，可赋予涂膜低表面能、耐高温、耐水性、耐候性以及透气性，改善耐磨性、耐热、耐寒性、耐候性等性能。

6.5.4.2 水性聚氨酯塑料涂料

水性双组分聚氨酯涂料性能优异，适用于塑料表面涂装，可满足大多数塑料品种对涂层性能的要求，是水性塑料涂料的主要品种之一，已广泛应用于汽车内饰件及汽车塑料部件等。

对于汽车涂料行业，欧美国家对轿车涂装线有机溶剂排放量有非常严格的要求，单位面积 VOC 不得高于 $45g/m^2$，水性化是必然趋势。水性聚氨酯涂料完全可以用于汽车塑料内饰件的涂装。许多汽车厂家包括日本丰田、中国上海大众、一汽大众、北京现代等公司已经开始使用双组分水性聚氨酯作为内饰件的涂装，如在汽车内部的座椅、装饰和织物上等都已经得到广泛使用，在汽车外部则主要是底漆及中涂漆的应用。由于单组分水性聚氨酯的附着力更佳，所以采用单组分水性聚氨酯制作底漆和中涂漆，双组分水性聚氨酯作面漆和罩光漆。

某水性聚氨酯塑料涂料与溶剂型聚氨酯涂料的对比见表 6-11。

■表 6-11 某水性聚氨酯塑料涂料与溶剂型聚氨酯涂料的对比 （ABS 表面）

项目	溶剂型	双组分水性	自交联型单组分水性
VOC/（g/L）	≥700	≥200	≤100
涂膜外观	平整光滑	平整光滑	平整光滑
附着力/级	0	2	1
耐水性	96h 无异常	96h 无异常	48h 无异常
耐醇性（×0.5kgf）	200 次无异常	200 次无异常	100 次无异常
硬度	≥2H	H	H
光泽/%	95	85	90

注：1kgf=9.8N。

从整体性能来看，虽然在耐醇性和附着力方面，水性聚氨酯产品的附着力要稍差一些，但也基本能够达到塑料涂料的性能要求。由于水的挥发速率要比常用的溶剂挥发慢得多，所以应适当延长水性塑料涂料未烘烤前的时间，让水分充分挥发，待表干后再进行低温烘烤。

某公司调制的水性聚氨酯底漆与水性铝粉漆参考配方见表 6-12。

■表 6-12　某公司调制的水性聚氨酯底漆与水性铝粉漆参考配方

水性聚氨酯底漆配方		水性聚氨酯铝粉漆配方	
原料	用量/g	原料	用量/g
水性聚氨酯 SP-6806	100	SP-6803	100
有机硅消泡剂 Tego Foamex 822	0.1	水	8
润湿剂 Tego Wet Kl245	0.35	Foamex 822	0.2
抑泡型基材润湿剂 Tego Wet 500	0.3	Wet Kl245	0.37
流平剂 Tego Glide 450（12.5%）	0.5	Wet 500	0.25
PU 类缔合型流变助剂 Rheolate-288	0.1	水性铝浆 W6006	2
		Glide 410	0.4
		Rheolate-288	0.2

水性塑料涂料在塑料上的件涂装工序：PP 或 ABS 塑料件→水洗→干燥→（对于 PP 塑料进行火焰处理→）喷涂底漆→喷涂单组分水性聚氨酯铝粉漆或色漆→烘烤干燥[（80±5）℃,40min]→喷涂罩光清漆→烘烤固化[（80±5）℃,40min]→成品。塑料玩具→水洗→干燥→喷涂底漆→喷涂单组分水性聚氨酯铝粉漆或色漆→烘烤干燥[（80±5）℃,40min]→成品。

水性双组分聚氨酯涂料亦可作为特殊软感涂料，其涂膜具有从橡胶到丝绒般的触感、良好的柔韧性、低温弹性、耐溶剂性、耐化学品性、耐清洁剂擦洗性和良好的附着力，可应用于汽车内部塑料仪器表面的涂装，如汽车内的手控闸、仪表盘、座垫、靠背以及顶棚光泽柔和、手感柔软性优良的涂层，而且坐垫靠背用涂料需耐磨耗性好、耐沾污、耐擦洗。柔软性聚氨酯水分散体涂料能符合车内饰要求。

6.5.4.3　水性聚氨酯金属漆

具有良好耐溶剂、耐温性能的水性聚氨酯涂料可以用于金属表面的涂装。随着汽车工业的环保要求，许多金属部件的防护和装饰都采用水性聚氨酯漆。水性聚氨酯应用于金属表面时，附着力和耐冲击性能非常优异，尤其是经过环氧改性的水性聚氨酯，耐冲击性能更优，完全可以和溶剂型的产品相媲美。

水性聚氨酯防锈底漆和水性罩光漆的参考配方见表 6-13。

目前欧美普遍采用的水性涂料涂装工艺体系是：阴极电泳漆＋水性中涂漆＋水性底色漆＋高固体分溶剂型罩光清漆。水性涂料的施工工艺与溶剂型漆不同，水性中涂漆烘干时需增加红外线升温和保温过程，水性底漆喷涂后增加加热挥发过程。一般的水性涂料施工工艺如下。

① 喷涂水性底色漆。室温挥发后，用红外线等在 70℃ 左右加热挥发，在加热挥发区确保水性涂料中 90% 以上的水分挥发掉，冷却。

② 喷涂水性中涂漆，室温挥发后，先 70℃ 左右红外线烘干，再用循环热空气 170℃ 加热，保温、冷却。

■表6-13　水性聚氨酯防锈底漆和水性罩光漆的参考配方

水性防锈底漆		水性罩光漆	
原料	用量/g	原料	用量/g
水	18	SP-6803	100
亚硝酸钠	0.3	水	8
防锈剂 FA-179	0.4	Foamex822	0.2
AMP-95	0.1	Wet KI245	0.37
5040	0.6	Wet500	0.25
CF-10	0.1	丙二醇甲醚	0.5
Foamex822	0.2	Glide 410	0.4
三聚磷酸铝	8	RHEOLATE-288	0.2
锶铬黄	4		
铁红	8		
绢云母	3		
氧化锌	2		
SP-6803	55		
DSX-2000	0.3		

③ 喷双组分水性聚氨酯清漆面漆，室温挥发后，125℃左右加热、保温、冷却。

有研究表明采用以水性环氧聚氨酯为基料配成的富锌涂料的防腐蚀作用明显比传统环氧富锌底漆要好。

6.5.4.4　水性聚氨酯织物涂料及涂层剂等

聚氨酯涂膜柔韧，不会冷黏热脆，手感好。水性聚氨酯是高档织物涂层剂及皮革涂饰剂。水性聚氨酯已替代丙烯酸酯乳液，广泛用于皮革涂饰剂。

例如，干性植物油如亚麻油和桐油与二乙醇胺在甲醇钠存在下通过胺解反应生成植物油酰二乙醇胺，它和二羟甲基丙酸（DMPA）组成复合二元醇组分，与 TDI/HDI 混合二异氰酸酯在羟基稍过量的条件下反应，用低碳醇醚复合溶剂稀释，用胺中和，加入环烷酸锌或其他催干剂搅匀后，加入蒸馏水，调节体系黏度，过滤出料，得到常温氧化交联水性聚氨酯树脂液。再加入颜填料、低级醇复合溶剂、水和消泡剂，先预分散，再送入砂磨机研磨分散，取样检测合格即得水性聚氨酯丝网印染涂料。这种单组分水性聚氨酯涂料适合织物丝网印染作业，色彩鲜艳，耐磨性、耐水性优良，手感好，是一种优良的环境友好型丝网印染涂料。

6.5.4.5　水性聚氨酯漆用于玻璃、混凝土等的涂装

硬质水性聚氨酯漆应用于玻璃表面时，附着力、硬度和耐压强度性能非常优异。尤其是经过环氧改性的水性聚氨酯，可以和溶剂型产品相媲美。水

性聚氨酯的产品性能已经可以满足建筑用玻璃和艺术玻璃的使用要求。但水性聚氨酯的耐水性和耐醇性与溶剂型产品还存在差距，目前尚不能用于对玻璃容器和餐具的涂装。

单组分水性聚氨酯可以用作混凝土的底漆，但耐水性可能存在不足。环氧改性水性聚氨酯具有较好的耐腐蚀性能。

中国专利 CN 101402826 介绍了一种双组分水性聚氨酯混凝土底漆的制造方法。将近似等量的蓖麻油、聚乙烯醇、水以及少量催化剂（二甲氨基乙氧基乙醇或三乙醇胺）、乳化剂（苯酚氧化乙烯或十二烷基磺酸钠）、杀菌剂搅拌混合均匀，得到水性羟基组分。在混凝土表面使用时加入多异氰酸酯（脲基甲酸酯改性 HDI 三聚体或氨基磺酸盐改性 HDI 三聚体），混合均匀。

6.6 喷涂聚氨酯涂料

6.6.1 发展简况

喷涂聚氨酯（脲）技术是在反应注射成型（RIM）技术的基础上于20世纪70年代发展起来的一种快速固化聚氨酯弹性涂层技术。它继承了 RIM 技术瞬间混合、高速反应的特点，突破了 RIM 必须使用模具的局限性，扩展了聚氨酯材料的应用领域，主要应用于涂料领域。

聚氨酯（脲）RIM 技术的发展经历了纯聚氨酯、聚氨酯脲到聚脲三个阶段。喷涂聚氨酯弹性体（涂料）虽然固化速率比普通涂料快，成本也比纯聚脲体系低，但因固化速率比普通聚脲慢，在潮湿环境和基材场合易起泡、产生微孔，严重的造成脱皮，不适于高封闭涂层的要求。所以在喷涂聚氨酯（脲）弹性体技术中喷涂聚氨酯-脲和喷涂聚脲是较实用的防腐耐磨涂料。

喷涂聚氨酯（脲）技术在20世纪90年代发展较快。1991年该技术在北美地区投入商业应用，立即显示出其优异的综合性能，受到用户欢迎。其他国家和地区也同时引入并开发同类产品。在我国，青岛海洋化工研究院于1995年开展喷涂聚氨酯技术的前期探索研究，1997年从国外购进了最新喷涂设备。1999年喷涂聚脲技术在我国投入商业应用。目前已经有许多公司推出产品、推广应用。

喷涂聚氨酯（脲）技术在国内外开发历史虽不长，但由于其成型快速、适应性强、可喷涂厚涂层等优点，受到业界的重视，发展较快，在化工防腐、军事工程、农业、矿业等部门获得了应用。特别是近年来在高速铁路上得到了应用。

该技术的缺点是原料价格稍高，特别是喷涂聚脲成本高，另外就是需要专门设计的高压喷涂设备，这些因素限制了其大规模的应用。

6.6.2 喷涂聚氨酯涂料的性能特点

聚氨酯是由多异氰酸酯与多羟基低聚物等原料形成的聚合物，聚脲一般是由多异氰酸酯与端氨基聚醚及二胺扩链剂得到的聚合物，聚氨酯-脲可看作是含聚氨酯和聚脲结构的共聚物。聚脲和聚氨酯材料本身具有优异的物理性能，最突出的是聚脲及聚氨酯涂层的耐磨性优异；耐高低温性能优良，低温不脆化，耐冲击；耐弯折，耐疲劳；根据应用场合和性能要求，可通过配方及原料配比的调整，获得不同硬度、弹性及固化速率的材料。

喷涂聚氨酯（脲）技术是将反应注射模塑（RIM）双组分高压高速撞击混合技术与喷涂技术相结合而形成的一种新技术，无论是施工期间，还是材料投入使用后，涂层均不产生有害物质和刺激性气味，属环境友好型材料，可用于饮用水工程。

喷涂聚氨酯（脲）技术具有如下特点。

① 双组分原料几乎 100%固含量，不含有机溶剂和高挥发性物质，符合环保要求。

② 涂层无接缝，美观实用。可厚涂，一次施工即可达到厚度要求，克服多层施工的诸多不便。

③ 固化快，一般在数秒至数十秒之间凝胶。喷涂聚脲体系的固化比聚氨酯-脲快。可对任意复杂材料表面进行现场连续喷涂而不产生流挂现象，一般数分钟后可在喷涂聚脲涂层表面行走，1h 后，强度可达到通常的使用要求。而常规的溶剂型聚氨酯、环氧树脂和丙烯酸树脂涂料，一次施工厚度通常小于 $50\mu m$，需要 $12\sim24h$ 的干燥时间，才能投入使用或进行下一道施工。

④ 聚脲反应体系对环境湿度和温度不敏感，在施工时受环境湿度影响小，适应性强。只是在低温环境达到最高强度所需的时间稍长。

⑤ 附着力好。通过对基材适当的清洁和其他处理，在钢、铝、混凝土等各类常见底材上具有优良的附着力。

⑥ 耐候性好，耐冷热冲击、耐雨雪风霜。芳香族聚脲体系在户外长期使用即使出现泛黄和褪色，也不易粉化、开裂和脱落。涂层可在－50～150℃下长期使用，可承受 175℃热冲击。

6.6.3 原料以及双组分喷涂涂料体系

6.6.3.1 喷涂聚氨酯的原料

用于喷涂聚氨酯（脲）的主要原料有异氰酸酯、低聚物多元醇（多元胺）、扩链剂等。

(1) 异氰酸酯 该喷涂技术最常用的二异氰酸酯是 MDI 和液化 MDI（如碳化二亚胺改性 MDI），对性能要求不高的体系也可使用少量聚合 MDI（PAPI）。当需要得到耐候、耐黄变涂层时，可采用脂肪族二异氰酸酯如 XDI、TMXDI 和 IPDI。采用高 $2,2'$-MDI 含量的 MDI 半预聚体，由于减慢了反应性，可改善弹性涂层的操作性能和物性。

(2) 低聚物多元醇（胺） 在喷涂聚氨酯（脲）体系中，采用的低聚物多元醇（胺）有：端伯羟基的低聚物多元醇如聚醚多元醇、聚酯多元醇以及端氨基聚醚。

聚醚多元醇一般采用聚氧化丙烯二醇（PPG）、高活性的端伯羟基为主的聚氧化丙烯-氧化乙烯多元醇、聚四氢呋喃二醇（PTMEG）等，其中分子量 600～2000 的 PPG 多用于合成预聚体；高活性聚醚既可用于预聚体，也用于活性氢组分；PTMEG 制得的涂层强度比 PPG 高，但成本高，且 PTMEG 在低温下易结晶，有时操作不便。

端羟基聚丁二烯等伯羟基低聚物也可用于喷涂聚氨酯（脲）体系。

端氨基聚醚（聚醚多胺）与异氰酸酯反应快，不需要任何催化剂。常见的端氨基聚醚有：三官能度的 Jeffamine T-5000 及 Jeffamine T-3000，二官能度的 D-2000，它们的分子量分别是 5000、3000、2000。

(3) 扩链/交联剂 常用的小分子二醇及二胺类扩链剂都可用于喷涂聚氨酯（脲）体系。但主要采用芳香族位阻二胺为扩链剂，主要原因为：胺类扩链剂反应速率远较醇类高，可以少用甚至不用催化剂；胺类扩链剂具有优异的耐潮气敏感性；涂层的机械强度明显高于二元醇扩链的。

常用的二胺扩链剂有二甲硫基甲苯二胺（DMTDA，$M=214$）、二乙基甲苯二胺（DETDA，$M=178.3$）、$4,4'$-双丁仲胺基二苯基甲烷（Unilink 4200，$M=310$）、Jeffamine D-230（聚氧化丙烯二胺，$M=230$）等，其中 DETDA 活性最高，凝胶迅速，操作时应注意。

在喷涂体系中也可采用交联剂，如三羟甲基丙烷、低分子量聚氧化丙烯三醇胺 Jeffamine T-403（$M=400$）。

(4) 助剂 为了加速羟基与异氰酸酯的反应，必须加入催化剂，如二月桂酸二丁基锡、辛酸亚锡、三亚乙基二胺。

在配方中可添加有机硅偶联剂，以提高涂层与基材的附着力。如氨乙基胺丙基三甲氧基硅烷，用量为配方总量的 0.1%～1.0%。

为了降低黏度，可用少量活性稀释剂或增塑剂。

用于露天的涂层需加入适当的抗氧剂和紫外吸收剂，以提高材料的抗粉化变色能力。通常采用受阻酚类或亚磷酸酯类抗氧剂，如抗氧剂 1010、抗氧剂 246、抗氧剂 1076 等。紫外吸收剂通常采用苯并三唑类，如 Tinuvin 327、Tinuvin 328、Tinuvin P 等。

用于某些场合要求材料有阻燃性能，在配方中可添加阻燃剂。

为了使涂层具有美观的颜色，可加入各种色浆色料。

6.6.3.2 双组分喷涂聚氨酯体系的配制要点

喷涂聚氨酯（脲）配方一般采用双组分体系，由异氰酸酯基组分（甲组分）和活性氢组分（乙组分）组成。甲组分多为 MDI 与低聚物多元醇合成的半预聚体（MDI 大大过量）。乙组分是低聚物多元醇（多元胺）与扩链剂及色浆等助剂的混合物。

业界对于喷涂聚脲是否属纯聚脲有过争执，实际上，大多数喷涂聚脲产品的异氰酸酯组分是以聚醚二醇和 MDI 为原料的半预聚体，因此并不是纯聚脲。2004 年，美国聚脲发展协会对聚脲和聚氨酯涂料作了分类和定义：当体系中的多元胺含量大于 80% 时，材料称为聚脲涂料；当体系中的多元醇含量大于 80% 时，材料称为聚氨酯涂料；而体系中的多元胺和多元醇含量介于两者之间时，材料统称为聚脲/聚氨酯杂合体，也可称为聚氨酯脲。

在喷涂聚氨酯（脲）的配方设计时，应尽可能满足以下几个条件。

① 各组分黏度要低：在喷涂弹性体体系中，为了利于快速撞击混合，各组分的黏度最好控制在 2000mPa·s 以内，并且要求两个组分的黏度差异尽可能小。

② 配比合适：尽管已有适合于不同组分配比的喷涂设备面世，但体积比为 1:1 时混合效果最好；而且体积比为 1:1 时操作方便。

③ 异氰酸酯指数稍大：双组分配合时的异氰酸酯指数应设计为 1.05~1.10。

④ 固化速率应尽量快，但凝胶时间一般大于 5s，以免在撞击混合时凝胶，一般凝胶时间在 60s 以内。立面喷涂时凝胶时间应短一些，以免流挂。

6.6.4 喷涂设备及施工工艺

由于喷涂聚脲和喷涂聚氨酯-脲的快速固化特点，一般的涂料喷涂设备以及保温用喷涂硬质聚氨酯泡沫塑料体系的喷涂设备不能满足要求，需要使用专为喷涂聚氨酯（脲）而开发的设备。以前该技术设备主要依靠进口，厂家有美国 Gusmer、Graco 公司和 Glas-Craft 等公司，近年来有国产设备。

喷涂设备包括高压喷涂主机、喷枪和管道、附件等，不同的设备有各自的性能指标。例如 Graco 公司的 Reactor 主机选用电机驱动作为动力源，不用液压油，减少了设备体积和重量，方便运输和现场施工。Fusion 喷枪有两种，即空气自清洁枪（简称 AP 枪）和机械自清洁枪（简称 MP 枪），其特点是：混合室耐磨损、拆卸简单、零配件少、维护方便。

因为喷涂设备较重，主辅设备和部件包括主机、抽料泵、喷枪、管道、空气压力机及油水分离器、料桶加热设备、管架、工具柜、工作台等，有些公司设计了喷涂聚脲施工车。大型施工车还可自带发电机，减少了对工地电源的依赖，但笨重。简易型车一般没有料桶加热和保温功能，优点是小巧灵活。

喷涂聚氨酯(脲)技术是双组分液体原料在喷枪中高速高压冲击混合、喷射到待涂装基材表面、形成聚脲或聚氨酯-脲弹性体涂层的过程。只要正确掌握技术工艺，它在工程应用中的优越性将非常明显。

在喷涂施工中，适当提高混合压力，有利于混合均匀，同时雾化效果更好。涂层强度一般随着喷涂压力的增大而提高。升高物料温度，则黏度降低，有利于混合均匀，改善喷涂效果。

喷涂速度受施工物体形状与工作环境影响。对于外形复杂、施工难度大的物件，特别是垂直面以及顶面的施工，一般采用 0.5～0.8kg/min 为宜。喷枪的移动速度为 0.3～0.5m/s，单层喷涂的厚度在 2～4mm 之间。大流量喷涂或移动速度太慢不易喷平。

不同喷涂场合对固化速率有不同的要求。对于垂直面，凝胶时间一般为 3～5s。对于普通平面，凝胶时间可在 20～30s。配方凝胶迅速，有利于得到表面呈颗粒状的涂层；对于需在涂层表面撒防滑砂粒或橡胶粒的特殊场合，可控制凝胶时间长一些，例如在 45s 左右。

喷涂设备连接及流程示意如图 6-1 所示。

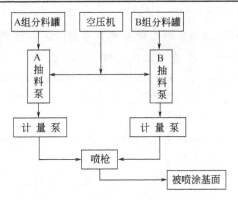

■ 图 6-1　喷涂设备连接及流程示意

和其他涂料一样，在喷涂施工之前，需对基材采取适当的处理，例如基材需干燥，没有浮尘、铁锈和油脂等损害涂层黏附的物质。可采用喷砂除锈和适当增加表层粗糙度的方法。

为了获得最高的黏附力，一般可采用底涂剂对干净的基材进行底涂处理，待底涂基本干燥时进行喷涂，如此可减少喷涂聚脲或聚氨酯-脲与基材黏附不良的缺陷。

在喷涂到待涂基材之前，需调试喷枪的喷涂压力，并试验喷涂料的固化情况。一般来说，提高喷涂压力可使得液体物料雾化成更微细的液滴，提高涂层的强度。一般要求两组分物料的压力差低于 2MPa。

由于喷涂涂层很快获得初始强度，可不采取特殊的养护措施。如果工期紧，数小时后可投入使用；当然，最好搁置一两天后再使用，有利于使材料达到最高强度，减少机械磕碰可能引起的损伤。

由于雾化的液滴很轻，随风飘散，并且可能黏附到衣物上，施工人员应穿戴工作服、手套、防护镜和口罩或防毒面具。

6.6.5 喷涂聚氨酯性能以及配方实例

喷涂聚氨酯脲和喷涂聚脲的常规物理性能范围如下。

项目	数值
凝胶时间/s	2～60
拉伸强度/MPa	6～27
断裂伸长率/%	30～500
撕裂强度/(N/mm)	30～90
邵尔硬度	30A～65D
对钢的附着力/MPa	6～12
低温柔性（－30℃）	弯折无裂纹
不透水性（0.3MPa）	不透水
阿克隆磨耗/mg	30～200

喷涂聚氨酯脲和喷涂聚脲具有良好的耐酸碱腐蚀性和耐油性，例如喷涂聚脲试样在10%乙酸、10%盐酸、20%硫酸、10%磷酸、柠檬酸、20%氨水、10%氢氧化钾、20%氢氧化钠、饱和盐水、正己烷、异丙醇、柴油、汽油、液压油、煤油、矿物油、防冻液（50%乙醇）中浸泡，强度和外观无明显变化，在20%氢氧化钾、50%氢氧化钠、二甲苯中浸泡轻微变色。腐蚀实验结果表明，钢板表面喷涂一道SPUA材料（厚度0.3～0.4mm）的耐盐雾时间高达5000h以上。

【实例】 两种聚氨酯脲弹性体配方及性能

项目	I	II
甲组分(NCO 质量分数 13.2%)配方/质量份		
液化 MDI	—	100
MDI	700	—
聚醚 PPG-1000	750	—
邻苯二甲酸二辛酯	190	14
甲组分 NCO 质量分数/%	13.2	23
乙组分/质量份		
高活性聚醚三醇	1192	264
DETDA	431	57.3
3,3'-二乙基-4,4'-二氨基二苯基甲烷	574	—
邻苯二甲酸二辛酯	—	16.1

项　目	Ⅰ	Ⅱ
环烷酸铅	16.4	—
二月桂酸二丁基锡	—	1.5
不黏时间/s	4～5	5
涂层性能		
密度/(g/cm^3)	0.97	0.97
邵尔 A 硬度	47	47
拉伸强度/MPa	14.2	12.7
伸长率/%	250	150
撕裂强度/(kN/m)	64	49

注：配方Ⅰ乙组分中聚醚三醇 $M=5000$，配方Ⅱ乙组分中 $M=7000$。甲组分和乙组分按一定的配比混合。

表 6-14 为不同聚醚制备的半预聚体的喷涂聚脲的力学性能，可见采用相同分子量的聚醚多元醇和聚醚多元胺制备半预聚体，制得的芳香族喷涂聚脲弹性体的性能不同，因脲基极性强，纯聚脲弹性体的强度高。

■表 6-14　不同聚醚制备的半预聚体的喷涂聚脲的力学性能

性　能	配　方			
	1	2	3	4
半预聚体用聚醚	N-220	D-2000	330N	T5000
半预聚体黏度（25℃）/mPa·s	1120	1230	1200	1350
聚醚二胺（$M=2000$）	22.9	22.9	22.9	22.9
聚醚三胺（$M=5000$）	51.8	51.8	51.8	51.8
DETDA	25.3	25.3	25.3	25.3
凝胶时间/s	2.0	2.0	2.1	1.9
拉伸强度/MPa	10.1	13.1	11.3	14.6
断裂伸长率/%	290	270	250	250
撕裂强度/（N/cm）	50	56	55	58
邵尔 A 硬度	79	83	81	87

注：半预聚体的 NCO 质量分数为 14%。

6.6.6　喷涂聚氨酯的应用

6.6.6.1　贮罐及水池防腐衬里

传统的贮罐衬里为环氧防腐涂料或不饱和聚酯（玻璃钢），但施工时溶剂对人体有害且污染环境，必须采用多道施工，施工周期长。涂层韧性不足，在热应力或冲击作用下易开裂。喷涂聚氨酯脲涂料具有无污染、不流挂、施工快等特点，防渗漏效果佳。该体系可用于各类化学品或废溶液的贮罐，废水及水处理业贮罐，也可用于贮罐围堰、水池、地沟及地面防渗层等表面的保护，使用寿命长。

6.6.6.2 地面及墙体保护涂层

喷涂聚氨酯脲可用于混凝土地面保护涂装及防水施工。因固化快，可减少其停工时间。喷涂聚氨酯脲技术可用于大型工厂的地坪和树脂墙面的施工。由于该体系不含有机挥发物，无毒害作用，在美国已通过美国农业部的认证，适用于食品工业、制药车间、药房、医院的手术室等场合。该技术还可用于停车场、人行通道、过街天桥、火车站台等地面的保护，具有很好的耐磨和防滑性能。喷涂聚氨酯脲还可用于多层停车场、甲板、交通区域及工厂地坪。为了增加摩擦力，可使用固化较慢的聚氨酯（脲）体系以便有时间撒砂子等。

国外采用喷涂聚氨酯脲或聚脲替代浇注型聚氨酯铺设塑胶场地，包括体育馆、健身场所的跑道、网球场、排球场、篮球场等运动场地。喷涂聚脲还可获得具有均匀颗粒的自防滑地面，这是传统的手工浇注法望尘莫及的。

混凝土涂层广泛应用于二次封堵，即在化学品贮罐或反应容器附近的地板或墙壁上喷涂涂层，防止液体物料溅漏到环境中。聚脲体系能够容易地喷涂到突出物上及与穿过混凝土的贮罐脚及管子上。对于需要高耐化学品性能的场合，可在普通聚氨酯（脲）涂层外再加一层保护性顶涂层。

6.6.6.3 耐磨衬里

聚氨酯（脲）涂层具有优异的耐磨性，采用无溶剂喷涂技术可以在结构复杂的表面直接喷涂成型，得到保护性厚涂层。

喷涂聚氨酯脲及喷涂聚脲弹性体可用于多种环境下的耐磨、防腐涂层，典型的应用如矿砂厂和选煤厂用的螺旋集合器、浮选槽内的钢分散器、振动进料盘、料斗车内壁、旋转式圆筒筛架、振动磨、球磨机、选矿机、管道以及矿山的泥浆输送设备等衬里。

喷涂聚脲材料用于运输卡车车斗衬里涂装不仅大大缩短涂装时间，而且耐磨性比环氧树脂涂覆衬里要高，耐久性好。

6.6.6.4 影视道具制作及装饰品保护层

聚脲涂料直接喷涂在聚苯乙烯泡沫塑料（EPS）、硬质聚氨酯泡沫塑料或其他脆性泡沫材料的表面，形成一层柔韧性致密保护层和防水层，操作方便快速，有很好的保护和装饰作用，具有原形再现性好、质轻、搬运方便等优点。在影视业有广泛的用途，如制作道具、建造永久或临时性的舞台布景、布景幕以及支柱、标本及装饰物、制作人物或动物模型，还用于公园景物外壳层、建筑装潢用EPS的保护层等。世界著名的好莱坞环球影城及迪斯尼乐园的很多景点都采用这种技术。该技术也可用于街头招牌或广告板的制作以及街道、商店门前的装饰物。

6.6.6.5 防水涂层及水工耐磨涂层

喷涂聚脲及聚氨酯脲具有良好的耐化学品、耐盐雾、耐海水、耐大气老化性能，可用于各种海上及水上设施，如水池上的接引桥、废水池衬里、码头护舷、浮标及系泊设备、防浪堤、栈桥、海上石油钻井平台、船舶的舱室地板、甲板、通道、直升机平台、护栏及舷梯。

喷涂聚脲及聚氨酯脲可用来制作或修复水上乐园的滑道以及其他骑乘设施，还可用于碰碰船、玻璃钢艇等游乐设施的蒙皮，能起到很好的保护和缓冲作用，克服了目前采用玻璃钢存在的易老化、开裂、脱层、伤害游客等问题。类似的应用还有水上乐园、水族馆、游泳池等设施的混凝土表面防水、防滑处理。

喷涂聚氨酯（脲）还可用于屋顶防水保温层的保护，如冷库或仓库的屋面需要施工一层厚厚的聚氨酯泡沫作保温层，在泡沫上再喷涂 1~2mm 的聚脲弹性体，可以起到防水和保护的作用。也可直接进行厂房屋顶的无接缝防水层施工。

喷涂聚脲和喷涂聚氨酯脲用于水工防腐涂层，主要用于两种基材：一种是混凝土的防腐、防渗；另一种是钢结构的防腐、防锈蚀。

6.6.6.6 喷涂聚脲在高速铁路工程的应用

高铁采用无砟轨道，要求防水层不仅具有防渗、抗裂的基本性能，还要能经受高速、重载、交变冲击等列车高速行驶时带来的冲击。喷涂聚脲施工效率高，性能优异，满足高铁建设要求。近年来，喷涂聚脲（聚氨酯脲）被用于高速铁路，如京沪高铁和京津高铁，京津高铁工程用聚脲材料的防护面积为 95 万平方米，聚脲用量超过 2000t。京沪高铁桥面路基防护工程聚脲用量和防护面积是京津高铁的 10 倍以上，喷涂聚脲防水涂料等材料用量达到 2 万余吨，是目前全球最大的喷涂聚脲施工工程。

京沪高铁的桥梁梁面施工工艺如下：基层处理（抛丸、打磨去除混凝土表面浮浆）→刮、辊、刷涂腻子底涂→满刮 PU 修补腻子→喷、刮、辊涂聚脲底涂（加色素）→修补针眼→喷涂 2mm 厚聚脲防水涂料→辊涂 0.2mm 脂肪族聚氨酯面层（底座板外暴露区域）。该喷涂聚脲技术很好地解决了防水层和粗糙的混凝土基层之间粘接不好、封边不好等技术难题，大大地增强了桥梁结构的耐久性和使用寿命。

为了进一步提高喷涂施工效率，已开发了自动喷涂设备，对大面积基层进行机械喷涂，对边角处等采用人工喷涂。

第7章　聚氨酯胶黏剂及密封胶

7.1 概述

7.1.1 发展概况

聚氨酯胶黏剂是分子链中含有氨酯基（—NHCOO—）和/或异氰酸酯基（—NCO）的胶黏剂。聚氨酯胶黏剂由于性能优越，在工业和民用许多领域得到广泛应用。

聚氨酯胶黏剂的发展始于20世纪40年代，50年代以后，Bayer公司开发了Desmodurs系列二异氰酸酯和多异氰酸酯和Desmophens系列低分子量端羟基聚酯多元醇。把Desmodur和Desmophen按一定比例配制，可得到Polystal系列的双组分溶剂型聚氨酯胶黏剂。这为日后聚氨酯胶黏剂工业的发展奠定了基础。

美国1953年引进了聚氨酯胶黏剂技术，同时开发以蓖麻油和聚醚多元醇为原料的聚氨酯胶黏剂，美国B. F. Goodrich公司也开发了聚酯型热塑性聚氨酯胶黏剂。1968年Goodyear公司开发了无溶剂聚氨酯结构胶黏剂"Pliogrip"，成功地应用于汽车玻璃纤维增强塑料（FRP）部件的粘接。1978年又开发了单组分湿固化型聚氨酯胶黏剂，并开始在汽车工业与建筑部门应用。1984年美国市场上又出现了反应性聚氨酯热熔胶黏剂。

日本于1954年引进德国和美国聚氨酯技术，1966年开始生产聚氨酯胶黏剂。1975年日本光洋公司开发成功水性乙烯基聚氨酯胶黏剂，并于1981年投入工业化生产。目前日本也是聚氨酯胶黏剂生产和应用大国。

我国上海合成树脂研究所首先研究成功双组分溶剂型聚氨酯胶黏剂，后由上海新光化工厂将该胶的制备工艺进行改进，于1966年开始投入生产，牌号为铁锚-101，曾经我国聚氨酯胶黏剂中产量最大的品种。2000年之后，聚氨酯胶黏剂的应用领域更是不断扩大：从包装、皮革、纺织、制鞋、家具等传统应用领域到家用电器、建筑材料、交通运输、新能源、安全防护、烟包用镀铝膜等新兴应用领域，具有很广阔的市场发展前景。2005

年胶黏剂和密封胶产量达 21 万吨，其中复合薄膜用聚氨酯胶黏剂是最大的应用领域。2009 年我国仅塑料软包装用复合聚氨酯胶黏剂的产量就约达 21.5 万吨。

7.1.2 聚氨酯胶黏剂的种类和特性

聚氨酯胶黏剂品种繁多。广义上聚氨酯胶黏剂包括密封胶、黏合剂等类型。

按照聚氨酯胶黏剂的化学性能，可将其分为反应型和非反应型，单组分溶剂挥发型、热塑性聚氨酯热熔胶型属于非反应性胶黏剂，而湿固化、单组分热固化、双组分型、辐射固化型等属于反应性的胶黏剂。按固化机理可分为单组分溶剂挥发型、单组分湿固化型、双组分反应型、热熔型、光固化型等。按包装形式可分为单组分、双组分甚至多组分。按是否含（有机）溶剂可以分为无溶剂液体胶黏剂、热熔胶、溶剂型胶黏剂、水性胶黏剂等类型。按功能分，有压敏胶、热熔胶、结构胶、腻子型、永久型、透明型等。另外还有多异氰酸酯胶黏剂、各种改性聚氨酯胶黏剂等。以上分类可有相当组合，例如双组分无溶剂胶、单组分无溶剂胶、单组分无溶剂胶、双组分水性胶等。

双组分溶剂型聚氨酯胶黏剂包括所谓的通用型聚氨酯胶黏剂以及用量最大的复合薄膜用聚氨酯胶黏剂，是重要的聚氨酯胶黏剂类别，用途很广且用量很大。通常由主胶和固化剂两个组分构成。这种胶黏剂具有性能可调节、粘接强度大、使用范围广等优点，已经成为聚氨酯胶黏剂中品种最多、产量最大的产品。但溶剂型胶黏剂有挥发性有机物（VOC）散发，对环境有污染。无溶剂和水性化是发展趋势，但也不能完全替代。有关种类的聚氨酯胶黏剂下面将单独介绍。

聚氨酯胶黏剂具有聚氨酯的独特性能，其性能优点归纳如下。

① 聚氨酯胶黏剂原料选择余地大，配方多，品种多，性能变化范围大。调节聚氨酯树脂的配方可制成不同软硬程度的胶黏剂。其胶层从柔性到刚性可任意调节，从而满足不同材料的粘接，应用广泛。

② 聚氨酯胶黏剂固化物具有良好的耐水、耐油、耐溶剂、耐化学药品、耐臭氧以及耐细菌等性能，并且柔韧性好，耐低温和超低温，耐磨，耐挠曲，耐弯折疲劳。

③ 有些品种的聚氨酯胶黏剂可室温固化，有些胶黏剂需加热固化，以获得更好的性能。

④ 含氨酯基、酯基、醚基、脲基等极性基团，胶黏剂黏附力强，适合于多种基材，如：泡沫塑料、木材、皮革、织物、纸张、陶瓷等多孔材料和金属、玻璃、橡胶、塑料等表面光洁的材料。有些品种含活泼的 NCO 基团，可以与基材表面活泼氢基团反应，产生牢固的化学粘接。

聚氨酯胶黏剂的缺点有：某些产品价格较高；聚酯型聚氨酯胶黏剂在高温、高湿下易水解而降低粘接强度；除特殊品种外，普遍不耐100℃以上高温；含NCO的胶黏剂组分对潮气敏感，需密封贮存。

7.1.3 聚氨酯胶黏剂的粘接机理

两块同类或不同的固体，由于介于两表面之间的另一种物质的作用而牢固地结合起来，这种过程称为粘接。介于两块固体表面间的物质称为胶黏剂，被粘接的两块固体则称为被粘物。为了使被粘物和胶黏剂形成良好的粘接接头，必须研究胶黏剂与被粘物之间发生的物理和化学变化，从理论上进行解释，以指导粘接实践。

7.1.3.1 金属、玻璃、陶瓷等的粘接

金属、玻璃等物质表面张力很高，属于高能表面。在PU胶固化物中含有内聚能较高的氨酯键和脲键，在一定条件下能在粘接面上聚集，形成高表面张力粘接层。一般来说，PU胶黏剂中极性基团含量高，胶黏层坚韧，能与金属、玻璃等硬基材很好地匹配，粘接强度较高。

含NCO基团的胶黏剂对金属的粘接机理如下。

金属表面一般存在着吸附水（即使经过打磨处理的金属表面也存在微量的吸附水或金属氧化物水合物），NCO与水反应生成的脲键与金属氧化物之间通过氢键螯合形成酰脲-金属氧化物络合物，NCO基团还能与金属水合物形成共价键等。

在无活泼NCO场合，金属表面水合物及金属原子与聚氨酯中的氨酯键及脲键之间产生范德华力氢键。金属表面成分较为复杂，与PU胶之间形成的各种化学键或次价键（如氢键）的类型也很复杂。

玻璃、石板、陶瓷等无机材料一般由 Al_2O_3、SiO_2、CaO 和 Na_2O 等成分构成，表面也含吸附水、羟基，粘接机理大致与金属相同。

7.1.3.2 塑料、橡胶的粘接

橡胶的粘接一般选用多异氰酸酯胶黏剂或橡胶类胶黏剂改性的多异氰酸酯胶黏剂，胶黏剂中所含的有机溶剂能使橡胶表面溶胀，多异氰酸酯胶黏剂分子量较小，可渗入橡胶表层内部，与橡胶中存在的活性氢反应，形成共价键。多异氰酸酯还会与潮气反应生成脲基或缩二脲，并且在加热固化时异氰酸酯会发生自聚，形成交联结构，与橡胶分子交联网络形成聚合物交联互穿网络（IPN），因而胶黏层具有良好的物理性能。用普通的聚氨酯胶黏剂粘接极性橡胶时，由于各材料基团之间的化学及物理作用，也能产生良好的粘接。

PVC、PET、FRP等塑料表面的极性基团能与胶黏剂中的氨酯、酯、醚等基团形成氢键，形成有一定粘接强度的粘接物。有人认为玻纤增强塑料（FRP）中含OH基团，其中表面的OH与PU胶黏剂中的NCO反应形成化

学粘接力。

非极性塑料如PE、PP，其表面极性很低，用极性的聚氨酯胶黏剂粘接时可能遇到困难，这可用多种方法对聚烯烃塑料进行表面处理加以解决。一种办法是用电晕处理，使其表面氧化，增加极性；另外一种办法是在被粘的塑料表面上采用多异氰酸酯胶黏剂等作增黏涂层剂（底涂剂、底胶）。如熔融PE挤出薄膜在PET等塑薄膜上进行挤出复合时，由于PE表面存在低聚合度的弱界面层，粘接强度不理想，使用底胶时，多异氰酸酯在热的聚乙烯表面上扩散，使弱界面层强化，复合薄膜则具有较好的剥离强度。

7.2 单组分聚氨酯胶黏剂

7.2.1 湿固化型聚氨酯胶黏剂

7.2.1.1 概述

湿固化或称潮气固化聚氨酯胶黏剂是一大类单组分聚氨酯胶黏剂的总称，还可细分，最常见的是液态湿固化胶黏剂，还有常温下为固态的湿固化反应性聚氨酯热熔胶。通常的湿固化胶黏剂是含NCO基团的，不过也有一类活性硅烷改性的聚氨酯预聚体是通过烷氧基硅烷遇潮气水解而交联固化的。含NCO活性基团的单组分湿固化聚氨酯胶黏剂，除了常规的端NCO预聚体本身外，单组分聚氨酯弹性密封胶、发泡型单组分聚氨酯胶黏剂、单组分聚氨酯泡沫填缝胶也是特殊的湿固化聚氨酯胶黏剂。另外，也可把单独使用的多异氰酸酯胶黏剂归纳到这类湿固化聚氨酯胶黏剂类别中。含端NCO预聚体的聚氨酯热熔胶，将在聚氨酯热熔胶部分进行介绍。

这些聚氨酯胶黏剂一般是无溶剂的环保型胶黏剂。

湿固化聚氨酯胶黏剂，顾名思义就是在常温下通过空气中的水分进行扩链反应而进行固化的胶黏剂，单组分胶黏剂的优点是使用前无需调配，可直接使用，但因为湿固化胶黏剂对水分敏感，所以贮存的容器、胶黏剂内包装都必须干净干燥，不存在铁锈等污染物，并且在阴凉环境下保存和运输。打开胶黏剂包装后，宜尽快使用掉，或者对于稍大的包装桶可充干燥氮气暂时性密封保存。

7.2.1.2 常规湿固化型聚氨酯胶黏剂

常见的湿固化聚氨酯胶黏剂是以端异氰酸酯基（NCO）预聚体为主要成分的液态胶黏剂，用途广泛。

湿固化聚氨酯胶黏剂的主要成分是中低分子量的聚氨酯预聚体，并且以聚醚型聚氨酯预聚体居多，黏度不是很高，所以大多数情况是无溶剂胶黏剂。某些湿固化聚氨酯胶黏剂，其成分是100%的端NCO基聚氨酯预聚体。

(1) 固化机理及配方设计原则　　湿固化型聚氨酯胶黏剂中含有活泼的 NCO 基团，当暴露于空气中时能与空气中的微量水分子发生反应；粘接时，它能与基材表面吸附的水以及表面存在的羟基、氨基等活性氢基团发生化学反应。在湿固化聚氨酯胶黏剂的固化过程中，主要发生了有水参与的扩链反应：

$$OCN—NCO + H_2O \longrightarrow —NHCONH—NHCONH— + CO_2$$

水起扩链剂的作用，使得端异氰酸酯基（NCO）预聚体分子量长大，形成固态的高分子量聚氨酯-脲。同时产生二氧化碳气体。如果固化过程缓慢，反应产生的二氧化碳气体从胶层逸出；如果胶黏剂中 NCO 含量较高，并且固化较快，则因为产生的二氧化碳来不及扩散而残留在固化的胶黏剂中，形成发泡的胶层。

预聚体的 NCO 含量不宜过高，一般在 2%～10% 之间，但也有些密封胶产品的 NCO 含量低于 2%。如果 NCO 含量高，则因为固化时没有那么多的水分进入胶层，黏度增加缓慢，需要很长的时间才能完全固化；即使可喷洒水雾，通过加湿、加热以及添加稍多催化剂的方法促进固化，也可因为产生的二氧化碳气体来不及逸出，使胶层发泡，降低粘接强度。如果 NCO 含量低，胶黏剂固化快，对获得较高的初始强度是有利的，但低 NCO 含量的预聚体分子量相对较高，黏度大，可能造成胶黏剂涂覆困难，并且因为少量的水分就可使胶的黏度快速增加，会引起在生产和贮存过程的不稳定问题。

含 NCO 基的湿固化胶黏剂产品较多，应用也较多，但存在的缺点是固化太慢，CO_2 气体的放出造成胶层有微量气泡存在，可能降低粘接强度，近来已出现许多改进方法，除了降低 NCO 含量，还可配入二氧化碳吸附剂等。

少量催化剂的存在有利于促进胶黏剂的固化，但催化剂对预聚体的贮存稳定性可能有不利影响，所以应选用合适的催化剂以及合适的催化剂用量。如果催化剂用量偏高，可能引起贮存不稳定等问题。

合成时预聚体的 NCO 质量分数（%）可由下式来计算：

NCO 质量分数=[异氰酸酯原料中的 NCO 总量(以 mol 计)－低聚物多元醇中的 OH 总量(以 mol 计)]×42/预聚体总量(以 g 计)

预聚体是由低聚物多元醇（聚醚或聚酯多元醇）与过量的多异氰酸酯反应而制得的。羟基原料通常采用聚醚二醇或者聚酯二醇，多异氰酸酯也多采用操作和计量方便的甲苯二异氰酸酯（TDI）。由低聚物二醇与二异氰酸酯合成预聚体比较简单。不过有时为了提高胶黏剂固化物的交联度，从预聚体设计方便与否考虑可采用少量的多元醇，通常采用部分甚至全部采用聚醚三醇，这时就需考虑到会不会产生凝胶，如果当原料体系的平均官能度大于 2，并且 NCO 过量不多，则会产生凝胶。需通过试验来找到预聚体稳定性与 NCO 含量的平衡。

(2) **湿固化聚氨酯胶黏剂的应用领域** 用于湿固化聚氨酯胶黏剂的端 NCO 基预聚体用途广泛，有以下几个主要应用领域。

① 粘接木材、皮革、玻璃、钢铁、泡沫塑料等物品，这是一般意义上的胶黏剂。例如：中低黏度的端 NCO 基预聚体可直接用作软木胶黏剂；湿固化聚氨酯胶黏剂还可以用于粘接聚氨酯泡沫塑料、聚苯乙烯泡沫塑料等。聚苯乙烯泡沫不耐溶剂，所以无溶剂的预聚体型湿固化胶黏剂比较合适。

据报道，欧洲等地区已经开始用单组分湿固化聚氨酯胶黏剂粘接木材，与脲醛胶、水性高分子-多异氰酸酯胶相比，单组分聚氨酯胶黏剂用作生产复合木地板的胶黏剂具有不需加热的优点，避免了因热压工序引起板内含水率梯度和内应力的产生，因而省略了平衡处理工序，实现了连续化生产，提高了生产率，改善了产品质量。制造工艺越复杂、对产品质量要求越高的木制品，应用聚氨酯胶黏剂的优势越明显。

② 单组分密封胶是一类特殊的湿固化密封/胶黏剂。

③ 用作黏合剂，把碎木、碎橡胶等粘接在一起，可用于田径运动场地聚氨酯橡胶跑道（塑胶跑道）胶面层的胶料，制造软木塞、刨花板等。如在林产废料软木碎屑中加入胶黏剂，混合均匀，加热压制成型，制成软木板材、片材等制品，用作保温、隔音等材料，其特点是耐水、防腐蚀。

除了用于胶黏剂外，湿固化的单组分聚氨酯预聚体还用于单组分防水涂料、其他湿固化涂层等。

(3) **预聚体及胶黏剂的制备** 为了生产重复型好的湿固化胶黏剂用预聚体，对低聚物多元醇原料进行除水是重要的，多元醇的水分含量一般应该在 0.1% 以下。通常采用加热减压脱水的方法。另外胶黏剂研发和生产厂家应具有测定低聚物多元醇羟值和水分，以及测定 NCO 含量的条件。

湿固化聚氨酯胶黏剂所用的低聚物多元醇原料以聚醚二醇和聚醚三醇居多，特殊的胶黏剂也使用聚酯二醇；二异氰酸酯原料以 TDI 为主，也可使用 MDI。下面主要讨论聚醚（或聚酯）与 TDI 合成预聚体的工艺。从用量（质量分数）看，TDI 的用量比聚醚二醇少得多。

聚醚多元醇与 TDI 合成预聚体是放热反应，特别是在加料初期，放热明显，合成时需控制反应温度。一般来说，聚氨酯生成反应温度在 85℃以下是安全的，不会发生副反应，温度长时间超过 110℃则可生成少量脲基甲酸酯交联键，使得 NCO 含量下降、颜色变深、黏度增加甚至凝胶。需通过加料速度的调节以及反应釜温的冷却来控制反应温度在一定范围。

下面介绍几个制备例。

【实例1】 纯聚醚型预聚体湿固化胶黏剂的合成

配方 1：聚醚 N-220 140kg，TDI（80/20）30kg。

配方 2：聚醚 N-220 130kg，TDI（80/20）40kg。

配方 3：聚醚 N-220 140kg，聚醚 N-330 60kg，TDI 72kg。

将预脱水处理的聚醚多元醇加入反应釜中，开动搅拌，升温至 60℃，将甲苯二异氰酸酯（TDI）在 0.5～1h 内缓慢滴加釜中，控制釜内温度 65～75℃，反应 3h，冷却到室温出料，置于密闭成品铁桶中，即为端异氰酸酯基预聚体。该预聚体外观为呈浅黄色的黏稠液体，异氰酸酯基含量分别约为 5%（按配方 1 制备）、8%（按配方 2 制备）和 9.3%（按配方 3 制备），黏度（25℃）在 1000～2000mPa·s 范围内。

这种预聚体可用作软木用聚氨酯胶黏剂，以及其他用途的湿固化胶黏剂。

【实例 2】 含填料的湿固化胶黏剂

将 50 份 TDI、50 份 MDI、0.4 份辛酸亚锡、50 份滑石粉以及 10 份烃类溶剂混合搅拌 45～65min，再加入 200 份聚醚多元醇（$M=2800$）、20 份萜烯酚醛树脂以及 2 份二月桂酸二丁基锡，混合均匀后制得单组分湿固型聚氨酯胶黏剂。该胶黏剂贮存期大于 6 个月，在空气中固化时间为 4～5h。

7.2.1.3 单组分聚氨酯粘接型密封胶

以端 NCO 预聚体为基础的胶黏剂还广泛用于弹性密封胶。聚氨酯密封胶可分为低模量和高模量两类。

低模量的密封胶固化后比较软，强度低，主要起嵌缝、密封作用，粘接为辅，用于嵌缝和密封。主要用于土木建筑等领域运动位移比较大的接头的填缝和密封。弹性聚氨酯密封胶有专门章节介绍，这里仅简单介绍单组分聚氨酯粘接型密封胶。

有不少单组分聚氨酯密封胶同时又是胶黏剂，称作"粘接型密封胶"或"聚氨酯胶黏剂/密封胶"，其特点是模量较高，胶的粘接强度大，在应用要求上以粘接为主，密封为辅，多用于汽车部件以及某些电器、机械部件的结构性粘接兼密封。

制备高模量、湿固化、结构性聚氨酯胶黏剂（兼密封胶）一般采用分子量较低的聚醚二醇和聚醚三醇，二异氰酸酯可用 TDI 或 MDI 等。预聚体的生产方法同上节。和一般胶黏剂不同的是，聚氨酯密封胶中除了无溶剂外，还添加了一些填料和助剂。

填料不仅用作增量剂以降低胶黏剂的成本，增加胶的硬度和模量，降低热膨胀系数和固化收缩率，还可以通过添加有色填料使胶黏剂着色。

触变剂是可用于立面等非平面场合的某些单组分胶黏剂/密封胶的重要助剂，对液体预聚体起增稠作用，但又保证其塑性流动。

为了改善聚氨酯胶黏剂的生产、贮存及使用性能，可加入少量其他添加剂，如抑泡剂、润湿剂、泡沫稳定剂及催化剂等，添加量以 0～2% 为宜，0.1%～1.0% 较佳。

触变性单组分聚氨酯结构性胶黏剂/密封胶一般不含溶剂。不过，为了控制泡沫和便于操作，可加入很少的溶剂或增塑剂。在特殊使用场合可配入至多 1% 的水作固化剂。

【实例】 预聚体制备：在 50℃ 的预先脱水处理的聚醚混合物中边搅拌

边加入多异氰酸酯；当温度升至 60℃时可加入催化剂进行预聚合。因为是放热反应，温度会上升至约 95℃。反应一定时间后测定 NCO 含量，NCO 含量合格后冷却。预聚体的配方及 NCO 含量和黏度见表 7-1。

■表 7-1　预聚体的配方及 NCO 含量和黏度

项　目	预聚体样品序号			
	A	C	B	D
Lupranol 1000（PPG,M = 2000）	43.16	42.86	42.51	33.22
Lupranol 1100（PPG,M =1000）	12.63	12.54	12.44	9.68
Desmodur M44（MDI）	44.11	33.50	22.00	0
Desmodur VKS 20F（PAPI）	0	11.00	22.95	57.00
催化剂 Irgastab-DBTL	0.10	0.10	0.10	0.10
多元醇平均官能度	约 2.0	约 2.0	约 2.0	约 2.0
多异氰酸酯平均官能度	约 2.0	约 2.17	约 2.36	约 2.7
NCO/OH 比值	5.17	5.17	5.18	8.16
NCO 含量/%	11.74	11.67	11.60	15.5
布氏黏度(23℃)/Pa·s	2.7	4.25	8.3	12.0

胶黏剂的制备：室温下先将 100 份预聚体加入搅拌器中，再按配方加入触变剂气相白炭黑，混合 5min，搅拌下抽真空脱气 10min。制成的胶黏剂在 23℃下停放 24 h 后进行测试，测试结果见表 7-2。

■表 7-2　触变性单组分聚氨酯胶黏剂的性能

胶黏剂样品序号	1	2	5	3	4	6
预聚体样品序号	A	A	C	B	B	D
预聚体/质量份	100	100	100	100	100	100
触变剂 Aerosil R 202/质量份	5.3	6.3	4.8	5.3	4.2	4.4
黏度/Pa·s	59	85	63	83	61	85.5
挤出性/(kg/min)	2.7	2.6	2.0	1.1	1.3	0.9
抗蠕变性(垂流量)/g						
5min 后	1.2	0.6	7.6	1.0	12	9.3
60min 后	4.5	2.2	13	1.7	14	13
耐热性/MPa	8.5	—	—	—	—	—
耐水性/MPa	6.1	—	—	—	—	—

结果表明，序号为 1 和 2 的胶黏剂性能比较良好（挤出性大于 2300g/min，且 5min 后的垂流量低于 4.0g）。具有这种特殊流变性的聚氨酯胶黏剂，预聚体以线型结构为宜。

7.2.1.4　发泡型单组分聚氨酯胶黏剂

发泡型单组分聚氨酯胶属于特殊的湿固化胶黏剂。发泡型单组分聚氨酯胶黏剂/填缝胶主要有两种：一种是液态的无溶剂或者高固含量的胶黏剂；另一种是气溶胶形式的膨胀型填缝胶。前者是以粘接为主要功能的，这种发泡型单组分聚氨酯胶黏剂主要有下列几个特点。

① 主要成分也是端 NCO 聚氨酯预聚体，或者是低聚物多元醇改性的多

异氰酸酯。胶黏剂制备一般用PAPI，也可用TDI。预聚体是多官能度的，使得水扩链的聚氨酯固化物具有一定的交联度，增加胶黏层的硬度、粘接强度和耐热性。NCO含量可达8%～15%。

② 一般可无溶剂。为了降低黏度，改善涂胶操作性，制备时也可添加少量溶剂，如丙酮、乙酸乙酯、二氯甲烷等中低沸点溶剂。溶剂含量可在0～20%之间。

③ 含叔胺类催化剂。由于NCO含量高，空气中水分有限，固化慢，为了促进水分有效地参与固化反应，胶的配方中一般采用对催化异氰酸酯与水反应敏感的特殊叔胺催化剂，并且用量稍大。而某些普通用途的湿固化聚氨酯胶黏剂可不含催化剂。

④ 固化较快。因为含对潮气敏感的催化剂，所以固化较快，快至数分钟，长至半小时就开始发泡固化，1h到数小时可基本上固化。因此用于粘接比较方便。

⑤ 胶黏剂固化时边产生泡沫边固化，这也可看作是一种单组分泡沫塑料，但实际上的发泡倍率较低，否则粘接强度较低。因此配方设计时需考虑到固化速率、发泡倍率和粘接强度等方面的平衡。

⑥ 在固化过程中胶黏剂的发泡膨胀，有利于使胶黏剂充满物体之间的孔隙，改善粘接性能。泡孔不宜过大，否则会降低粘接强度，可添加少量有机硅泡沫稳定剂使得形成的泡孔微细。

发泡型单组分聚氨酯胶黏剂使用工艺简单、贮存运输方便、粘接强度高，固化后具有类似橡胶的韧性，也具有与塑料相近的高强度，同时还具有良好的耐低温性能、耐油、耐水、耐化学腐蚀、耐冲击、耐臭氧、耐振动、电绝缘性好等特点。一般可用于粘接金属板（钢板、铁、铝合金等）与岩棉板、陶瓷棉板、超细玻璃棉板、聚苯乙烯泡沫塑料、聚氨酯泡沫塑料、纸质和铝质蜂窝板、木材等防火、保温、隔热材料粘接。广泛应用于造船、防火门、防盗门、制刷、轻钢结构、中央空调、保温管道、木材制品、机械、汽车、仪表、化工等行业。

德国Henkel公司的Teroson Macroplast UR 7226和Macroplast UR 7228都是深棕色单组分发泡型聚氨酯胶黏剂，其中UR 7226的密度约1.15g/cm³，固含量100%，黏度（20℃）5.5～10.5Pa·s，适用期25～35min，初步固化时间60～60min，完全固化需1天左右，−40℃时粘接强度>7MPa，20℃粘接强度>6MPa，80℃粘接强度>3MPa。

7.2.1.5 单组分聚氨酯泡沫填缝胶

单组分聚氨酯泡沫填缝胶（简称OCF）是一种特殊的发泡型湿固化粘接/嵌缝材料，又称作单组分聚氨酯发泡密封胶、单组分聚氨酯泡沫塑料、发泡填缝剂。通常是用金属罐装，含专业上称作"抛射剂"的低沸点溶剂兼发泡剂。其主要成分是端NCO预聚体，常用的低沸点溶剂兼发泡剂有丙丁烷、二甲醚以及卤代烃如HCFC-22和HFC-134a。

单组分聚氨酯泡沫填缝胶的固化原理：高黏度预聚体用低沸点发泡剂溶解，贮存在耐压罐内，使用时按住罐嘴，由于罐内的高压力，中低黏度的预聚体溶液喷出，溶解在聚氨酯预聚体中的低沸点溶剂在大气下气化，并且遇水分固化产生的二氧化碳气体使得预聚体膨胀，形成高黏度的膨胀泡沫状胶条。将它填嵌于窗框和墙壁间的缝隙以及其他建筑缝隙中，然后这种高黏度的预聚体遇空气和基材表面的水分而很快固化，形成有一定韧性的硬质或半硬质泡沫塑料嵌缝材料。

单组分聚氨酯泡沫填缝胶的性能特点：①气雾剂罐携带方便，使用时胶料即从喷嘴射出，非常方便，清理也方便；②固化快速，10min左右基本上成型，环境温度较低时也能固化，但发泡倍率可降低，固化速率减慢；③固化后容易整修，固化1h后可切割、整饰，例如在上面刷涂料，把物体连接在一起，经过修饰后看起来可成为一体；④能黏附于塑料、铝、钢、木材、水泥等基材；⑤用量可大可小，最小量仅1mL左右，可用于小型修补作业，体积一般可膨胀50～60倍，固化后密度小，比非发泡密封胶省料；⑥具有隔热性能；⑦一般具有阻燃性；⑧具有弹性，可有效缓冲、分散撞击作用。

单组分聚氨酯泡沫填缝胶的功能与用途：固定与粘接，填充，保温、隔冷、隔声、密封、灌封。该密封胶主要用于门窗框嵌缝，还用于汽车、厢体、工业缝隙的填充，空调管道、水电设施等的保温、隔声、安装及密封。国内有多家公司生产，用量较大。

为避免固化后的单组分聚氨酯泡沫塑料受紫外线照射而老化，需外罩保护层，如涂刷丙烯酸涂料、聚硅氧烷密封胶或用砂浆体保护层。

聚氨酯泡沫填缝胶的制备：首先将聚醚与适量的助剂混合，得到组合聚醚。一般采用一种或两种以上分子量在500～3000的聚醚二醇或/及聚醚三醇。如果聚醚水分含量偏高，需真空加热脱水。助剂包括阻燃剂、匀泡剂、特殊叔胺催化剂等。异氰酸酯组分可使用PAPI、液化MDI。将组合聚醚和多异氰酸酯按一定比例灌入马口铁气雾罐，用封口机封口，再定量压入二甲醚、丙丁烷气后在振摇机上振动10min，在室温下放置24h即得成品。例如750mL耐压马口铁罐中，用气雾剂灌装机准确灌入组合聚醚260g、异氰酸酯（M20S）350g、丙丁烷和二甲醚共135g，然后振摇10min。

还可将聚醚分批加入多异氰酸酯中，在反应釜中加热到70℃主要进行预聚反应，加入阻燃剂、匀泡剂搅拌均匀，然后将预聚体称入罐中，冷却、封好盖后，压入低沸点发泡剂。

催化剂的选择和用量很重要，要试验胶的贮存稳定性。既要保证胶的贮存期，又要能获得较快的固化速率，一般以表干时间在7～15min之间为佳。催化剂用量增加，固化较快，但贮存期可能缩短。

7.2.1.6　端硅氧烷基湿固化型聚氨酯胶

湿固化的聚氨酯胶黏剂，通常是以NCO作为反应性基团的，但是以NCO为端基的湿固化型聚氨酯胶黏剂固化时释放的二氧化碳易使胶层产生气孔，降低了材料的力学性能和密封性能。用功能性硅烷偶联剂对聚氨酯预聚体进行改性，以硅烷湿固化机理代替原先的异氰酸酯湿固化机理，在遇到湿气后，烷氧硅基团水解生成硅醇基，硅醇不稳定，进而与底材的表面羟基形成氢键或缩合成—Si—O—M共价键（M为无机表面），同时，硅醇基之间脱水缩合、形成交联网状结构的聚氨酯膜覆盖在底材表面。

该类胶黏剂的主要优点是固化过程无气体释放，并且因为有机硅偶联剂对无机和有机材料均具有良好的结合性能，这种硅烷化聚氨酯预聚体具有更为优异的粘接和密封性能。端硅氧烷基湿固化型聚氨酯胶黏剂分子中含有活性烷氧硅基团、硅氧键和极性的氨酯键，提高了聚氨酯密封胶对玻璃的粘接性，而且可不用底涂剂，扩大了粘接对象，如对石材、玻璃、金属、PVC、尼龙、聚碳酸酯、丙烯酸酯树脂、玻璃纤维、ABS和聚苯乙烯等，均能实现良好粘接。这种胶黏剂/密封胶可用于集装箱的粘接密封、汽车挡风玻璃、后窗玻璃和金属框架的粘接。特别是在提高对无机材料的粘接性能上更为突出。

用含活性氢的有机硅烷偶联剂与端NCO聚氨酯预聚体反应，得到硅烷化聚氨酯预聚体（SPU），这种硅烷化技术将预聚体的异氰酸酯基团转变为可水解的烷氧硅基团：

$$R-NCO + R'NH(CH_2)_3-Si(OEt)_3 \longrightarrow R-NHCONR'(CH_2)_3-Si(OEt)_3$$

硅烷化聚氨酯胶黏剂，由于主链骨架和使其固化的端硅烷基结构可以自由改变，因此可以根据物理性能及固化反应速率作为目的性能来进行设计，配方设计自由度大。可用于制备硅烷化聚氨酯预聚体的含活性氢有机硅烷偶联剂品种较多，引入硅烷偶联剂的结构对固化速率、柔韧性、粘接力、强度等性能影响很大，并且直接影响胶的使用性能。有资料介绍采用N-乙基-γ-氨异丁基三甲氧基硅烷（A-Link 15）开发出的硅烷改性聚氨酯密封胶，固化速率快。由于它只含有仲氨基而不含伯氨基，所以封端后不会使聚氨酯预聚体过分增黏，预聚体的黏度能控制在可接受的范围内。其他比较合适的有机硅偶联剂有：N-苯基-γ-氨丙基三甲氧基硅烷、二（γ-三甲氧基甲硅烷基丙基）胺、γ-氨丙基三乙氧基硅烷、N-β（氨乙基）-γ-氨丙基三甲氧基硅烷等。

还有一种特殊的含异氰酸酯基的硅烷偶联剂，如3-异氰酸酯基丙基三甲氧硅烷（牌号 Silquest Y-5187），它可以直接与高分子量聚醚二醇反应，得到端三甲氧硅烷基的聚氨酯预聚体。

为了改善端硅氧烷基湿固化型聚氨酯胶黏剂的包装稳定性和水解稳定性，可添加某些硅烷偶联剂如乙烯基三甲氧基硅烷、乙烯基三乙氧基硅烷、氨丙基三乙氧基硅烷等作为干燥剂，优先与密封胶中的水分反应。

硅烷化聚氨酯预聚体可用作普通的单组分湿固化胶黏剂，但目前应用最多的是用作单组分聚氨酯密封胶。用于密封胶场合，一般需添加干燥的填料、增塑剂、触变剂、抗老化剂等助剂。

因为端基一般含 3 个烷氧基，所以端硅氧烷基湿固化型聚氨酯胶黏剂固化后的交联度比其端 NCO 基预聚体前体制得的聚氨酯胶黏剂的交联度高。所以烷氧基硅烷的用量需控制，如果用量高，不仅成本高，而且交联度高，胶的弹性降低，对于密封胶的场合就不适用。

这里介绍一种日本产家用单组分湿固化聚氨酯胶黏剂，供参考。这种称作 Bond Ultra 的多用途单组分湿固化胶黏剂，主要成分是硅烷化聚氨酯树脂，外观呈半透明糊状，黏度（23℃）40～80Pa·s，相对密度 1.03，不挥发分 95% 以上，胶黏剂表面固化成膜时间（23℃，相对湿度 50%）3～6min。其特点包括：含氨酯和取代脲基，分子的极性高，粘接力强，室温下固化快而无气泡产生。它可用于可粘接丙烯酸酯类、硬聚氯乙烯等多种塑料材料，热膨胀系数不同的异种材料，以及能够经受热冲击等耐久性能部件的粘接。被粘物表面用丙酮或者乙醇擦洗脱脂，涂胶量是 80～150g/m²，对于金属及塑料等非多孔质材料最好是两面涂胶，晾置 1～3min 后将被粘物合拢。由于胶黏剂的固化受温度、湿度影响较大，所以须选择合适的晾置时间。

7.2.1.7 多异氰酸酯胶黏剂

多异氰酸酯胶黏剂是一种特殊的单组分湿固化聚氨酯胶黏剂，这类多异氰酸酯化合物一般可用作双组分聚氨酯胶黏剂的固化剂，但也可单独用来粘接物体，作为单组分胶黏剂用于金属、橡胶、纤维、木材、皮革、塑料等的粘接。

多异氰酸酯胶黏剂是由多异氰酸酯单体或其低分子衍生物组成的胶黏剂，与一般的端 NCO 预聚体不同，其黏度低，粘接强度高，特别适合于金属与橡胶、纤维等的粘接，这种胶黏剂主要特性如下。

① 含有较多的游离异氰酸酯基团，具有较高的反应活性，可与基材的水分以及空气中的水分反应而固化，胶层较坚韧，粘接牢固。

② 一般多异氰酸酯化合物分子量小，易于扩散到基材表面，还易渗入一些多孔性的被粘基材中，从而进一步提高胶粘性能。

③ 该类胶黏剂可常温固化，也可加热固化，易于产生交联结构，耐热、耐溶剂性能好。

④ 通常含有机溶剂，操作时须注意通风。

⑤ 固化后的胶层硬度高，有脆性。因此常用橡胶溶液、聚醚、聚酯等低聚物进行改性或用作多种胶黏剂的交联固化剂。

目前应用最多的多异氰酸酯胶黏剂品种是多官能度的异氰酸酯，如三苯基甲烷三异氰酸酯、硫代磷酸三（4-异氰酸酯基苯酯）等。

(1) 三苯基甲烷三异氰酸酯　三苯基甲烷三异氰酸酯化学名称是三苯基甲烷-4,4′,4″-三异氰酸酯，简称 TTI。商品牌号有 JQ-1 胶、Desmodur R、Desmodur RE 等。

TTI 的结构式如下，其分子量约为 367。

$$OCN-C_6H_4-\underset{\underset{C_6H_4-NCO}{|}}{\overset{H}{C}}-C_6H_4-NCO$$

TTI 的制法：由对氨基苯甲醛与苯胺缩合制三（氨基苯基）甲烷（俗称副品红），将三（氨基苯基）甲烷的氯苯溶液进行低温光气化、高温光气化后，除去剩余光气和氯化氢，降温过滤、蒸馏制得 TTI。

纯的三苯基甲烷-4,4′,4″-三异氰酸酯室温下为固体，熔点 90℃。TTI 易溶于甲苯、氯苯、氯代烃、乙酸乙酯等有机溶剂。TTI 商业化产品一般是配成溶液出售。不同时期、不同厂家所用的溶剂有所不同。所有 TTI 溶液产品外观都都为低黏度棕黄色、褐色至紫红色液体，随着贮存时间的延长，颜色逐渐变深，但这不影响产品粘接性能。

(2) 硫代磷酸三（4-苯基异氰酸酯） 该多异氰酸酯胶的别名有三（4-异氰酸酯基苯）硫代磷酸酯、硫代磷酸三（苯基异氰酸酯）、4,4′,4″-硫代磷酸三苯基三异氰酸酯等，简称 TPTI。商品牌号有 JQ-4 胶、Desmodur RF、Desmodur RFE。

结构式如下，分子量为 465.4。

$$S=P(-O-C_6H_4-NCO)_3$$

常温下纯 TPTI 为固体，熔点 84～86℃。易溶于苯、甲苯、氯苯、二氯甲烷等溶剂。TPTI 比 TTI 更易溶于极性溶剂。一般将硫代磷酸三（4-苯基异氰酸酯）配成溶液出售和使用，外观为无色至浅黄色、浅棕色透明液体。硫代磷酸三（4-苯基异氰酸酯）颜色浅，遇光几乎不变色。其溶液与三苯基甲烷三异氰酸酯溶液一样，可单独用作橡胶与金属的胶黏剂，以及用作橡胶溶液胶黏剂和溶剂型聚氨酯胶黏剂的交联固化剂。特别用于无色或浅色制品的粘接。

TPTI 的生产方法：先由硝基苯酚与三氯硫磷在碱性介质中缩合，其产物经精制后再溶于乙醇中，以 Raney-Ni 为催化剂进行加氢，制得三氨基三苯基硫代磷酸酯（TPTA），TPTA 再进行光气化反应，制得硫代磷酸三（4-苯基异氰酸酯）。

TPTI 溶液对 5470# 橡胶与铝或硬铝的剪切粘接强度大于 4 MPa。

(3) 二甲基三苯基甲烷四异氰酸酯（7900 胶） 这种四异氰酸酯胶黏剂的化学名称为 2,2′-二甲基-3,3′,5,5′ 三苯基甲烷四异氰酸酯，简称 TPM-MTI。其结构式为：

$$\text{OCN}-\underset{\underset{\text{NCO}}{|}}{\overset{\overset{\text{CH}_3}{|}}{\bigcirc}}-\text{CH}(\text{C}_6\text{H}_5)-\underset{\underset{\text{NCO}}{|}}{\overset{\overset{\text{CH}_3}{|}}{\bigcirc}}-\text{NCO}$$

它是由甲苯二胺与苯甲醛缩合，生成二甲基三苯基甲烷四胺，经光气化、活性炭脱色处理、抽滤浓缩或用溶剂配制而成。

二甲基三苯基甲烷四异氰酸酯纯品是固体，一般配成溶液使用。国内产品牌号有 7900 胶、JQ-5E。传统的二甲基三苯基甲烷四异氰酸酯产品有固体粉末型和氯苯溶液型，其产品技术指标见表 7-3。

■表 7-3 二甲基三苯基甲烷四异氰酸酯产品技术指标

型　号	粉末型	液体型
外观	浅黄或棕黄色	浅棕至棕色
固含量/%	90	20±1
NCO 含量/%	≥34.6	≥7.7
细度（通过 150 目）	≥95	—
贮存期/月	6	18

二甲基三苯基甲烷四异氰酸酯胶黏剂是一种性能优良的多异氰酸酯胶黏剂，广泛适用于橡胶、皮革、塑料、金属、织物的粘接，目前其主要用途是作氯丁胶黏剂和聚氨酯胶黏剂的交联剂。7900 胶黏剂粘接强度比列克纳高，而且胶层颜色浅，不产生变色现象。

另外，多亚甲基多苯基异氰酸酯（PAPI，粗 MDI）也是一种多异氰酸酯胶黏剂，可单独用作硬质物品的粘接，其稀溶液还可用作底涂胶。PAPI 及改性 MDI 还是刨花板等的无醛黏合剂，用量较低，拌合后热压成型，但与酚醛树脂及脲醛树脂胶黏剂相比成本还是偏高。

TDI-三羟甲基丙烷加成物等二异氰酸酯衍生物也是溶剂型浅色三异氰酸酯胶黏剂，主要用作交联剂组分，也可单独用作胶黏剂。

多异氰酸酯胶黏剂由于 NCO 含量较高，胶黏层不宜厚，特别对于 PAPI 这种高 NCO 含量的液态多异氰酸酯来说，如果基材不够潮湿，固化相当缓慢。

7.2.2　单组分溶剂挥发型聚氨酯胶黏剂

7.2.2.1　概述

单组分挥发型聚氨酯胶黏剂是一种贮存稳定的非反应性聚氨酯胶黏剂。这种单组分聚氨酯胶黏剂在溶剂挥发后，胶黏剂呈固态，产生较高的粘接强度。这类胶黏剂一般是高黏度、低固含量、高初黏性。

单组分溶剂挥发型聚氨酯胶黏剂，一般以具有结晶性能的聚酯二醇和刚性较好的 MDI 为主要原料。制得的聚氨酯是线型的端羟基高分子量结晶性聚氨酯，是热塑性聚氨酯。这种结晶性聚氨酯可在溶剂挥发后很快结晶，产生较满意的初黏强度。

聚酯型聚氨酯中存在酯基、氨基甲酸酯基等多种极性基团和多亚甲基等非极性基团，所以这种单组分胶对大多数材料表面都有较强的黏附力，而且分子间能形成氢键，具有较大的内聚力。如对金属、橡胶、塑料、木材、织物、玻璃等有良好的粘接性。它主要用于制鞋行业多孔性材料如皮革、帆布、鞋底的粘接。在制鞋工业中，为了提高粘接性能，使用时可配入少量的异氰酸酯交联剂（如多异氰酸酯胶 JQ-1），则成为双组分胶黏剂。

为了提高溶剂挥发型单组分聚氨酯胶黏剂固化后的耐热性，可通过分子设计提高聚氨酯的玻璃化温度，制得一定分子量的聚氨酯也是改进胶黏剂的初期和最终粘接强度的有效途径之一，分子量范围一般在 5 万～10 万为宜。

7.2.2.2 单组分溶剂型聚氨酯胶的制备

用于制备单组分溶剂挥发型聚氨酯胶黏剂的结晶性聚酯二醇，有聚己二酸系列聚酯以及聚癸二酸系列聚酯，如聚己二酸-1,4-丁二醇酯二醇（PBA）、聚己二酸-1,4-丁二醇-1,6-己二醇酯二醇（PBHA）、聚己二酸-1,6-己二醇酯二醇（PBHA）、聚癸二酸-1,4-丁二醇酯二醇（PBS），还有聚己二醇碳酸酯二醇（PHC）、聚己内酯二醇（PCL）。聚酯二醇的分子量以 2000～4000 范围为宜，酸值宜低于 0.5mg KOH/g。

二异氰酸酯原料，一般采用二苯基甲烷-4,4′-二异氰酸酯（MDI），脂肪族二异氰酸酯如 HDI、IPDI 也可用于制备特殊的不黄变胶黏剂。

溶剂型单组分聚氨酯胶黏剂可有本体法和溶液法两种主要的生产方法。

聚氨酯树脂的合成可使用扩链剂如 1,4-丁二醇以提高聚氨酯的硬段含量；也可不用扩链剂，由聚酯二醇和二异氰酸酯直接合成聚氨酯。

(1) 本体法合成聚氨酯 本体法工艺和生产热塑性聚氨酯（TPU）相同，粘接型热塑性聚氨酯一般属于聚酯型聚氨酯，TPU 胶粒的软化点比制品用 TPU 的要低，并且支化交联度非常低，基本上是线型的，溶解性能好。本体法生产粘接型 TPU 胶粒的工艺分间歇法和连续法两种。

① 间歇本体法工艺　将计量聚酯二醇和小分子二醇扩链剂加入反应釜中，真空脱水后，冷却到 80℃左右，快速加入预热至液态的 MDI 并搅拌，反应数分钟，待物料已混合均匀，但黏度没有明显增加前，将反应混合物迅速倒入涂覆聚四氟乙烯的金属盘中，在 100～130℃熟化 2～4h，裁切成条后在塑料破碎机中破碎，即得到白色至浅黄色的聚氨酯胶粒。

间歇法生产效率低，产品质量不稳定，不适合大规模工业化生产。小批量制备的热塑性聚氨酯，一般需将得到的胶粒进行均匀化处理。

② 连续本体法工艺　连续合成 TPU 工艺基本上采用一步法投料，是将原料的计量、输送、混合、反应以及熔融 TPU 的造粒等工序以流水作业线形式连续进行的聚合工艺。工业上大批量生产 TPU，一般采用机械自动计量混合设备，具有计量准确、混合均匀、批间重复性好、稳定性好，TPU 加

工性能好等优点，缺点是设备投资高。

将脱过水的聚酯二醇或聚醚二醇、二醇类扩链剂和二异氰酸酯从贮槽中经计量泵抽出后，送入混合头，物料在混合头中经剧烈混合，停留很短时间后送出。可通过熔融加工方法或浇注加工方法制备粒料。一般可分为双螺杆连续反应工艺和传送床连续化生产工艺。

双螺杆连续反应工艺流程为：将经预脱水的低聚物二醇和二醇扩链剂以及熔化保温的 MDI，分别用计量泵准确计量，并输送入高速混合器混合，混合物料进入100℃左右的双螺杆反应器中，在一定的螺杆转速下，连续反应和移动，经双螺杆反应器的不同分段温度区反应一定时间后，由机头挤出胶条，并牵引进入水槽冷却。造粒冷却后的胶条经造粒机切粒，胶粒在100～110℃的烘箱中干燥，冷却后，即可包装，或者通过熔融态滴粒来造粒。

固体聚氨酯胶粒，可以出售给用户配制胶黏剂，也可溶解后出售。溶解胶粒的溶剂有甲乙酮、乙酸乙酯、甲苯等，可按一定比例配制。

(2) 溶液法合成聚氨酯胶黏剂 单组分溶剂型聚氨酯胶黏剂可采用溶液聚合法合成，得到的聚氨酯是带少量羟基的热塑性聚氨酯弹性体的溶液。

在有机溶剂中加入聚酯二醇及二异氰酸酯，采用溶液聚合方法生产聚氨酯胶黏剂，优点是反应平稳、缓慢、易控制，均匀性好，能获得线型聚氨酯。缺点是对溶剂纯度要求高，否则可产生副反应；胶膜强度和聚氨酯分子量通常没有本体聚合法高。

溶液聚合法有一步法和分步法。可把所有原料一起加入反应容器中，在一定温度下进行反应；也可以先由聚酯二醇和二异氰酸酯合成聚氨酯预聚体，再加二醇扩链剂扩链，待黏度增加后再分步加入溶剂。直到反应体系的黏度和固含量达到规定值，降温、出料。

下面介绍几个单组分溶剂型聚氨酯胶黏剂的制备例。

【实例1】 将聚己二酸-1,4-丁二醇酯二醇（$M=2515$）于130～135℃、1.3kPa 真空下脱水 3h，冷却至60℃，称取 100g，再称取 MDI 9.77g（异氰酸酯指数 $R=0.982$），按本体法制得羟基聚氨酯颗粒，用丁酮配制成固含量15%的聚氨酯胶黏剂，其黏度（25℃）为 1800～2000 mPa·s。

【实例2】 称取经脱水处理的聚己二酸-1,4-丁二醇酯二醇（$M=2961$，酸值 0.3 mg KOH/g）100 份、1,4-丁二醇 1.22 份（聚酯与丁二醇的摩尔比为 0.4）、MDI 11.83 份（$R=1.00$），本体法制备羟基聚氨酯，120℃熟化10h。得到的聚氨酯颗粒用丁酮溶解，配制成固含量为 18% 的聚氨酯胶黏剂，其黏度（20℃）约为 5000 mPa·s。

7.2.2.3 影响胶黏剂性能的主要因素

(1) 聚酯品种对胶性能的影响 聚己二酸亚烷基二醇酯的结晶性与亚烷基的碳原子数有关，按乙二醇、1,4-丁二醇、1,6-己二醇顺序递增，聚酯型聚氨酯的结晶性、胶黏剂相应的初黏性与聚酯结晶的难易基本上一致，偶数碳原子二醇合成的聚氨酯结晶性较好，顺序为 PEAU<PBAU<PHAU。

碳原子数小于 4 的乙二醇因初黏强度较差，不适合用于单组分溶剂挥发型胶黏剂。鉴于原料的价格因素，一般都选用聚己二酸-1,4-丁二醇酯二醇作为这类聚氨酯胶黏剂的主要原料。

(2) 聚酯分子量对胶性能的影响　聚酯分子量越高，结晶越好，其胶液黏度越大。但聚酯分子量过高则对胶液的渗透性能及粘接性能不利。对聚己二酸-1,4-丁二醇酯二醇而言，一般情况下选用分子量 2000～3000 的聚酯多元醇。

(3) 扩链剂对胶性能的影响　加入扩链剂可提高氨酯基的含量，增加其内聚强度、极性、活性，使聚氨酯胶黏剂与被粘材料形成物理吸附和化学结合，增加聚氨酯胶黏剂的初黏强度和耐热性能。

(4) 异氰酸指数对胶黏剂性能的影响　合成聚氨酯时的异氰酸酯指数 R（即 NCO/OH 的摩尔比）对聚氨酯的分子量、胶黏剂贮存稳定性均有直接影响。R 值小于 0.95，聚氨酯的分子量低；R 值为 0.95～1.0，对聚氨酯分子量的影响较大。选择合适的 R 值，得到合适分子量范围的聚氨酯，可以得到性能优良的胶黏剂。

(5) 聚氨酯分子量对胶性能的影响　胶液的渗透性以及胶层的本体强度与胶黏剂中聚氨酯的分子量有一定的关系。例如 PU 的分子量达 10 万左右时胶的粘接强度最高，低于 9 万时其粘接强度明显下降。当分子量为 11 万～13 万时其粘接强度降低得不多，但胶的稳定性差。

(6) 白炭黑对胶性能的影响　在羟基聚氨酯胶粒溶解后的胶液中，添加 1.6%～2.0% 的气相白炭黑，胶液的黏度可提高 300～400mPa·s，同时也提高了聚氨酯胶的粘接强度及初黏性。

大多数溶剂型单组分聚氨酯胶黏剂是以高结晶性聚酯二醇为原料，也有特殊的胶黏剂以非结晶性聚酯二醇为原料。

例如，合肥安利化工有限公司以自制含侧基聚酯二醇、MDI 和丁二醇为原料，采用溶液法聚合，合成了一种固含量 40%、黏度 80～120Pa·s 的单组分聚氨酯胶黏剂，用于 PU 面层和 PVC 基革之间的粘接，代替原用的双组分聚氨酯胶黏剂，生产 PU-PVC 复合革。

另外，使用时可添加少量交联剂，可改善胶黏剂的粘接性能。例如，安徽某单位以 PBA、MDI 和 1,4-BD 为原料合成了单组分溶剂型胶黏剂，对 PVC-皮革、天然胶-皮革和 PVC-PVC 进行粘接，剥离强度（24h 后测定）分别为 54N/cm、55N/cm 和 57N/cm，如果添加少量固化交联剂，剥离强度（24h）稍有增加，依次为 60N/cm、59N/cm 和 64 N/cm。

7.2.3　其他单组分聚氨酯胶黏剂

7.2.3.1　单组分热固化聚氨酯胶黏剂

单组分热固化聚氨酯胶黏剂是指室温不固化、贮存稳定，加热后会使其内部组成发生化学反应而得以固化的胶黏剂。

热固化型单组分聚氨酯胶黏剂，组成中的活性氢或异氰酸酯基多以封闭形式存在，这种靠热源固化的单组分聚氨酯胶黏剂稳定性好，粘接强度较好，并且耐热、耐溶剂性能优良。封闭型异氰酸酯胶黏剂等属于这一类型。

国外生产商推出的热固化单组分聚氨酯胶黏剂/密封胶，如早期 H. B. Fuller 公司的硬质聚氨酯胶黏剂 Accuthane UR-1100，25℃贮存期为 3 个月，完全固化的条件为 121℃×30min 或 150℃×10min，拉伸强度 16.5MPa，伸长率 32%，邵尔 D 硬度 68～72，用于塑料、不锈钢等材料的粘接。瑞士 Sika 公司的 Sikaflex-360 HC 是不下垂聚氨酯胶黏剂密封胶，可热固化或缓慢湿固化，筒状产品 25℃贮存期为 6 个月，完全固化的条件为 140℃×30min 或 150℃×15min，胶层邵尔 A 硬度约 60，拉伸强度约 10MPa，伸长率＞250%，收缩率约 5%。目前，国内在单组分热固化聚氨酯密封剂的生产方面还是空白，使用厂家主要采用进口产品。这类产品主要用于汽车车身的结构连接和高性能仪器仪表的密封垫圈等。

(1) 两相体系组成的胶黏剂 一种热固化聚氨酯体系是固态多元醇颗粒分散在端 NCO 基预聚体中，组成单组分胶黏剂。羟基组分为固态，室温时对异氰酸酯为非反应性，异氰酸酯组分为端基 NCO 基预聚体，两种组分混匀后密封保存，使用时加热，则微小而分散均匀的多元醇颗粒熔化并与 NCO 基团反应，得以固化。类似的，据报道可由 4,4′-二苯胺甲烷（MDA）的氯化钠复合物与异氰酸酯形成稳定的、混合组成的单组分聚氨酯胶黏剂，使用时加热固化。

另一种单组分聚氨酯体系是多异氰酸酯固体微粒分散于多元醇中。多异氰酸酯组分可以是 TDI 二聚体的微粒，预先用胺或水进行表面失活，这种单组分聚氨酯胶黏剂可有 3 个月以上的室温贮存期，在 70～180℃加热固化。

(2) 封闭型聚氨酯胶黏剂 封闭型聚氨酯胶黏剂的固化机理：把端异氰酸酯基团（NCO）预聚体或多异氰酸酯中的 NCO 基团在一定条件下用封闭剂封闭起来，使其在常温下没有反应活性，当加热到一定温度时会发生离解，又生成活性的 NCO 基团，与活性氢化合物（如多元醇、水等）发生化学反应，生成固化了的聚氨酯树脂。

封闭的多异氰酸酯或预聚体可与聚酯多元醇、聚醚多元醇或小分子多元醇以及填料等添加剂配制成单组分聚氨酯胶黏剂。这种单组分胶黏剂有无溶剂型、溶液型和水性等剂型。

封闭型聚氨酯胶黏剂在胶黏剂领域只是一个很小的品种，由于大多封闭型异氰酸酯需在较高温度解封闭，有封闭剂逸出，所以它在涂料领域的应用相对比胶黏剂多。胶黏剂中被封闭的 NCO 含量应该较低，否则，在加热固化时会由于大量封闭剂从尚未完全固化的胶层中逸出而产生气孔，影响粘接性能。

【实例】 将 100 份支化聚酯多元醇（羟值 320 mg KOH/g，酸值小于

4mgKOH/g）和 104 份 2,4-甲苯二异氰酸酯以及 30 份甲苯加入反应器中，在 100～110℃反应 90min 后，再加 33 份间甲酚，于 100～110℃反应 6h 即成封闭型聚氨酯预聚体。称取 100 份封闭型聚氨酯预聚体、400 份水、1 份聚氧乙烯辛酚乳化剂、1 份磷酸二氢钠于容器中，充分混合均匀，即制成封闭型聚氨酯乳液。这种封闭型聚氨酯乳液与 RFL（间苯酚-甲醛胶乳）-丁吡胶乳或其他聚合物乳液按比例混合，即配制成封闭型聚氨酯胶黏剂。将聚酯轮胎帘子线浸渍在这种封闭型聚氨酯胶黏剂（黏合剂）中，于 180℃烘 15min，然后与天然橡胶粘接。

利用双环脲化合物加热能分解成二异氰酸酯的原理，将双环脲类化合物与羟基化合物混合，也可制成热固化单组分聚氨酯胶。

7.2.3.2 辐射固化型单组分聚氨酯胶黏剂

辐射固化型聚氨酯胶黏剂是以电子射线或紫外光（UV）固化的胶黏剂，这类胶黏剂的主要成分一般是端丙烯酸酯基聚氨酯预聚体，也有含烯键的其他聚氨酯低聚物。这种聚氨酯-丙烯酸酯低聚物分子中的丙烯酸酯基能在电子射线或紫外光作用下发生自由基聚合而使聚氨酯交联固化。其特点是固化快，室温或低温即可固化，并且可做到把能量集中在胶黏剂层上，因此能量的利用率明显提高，节省能源，提高了劳动生产率。固化后材料兼具聚氨酯的高耐擦伤性、柔韧性、高撕裂强度和优良的低温性能，以及聚丙烯酸酯的光学性能和耐候性。可用于不耐热透明材料的快速粘接。这类用辐射固化的聚氨酯丙烯酸酯胶黏剂以及涂料已有工业化应用。

辐射固化胶黏剂需使用特殊的辐射源为固化反应提供能量，所以需要特殊的装置，以防护人体不受紫外光和电子射线的过度照射。电子束可穿过不透明材料，而不透明材料则能用 UV 光固化胶黏剂。

聚氨酯丙烯酸酯树脂可以用于制造压敏胶。在制造压敏胶带时，把胶黏剂施涂于基带上后，以紫外线或电子束辐照可使粘接性能、耐热性、耐溶剂性获得提高，这是采用普通方法难以实现的。

又如，用光固化聚氨酯丙烯酸酯胶黏剂制造的夹层安全玻璃和防弹玻璃，防护能力强，透光度高。

将 TDI、聚醚二醇和丙烯酸羟乙酯反应制得的聚氨酯丙烯酸酯树脂，与乙酸乙烯酯、丙烯酸羟乙酯、磷酸二苯基辛酯、对甲氧基苯酚配制成的电子束固化胶黏剂，可用于粘接聚酯薄膜和塑料层压板材。

以聚酯型聚氨酯丙烯酸酯作为磁带生产的黏合剂，以电子束辐照进行固化，不仅生产效率提高，而且对基膜的黏附性更优良，可制得耐久性优异的磁带。

【实例 1】 按聚氧化丙烯三醇 1mol 与甲苯二异氰酸酯 3mol 的比例反应，制成含 NCO 端基的聚氨酯预聚体。取 1mol 预聚体与 3mol 甲基丙烯酸羟乙酯反应，即生成聚氨酯甲基丙烯酸酯树脂。将该树脂 50 份、甲基丙烯酸羟丙酯 45 份、二苯甲酮 5 份混合均匀后即可作为玻璃粘接用紫外线固化胶黏剂。

【实例2】 聚己二酸乙二醇酯二醇、乙二醇、甲苯二异氰酸酯反应生成含 NCO 端基的聚氨酯预聚体，之后再与丙烯酸羟乙酯反应生成聚氨酯丙烯酸酯树脂，其分子量为 4000~6000，此树脂中掺混 6% 左右的三羟甲基丙烷-三（3-巯基丙酸酯）制成胶黏剂。该电子束固化聚氨酯丙烯酸酯胶黏剂可用于无纺布黏合剂、植绒加工、织物涂层、颜料印花等的黏合剂等。胶膜拉伸强度约 12MPa、伸长率约 700%。

7.2.3.3 聚氨酯压敏胶

普通压敏胶黏剂（不干胶）是橡胶型和聚丙烯酸酯型，耐热性一般较差。而聚氨酯压敏胶则有较好的耐热性和粘接性。聚氨酯压敏胶的剥离强度可达 1000g/25mm，其耐热性可达 120℃。

聚氨酯压敏胶在制备中可不使用溶剂，从而避免了溶剂带来的污染与回收问题。有的品种还无需添加增黏剂，从而简化了制备工艺。

聚氨酯压敏胶在潮湿材料的表面上也能进行粘贴，并可用于水下场合。

【实例1】 将 1.0 mol TDI 和 0.5mol 聚氧化丙烯二醇（M 约 400）在 75~85℃ 反应 4h，再加 0.3mol 聚氧化丙烯二醇（M 约 2000），在 85~95℃ 反应 8h 制得无溶剂压敏胶，将其涂布于基材上即成为压敏胶带。待胶液冷至室温后，加入适量丙酮，得溶剂型水下压敏胶液。使用时，先使溶剂挥发，然后进行涂布。该聚氨酯压敏胶适用于干燥面或水下粘接、已用于船舶修补与打捞。在海水中适用期可达 7.5h。胶液和胶带的使用期为半年至 1 年。以帆布为基材的胶带与表面未经处理的碳钢板在水中粘接后，浸泡 10 个月，未见粘接强度有变。

【实例2】 将聚氧化乙烯-氧化丙烯二醇（分子量 2000 左右）31.5g、聚氧化丙烯三醇（分子量 310 左右）11.3g、TDI 9g、辛酸亚锡 0.5g 混合均匀（TDI 与多元醇的摩尔比接近 90%）即成。将胶液涂布于聚酯薄膜上，然后于 80℃ 下固化 10min，即制得聚氨酯压敏胶带。

另外，采用端羟基聚丁二烯与二异氰酸酯三聚体制成的聚氨酯压敏胶具有优良的黏附性、保持性、稳定性以及耐热性，可制成性能优良的双面胶带。采用增湿器处理聚氨酯压敏胶带，可消除胶黏剂中残余 NCO 基，避免贮存过程中凝胶增加、粘接力下降的现象。

7.3 双组分聚氨酯胶黏剂

7.3.1 双组分聚氨酯胶黏剂概述

按胶黏剂的包装形式，有单组分、双组分以及多组分之分。

三组分以上的多组分胶黏剂产品很少，只有在包装成双组分不足以保证胶黏剂贮存稳定性时才采用。例如可由液态的甲组分、乙组分和粉末状填料组成三组分胶黏剂，也可由甲组分、乙组分和单独包装的催化剂（丙组分）组成三组分胶黏剂。聚氨酯胶黏剂一般以单组分和双组分居多。以下主要介绍双组分聚氨酯胶黏剂。

双组分聚氨酯胶黏剂是聚氨酯胶黏剂中最重要的一个大类，用途广，用量大。通常由甲、乙两个组分（或者称为 A 组分和 B 组分，主剂和固化剂）组成，分开包装，使用前按一定比例配制即可。甲组分（主剂）可以为羟基组分，乙组分（固化剂）可以为含游离异氰酸酯基团的组分。也有的主剂为端基 NCO 的聚氨酯预聚体，固化剂为低分子量多元醇或多元胺。甲组分和乙组分按一定比例混合，固化后得到弹性、韧性、耐热、耐低温和耐介质性能良好的聚氨酯树脂。

双组分聚氨酯胶黏剂具有以下特点。

① 属反应性的胶黏剂。两个组分混合后，发生化学反应，产生固化产物。

② 配方灵活，适用范围广，胶黏剂产品种类多。

③ 通常可室温固化，可通过加热加速固化。双组分聚氨酯胶黏剂初黏力和最终粘接强度通常比单组分湿固化胶黏剂的高，可以满足结构胶黏剂的要求。

④ 两个组分的用量可在一定范围内调节，一般存在着一定宽容度。两组分的 NCO/OH 摩尔比在一般情况下大于 1 或等于 1。对于溶剂型双组分胶黏剂来说，其主剂分子量较大，初黏性能较好，两组分的用量可在较大范围内调节，异氰酸酯组分可大大过量。NCO/OH 摩尔比甚至也可小于 1。对于 NCO 组分过量较多的场合，多异氰酸酯自聚形成坚韧的胶黏层，适合于硬材料的粘接；在 NCO 组分用量少的场合，则胶层柔软，可用于皮革、织物等软材料的粘接。

双组分聚氨酯胶黏剂开发比较早，自问世以来，由于具有性能可调节性、粘接强度大、粘接范围广等优点，已成为聚氨酯胶黏剂中品种最多、产量最大的产品。

双组分聚氨酯胶黏剂的类别，可以根据有无溶剂来分，包括溶剂型双组分聚氨酯胶黏剂、无溶剂聚氨酯胶黏剂以及水性双组分聚氨酯胶黏剂。从应用方面分，品种也很多，例如通用型聚氨酯胶黏剂、复合薄膜用双组分聚氨酯胶黏剂、双组分鞋用聚氨酯胶黏剂、双组分聚氨酯密封胶、聚氨酯灌封胶、聚氨酯结构胶等。

7.3.2 双组分溶剂型聚氨酯胶黏剂

溶剂型聚氨酯胶黏剂是开发和应用最早的聚氨酯胶黏剂，具有初黏性好、操作方便、粘接强度高、柔韧性好等特点。即使是在环保呼声越来越高的今天，一些应用领域如覆膜胶、鞋用胶和通用胶，还离不开溶剂的使用。

溶剂型双组分聚氨酯胶黏剂，主要有通用型、覆膜用和鞋用等应用领域，它们的成分和应用要求各不相同，下面给予分别介绍。

7.3.2.1 通用型双组分溶剂型聚氨酯胶黏剂

我国习惯上将早期开发应用的一类溶剂型双组分聚氨酯胶黏剂称作"通用型聚氨酯胶黏剂"。这类胶黏剂的主要成分特点是：以聚己二酸乙二醇酯二醇和甲苯二异氰酸酯（TDI）为主要原料制得的端羟基聚氨酯有机溶液作为主剂，以三羟甲基丙烷-甲苯二异氰酸酯加成物的有机溶液作为固化剂，组成双组分溶剂型聚氨酯胶黏剂。这种胶黏剂广泛用于金属和非金属材料粘接，特别是电绝缘材料涤纶薄膜与多孔材料的复合，绝缘性有的已达 H 级以上；也可用于一般包装、装饰材料等复合。其胶膜强韧，耐冲击，耐振动，有优异的耐油和耐低温性能，并能耐水、油、稀酸等介质。现已有系列产品如防冻、耐温、增强、快固化以及更柔韧等多种型号。

通用型聚氨酯胶黏剂一般室温固化，溶剂挥发后可获得一定的初始粘接强度，放置固化数天后可达最高粘接性能。也可在溶剂基本上挥发并且粘接物基本固定后，通过加热加速固化反应，尽快达到最终强度。

典型的通用型双组分聚氨酯胶黏剂技术几乎公开，生产厂家有很多，也促进了聚氨酯胶黏剂在不少领域的应用。通用型聚氨酯胶黏剂一般采用溶液聚合法制备，包括聚酯的合成、甲组分的制备和乙组分的制备。

(1) 聚己二酸乙二醇酯二醇（聚酯）的制备　向用于生产聚酯的不锈钢反应釜中投入 367.5kg 乙二醇，加热并搅拌，加入 735kg 己二酸，逐步升温到 200~210℃，生成的副产物水经分馏塔排出，当出水量收集到 160~180kg，且取样测定酸值降低到 40mg KOH/g 以下时，开始由低真空度到高真空度分步抽真空进行减压反应，以塔顶馏出水的温度在 100~103℃为宜，隔 1~4h 逐步提高真空度，反应釜温度可自然提高到 220~230℃，隔时取样测酸值，当酸值低于 2mg KOH/g 时，可冷却出料，这样就可以制得羟值为 50~60mg KOH/g（分子量 2000 左右）的浅黄色黏稠产物。

(2) 改性聚酯树脂（甲组分）的制备　向反应釜中投入 60kg 聚己二酸乙二醇酯二醇和 5kg 乙酸丁酯，开动搅拌，加热至 60℃，加入 4~6kg TDI-80（根据聚酯羟值与酸值决定添加量），升温至 110~120℃，黏度逐步增加，当黏度增加到一定程度时，分批加入乙酸乙酯，继续反应，最后冷却、加入丙酮溶解。制得浅黄色或黄色透明黏稠液（甲组分）。

(3) TMP-TDI 加成物（乙组分）的制备　反应釜内加 246.5kg TDI-80 和 212kg 乙酸乙酯（一级品），开动搅拌器，滴加预先熔融的三羟甲基丙烷（TMP）60kg，控制滴加速度，使反应温度维持在 65~70℃，2h 滴完，并在 70~75℃保温反应 1h。冷却到 35℃左右出料，制得外观为浅黄色的黏稠液（乙组分）。

以上述原料和工艺为基础，一些厂家开发了不少类似的溶剂型聚氨酯胶黏剂产品。例如聚酯还可以用聚己二酸乙二醇二甘醇酯二醇、聚己二酸乙二醇丙二醇酯二醇等原料，还可以采用少量扩链剂如一缩二乙二醇；乙组分制备可以用甘油（丙三醇）替代三羟甲基丙烷。甲组分的溶剂一般是乙酸乙酯或者丙酮，也有的产品为了降低成本，使用少量甲苯，根据降低成本、使用要求等可以用单一溶剂，或者不同比例多种溶剂组成的混合溶剂。不同牌号胶黏剂产品的固含量也不一定相同。

通用型双组分聚氨酯胶黏剂，国内最初由上海新光化工厂等研制生产，牌号为铁锚-101胶黏剂，起初胶黏剂甲组分的固含量为30%，黏度（涂-4杯）15～90s。后来为了适应低溶剂含量的要求，某些产品固含量提高到50%。

上海新光化工厂的通用型双组分聚氨酯胶黏剂产品铁锚101胶黏剂的主要技术指标见表7-4。中华人民共和国化工行业标准HG/T 2814—1996通用型聚酯聚氨酯胶黏剂，甲组分固含量30%，乙组分固含量60%，指标与表7-4基本相同。

■表7-4　铁锚101系列通用型双组分聚氨酯胶黏剂产品的规格

组分	甲组分(主剂)	乙组分(固化剂)
外观	浅黄色或茶色黏稠液	无色或浅黄色透明液
NCO含量/%	0	12±1
固含量/%	30±2，50±2	60±2
涂-4杯黏度(25℃)/s	40～90	—
剪切强度/MPa	≥9.0（铝合金，甲/乙＝5/1）	

普通通用型聚氨酯胶黏剂的长期使用温度在－70～80℃，并能耐水、油、稀酸等介质。通过工艺或配方改进，铁锚-101甲组分冬天结晶的问题已经解决。101系列产品包括防冻型、耐温型，例如铁锚101-H胶黏剂粘接物可在－70～180℃长期使用。

传统的101型双组分聚氨酯胶黏剂，两个组分的配比具有较宽的范围，根据材料的选择不同的配比，厂家建议，粘接纸张、皮革、木材，甲/乙质量比在100/(10～20)；粘接一般材料，甲/乙质量比在100/(20～40)；粘接金属材料，甲/乙质量比在100/(20～50)。乙组分越多，胶层硬度越高，耐热性能也就越好。胶黏剂中可加入10%～20%的填料如石英粉、铝粉、铁粉以及滑石粉，以增加胶黏层的硬度以及耐热性，另外还可降低胶黏剂的使用成本。

胶黏剂按甲、乙组分比例配制后即可使用。配好的胶黏剂在密闭条件下25℃可贮存半天到一天时间，根据配比以及环境温度而变化。如果乙组分用量大，则适应期会缩短。

一般情况下，温度越低聚氨酯胶黏剂的粘接强度越高，并且仍有良好的柔韧性，所以聚氨酯胶黏剂适合于低温使用。通用型双组分聚氨酯胶黏剂可应用于粘接金属（如铝、铁、钢等）、非金属（如陶瓷、木材、皮革、塑料等）以及不同材料之间的粘接。通用型双组分聚氨酯胶黏剂大量用于制造电机上应用的绝缘纸（聚酯薄膜-青壳纸复合）、纸塑复合（彩印纸-聚丙烯薄膜）、铁板-聚氨酯泡沫体复合以及鬃刷的制造等，用途广泛。

7.3.2.2 复合薄膜用双组分聚氨酯胶黏剂

聚氨酯胶黏剂在复合薄膜领域的应用基于包装业的发展。复合薄膜主要通过挤出复合和干法复合方法生产。干法复合是指使用胶黏剂把两种或几种薄膜（PET薄膜、CPP薄膜、PE薄膜、尼龙薄膜等塑料薄膜之间，或塑料薄膜与铝箔、镀铝塑膜）基材粘接在一起，胶黏剂涂布在基材薄膜上以后，靠加热干燥去除溶剂和发生化学反应进行复合（压合）。目前，干法复合使用的胶黏剂以聚氨酯胶黏剂为主，可制得满足耐热、耐寒、耐油、耐酸、耐化学药品、阻气、透明、耐磨以及耐穿刺等性能要求的软包装复合薄膜，用于食品、药品等商品的包装。

双组分溶剂型聚氨酯胶黏剂是软塑复合薄膜制造的传统胶黏剂，这是因为聚氨酯胶黏剂柔韧性好，对薄膜适应性好，粘接强度高，胶层耐寒，且有一定的耐热性能，耐介质（化妆品、水、油、盐、酒、辣、醋、香料等），胶层无毒安全，并且对覆膜工艺适应性好。这类胶黏剂构成聚氨酯胶黏剂的一个重要应用领域。干式复合薄膜用聚氨酯胶黏剂在我国是从20世纪80年代初开始发展起来的，目前这种胶黏剂已经成为聚氨酯胶黏剂的最大应用领域。干式复合薄膜的胶黏剂用量虽少，一般每平方米仅数克干胶量，就已经产生足够的粘接牢度。挤出复合也有使用聚氨酯胶黏剂，但用量较少。

干法复合工艺中，胶黏剂是影响复合薄膜品质的关键因素。用于软包装材料的复合薄膜，按包装时的耐温要求，可分为耐蒸煮和普通要求两类，其中耐蒸煮软包装材料对胶黏剂的要求很高。

复合薄膜聚氨酯胶黏剂的主剂成分一般是己二酸类聚酯聚氨酯多元醇、共聚酯型聚氨酯多元醇（异氰酸酯改性的共聚酯多元醇）或者芳香族聚酯多元醇。国内外也有不少普通低档次覆膜胶产品以聚醚型聚氨酯多元醇作为主剂成分，其成本较低。这类低粘接强度复合薄膜用于包装干燥食品。聚氨酯多元醇，一般是通过溶液法聚合，由聚酯（或聚醚）多元醇经芳香族二异氰酸酯改性后得到。固化剂一般与通用性双组分聚氨酯胶黏剂相同，是TMP-TDI加成物。主剂和固化剂的溶剂一般都是乙酸乙酯。

最初的复合薄膜用溶剂型聚氨酯胶黏剂是低固含量型的，主剂固含量35%，黏度1000～3000 mPa·s，后来随着国外高固含量胶黏剂的引入，以及复合设备的改善，胶黏剂主剂的固含量有50%、60%、75%甚至更高。固化剂固含量多为75%。高性能复合薄膜胶黏剂配方中可能含有增强粘接力的助剂。使用时甲组分与乙组分按一定比例混合，再用溶剂稀释到一定浓度，进行施胶涂布。

目前覆膜胶黏剂的品种也比较多，除了耐蒸煮的高档聚氨酯胶黏剂外，还分镀铝膜专用胶黏剂、普通铝塑复合薄膜专用胶黏剂、耐介质专用胶黏剂、快速固化型聚氨酯胶黏剂等。

普通的复合薄膜对复合强度要求不是很高,根据用途的不同,剥离强度 1~3N/15mm 的胶黏剂已经足够,因此复合薄膜用双组分聚氨酯胶黏剂的主要成分,甚至可以与通用型双组分聚氨酯胶黏剂的相同,只是把溶剂换为复合薄膜行业所用的乙酸乙酯即可。

耐蒸煮型聚氨酯胶黏剂分两种:一种是用于耐 121℃×40min 蒸煮的中高温复合薄膜蒸煮袋用的胶黏剂;另一种是用于耐 135℃×30min 高温蒸煮灭菌复合薄膜包装袋用的胶黏剂。对于这些耐蒸煮型的聚氨酯胶黏剂,不仅对塑料薄膜、铝箔的粘接强度要高,而且胶黏剂层的耐温性要高,在高温时还具有较高的粘接强度。耐蒸煮复合薄膜一般用于熟食的包装,制造软包装食品。

耐蒸煮型聚氨酯胶黏剂的主剂树脂成分大多是芳香族聚酯多元醇,或者异氰酸酯改性的芳香族聚酯多元醇。

【实例1】 将 130kg 预脱水的聚己二酸二甘醇酯二醇(PDA-2000)加入反应釜,搅拌加热至 45~50℃,慢慢加入 28.3kg TDI,在 70~80℃反应 2h,然后加 8.8kg 1,4-丁二醇(BDO)进行扩链反应,反应时间为 1h,再加入 167kg 乙酸乙酯,搅拌 20min,冷却出料。可制得固含量为 50%、黏度为 1200~1500mPa·s 的浅黄色黏稠主剂(甲组分)。

先将 18.3kg 乙酸乙酯投入反应釜,开动搅拌,加入 43.5kg TDI,加热至 45~50℃,再慢慢加入预先熔化的 TMP 11.2kg,反应温度控制在 70℃,反应时间 3h,冷却至 50℃出料,制得固含量为 75%、NCO 含量为 13%~14%、黏度为 1500~2500mPa·s 的浅黄色透明液体状固化剂(乙组分)。

胶黏剂按甲组分/乙组分质量比=10/1 配制。

【实例2】 将对苯二甲酸 166.1g、乙二醇 124g、新戊二醇 208.3g、癸二酸 202.3g、少量催化剂在 160~270℃分段缩聚并高真空缩聚若干小时,制得数均分子量为 10000 的聚酯多元醇,用乙酸乙酯配制成固含量为 50%的溶液即为主剂(甲组分)。

聚氧化丙烯二醇(数均分子量为 1000)500g 与二苯基甲烷二异氰酸酯 250g,于 90℃反应 7h,制得含 NCO 基为 5%~6%的聚醚氨酯多异氰酸酯(数均分子量为 1500)的固化剂(乙组分)。固化剂还可采用 TMP-TDI 加成物,最好采用 TMP-IPDI 加成物和 HDI 缩二脲。

胶液的配制比例:主剂/固化剂/均苯四酸酐质量比=100/10/1。主要用于耐蒸煮复合薄膜的制造。

【实例3】 1.0mol 聚己二酸-3-甲基-1,5-戊二醇-己二醇酯二醇($M=2000$)、1.05mol 1,4-丁二醇混合均匀,加热至 60℃,加入 2mol MDI,在 70~80℃反应,制得含羟基的聚氨酯,用乙酸乙酯配制成固含量为 40%的羟基聚氨酯溶液(主剂)。固化剂是 TMP-TDI 加成物 75%的乙酸乙酯溶液。

按主剂/固化剂质量比＝100/（5～7.5）配比，用乙酸乙酯稀释成20%的溶液作为复合薄膜用胶黏剂。涂布量为3.0g/m^2，用于聚酯薄膜与聚丙烯（CPP）薄膜复合，于40℃固化3天制成复合薄膜。将复合膜浸渍100℃热水中20天，其薄膜仍呈透明，无收缩，粘接强度良好。

复合薄膜用聚氨酯胶黏剂，绝大多数是溶剂型双组分胶黏剂，近年来随着胶黏剂向环保方向发展，双组分无溶剂聚氨酯胶黏剂也开始用于复合薄膜生产，另外还有湿固化单组分热熔胶型的无溶剂聚氨酯胶黏剂。

复合薄膜用溶剂型聚氨酯胶黏剂，绝大多数使用乙酸乙酯作为胶黏剂的溶剂，近年来也出现了一种特殊的醇溶型双组分聚氨酯胶黏剂，以价廉的乙醇为溶剂，其固化机理也与常规的酯（指乙酸乙酯）溶型聚氨酯胶黏剂不同，可利用环氧基的反应进行固化。水性聚氨酯胶黏剂也有用于复合薄膜的产品。

除了用于复合塑料薄膜和复合铝塑薄膜外，溶剂型聚氨酯胶黏剂及水性聚氨酯胶黏剂也可用于湿法复合膜。湿法复合是将胶黏剂涂在一种基材薄膜上，在胶黏剂没有烘干之前，贴上另一种基材薄膜然后再把贴复好的薄膜烘干或晾干。湿法复合的基膜中，最少有一种透湿性很好的材料，如纸张、木材、织物等。但一般用低档的双组分聚醚型及聚酯型聚氨酯胶黏剂，通用型聚氨酯胶黏剂也可用于这种用途。

7.3.2.3 鞋用双组分聚氨酯胶黏剂

以前我国制鞋工业主要使用氯丁橡胶胶黏剂，氯丁胶黏剂初黏性好、可冷粘、价格便宜，但其不耐增塑剂渗透，对软PVC、热塑性橡胶、PU革等鞋用材料粘接性差，此外必须使用的苯类溶剂为毒性大的溶剂，这是致命的弱点。目前国内外鞋用胶大部分已经被聚氨酯胶黏剂所代替。聚氨酯胶黏剂对PVC、PU、橡胶、TPR、EVA、尼龙、真皮等各类鞋材有良好的粘接力。

鞋用聚氨酯胶黏剂与其他聚氨酯胶黏剂一样，具有卓越的低温性能，较低的固化温度，优良的柔性、耐冲击性，对许多材料的浸润性和粘接性。因此，它常用于要求常温、快速固化以及柔软性的场合，特别适用于粘接具有不同膨胀系数的异种材料。

鞋用聚氨酯胶黏剂以溶剂型双组分聚氨酯胶黏剂为主，这种胶黏剂的主剂是热塑性聚氨酯的溶液，特点是高黏度、低固含量，溶剂挥发后很快结晶固化、高初黏力，适用于鞋材冷粘工艺。可用作单组分溶剂型聚氨酯胶黏剂（在单组分聚氨酯胶黏剂小节介绍）。但为了提高粘接的耐久性，作为鞋用胶，通常需加少量的多异氰酸酯类的交联剂作为固化剂，组成双组分胶黏剂体系。固化剂可明显提高胶黏剂的粘接性能，具有适度的耐热性、足够的耐水性和粘接耐久性。这种双组分溶剂型聚氨酯胶黏剂对异种材质、不同结晶性材质具有足够的粘接强度。鞋用聚氨酯胶黏剂涂胶量比氯丁胶减少约一半。

鞋用溶剂型双组分聚氨酯胶黏剂的制备重点在甲组分即主剂的合成，主剂主要成分是结晶性聚酯二醇和 MDI 制得的粘接型 TPU。这已经在单组分溶剂挥发型小节介绍，这里不再赘述。

热塑性聚氨酯结晶快，则配制成的胶黏剂初黏强度高。

配制胶液应严格选择合适的溶剂，首先考虑的是聚氨酯胶粒在溶剂中的溶解性以及溶剂本身的挥发度。溶解性可根据溶解度参数相近的原则来确定。溶剂的挥发速率要恰当，随胶黏工艺而定。鞋用聚氨酯胶黏剂甲组分所用的溶剂一般是乙酸乙酯、甲苯、甲乙酮等，通常使用混合溶剂。

关于胶液中的固含量，我国生产鞋用聚氨酯胶黏剂的厂家一般控制在 15% 左右，国外厂家一般控制在 18% 左右。胶液的不挥发成分主要是聚氨酯弹性体，此外也可有其他助剂。如德国 Bayer 公司推荐的配方：热塑性聚氨酯 Desmocoll 540 胶粒 17 份，气相白炭黑 1 份，丙酮 65 份和乙酸乙酯 17 份组成的混合溶剂。

鞋用聚氨酯胶黏剂（甲组分）的黏度一般为 1200~2000mPa·s。

鞋用聚氨酯胶黏剂的固化剂可使用多异氰酸酯交联剂如 JQ-1 胶、JQ-4 胶、7900 胶等，这些内容已经在单组分湿固化聚氨酯胶黏剂部分的多异氰酸酯胶黏剂小节中介绍。

固化剂的用量，通常为主剂的 3%~10%，例如 100 份主剂聚氨酯胶液，交联剂用量 3~10 份。配合胶黏剂使用时，胶液配制需做固化剂配合量及配胶后适用期试验，确定合适的固化剂添加量。

7.3.3　双组分无溶剂聚氨酯胶黏剂

7.3.3.1　概述

无溶剂聚氨酯胶黏剂不存在溶剂挥发的问题，是环保型的胶黏剂，也是胶黏剂的一个发展方向。

广义上说，双组分聚氨酯密封胶属于无溶剂聚氨酯胶的一个领域，相似的有聚氨酯灌封胶、双组分发泡型聚氨酯胶黏剂、聚氨酯结构胶等。

从应用方面看，无溶剂双组分聚氨酯胶黏剂有用于复合薄膜的，有用于汽车、火车、船舶等交通运输工具粘接或密封的，有用于机械设备粘接或密封的，有用于建筑材料粘接密封的，有用于电器元件密封的灌封，有用于黏合剂用途的等。

双组分聚氨酯密封胶将在专门的小节中介绍，这里不再论述。

无溶剂双组分聚氨酯胶黏剂所用的低聚物多元醇原料，包括聚醚多元醇、聚酯多元醇、聚烯烃多元醇、蓖麻油等，其中基于氧化丙烯的聚醚多元醇因黏度低，制备的胶黏剂具有适合于施工的黏度，是优选的低聚物多元醇原料。

多异氰酸酯原料，一般多用 TDI、PAPI，MDI 也有使用。脂肪族二异氰酸酯如 HDI、IPDI 则用于要求透明、不黄变的特殊聚氨酯胶黏剂，如标牌灌注胶、安全玻璃胶等。

交联/扩链剂用于配制羟基（活性氢）组分。特别是室温固化胶黏剂，经常含有芳香族二胺如 MOCA，或者其他二胺扩链剂。

在无溶剂胶黏剂制备或者使用时，有时需使用填料，填料不仅降低胶黏剂的成本，而且提高胶黏剂的初黏性，增加胶的硬度和耐热性。填料有碳酸钙、钛白粉、炭黑、滑石粉、高岭土（瓷土）、黏土、云母粉、硅藻土、氧化铝等。有时加适量的颜料，如铁锈红、酞菁绿等。

对于要求固化后无气泡产生的胶黏剂，建议添加抑泡剂。从抑制发泡机理来分，发泡抑制剂分两种类型：脱水剂（沸石分子筛、无水石膏、硅藻土等）及 CO_2 吸收剂（微细 CaO、特种炭黑等）。

触变剂是用于在垂直面使用的密封胶和无溶剂胶黏剂的助剂，一般用气相二氧化硅（白炭黑），另外，经表面处理的超微细碳酸钙、乙炔炭黑、有机膨润土等填料也具有触变性。

催化剂是常用的助剂。一般是有机金属催化剂如二月桂酸二丁基锡，也使用一些特殊的催化剂，以加速制备或者固化过程。

双组分无溶剂聚氨酯胶黏剂的制备比较简单，通常其中一个组分为异氰酸酯组分，它可以是端 NCO 的聚氨酯预聚体，也可以是多异氰酸酯如 PAPI，或者几种预聚体、多异氰酸酯的混合物。异氰酸酯组分一般不添加填料。另一个组分是羟基组分，通常是聚醚多元醇（或聚酯多元醇）与填料、扩链剂、抑泡剂、催化剂等的混合物。室温固化胶黏剂需加入稍多的催化剂。

对于双组分无溶剂聚氨酯胶黏剂，异氰酸酯组分和羟基组分中哪个称作甲组分（A组分）或者主剂，并没有约定俗成。主剂是指配胶时用量较多的胶黏剂组分。不少双组分无溶剂聚氨酯胶黏剂没有主剂和固化剂之分，为了配胶方便，把胶黏剂两个组分的配比设计成 1/1 或者其他整数倍。

双组分无溶剂聚氨酯胶黏剂与双组分溶剂型胶黏剂的差异如下。

① 溶剂型胶黏剂的各组分树脂分子量较高，而为了有较好流动性和可操作性，无溶剂胶的各组分树脂分子量较低。

② 溶剂型胶在溶剂挥发后即获得较好的初黏性，无溶剂胶黏剂的初黏性通常不高。

③ 常规的溶剂型胶黏剂羟基组分是较高分子量的聚酯多元醇或聚氨酯多元醇，后者是低聚物多元醇通过扩链反应制备；而无溶剂胶黏剂羟值组分一般是由低聚物多元醇混合配制而成，无需扩链反应。

④ 设计溶剂型胶黏剂两个组分的配比时，胶黏剂的 NCO/OH 比例即 R 指数可在 1.0 上下，有较大的宽容度；而对于无溶剂胶黏剂，R 指数一般在 1.0～1.1，否则不能很好固化。无溶剂胶黏剂一般需催化剂。

7.3.3.2　普通双组分无溶剂聚氨酯胶

双组分无溶剂聚氨酯胶黏剂的配方也是多种多样的，例如：

① 较多的端 NCO 预聚体作为甲组分，乙组分为多元醇或多元醇/多元胺化合物，类似浇注型聚氨酯弹性体体系；

② 较多的低聚物多元醇如聚醚多元醇的混合物及助剂组成甲组分，乙组分用低分子量多异氰酸酯如 PAPI；

③ 聚醚多元醇和助剂（包括填料等）组成甲组分，含 NCO 的聚醚聚氨酯预聚体作为乙组分。

这些双组分无溶剂聚氨酯胶黏剂可以用于粘接对溶剂敏感的基材如聚苯乙烯、有机玻璃等，可以用作电子元器件灌封胶，可以用作粘接密封胶等。下面举几个配方例。

【实例 1】 由邻苯二甲酸酐、己二酸、乙二醇、1,2-丙二醇、三羟甲基丙烷制备的支化聚酯作为甲组分，黏度约 3.1Pa·s。以 PAPI 作为乙组分。甲、乙组分按计算比例混合，强力搅拌混匀，抽真空脱除气泡，在室温下放置一周，使性能稳定，得到硬度在邵尔 A90 以上的聚氨酯固化物，拉伸强度约 10MPa。

【实例 2】 由邻苯二甲酸酐、己二酸、乙二醇、二乙二醇及催化剂制得聚酯二醇。在聚酯二醇中加入少量小分子二醇、偶联剂，混合均匀，得到甲组分。由蓖麻油与过量的 TDI（或 MDI）制得 NCO 含量约 3.3%的蓖麻油聚氨酯预聚体。

甲组分/乙组分按 1/（1~2）质量比配制，固化物的拉伸强度可达 10.7MPa，同时伸长率可达 450%，耐温性良好。配制后胶黏剂的适用期约有 5h。该胶可用于复合薄膜、水泥袋和制鞋工业等行业。

【实例 3】 由经脱水的聚醚多元醇、多异氰酸酯合成预聚体，NCO 在 9%~13%之间，作为甲组分。由经脱水干燥处理的多元醇、多种填料及催化剂，研磨均匀，形成均匀稳定的膏状体，作为乙组分。两个组分按一定的配比混合，室温固化 5h 可达较高强度。

还有聚酯多元醇作为一个组分，聚醚多元醇-MDI 预聚体作为一个组分，用于复合薄膜胶黏剂等用途。

7.3.3.3 结构型双组分聚氨酯胶黏剂

结构型胶黏剂（简称结构胶）是指应用于受力结构件粘接的场合，能承受较大动负荷、静负荷并能长期使用的胶黏剂。通俗地讲，结构型胶黏剂就是代替螺栓、铆钉或焊接等形式用来粘接金属、塑料、玻璃、木材等的结构部件，可长时间经受大载荷的高性能胶黏剂。

高粘接强度，并且具有良好耐久性的聚氨酯胶黏剂属于结构型聚氨酯胶黏剂。有些溶剂型双组分聚氨酯胶黏剂可用作结构胶。不少聚氨酯结构胶是无溶剂的，包括单组分湿固化以及热固化的聚氨酯胶黏剂、无溶剂双组分聚氨酯胶黏剂。

结构型聚氨酯胶黏剂最初用于汽车的 FRP（纤维增强塑料），目前除在汽车行业中得到应用外，还广泛用于水上运载工具（用于 FRP 甲板与船壳的粘接以及粘接 SMC 复合材料塔架、SMC 水闸等，这些粘接件具有优异的耐振动性和耐冲击性）、电梯（电梯间的门、壁镶板的粘接）、净化槽（FRP 凸缘、隔板的粘接）、浴池（SMC/瓷砖、天花板/瓷砖的粘接）以及住宅（外装饰材料水泥预制件之间的粘接）等许多领域。

双组分无溶剂结构型聚氨酯胶黏剂一种制备方法是，先将多元醇与过量的多异氰酸酯反应，制成异氰酸酯基封端的预聚体作为一个组分，二元胺及其混合物作为一个组分，固化后形成聚氨酯-脲。

【实例1】 以聚氧化丙烯（分子量 2000 和 1000）和 TDI 反应，制得含 NCO 基的预聚体，作为胶黏剂的一个组分；酸酐与过量芳胺反应生成芳酰胺作为另一个组分。两个组分按 1/1 的配比配制胶黏剂，适用期 40～60min。固化条件：24℃左右固化 48h，或者 80℃固化 3h。粘接铝合金的剪切强度，80℃固化时为 19.7MPa，室温固化时为 12.8MPa。

该结构型聚氨酯胶黏剂其胶层具有弹性和高剪切强度。因此，将该结构胶用于直升机旋翼翼尖罩密封、金属/碳纤维复合材料的粘接和部件的修复均获得满意结果。

【实例2】 用低分子量聚酯多元醇混合物和 1,4-丁二醇按一定比例配成甲组分。PAPI 作为乙组分。

这种胶黏剂的特点是交联度高，胶黏层的耐热性较好。另外，用环氧树脂与聚氨酯预聚体反应制得端环氧基的聚氨酯预聚体，另一个组分为含氨基的低聚物，就组成环氧树脂改性的聚氨酯结构胶。

7.3.3.4 双组分聚氨酯发泡胶黏剂

一种经典的发泡型超低温聚氨酯胶黏剂简单介绍如下。

(1) **主剂制备** 聚醚多元醇 N-330 在 120℃真空脱水 1.5～2h，加入 TDI 和亚磷酸三苯酯，搅拌加热至 80℃，反应温度升至 90℃，保温 2h，冷却到 60℃出料。NCO 含量为 3.5%～6%。

(2) **固化剂制备** 将聚醚多元醇 N-330 和 N-210 的混合物（质量比为 1/10）、泡沫稳定剂"发泡灵"、催化剂加入反应器，搅拌 30min 后出料。测定羟值为 110～170mg KOH/g。

(3) **胶液配制** 胶液按主剂/固化剂质量比=5/1 配制。胶的自发泡时间 15min，胶液黏度增大时间约 28min。

(4) **胶层性能** 铝合金-铝合金的剪切强度：室温下 1.3MPa、-19℃下 33.7MPa。

一般聚氨酯胶黏剂在低温下的粘接强度都比室温下的高。

另一种是目前用量较大的双组分发泡聚氨酯胶黏剂，主要用于轻质隔热用的夹心板的彩钢板与 PS 泡沫塑料之间的粘接，以及部分防盗门制造中的粘接。

这种无溶剂双组分聚氨酯胶黏剂，羟基组分是由聚醚多元醇、泡沫稳定剂、催化剂等助剂组成；另一个组分是多异氰酸酯，一般是聚合 MDI，也可以是 TDI-聚醚多元醇制得的预聚体。为了方便应用，两个组分的配比通常是 1/1，胶黏剂固化很快，一般在几分钟就基本上完全固化。在夹心板生产设备中采用特殊的施胶工艺。这种胶黏剂的剪切强度大于 200kPa（聚苯乙烯泡沫塑料破裂）。

7.4 聚氨酯热熔胶

7.4.1 聚氨酯热熔胶的特点和应用

聚氨酯热熔胶即热熔型聚氨酯胶黏剂。热熔型聚氨酯胶黏剂是一类特殊的环保型无溶剂单组分聚氨酯胶黏剂。

热熔型胶黏剂在室温下是固体，加热到一定温度就熔融成黏稠的液体，冷却至室温后又变成固体，并有很强的粘接作用，因此人们把它称为热熔性（型）胶黏剂（简称热熔胶）。由于热熔胶具有粘接快、无毒、工艺简单，又有较好的粘接强度与柔韧性等优点，因此，在书籍无线装订、包装封口、制鞋、纺织、建筑、汽车构件、家具制造（缝边和中板）、车灯、家电等方面获得广泛应用，特别适用于织物的贴合，而且近年来在品种与性能方面又有新的发展。大部分热熔胶是采用乙烯-乙酸乙烯（EVA）、聚酯、聚酰胺等热熔性树脂制备的，聚氨酯热熔胶具有极性高、强度高、柔韧性好等优点，特别是反应性聚氨酯热熔胶固化后具有良好的耐热性，比传统的热熔胶具有更好的粘接性能。

聚氨酯热熔胶主要成分为热塑性聚氨酯树脂或预聚物，可再复配以抗氧剂、增黏剂、催化剂及填料等助剂。加工后常温下可为条状、颗粒状、粉末状及薄膜状等，使用时加热至一定温度熔融而涂覆于基材表面，冷却放置即固化而起到粘接作用。

热熔型聚氨酯使用可靠性高，化学和物理均匀性好，粘接工艺简便（降低生产成本），浪费少（未用完的胶可保存以后再用），不存在混合问题，可使胶黏剂达到最佳物理性能。另外，由于热熔胶不使用有机溶剂，生产场地不会受污染，从而受到用户欢迎。

聚氨酯热熔胶可分为两大类：一类是热塑性聚氨酯弹性体热熔胶；另一类是反应型聚氨酯热熔胶。

7.4.2 热塑性聚氨酯热熔胶

非反应性聚氨酯热熔胶使用时加热至一定温度后熔化而涂覆于粘接基材上，再经冷却而固化。其粘接机理和单组分溶剂挥发型胶黏剂差不多，固化过程不发生化学反应，主要是利用组成中氢键的作用发生物理交联，并产生黏附力，初黏性很好。受热后失去氢键作用，变成熔融黏稠液，因此利用这一可逆特性可反复加热-冷却固化。

较低熔点的热塑性聚氨酯可制成粉末状、薄膜状、条带状热熔型聚氨酯胶黏剂。用于热熔胶的热塑性聚氨酯为线型或带少量支链的聚合物。聚氨酯主体材料一般由聚醚二醇或聚酯二醇、二异氰酸酯（如 MDI、TDI、IPDI 或 HDI）以及低分子二元醇扩链剂等为原料制得，合成方法有本体法及溶液法。脂肪族二异氰酸酯由于不含有苯环，其制品的耐黄变性能较好。

在制备聚氨酯热熔胶黏剂时，聚氨酯本来的性能在某些方面还是不能满足要求，需添加一些物质进行改性，如添加增黏树脂、热塑性树脂、增塑剂、抗氧剂和紫外线吸收剂等。添加增黏树脂和热塑性树脂，对产品的粘接强度、耐热性和对材质的润湿性方面均有所提高，同时赋予产品一定的压敏性。增黏树脂能够降低热熔胶的熔融温度和黏度，改善聚氨酯热熔胶对被粘物体的润湿性，从而提高聚氨酯热熔胶的粘接性能，主要有酚醛树脂、环氧树脂、萜烯树脂、松香甘油酯、歧化松香、聚合松香、石油树脂、烷基酚醛树脂、香豆酮-茚树脂等，热塑性树脂主要有 SBS、SIS 和 EVA 等。可添加增塑剂以提高产品的柔韧性，改善胶黏剂的耐寒、耐热、阻燃、耐久性能等，同时改善胶黏剂的物理力学性能和施工工艺性能，但添加时应注意增塑剂和聚氨酯有较好的相容性，防止增塑剂迁移、渗出、挥发等，所添加的增塑剂主要有邻苯二甲酸二辛酯和偏苯三酸三辛酯等。添加抗氧剂和紫外线吸收剂提高产品的高温耐黄变性能和太阳光照射耐老化性能。适量添加硬脂酸锌或硬脂酸钙可以提高聚氨酯的熔体流动速率，增加产品的流动性，使其有助于施工。

粉末状聚氨酯热熔胶主要成分还是热塑性聚氨酯树脂，可以与着色剂、增塑剂、稳定剂等添加剂混合配制。粉料具有流动性，为输送、分散和使用提供了方便，不需要熔融就可以在被粘物表面均匀分散。

制备聚氨酯粉末的方法主要有下述三种。目前主要采用第一种。

① 在无氧（氧会引起粉尘爆炸）条件下冷冻研磨热塑性聚氨酯弹性体。可使用冲击式粉磨机，用冷冻盐水、干冰或液氮降低温度。

例如，将颗粒状聚氨酯树脂与添加剂混合，在 80～130℃ 的温度下，由双螺杆挤出机挤出物料，冷却并切割后，于专用的粉碎机中碾碎，用筛选法除去粗糙的颗粒，得到 40～60μm 的粒料，用此方法制备的聚氨酯粉末具有良好的流动性和稳定性。

② 采用溶液聚合方法。这种溶液聚合选择的溶剂要求只能溶解一种反应组分，而不溶解最终的聚氨酯。例如，只溶解异氰酸酯的烃类可适用于制造粉末聚氨酯。溶液聚合法回收溶剂耗能大。

例如，将己二酸己二醇酯二醇真空脱水后与 HDI 反应生成预聚体，再在甲苯溶液中与 1,6-己二醇、新戊二醇进行扩链反应，一段时间后析出聚氨酯固体，将溶剂除去后，进行干燥、磨碎、筛分，得到熔融温度120～126℃的聚氨酯热熔胶粉末，粉末粒度0.3～0.5mm。该胶可通过红外加热散热器进行加热，用于织物粘接，施胶量约28g/m^2，剥离强度570～690N/m，也可将该胶进一步加工成薄膜状。

③ 乳液聚合法。在有很少量乳化剂存在下或处于亲水基团含量极低的情况下，通过乳液聚合制得聚氨酯水分散体，经破乳、干燥后制成粉末。产品性能与本体聚合有较大差距。

德国Bayer公司生产的Ultramoll PU是一种含有聚合物增塑剂的高柔韧性的聚氨酯粉末，该粉末无色无味，粒径小于1000μm。它含有（5±3)%的PVC，邵尔A硬度为72±3。注射成型鞋底应用Ultramoll PU粘接PVC及鞋帮材料时，可大大提高粘接强度。

聚氨酯热熔胶膜和条带状聚氨酯热熔胶，可以由热塑性聚氨酯胶粒通过压延得到。胶膜还可以通过聚氨酯溶液涂膜干燥得到。

可将颗粒状聚氨酯热熔胶加入设有T形模头的挤出机挤出成型为胶黏剂薄膜，并经水冷收卷为产品。例如薄膜可宽800～820mm，厚0.3～1.5mm。

某聚氨酯热熔胶黏剂的技术指标为：施工温度165～190℃，胶膜拉伸强度≥30MPa，300%定伸应力≥8MPa，常温剪切强度≥45MPa，75℃剪切强度≥12MPa，熔体流动速率≥6g/min（145℃，2.15kg）。

7.4.3 反应性聚氨酯热熔胶

7.4.3.1 概述

普通热塑性聚氨酯热熔胶固化后胶层不耐高温，且可溶解，因而其应用受到限制。为克服普通热熔胶的缺点，开发了反应性聚氨酯热熔胶（也称湿固化热熔胶）。

反应性聚氨酯热熔胶一般是以NCO端基预聚体作基料，配以与异氰酸酯基不反应的热塑性树脂和增黏树脂以及抗氧剂、催化剂、填料等添加剂配制而成。粘接时，胶黏剂加热熔融成流体而涂覆施胶，两种被粘体贴合后胶层冷却凝聚马上获得初始粘接力；而后胶层中的活泼NCO基团再与空气中的湿气、被粘物表面附着的水分以及活泼氢基团反应，产生化学交联固化，使粘接力、耐热性等显著提高。它既有热熔胶黏剂无溶剂、初黏性高、固化迅速等特性，又有反应性胶黏剂的耐水、耐温、耐蠕变、耐湿和耐介质等性能。

由于湿固化反应性热熔胶的优异性能，在原来采用热熔胶或反应性胶黏剂进行粘接的场合，有可能转而采用湿固化反应性热熔胶完成粘接作业。只是由于它在制造、贮存和施胶时必须严格隔离湿气之故，使其推广受到一定限制，迟迟未能大量商品化。近年来，由于技术和设备的突破性进展逐渐克服了这些问题，已部分代替了普通热熔胶。今后其应用将会更加广泛。

7.4.3.2 反应性聚氨酯热熔胶组成及性能

反应性聚氨酯热熔胶主要由结晶性端 NCO 聚氨酯预聚体、热塑性树脂、增黏树脂、催化剂、填料及添加剂等组成。

结晶性聚氨酯预聚体是湿固化聚氨酯热熔胶的重要成分，其特性决定着热熔胶最终的使用性能和使用范围。聚氨酯预聚体中的软段基本采用结晶性的聚醚二醇（PTMEG）或聚酯二醇（PBA/PHA 等），其结晶性对热熔胶最终的使用性能产生很大影响。

纯的聚氨酯热熔胶物化性能比较单一，成本高，且不能满足更广泛的应用。为了缩短湿固化聚氨酯热熔胶的固化时间，改善其固化性能，一般需加入热塑性树脂，如乙烯-乙酸乙烯共聚物（EVA）、苯乙烯-丁二烯嵌段共聚物（SBS）、聚苯乙烯（PS）低聚物、热塑性聚氨酯、结晶性或无定形聚丙烯酸酯、聚酯树脂等。在聚氨酯预聚体中加入一定量的 EVA，可以促使湿固化聚氨酯热熔胶快速固化定位，起到隔离湿气、保护 NCO 基、延长贮存稳定性的作用。但 EVA 中的乙烯基含量不能太高，否则影响与聚氨酯预聚体的相容性。用于聚氨酯热熔胶的增黏树脂见 7.4.2 小节。

为加快湿固化聚氨酯热熔胶快速固化，须加入很少量的催化剂。金属有机物的加入对胶的贮存稳定影响很大。例如一种含有醚基和吗啉基团的催化剂用量在 0.1%～0.15% 之间，就能有效地保证施胶后快速固化，同时又不影响胶的贮存稳定性。又如 N,N-二甲基乙醇胺作为催化剂会先与聚氨酯预聚体中部分的 NCO 基反应，这样就能避免在熔融施胶的时候因催化剂的挥发而影响固化速率，用量介于 0.005%～0.1%，对热熔胶的贮存稳定影响不大。

填料的加入不仅能降低成本，也能减小固化收缩率和热膨胀系数，甚至会提高力学性能。常用的填料有碳酸钙、滑石粉、炭黑、钛白粉及云母等。另外根据实际需要还可以选择性地加入与主组分相容的添加剂，如稳定剂、除泡剂、触变剂、紫外吸收剂、粘接促进剂、阻燃剂、颜料、抗氧剂及结晶成核剂等。

7.4.3.3 含其他反应基团的聚氨酯热熔胶

除了端 NCO 基聚氨酯预聚体为基础的反应性聚氨酯热熔胶，还有一些含其他反应性基团的预聚体制成的反应性聚氨酯热熔胶。有的处于研究阶段，有的已经商业化应用。

前面介绍的端烷氧硅基聚氨酯预聚体是一种湿固化硅烷化聚氨酯预聚体，它可以用于制造反应性热熔胶，除了不产生气泡外，还可降低极性聚氨酯胶黏剂的表面能，实现对低极性材料的浸润粘接。

用 2-巯基乙醇等含 SH 基团的化合物与端 NCO 基聚氨酯预聚物反应得到端 SH 的聚氨酯热熔胶，施胶后巯基再氧化生成双硫键而固化交联，其对环境湿气无苛刻要求，从而避免了 CO_2 的产生，贮存稳定性也有所提高。

有一种反应性热熔胶，其成分包括：一半以上 NCO 基团被封闭的端 NCO 聚氨酯预聚体，热塑性聚氨酯树脂、无羟基的聚酯树脂，还添加了聚合物多元胺或聚合物多元醇或羟基化环氧树脂等。这种热熔胶固化后有高的热稳定性、优异的耐低温性、耐湿气和贮存稳定性。

7.5 水性聚氨酯胶黏剂

水性胶黏剂是某些溶剂型胶黏剂的替代品，以水为介质的水性聚氨酯胶黏剂不仅具有聚氨酯的一般优点，而且具有无明显溶剂刺激性气味、无 VOC 散发等环保优点。它基本上不含有机溶剂，具有无毒、不易燃烧、不污染环境、节能、安全可靠、易操作和改性等优点，是聚氨酯胶黏剂的一个重要的发展方向。

水性聚氨酯胶黏剂一般为分散液或乳液状态。水性聚氨酯胶黏剂如果按水性聚氨酯的制备方法、亲水性物质性质等分类可以有各种类型，按应用形式可以分为单组分和双组分。

根据应用需要，可添加增稠剂、润湿剂、消泡剂、交联剂、流平剂、抗氧剂、紫外光吸收剂、填料、偶联剂等助剂。水性胶黏剂以水为介质，对疏水性被粘体材质表面的溶解度和润湿能力差，且聚氨酯树脂较难渗透进入材质细孔。润湿剂有聚硅氧烷或羟基聚硅氧烷类等，使得胶在基材上充分润湿。聚醚改性硅氧烷类等成分的流平剂可降低水性胶黏剂的表面张力，使其在基材表面易于流平，以获得均匀而平整胶膜。消泡剂一般以憎水性聚硅氧烷（如聚醚改性聚甲基硅氧烷）为主要成分，可消除水性聚氨酯胶层中的微细气泡，不产生缺陷。为调节胶黏剂流变状态可使之具有适当稠度，甚至使产品有触变性，改善施工涂覆性能和胶料贮存稳定性，可使用如非离子型聚氨酯增稠剂、缔合型增稠剂、聚醚硅氧烷共聚物等成分的增稠剂。

7.5.1 单组分水性聚氨酯胶黏剂

单组分水性聚氨酯胶黏剂是指水分挥发后即能固化、获得较高粘接强度的一类水性聚氨酯胶黏剂。

水性聚氨酯胶黏剂在涂布后，需要经过鼓热风干燥、红外线等设备使水分挥发。通常对初步干燥的胶膜在一定温度下进行热活化（例如 60~80℃将胶膜烘软），再进行粘接，可以获得更好的粘接强度。同时胶膜具有较高的内聚强度，这缘于加热使聚氨酯的软硬段排序规整、氢键有序化程度提高，并且加热也有利于残留水分的挥发。

用于制备单组分聚氨酯胶黏剂的低聚物多元醇可用结晶性的聚酯二醇和聚四氢呋喃二醇，也可用聚醚多元醇，或者聚酯和聚醚的混合多元醇。二异氰酸酯可以用 TDI、MDI 等芳香族二异氰酸酯，对于耐黄变胶黏剂一般用 IPDI，其他原料也有使用。亲水性扩链剂一般多用二羟甲基丙酸。

普通水性聚氨酯树脂耐水性、耐热性欠佳，一般可采用在合成时提高内交联剂添加量，或者纳米填料改性、其他树脂改性等方法进行改善。

南京工业大学潘亚文等人（2007 年）研究了合成条件对单组分水性聚氨酯胶黏剂性能的影响。该研究采用聚酯多元醇、聚醚多元醇、二羟甲基丙酸、双酚 A 和 TDI 等反应制备聚氨酯预聚体，再加入少量内交联剂 B 在 80℃下继续反应 1h，然后加入少量丙酮并降温至 30℃，加入少量内交联剂 A 继续反应 1h 后加入三乙胺中和，高速搅拌下乳化得到水性聚氨酯。这种单组分水性聚氨酯树脂可用作复合薄膜胶黏剂。结论是：内交联剂 A 和 B 与水性聚氨酯乳液发生了交联反应，从而提高了水性聚氨酯胶黏剂的粘接强度，两者混合使用效果较佳；水性聚酯型 PU 具有较好的粘接强度，而水性聚醚型 PU 具有较好的低温性能、耐水性和初黏性，聚酯和聚醚多元醇复配能提高水性聚氨酯的综合性能；控制 NCO/OH 比值（摩尔比）为 1.3/1，羧基质量分数为 1.2% 时，水性聚氨酯胶黏剂粘接性能较好；适量使用扩链剂双酚 A 或丁二醇可提高水性聚氨酯胶黏剂的硬度和粘接强度，降低其吸水率性能。

上海材料研究所白子文等人在 2008 年发表的论文中对单组分水性纳米二氧化硅改性聚氨酯胶黏剂进行了性能研究。该研究以甲苯二异氰酸酯（TDI）、聚酯、蓖麻油、纳米二氧化硅等为主要原料，采用原位聚合复合工艺制备了单组分水性纳米二氧化硅-聚氨酯胶黏剂。纳米 SiO_2 的加入，破坏了聚氨酯硬段的结晶，消除了各向异性，同时提高了其模量，使得聚氨酯胶黏剂的粘接强度得到提高，但对耐热性没有明显改善。

单组分水性聚氨酯胶黏剂用于复合薄膜、皮革涂饰、压敏胶等领域。

7.5.2 双组分水性聚氨酯胶黏剂

单组分水性聚氨酯树脂在干燥后一般存在耐水性和耐热性不足，可在使用时添加交联剂等进行改善。水性聚氨酯和交联剂组成了双组分胶黏剂体系。

双组分水性聚氨酯胶黏剂组合比较多，根据水性聚氨酯树脂存在的基团，可以采用不同的交联剂机理。其中比较常见的有水性聚氨酯与可水分散的多异氰酸酯，水性聚氨酯与含环氧基团的交联剂等，另外乙烯基聚合物乳液和多异氰酸酯也组成特殊的双组分乙烯基聚氨酯胶黏剂。

双组分聚氨酯胶黏剂的应用广泛，将在下一小节介绍。

7.5.3 水性聚氨酯胶黏剂的应用

7.5.3.1 鞋用水性聚氨酯胶黏剂

鞋用胶黏剂通常需要在较低温度如常温或 60℃ 以下固化，应具有优良的初黏性、柔韧性、耐水性、耐久性和一定的耐热性。水性聚氨酯胶黏剂具有低毒、环保等优点，在聚氨酯胶黏剂用量较大的鞋用胶生产中有较好的发展前景。水性聚氨酯胶黏剂的性能基本上能满足制鞋的要求。水性聚氨酯胶黏剂需较长的干燥时间和较高的干燥温度，干燥工艺条件要求严格，因此要对现有工艺设备进行适当改造。

Bayer公司的水性双组分聚氨酯胶黏剂Dispercoll U配以Desmodur D在耐克、阿迪达斯等公司品牌运动鞋的使用已达到工业化规模。水性聚氨酯胶黏剂在皮鞋生产中的应用落后于运动鞋，但已经有不少公司正在研发和批量试用，并已取得重大进展。

和溶剂型双组分聚氨酯鞋用胶黏剂一样，用于水性胶黏剂的聚氨酯一般也具有较好的结晶性，也需要加热活化工序。作为鞋用胶使用需添加必要的助剂，包括水性润湿剂、流平剂、消泡剂、增稠剂等。

Bayer公司的Dispercoll U系列产品是较早用于制鞋工业的水性胶黏剂，其化学成分为含磺酸盐阴离子型非黄变性聚酯型聚氨酯水分散液，其产品主要性能见表7-5。此类聚氨酯水分散液配以适当助剂制成的水性胶黏剂已在高档旅游鞋生产中大量应用。

■表7-5　Bayer公司Dispercoll U系列水性聚氨酯性能

Dispercoll牌号	固含量/%	黏度/mPa·s	最低活化温度/℃	耐热性/℃
U42	50±1	150~800	>100	>100
U53	40±1	50~600	45~55	60
U54	50±1	40~400	45~55	60
U56	50±1	<1 000	40~50	50

我国也研发了类似水性聚氨酯鞋用胶，例如黎明化工研究院开发的耐黄变磺酸盐阴离子型聚酯型水性聚氨酯胶黏剂，其A组分为半透明或乳白色脂肪族异氰酸酯基PUD水分散液，固含量40%~50%，黏度300~800mPa·s，最低活化温度45℃；B组分为可水分散异氰酸酯，固含量≥90%。此类胶黏剂具有耐黄变、黏度低、活化温度低、初粘强度高等特点，部分材料剥离强度分别为：PVC/PVC=7.22 N/mm，真皮/真皮=6.10 N/mm，真皮/帆布=7.66 N/mm。

7.5.3.2 汽车用水性聚氨酯胶黏剂

水性聚氨酯胶黏剂直到20世纪90年代才逐渐在汽车内饰件粘接上应用。水性聚氨酯胶黏剂可以常温固化，也可以加热固化，几乎可以做到零VOC，由于新型汽车塑料部件使用量增加及汽车内饰用胶的增加，因此在汽车领域应用增长速度很快。目前，在这一领域德国是水性聚氨酯胶黏剂最大用户。

据荷兰Zeneca Resins估计，为满足汽车工业新型塑料零部件胶接的需要，欧洲市场每年约需水性聚氨酯胶黏剂6000多吨，该公司开发的NeoRez系列水性聚氨酯胶黏剂在低活化温度下具有良好初粘接和最终粘接强度，并对 ABS 塑料有极好的粘接。

美国 Evode-Tanner 公司最新开发了 EVO-Tech385 系列水性聚氨酯胶黏剂，所粘接的硬质基材为 ABS、聚丙烯纤维板等，粘接的软质基材包括织物、乙烯基塑料、泡沫背衬的乙烯基塑料等。其水性 PU 胶具有耐高温、耐水、耐增塑剂和粘接性能高等特性，可用于汽车的仪表板、前车门、后车门和杂物箱等部位。

国内一汽长春富奥-江森汽车内饰件有限公司从意大利引入全套水性聚氨酯胶黏剂内饰件生产线，不再使用溶剂型胶黏剂。

另外，水性聚氨酯滤芯胶适用于滤纸与滤纸、滤纸与钢板、滤纸与镀锌钢板、钢板与钢板、铝板与铝板的粘接，该胶对滤纸及金属的粘接性强，施胶工艺简单，贮存稳定性好。

7.5.3.3 木材用水性乙烯基聚氨酯胶黏剂

用于木材加工的乙烯基水性聚氨酯胶黏剂是一类特殊的水性聚氨酯胶黏剂。

木材加工是水性胶黏剂的最大应用领域。胶合板、纤维板、刨花板制造中常用的水性胶黏剂有脲醛树脂、三聚氰胺-甲醛树脂、酚醛树脂等。采用"三醛树脂"制造复合板材，一般要求木材水分含量在 2% 以内，而未经干燥处理的木材水分含量在 10% 左右甚至更高，需要经过干燥处理才能进行层压复合加工，并且在粘接过程中及制品使用、放置过程中均可能产生有刺激性气味和毒性的甲醛。采用含异氰酸酯基团的双组分乙烯基水性聚氨酯胶黏剂及异氰酸酯乳液可避免以上缺点。日本早在 20 世纪 70 年代就推出了双组分水性乙烯基聚氨酯系木材胶黏剂，即水性高分子-异氰酸酯系木材胶黏剂。一些发达国家，如日本、美国、德国等国家已将水性乙烯基聚氨酯胶黏剂部分取代了污染严重的"三醛树脂"胶黏剂。2004 年，该类胶黏剂在日本的生产量为 19435t。该类胶黏剂一个组分为水性聚合物乳液或水溶液（如聚乙酸乙烯乳液、聚乙烯醇水溶液），另一个组分为多异氰酸酯，水性聚合物具有对多异氰酸酯的乳化和分散作用。在水分挥发以及被基材吸收的过程中，异氰酸酯与水性聚合物分子中的活泼氢（尤其是羟基）反应，形成交联网络。近年，为有利于多异氰酸酯与水性聚合物中活泼氢快速而充分反应，常将亲水基团引入多异氰酸酯，制得易在水中分散的高官能度多异氰酸酯。由于芳香族多异氰酸酯反应活性高，该类胶黏剂在配制后一般需尽快使用掉。这种胶黏剂具有初黏性高、可常温粘接、最终粘接强度高、胶层耐水、耐久性良好等优点，木材受压时间短，操作简便，与常用的脲醛树脂胶黏剂相比，无甲醛逸出，环保。

水性乙烯基聚氨酯胶黏剂不仅能粘接木材，对金属、塑料、纸张等也有较好的粘接性。

除了水性乙烯基聚氨酯树脂外，某些普通的水性聚氨酯树脂也可以用于木材粘接，但成本不一定经济。

异氰酸酯乳液胶黏剂也用于粘接木材。这类胶黏剂是指采用价廉的 PAPI 直接分散于水中，或把经亲水（或及氨酯）改性制成的可分散多异氰酸酯分散于水中形成水性胶黏剂。这种胶黏剂与无溶剂或溶剂型多异氰酸酯胶黏剂类似，不同之处在于多异氰酸酯产品本身不含水，在使用时才通过水进行稀释。由于芳香族异氰酸酯 NCO 基团对水较高的反应活性，多异氰酸酯分散在水中后使用期较短。

疏水性的多异氰酸酯一般很难乳化于水而形成稳定的乳液。但通过一些外加乳化剂、用有机溶剂稀释后进行分散等方法，可形成异氰酸酯乳液。有机溶剂污染环境，成本也高，并且分散粒径也较大。而亲水改性的多异氰酸酯克服了上述不足。市场上有此类产品。

7.5.3.4 复合软包装用水性聚氨酯胶黏剂

水性聚氨酯胶黏剂用于复合膜胶黏剂，在 20 世纪 90 年代出现，目前国外许多公司已开发出此类胶黏剂。该类胶黏剂以水为稀释剂，无溶剂气味，使用安全，初黏力高，熟化周期短。国外有 Rohm & Haas 等公司生产这类水性胶黏剂。例如 Fuller 开发的 WD-4003、WD-4006 和 WD-4007PU 分散液对多种软包装材料均有极好的粘接性，交联后的粘接强度高于薄膜材料本身。国内襄樊航天化学动力总公司开发的 PU-4276/C520 型胶黏剂是双组分水性聚氨酯胶黏剂，适用于 PET、NY、PE、CPP 等塑料薄膜之间，以及各种塑料薄膜与铝箔、纸张之间的复合。

另外水性改性聚氨酯胶黏剂也用于复合薄膜制造，如 Rohm & Haas 公司已采用水性聚氨酯/丙烯酸酯杂化体复合不同塑料或金属箔。日本东邦化学工业公司研制出了具有优异贮存性能的环氧化合物改性离子型水性聚氨酯胶黏剂，特别适用于食品包装用多层塑料膜。

国外用于房屋建筑材料的铝板、牛皮纸、铝复合板，过去常采用乙烯-丙烯酸酯共聚乳液（EAA）等胶黏剂制造，而采用水性聚氨酯胶黏剂时其粘接性能明显优于 EAA。

7.5.3.5 服装和植绒用水性聚氨酯

聚氨酯柔韧性好、耐低温，黏附性好，广泛用于服装制造业。水性聚氨酯除了广泛应用于帆布、服装面料、传送带等涂层外，还可用于织物的粘接和层压复合、植绒黏合剂等，水性聚氨酯胶黏剂环境友好，深受纺织、服装业的高度重视。

水性聚氨酯适用于织物整理剂（黏合剂）。经水性聚氨酯乳液处理的织物具有耐洗、硬挺、防缩、防皱、手感好等优点。水性聚氨酯胶黏剂可用于制造高质量的复合布、无纺布及地毯等。

水性聚氨酯具有优良的柔韧性，胶层柔软，可用于植绒胶。植绒加工中要求高性能的黏合剂，对 PVC 塑料底材、布料具有较高的黏附力，衣料植绒要求成型的植绒层具有耐洗涤性、耐干洗，以及对二次加工的适应性。作为植绒胶，必须增稠。静电植绒工艺必须采用高性能的水性胶黏剂。水性聚氨酯黏合剂的综合性能超过丙烯酸酯乳液黏合剂。还可采用水性聚氨酯-丙烯酸酯复合乳液做植绒胶。

7.6 聚氨酯密封胶

7.6.1 概述

7.6.1.1 聚氨酯密封胶性能特点

密封胶是用来填充空隙（孔洞、接缝等）的材料。弹性密封胶是将粘接和密封两种功能集于一身的产品。其中性能较好的三类高档弹性密封胶分别是有机硅密封胶、聚硫密封胶和聚氨酯密封胶。

原料品种繁多、配方和性能可调是聚氨酯材料的基本特点。聚氨酯密封胶用途广泛，如用于汽车等交通工具部件装配、建筑物嵌缝密封、道路和广场路面嵌缝、水利工程、电子元件密封处理等，对配方体系和性能各有侧重。密封和粘接是密封胶的主要功能。用于土木建筑的聚氨酯密封胶，以密封为主、粘接为辅，大多以高弹性、低模量为特点，以适应动态接缝。

弹性聚氨酯密封胶具有如下优点：具有优良复原性，可适合于动态接缝；粘接性好；耐紫外光、耐微生物，耐久性和耐候性好，使用寿命可长达15～20年；耐油、耐水性优良，隔音效果良好；对基材无污染性；表面可着色；耐磨、耐撕裂；对金属材料、石材及混凝土无腐蚀；大部分产品对饮用水卫生；长期服务温度一般在-40～80℃之间，低温保持柔软弹性；价格适中。

7.6.1.2 聚氨酯密封胶的原料和配方要点

聚氨酯密封胶是以 NCO 与活性氢化合物起反应而固化为基础。少量的水分能消耗可观的含 NCO 的化合物。由于密封胶的基础聚合物——端 NCO 预聚体的 NCO 含量一般设计在较低的水平，故若原料中含有少量水分，会使 NCO 含量大幅度降低，极可能使制备失败；并且双组分 PU 密封胶两组分的配比有一定的范围，若固化剂组分中存在水分，则一者是消耗 NCO 基团，使固化反应不完全，固化后胶层发黏，二者是产生 CO_2 使密封胶固化物体积增加，胶的物性劣化。因而在密封胶的整个制备过程中，原料的脱水干燥是很重要的操作步骤，并且操作过程物料应与空气隔绝为好，以防止空气中湿气对制备的影响。原料的水分含量应控制在 0.05% 以下。

对于液态原料或固液混合物的干燥，常用的方法有真空干燥（减压加热脱水）、有机溶剂共沸蒸馏法除水及在水分含量较少的原料中添加水分吸附剂（如分子筛、无水硫酸钙等）。对固体填料的预先除水可用中高温焙烧或烘箱（马弗炉）干燥等方法，要注意干燥的热填料冷却过程中应避免再与湿气接触而吸湿。

聚氨酯密封胶应具有耐水解、耐久性和较好的弹性、粘接性,其原料品种繁多,配方中成分复杂。聚氨酯密封胶的原料及其使用目的见表 7-6。聚氨酯密封胶的主成分为聚氨酯预聚物,其原料为活性氢化合物及异氰酸酯化合物。填料、增塑剂及触变剂等添加剂必须是对异氰酸酯非反应性的。

■表 7-6　聚氨酯密封胶配方成分

种　类	原料(举例)	使用目的
聚氨酯预聚体	聚醚多元醇及二异氰酸酯(TDI 及 MDI 等)	单组分胶的基础预聚物;双组分胶的主剂
活性氢化合物	多元醇、芳族多元胺等	双组分胶的固化剂
填料、体质颜料	$CaCO_3$、TiO_2、黏土、滑石粉、炭黑、SiO_2、PVC 糊等	增量、补强、增稠、调色
(其他)颜料	氧化铁、锌钡白、氧化锑、硫化锑、酞菁绿等	使胶与基材同色
增塑剂	邻苯二甲酸酯类、氯化石蜡等	降低黏度,改善作业性及物性
溶剂	甲苯、二甲苯(很少)	调整黏度
催化剂	二月桂酸二丁基锡、辛酸铅、辛酸亚锡、叔胺类	加快预聚体制备反应;促进固化
触变剂	气相 SiO_2、表面处理 $CaCO_3$	防止胶条坍落(抗下垂)
稳定剂	抗氧剂、UV 吸收剂等	耐老化,提高耐候性
发泡抑制剂	分子筛、无水石膏、CaO 等	吸收原料水分及所产生的 CO_2

7.6.2 单组分聚氨酯密封胶

单组分聚氨酯密封胶是潮气固化型聚氨酯密封胶,一般是硬铝管或铝塑复合软管包装,可用密封胶枪施工。其优点是无需调配、使用方便,但缺点是由表层到内部固化缓慢,特别是在干燥环境下。因为密封胶中的树脂成分——聚氨酯预聚体对水分敏感,单组分聚氨酯密封胶生产工艺要求较高:①所有原料包括填料必须无水,胶中的填料和催化剂不应影响预聚体的贮存期,同时要求密封胶在遇潮气时能尽快固化;②填料与树脂的混合需采用特殊的混合设备如真空行星式搅拌换罐式生产装置,避免与空气接触;③对包装的要求较高,一般要求在隔绝空气下包装。

大多数单组分聚氨酯密封胶是不下垂型密封胶,具有良好的触变性,也有少数产品是自流平型产品。用于建筑领域的单组分聚氨酯密封胶,对固化速率的要求不是很高,但特殊粘接密封场合也要求快速固化。单组分聚氨酯密封胶表干时间从数十分钟到十多小时不等,固化速率(深度)一般在 2~8mm/24h。根据国内外厂家的产品说明书统计,固化后密封胶的硬度在邵尔 A25~50 之间,拉伸强度在 1.0~3.0MPa 之间,伸长率在 400% 以上,其中高强度胶的用途偏重于结构性粘接兼密封。以粘接为主的单组分聚氨酯密封胶/胶黏剂在单组分湿固化胶黏剂小节已经介绍。

单组分湿固化聚氨酯密封胶是由端 NCO 基团聚氨酯预聚体与填料、增塑剂、添加剂配合而成。聚氨酯预聚体的质量和稳定性直接影响密封胶的各项技术指标。单组分聚氨酯密封胶的制造方法有两种：一种是先制备 PU 预聚体，再加干燥填料等原料、混合均匀；另一种是在有填料存在下制备预聚体。

【实例】 聚醚三醇 PPT（M_w=5000）57 份、聚醚二醇 PPG（M_w=2000）23 份于 110℃真空脱水 2h，冷却至 80℃加 9.1 份 TDI 反应直至 NCO 含量 2.2%，然后加入 DOP 40 份、MDI 19.6 份、PPT 85 份、PPG 35 份，在 80℃反应直至 NCO 1.8%。此预聚体 100 份与 DOP 10 份、炭黑 85 份、碳酸钙 10 份、二甲苯 10 份、DBDTL 0.3 份在真空下捏合形成均匀的湿固化密封胶。

7.6.3 双组分聚氨酯密封胶

双组分聚氨酯密封胶的拉伸强度一般大于 0.2MPa，伸长率大于 200%，邵尔 A 硬度在 15～45 之间。适用期（可操作时间）也是双组分密封胶的重要性能项目，通常在 0.5～5h 之间，按新行业标准 JC 482—2003，要求适用期不小于 1h，且在 24h 内固化。在某些应用场合如道路施工，需采用快干型双组分密封胶。

与单组分产品相比，双组分聚氨酯密封胶制造中对填料中的水分要求不十分严格，并且双组分聚氨酯密封胶的固化速率比单组分湿固化聚氨酯密封胶快，耐化学品性能和耐热性较单组分密封胶好，并且可以采用大包装，成本较低，因此双组分聚氨酯密封胶在建筑和道路工程领域有广泛的市场。但双组分产品需在现场调配，虽有一定的配比宽容度，但称量、调配比较麻烦，万一计量严重失误，则会造成工程损失。

双组分聚氨酯密封胶由主剂和固化剂组成。大多数双组分 PU 密封胶的主剂主要是由聚醚多元醇与多异氰酸酯反应得到的端 NCO 预聚体；固化剂由聚醚多元醇、多元胺等活性氢化合物、填料、触变剂、抗氧剂、催化剂等组成。另有少量双组分 PU 密封胶是以羟基组分（或聚醚填料混合物或端羟基预聚体）为主剂，多异氰酸酯为固化剂。

双组分 PU 密封胶的主剂的制备工艺如下：聚醚多元醇→减压脱水→加多异氰酸酯反应→冷却、包装

固化剂的配制工艺一般为：聚醚多元醇、无机填料、增塑剂、催化剂等→分散→脱泡→包装

【实例】 一种双组分 PU 密封胶的配方如下：

主剂：TDI 型 PU 预聚体（NCO 3.1%）。

固化剂：CaCO$_3$ 100.4 份、CaO 6.6 份、DOP 9 份、25%辛酸铅溶液 4 份、PPG（M_w=1000）4.7 份、PPG（M_w=2000）29.5 份、PPT（M_w=

1500）3.3份、PPT（$M_w = 3000$）19.5份、炭黑0.4份、TiO_2 18份及13%有机镍溶液4.6份，在室温捏合而得。

主剂和固化剂配比为100∶200（质量比）。

7.6.4 聚氨酯密封胶的应用

聚氨酯密封胶主要用于土木建筑业，其次是交通运输业和机械制造等。

7.6.4.1 土木建筑用聚氨酯密封胶

由于聚氨酯密封胶对各种建筑材料都具有良好的粘接性，且价格比有机硅与聚硫密封胶低，因此聚氨酯密封胶的应用越来越广。聚氨酯密封胶在土木建筑及交通工程方面的具体应用有：混凝土预制件等建材的粘接及施工缝的填充密封，门窗框及混凝土墙之间的密封嵌缝，玻璃幕墙嵌缝粘接密封，轻质建筑材料（如保温板、铝塑装饰板、吸音天花板）的粘贴嵌缝，阳台、水箱、蓄水池、污水池、竖井、卫浴设施的防水嵌缝密封，空调及其他体系连接处的密封，隔热双层玻璃制造，门窗框架的嵌缝，柔性通风防漏，墙体和楼板的管线贯孔洞密封，混凝土和块石地面接缝密封，踢脚线及门槛粘接，屋面和排水沟接缝密封，高等级道路、桥梁、飞机跑道等有伸缩性的接缝的嵌缝密封，各种材质下水道、地下煤气管道、电线电路管道等管道接头处的连接密封，地铁隧道及其他地下隧道连接处的密封等。

我国土木建筑及交通工程中所用聚氨酯密封胶有国产及进口的，包括非发泡型传统的聚氨酯密封胶以及单组分发泡密封胶。传统土木建筑用单组分和双组分聚氨酯密封胶应符合建材行业标准JC/T 482—2003《聚氨酯建筑密封胶》的要求。交通工程用密封胶应符合JTJ 012行业标准。发泡聚氨酯密封胶是一种气雾罐装的湿固化单组分膨胀填缝胶，又称作"聚氨酯泡沫填缝剂"，已经在"7.2.1.5 单组分聚氨酯泡沫填缝胶"小节中介绍。

瑞士Sika公司单组分聚氨酯密封胶Sikaflex系列主要用于建筑业中高性能接缝密封及弹性粘接，其中两种单组分密封胶的性能见表7-7。Sikaflex-11FC是具有持久弹性的单组分快速固化聚氨酯密封胶，成膜时间与环境有关，一般在45～75min。Sikaflex-15LM是一种单组分、高触变性的低模量聚氨酯密封胶/胶黏剂。

Bostik道路/建筑用双组分聚氨酯密封胶的典型物性见表7-8。

建筑密封胶以双组分产品为主，为了适应建筑材料的发展，JC/T 482—1992《聚氨酯建筑密封膏》已修订为JC/T 482—2003《聚氨酯建筑密封胶》，比较明显的变化是：JC/T 482—2003在适应范围中添加了单组分产品，产品性能采用了ISO 11600规定的位移能量-模量分级法，区分为25LM级（表示可承受试验拉压幅度±25%而不破坏、低模量）、20LM和20HM（高模量）三个级别，以适应不同工程的要求；一些指标也进行了修订，总而言之，新的聚氨酯密封胶标准更关注实际应用性能。

■表 7-7　Sikaflex 单组分聚氨酯密封胶的典型性能

性能	Sikaflex-11FC	Sikaflex-15 LM
颜色	黑/白/灰	黑/白/灰
密度/(g/cm^3)	1.20~1.27	1.25~1.30
成膜时间/h	<24	<24
渗出性指数	0	1.0~1.1
下垂度(N型)/mm	0	1.0~1.5
低温柔性/℃	-4	-40
拉伸强度/MPa	0.5~0.7	0.35~0.50
剥离强度/MPa	4~5	>0.9
剥离破坏面积/%	<40	20~37
断裂伸长率/%	400~500	300~500
弹性恢复率/%	80~90	88~94
变形幅度(接缝宽度)/%	±12.5	±25
邵尔 A 硬度	40~45	23~27
使用温度范围/℃	-30~80	-40~75
施工温度范围/℃	5~35	5~35
最大接缝宽度/mm	35	35
最小接缝深度/mm	8	8
挤出性/(mL/mm)	—	250~330
拉压循环等级	—	7020
不良黏结面积/%	—	4.0~6.0

■表 7-8　Bostik 道路/建筑用双组分聚氨酯密封胶的典型物性

项目	Bostik 型号				
	'N' Flex Immersible	'N' Flex trafficable	Traffic Seal FC	Chem-Calk 500	Chem-Calk 550
颜色	灰	灰/白	黑/白	可选	可选
可操作时间(20℃)	120min	120min	30~60min	2~5 h	2~5 h
邵尔 A 硬度	36	35	42	28	35
拉伸强度/MPa	1.31	1.58	1.58	0.83	1.61
用途或特点	建筑浸水型	道路	道路快干型	建筑N型	建筑道路

7.6.4.2　用于汽车、机械、电子等行业的密封胶

聚氨酯密封胶在车船及机械等方面的应用有：车窗（主要是风挡玻璃）的装配密封，车身与其他部件的装配，集装箱装配，隔热体系如冷藏车、冷库保温层及低温容器的粘接密封，家电、航天、电子等行业电子元器件的灌封、装配和维修，电机等的粘接密封，电缆（如地下电缆）的柔性接头等。

这类聚氨酯密封胶不仅起密封作用，而且起粘接作用，有的同时也属结构性胶黏剂。有人称为"聚氨酯粘接密封胶"或"聚氨酯胶黏剂/密封胶"，以单组分为主。见单组分湿固化胶黏剂小节。

7.6.4.3　中空玻璃制造用密封胶

用于双层中空玻璃的密封胶是用于建筑领域聚氨酯密封胶的一种特殊产品。双层中空玻璃是一种由两块玻璃四周密封、中间充干燥空气或抽真空形成的窗玻璃制品，具有优良的隔热性能，主要用于门窗玻璃。由于弹性密封

胶以及粘接工艺的发展，中空玻璃得到发展。以双道密封为主流的中空玻璃生产工艺第一道密封用丁基胶，第二道密封用聚氨酯、聚硫或聚硅氧烷弹性密封胶。长期以来，聚硫密封胶是中空玻璃的主要胶种。因为聚氨酯密封胶对玻璃、铝和阳极氧化钢粘接牢固，适合于动态接缝，可承受中空玻璃的风压变形，水汽渗透率和吸水率低，以及具有耐油、耐老化等特性，在欧美地区被用作双层中空玻璃的密封胶。法国乐杰福密封胶有限公司的 Totalseal TS3185 是用于双层中空玻璃的双组分聚氨酯密封胶/胶黏剂，该胶的 A 组分为乳黄色，密度约 $1.72g/cm^3$，B 组分为黑色或灰色，密度 $1.13g/cm^3$，两组分体积混合比 100/10 或质量比 100/6.5，可操作时间约 30min，有触变性，最大下垂度 2.5mm，表干时间 2~4h，固化时间 4~6h，邵尔 A 硬度≥40，水汽渗透率≤$6g/(24h·m^2)$。

7.6.5 聚氨酯密封胶的市场演变以及研发动向

我国开发聚氨酯密封胶始于 20 世纪 70 年代，最初一直以低档的双组分焦油型（黑色）聚氨酯密封膏以及双组分彩色聚氨酯密封胶为主。20 世纪 90 年代山东化工厂从西欧引进技术生产单组分聚氨酯密封胶。

从文献报道看，国内不少研究和生产单位对影响密封胶性能的各种因素进行了详细的研究，这里不详细介绍。

在新的配方体系中，有机硅改性聚氨酯密封胶是研究较多的一个方向，即在聚醚型预聚体端基上接上硅烷基，形成硅烷化的聚氨酯预聚体，其湿固化机理与常规湿固化聚氨酯预聚体不同，固化时不会产生二氧化碳，因此不会因固化快而在胶体中产生气泡，有些厂家推出这种产品，主要用作结构性的密封胶/胶黏剂，主要用于汽车、火车、卡车等组件的粘接装配。单组分小包装聚氨酯密封胶得到发展，包装方式除硬铝罐包装外，还有铝塑复合香肠式软包装，已基本上与国外接轨。这种特殊的聚氨酯胶已经在"7.2.1.6 端硅氧烷基湿固化型聚氨酯胶"小节中介绍。

生产聚氨酯密封胶使用最多的二异氰酸酯原料是 TDI，原因是 TDI 常温为液态，操作方便，缺点是预聚体中存在少量挥发毒性较高的游离 TDI。国外如 Huntsman 公司已开发了专用于密封胶的 MDI 型预聚体，克服了 MDI 预聚体黏度大、低温结晶的问题，使用更环保。一般聚氨酯密封胶使用普通聚醚多元醇，国外有报道采用高分子量低不饱和度聚醚多元醇制造密封胶。

遇水膨胀型聚氨酯密封胶是一种特殊的密封胶，这类密封胶在配方中采用部分亲水性原料，可使得密封胶在遇水时适当膨胀，使得密封胶卡住缝隙，以水止水，增加堵水能力。日本旭电化工株式会社的遇水膨胀密封胶 P-201 是这样的一种单组分聚氨酯密封胶，国内也有单位研制。这种密封胶在"聚氨酯防水材料"一章介绍。

7.1 聚氨酯黏合剂及其应用

在国外资料中,胶黏剂和黏合剂有不同的含义,但在我国,不少人把它们混淆使用。"黏合剂"属于胶黏剂范畴,属于胶黏剂的一类特殊应用领域,是指能把一种或几种粉状、碎块或碎片状、纤维状基材结合起来,固化而成为整体的物质,相当于英文"binder"、日文"バインダ"或"结合剂"。而胶黏剂是用于粘接两种或两种以上较大基材的液状物质,相当于英语中的"adhesive"、日语中的"接着剂"。用黏合剂把碎基材结合起来的过程,可称为黏结。

黏合剂与粉状物质混合,可以制成涂料或涂层剂使用。聚氨酯涂料已经有专门的介绍,本节主要介绍聚氨酯在一些特殊领域的应用。

7.1.1 磁带黏合剂的制备

PU 在磁性涂层中作黏合剂使用,可以说有两个方面。

聚氨酯树脂(一般是 TPU,或聚酯等低聚物多元醇与二异氰酸酯的混合物)单独或与其他树脂并用,溶于溶剂作为磁带黏合剂主成分。由于 PU 黏合剂与多种树脂共混性良好,磁粉在树脂溶液中能良好地分散,与各种基材粘接性优良,且制得的磁性涂层耐磨性、耐久性优良,特别是柔韧性优,绝大多数磁性涂层配方中含 PU。大多数用于磁性涂层的 PU 黏合剂为热塑性聚氨酯(TPU),具有优良的机械强度、弹性模量。用于磁性涂层黏合剂的 TPU 树脂与用作鞋用胶等的 TPU 树脂不完全通用,一般需要特别制备。用含侧甲基的聚酯制得的 TPU 具有较好的性能。如果 PU 含磺酸盐基团,会改善对磁粉的分散能力。

并且,大多数磁性涂料配方采用多异氰酸酯作为黏合剂的交联组分,即组成双组分型磁性涂料。双组分磁性涂层使用时有适用期限制,但制得的磁记录材料耐热性、耐久性比不用交联剂的单组分优。

在磁带涂层中,除了聚氨酯树脂外,还可以有其他树脂,例如环氧树脂、硝基纤维素、氯乙烯-乙酸乙烯-乙烯醇共聚物其中的 1~2 种。

下面介绍几则磁性涂层配方。

【实例】 一个磁带涂层的配方为:$\gamma\text{-}Fe_2O_3$ 100 份,PU 树脂 25 份,多异氰酸酯交联剂 Coronate L 3 份,甲乙酮、甲基异丁酮等溶剂若干。

PU 树脂由以 $HOCH_2CH_2C(SO_3Na)(CH_3)CH_2CH_2OH$ 为起始剂的聚 ε-己内酯($M_w=2000$) 10 份、聚己二酸己二醇酯二醇($M_w=2000$) 100 份、MDI 24.8 份和催化剂 Dabco 0.02 份制得。该树脂含离子基团,改善了对磁粉的分散能力。

含磺酸盐的 PU 树脂还可以通过下面方法合成:由己二酸、1,4-丁二醇及 5-磺酸钠-间苯二甲酸二乙二醇酯的乙二醇溶液制备含—SO_3Na 基团的聚酯二醇，再与新戊二醇混合后与 MDI 混合均匀，倒在 PTFE 板上，在烘箱内于 110~120℃下后固化 6~8 h。

有一些专利报道了辐射固化型磁性涂料，含不饱和键的改性 PU 黏合剂在基膜上涂布成一薄层，适合于电子束辐射固化。大多数情况为由丙烯酸改性的聚氨酯树脂组成黏合剂树脂成分，有时还加有多官能度的交联剂。TPU 树脂一般为聚酯型，也有少量用聚醚为原料的。

有人采用聚氨酯黏合剂在涂有磁性涂层的磁带背面涂上一层涂层，以提高磁带的耐磨性，并获得良好的摩擦系数。此涂层由 PU 黏合剂（TPU 树脂和多异氰酸酯交联剂）和非磁性的粉末如碳酸钙组成。

7.7.2 聚氨酯油墨黏合剂

印刷油墨由色料（无机或有机颜料、染料等）、载色剂（或称展色料即 vehicle、黏合剂即 binder）、添加剂等为主要组成成分。聚氨酯树脂的柔韧性、粘接性、对颜料的分散性都很优异，因而可用作塑料或金属材质表面的照相凹版及网版印刷油墨的黏合剂。

对油墨用的 PU 树脂应具有以下几方面的要求：①最基本的是可溶性，考虑到与颜料、其他树脂的相容性及适应油墨对溶剂挥发性等方面的要求，PU 树脂应能溶于醇（异丙醇）或含醇的混合溶剂，这就要求聚氨酯树脂的分子量不能太高，而大多数 PU 树脂是不能溶于异丙醇及含醇的混合溶剂的；②干燥的树脂表面无黏性；③PU 树脂溶于混合溶剂而成的 PU 黏合剂的黏度应较低，而成膜后其强度应较高；④黏合剂对光滑表面的基材要有良好的粘接性，因而一般不能采用结晶性 TPU 树脂。

油墨黏合剂所用的 PU 树脂一般由聚酯或聚醚多元醇、脂环族二异氰酸酯及二元胺/二元醇扩链剂制备，分子量约数万，为了能溶于醇，并提高膜强度、与塑料或其他基材的粘接性及颜料的分散性，一般在 PU 树脂中引入了脲键，即形成聚氨酯-脲树脂（PUU）。油墨用的聚氨酯黏合剂以单组分居多，也可以加少量多异氰酸酯交联剂。

日本三洋化成株式会社开发的一种油墨黏合剂（展色剂）用 PU 树脂，是由 PBA 聚酯（$M_w=1500$）、IPDI、IPDA 及二乙醇胺制得，其软化点为 120℃、$M_w=27600$、100％模量为 3 MPa。由于引入脲键和氨基，使分子间氢键作用力大大增加，提高了树脂的内聚强度及对薄膜的粘接力。由该树脂 30 份、二氧化钛 50 份及混合溶剂若干份制得的塑料薄膜印刷油墨对 PP、PET 及尼龙薄膜具有良好的印刷效果，印刷层耐热油脂、抗粘连。

又如由聚己二酸-（3-甲基-1,5-戊二醇）酯二醇 0.5mol、聚四氢呋喃醚二醇（$M_w=2000$）0.5mol、H_{12}MDI 12.5mol 和 IPDI 1.5mol 制备的 PUU 树脂，用于油墨黏合剂，能使颜料在油墨中的分散更均匀，对基材有更良好的黏附力。

7.7.3 聚氨酯型砂黏合剂

在金属部件制造中,一种广泛使用的方法是使用砂型,将熔融的金属浇铸其中,冷却成型。如果铸件是空心的,则还需将芯型置于砂型中,用以阻止熔融的金属流入空心部分(型腔)。为了制备具有足够强度的砂型和芯型,必须在砂子中混入少量黏合剂,这种把干燥、干净的细砂结合成型的过程叫"翻砂"(foundry sand)。如今翻砂已普遍采用"冷箱法",即不需焙烧,在室温下即固化成砂型和芯型的方法。可用于冷箱法的翻砂黏合剂有水玻璃-二氧化碳体系、酚醛树脂溶液-多异氰酸酯-三乙胺(气雾)体系(该体系主要用于制芯型)、呋喃树脂-强酸催化剂体系、油改性醇酸树脂-多异氰酸酯-催化剂、酚醛树脂溶液-多异氰酸酯-有机碱催化剂、甲阶酚醛树脂-对甲苯磺酸催化剂体系等。这种室温放置成型的砂型又称作"自硬砂"。

7.7.3.1 酚醛聚氨酯黏合剂

这类翻砂黏合剂以含羟基的酚醛树脂为一个组分,多异氰酸酯为另一个组分。将酚醛树脂和多异氰酸酯两个组分混合,室温快速固化,用于黑色金属铸造制芯型,具有混砂存放期长、流动性好、强度适宜、溃散性好、发气量低特点,能生产精度高、表面光洁的铸件,且具有改善劳动环境、提高劳动生产率的优点。

酚醛树脂一般是富苄基醚的甲阶酚醛树脂,此类多元醇与异氰酸酯反应速率较聚醚多元醇快。多异氰酸酯组分一般以多亚甲基多苯基多异氰酸酯(即PAPI)为基础。

用黏合剂制芯型的主要步骤:将型砂与黏合剂树脂混合,混入树脂的砂经射芯、吹胺,砂芯即刻固化,再吹入空气以清除胺催化剂,然后取出砂芯,此时砂芯就具有相当高的瞬时强度。酚醛聚氨酯黏合剂广泛应用于灰铁、球铁、铝、镁、铜及钢铸件的芯型。

7.7.3.2 聚氨酯自硬砂黏合剂

这类黏合剂以聚醚多元醇、醇酸树脂多元醇为羟基组分,以多异氰酸酯为固化剂组分。此类黏合剂具有特殊的固化特性,混好的砂在达到固化时间之前流动性一直很好,一到固化时间立即固化,无论砂型厚薄都能均匀固化,可用时间和脱模时间可以调整,砂型尺寸精确,而铸件也同样精确,通常黏合剂用量为砂的1%~2%就能产生足够的强度,得到好的铸件。

如常州有机化工厂的通用型聚氨酯自硬砂黏合剂的使用配方为:多元醇组分CPⅠ1600用量为砂重的1%,多异氰酸酯组分CPⅡ2600用量为砂重的1%,催化剂CP 3550为多元醇组分的1%。使用方法为:将预先称好的催化剂与多元醇组分混合均匀,然后将其倒入称好的砂中混合均匀,再向砂中倒入称量的多异氰酸酯,计时并混匀,即开始填砂,在常温下自计时起10~25min即可脱膜。

据称该厂一种铸铝专用聚氨酯自硬砂黏合剂溃散性能特别好,落砂如流水。其使用方法为：先将棕褐-黑色、相对密度约 0.95 的多元醇组分 CP I 5140（用量为砂重的 1%）与砂混合均匀，再混入已计量的相对密度约 1.09 的褐黑色多异氰酸酯组分 CP II 5235（用量为砂的 1%），开始计时，混匀后立即填芯盒，常温下自计时起 15～30min 即可脱模。

只有通过黏合剂才使散砂黏结成整体，砂型的强度依赖于黏合剂固化物的内聚强度，为了使黏合剂固化物分子量达到一定程度，NCO 与 OH 的摩尔比一般应控制在 0.8～1.5 之间。

有人用聚氧化丙烯醚多元醇（N-220/N-330 的混合物）多异氰酸酯制备自硬砂黏合剂，研究了二元醇与三元醇的比例、NCO 与 OH 的摩尔比等因素对自硬砂强度的影响，发现 $n_{NCO}/n_{OH}=1.1～1.2$ 时，强度达到最大值，多元醇过量或异氰酸酯大大过量时均会影响砂型的强度。

7.7.4 木材及复合板黏合剂

聚氨酯胶黏剂可用于木块、木板的粘接。在"水性聚氨酯胶黏剂"小节已经介绍了水性胶黏剂在木材粘接中的应用，除了用作胶黏剂，也用作黏合剂。此处介绍用于刨花板、秸秆复合板等的黏合剂。

木材加工中的碎木料如小木块、刨花、木屑及农副产品如秸秆等的碎料，可通过用黏合剂黏结、模压出板材或其他型材（如软木塞），既是废物利用，所制成的刨花板、碎料板、纤维板等材料又具有较好的性能，已广泛用于家具及建筑材料。

多异氰酸酯类黏合剂是三醛胶的环保替代品。早期多用 PAPI 作碎木料黏合剂，后来用多元醇对其进行改性，提高了板材的弯曲强度等性能。采用 PU 黏合剂，碎木料不必预先进行严格的干燥处理。相反，能在较高的水分含量情况下进行加工，因而节省了干燥能耗。以干燥的碎木片或木屑的质量为基础，黏合剂的用量约为 10% 以内。在以 PAPI 或 MDI 系异氰酸酯为黏合剂的场合，由于其 NCO 基团的活性较高，黏合剂中不必使用催化剂，也可不必先制成预聚体型黏合剂，只要在加工时将 MDI 或 PAPI、用于改善性能的低聚物多元醇一起加入，与碎木料混合即可。单组分 PU 黏合剂可均匀喷在碎木料上，并搅拌使碎木片、木屑表面黏附有黏合剂，在室温下，经黏合剂处理过的碎木料可有 5 h 以内的贮存稳定期。但若室温高、木料水分含量较高则会缩短成型前的可使用时间。

7.7.5 其他黏合剂应用

聚氨酯树脂可用作植绒黏合剂、织物印花黏合剂等。

聚氨酯还用于黏结橡胶颗粒，用于塑胶铺地材料等，将在第 10 章介绍。

第 8 章　聚氨酯革树脂及 PU 革

8.1 概述

天然皮革又称真皮，由动物皮加工而成，常见的有猪皮革、牛皮革、羊皮革等。天然皮革的特点是柔软、透气、耐磨、强度高，具有高吸湿性和透水汽性等优点，但是资源有限、价格贵且加工过程中污染重，此外，真皮形状不规则，厚薄也不十分均匀，表面容易存在伤残。人造革和合成革主要品种有 PVC 人造革及 PU 革等，由于加工过程不受时间、原料的限制，产品均一性较好、幅宽一致，易于裁剪加工，多年来已发展成为替代天然皮革的良好材料。

聚氨酯人造革与合成革统称聚氨酯革（PU 革），因为聚氨酯树脂的特性，PU 革具有强度高、耐磨、耐寒、透气、耐老化、耐溶剂、质地柔软、外观漂亮等优点，加工性能也很好，是代替天然皮革较为理想的仿革制品，性能比 PVC 革优良，PU 革使用范围也越来越广，广泛用于服装、制鞋、箱包、家具等行业。

聚氨酯树脂是最理想的聚氨酯人造革与合成革用树脂，它与涂刮、转移涂刮法及含浸技术相结合，导致了聚氨酯人造革与合成革技术的迅速发展。

8.1.1 聚氨酯革的发展

聚氨酯合成革在欧洲起步较早，20 世纪 70 年代，用转移涂层工艺制成的聚氨酯合成革就在欧洲市场上出现。1953 年德国首先推出聚氨酯人造革的专利。日本于 1962 年从德国引进该专利，同年日本兴国化学工业公司也制成了聚氨酯人造革。1963 年左右美国 DuPont 公司研究成功湿法聚氨酯合成革（牌号为 Corfam），胶层是一种多孔性强韧的聚氨酯皮膜，其基材是聚酯纤维，这种聚氨酯合成革的外观、物性、手感等更接近天然皮革。1964 年日本仓敷人造丝公司也相继制成牌号为 Clarino 的合成革，其基材是尼龙丝，接着日本东洋橡胶工业公司与帝人公司也分别推出聚氨酯革产品帕特拉

(Patora)和哥德勒。除了美国、日本外，意大利、西班牙等国家也在20世纪60年代相继投产，从70年代开始聚氨酯合成革以每年约20%的速度增长，80年代以后，聚氨酯革在西欧、美国、日本以及中国台湾地区得到了迅速发展。随着产量的不断增加，产品的品种也不断更新换代。

PU革技术分日本体系和意大利体系，中国台湾、韩国技术属日本体系。日本的化工、化纤和纺织技术水平很高，对PU树脂、基布及纤维的研究和开发较为深入，较讲究产品的强度、透湿性、PU成膜结构等内在性能，技术含量高。如日本、韩国生产的超细纤维革和高档运动鞋及超细针织布的湿法服装革都显示了极高的技术水平。意大利合成革产品较多受真皮加工技术影响，外观变化多，艺术品位高，对产品设计及时尚性较为讲究。产品主要为皮鞋、箱包配套。

我国广州人造革厂于1981年引进干法聚氨酯人造革生产技术，随后，东莞人造革厂和武汉塑料一厂也相继引进投入生产。1983年山东烟台合成革厂（其合成革部分演变为现在的烟台万华超纤股份有限公司）首先引进日本可乐丽公司聚氨酯合成革生产技术，1984年建成并投产300万平方米聚氨酯合成革装置。1986年常州合成化工总厂从意大利引进5000t/吨聚氨酯革树脂浆料，20世纪90年代大陆各地区引进中国台湾生产聚氨酯浆料与聚氨酯革生产线多套。1995年全国已有聚氨酯革浆料生产厂15家，聚氨酯浆料总年生产能力约8200t。烟台万华1998年引进德国海岛超细纤维无纺布生产设备开始生产新一代PU革原料超细纤维无纺布。近年来，我国的聚氨酯革工业逐渐形成完整的工业体系，干湿法聚氨酯革生产线已有数百条，2003年生产聚氨酯革用聚氨酯树脂浆料约35万吨，2005年70万吨，2007年约114万吨。PU合成革的发展速度远远超过了作为第一代人工皮革产品的PVC人造革，PU合成革的产量从2000年1.15亿米，增长到2008年的10.60亿米，增长了8倍多，市场份额超过50%。

我国聚氨酯革行业从日本、中国台湾引进技术，某些专业术语沿用日本的词汇，如"一液型"即是人们常说的"单组分"，二液型即双组分，架桥剂即是交联剂，促进剂即是催化剂。

8.1.2 聚氨酯人造革与合成革

不少人将人造革和合成革的概念混淆，实际上它们之间是有区别的。聚氨酯人造革与合成革的区别主要在于基布的不同，一般来说用经纬交织的织物作布基（底基）的称为人造革，用无纺织布作底基的称为合成革。

人造革底基一般采用纺织布、起毛布，再经高分子材料处理加工而成，没有天然革的基本结构。合成革底基一般采用无纺布，是用有藕状断面结构的空芯纤维制成的无纺布为底基，再经性能优良的聚氨酯溶液（浆料）浸涂，经湿法凝固，再经凹版印刷、压花等一系列整饰处理，制成一种似天然革结构的合成革。天然革是由许多粗细不等的胶原纤维"编织"而成,分为粒面层和网状层两层,粒面层由极细的胶原纤维编织而成,这种致密的网状层由较粗的胶原纤维编织而成,而合成革表面层是由微细孔结构的聚氨酯层组成,底基层是具有多孔层的聚氨酯浸渍的无纺布,因而得到与天然革极其相近的结构和性能。

人造革是一种外观和手感似革并可部分代替其使用的塑料制品。通常以织物为底基,涂覆由合成树脂添加各种塑料添加剂制成的配混料制造而成。常见有聚氯乙烯人造革、聚氨酯人造革等。合成革通常以浸渍的无纺布为网状层,微孔聚氨酯层作为粒面层,其正反面外观都与天然革十分相似,具有仿天然皮革的内部结构,并且有一定透气性,因此合成革比普通人造革更接近天然革。通常合成革实际上就是以聚氨酯树脂为浆料制造的。

由于人造革质轻、厚度薄、强度较低,耐折牢度远不及天然革和合成革。因此,最适用于箱包、家具、服装、包装等用途,从聚氨酯人造革国家标准规定的适用范围看,也主要是用于箱包、家具、包装、服装等。而聚氨酯合成革规格品种多,仿天然革结构,既具有天然真皮的手感,又具有其独特的性能,因此合成革主要是代替中、高档牛皮用于制作凉鞋、运动鞋,也用于工业鞋,以及蓝球、足球、排球等,是一种性能优良的皮革代用品,PU 革产品目前以 PU 合成革为主。

8.2 聚氨酯革树脂及辅料

8.2.1 聚氨酯革树脂的制法

PU 革基本采用溶剂型聚氨酯树脂作为基体层和面层的基本原料。合成革的各层皮膜的性能不同,PU 要求也就各异。主要有以下特性:①无色或浅色;②拉伸负荷较好,柔软性和弹性较好;③耐光、耐水解和耐溶剂好;④玻璃化温度低而软化点高,耐热和耐低温优异;⑤粘接性及与着色剂的混合性较好;⑥易形成微细孔。

聚氨酯革树脂(浆料)一般分一液型(即单组分树脂)和二液型(即双组分树脂),一液型以及二液型的主剂是热塑性聚氨酯溶液。

聚氨酯革树脂采用的异氰酸酯原料,最常见的是纯二苯甲烷二异氰酸酯(4,4′-MDI),部分黏结层树脂采用甲苯二异氰酸酯(TDI),不黄变树脂一般采用脂肪族或芳脂族二异氰酸酯如 HMDI、IPDI、HDI 等。

聚氨酯革用的多元醇原料主要是聚酯多元醇,少量采用聚四氢呋喃二醇(PTMEG)以及聚酯-聚醚的共聚物二醇。PTMEG 主要用于高档的合成革浆料,其物理性能以及耐低温性能特别优越,但因原料价格高,生产量较少。聚酯-聚醚（环氧丙烷）多元醇用于制革浆料，其产品耐寒性较好。目前聚氨酯革主要用聚酯多元醇制造浆料，常用的是聚酯二醇，如聚己二酸乙二醇酯二醇（PEA）、聚己二酸乙二醇二甘醇酯二醇（PEDA）、聚己二酸乙二醇丙二醇酯二醇（PEPA）、聚己二酸乙二醇丁二醇酯二醇（PEBA）、聚己二酸丁二醇酯二醇（PBA）等，其中聚己二酸乙二醇丁二醇酯二醇（分子量为2000）用量较大。少量支化聚酯用于改善聚氨酯树脂的黏度和最终产品的强度、耐溶剂性能，这种官能度在2～3的聚酯多元醇，是在合成聚酯时在二醇原料中掺入少量三羟甲基丙烷或丙三醇而制得。

对于聚氨酯分子，一般通过调节软段（聚酯和聚醚）和硬段（二异氰酸酯和扩链剂）品种及比例得到不同软硬程度的皮膜。

我国聚氨酯浆料制造方法有两种类型：一种是从意大利引进，是以"NCO过量法"生产浆料；另一种技术从日本、中国台湾引进，是以"NCO欠量法"生产浆料，两种制造方法其产品有不同的特点。

(1) NCO过量法 该法合成聚氨酯浆料是一种逐步加成聚合反应，先由聚酯多元醇与4,4′-MDI进缩聚，制成MDI过量的低分子量预聚体，然后加入扩链剂（如1,4-丁二醇）在溶剂中进行扩链反应，使其溶液聚合制备较高分子量的浆料（可用黏度作为衡量产品的指标）。采用的异氰酸酯（MDI）是一次性加入，即称为NCO过量法。

(2) NCO欠量法 该法是将聚酯多元醇、扩链剂（1,4-丁二醇）、催化剂（二月桂酸二丁基锡，2-乙基己酸铅）、溶剂（DMF）混合均匀加热至80～85℃，先加90%的MDI，然后视溶液反应的黏度增加情况，逐步再加入剩下的10%的MDI。采用逐步加入异氰酸酯的方法来控制黏度，制得一定分子量的浆料称NCO欠量法。

以上两种制造聚氨酯浆料的方法各有优缺点，NCO过量法主要用于生产一液型聚氨酯树脂浆料，在生产工艺中溶液的黏度较难控制。一液型使用方便，但粘接强度较差。NCO欠量法主要用于生产二液型树脂的主剂，在制造过程中溶液黏度易控制，不会发生事故。

8.2.2 聚氨酯革树脂的品种与性能

聚氨酯革树脂的品种较多，从工艺方面看可有干法树脂和湿法树脂两大类，根据模量（软硬）、用途和功能、生产工艺等特征的不同，其中又可细分多个小类；从革的表内层来看可有面层、粘接层等。

8.2.2.1 干法树脂

干法树脂一般通过干法工艺用于生产聚氨酯人造革以及干法聚氨酯合成革。干法树脂还可以用于复合革（例如与PVC、真皮等结合，形成"半PU革"）。一般来说，干法聚氨酯革树脂分为面层树脂和粘接层树脂。

(1) 面层用聚氨酯树脂 聚氨酯革的面层树脂要求有良好的重复涂覆

性，成膜后有良好的耐磨、耐疲劳、耐溶剂等性能。面层用的一般是一液型PU树脂，主要成分为线型热塑性聚氨酯。溶剂是DMF/MEK、DMF/TOL或DMF/MEK/TOL混合溶剂。少数耐黄变的脂肪族聚氨酯可用少量异丁醇（IBA）。由于聚氨酯大分子间的氢键等作用力，当溶剂挥发后，由于硬段氢键形成物理交联点，能形成富有弹性的强韧皮膜，具有一定的耐溶剂性能。

(2) 粘接层用聚氨酯树脂　粘接层树脂一般在聚氨酯革表皮层形成后，在合成革表皮层上涂覆，一般采用不容易溶解表皮层一液型树脂的低极性溶剂。

粘接层树脂要求与基布粘接性好，柔软，通常模量偏低。粘接层用聚氨酯树脂有一液型PU树脂、二液型PU树脂。

干法粘接层一液型树脂与表层一液型树脂相似，但分子量偏低，模量低，固含量高，溶剂一般是DMF/MEK或DMF/TOL，个别用DMF/MEK/TOL。

二液型聚氨酯树脂主要用于干法粘接层。产品目录中的二液型树脂实际上仅指二液型树脂中的主剂，即较低分子量的端羟基热塑性聚氨酯溶液，本身不能形成有强度的皮膜，需与末端有异氰酸酯基（NCO）的架桥剂（交联剂）混合，涂布后进行反应。制造二液型树脂（羟基热塑性聚氨酯溶液）时，异氰酸酯原料主要使用MDI，除特别要求外，一般不使用或少量使用小分子扩链剂。二液型聚氨酯树脂交联后形成热固性皮膜。皮膜的物理化学性能是由树脂中的含有活泼氢的高分子量化合物的组成、分子量大小、交联剂用量决定的，所以交联剂、交联促进剂等在配合时的添加量、固化条件、熟化条件等对皮膜物性有很大影响。二液型聚氨酯树脂的溶剂有TOL/MEK、TOL/ETAC、TOL、TOL/MEK/DMF、MEK/DMF等。

8.2.2.2　湿法树脂

湿法成膜的树脂在凝固浴中要求有快速凝固性，因此采用高凝集力的一液型聚氨酯最为合适。溶剂一般是DMF。一液型PU分子结构由软段相与硬段相两部分组成，这两相的组成成分、分子量及其分布、各自含量等都影响PU各项宏观性能，包括材料的成膜性能。树脂的模量越低，树脂膜的手感越柔软，但是低模量的树脂分子间的内聚力较弱，因此凝固速率较慢，实际生产过程中的凝固时间要加长，同时其耐热性能也比较差，因此对树脂的选用与合成都要综合分析，权衡考虑。

8.2.2.3　聚氨酯革树脂品种与性能举例

限于篇幅，对有关厂家的产品性能不能详细列表介绍。下面以华峰新材料股份有限公司的PU革树脂进行简要的介绍，借此说明革树脂的种类和特性用途。

例如，浙江华峰新材料股份有限公司（华峰集团子公司）的聚氨酯革用树脂就有100多种。其干法聚氨酯革树脂分为干法表皮层聚氨酯树脂和干法粘接层聚氨酯树脂两大类，另外还有高固干法发泡聚氨酯树脂和水性聚氨酯干法革树脂。有一般的湿法合成革用聚氨酯树脂，还有超纤革用湿法聚氨酯树脂等。

华峰新材料股份有限公司的干法表皮层聚氨酯树脂产品有若干个小类。

① 普通干法树脂。有 12 个产品，固含量（固体分）均为 30%，黏度在 80～140Pa·s（80000～140000 mPa·s），一般以 DMF/MEK（二甲基甲酰胺/甲乙酮）为混合溶剂。JF-S-8030 和 JF-S-8030A 为服装革用干法超柔软聚氨酯树脂，皮膜的 100% 模量为 2.5～3.5MPa，拉伸强度分别＞20 和＞25MPa，伸长率＞500%，具有耐膨润性佳、表皮成膜不粘连等特点。JF-S-8032、JF-S-8050、JF-S-8080、JF-S-GW8100 是用于服装、鞋和箱包的干法软质至中硬质聚氨酯革树脂，具有展色性好、滑爽、耐溶剂、成膜不粘连等特点，其中超软树脂 JF-S-8032 的 100% 模量在 2.5～3.5MPa、拉伸强度＞25MPa、伸长率＞500%，软质树脂 JF-S-8050 的 100% 模量在 4.0～5.0MPa、拉伸强度＞30MPa、伸长率＞350%，中硬质树脂 100% 模量 7.5～9.0MPa 和 9.0～11.0MPa、拉伸强度＞35MPa，伸长率＞300%。

② 揉纹树脂。RW-1 是通用型干法揉纹树脂；GW-100 是水揉纹树脂，固含量 20%，黏度 10～20Pa·s，溶剂是 DMF/MEK。

③ 干法耐寒树脂，有 6 个产品，溶剂一般是 DMF/MEK，个别含甲苯。一般以 JF-S-AH 为系列牌号，30% 固含量，黏度在 80～140Pa·s 范围不等，100% 模量从 3MPa 到 11MPa 不等，拉伸强度从＞30MPa 到＞40MPa 不等，有低耐寒、低成本产品，也有既耐寒又耐水解，或还耐黄变的产品，PU 革用途包括服装、鞋、箱包、耐寒镜面革、超纤革等。

④ 干法耐磨树脂，JF-S-M 系列有 4 个产品，固含量 30%，溶剂 DMF/MEK，黏度 80～120Pa·s，100% 模量为 3.0～8.5MPa 不等，一般具有耐磨、耐黄变、耐水解等特点，主要用途有超纤革、鞋革、沙发革、箱包革。

⑤ 干法耐热树脂，JF-S-H 系列有 4 个产品，固含量 30%，溶剂为 DMF/MEK，黏度 80～140Pa·s，100% 模量为 2.5～9.0MPa 不等，拉伸强度从＞20MPa 到＞30MPa 不等，每个产品各有特点，主要用途是鞋革、服装革、箱包革。

⑥ 干法特殊表皮层树脂，一种是 JF-S-DR35，固含量 35%，溶剂是 BAc/EAc/CHT，黏度 40～60Pa·s，用于鞋、箱包、服装用油墨和羊巴革，防粘连。另一种是 JF-S-HS8050，固含量约 50%，溶剂是 DMF/EAc，黏度 30～50Pa·s，拉伸强度＞40MPa，属于高固含量、低黏度树脂，适合于做鞋革、箱包革的后处理树脂。

⑦ 半 PU 用面层、粘接层树脂，其中 JF-S-PV 系列半 PU 面料树脂有 5 个产品，固含量 30%，黏度 80～140Pa·s，溶剂是 DMF/少量 MEK，柔软级到硬质树脂的 100% 模量为 2.5～33MPa 不等，它们与 PVC 粘接力好，耐增塑剂 DOP，高模量产品具有很好的耐磨和耐溶剂等性能。JF-A-

PV5020 是半 PU 专用粘接层树脂，固含量 45%，黏度 80~140Pa·s，溶剂 DMF，100%模量为 1.5~2.5MPa，拉伸强度>15MPa。

⑧ 干法不黄变树脂 JF-S-AH 系列有 6 个产品，是耐黄变、耐寒、耐水解的面料树脂，固含量为 25%和 30%，黏度 50~100Pa·s，溶剂是 DMF/MEK/IBA，另外 JF-A-AH7021 是不黄变粘接层树脂，固含量为 30%，黏度 50~100Pa·s，溶剂是 DMF/MEK/TOL/IBA，100%模量为 2.0~2.5MPa，拉伸强度>20MPa。主要用途包括超纤革、鞋革、箱包革和双镜面革。

⑨ 高固干法发泡聚氨酯树脂有 2 个产品，属于二液型耐寒发泡树脂，具有弹性好，粘接力好，发泡均匀，耐溶剂等特点，用于改善超纤革折痕和真皮感、厚实感及其他特殊用途。两种产品（主剂）的 100%模量为 2.0~3.0MPa，拉伸强度大于 30MPa，伸长率大于 500%。其中 JF-HS90 固含量 90%±2%，黏度 40~90Pa·s，发泡温度为 130℃左右；JF-HS96 固含量 95%±2%，黏度 160~200Pa·s，发泡温度为 165℃左右。它们的架桥剂即交联剂 JF-B-80 固含量 100%，黏度 1.0~3.0Pa·s。

华峰新材料股份有限公司的干法粘接层聚氨酯树脂产品有 3 个小类。

① 一液型粘接层树脂，即单组分聚氨酯树脂，黏度都在 80~140Pa·s，不同的产品固含量在 35%~50%之间。其中 JF-A-50** 系列 4 个产品的溶剂是 DMF/TOL，100%模量为 1.5~5.0MPa 不等，拉伸强度>20MPa，分别用于柔软到硬质粘接层，主要用途是鞋革、箱包革、服装革。JF-A-AH50** 系列 6 个产品的溶剂是 DMF/MEK，100%模量从 1.5~6.0MPa 不等，拉伸强度>20MPa，耐寒、耐水解，有的耐黄变，主要用途是鞋革、箱包革。部分产品具有双组分树脂的应用效果，还用于超纤革和沙发革。

② 二液型粘接层树脂 JF-A-20** 和 JF-A-AH20** 系列产品黏度都在 80~120Pa·s，大部分固含量在 60%，个别 70%。溶剂是 DMF/MEK/TOL，固化较快、剥离强度高、耐溶剂性能好是其共性，不同的产品还有其他不同的特性，如耐水解等。主要用途是鞋革、箱包革。

③ 一液半型粘接层树脂，溶剂是 DMF/MEK，黏度 80~140Pa·s，其中 JF-A-5025B 固含量 45%，100%模量 1.0~1.5MPa，拉伸强度>20MPa，是低模量胶黏剂，用于鞋革、箱包革和服装革；JF-A-AH5030 的固含量 42%，其 100%模量为 1.5~2.5MPa，拉伸强度>25MPa，是高剥离性即剥离树脂，具有耐寒、耐水解等特点，用于超纤革、鞋革和箱包革。

另外，二液型粘接层树脂的架桥剂，即双组分聚氨酯树脂的交联剂，为无色至淡黄色透明液体，性能见表 8-1。

华峰新材料股份有限公司的湿法合成革用聚氨酯树脂有若干个小类。

① 普通湿法树脂有 19 个产品，固含量一般为 30%，溶剂是 DMF。其中 JF-W-HE 系列为超柔软压花树脂，主要用于服装革，100%模量为 1.5~2.5MPa。JF-W 系列的 100%模量为 2.0~45MPa 不等，拉伸强度从

表8-1 双组分聚氨酯树脂的交联剂的性能

品名	固含量/%	溶剂	NCO含量/%	特性和用途
JF-B-50M	50±2	TOL/EtAc	6.5±0.3	通用型架桥剂，交联速率快
JF-B-75	75±2	TOL/EtAc	13.0±1.0	普通架桥剂
JF-B-NY75A	75±2	TOL/EtAc	9.5±0.5	不黄变架桥剂
JF-B-NY75B	75±2	EtAc	14.5±1.0	不黄变架桥剂，弹性好固化快

＞20MPa到＞45MPa不等，其中低模量树脂一般用于服装革，100%模量＞4MPa的中高模量树脂多用于鞋革和箱包革。

② 普通湿法高剥离树脂有5个产品，固含量从30%到35%不等，黏度180~280Pa·s，溶剂是DMF，100%模量为2.5~10.5MPa不等，适合于生产高剥离鞋革和箱包革。

③ 湿法耐水解高剥离涂层树脂JF-W-AH系列约有13个产品，其中大部分树脂固含量为32%或35%，黏度200~280Pa·s，溶剂都是DMF，100%模量为2.5~13MPa不等，拉伸强度从＞30MPa到＞45MPa不等，具有高剥离强度、耐水解性能，适合于高剥离等工艺，主要用于生产鞋革和箱包革。JF-W-AH6020和JF-W-AH6025是湿法耐水解服装树脂，属于低模量的耐水解高剥离涂层树脂，用于服装革，它们的固含量/黏度分别为35%/140~220Pa·s和30%/200~280Pa·s，100%模量分别为1.5~2.5MPa和2.0~3.0MPa，拉伸强度分别＞20MPa和＞30MPa，伸长率＞600%。

④ 湿法耐水解高剥离含浸树脂JF-W-D系列约有7个产品，固含量35%，黏度100~140Pa·s，溶剂是DMF，100%模量为2.0~14MPa不等，拉伸强度从＞20MPa到＞50MPa不等，主要用于高密度耐水解含浸工艺。

⑤ 湿法牛巴革树脂系列约有5个产品，其中JF-W-N30**系列是普通牛巴革（Nubuck）树脂，固含量/黏度为30%/140~220Pa·s，100%模量为2.5~8.5MPa不等，革中泡孔细密均匀，展色性佳；JF-W-N6048和JF-W-N6050为耐水解牛巴革树脂，固含量/黏度为35%/200~240Pa·s，100%模量为5.0~6.0MPa，拉伸强度＞30MPa，伸长率＞300%。

⑥ 湿法移膜革树脂JF-W-AL系列，固含量为30%，黏度为30~160Pa·s，拉伸强度＞30MPa或＞35MPa，用途是生产低模量到高模量移膜革。

⑦ 湿法球革树脂JF-W-BK30**系列3个产品固含量30%，黏度80~160Pa·s，100%模量为4.0~7.0MPa不等，拉伸强度为＞30MPa到＞40MPa，具有优良耐磨性、压花性，主要用于制造球革如篮球革。

⑧ 湿法手套革含浸树脂固含量30%，黏度230~270Pa·s，其中JF-W-G3035的100%模量为3.0~3.5MPa，拉伸强度大于40MPa，伸长率大于450%；JF-W-G3040的100%模量为3.5~4.0MPa，拉伸强度大于40MPa，伸长率大于400%。它们用于手套革含浸，具有回弹性、伸展性

⑨ 超纤革用湿法聚氨酯树脂有两个系列，都用于生产超细纤维无纺布合成革，它们的固含量都是30%。其中 JF-W-DP40** 系列有3种产品是碱减量（一种海岛型纤维的制造工艺）超纤含浸树脂，黏度 40～60Pa·s，具有耐酸碱、染色性好、弹性好、手感丰满等特点；JF-W-TL40** 系列有3种产品是苯减量（用甲苯溶解部分纤维树脂的一种海岛型纤维的制造工艺）超纤含浸树脂，黏度在 80～160Pa·s 之间不等，拉伸强度大于 30MPa 或大于 35MPa，具有耐酸碱、耐水解、弹性好、手感好等特点。

华峰新材料股份有限公司的水性聚氨酯革树脂主要是干法树脂。其中干法表皮层树脂 JF-D 系列目前有6个产品，均是半透明乳白色液体，以水为介质，其中 JF-D-C89 系列含很少的 N-甲基吡咯烷酮。固含量均为 30%，黏度 1500～3000mPa·s，100%模量为 2.5～9.0MPa 不等，拉伸强度从＞20MPa 到＞30MPa 不等，都具有表面滑爽、不粘连的特点，有的具有耐磨性、耐水性和耐热性等优点。不黄变干法表皮层树脂 JF-D-NC89 系列3个产品均是半透明乳白色液体，固含量均为 30%，黏度 1500～3000mPa·s，100%模量从 2.5～9.0MPa 不等，拉伸强度从＞15MPa 到＞25MPa 不等，具有不黄变、低温耐挠优异、耐膨润性佳、表面滑爽不粘连等特点。干法粘接层树脂 JF-D-C5902、JF-D-C5602 和 JF-D-5602 均是乳白色液体，固含量为 30%，黏度 3～5Pa·s，100%模量 1.5～2.5MPa，拉伸强度＞10MPa，伸长率＞550%。它们成膜柔软，与 PVC、尼龙、皮革的粘接性能优秀。另外还有一系列的水性聚氨酯皮革涂饰剂或表面处理剂。

同样，其他公司的聚氨酯革树脂产品也是品种丰富。又如烟台华大化学工业有限公司的干法人造革面层用聚氨酯树脂分3个小类，包括普通型、耐水解及耐磨面料树脂和高耐久干法面料树脂。其中普通型产品目前有20种左右，固含量一般以 30% 左右居多，黏度在 40～150Pa·s 范围不等，100%模量在 1～15MPa 范围内，拉伸强度在 15～72MPa 范围内，溶剂是 DMF/MEK、DMF/TOL 或 DMF/MEK/TOL 混合溶剂，不同的模量的产品用于服装革、鞋革、箱包革等不同的用途。耐磨面料树脂和高耐久干法面料树脂品种不多，模量在上述范围。

烟台华大化学工业有限公司的干法人造革粘接层用聚氨酯树脂，有一液型和二液型两类。其中一液型粘接层聚氨酯树脂固含量有 30%、35%、40%、50% 等规格，溶剂是 DMF/TOL 或 DMF/MEK，个别用 DMF/MEK/TOL，黏度在 50～120Pa·s 范围，100%模量在 2～3.5MPa，拉伸强度在 30～55MPa 范围内，用于鞋革、箱包革和服装革、球革等。二液型粘接层聚氨酯树脂（主剂）固含量有 45%、50%、60%、65%、70% 等规格，黏度在 40～160Pa·s 范围，溶剂体系有 TOL/MEK、TOL/ETAC、TOL、TOL/MEK/DMF、MEK/DMF 等，100%模量在 1.5～2.5MPa，拉伸强度在 13～45MPa 范围内。交联剂固含量 75%，溶剂是 EtAc，NCO 含量 11%～13%，有标准型和不黄变型两种交联剂。二液型粘接层聚氨酯树脂用途包括服装革、鞋革、静电植绒、二榔皮、超细纤维合成革、家具革、车辆内饰、复合布、沙发革等。

烟台华大化学工业有限公司的湿法人造革用聚氨酯树脂的类别有：（普通）湿法树脂，压花型树脂，普通耐寒、耐水解树脂，可染性、耐水解树脂，超细纤维革树脂，高耐磨/耐久性沙发革树脂，防雨透湿树脂，牛巴树脂，高剥离树脂。

8.2.3 聚氨酯革的辅料和助剂

8.2.3.1 助剂

除了上面介绍的聚氨酯树脂（主剂）外，在聚氨酯革生产中还用到不少化学品，包括PU树脂用助剂和PU合成革用助剂。

中国塑料加工工业协会人造革合成革专业委员会秘书处在"聚氨酯（PU）合成革助剂产业的现状及发展"一文中将革用助剂分为5类：①解决故障类助剂，包括消泡剂、润湿剂、防针孔剂、流平剂、湿法用固色剂、脱DMF助剂、匀泡剂、防黏剂、界面融合剂、增黏剂、分散剂等；②改善加工性能类助剂，包括高剥离助剂、耐撕裂助剂、渗透剂、泡孔调整剂、树脂改性剂、填料添加促进剂、助擦剂、增模量剂、降模量剂、特殊压花助剂、贴金箔用助剂、揉纹助剂等；③增加功能类助剂，包括拨水剂、抗菌防霉剂、阻燃剂、耐磨耐刮剂、防水剂、高温抗老化剂、真皮味助剂、耐黄变助剂、耐寒剂、耐水解剂、透气吸水材料、防辐射材料、保温材料、防远红外材料、芳香材料、发光材料等；④调节PU合成革表面效果及手感类助剂，如滑爽剂、滑蜡手感剂、特种展色手感剂、粉感材料、雾黑材料、焦感材料、垂感材料、柔软材料、雾蜡材料、变色材料、湿蜡感材料、绒感材料、抛光材料、消光材料、热变色材料等；⑤表面处理剂、特殊树脂等助剂，这类材料本来并不属于助剂范畴，它们是由助剂与普通PU树脂经过复配或合成工艺制造出的新材料，一般用于PU合成革面层或涂饰层，使合成革具有特殊的表面效果及手感，如雾面、亮面、绒感、蜡感、粉感、涩感等表面处理剂，变色、龟裂、吸水、抛光、擦色、烫焦等特殊树脂。

下面简单介绍部分聚氨酯革助剂。

(1) 交联剂和催化剂 在二液型树脂使用中，一般需使用交联剂和催化剂（架桥剂和架桥促进剂）。交联剂一般是平均官能团基数为3左右的低分子量多异氰酸酯的溶液。常用的交联剂与胶黏剂、涂料的交联剂相似，固含量75%，NCO含量12%～13%。交联剂的用量有一定的范围，随着交联剂添加量的增加，聚氨酯皮膜变硬，拉伸强度增加，断裂伸长率下降。但是用量过大，强度或会下降。一般交联剂对二液型树脂（主剂）过量，即NCO/OH摩尔比大于1，NCO/OH摩尔比通常在3～5。

交联剂的添加量和交联固化条件会使皮膜物性受到很大的影响。根据二液型聚氨酯树脂的种类、交联剂种类、温度等季节因素、加工条件、熟化条件等，通常交联剂和二液型聚氨酯树脂的 NCO/OH 摩尔比值为 3～5，NCO 过量。

催化剂有普通型和高速型两种，高速型在速剥离型胶黏剂中使用，要比普通型更进一步提高高温下的促进效果。U-CAT、SA、NO-102（大日油墨）具有非常好的常温和高温交联催化效果，但配制后的可使用时间很短。

普通型交联催化剂胶黏剂配制液的可使用时间长，除促进羟基与 NCO 基的反应外，氨基甲酸酯与 NCO 基的反应（网状化）也是很重要的。促进网状交联一般使用叔胺，常用的如大日油墨 Accel-HM。

(2) 溶剂 在聚氨酯革生产中溶剂有着很重要的作用。聚氨酯革树脂以溶剂型为主，通常使用的溶剂有二甲基甲酰胺（DMF）、甲苯（TOL）、甲乙酮（MEK）、乙酸乙酯（EtAc）等。DMF 是强极性溶剂，对聚氨酯溶解能力强，其沸点约 153℃，20℃ 相对密度 0.945，溶度参数约 12.1 $(J/cm^3)^{1/2}$，与水无限混溶。TOL 沸点约 111℃，相对密度 0.866，几乎不溶于水，溶度参数 8.9 $(J/cm^3)^{1/2}$。MEK 沸点约 79℃，相对密度 0.806，可与水混溶，溶度参数 9.1 $(J/cm^3)^{1/2}$。EtAc 沸点约 77℃，相对密度 0.900，稍溶于水，溶度参数 9.08 $(J/cm^3)^{1/2}$。

溶剂主要用途：①部分溶剂用作制备聚氨酯树脂的反应介质，应注意溶剂中不能含有与异氰酸酯基反应的物质如水、醇等；②聚氨酯树脂在使用时都要用合适的溶剂调整黏度和含量，利于加工；③溶剂用于配制色浆，达到适合的挥发速率，用于产品的着色、印刷、涂饰等；④配制湿法凝固液，使基布有合理的凝固速率，调整微细孔结构；⑤甲苯作为不定岛型纤维的萃取溶剂大量使用。

溶剂对人体都有一定的毒害作用，所以使用时一定要注意安全生产和自我保护。

水是水性聚氨酯的介质和溶剂，少数水性聚氨酯革树脂含很少 N-甲基吡咯烷酮（NMP），这是一种水溶性高沸点溶剂，挥发慢，量多对革产品性能有害。

(3) 表面活性剂 在合成革浸渍、涂覆液中要添加各种表面活性剂。湿式聚氨酯革生产工艺中聚氨酯树脂凝固过程，表面活性剂能显著改善凝固界面的表面张力，从而影响 DMF 与水之间的扩散速率，对聚氨酯膜的结构影响很大。通过配用不同的表面活性剂，可使 DMF 均匀扩散，泡孔细密均匀，得到手感、透气、透湿性优越的制品。常用的表面活性剂主要有阴离子型和非离子型两类。阴离子表面活性剂代表产品有顺丁烯二酸二辛酯磺酸钠（OT-70），它是一种亲水性的表面活性剂，使水更容易进入膜的内部，加快了凝固过程，提高了凝固速率，使得膜表面迅速凝固成致密性膜，所得的膜成孔大，孔壁薄。非离子表面活性剂代表产品为斯盘系列（Span-60、Span-

80），是疏水性表面活性剂，延缓了表面致密层的形成，使膜内的 DMF 有充分的时间扩散出来，孔小而细密。十四醇、十六醇、十八醇、二十醇等含碳原子数在 14～20 的长链烷基醇也很常用。另外有机硅类表面活性剂也常用。

(4) 着色剂 着色剂在聚氨酯革制造中应具备如下条件：耐迁移性好；着色力强、分散性好；有良好的热稳定性；化学稳定性好，不与树脂中其他助剂发生化学反应。

着色剂可分为染料和颜料两大类，常用的有炭黑、钛白粉、大分子黄、氧化铁红、金属络合染料等。一般都做成色浆、油墨或色粉便于颜色的调配，合成革用色浆主要是以炭黑、载体和助剂三种成分组成的分散体系。另外，超纤革厂家广泛使用色母粒纺制成有色纤维，例如黑色母粒炭黑含量一般在 30% 左右。

(5) 填料 在湿法聚氨酯合成革生产过程中，为了降低成本或增加功能，一般会加入一定量的填料，其中以木质粉（350～400 目微晶纤维素）最常用，其次是轻质碳酸钙、硫酸钙、硅灰石、白炭黑等。填料的种类、粒径不同，对聚氨酯溶液的黏度、凝固成膜性能有不同的影响。木质粉呈树叶状或呈短圆柱状微观结构，密度小，增黏效果好。细小颗粒包括纳米粉末在成膜体系中的存在，为 PU 大分子线团凝集提供了成核点，在 PU 凝固成膜过程中起到了骨架作用，改善了 PU 的凝固效果。

(6) 流平剂 流平剂用于降低涂料组分间的表面张力，增加流动性，使其达到光滑、平整，且无针孔、缩孔、刷痕和橘皮等表面缺陷的致密涂层。流平剂在聚氨酯革行业的主要作用是改善基布表面的平整性，增加树脂与基布间的亲和性。常用的流平剂有二苯基聚硅氧烷、甲基苯基聚硅氧烷、有机基改性硅氧烷、氟化硅氧烷等，主要产品有 BYK-300、BYK-306、BYK-323 等。

(7) 消泡剂 消泡剂分为破泡剂和阻泡剂两种。破泡剂是指能够破除已经存在泡沫的物质，阻泡剂则是在搅动过程中阻止泡沫产生的物质。合成革消泡剂主要使用硅油-聚乙烯醇复合物有机硅消泡剂、聚醚型消泡剂和聚二甲基硅氧烷，以消除浆料中的气泡，避免带到革的表面形成针孔。

(8) 面层用手感剂、光亮剂、消光剂 常用的面层手感剂有蜡感剂和滑爽剂等。蜡感剂通常是以天然蜡或合成蜡为原料的蜡乳液或有机溶剂分散液。蜡感剂用于面层后，革面会产生滋润腻滑的手感和吸汗发黏性的感觉，以满足一些品种的手感要求。滑爽剂通常是一些含有机硅树脂的乳液或熔点高、硬度大的蜡乳液，用于面层涂饰中，使革具有滑爽的感觉。

光亮剂是增加涂层光泽的组分。有些物质既具有成膜性能，又具有一定的光泽。改性丙烯酸树脂及改性 PU 是近年发展的性能优良的光亮剂，在合成革工业中广泛使用。消光剂主要由高分子成膜物质、高细度的颗粒材料组成，当它加入面层中后，能够形成具有微观不平整表面的非均相膜，反射光强度将大大减弱，产生消光效果。

(9) **防霉剂** 在革的后处理的同时添加少量防霉剂，可达到防止聚氨酯革发生霉变的目的。在实际应用中要注意选择低毒、高效、广谱的防霉剂。常用的防霉剂是2-硫氰基甲基硫苯并噻唑等。

8.2.3.2 离型纸

离型纸俗称防粘纸。专用于聚氨酯人造革用的离型纸，按有无花纹分，有平面纸和压纹纸两类。按光泽度分有高光型、光亮型、半光亮型、半消光型、消光型和超消光型。按材质分，有硅系纸（表面涂覆有机硅聚合物，耐温≤190℃）、非硅系纸（表面涂覆丙烯聚合物，耐温≤150℃）等。

对离型纸的性能要求如下。

① **强度** 由于在涂布后，进入烘箱干燥，温度较高，在多次使用中必须有足够的强度，最重要的是撕裂强度。

② **表面均匀性** 必须保持一定的离型均匀度及光泽，平面纸的平滑度及厚度要保持一致。

③ **耐溶剂性** 在生产中，常用到多种溶剂，要做到既不溶解也不溶胀。

④ **合适的剥离强度** 离型纸要有适当的剥离强度，如果剥离太困难会影响到纸的重复使用次数，如果剥离太容易，在涂布及复合时易引起预剥离，而影响产品质量。

8.2.3.3 基布

基布是人造革和合成革的重要辅料，基布，特别是湿法涂层所用的基布，其纤维种类及质量、基布的织造方式和织造结构，会影响最终产品的质量和档次。

从织态结构分，聚氨酯革基布有织造布（机织布和针织布）和非织造布（即无纺布）等主要品种。

(1) **机织布和针织布** 机织布是聚氨酯人造革常用的基布，它分平纹、斜纹、缎纹、绒毛布，所用纤维有纯棉、涤-棉、涤-粘等。对于湿法涂层所用的机织布，要求有一定的吸湿性和起绒性。起绒的密度、绒毛长度等起绒布的质量水平直接影响到湿法涂层的表面和内在质量。近年来超细纤维已开始应用到机织布中。

针织布分经编和纬编两种。纬编针织布一般应用在PVC产品上，经编针织布不但应用在干法PU革产品上，而且开始应用到湿法涂层上，制作高档服装革和装饰革。针织布所用纤维有涤纶、锦纶、人造丝、本伯格铜氨丝及超细锦纶和涤纶纤维。经编针织布进行湿法涂层难度较大，但其产品附加值高，有发展前途。

(2) **无纺布** 仿天然皮革一直是聚氨酯革的发展目标。这就要求不仅革产品外观类似真皮，而且产品内部及截面也类似真皮。而传统的机织布基聚氨酯革是无法达到上述要求的，因此无纺布被大力开发用于聚氨酯合成革。

无纺布是一种不需要纺纱织布而形成的织物，只是将短纤维或者长丝进行定向或随机撑列，形成纤网结构，然后采用机械、热粘或化学等方法加固而成。最常用的是针刺无纺布、水刺无纺布，根据制造工艺另外还有热合无纺布、湿法无纺布、浆粕气流成网无纺布、纺黏无纺布、熔喷无纺布、缝编无纺布等。

针刺无纺布是干法无纺布的一种，针刺无纺布是利用刺针的穿刺作用，将蓬松的纤网加固成布。针织无纺布单位面积质量一般在 $150\sim500g/m^2$，适合生产鞋面革。纤维的细度、种类及针刺密度对 PU 革的质量和性能影响很大。目前纤维品种有锦纶、涤纶，常规的纤维细度为 $1.3\sim3.3dtex$，超细纤维的细度为 $0.11\sim0.0011dtex$，采用海岛型超细纤维无纺布生产的 PU 革已可以和真皮媲美。

水刺工艺是将高压微细水流喷射到一层或多层纤维网上，使纤维相互缠结在一起，从而使纤网得以加固而具备一定强力。水刺无纺布是无纺基布中的新型产品，其单位面积质量在 $30\sim300g/m^2$，主要用于生产鞋里革。

各种基布加工成型后，还不能直接用于生产加工 PU 革，因为原料基布可能含有大量的杂质，包括棉纤维的天然杂质、合成纤维上的油剂、经纱上的浆料以及污垢等，不但色泽欠白、手感粗糙，而且润湿性、渗透性差。因此还需要依据其采用的纤维材料，用途的不同及 PU 革加工艺条件的差异等进行必要的预处理加工，如湿浆、精炼、漂白、染色、印花、柔软处理、拉幅定形、起毛、剪毛、赋予 PU 革基布良好的表观及内在质量，以利于 PU 革的生产加工。

8.3 PU 革的生产工艺

聚氨酯革品种很多，就生产加工工艺来说，主要分干法（又称干式）和湿法（湿式）两类。通俗地说，干法工艺是指将革树脂中的溶剂挥发成膜，而湿法工艺指通过水浴将革树脂中的溶剂置换出来并干燥成膜。

在使用前，聚氨酯树脂需根据产品说明书或革制品的品种进行配制，一般情况下，一液型聚氨酯树脂需加入一定量的溶剂、着色剂和其他配合剂，二液型树脂还需与交联剂按一定的比例调配，并且不能久置，以免变质。使用前需检查工作浆料的均匀性。

8.3.1 干法聚氨酯革

干法聚氨酯革生产工艺是将聚氨酯树脂中的溶剂烘干而得到产品的一种工艺。

干法工艺是最早开发的工业方法，特点在于利用干燥箱将溶剂型聚氨酯树脂中的溶剂挥发，而后形成多层薄膜加上底布构成的多层结构体，较普遍的流程是离型纸法。

干法工艺可以用于生产聚氨酯人造革、聚氨酯合成革、半 PU 革（表层 PU、底层 PVC 的复合革）、移膜革（在经脱脂、鞣制、填充、平整等工艺处理的真皮第二、第三层皮坯，俗称"二榔皮"的表面涂饰一层 PU 树脂而制成的 PU 革）、镜面革、变色革等。这种方法生产出的合成革强度优异，粘接牢固，但透气性能相对较差，主要用于鞋业、球类、箱包、家具装饰品等。

干式聚氨酯革在其拉伸强度、耐撕裂性、耐褶皱性、耐低温冲击性等物理性能上均比聚氯乙烯人造革优越，透湿性比聚氯乙烯人造革大近 3 倍。

干法工艺聚氨酯革树脂一般是溶剂型的，近年来已经有部分水性聚氨酯干法树脂推出。表层革树脂一般是一液型聚氨酯，黏结层有一液型和二液型。

有些厂家供应干法发泡树脂，通常是二液型，需配用交联剂。例如华峰新材料股份有限公司的高固干法发泡树脂，高固含量（分别 90% 和 95%），低黏度，发泡温度分别在 130℃ 和 165℃ 左右，用于超纤革，改善折痕和真皮感、厚实感。PU 干式发泡技术的配料和生产操作均较简易，其工艺优于聚氯乙烯（PVC）发泡技术，但由于 PU 成本较高，一定程度上影响了该技术的推广和应用。干式发泡技术现已在天然皮剖皮表面贴膜上得到应用，提高了真皮的档次。此外，可用在难于用常规干法贴膜的产品上，还可用于服装面料。

干法 PU 革工艺可分为直接涂层法和离型纸法两类。

8.3.1.1 直接涂层法

直接涂层（涂覆）是将涂层剂直接施加在织物上的一种工艺，主要用来做薄型的防水衣料，其产量较低。用直接涂刮法生产聚氨酯人造革一般需要涂覆两层，也有的产品涂一层，这主要根据用途和用户要求而定。直接涂刮法聚氨酯人造革所用基布大多是尼龙塔夫绸。涂刮前，首先调整车速，将设备逐步升温，当温度达到工艺温度时串好基布，而后把配制好的黏结层混合液在第一涂刮台用涂刮刀涂覆在基布上，进行入烘箱干燥、冷却，接着在第二涂刮台用涂刮刀涂覆表面层树脂混合液，进入烘箱干燥、冷却、最后卷取、分卷制得成品。烘箱干燥的温度为 90~110℃，时间 1.5min 左右。涂布量为 100~150g/m^2。由于聚氨酯涂层料中有大量溶剂，所以烘干的热源最好是蒸汽或是导热油。

这种直接涂覆工艺可以生产一般的聚氨酯人造革，以及贴膜革、发泡革等。

8.3.1.2 离型纸法

离型纸转移涂层工艺又称离型纸法工艺、转移涂覆法、间接涂覆法，是干式聚氨酯革的主要生产方法。生产原理是将配制好的面层树脂（或加上底层树脂）利用刮刀涂覆在离型纸上，面料经过干燥成膜、冷却工艺后，二次涂覆上黏结层树脂（革用聚氨酯胶黏剂），利用基布发送贴合装置将基材（基布）与黏结层底料复合，经过压合、干燥、冷却后，利用剥离装置将成品革与离型纸分别成卷。剥离的离型纸重复使用。如果离型纸带花纹图案，则可形成带有花纹的PU革。

8.3.2 湿法聚氨酯革

湿法工艺的特点在于采用水中成膜法得到具有连续多孔层的多层结构体，一般流程是：在聚氨酯树脂中加入DMF溶剂、填料和其他助剂制成工作液，经过真空机脱泡后，浸渍或涂覆于基布上，然后放入水中置换溶剂（通常为DMF），聚氨酯树脂逐渐凝固，从而形成微孔聚氨酯粒面层，再通过辊压、烘干定形、冷却，得到半成品革基材，行业上把这种半成品革称为Base（俗称"贝斯"），即基材、革基。Base再进一步干法贴面或经表面印刷、压花、磨皮等工艺即为聚氨酯合成革成品。该方法生产的合成革具有良好的透湿、透气性能，手感柔软、丰满、轻盈，更富于天然皮革的风格和外观。

由于湿法革泡孔结构和革截面类似天然皮革，湿法聚氨酯合成革具有良好的透气、透湿性，滑爽丰满的手感，优良的机械强度，特别是从结构上近似天然皮革，目前多用于生产合成革。湿法工艺也可以生产聚氨酯人造革。

湿法聚氨酯革树脂是一液型的，以DMF为溶剂。

湿法合成革Base的生产工艺可分为直接涂覆法、浸渍法和含浸涂覆法三种，所用基布有纺织布和无纺布两类。

8.3.2.1 涂覆法

直接涂覆法又称单涂覆法，即是将配制好的聚氨酯浆液直接涂覆在底布上，然后经过凝固水浴形成多孔质皮膜。另外，也有转移涂覆法，将聚氨酯混合浆料涂覆在聚酯薄膜上，入水凝固后再与基布贴合。

采用的原料一般有湿法聚氨酯树脂、用作填料和控制泡孔的木质粉、亲水性的阴离子表面活性剂如快速渗透剂C-70、C-90、疏水性的非离子表面活性剂如斯盘-80、稀释溶剂DMF、色浆等。基布主要以无纺布、平织布、单面起毛布为主，其纱支含棉量的多少直接影响到与水浸透的时间。

根据基材的软硬度，选用不同模量的湿法聚氨酯树脂，单涂覆工艺得到的革基材由于泡孔小、密度大，往往加入大量木质粉及其他填料，故当产品用于寒冷地区时，宜采用耐寒性能好的树脂。

单涂覆工艺要求浆料黏度高一些，一般在 7～9Pa·s。配料时一般在容器中先加入DMF，再加入木质粉，并用搅拌机充分搅拌均匀，然后再加入聚氨酯树脂，达到合适的黏度后，真空脱泡，最后用 60～100 目过滤网过滤。

基布需预先浸水处理,如此可提高织物湿度,防止浆料渗入基布组织内且浪费原材料。对亲水性较差的基布,还应在水槽中加入1%的阴离子表面活性剂加以改善。

经处理的基布,通过涂料台,采用涂刀涂覆法把浆料混合液均匀地涂覆在基布上。在使用起毛布为底基时,要注意起毛布表面起毛的方向,顺毛涂覆,Base表面光洁;反之,Base表面粗糙。涂层的厚度太薄,不能遮盖布毛,Base表面粗糙,手感发板无弹性;而涂层太厚易造成泡孔不匀、面层与基材分离等缺陷。

凝固槽中的凝固液是由水与DMF组成的,DMF的含量一般为20%~25%。生产磨皮Base时,DMF的含量控制在10%~15%之间。凝固水浴中过高的DMF含量会影响PU树脂的凝固速率,而DMF浓度过低不仅增加DMF的回收成本,还使Base表面收缩率增大,导致卷边DMF迅速往水中迁移,而水渗入料层中的速率则较慢。在浆料凝固过程中产生一定的收缩,使涂层变薄,且有一定程度的卷边。为防止卷边,可控制凝固槽中DMF浓度,另外在配料时可多加些斯盘-80,延迟表面的凝固、增大泡孔。凝固槽的温度一般为常温,从入水凝固到出凝固槽凝固完全,需要8~15min。料层在完全凝固前,不能与导辊接触。

聚氨酯涂覆层在完全凝固以后,其泡孔层内仍残留一定数量的DMF,这些DMF必须在水洗槽中强行脱出,否则烘干后会造成革基材表面有麻点等缺陷。在工艺控制上要确保最后一个水洗槽内DMF的含量在1%以下,并且适当加温,这样就可以保证Base中的DMF脱除干净。

最后需烘干处理,冷却,收卷,得成品革。烘箱温度不宜过高,一般不超过150℃。

8.3.2.2 浸渍法

浸渍法又称浸渍凝固法、含浸法,它是将预浸的基布浸没在调配好的聚氨酯树脂浆料混合液中,刮去或轧去多余的浆液后,进入凝固浴槽中湿式成膜,再进行水洗、定幅、干燥,形成微孔Base半成品,根据需要进行仿磨皮、干式贴合、印刷、压花等后加整理,得到PU合成革成品。

在浸渍法工艺中,聚氨酯树脂浆料混合液除了采用湿法聚氨酯树脂、木质粉、DMF、C-70及S-80表面活性剂外,还使用有机硅消泡剂、有机硅流平剂等。水也可以作为一种助剂用于含浸Base配方中,用以调整泡孔结构,加快凝固速率。配料顺序与涂覆法相似,先加DMF,再加木质粉,搅拌均匀后,加入各种表面活性剂(包括消泡剂、流平剂),混合均匀,再加入聚氨酯树脂和着色剂,再次混合均匀,并真空脱泡,取样测试黏度。

用起毛布浸渍生产聚氨酯革,所用起毛布多为双面起毛布,厚度从0.4~1.2mm不等,根据产品厚度选用。含浸工艺要求起毛布的脱脂及亲水性都必须良好,起毛短而匀,组织结构紧密。

浸渍凝固法的详细工艺:将配好的浆料打入含浸槽内;基布入含浸槽

内；聚氨酯浆料渗入基布中；基布从含浸槽出来后，用刮刀把多余的浆料刮掉；然后入水凝固；再水洗、烘干、卷取 Base 半成品。需注意的细节如下：

① 基布放卷进入含浸槽浸渍前，要经烫平辊加热除去基布中的水分，否则易产生 Base 革表面两层皮现象。

② 由于基布不断运动，会把空气带入含浸槽内的浆料中，浆料中的气泡会在 Base 表面生成针孔。为了及时消除这些气泡，除在浆料配方中加入消泡剂外，还可不断把无泡的料打入含浸槽，同时从含浸槽上面溢出含有较多气泡的料，溢出的浆料静置消泡一段时间后，重新打入含浸槽使用。

③ 刮刀间隙也是影响 Base 表面质量的一个重要因素，对于起毛基布间隙的大小还要根据起毛布起毛长短做适当调整。

④ 含树脂的基布入水浴角度应以垂直凝固方式为宜；在凝固水浴中的水平走向距离不宜过长，以 6~8m 为宜。

⑤ 含浸 Base 厚度一般较厚，故水洗、烘干时间相应要长一些。

8.3.2.3 含浸涂覆法

含浸涂覆法又称浸渍-涂覆法，是先将基布浸渍聚氨酯浆料后，入水凝固，经挤压、烫平、基本干燥后，在其正面再涂覆一层聚氨酯混合液，然后入水凝固，经处理后得到聚氨酯 Base 革基。该工艺相当于浸渍法和涂覆法的叠加。

含浸涂覆 Base 表面平整，褶纹细密，真皮感强。

含浸涂覆 Base 革所用的原材料基本与单含浸及单涂覆 Base 革所用的原料相同。在含浸涂覆 Base 配方中，涂覆液的配方与单涂 Base 基本相同，而含浸液的配方黏度要低于单含浸 Base 配方。

工业上还有湿法-干法复合工艺，将湿法工艺制成的多孔质半成品 Base，用干式转移涂层方法进行后加工，使产品兼有湿式和干式两种加工方法的优点。该类产品在内部结构上与天然皮革相似，用于制鞋、箱包等行业。

8.4 聚氨酯革发展动态

8.4.1 超细纤维聚氨酯合成革

超细纤维合成革是以超细纤维制成的无纺布作为基体，采用湿法聚氨酯合成革生产工艺，制出与天然皮革相似的新一代聚氨酯革成品。其三维结构网络的无纺布为合成革在基材方面创造了赶超天然皮革的条件。

超细纤维无纺布是采用海岛型纤维喷丝法制得的。所谓海岛纤维是由两种成分分别作为"海"及"岛"的结构，在断面上某种成分为"海"，另一成分作为"岛"分散在海中，在牵伸后把"海"成分溶解掉（有碱法和甲苯

"减量"工艺）就得到了连续的超细岛式成分纤维束，通过针刺法生产工艺制得海岛纤维无纺布。其生产工艺主要有定岛和不定岛两种，其中定岛技术制得的合成革染色均匀度好，力学性能高，但柔软度和起绒后的手感较差；不定岛技术制得的合成革比较柔软，起绒后的手感较好，但强度相对低一些，容易出现染色不匀、色牢度差等问题，另外起绒的纤维易于脱落，抗起球性能较差。超细纤维巨大表面积和强烈的吸水性作用，使得超细纤维聚氨酯合成革具有类似束状超细胶原纤维的天然革所固有的吸湿特性，因而不论从内部微观结构，还是外观质感及物理特性和人们穿着舒适性等方面，都能与高级天然皮革相媲美。

超纤合成革在外观、手感和内在结构上都接近真皮，在耐酸耐碱性、耐黄变性、剥离强度、顶破强度等物性上甚至优于真皮，在耐化学品性、质量均一性、大生产加工适应性以及防水、防霉变性等方面更超过了天然皮革，可广泛用于高档服装、制鞋、沙发家具、箱包、装饰等行业。运动鞋市场是我国超纤革的最大市场，约占国内超纤革总用量的80%。

烟台万华公司在充分消化吸收可乐丽技术和设备的基础上开发成功了复合纺超细纤维合成革的基础技术，并于1993年立项超细纤维聚氨酯合成革产业化设计项目，1994年12月完成，通过了山东省委科技成果鉴定；1995年被科技部列为火炬计划重点项目；1996年申报中国轻工总会科技创新项目，并获科技进步一等奖；1997年获得国家科技进步三等奖。1998年引进德国海岛超细纤维无纺布生产设备实现了全线本部生产。超细纤维无纺布的研发投产，为我国高档聚氨酯革的发展提供了优质基布原料，促进了超纤革的发展。我国超细纤维合成革产业经过十几年的发展，尤其是近10年的迅猛发展，中国大陆已经成为全球超细纤维合成革规模最大的产地。2008年底，国内有16家超纤革生产企业，共有生产线26条。

高仿真皮革应以发展超细纤维为龙头，扩大超细纤维革基布的数量并提高质量是大势所趋。超细纤维合成革目前面临着染色加工过程中生产成本较高、产能过剩、需求不足、能耗大、环境污染治理难度相对较大等一定的问题和挑战。

8.4.2 水性聚氨酯合成革树脂

传统的PU革生产中，底层和面层都采用溶剂型聚氨酯树脂，这种类型的PU树脂以甲苯、二甲苯、丁酮（MEK）、乙酸、乙酯和二甲基甲酰胺（DMF）等作为主要溶剂通过聚合法制得，并且在革制品生产过程中一般需用溶剂稀释。这些溶剂有一定的毒副作用，还造成环境污染，危害身体，而且易燃易爆，极易引发火灾等事故。

环保型聚氨酯革生产是大势所趋。合成革用水性聚氨酯的研发起步相对较迟。经过近年来的开发，目前国内有张家港市佳宝环保树脂材料有限公司、浙江华峰新材料股份有限公司等企业生产革用水性聚氨酯树脂。目前，水性 PU 成功地应用于合成革生产线上，水性纯干法 PU 合成革、水性半 PU 革等系列产品已正式面市，这为推进整个行业水性化进程，开启了良好的开头。

水性聚氨酯（分散液）作为一种优良的成膜材料以其优良的透湿性、低温柔软性、耐磨性，已在真皮涂饰和纺织涂层上得到了应用。但是，由于人造革、合成革的生产加工过程完全不同于真皮表面处理加工和纺织涂层加工，因此，仅选择满足成膜性能是远不够的，选择能满足人造革和合成革加工工艺的水性聚氨酯至关重要。合成革用水性聚氨酯所需的要求包括：①与色浆、助剂良好的相溶性和配伍性，所配置的浆料必须有较长的存放期；②具有优良的流平性、铺展性，浆料刮涂在离型纸上后不能有条纹或穿孔，烘干后不能有裂纹、缩孔现象；③成膜后无粘连；④皮膜有优良的耐水性，合成革的耐水性比耐溶剂性更为重要；⑤满足机械化大生产的要求，既要有较快的干燥速率，又要具有良好的黏度和相对持久的粘接性能。

对于水性聚氨酯树脂用于 PU 革生产，对设备、生产工艺等方面的要求包括：①由于水性树脂烘干速率较慢，需采用薄涂多刀的方法解决生产速率问题，即减少每次的涂布量，从而加快烘干速率，可选用三涂四烘或四涂四烘设备；②在干法生产线上，温度、车速、上浆厚度三者必须实现最佳平衡；③选择适合水性树脂用的离型纸。

水性聚氨酯合成革树脂的研发和应用还有许多工作要做。

第9章 聚氨酯防水材料

9.1 概述

防水材料是包括防水涂料、防水卷材、灌浆和密封材料、喷涂保温防水材料等在内的高分子材料和无机材料的总称。防水材料主要用于建筑物防水，一些水库、大坝、渠道、桥梁等水利工程也需用到防水材料。聚氨酯防水材料因其弹性好、耐寒，原料可变、品种多样，易于调节组分比例，施工维修方便，整体防水效果优异，性能稳定可靠，适用于建筑物不同部位的防水以及土木工程中的防水堵漏而受到重视，已经成为一类重要的建筑防水材料。

聚氨酯防水涂料是聚氨酯防水材料最重要的产品形式，并且聚氨酯防水涂料是一类专用于防水的特殊聚氨酯涂料。

9.1.1 聚氨酯防水材料市场及发展

聚氨酯防水材料是20世纪60年代发展起来的，最早是美国橡胶轮胎公司制成双组分聚氨酯防水材料，除在本国应用外，还大量销售到加拿大和中东地区施工应用，获得很好的效果。1962年德国研制成功无溶剂聚氨酯防水材料，用于混凝土保护涂层和建筑防水，同时还研制了沥青聚氨酯防水材料。日本于1967年推广应用聚氨酯防水材料，于1969年成立聚氨酯防水协会，1976年公布了日本建筑屋面用涂膜防水材料标准JIS A6021。

我国在20世纪70年代开始研发聚氨酯防水材料并且推广应用，主要是黑色焦油型聚氨酯防水涂料和彩色聚醚型聚氨酯防水涂料，相当一段时间里以价廉的焦油型聚氨酯防水涂料居多。20世纪70年代还开发了堵水用的聚氨酯灌浆材料（氰凝）及水溶性聚氨酯化学灌浆材料。

1989年建设部对全国防水材料市场进行整顿和调查，确认聚氨酯防水涂料为可信的防水材料；1990年建设部将聚氨酯防水材料列为"八五"计划重点推广项目之一，1993年开始实施聚氨酯防水涂料建材行业标准JC 500—1992；1998年建设部将非焦油型聚氨酯防水材料列为全国住宅推荐产品 13 种防水材料之一,从而极大地推动了聚氨酯防水涂料在我国的推广应用和健康发展。GB/T 19250—2003《聚氨酯防水涂料》2004 年 3 月开始实施。聚氨酯防水材料在我国经过 40 多年左右发展,已经形成了多品种研发、生产、施工的专业化队伍。

从聚氨酯防水涂料的品种上看,从最初的焦油型聚氨酯防水涂料,已经发展到非焦油的彩色聚氨酯防水涂料、石油沥青聚氨酯防水涂料、其他树脂填充的聚氨酯防水涂料、粉末填充水固化聚氨酯防水涂料,近年来喷涂聚氨酯-脲和喷涂聚脲也用于防水工程。部分喷涂聚氨酯泡沫塑料,除了具有保温功能外,也用于屋顶等的防水工程。

值得一提的是,焦油型聚氨酯防水涂料以相容性好且以价廉的煤焦油作为活性填充材料,前 20 多年作为低成本的弹性聚氨酯防水涂料,在我国防水涂料史上占有一席之地。但是,煤焦油是一种组成复杂的混合物,其活性成分随煤种和炼焦工艺的不同而有较大的差异,使用时只是按一设定的配合比和预聚体混合,产品性能不稳定,且耐老化性能差,只能用作非外露型防水涂料。另外,煤焦油中含有大量蒽、萘、酚类易挥发物质,会污染环境、危害健康。随着人们对环保要求的不断提高,焦油聚氨酯防水涂料被淘汰已是大势所趋。焦油型聚氨酯主要替代品是沥青型聚氨酯等。

聚氨酯防水材料特别是聚氨酯防水涂料广泛应用于各类工业和民用建筑、土木工程。1988 年我国聚氨酯防水涂料产量 2000t,1989 年 3000t,1994 年 1.5 万吨,1998 年全国使用聚氨酯防水涂料 2 万吨以上(其防水工程面积约为 1000 万平方米)。据中国聚氨酯工业协会估计,2006 年聚氨酯防水材料和铺装材料总量约 11 万吨,2009 年约 12 万吨。

9.1.2 聚氨酯防水材料的分类

聚氨酯防水材料已经成为弹性聚氨酯材料的一个应用分支,品种繁多。

(1) 产品功能和形式 按照产品功能分,聚氨酯防水材料主要有聚氨酯防水涂料、喷涂聚氨酯-脲快速固化防水涂料、聚氨酯灌浆堵漏材料等。另外,某些建筑用防水堵漏聚氨酯密封胶也兼具防水功能,例如遇水膨胀聚氨酯密封胶、腻子、止水橡胶带,可以归类于聚氨酯防水材料。喷涂硬质聚氨酯泡沫塑料主要用于建筑物等的保温,但某些用于屋面的喷涂聚氨酯泡沫塑料,在经过外加保护层后兼具防水功能,也可归类到防水材料。某些可用于休闲、运动场所以及水平屋面的聚氨酯铺装材料同时也是防水材料。在这些类别中,聚氨酯防水涂料的产量和用量最大。

(2) 包装/组分 按照产品包装形式,聚氨酯防水材料有单组分、双组分和多组分等种类。双组分聚氨酯涂料的应用最多。单组分聚氨酯防水涂料主要成分是端异氰酸酯基(NCO)的聚氨酯预聚体,一般通过潮气进行固化,使用时无需配制,操作简便,但其固化过程受空气湿度和温度等的影响较大。未加液态树脂或粉末填料的"清漆"型单组分聚氨酯防水涂料成本较高。有些单组分涂料,在使用时还可以添加填料。市场上还有三组分涂料甚至四组分防水涂料,这类产品除了聚氨酯预聚体和固化剂外,还有作为第三组分的填料和颜料等。

(3) **填料类型** 为了达到防水性能,大多数聚氨酯防水涂料属于厚涂型聚氨酯涂料,为了降低成本,一般添加固态或液态填料。

根据填料来分类,有焦油型、沥青型、石油树脂型、古马隆树脂型、彩色填料型等聚氨酯防水涂料。

早期的聚氨酯防水涂料以焦油型为主,焦油型聚氨酯防水涂料多是双组分产品,其中一个组分是聚氨酯预聚体;另一个组分是含大量煤焦油和多元醇或多元胺的固化剂组分。煤焦油是价廉的副产品,含少量酚羟基等活性物质。当时,人们根据填料是否含煤焦油,把聚氨酯防水涂料分为焦油型聚氨酯防水涂料和非焦油型聚氨酯防水涂料。焦油型聚氨酯防水涂料因含污染物质、气味大,目前已经被建设主管部门禁止使用。现在市场上的产品大都属于非焦油型聚氨酯防水涂料。

非焦油型聚氨酯防水涂料包括彩色聚氨酯防水涂料、石油沥青聚氨酯防水涂料、其他树脂填充的聚氨酯防水涂料、粉末填充水固化聚氨酯防水涂料等。有机填料和无机填料可以同时添加在聚氨酯防水涂料中,组成综合型的聚氨酯防水涂料。

(4) **溶剂** 聚氨酯防水涂料一般不含溶剂或者只含很少的溶剂。也有水性聚氨酯防水涂料产品被研发,由于聚氨酯乳液的耐水性很难达到油溶性聚氨酯的水平,水性聚氨酯防水涂料尚处于研发阶段。

(5) **固化速率** 对于湿固化产品,固化时间一般与环境有关。对于双组分防水材料,有人提出按聚氨酯防水材料的固化速率来分类。常规的双组分聚氨酯防水涂料,两个组分混合后,用刷子、刮刀或橡胶刮板等涂布,在常温下发生反应,形成有橡胶弹性的防水涂膜,根据催化剂的种类和用量,固化速率在几十分钟到几小时不等。近年来出现了喷涂型聚氨酯-脲或喷涂聚脲弹性厚涂涂料,用于特殊的防水及保护涂层,这类喷涂型防水材料是一种快速固化双组分涂料,日本把这种涂料叫做超速固化聚氨酯涂料。

(6) **固化剂类型** 特殊的单组分防水涂料无需固化剂,例如某些水性聚氨酯防水涂料。大多数防水材料需要固化剂。从交联固化机理分,聚氨酯防水材料有湿固化单组分型、水固化型、多元醇交联型、多元胺交联型等。

9.1.3 聚氨酯防水材料的特性

常规聚氨酯防水材料呈液态,常温下固化,易于在复杂的基层上施工,并且容易修补,因此,特别适合建筑用防水材料。

聚氨酯防水材料具有以下特点。

① 不需要加热，常温下可安全施工，同时不产生难闻的气味。
② 防水层的质量轻（3~10kg/m²），不使建筑物承受负荷。
③ 由于防水层可采用液体涂布法或喷涂法进行施工，因此形状复杂的基层也容易进行施工。
④ 容易除去旧的防水层，整修费用低。
⑤ 与其他防水材料比较，双组分反应型聚氨酯涂料能形成较厚的涂层，耐裂缝安全性能高。
⑥ 涂层在很广的温度范围内具有橡胶状的弹性，撕裂和拉伸强度较大，延伸性能优越。
⑦ 涂层与基层粘接强度高，提高了耐裂缝性能。
⑧ 涂层耐水、耐碱性、耐候性以及耐臭氧性能良好。
⑨ 涂层耐热与耐寒性能良好。
⑩ 涂层耐磨性好，屋面防水层等的上面还可用作运动场地。

9.2 沥青聚氨酯防水材料

沥青聚氨酯防水涂料是在焦油聚氨酯防水涂料被限制使用的基础上发展起来的一类弹性聚氨酯防水涂料，因以石油炼制副产品石油沥青为聚氨酯防水材料的填料而得名。沥青聚氨酯防水涂料有单组分和双组分两种主要包装形式。属于厚涂型聚氨酯涂料。

9.2.1 沥青聚氨酯防水涂料特点

与传统的焦油聚氨酯防水涂料相比，沥青聚氨酯防水涂料具有如下优点：①气味小，由于石油沥青气味比煤焦油小，施工和固化前后没有难闻的气味，环境污染小；②沥青的疏水性比煤焦油好，沥青的引入可有效地提高聚氨酯涂膜的防水性、耐水性；③沥青的黏度较大，当体系使用粉末填料时，沥青的加入并经相容性处理后增加了体系的黏度，可以一定程度上防止无机填料的沉降；④与煤焦油不同，沥青不含活性基团，不是活性填料，也可配入聚氨酯预聚体中制备单组分防水涂料，而煤焦油中的活性基团需经特殊的封闭处理后才可用于制备单组分涂料，焦油型防水涂料一般是双组分产品；⑤沥青的冷脆性较焦油好，因此沥青聚氨酯防水涂料在温度较低时仍能流动，可以冬季施工，这一点与焦油型聚氨酯防水涂料相比具有很大的优越性；⑥沥青的引入，必须加入一些助溶剂和改性剂，这样可改善其表面张力，使机械搅拌产生的气泡减少，涂膜致密度提高。

沥青聚氨酯防水涂料也存在一些问题，最大的问题是低极性的沥青与极性的聚氨酯预聚体、聚醚多元醇等的相容性差，如果配方工艺不当，可能引起分层、涂膜表层析油，并且造成多次涂刷后涂层之间结合力差。沥青是非活性的，与聚氨酯之间没有化学反应，如果量多，可导致涂膜固化不良，沥青游离出来。

另外，沥青型聚氨酯防水涂料制造中采用的相容剂、助溶剂带入少量有机溶剂，可能有一定的 VOC。

9.2.2 原料体系及相容性问题

9.2.2.1 原料体系

沥青聚氨酯防水涂料所用的异氰酸酯和聚醚多元醇原料，一般与其他聚氨酯防水涂料相同。例如，可采用常规的甲苯二异氰酸酯（TDI）、二苯基甲烷二异氰酸酯（MDI）和多苯基多亚甲基多异氰酸酯（PAPI）作为多异氰酸酯原料。普通的聚酯型聚氨酯防水涂料耐水解性差，因而通常用聚醚多元醇制造防水涂料。一般防水涂料中采用聚醚二醇与聚醚三醇的混合物，例如聚醚 N220 和 N330 等按一定比例配合。也可使用单一聚醚如聚醚二醇。当要求防水涂膜有一定弹性和延伸率时，宜多用分子量较大的聚醚二醇。

沥青聚氨酯防水涂料所用的石油沥青，主要是由天然沥青质、芳香烃、直链烷烃以及含硫、氧、氮的杂环化合物组成。沥青气味低、憎水性好、耐老化性能良好、价廉，它用于聚氨酯防水涂料，属于石油副产物的综合利用。石油沥青不含带活泼氢的基团，本身不和异氰酸酯发生反应，在涂料中仅起填料的作用。宜选用芳香成分含量高、含蜡分少的直馏沥青，并且要控制沥青的加入量和加入方式。如果沥青加入量少，达不到降低成本的目的；加入量大，容易发生相分离，沥青析出会降低产品性能。有资料介绍石油沥青掺量不宜大于 35%。

双组分沥青聚氨酯防水涂料体系的固化剂常用的有乙二醇、甘油、3,3′-二氯-4,4′-二氨基二苯基甲烷（MOCA）、二乙醇胺等。可采用醇/胺复合固化体系。

催化剂可以加快涂膜固化反应的进行，缩短工期。沥青聚氨酯防水涂料采用的催化剂与其他聚氨酯防水涂料的没有差异，常用的有机金属盐类有二月桂酸二丁基锡、辛酸亚锡、辛酸铅等。

有时为了降低黏度，可添加少量溶剂或增塑剂作为稀释剂。稀释剂应不含有易与异氰酸酯反应的杂质，另外也要考虑稀释剂的极性和挥发性。常用的溶剂有甲苯、二甲苯、乙酸乙酯、甲乙酮等，稀释剂有邻苯二甲酸二丁酯等。

另外，可添加紫外线吸收剂和防老剂，以提高沥青聚氨酯防水涂料的户外耐老化性能，延长涂层使用寿命。有时可使用氧化钙等吸收反应生成的二氧化碳，从而消除防水涂料施工时产生的气泡。

9.2.2.2 沥青与聚氨酯的相容性问题

石油沥青的极性很低，而聚氨酯预聚体以及其他可能需与沥青混合的原料如聚醚多元醇、小分子多元醇、芳香族二胺具有较强的极性。极性相差太大导致相容性差，表现在材料的性能上，可造成稳定性差，易分离，易析油，致使涂膜的力学性能变差，达不到防水性能要求。所以，不同配方组分的相容性问题是沥青聚氨酯防水涂料研发的重点。目前国内主要是通过加入相容剂（增溶助剂）来增加沥青与聚氨酯原料的相容性。

相容剂（增溶剂）首先应有助于沥青在液态聚氨酯（预聚体、多元醇）中的溶解，形成稳定的混合物，而不使沥青析出。另外最好与聚氨酯原料有适当的反应性。相容剂的选择可从其结构、极性、沸点及分子量等几个方面来考虑。最适宜的相容剂是一种表面活性剂，由非极性或低极性部分和极性部分组成，例如其结构为：$H_3C\text{―}(CH_2)_n\text{―}R_1$，式中 $n \geqslant 4$；R_1 为 COOH、COOM 或 COOR$_2$ 等，R_2 是饱和有机链，且至少有一个侧基为—OH。其非极性部分与沥青材料具有一定的相容性，且非极性链越长的相容剂与沥青的相容性越好，需要的相容剂越少；其有极性部分 R_1 与预聚体是相容的。有些溶剂具有助溶性能，可用于沥青聚氨酯防水涂料体系。

对于双组分体系，沥青/聚氨酯的相容性可分为初始相容性和增塑相容性。初始相容性是指甲、乙组分经充分搅拌混合初期，能否形成均一的体系。如初始相容性好，能形成均一的体系，则涂膜就能正常固化，具有一定的力学性能。甲、乙组分混合的初期，体系具有很好的初始相容性，也能形成均一的体系，但随着固化的进程，小分子量的聚氨酯预聚体经化学反应逐步交联成为高分子量的聚合物，并具有一定的强度和弹性，这一过程中，化学结构发生了质的变化，这个时候体系是否仍然均匀，属于增塑相容性问题。可以通过电子显微镜直接观测相容剂使用前后沥青在聚氨酯中的混合均匀情况来评价增塑相容性。

9.2.3 单组分沥青聚氨酯防水涂料

单组分沥青聚氨酯防水涂料一般是湿固化型，由端 NCO 基聚氨酯预聚体、沥青、填料、相容剂以及稀释剂、催化剂等助剂配制而成，通过与空气中的湿气反应生成脲而固化成膜。沥青等填充成分最好是先加热真空脱水，如果所含水分很低，也可以不脱水。制备方法有多种，例如：将沥青和聚醚混合、脱水后再与异氰酸酯等混合反应；也可以将沥青等组分加热脱水，再与聚氨酯预聚体混合。

中国专利 CN 1124322C（申请号 00100383.6）公开了一种无溶剂单组分沥青基聚氨酯防水涂料，以过量异氰酸酯和聚醚多元醇合成的聚氨酯预聚体为主体材料，掺加石油沥青、增溶助剂、石粉、低黏度油类、增塑剂、催化剂等辅助材料，配制成湿固化型防水涂料。

大致的原料用量（质量份）为：聚醚多元醇 30 份，异氰酸酯 8 份，石油沥青 20 份，增溶助剂 10 份，石粉 26 份，低黏度油脂 6 份以及催化剂 0.5

份。制备步骤：在反应釜内计量投料聚醚，并预热到40℃，再计量加入异氰酸酯，搅拌并将温度升至85℃，反应2h，得到聚氨酯预聚体；将其他辅助材料计量加入另一个反应釜内，在105℃进行真空脱水2h。降温至50℃后将两釜内物料混合，搅拌半小时后出料包装。

由上述配方和工艺生产出的无溶剂单组分沥青基聚氨酯防水涂料施工简便、防水效果好、无挥发性溶剂、无毒无污染、生产工艺简单、易于控制、贮存期长，有利于环境保护。经检测其拉伸强度约为2.63MPa，伸长率为480%。该无溶剂单组分沥青基聚氨酯防水涂料适于机械喷涂施工。

为了使预聚体黏度较低，该专利将异氰酸酯与聚醚的配比控制在NCO/OH（摩尔比）≥3。由于预聚体与辅料掺和还会增加黏度，因此要用稀释剂来加以稀释。该专利采用一种低黏度、无毒无味、不挥发性油质稀释剂。该稀释剂可以稳定地分散在聚氨酯石油沥青体系中不析出，并且可以较好地浸润防水基层以保证粘接性能。该稀释剂掺加6%左右便可使产品黏度达到使用要求，实现涂料无溶剂化的目的。由于石油沥青和聚氨酯是两种极性不同的高分子物质，所以不能直接混容。为保证产品在贮存期间稳定不分层，以掺入增溶助剂的方式使石油沥青和聚氨酯这两种物质在宏观上达到混合均一的目的。除了选用细度较高的固体粉料之外，还通过掺加轻钙来加以解决产品在贮存期间发生的固体粉料沉降现象。轻钙可吸收一部分油性物质，并在其中悬浮，使物料整体变稠但不增加黏性，从而有效地防止粉料沉降，保证了产品施工的操作性。

而上海化工高等专科学校等单位的研究人员在2000年发表的论文中介绍，将混合聚醚和石油沥青在反应釜中升温减压脱水后，降温，依次加入稀释剂、异氰酸酯及催化剂，保温数小时后，降温并加入各类助剂，混合，减压脱泡，降温出料，得到一种单组分石油沥青聚氨酯防水涂料。大致配方（质量份）如下。

TDI（80/20）	26～32	黏度稳定剂	5～7
混合聚醚	100～114	增塑剂	4～8
石油沥青	84～96	有机硅类消泡剂	2～4
稀释剂	32～36	UV吸收剂	1～2
相容剂	10～12	触变剂	0～20
催化剂	0.07～0.22	填料	0～40

该单组分石油沥青聚氨酯防水涂料为黑色稠液体，NCO质量分数6%～8%，固含量约90%，黏度小于10Pa·s。该配方采用卤代烃类相容剂，据报道，未添加相容剂时，作为分散相的沥青球状颗粒尺寸大，且不均匀，因而沥青与聚氨酯预聚体的混容效果差，导致涂膜强度等性能较低；而添加了相容剂后，沥青颗粒尺寸明显减小且较均匀，表明混容效果提高。对于单相连续结构的微观相态而言，当分散相畴小于$10\mu m$时，混合物整体性能才能较好体现。

涂膜实测性能为：拉伸强度 2.52MPa，-40℃涂膜无裂纹，0.3MPa、30min 不渗漏，经定伸加热老化或紫外线老化无裂缝及变形，按 JC 500 方法进行热/紫外线/酸/碱老化处理后拉伸强度和伸长率均无下降，-30℃无裂纹。符合 JC 500 要求。

9.2.4 双组分沥青聚氨酯防水涂料

双组分沥青聚氨酯防水涂料的甲组分是由多异氰酸酯（如 TDI、MDI）与二官能团或三官能团的聚醚合成的 NCO 封端的预聚体；乙组分则是由沥青、稀释剂、相容剂、填充料、固化剂及其他助剂在一定条件下混合搅拌均匀而成。也可以把沥青加入甲组分中。

苏州非矿院防水材料设计研究所在 2001 年左右开发的一种 991 型双组分沥青聚氨酯防水涂料，A 组分配方为：N330 聚醚 100 份，N220 聚醚 200 份，TDI 48 份，PAPI 13 份，合计 361 份。B 组分配方为：100# 石油沥青 205 份，增塑剂 DBP 56 份，辅助溶剂 264 份，碳酸钙 145 份，MOCA 3 份，防霉剂 1 份，触变剂 0.5 份，促进剂 1.5 份，催化剂 3 份，增溶剂 TP 3.5 份。生产工艺为：将两种聚醚倒入反应釜内，在真空状态下脱水，然后倒入 TDI 和 PAPI，在 85~90℃下反应 5h 左右，得到一种端 NCO 基聚氨酯预聚体，即 A 组分。按配方将所有 B 组分原料按规定顺序逐一加入反应釜内，搅拌并按规定温度脱水数小时，经冷却后包装入库，即为 B 组分。使用时 A 与 B 组分质量比为 1∶(1.5~2)，再加少量甲苯。该防水涂料性能实测数据为：固含量 94.7%，拉伸强度 2.75MPa，伸长率 460%，耐低温性、耐高温性及不透水性试验合格。生产及施工时基本无气味，属环保型建材防水涂料。991# 沥青聚氨酯防水涂料生产成本基本与 851# 焦油型聚氨酯防水涂料持平。

中国专利 CN 1257100A（申请号 99125278.0）"环保型水性沥青聚氨酯防水涂料"介绍了一种水固化双组分沥青聚氨酯防水涂料，其 A 组分含端 NCO 聚氨酯预聚体 50~95 份，石灰、石膏、水泥、石灰石或粉煤灰 5~50 份，HLB 值在 8~18 的表面活性剂助剂 0.5~30 份。B 组分含固含量 20%~70%的沥青乳液 10~80 份，氯丁胶乳、乙丙胶乳、氯磺化聚乙烯胶乳或氯化丁基胶乳 5~50 份。例如，NCO 含量 10%、黏度约 5000mPa·s 的预聚体 86 份，石灰粉 10 份，表面活性剂 4 份，混合均匀，组成 A 组分；固含量 40%的沥青乳液 80 份与氯丁胶乳 20 份组成 B 组分，A 组分与 B 组分按质量比 4/1 混合搅拌均匀，即为无有机溶剂的环保型沥青聚氨酯防水涂料，性能符合 JC 500 一等品指标要求。

中国专利 CN 1151216C 公开了一种双组分环保型纳米改性沥青聚氨酯防水涂料，A 组分采用聚氨酯预聚体单独包装；B 组分含石油沥青 100~150 份，相容剂（HLB 值为 8~18 的表面活性剂）30~40 份，填料（石灰、水泥、粉煤灰、滑石粉或轻质碳酸钙）10～20份、纳米级氧化钙1～10份、胺类或有机锡催化剂0.1～15份和醇或酯类助剂10～20份，混合均匀后包装。A组分和B组分按质量比1:(1.5～2.0)混合，在常温下施工，适用于屋面、地下建筑、地面建筑等防水工程。一个配方例为：A组分为NCO质量分数10%的聚氨酯预聚体110份；B组分含沥青138份、HLB值为10的表面活性剂35份、粉煤灰18份、10～40nm氧化钙5份、三乙胺5份、乙酸丁酯15份。按上述比例混合制成的产品，其性能达到JC 500"聚氨酯防水涂料"一等品要求。

9.3 其他类型的聚氨酯防水涂料

为了降低成本，同时也或多或少赋予耐老化、耐候性等性能，聚氨酯防水涂料中一般多采用无机填料、有机填料。使用无机填料和浅色填充树脂可以制成彩色产品，使用焦油填料的焦油型聚氨酯防水材料产品目前已经被淘汰，目前沥青型已经成为焦油型的替代产品。还有使用石油树脂、古马隆树脂等有机填料的，以及混合使用无机填料与有机填料的聚氨酯防水涂料。下面列出两种主要类型，具体配方例在9.3.4、9.3.5等小节中介绍。

9.3.1 聚醚型聚氨酯防水涂料

因为醚键耐水解，大部分聚氨酯防水材料含聚醚成分，树脂成分属于聚醚型聚氨酯，但业界所指的"聚醚型聚氨酯防水涂料"一般是指不含焦油、沥青等黑色有机填料的聚醚型聚氨酯防水材料。发达国家如日本多采用这类弹性聚氨酯防水涂料。我国江苏省化工研究所早在20世纪70年代后期就研制出聚醚型聚氨酯防水涂膜材料，目前防水材料行业有部分聚氨酯防水材料产品属于这类聚醚型的。

纯聚醚型聚氨酯防水涂料几乎不含填料，具有弹性好、甚至透明等特点，这类防水涂料其性能比焦油、沥青、无机填料等填充的聚氨酯防水涂料优良。但不含填料的聚氨酯树脂成本较高，并且纯聚氨酯会泛黄。通常的聚醚型聚氨酯防水材料含无机填料以及浅色有机填料，可以通过填料、颜料或色浆调成黑色（炭黑）、灰色、红色、墨绿等颜色，彩色聚氨酯防水涂料属于聚醚型聚氨酯防水涂料。

9.3.2 水固化聚氨酯防水涂料

双组分聚醚型聚氨酯防水材料从组成上讲，除主要原料聚醚多元醇外，其性能好坏还依赖于交联的方式，采用多元醇交联的聚氨酯其拉伸强度与撕裂强度等物性较差，一般靠添加炭黑补强，因此制得黑色产品，而且在高温下其强度显著降低。一般采用芳香族二胺如 MOCA 作交联剂，其防水材料的性能优良。另一种是用水作交联剂。

水与预聚体的 NCO 基团反应会产生二氧化碳，使防水涂膜产生气泡，这是水作固化剂的最大缺点。水固化型聚氨酯防水涂料一般用氧化钙、熟石灰 $[Ca(OH)_2]$、水泥、氧化镁等吸收二氧化碳，得到非泡沫聚氨酯涂膜。水固化型聚氨酯防水涂料一般使用大量填料。

水固化聚氨酯防水涂料是一类特殊的聚氨酯防水材料。与湿固化单组分聚氨酯相似之处是都是以水作固化剂，但水固化聚氨酯防水材料是双组分体系或多组分体系，在涂布使用前，水是作为固化剂加到预聚体中的。

9.3.3 喷涂聚氨酯脲防水涂料

喷涂聚氨酯涂料已经在 6.6 节中介绍。喷涂聚脲和聚氨酯-脲涂料具有很快的表干时间、较高的强度、耐老化性能优良、耐盐腐蚀性好和高效率施工特点。另外，由于聚脲在常温的反应速率极快，环境周围的湿气不会对涂层的质量和表面产生不良影响，大大方便了施工。这类快速固化涂料已经广泛用于混凝土等基材的防水施工。

当喷涂聚脲用于混凝土表面施工时，特别需要注意基面的底涂处理，基面处理的好坏，直接影响施工质量。这主要是由于：

① 聚脲的固化速率极快，通常在尚未充分浸润混凝土表面时就已经固化，影响了涂层与混凝土的粘接强度；

② 聚脲固化时的发热量很大，混凝土表面毛细孔中含有的空气或水分受热后便会膨胀或蒸发，造成涂层表面出现针眼和气泡。

因此，聚脲喷涂施工前混凝土基面一定要涂布底漆，以增加黏附力和封闭毛细孔洞。一种传统的底涂剂是环氧树脂溶液。有一种喷涂聚脲的专用底漆是可乳化的聚氨酯体系，可在潮湿混凝土基面上直接涂布，渗透力强、固化快，底漆施工后 3h 即可喷涂聚脲，涂层与混凝土的粘接力大于 5MPa。另外，有时无需用喷涂聚脲，用喷涂聚氨酯-脲可获得渗透黏附和固化速率的平衡。

9.3.4 双组分聚氨酯防水材料实例

大多数双组分聚氨酯防水材料的 A 组分（甲组分）是聚氨酯预聚体，B 组分（乙组分）是由大量填料、少量交联剂和助剂组成的混合物。通过添加合适量的阻燃剂，可以制造阻燃型聚氨酯防水涂料。下面举一些实例。

【实例 1】含无机填料、石油树脂的水固化聚氨酯防水涂料

(1) A 组分（预聚体组分）制备 在反应釜内加入 $3050^{\#}$ 聚醚 150 份、

220#聚醚60份、210#聚醚24份、TDI 54份、增塑剂11.94份和催化剂二月桂酸二丁基锡0.06份，搅拌均匀，升温至80℃反应2个多小时后冷却至40℃以下，检测NCO含量，包装。

(2) B组分（固化剂组分）制备 将液体石油树脂48份、增塑剂1.5份、水-表面活性剂T-80混合液（含水约90%）3.3份、无机粉料（细度不小于300目的水泥、粉煤灰、滑石粉、重钙粉、氧化锌或石灰粉等）46.2份、纳米碳酸钙0.8份、催化剂0.2份高速搅拌混合30min，过滤，检验，包装出料。

(3) 涂膜物理性能 按A、B组分质量比1:2混合均匀，成膜后测得拉伸强度2.99MPa，伸长率570%，潮湿基面粘接强度1.1MPa，其他指标全部符合GB/T 19250—2003标准。

在常温下施工，适用于地下建筑工程、屋面、厨房、卫生间、浴室以及各种无明水、潮湿基面的混凝土的防水防潮。

【实例2】彩色阻燃聚氨酯防水涂料

(1) 制造方法 主剂（预聚体）外观为浅黄色稠液体，NCO含量3.5%～5.0%。

固化剂参考配方：水泥15～30份，阻燃剂6～20份，填料15～40份，增塑剂30～60份，防老剂（264）0.2～0.6份，紫外线吸收到（UV-531）0.2～0.6份，分散剂0.2～0.7份，颜料0.1～0.2份，交联剂6～10份。将以上物料于面粉拌和机中搅拌均匀，加入三辊研磨机进行研磨后即得固化剂，外观为红色膏状浆料。

(2) 涂层施工

① 主剂和固化剂的质量比为1:3，搅拌均匀后涂刷。

② 基层表面不应有浮灰等杂物，施工前要擦刷干净，待干燥后再刷（涂刷工具：漆刷或橡胶刮板）。

③ 涂层厚度一般为1mm，涂刷两次，第1次涂层厚度为0.5mm左右，第2次涂刷到规定厚度。如厚度大于1.2mm时需分3次涂刷，1mm厚度的涂层需用料$1.5kg/m^2$。

④ 涂层有铁红色、银灰色等色泽。涂层施工后需24h才基本上干燥，涂料中加入催化剂可控制在8h固化完成。

(3) 涂层物理性能 邵尔硬度（A）30～45、拉伸强度1.5MPa、伸长率≥300%、永久变形2%～8%，氧指数28～32，吸水率<1%，使用温度-30～90℃。

(4) 应用 用于热网管道保温的保护涂层。保温结构由保温层和保护层两部分组成，其保护层主要是为了防止外部雨水、水蒸气等进入保温层，以免由于季节的不同和气候的变化使保温层发生龟裂、漏水而降低保温效果。

【实例3】含无机和有机填料的水固化聚氨酯防水涂料

将250kg 3050#聚醚、200kg N220聚醚、200kg N210聚醚、1kg磷酸

加入反应釜中，搅拌升温，60℃之前加入150kg TDI、100kg PAPI，升温到80℃，80℃保温反应2.5h，降温到50℃，即得A组分。

将100kg古马隆树脂、120kg C_9 石油树脂、30kg水、10kg聚醚改性有机硅、200kg轻质碳酸钙、100kg滑石粉、50kg柠檬黄依次加入搅拌器内搅拌均匀，放入三辊机研磨到细度40μm左右，即得B组分。

将A、B组分按质量比1∶1混合均匀，经24h固化即得聚氨酯防水涂膜。

【实例4】含纳米无机填料、再生聚苯乙烯树脂的防水涂料

甲组分（预聚体组分）制备：将质量比约1/1.2的经真空脱水的聚醚二元醇和聚醚三元醇投入反应釜内，开动搅拌并升温至60℃，开始滴加TDI，设计NCO质量分数控制在4.4%左右，合成完成后，检验NCO含量，灌装密封待用。

乙组分制备：①称取二甲苯100kg和甲苯、乙酸乙酯、乙酸丁酯各50kg，投入反应釜内，开动搅拌和电加热升温至45℃自控，投入30kg的聚苯乙烯再生树脂和10kg酚醛树脂，保温反应5h，制成改性聚苯乙烯再生树脂胶体；②上述制备好的改性聚苯乙烯再生树脂胶体200kg投入反应釜中，在开动搅拌和超声分散状态下，加入月桂酸钠和十二烷基苯磺酸钠表面改性的纳米碳酸钙粉料22kg，充分混合好并注入胶体磨研磨后，灌装，作为乙组份待用。

在使用时将甲组分和乙组分按1/1.5质量比混合。本例使用酚醛树脂改性聚苯乙烯再生树脂替代石油沥青，不仅利用了再生资源，也降低了生产成本，也使得原本只能制备黑色涂膜变成可以制备浅色（彩色）涂膜。

9.3.5 单组分聚氨酯防水材料实例

单组分聚氨酯防水涂料与双组分涂料相比，省去了施工前的配料工序，不会发生计量差错，使用操作方便。含NCO基的预聚体通过与空气中的湿气反应而固化成膜。由于预聚体黏度适中，因而无需用有机溶剂稀释，它可以在相对湿度90%的条件下施工。因此单组分聚氨酯防水涂料施工方便、无公害，有利于环保，价格合理，是聚氨酯防水涂料的发展方向。

【实例】

(1) **参考配方（质量份）** 聚氧化丙烯二醇（N-220）330份，聚氧化丙烯三醇（N-330）37份，80/20 TDI 66.7份，触变剂（硅类）3.5份，催化剂（锡类）2.0份，填料240份、消泡剂（进口）4份。

(2) **制备工艺** 将混合聚醚和催化剂加入反应器中，预热至50℃，分批加入TDI，反应温度保持在70℃左右，反应1.5h后制得预聚体，加入助剂和填料，搅拌均匀后出料包装。

(3) **产品技术指标** 外观为乳白色稠液，固含量100%，黏度（20℃）

15400mPa·s，NCO 含量 4.0%~4.5%，贮存期 6 个月。涂膜的物理性能：拉伸强度 6.10MPa、伸长率 1213%，低温柔软性（-30℃无裂纹）合格，不透水性（0.3MPa×30min 不透水）合格。

贮存稳定性是单组分聚氨酯防水涂料产品的关键技术之一。填料含有一定量的水分，与异氰酸酯基反应，降低体系的稳定性，因此填料在高温下烘干 4h 除去水分，另外若填料的密度高于胶料的密度则会降低涂料的稳定性，因为密度大的填料可能会缓慢下沉。解决的办法是使用超细的填料及液体触变剂。超细填料密度小，并起到增稠的效果；触变剂能有效地改善填料和预聚体界面接合，提高体系的稳定性。

9.4 聚氨酯防水材料标准和施工方法

9.4.1 聚氨酯防水材料标准

国家标准 GB/T 19250—2003《聚氨酯防水涂料》替代了原建材行业标准 JC 500—1992《聚氨酯防水涂料》标准。GB 19250 与 JC500 主要区别：试验方法和技术指标有所调整；取消合格品和一等品的概念，按产品拉伸性能分为 Ⅰ、Ⅱ 类；增加单组分产品，产品分为单组分、多组分两种；增加撕裂强度、潮湿基面粘接强度等项目。该标准参考了日本工业标准 JIS A6021—2000《建筑用涂膜防水涂料》。

上述标准规定了聚氨酯防水涂料的分类、一般要求、技术要求、试验方法、检验规则、标志、包装、运输与贮存。

对单组分聚氨酯防水涂料物理力学性能要求的规定见表 9-1，对多组分聚氨酯防水涂料物理及力学性能的规定见表 9-2。

据报道，日本 JIS A6021—2000《建筑用涂膜防水涂料》拟修订，重点是聚氨酯防水涂料，增加快速固化高强度聚氨酯防水涂料等内容。

铁道部科技司于 2007 年发布的科技基函 [2007] 6 号《客运专线桥梁混凝土桥面防水层暂行技术条件》规定用于粘接卷材的聚氨酯涂料拉伸强度不小于 3.5MPa，断裂延伸率不小于 450%；用于防水层的聚氨酯防水涂料固体含量≥98%，拉伸强度≤6.0MPa，断裂伸长率≥450%，0.4MPa×2h 不透水，表干时间≤4h、实干时间≤24h，与混凝土粘接强度≥2.5MPa，潮湿基面粘接强度≥0.6MPa，撕裂强度≥35N/mm，与混凝土剥离强度≥3.5N/mm，保护层混凝土与固化聚氨酯防水涂料粘接强度≥0.5MPa，酸、碱处理后拉伸强度保留率分别≥80% 和≥70%，热处理后拉伸强度保留率≥100%，热/酸/碱等老化试验后伸长率≥450%。

国家标准 GB/T 23446—2009《喷涂聚脲防水涂料》于 2010 年 1 月实

■ 表 9-1 单组分聚氨酯防水涂料物理及力学性能 （GB/T 19250）

项目			Ⅰ类	Ⅱ类
拉伸强度/MPa		≥	1.90	2.45
断裂伸长率/%		≥	550	450
撕裂强度/(N/mm)		≥	12	14
低温弯折性/℃		≤	-40	
不透水性(0.3MPa×30min)			不透水	
固含量/%		≥	80	
表干时间/h		≤	12	
实干时间/h		≤	24	
加热伸缩率/%		≥	-4.0~1.0	
潮湿基面粘接强度[①]/MPa		≥	0.50(仅用于地下工程潮湿基面时要求)	
定伸时老化	加热老化		无裂纹及变形	
	人工气候老化[②]		无裂纹及变形	
热处理/或酸处理/或人工气候老化[②]	拉伸强度保持率/%		80~150	
	断裂伸长率/%	≥	500	400
	低温弯折性/℃	≤	-35	
碱处理	拉伸强度保持率/%		60~150	
	断裂伸长率/%	≥	500	400
	低温弯折性/℃	≤	-35	

① 仅用于地下工程潮湿基面时要求。
② 仅用于外露使用的产品，测试条件为氙弧灯紫外线累计辐照能量 1500MJ/m² （约 720h）。

■ 表 9-2 多组分聚氨酯防水涂料物理力学性能 （GB/T 19250）

项目			Ⅰ	Ⅱ
拉伸强度/MPa		≥	1.90	2.45
断裂伸长率/%		≥	450	450
撕裂强度/(N/mm)		≥	12	14
低温弯折性/℃		≤	-35	
不透水性(0.3MPa×30min)			不透水	
固含量/%		≥	92	
表干时间/h		≤	8	
实干时间/h		≤	24	
加热伸缩率/%		≥	-4.0~1.0	
潮湿基面粘接强度[①]/MPa		≥	0.50	
定伸时老化	加热老化		无裂纹及变形	
	人工气候老化[②]		无裂纹及变形	
热处理/或酸处理/或人工气候老化[②]	拉伸强度保持率/%		80~150	
	断裂伸长率/%	≥	400	
	低温弯折性/℃	≤	-30	
碱处理	拉伸强度保持率/%		60~150	
	断裂伸长率/%	≥	400	
	低温弯折性/℃	≤	-30	

① 仅用于地下工程潮湿基面时要求。
② 仅用于外露使用的产品，测试条件为氙弧灯紫外线累计辐照能量 1500MJ/m² （约 720h）。

施，喷涂聚脲（此处含聚氨酯-脲，下同）是一类快速固化聚氨酯防水涂料，基于我国喷涂聚脲的发展和使用情况，该标准所述的喷涂聚脲防水涂料包含了纯聚脲和聚氨酯-脲两种产品。产品按物理力学性能分为Ⅰ型、Ⅱ型。该标准的技术指标设置主要参考了德国 BASF 公司喷涂聚脲产品技术参数、日本工业标准 JIS A 6021—2000 和国家标准 GB/T 19250—2003《聚氨酯防水涂料》。在选择试验方法时，绝大部分指标的试验方法均采用了 GB/T 16777—2008《建筑防水涂料试验方法》，少量指标采用了有关产品的相关标准。

GB/T 23446 中要求的喷涂聚脲防水涂料的性能见表 9-3，喷涂聚脲防水涂料的耐久性能见表 9-4。其中表 9-3 中特殊性能（硬度、耐磨性和耐冲击性）和表 9-4 中人工气候老化（耐紫外光试验）应根据工程和用户需要测定，表 9-3 中特殊性能指标也可由供需双方另行商定。

■表 9-3 喷涂聚脲防水涂料的基本性能（GB/T 23446）

项　　目		技术指标	
		Ⅰ型	Ⅱ型
固含量/%	≥	96	98
凝胶时间/s	≤	45	
表干时间/s	≤	120	
拉伸强度/MPa	≥	10.0	16.0
断裂伸长率/%	≥	300	450
撕裂强度/（N/mm）	≥	40	50
低温弯折性/℃	≤	-35	-40
不透水性		0.4MPa,2h 不透水	
加热伸缩率/%		伸长≤1.0，收缩≤1.0	
粘接强度/MPa	≥	2.0	2.5
吸水率/%	≤	5.0	
硬度（邵尔A）	≥	70	80
耐磨性（750 g/500r）/mg	≤	40	30
耐冲击性/kg·m	≥	0.6	1.0

■表 9-4 喷涂聚脲防水涂料的耐久性能（GB/T 23446）

项　　目		技术指标	
		Ⅰ型	Ⅱ型
定伸时老化	加热老化	无裂纹及变形	
	人工气候老化	无裂纹及变形	
热/碱/酸/盐/人工气候老化处理	拉伸强度保持率/%	80~150	
	断裂伸长率/% ≥	250	400
	低温弯折性/℃ ≤	-30	-35

注：各种老化试验的指标要求基本相同。

9.4.2 聚氨酯防水施工方法

聚氨酯防水涂料是一种常温施工（即冷施工）和固化的防水材料，它高固含量，可厚涂，形成弹性防水涂膜。

在施工前，首先必须对基层进行清理。防水基层要求坚固、干燥、平整、无杂物。凹凸不平处及裂缝必须用水泥砂浆抹平。对于屋面防水工程，卫生间、地下建筑防水工程等，防水基层应按设计要求用水泥砂浆抹成1/50的泛水坡度，其表面无凹凸不平、松动和起砂掉灰等缺陷存在。排水口或地漏部位应低于整个防水层，以便排除积水。阴阳角部位应做成小圆角，以便涂料施工。防水基层应基本呈干燥状态，含水率小于9％为宜（可在地面覆塑料膜或板，过几小时后看表面有无水汽珠，如无明显的水汽凝结可认为合格）。

对于双组分防水涂料，按产品说明书的配比将A、B两组分倒入一个干净的容器内，手工或电动搅拌3～5min至混合均匀，再使用。单组分聚氨酯涂料可倒出来直接使用。

涂布底胶：涂聚氨酯底胶的目的是隔断基层潮气，防止防水涂膜起鼓脱落；加固基层，提高涂膜与基层的粘接强度，防止涂层出现针气孔等缺陷。使用适量稀释剂（200#汽油或二甲苯）稀释调配好的涂料，薄涂一层对基层进行底涂。单组分涂料一般用二甲苯或专用稀释剂稀释后作为底胶涂布。底胶干燥后才能进行防水涂料的涂布施工。

正常涂布施工：用塑料或橡胶刮板均匀涂刮，涂刮时要求均匀一致，不可过厚或过薄，涂刮厚度一般以0.8mm左右为宜。一般分2～3层涂刮，待上一道（遍）涂膜实干（一般24h）后再刷下二道。每层之间按垂直方向涂刷。开始涂刮时，应根据施工面积大小、形状和用料，统一考虑施工退路和涂刮顺序。

注意事项：混合好的涂料应在30min用完，如发现浆料有沉淀现象，应搅拌均匀后再使用；涂膜固化前严禁与水接触，也严禁践踏和触碰；施工温度应高于5℃。

9.5 聚氨酯灌浆材料

9.5.1 材料的发展和聚氨酯灌浆材料的特点

对因施工不当、地基不稳等原因造成的建筑物以及大坝、水库、沟渠、堤坝等水利设施的裂缝进行修补，对煤矿、地铁、石油开采、地质钻探等领域进行工程堵漏、防水、防渗、加固、补强以及防腐等,灌浆是一种常用的施工技术。通过灌浆可以提高被灌地层或建筑物的抗渗性和整体性,改善地基条件,保证水工建筑物安全运行。灌浆材料可分为固粒灌浆材料和化学灌浆材料两大类。固粒灌浆材料是由固体颗粒和水组成的悬浮液。固粒灌浆材料有黏土浆、水泥(砂)浆、水泥黏土浆和水泥粉煤灰浆等,它取材方便,造价低,施工简单,并具有较好的防渗或固结能力,但其所能灌填的缝隙宽度受其固体颗粒的细度限制,并且弹性差。与水泥灌浆和黏土灌浆相比,化学灌浆材料是采用由化学药剂制成的流动性好的低黏度液体进行堵漏,对细缝的可灌性和渗入性良好,固化时间可选择,所以化学灌浆成为建筑、地矿、水利等工程中常用的防水堵漏方法。化学灌浆材料种类有水玻璃、丙凝(丙烯酰胺体系)、甲凝(甲基丙烯酸酯/丙烯酸盐类)、聚氨酯、改性环氧树脂、糠酮树脂、木质素、脲醛树脂类等。大多数化学浆液低温反应活性小,只限于灌注稳定裂纹,且其温度在8℃以上并变化不大的情况,固结物弹性韧性差;丙凝单体有毒,会造成环境污染。

聚氨酯灌浆材料活性大,固结物具有良好的弹性和强度,固化物无毒,大大扩大了化学灌浆的应用范围,已成为应用最广泛、应用量最大的品种之一。20世纪60年代聚氨酯化学灌浆材料就已被开发,美国、德国、日本将聚氨酯化学灌浆应用于建筑工程。1973年,我国天津大学等5个单位最早研制出聚氨酯堵水化学灌浆材料(氰凝);1974年,华东水电勘察设计院科学研究所研制出水溶性聚氨酯化学灌浆材料;江苏省化工研究所于1976年与煤炭部科学研究院建井所协作研制水溶性聚氨酯灌浆材料,于1979年通过部级鉴定。1979年,长江科学院、广州化学研究所等单位为解决葛洲坝水利枢纽工程的薄层封闭式护坝止水,研制出弹性聚氨酯化学灌浆材料。

聚氨酯灌浆材料是由聚氨酯预聚体树脂与添加剂(溶剂、催化剂、缓凝剂、表面活性剂、增塑剂)组成的化学浆液。其主要成分是过量二异氰酸酯(或多异氰酸酯)与聚醚多元醇反应而制得的端异氰酸酯基(NCO)预聚体。一般是单液型,也可以是双液型,即由预聚体与固化剂(或及促进剂)组成。遇水后能立即发生化学反应产生二氧化碳,进而膨胀、固结,最终生成一种不溶于水的固结体。聚氨酯灌浆材料以黏度低、可带水施工、固结物弹性优异、防渗堵漏能力强等优点,在防水堵漏等工程中广泛地用于基础防渗、加固补强、混凝土构件裂缝的处理。

在灌浆过程中,用灌浆泵等压送设备把聚氨酯灌浆材料注入各种细缝隙或疏松多孔性地基中时,这种预聚体的端NCO基与缝隙表面或碎基材中的水分接触,发生扩链交联反应,最终在混凝土缝隙中或基材颗粒的孔隙间形成不溶于水的有一定强度的凝胶状固结体。聚氨酯固化物中含有大量的氨基甲酸酯基、脲基、醚键等极性基团,与混凝土缝隙表面以及土壤、矿物颗粒有强的粘接力,从而形成整体结构,起到了堵水和提高地基强度等作用。并且在相对封闭的灌浆体系中,反应放出的二氧化碳气体将产生很大的内压力，推动浆液向疏松地层的孔隙、裂缝深入扩散，使多孔性结构或裂缝完全被浆液所填充密实，增强了堵水效果。浆液膨胀受到限制越大，所形成的固结体越紧密，抗渗能力及耐压强度越高。

聚氨酯化学灌浆材料可分为水溶性（亲水性）和油溶性（疏水性）两大类。这两类聚氨酯预聚体材料虽然都能用于防水、堵漏、地基加固，但两者也有差别。通常，油溶性聚氨酯灌浆材料的固结体强度大，抗渗性好，用于加固地基、防水堵漏兼备的工程。水溶性聚氨酯灌浆材料亲水性好，包水量大，适用于潮湿裂缝的灌浆堵漏、动水地层的堵涌水、潮湿土质表面层的防护等。

根据施工需要，也可把水溶性聚氨酯灌浆材料与油溶性聚氨酯灌浆材料按合适的比例混合后进行灌浆施工。

9.5.2 水溶性聚氨酯灌浆材料

水溶性聚氨酯浆液于20世纪70年代初首先由日本东邦化学工业公司开发成功，其牌号为ハィセルOH。

9.5.2.1 水溶性聚氨酯灌浆材料的特点

水溶性聚氨酯浆材的突出特点之一是易分散于水中，遇水自乳化，与水反应很快聚合生成乳白色的不溶于水、富有弹性的凝胶体。固结物具有良好的弹性、抗渗性、耐低温性，对岩石、混凝土、土粒等具有良好的粘接性能，灌浆后对水质无污染。特点之二是固结物具有弹性止水和膨胀止水的双重作用。

水溶性聚氨酯灌浆与水玻璃、丙凝等灌浆相比，主要有以下几个优点：可在大量水存在的条件下与水反应，它能与水任意混溶，与20～30倍水混溶后仍能很好凝胶，在注浆工程中使用是经济的；与水混溶后黏度小，可灌性好；对水质适应性强，不论海水、矿水、酸性或碱性水对水溶性聚氨酯灌浆材料影响都不大；固化后形成不透水的固结层，可以封堵涌水、阻止地基中流水；固化反应的同时产生二氧化碳气体，封闭的灌浆体系中初期的气体压力把低黏度浆液进一步压进细小裂缝深处以及疏松地层的孔隙中，使多孔性结构或地层完全充填密实，后期的气泡包封在胶体中，形成体积膨大的弹性固化物；固化速率调节方便，可调节凝胶时间快到几秒，慢至30min；在含大量水裂缝和地层处理中，可选择快速固化的浆液，它不因被水冲稀而流失，可得到有效固结区比其他浆材大得多的固结体；形成的弹性固结体，能充分适应裂缝和地基的变形；浆液黏度可调，可灌1mm左右的细缝；水溶性聚氨酯液注浆方式既能采用单液注浆又能采用双液注浆；施工设备简单，投资费用少；试验表明，水溶性聚氨酯浆液固结物对生物的毒性极小，对作物也是无害的。

水溶性聚氨酯灌浆材料一般是单组分低黏度液体，其主要成分是端NCO基预聚体，它是由特种亲水性聚醚多元醇与多异氰酸酯制成的预聚体为主剂，加入助剂（稀释剂、增塑剂和其他助剂）配制而成的。

9.5.2.2 水溶性聚氨酯浆液制备与性能

为使聚氨酯浆材有良好的水分散性，一般选择 EO 含量较高的 EO/PO 共聚醚。通过选择具有不同 EO/PO 比例的亲水性聚醚，或者选择亲水性聚醚（甚至是全 EO 聚醚即 PEG）与普通 PPG 型聚醚的混合比例，可以制得不同亲水程度的灌浆材料。聚氨酯浆液的固化时间通过加入促凝剂（催化剂）或缓凝剂，固化时间可在几秒钟到十几分钟范围内调节。水溶性聚氨酯浆液制备配方与性能见表 9-5。

■表 9-5 水溶性聚氨酯浆液制备配方与性能

项	目		WPU-1	WPU-2	WPU-3
配方	水溶性聚醚	分子量	4000	6000	3000
		官能度	3	3	2
		EO/PO	85/15	85/15	90/20
		用量/质量份	100	100	100
	其他原料/质量份	N-303 聚醚	—	—	10
		TDI-80	16.4	13.1	38
		DBP	20	20	20
		丙酮	20	20	20
		NCO/OH（摩尔比）	2.5	3	2.75
物理性能	外观		浅黄色液体	浅黄色液体	浅黄色液体
	包水倍率/倍		>15	>15	<10
	浆液相对密度(20℃)		1.05~1.1	1.05~1.1	1.05~1.1
	浆液黏度(20℃)/mPa·s		400~500	400~500	300~400
	浆液凝固点/℃		-5~0	0~1	8~10
	浆液凝胶时间/s		40~60	50~60	120~150
	固结砂抗压强度/MPa		1.0	1.0	1.5
	粘接强度/MPa		1.0	1.0	>1.0

注：江苏省化工研究所试制产品。WPU-1 凝胶体硬、综合性能优秀。WPU-2 凝胶体软、韧性好。WPU-3 凝胶体软、韧性优秀，撕裂强度好。

实例：将熔化的水溶性聚醚多元醇（分子量 4000）加入 30L 反应釜内，开动搅拌器，120℃ 真空脱水，降温至 60℃ 左右，加入 TDI，慢慢升温至 70~90℃，反应 2~2.5h 后，降温至 40℃ 左右，加入占聚醚量 20% 的邻苯二甲酸二丁酯（DBP）及占聚醚量 20% 的丙酮，加完后再继续搅拌 20~30min 后，结束反应，出料包装。

华东勘测设计院开发的 HW 是一种具有较高强度的亲水性聚氨酯灌浆材料，它由甲苯二异氰酸酯、聚氧化乙烯、甘露醇聚醚、邻苯二甲酸二丁酯等预聚而成，外观为棕红色透明液体，黏度低，对潮湿面的粘接力强。它既能用于防渗堵漏，又能固结补强。LW 是由甲苯二异氰酸酯与高 EO 含量的氧化乙烯-氧化丙烯共聚醚反应制得，其特点是水溶性更好，与水反应得到的凝胶物的膨胀率和包水量高，弹性好。LW 和 HW 水溶性聚氨酯的常规技术指标见表 9-6。

■表 9-6　LW 和 HW 水溶性聚氨酯的常规技术指标

项　　目	HW	LW
黏度(25℃)/mPa·s	100	450
相对密度	1.10	1.08
凝胶时间	几十分钟内可调	
粘接强度(潮湿面)/MPa	2.4	1.0
拉伸强度/MPa	7.8	2.2
抗渗性能/(cm/s)	S_{15}	1.8×10^{-5}
耐压强度/MPa	19.8	—
包水量/倍	0.9	20～27
遇水膨胀率/%	2～4	150～300

据报道，在施工中，可根据具体场合和要求，将不同亲水性的灌浆材料（如 HW 和 LW）以一定的比例混合使用，以获得不同强度和膨胀性能的灌浆材料。

美国 3M 公司的 5610 水溶性聚氨酯浆材性能为：固含量 77%～83%，黏度（21℃）600～1200mPa·s，相对密度 1.04，固化物拉伸强度 0.13～0.3MPa，伸长率 150%～300%。

9.5.2.3　水溶性聚氨酯灌浆材料的应用

水溶性聚氨酯灌浆材料也广泛用于土木建筑各种防水堵漏、大坝基础的灌浆和坝体混凝土裂隙的防渗及补强，隧道掘进和矿井建设中涌水地带的止水和破碎带的加固、松软地层的加固等。

例如，在深圳东升引水工程用于总长 30km、壁厚 40cm、边长 4m 的方形钢筋混凝土输水箱涵的裂缝修补；在新疆"635"水利枢纽用于发电引水洞竖井及导流泄洪洞裂缝修补和防腐处理；在青海黑泉水库用于引水洞混凝土修补等；在青海小干沟水电站用于直径 4m、壁厚 35～50cm、总长 7km 的输水钢筋混凝土压力管道局部管段的伸缩缝、冷缝、管接头处缝隙的灌浆，在湖北丹江口混凝土大坝裂缝修补中采用聚氨酯水下灌浆技术取得了良好的防渗漏效果。

又如，唐山开滦煤矿工程处南阳东风井和范各庄新井进行了大规模的井壁注浆堵水试验，风井的井筒直径 6.5m，井深 325m，双层井壁由混凝土构成，内壁厚 300mm，外壁 600mm，施工时采用滑模工艺。由于施工质量差，出现涌水现象，最大涌水量达 18m³/h，用水泥玻璃材料注浆效果很差，采用水溶性聚氨酯浆液速凝注浆工艺收到了理想的堵水效果。

山东龙口矿区北煤矿副井进行了井壁注浆堵水试验，该井深 190m，内径 6m，井壁结构为素混凝土，设计厚度 500mm，该井临近渤海湾，地下水呈弱碱性（pH 值 7.5～8.1），共堵住了 41 个出水孔，用水溶性聚氨酯灌浆材料 500kg，水泥水玻璃 2040kg，累计堵水量为 35m³/h，使该井漏水量由注浆前的 31m³/h 降至 1m³/h，堵水率达 87%。

福建漳平工务段龙岩 3 号隧道拱部用水溶性聚氨酯浆液针筒注浆法堵漏十几处，效果良好。

9.5.3 油溶性聚氨酯灌浆材料

9.5.3.1 油溶性聚氨酯灌浆材料（氰凝）的特点和性能

油溶性聚氨酯灌浆材料国内俗称"氰凝"。氰凝浆液是由末端含异氰酸酯基的聚氨酯预聚体为主体加上溶剂、催化剂或缓凝剂、表面活性剂、增塑剂以及改性剂等组成。浆液性能取决于以上几种的成分的数量与品种。其中，预聚体是组成的关键原料，它直接影响到浆液灌注后所生成固结物的抗渗透性、压缩强度、粘接强度等。油溶性聚氨酯灌浆材料浆液有双组分和单组分类型。

双组分氰凝以预聚体、增塑剂、缓凝剂及部分溶剂组成主浆液；将催化剂及另一部分溶剂组成促进剂。两者分开包装，使用前按工程凝胶时间的要求配制。单组分氰凝则是端 NCO 预聚体为主的低黏度浆体。

传统的氰凝含一部分有机溶剂，淮安市博隆防水材料有限公司研发了固含量高、闪点高的无溶剂型油溶性聚氨酯化学灌浆材料，解决了国内同类材料的刺激性味道严重、污染环境的问题。该单组分油溶性聚氨酯化学灌浆材料，是一种能快速防渗堵漏、补强加固的产品。可用于大流量涌水的封堵，岩石和混凝土裂隙的充填和加固，以及土壤稳固处理。其黏度（200±60）mPa·s，相对密度 1.15±0.05，主要特点如下：

① 固化快，遇水后迅速反应、发泡、固化；

② 反应时间可通过催化剂的用量进行调节，一般可控制在数十秒至数分钟内固化；

③ 强度高，密闭条件下成型时，4h 可达 20MPa 的耐压强度；

④ 膨胀倍数大，遇水自由发泡时，一般可达 20 倍以上；

⑤ 浆液为单组分，使用方便；

⑥ 浆液气味小，利于在隧道、矿井、廊道等通风不良的场所施工。

氰凝浆液黏度一般在几十到几千毫帕·秒范围。这类灌浆材料固结后形成坚固的弹性体，体积可膨胀数倍。氰凝的 NCO 含量高，最高可达 28%，NCO 含量高则固结物弹性差。油溶性聚氨酯灌浆材料的性能值范围也较宽，一般性能见表 9-7。氰凝还具有耐化学介质性能和耐高低温性能，因此它不仅可用作堵漏，而且还可用于补强加固，另外还可用作涂层剂，具有较好的防渗防腐蚀性能。

国外一种聚氨酯灌浆材料的主要技术指标为：外观浅琥珀色液体，固含量 82%~88%，黏度（21℃）300~600mPa·s，相对密度 1.15，拉伸强度 0.55~0.62MPa，伸长率 700%~800%，收缩率 18%。中国科学院广州化学研究所研制的蓖麻油型聚氨酯浆材，拉伸强度 6.5~7.6MPa，伸长率 110%，永久变形 2%~8%，经葛洲坝、新丰水电站灌注，效果良好。某些双组分弹性聚氨酯灌浆材料可无需外源的水分固化，发泡少，类似于聚氨酯密封胶、浇注胶，适用于变形缝的止水处理。

■表9-7 油溶性聚氨酯灌浆材料的主要性能范围

项 目	数值	项 目	数值
浆液外观	黄色或褐色液体	固结体体积比	2~9
黏度(25℃)/Pa·s	0.02~8	抗渗性能/MPa	≥0.7
相对密度	1.00~1.13	固结体压缩强度/MPa	6~25
凝胶时间	几十秒到几十分钟	粘接拉伸强度/MPa	≥2

9.5.3.2 油溶性聚氨酯灌浆材料的原料和制造

(1) 氰凝的主要原料 异氰酸酯原料一般有甲苯二异氰酸酯（TDI-80/20）和多亚甲基多苯多异氰酸酯（PAPI）。聚醚多元醇采用低分子量聚氧化丙烯二醇（如N204）和聚氧化丙烯三醇（如N303等）。

溶剂主要是丙酮、甲苯、乙酸乙酯、二甲苯等，组成复合溶剂效果更好。催化剂选用三乙烯二胺、三乙胺等叔胺类或二月桂酸二丁基锡、辛酸亚锡等。缓凝剂一般选用苯甲酰氯、对甲苯磺酰氯。表面活性剂一般采用吐温-80或水溶性硅油等。

(2) 氰凝浆液的制造 油溶性聚氨酯灌浆材料（氰凝）的制备工艺比较简单，就是合成端NCO的聚氨酯预聚体，除了无水的聚醚多元醇和二异氰酸酯外，还可添加微量的苯甲酰氯之类的缓凝剂，以控制反应物黏度和改善贮存稳定性。因为氰凝主料预聚体的NCO含量比普通聚氨酯防水涂料用预聚体的高，合成预聚体时应注意及时移除反应热，以防反应温度快速升高甚至暴聚凝胶。

一种氰凝浆液参考配方为：聚氧化丙烯三醇-TDI反应加成物（NCO 28%）100份，溶剂10~20份，水溶性硅油1份，催化剂0.3~3份，增塑剂0~10份。

9.5.3.3 油溶性聚氨酯灌浆材料的应用

油溶性聚氨酯灌浆材料即氰凝的性能值范围较大，应用范围很广，止水防水效果好。氰凝还具有耐化学介质性能和耐高低温性能，因此它不仅可用作堵漏，也可用于补强加固，还可用作涂层剂，具有较好的防渗防腐蚀性能，主要用于建筑、煤矿、铁道、石油开采，水利电力以及地质钻探等部门的堵水、防水、加固、补强以及防腐等。

下面介绍氰凝在防水防腐方面的几个应用。

(1) 建筑工程上"三缝"堵漏与补强 对于建筑物经常遇到的变形缝、伸缩缝和沉降缝"三缝"渗漏水处，在使用通常的刚性防水及柔性防水法修堵不能奏效时，可以选用氰凝通过灌注法加以堵漏。特别是在潮湿或有流动水的场合，氰凝更显示出其他材料所不能比拟的优越性。

① 浆液的选择 根据工程状况和灌浆目的，选择合适的浆液配方是最为关键的一环。它不仅影响灌浆质量，而且与工程寿命直接相关。

② 灌浆工艺 对建筑物"三缝"漏水的封堵，主要采用剔缝灌注工艺，

其工艺操作程序分为：a. 剔缝及表面处理；b. 布嘴；c. 封闭；d. 养护；e. 试水；f. 灌浆等步骤。

(2) 氰凝涂层防水 涂层防水是把氰凝浆液涂布于渗漏水的表面，形成一层不透水的覆盖层，从而起到防渗漏作用。涂层法适用水池、水塔、洞库、隧道、地下建筑物等混凝土表面漏水、阴湿等情况。

① 基层表面处理 基层表面处理对取得优质防水层有着重要作用。易落物及尘土、水垢等污物一般用铁刷机械方法运。对于油污可用有机溶剂或碱溶液擦洗掉。基层表面尽可能干燥，以提高氰凝涂层与表面的粘接强度。当有凹凸不平或细裂缝时，可预先用水泥砂浆或用氰凝拌水泥予以嵌平。

② 涂布方法 可以用涂刷法或喷涂法涂布氰凝防水层。无论选择哪种方法，均应是薄涂层，特别是第一遍，所配浆液的黏度要小一些，这不但可以涂得薄些，防止涂膜气泡的发生，而且可渗透到被涂覆的混凝土表面，从而有较好的粘接强度。

(3) 管道缠绕堵漏 埋设在地下的自来水等管道，由于外力的作用、腐蚀等原因而发生渗漏水。以往均需停水修理，且维修时间长，劳动强度大，而往往要中断生产和生活用水。如采用氰凝缠绕施工工艺，可解决管道在线快速修堵的问题。这种新工艺具有操作简易、省工省料、速度快等优点。

首先消除破损部位表面的锈层、灰土、油污、沥青等物。关阀门使管内压力降至 0.049MPa。迅速将浸有氰凝浆液的脱蜡玻璃布缠绕于漏水部位，不少于 15 层，最后用干玻璃布勒紧。

氰凝缠绕修堵法适用多种材质和多种口径的管道。设备漏液可用贴补法修复。

(4) 基础加固 氰凝材料不仅具有优异的防渗水性能，固结强度高，而且可灌性好，它不仅可在一般情况使用，还可在动水情况下加固地基。

9.5.4 聚氨酯灌浆材料的标准

建材行业标准 JC/T 2041—2010《聚氨酯灌浆材料》规定了聚氨酯灌浆材料的术语、定义、分类和标记、一般要求、技术要求、试验方法、检验规则、标志、包装、贮存与运输。适用于水利水电、建筑、交通、采矿等领域中混凝土裂缝修补、防渗堵漏、加固补强及基础帷幕防渗等工程所用的聚氨酯灌浆材料。

JC/T 2041 标准规定了聚氨酯灌浆材料的外观及物理力学性能要求，见表 9-8。表中Ⅰ型产品为水溶性（亲水型）灌浆材料，代号 WPU；Ⅱ型产品为油溶性（疏水型）灌浆材料，代号 OPU。

■表9-8　聚氨酯灌浆材料物理力学性能（JC/T 2041）

序号	试验项目		指标	
			Ⅰ型	Ⅱ型
1	密度/(g/cm³)	≥	1.00	1.05
2	黏度/mPa·s	≤	1000	
3	凝胶时间/s	≤	150	—
4	凝固时间/s	≤	—	800
5	遇水膨胀率/%	≥	20	—
6	包水性（10倍水）/s	≤	200	—
7	不挥发物含量/%	≥	75	78
8	发泡率/%	≥	350	1000
9	耐压强度/MPa	≥	—	6

注：凝胶/凝固时间也可根据供需双方商定；耐压强度在有加固要求时检测。

9.5.5 聚氨酯灌浆工艺

化学灌浆施工工艺如下。

① 检查：仔细检查漏水部位，清理渗漏部位附近的污物，以备灌浆。

② 布孔：在漏水部位打灌浆孔，对深层裂缝可钻斜孔穿过缝面，一般孔距为20~50cm。

③ 埋嘴封缝：埋设注浆嘴，用快干水泥封闭。

④ 灌浆：根据渗漏部位的具体情况确定灌浆压力、灌浆量。用堵漏注浆泵将聚氨酯灌浆料灌入裂缝，当邻孔出现纯浆液时，移至邻孔，在规定的压力下灌浆，直至压不进为止，随即关闭阀门（一般灌浆压力0.3MPa）。

⑤ 灌浆结束后用丙酮清洗注浆机及其他工具。

⑥ 浆料固化72h后检查渗漏部位有无渗水，如无渗水则移除灌浆管，将灌浆嘴折断，用快干水泥将基面封闭、抹平。

注浆事项如下。

① 注浆施工人员配备好相关防护用品。最好在专业人员指导下施工。

② 注浆过程中，应及时观测注浆压力，防止高压注浆管爆裂。

③ 注浆过程中，应及时观测化学灌浆浆液发泡情况，并适时调整配比。

9.6 遇水膨胀聚氨酯密封堵漏材料

9.6.1 遇水膨胀聚氨酯密封材料的特点

遇水膨胀聚氨酯弹性密封材料是一种重要的具有防水、堵漏功能的高分子材料，主要用于包括水利工程在内的混凝土建筑的施工缝、变形缝的嵌缝和修补，应用领域包括地铁、隧道、大坝、涵洞、民用建筑地下室等。

遇水膨胀密封材料具有独特的止水机理：一方面具有弹性密封止水作用；另一方面还具有遇水膨胀、以水止水的作用。它是国外20世纪70年代起开始生产和使用的新型材料，主要用于解决地下工程渗漏问题，日本、欧美等国家和地区研制出遇水膨胀防水密封材料，迅速被工程界应用。近30年来，世界发达国家在这方面的研究发展迅速，如日本、美国、德国均开发并生产多品种的水膨胀产品，有遇水膨胀橡胶止水条、常温固化的遇水膨胀弹性腻子、遇水膨胀弹性密封胶等，应用领域涉及工程建设、民用建筑等各个方面。

按吸水材料的类型，遇水膨胀密封材料主要有两大类：一类是由吸水性填充材料与橡胶材料混炼制成；另一类是主体含亲水性基团或亲水性链段的亲水性树脂。亲水性填充材料有聚丙烯酸钠等，主体吸水膨胀材料有丙烯酸共聚物、亲水性聚氨酯树脂等，主体非吸水性材料可以用合成橡胶。

与含聚丙烯酸盐类的遇水膨胀橡胶系列材料的不同之处在于，在聚氨酯树脂中可以通过聚醚多元醇原料引入亲水的 EO（—CH$_2$CH$_2$O—）链节，获得非离子型亲水性聚氨酯材料。例如以亲水性聚醚为基体的聚氨酯预聚体与丁基或聚异丁烯等合成橡胶复合可制得一种遇水膨胀腻子材料（单组分高黏度密封胶）。

含亲水性链段的聚氨酯材料一般都具有遇水膨胀性能，但合适的遇水膨胀倍率、膨胀后的强度等物性需要通过主原料与交联剂等原料助剂的配比调整得到。

9.6.2 遇水膨胀聚氨酯密封材料的类型和性能

遇水膨胀聚氨酯材料是一类含亲水性聚氨酯树脂的防水堵漏材料，遇水膨胀聚氨酯材料品种有遇水膨胀聚氨酯橡胶（弹性体）、遇水膨胀聚氨酯腻子以及遇水膨胀聚氨酯密封胶等。

上述几种应用形式的遇水膨胀聚氨酯材料，可以用相似的原料制造。大多数遇水膨胀聚氨酯材料采用在分子结构中引入亲水性链段的方法制备。

9.6.2.1 遇水膨胀聚氨酯弹性体

遇水膨胀聚氨酯橡胶（弹性体）是一种含亲水性成分的预成型聚氨酯弹性体材料。为了降低成本、平衡物性，可含有填充料。应用形式一般有止水带等。

例如，将聚氧化乙烯-氧化丙烯多元醇与二异氰酸酯反应制成聚氨酯预聚体，与天然橡胶或合成橡胶经特殊工艺混合并硫化可制得聚氨酯弹性体。为了提高弹性体的性能，在聚醚链段上可接枝丙烯腈进行改性。

青岛化工学院等单位进行了吸水膨胀聚氨酯弹性体（橡胶类材料）的合

成研究，采用亲水性预聚体与固化剂高温硫化的方法制造弹性体。青岛化工学院研制的聚氨酯橡胶，硬度在 45～92，拉伸强度 2～3MPa，伸长率 120%～460%，吸水膨胀率 200%～500%不等。山东建筑材料工业学院与北京工业大学材料学院的合作基础研究中报道的两种弹性体的性能指标为：拉伸强度 1.6MPa 和 1.9MPa，伸长率 120%和 136%，吸水膨胀率 98%和 82%。

某聚氨酯遇水膨胀橡胶拉伸强度≥4.0MPa，伸长率＞600%，永久变形≤24%，邵尔 A 硬度 38±5，静水中体积膨胀率在 200%内可调节。该遇水膨胀橡胶可制成不同断面、不同尺寸的密封条和密封圈，用于各种地下工程，特别是拼装式混凝土凝聚力预制构件接缝的防水密封，如盾构隧道管片接缝防水密封和顶管接口密封。

上海隧道工程公司等单位研制的 821BF 水膨胀橡胶止水条，采用水溶性聚氨酯为膨胀剂，在国内首先生产水膨胀橡胶，其体积膨胀倍率在 2.5 倍以内，性能达到国际先进水平。这项技术成果荣获 1987 年上海市科技进步二等奖。之后，国内少数企业也有生产。湘潭水电工程有限公司的 821BF 膨胀止水条是一种高膨胀倍率橡胶止水条，有多种形状规格，对于混凝土规则性伸缩及沉陷位移在 5～50mm 范围内，都具有优良的止水性能，抗渗性能达 3.5MPa，是目前国内抗渗指标最高的弹性防水材料。821BF 膨胀止水条主要性能指标：邵尔 A 硬度 45±1，伸长率 400%±10%，膨胀率 200%±10%，耐高温 80℃不塌落，耐低温－36℃不发脆，扯断强度（5.00±0.20）MPa。"821"遇水膨胀弹性防水材料，广泛应用于隧道工程、地下工程、基础工程。

上海市隧道施工技术研究所在 1992 年开发了 TPU 遇水膨胀聚氨酯双组分密封胶和 TPU 遇水膨胀密封腻子，两种密封胶性能指标分别为：邵尔 A 硬度 25、45，拉伸强度 1.35MPa、1.9MPa，粘接强度 0.6MPa、1.0MPa，伸长率 450%、400%，抗渗性 0.5MPa、0.6MPa，最大体积膨胀率 140%、100%。上海市隧道施工技术研究所在 1992 年左右开发的密封腻子是由丁基橡胶与亲水性聚氨酯预聚体等混炼而成，其剪切粘接强度 0.2MPa，伸长率 400%，抗渗性 0.5MPa，最大体积膨胀率 200%。该产品曾用于上海地铁隧道等工程。

9.6.2.2 遇水膨胀聚氨酯止水腻子

未经硫化的含填料的半干型遇水膨胀聚氨酯橡胶属于腻子，是无定形材料，其主原料与遇水膨胀聚氨酯橡胶相似，它不含交联剂，也不能被水固化。

这种材料的物理性能虽然不及橡胶，但能适应形状复杂的缝隙施工，又有自黏性，施工简便。

某种遇水膨胀聚氨酯橡胶腻子其主要物理性能为：剪切粘接强度 0.2MPa，伸长率 400%，抗渗性 0.5MPa，耐热性（150℃、5h）无熔融变形、耐寒性（-30℃×2h）180℃弯曲无裂纹，体积膨胀率200%。

遇水膨胀聚氨酯腻子主要用于混凝土工程施工防渗透。该腻子还可以配合聚乙烯制的塑料工字条，用于嵌缝防水。上海地铁一号线隧道管片嵌缝槽曾大量采用这种方法嵌缝。

9.6.2.3 遇水膨胀聚氨酯密封胶

遇水膨胀聚氨酯密封胶，性能上和普通聚氨酯密封胶相似，由于采用亲水性聚醚等原料，具有遇水膨胀止水功能。遇水膨胀聚氨酯密封胶有单组分和双组分两类。

日本旭电化工株式会社 20 世纪 90 年代后期研制开发的单组分室温固化型遇水膨胀橡胶 P-201，是由液体橡胶和亲水性聚氨酯共混制成，使用时将 300mL 装液态胶料直接挤压在需做防水处理的部位，依靠空气中的湿气固化成为橡胶弹性体。P-201 密封胶综合了制品型和腻子型遇水膨胀橡胶的优点，施工简单，无需接头，固化后能反复膨胀，析出物少，是一种可靠的新型遇水膨胀橡胶，在日本的建筑防水工程中得到广泛的应用。国内在上海黄浦江观光隧道曾使用该材料，效果非常好。中国台湾等地生产商也开发出类似的新型嵌缝用单组分密封胶类遇水膨胀腻子产品，其主要成分多为聚氨酯树脂，可在潮湿面施工。在采用嵌缝枪将其注入嵌缝槽后，腻子与空气中的潮气接触变为软橡胶般的弹性体材料，然后用增韧型环氧胶泥或氯丁泥砂浆封闭嵌缝槽口。若地下水沿管片接缝渗入嵌缝槽内，腻子遇水会迅速膨胀，封闭渗水通道，从而保证嵌缝槽无渗漏。由于采用嵌缝枪灌注作业，此材料尤其适用于外形构造复杂、作业困难的场合，替代膨润土止水条作为施工缝防水材料。

又如 FL-606 遇水膨胀止水胶（景县风林工程材料有限公司产）为一种单组分、无溶剂聚氨酯型密封胶，可使用标准嵌缝胶施工枪作业。适用于潮湿、光滑及粗糙的表面；特有的柔性确保它适合不规则的基面接缝防水；具有良好的耐化学介质性能；可与饮用水接触，安全、无毒，属环保型产品；使用方便。最大能抗 1.5MPa 的水压力。可用于结构接缝密封和管子渗漏堵止，如：混凝土浇铸件中粗糙或光滑结构接缝；密封预制件之间的接缝（如入孔、箱型暗沟、电缆沟、管道沟等）；H 型钢周围的接缝；密封螺栓或预铸孔周围的空隙等；正交桩墙的密封等。施工方法如下。

① 对施工表面的灰尘进行清理，对是否平整、干湿无特殊要求。

② 将密封胶放入挤胶枪中，前端开口，旋上胶嘴，根据接缝要求切割胶嘴的大小和宽度。

③ 用挤胶枪将密封胶挤到施工缝中。

④ 密封胶在固化之前应避免与水接触。

以水溶性聚氨酯预聚体为 A 组分，用特种固化剂及增塑剂、填充剂等作 B 组分，就可配制成双组分聚氨酯遇水膨胀密封材料。

河南商丘师范学院化学系曾研究了双液型遇水膨胀聚氨酯密封胶，拉伸粘接强度范围0.3~0.7MPa,伸长率250%~460%,吸水膨胀率72%~100%。该材料曾应用于暗渠变形缝等的止水处理。

由聚氧化乙烯多元醇或聚氧化乙烯-氧化丙烯多元醇与二异氰酸酯反应制得聚氨酯预聚体与羟基、氨基化合物反应并加适当的增塑剂、增量剂、填料催化剂或缓凝剂等,可制得双组分遇水膨胀聚氨酯密封胶。预聚体如果用水作固化剂时,需用氧化钙吸收预聚体与水反应生成的二氧化碳,同时添加缓凝剂。

遇水膨胀双组分聚氨酯密封胶由于有遇水膨胀以水止水的作用,十分适合于沉降量大、可变形量大的工程接缝防渗漏。例如,承台和侧墙相对沉降12cm,使用该密封胶后,无渗漏发生。

将亲水性预聚体、水泥、水配等混合可以制得一种具有速凝作用的遇水膨胀聚氨酯速凝砂浆,用这种砂浆,配以双组分嵌缝枪,处理渗水接缝,十分方便。

第10章 聚氨酯铺地材料

10.1 概述

聚氨酯铺地材料主要是用于运动场地与地板的铺设,包括娱乐休闲场所的弹性地板。

聚氨酯铺地材料又称作聚氨酯铺装材料、铺面材料等,是一类用于各种场所地面铺设的塑胶材料。聚氨酯铺地材料是随着聚氨酯材料的开发而发展起来的一类铺装材料,最初于20世纪60年代初由美国3M公司开发,最初该公司用聚氨酯铺设了一条200 m的赛马跑道,发现性能很好,然后将聚氨酯材料用于铺设田径跑道,从此各国都相继开始用聚氨酯材料铺设运动场地、幼儿园地面以及其他室内外场地等。我国在20世纪70年代初也研发了聚氨酯跑道。最初采用聚酯型聚氨酯橡胶浇注而成,发现老化问题严重,耐久性不够。1976年河北保定合成橡胶厂和江苏省化工研究所采用MOCA交联的聚醚型聚氨酯浇注胶铺设了体育跑道和体育场地。后来一直采用聚醚型聚氨酯铺设弹性跑道,经过配方和工艺改进,聚氨酯铺地材料已经成为聚氨酯弹性材料的应用领域之一。

聚氨酯铺地材料中,我国有一个塑胶跑道的国家标准GB/T 14833—1993。

10.1.1 聚氨酯铺地材料的性能特点

聚氨酯应用于铺地材料,与它的性能特点密切相关。聚氨酯弹性体材料具有弹性好、耐磨、耐老化、耐低温等优点,并且软硬程度可按需定制,这是聚氨酯材料的性能特点。另外,根据使用要求,聚氨酯地面材料具有优良的防滑、阻燃、吸震性能,抗静电、色彩美观等特点。

可按需现场铺设,施工灵活,是聚氨酯材料的另一个特点。聚氨酯用于铺地材料,多数情况是在现场将双组分液体组分进行混合,浇注到地面上固化成型,并且可以在混合时添加填料等,也可在浇注、抹平而未完全固化前在其表面撒防滑颗粒等。还可以在铺设时就把各种场地的颜色标志设计好,分区铺设，使得运动场地色彩美观，给人一种舒适感。

聚氨酯铺地材料是一类高档的铺装材料，主要用于耐磨要求高的场合，尤其多用于运动场地，如塑胶跑道、球场等。聚氨酯跑道、塑胶球场地面、塑胶体育场地，与煤渣、泥土、木质、混凝土等材质的运动场地相比，具有弹性好、防滑、色彩美观、整洁、易于维护、不受气候条件影响等优点。聚氨酯跑道平坦、防滑、有弹性，还有助于提高运动员的成绩，颇受运动员所喜爱。聚氨胶地面能吸收震动，运动员如遇跌跤等情况，可减轻受伤程度。

聚氨酯塑胶场地可不受下雨积水、寒冷冰冻等影响，有了这种场地，雨过天晴就可使用，大大提高了场地的利用率。

用较软质的聚氨酯铺地材料铺设幼儿园的游乐场地，既清洁美观又安全舒适，如摔倒则不致像在水泥地那样造成擦伤或损伤，故受到家长及儿童们的欢迎。

聚氨酯铺地材料还具有防水作用，有时兼用于地面的防水材料。

10.1.2 聚氨酯铺地材料的应用种类

聚氨酯铺地材料的应用领域如下。

运动场地：田径运动场塑胶跑道、跳高/标枪/跳远等运动的助跑道、网球场、篮球场、羽毛球场、乒乓球场、足球场、体育馆地板、游泳池边道、高尔夫球场通道等。

幼儿及游乐场地：幼儿园地面、儿童游乐场地、楼梯过道、游乐场地面等。

地板材料：除运动场所、幼儿及游乐场所以外的各种地面，如特殊的生产车间、电子机房、实验室、火车/汽车/船舶等地板材料。

聚氨酯材料还可用于某些公共场所道路的铺设，以显示出特定的标记。

下面举几种铺装材料的构造例。

(1) **高尔夫球场通道** 高尔夫球场通道就是打高尔夫球球员的走道，它是在沥青混凝土或水泥混凝土的基础上先铺上一层底胶（聚氨酯胶黏剂），再铺上一层15~20mm 的橡胶颗粒弹性层而成。该弹性层是采用聚氨酯黏合剂与橡胶颗粒混合均匀后于现场进行施工铺设。橡胶粒料可用一般废轮胎破碎成的粒径3~5mm 颗粒，也可采用彩色乙丙橡胶胶粒。

(2) **儿童游乐场、网球均等透水场地** 将废轮胎破碎的胶粒与聚氨酯黏合剂混合均匀后，进行现场施工，也可以在工厂预先制成一定尺寸的板材（厚度为15~50mm），在基层上铺设而成。需要注意在铺设施工时，将聚氨酯胶黏剂涂布成线型，防止降低橡胶颗粒弹性层的透水性，如图10-1 所示。

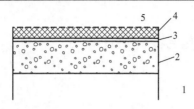

■图 10-1　网球场构造

1—碎石层；2—粒度为 50~70mm 的沥青混凝土；3—底胶或胶黏剂；
4—橡胶颗粒弹性层（6~15mm）；5—表面涂层

(3) 游泳池边道　泳池边道的铺设，主要是注意卫生问题与边道的不透水性。其铺设的结构有两种，如图 10-2 所示。

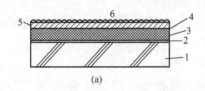 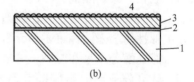

■图 10-2　游泳池边道

1—基层（砂浆或混凝土）；2—底胶；3—橡胶　　　1—基层（砂浆或混凝土）；2—底胶；
颗粒弹性层（6~10mm）；4—密封层；　　　　　3—聚氨酯铺地材料（35mm）；
5—聚氨酯铺地材料（1.5~2mm）；　　　　　　　4—防滑面层材料
6—防滑面层材料

(4) 体育馆地板　普通体育馆地板是在木制地板上涂上一层聚氨酯涂料，缺乏弹性，运动员在跳时缺乏舒适感。采用橡胶颗料弹性层与聚氨酯涂层复合铺设的地板，弹性好，耐磨，可达到满意的结果，如图 10-3 所示。

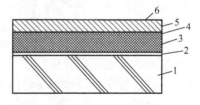

■图 10-3　体育馆地板

1—砂浆或混凝土基层；2—底胶或胶黏剂；3—PU 橡胶颗粒弹性层（6~10mm）；
4—密封层；5—聚氨酯涂层（2mm）；6—消光聚氨酯面漆

(5) 田径场地跑道　田径场上彩色聚氨酯跑道主要是由聚氨酯材料铺设。根据主跑道、助跑道、起跑和助跑的踏板，以及棒球、垒球等各种场地要求，铺设不同厚度的聚氨酯弹性面层。

10.2 聚氨酯铺地材料的制备

10.2.1 原料体系

聚氨酯运动场地与地板材料，其胶面层主要是采用聚醚多元醇与甲苯二异氰酸酯（TDI）制成的预聚体，为了降低成本，在胶层中掺入废轮胎胶粒以及填料，另外为了延长使用寿命，选择合适的紫外线吸收剂和防老剂也很重要。

(1) 聚醚多元醇 聚醚多元醇为基材的聚氨酯材料，能耐水解以及气候老化。聚氨酯铺装材料一般可采用聚氧化丙烯多元醇，以二醇为主，掺入少量的聚醚三醇；也可以聚醚三醇为主，聚醚二醇为辅。根据聚氨酯的硬度和弹性要求来选择聚醚多元醇，具体配方依对铺装材料的要求而定。采用的聚醚二醇分子量在1000~6000之间，聚醚三醇一般在3000~6000。如果采用较高分子量的聚醚，可用低不饱和度聚醚。高分子量聚醚制得的聚氨酯较软。

(2) 二异氰酸酯 传统聚氨酯场地胶面层多用TDI作为预聚体的二异氰酸酯原料，但合成预聚体的过程以及预聚体产品中存在游离的TDI，有挥发毒性和刺激性。国内外已部分采用二苯基甲烷-4,4′-二异氰酸酯（MDI）替代TDI生产端NCO预聚体，现场施工时公害少，同时也提高了胶面层的物理性能。可以使用的MDI系列产品包括纯4,4′-MDI（固体）、MDI-50（MDI异构体液态混合物）、液化MDI。

为了平衡成本和性能，可以使用TDI和MDI复合异氰酸酯，例如先由聚醚多元醇与TDI合成预聚体，再加入MDI系多异氰酸酯（包括纯MDI、液化MDI等）继续反应，得到低游离TDI、稍高NCO含量的聚氨酯预聚体。

由于PAPI官能度高，活性大，制备预聚体难控制，使用过多会产生凝胶，在聚氨酯铺装材料中单独应用较少。

(3) 固化剂 在双组分聚氨酯铺装材料体系中，乙组分（色浆）所用的固化剂（交联剂、扩链剂）有二元醇、多元醇、二元胺等。对于TDI系聚氨酯预聚体，传统的固化剂有3,3′-二氯-4,4′-二氨基二苯基甲烷（MOCA）等，MOCA是固体，一般加热溶解在聚醚多元醇中，与颜填料、助剂等配制色浆。二醇和多元醇类固化剂有乙二醇、丁二醇、三羟甲基丙烷、高官能度低分子量聚醚多元醇等，醇胺类固化剂有乙醇胺、二乙醇胺、三乙醇胺等。可由几种扩链剂、交联剂复配成固化剂。对于MDI系预聚体或含MDI系多异氰酸酯的预聚体，可用醇类或醇胺类固化剂。对于需要高硬度的铺装材料，可采用适量的含苯环二胺的扩链剂，如 MOCA 等。

(4) 填料 无机粉末填料可减少聚氨酯固化收缩率，降低成本，采用的填料有轻质碳酸钙、经煅烧过的陶土、白土、滑石粉、钛白粉、白炭黑、白水泥、高岭土等。填料胶粒粒径一般低于 $10\mu m$ 或研磨后在 $300\sim400$ 目之间。填料一般加入乙组分（或色浆）中，使用前应搅拌均匀。填料的使用量一般在 $20\%\sim40\%$ 之间。例如某铺装材料填料的用量为胶面层的 $30\%\sim40\%$。

(5) 胶粒 橡胶颗粒分为彩色胶粒与黑胶粒两种，彩色胶粒是由聚氨酯面层材料制成，是由胶面层胶浆浇注成片材，经破碎而制得，外观带铁红色（或绿色）的不规则聚氨酯弹性胶粒，一般直径为 $3\sim4mm$。黑胶粒一般是由废轮胎经破碎机制成粒度为 $6\sim16$ 目的颗粒，要求无纤维等杂质。黑胶粒的用量为胶面层 $35\%\sim60\%$，用量太大会影响胶层的物理性能，另外会形成较大的空洞，造成铺装层渗水。另外，EPDM 橡胶颗粒也用于塑胶跑道。

(6) 催化剂 催化剂是聚氨酯铺装材料的重要助剂之一。胶面层的铺设只能在室温下进行，因此胶面层采用的催化体系特别重要，另外胶面层不能有气泡存在，故催化发泡效果较好的叔胺催化剂不能采用，有机锡催化剂效果也不好，所以选择合适的催化体系是聚氨酯场地铺设施工的难点。传统的催化剂有有机汞、异辛酸盐等。比较常用的有机汞催化剂有酯酸苯汞、2-乙基己酸汞等，有机汞对异氰酸酯与羟基化合物反应的催化活性特别高，而且对水不敏感，使聚氨酯制品不易产生气泡，并且还具有防霉作用，但有机汞化合物毒性大，操作时应注意防护。2-乙基己酸铅简称异辛酸铅（或称辛酸铅），也是传统的铺装材料催化剂，但铅是重金属，在幼儿接触的场合不能使用这种催化剂。异辛酸锌、异辛酸铋等催化剂毒性小，但催化活性较低，有时需与其他催化剂配合使用，例如它可与异辛酸铅联合使用，其添加量为主成分（色浆）的 $0.3\%\sim1.0\%$ 为宜，该复合催化剂用于聚氨酯铺地材料铺设，方便了施工，改善了工作环境。还有其他催化剂可用于铺装材料体系。

(7) 防老剂 胶面层的表面材料（胶面或涂层）均需加入防老剂，延长使用寿命。防老剂主要包括紫外线吸收剂和抗氧剂。紫外线吸收剂可采用 UV-327、UV-531 等，抗氧剂采用抗氧剂 1010、防老剂 264 等。经试验采用 UV-327 与抗氧剂 1010 复合作为聚氨酯胶面层的防老剂效果较好，经人工老化和耐水解试验，其室外使用寿命在 8 年以上，其添加量为 $0.1\%\sim0.3\%$。其他抗氧剂和光稳定剂也用于铺装材料。

(8) 阻燃剂 聚氨酯属于可燃物质，普通聚氨酯材料的氧指数为 $19\%\sim20\%$。铺装材料可能接触到烟蒂等火源，一旦燃烧，便会放出有毒气体，且对环境的污染严重。

而聚氨酯铺面材料要求为 1 级阻燃，因此必须引入阻燃剂来提高其氧指数。阻燃剂有反应型和添加型。采用复合阻燃剂可达到较好的效果。有机阻燃剂为液态，添加后不仅起阻燃作用，而且还起了增塑剂的作用，会造成制品的硬度、拉伸强度会随着加入量的增加而降低。无机粉末阻燃剂添加后在起阻燃作用的同时，还起到填料的作用，故制品的硬度、拉伸强度会随着加入量的增加而升高。因此采用液态有机阻燃剂和无机粉末阻燃剂组成复合阻燃剂，在取得较好阻燃效果的同时，对制品的主要力学性能影响不大，阻燃效果好而且很稳定。

氯化石蜡-52 是塑胶铺装材料常用的一种有机阻燃剂。

对于无机阻燃剂，水合氧化铝阻燃剂质量分数为 9% 以上时，才对聚氨酯产生阻燃作用。单独使用三氧化二锑阻燃剂效果不好。

低用量的磷酸三（2，3-二氯丙基）酯阻燃剂即能赋予聚氨酯地板良好的阻燃性能，但由于磷酸三（2，3 二氯丙基）酯阻燃剂呈酸性，添加量增加后会影响到弹性体的成胶固化。

含磷 8.0%～8.5%、溴 19.5%～20.5%、氯 19.5%～20.5% 的阻燃剂 PUR-101 的阻燃效果比水合氧化铝的好，低用量即能赋予弹性体较好的阻燃性能。有研究报道，采用水合氧化铝与 PUR-101 复配使用，塑胶地板的阻燃效果较好，物理力学性能也满足要求，且能降低生产成本。

(9) 防霉剂 聚氨酯材料在自然环境中抗霉菌的能力不是很强，一般建议添加很少的防霉剂或杀菌剂，例如 8-羟基喹啉、8-羟基喹啉铜、五氯酚钠等，另外汞类催化剂有杀菌作用，高氯含量氯化石蜡也有防霉作用。

(10) 其他助剂 着色剂是铺装材料常用的助剂，可以有无机颜填料，也有有机颜料等；可以用现成的色浆，也可以用颜料与聚醚多元醇等研磨成色浆组分。

稀释剂用于降低聚氨酯胶浆的黏度，提高施工性能、获得流平性。稀释剂有增塑剂、有机溶剂、2-氯乙基己酸钙等。

吸水剂用于吸收体系中的水分，它和二氧化碳吸收剂都抑制二氧化碳气泡的产生，例如加入 3%～5% 的 CaO 微细粉末可使铺装后的聚氨酯更密实。

防静电剂一般是含离子或聚乙二醇链段的化合物，可降低聚氨酯的电绝缘性，加入聚氨酯胶浆中，用于防静电场合的塑胶地板的铺设。

10.2.2 聚氨酯预聚体的合成和胶浆料配制

聚氨酯铺装材料中使用的聚氨酯树脂，一般以聚氨酯黏合剂为主（黏合剂的概念在第 7 章已介绍），也用到聚氨酯胶黏剂、聚氨酯涂料等。

绝大多数聚氨酯铺装材料采用的是双组分聚氨酯体系，其优点是固化快，性能可调节。铺装材料一般厚达数毫米，如果仅通过潮气固化则较慢，内部固化更慢，所以单组分湿固化黏合剂在塑胶铺地材料中应用较少。

在双组分聚氨酯树脂中，大部分厂家把预聚体称作甲组分或 A 组分，固化剂称作乙组分或 B 组分。也有把预聚体叫做乙组分的。

10.2.2.1 聚氨酯预聚体的合成

端 NCO 基聚氨酯预聚体是铺装材料的主要组分。合成预聚体的方法和合成胶黏剂、防水涂料等的基本相同。合成聚氨酯预聚体的工艺大致如下。

将聚醚加入装有温度计、搅拌及真空系统的反应釜，搅拌升温至 100～120℃，抽真空减压脱水 1～2 h，当测得釜内聚醚水分在 0.05% 以下时，降温至 40～45℃，加入二异氰酸酯，缓慢升温至 70～85℃，保温反应 2～4 h。取样测定 NCO 质量分数，当达到设定值后，降温、出料到干燥、干净的容器中，在阴凉处密闭贮存备用。

如果容器不满，最好充入氮气，避免潮气进入。

若采用 TDI-80 合成预聚体，TDI 不宜过量过多，因为游离的 TDI 有挥发毒性。预聚体的 NCO 质量分数一般在 10% 以下。

如果采用 MDI 合成预聚体，采用合成半预聚体，即 MDI 可以过量较多，以获得合适的黏度。合成相同 NCO 含量的预聚体，MDI 系预聚体的黏度比 TDI 系预聚体大得多。除了上述提高 MDI 用量、NCO 含量的方法外，还可以添加少量的增塑剂甚至溶剂来降低黏度。较高 NCO 含量的预聚体，可以用较多的乙组分（活性氢组分），如此可降低总体成本。

预聚体的黏度是直接影响到铺装施工的重要指标，特别是要考虑到掺入废旧橡胶胶粒的铺设工艺，加入胶粒后混合胶浆的黏度明显增加，要有一定的流动性。

10.2.2.2 色浆组分配制

大多数聚氨酯铺地材料是彩色的，颜料一般放在通常称作乙组分的羟基组分中。乙组分含较多的成分，一般无需预先进行化学反应。乙组分包括的成分有：聚醚多元醇、交联剂、催化剂、增塑剂、防老剂、阻燃剂、填料、颜料或浓色浆、防霉剂等。

乙组分中需控制水分含量，否则与甲组分混合后，在胶料的固化过程中产生二氧化碳气体，使胶层发泡，轻则使胶料膨胀、降低强度等物性，重则固化不良、胶层发黏、变形等。一种方法是控制各原料的水分，例如聚醚多元醇和交联剂可预先真空脱水，颜填料需烘干，再混合后研磨。另一种方法是将液态和粉末料混合研磨后真空脱水。

研磨工序耗时较长，有人把粒度达标的微细粉末免去研磨工艺，节省了时间、人力和电耗。例如，河南省濮阳中原油田建台原公司的孔丽平在相关论文和中国专利（CN1477151A）中比较了两种生产工艺，参考配方（质量份）如下。

聚醚三醇 N-3050	40～45	防霉剂	0.10～0.15
滑石粉（325 目）	70～80	光稳定剂	0.15～0.20
高岭土（325 目）	10～15	MOCA	10～15
增塑剂	65～75	催化剂	1.0～1.5
颜料	6～7	其他	1.5
触变剂	2.0～2.5		

全部混合研磨再减压脱水工艺：按配方准确称取聚醚多元醇、MOCA、填料（滑石粉、高岭土等）和颜料等助剂，混合均匀后，在三辊研磨机上研磨，测其粒径在 $80\mu m$ 以下时，在 $70\sim75℃$、真空度 8.5 kPa 下脱水 3h，出料。按研磨需 24h 计，生产周期共计 29h。

部分原料研磨再全部混合、减压脱水的工艺：首先将 MOCA 与聚醚在 90℃左右加热溶解后，冷却至 40℃左右备用。同时将配方中的小料混合均匀，在三辊研磨机上研磨。最后将 MOCA 聚醚液、研磨好的小料以及配方中所剩余的原料（滑石粉、高岭土）用高速搅拌机混合均匀，在 $70\sim75℃$、真空度 8.5kPa 下脱水 3h 卸料，得到粒径在 $80\mu m$ 以下的组分。需时共约 7h，节省了研磨大量填料所需的时间。

10.2.2.3 铺地材料胶料配制

聚氨酯铺地材料的聚氨酯树脂部分一般由甲、乙组分组成。甲组分为含 NCO 基团的预聚体，乙组分多为含聚醚多元醇的色浆。各种场地对塑胶材料以及各铺设层有不同的性能要求，因此浆料也有不同组成的品种。下面举例加以介绍。

【实例】采用复合二异氰酸酯制备耐沾污的聚氨酯铺装材料

甲组分的制备：混合聚醚多元醇脱水后，降温至 60℃，在搅拌下加入 TDI-80，缓慢升温至 $80\sim90℃$ 搅拌反应 2 h，然后降温至 40℃，再加入液化 MDI，使得游离 NCO 含量达到设定值，搅匀后即可出料。室温放置 1 天后取样分析 NCO 质量分数，备用。

乙组分的制备：先将乙组分中所用的填料进行烘干处理。再将聚醚多元醇加热减压脱水，趁热加入 MOCA，搅拌溶解后降温至 50℃，加入填料、阻燃剂等，在高速混合釜中混合均匀，混合温度控制在 $30\sim35℃$，过滤、包装。

可以通过调整甲、乙两个组分的配比，制得不同用途的聚氨酯铺面材料，满足不同要求。研究还发现，采用纳米二氧化硅的铺装材料的耐沾污性能得到改善。例如塑胶在室温下熟化 7d 后，淋上相同种类和数量的墨汁，待 24h 后，用水和刷子清洗，然后用肉眼观察，未加入纳米 SiO_2 的铺面材料有明显痕迹，而有纳米 SiO_2 的铺面材料表面无痕迹。

10.3 聚氨酯跑道

10.3.1 聚氨酯跑道的优点和特性

与普通的煤渣、沙石、水泥跑道以及其他高分子材料相比，聚氨酯田径场跑道具有以下优点。

(1) 弹性　跑道具备适当的弹性，吸收震动，保护运动员运动关节及韧带，能对运动员产生一种适当的反弹力，使运动员发挥跑步水平、提高成绩。同时在运动过程中弹性跑道缓冲性能好，发生意外时减少受伤危险。

(2) **耐磨**　耐磨性能好，能保证铺面结构长期稳定不变，并可适用装备 7mm 以下鞋钉的跑鞋。即使在受力最大、使用最频繁的百米起跑点也不会因钉鞋而使跑道面层受到破坏。

(3) **防滑**　特制的覆盖层，保证其表面不滑，即使在潮湿条件下和恶劣天气中也能保证运动员起跑快速安全。

(4) **稳定**　具备优良的耐老化、耐水性、耐高低温、耐紫外光性能，并具有一定程度的耐化学腐蚀性，以保证塑胶跑道持久的性能。

(5) **实用**　可供全天候使用，在具备适当排水系统时，即使大雨后或用水冲洗后也能立即用于训练、比赛和游戏，且其使用性能不变。

(6) **维护和翻新简便**　在其合理使用范围内无需特殊维护。只需以清水或温和清洁剂清洗即可。场地经多年使用后，无需花巨资更换基层，只需做简单的表面翻新即可。

10.3.2　聚氨酯跑道的类型和铺设

聚氨酯铺设跑道，通常主跑道用红色塑胶，厚约 13mm；非赛区用绿色，塑胶厚度稍薄，一般厚为 9mm。

常见的田径场跑道为半圆式，标准田径场地周长为 400m，跑道宽 9.76m，半径 36～38m 不等，两圆心间距 80～86m 不等。我国推荐半径 36.5m、圆心距 84.39m 的塑胶跑道。非标准田径场一般指周长不足 400m 的小型跑道，例如 300m 等。

从目前国际体育比赛用的聚氨酯跑道的类型来看，主要有全塑型、复合型、混合型以及颗粒型等几种。它们的基础层相似，主要是铺设的胶面层有区别。根据运动比赛要求、工程造价、场地结构等情况铺设。举办大型田径比赛的场地，一般选用复合型或混合型跑道，作为训练和普及型场地可选用颗粒型跑道，而全塑型跑道由于成本高，一般较少采用。

运动场的地基一般需平整、不会变形、排水系统良好。一般在铺设之前地基需压实。按照要求施工。有关地面基础此处不做详细介绍。

在铺设好聚氨酯弹性胶层和表面防滑层，基本固化后，再进行测量、划线、安装道牙和标志牌。一般需继续熟化一周左右，方可使用。可清除表层少量弱结合的胶粒。如果发现较多的胶粒粘接不牢固，则需重新处理，例如喷聚氨酯保护漆以加强胶粒的粘接、或者将胶粒与胶浆混合后摊铺。

(1) **全塑型聚氨酯跑道**　聚氨酯胶层全部采用聚氨酯材料铺设而成，表面防滑层也用聚氨酯弹性颗粒。这种全聚氨酯铺装材料具有较好的弹性和较高的强度，适用于高级运动比赛，但成本较高。全塑型聚氨酯跑道剖面结构如图 10-4 所示。

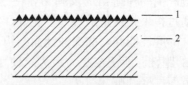

■图 10-4　全塑型聚氨酯跑道剖面结构
1—聚氨酯弹性胶粒；2—聚氨酯弹性胶层

全塑型聚氨酯跑道一般使用双组分聚氨酯树脂。在气温低的场合可添加少量催化剂。使用前按比例充分搅拌混合均匀。混合均匀的聚氨酯胶浆倒入做好立模的地面上，摊铺平整，并控制好厚度。在胶料黏度增大之后可在表面撒胶粒，以胶粒不沉降为宜。在表面可喷涂 1mm 厚的保护层，使得胶粒与聚氨酯弹性塑胶层牢固结合、改善在运动场使用过程胶粒的脱落现象。

胶粒的撒放时机对铺装材料表层防滑层的质量至关重要。一般以胶粒的 1/2～3/5 沉入聚氨酯胶浆中比较合适。如果提前撒胶粒，胶浆整体黏度偏低，胶粒下沉，不能起到增加摩擦力的效果，不合格；如果晚撒胶粒，胶浆已经差不多固化，则胶粒浮在表面，粘接不牢，受到外力时容易脱落，也不合格。

(2) **复合型聚氨酯跑道**　这种聚氨酯跑道胶面层分为双层结构，底层是将 40%～60% 的废轮胎胶粒与聚氨酯胶液混合均匀后铺设，厚度约为 9mm，然后再浇注一层厚度为 2～3mm 的聚氨酯胶浆，并在表层撒上胶粒，固化后形成摩擦面层。这种类型跑道适用于一般运动场地（图 10-5），需有专门的跑鞋。

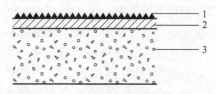

■图 10-5　复合型聚氨酯跑道剖面
1—聚氨酯弹性颗粒；2—聚氨酯弹性胶层；3—聚氨酯与黑胶粒复合层

复合型聚氨酯跑道可采用双组分聚氨酯树脂或单组分湿固化聚氨酯树脂作为橡胶颗粒的黏合剂。在双组分的场合，将两个组分按一定配比搅拌混合数分钟后，加入废旧轮胎胶粒，继续混合均匀，在做好立模的地面上摊铺均匀。也可用单组分聚氨酯黏合剂，加入胶粒后混合均匀，再摊铺。单组分聚氨酯可能固化较慢，要选择 NCO 含量稍低的产品。这种塑胶跑道的聚氨酯-废旧橡胶颗粒复合层一般需经过 1～2 天的固化后，再继续下一个工序，在其上铺一层纯聚氨酯胶浆，并撒一层胶粒。这道工序与全塑型聚氨酯塑胶跑道的基本相同。

(3) 混合型聚氨酯跑道 混合型聚氨酯跑道由防滑层和含少量橡胶粒的聚氨酯胶层组成。通常做法是将含有 10%～25% 的废旧黑色轮胎胶粒的聚氨酯胶浆铺设在基层上，厚度为 10mm 左右，面层上部黏附 2～3mm 粒径的聚氨酯胶粒作为防滑层。这种跑道适用于比赛用运动场地（图 10-6），需要采用专门的跑鞋。

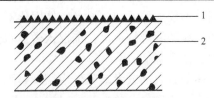

■图 10-6　混合型聚氨酯跑道剖面
1—聚氨酯弹性胶粒；2—含黑胶粒的聚氨酯弹性胶层

混合型聚氨酯跑道一般使用双组分聚氨酯树脂作为黏合剂。将两个组分按一定配比搅拌混合数分钟后，加入废旧轮胎胶粒，继续混合均匀，在做好立模的地面上摊铺平整。未固化前撒聚氨酯胶粒。可在表层再喷涂 1mm 左右的保护涂层，以保证胶粒黏附牢固。

(4) 颗粒型聚氨酯跑道 颗粒型聚氨酯跑道由防滑层和含较多废旧橡胶粒的聚氨酯胶层组成。将含较大比例的黑胶粒（如 50%～70%）与聚氨酯黏合剂混合均匀后，直接铺设到基层上，可用压辊碾压平整，使厚度符合要求，放置固化 1～2 天后，涂一层 2～3mm 厚的聚氨酯胶浆薄层，撒上聚氨酯胶粒，固化后即得。可喷保护漆，也可不喷保护漆，如图 10-7 所示。

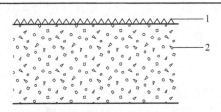

■图 10-7　颗粒型聚氨酯胶面层
1—含聚氨酯弹性胶粒涂层；2—聚氨酯与黑胶粒复合层

(5) 其他聚氨酯跑道 另外，可预先将含黑胶粒的聚氨酯胶浆浇注成板材，再将此板材放置场地的基层上，用聚氨酯胶黏剂粘接而成。

有一种活动型跑道，是折叠成卷的聚氨酯弹性软板，携带方便，临时铺设在一般场地上，供体育比赛之用。例如，将聚四氢呋喃制成含 NCO 的预聚体 1 份、MOCA 0.1 份、黑胶粒 1 份混合后浇注模型内，于 107℃ 加热固化 3h 后制得这种聚氨酯铺装材料。又如，在聚氨酯胶浆中加入 25% 左右的废旧胶粒，混合均匀后，摊铺在纤维垫层上，得到可移动的塑胶材料。这种活动性聚氨酯跑道可灵活搬动。

还有一种特软聚氨酯跑道，是以软质聚氨酯泡沫塑料作底层，在软泡上面黏合铺设一层帆布或尼龙布，布上涂一层2～3mm厚的聚氨酯胶浆，在胶浆固化之前撒上多孔的软胶粒。这种特软跑道替代木屑跑道，仅作训练用。

在聚氨酯跑道铺设过程中，应该防止水分的混入，如果水分进入双组分聚氨酯黏合剂，不仅导致发泡，而且整体固化不良，强度差。如果单组分聚氨酯黏合剂和胶粒的混合物在固化前混入微量水分，有利于固化，但较多的水分导致发泡、强度降低。

如果跑道局部有气泡或者缺陷，应用新鲜胶浆和胶粒进行修补。

10.3.3 聚氨酯跑道的物性

聚氨酯跑道有国家标准，标准号为GB/T 14833—1993，该标准要求的技术指标如下。

项目	GB/T 14833—1993指标	压缩复原率/%	≥95
邵尔A硬度	45～60	回弹值/%	≥20
拉伸强度/MPa	≥0.7	阻燃性	1级
扯断伸长率/%	≥90		

10.3.4 聚氨酯跑道的使用、维护与保养

跑道铺设竣工后，一般需要保养7～10天后才能使用，如不作保养，刚铺设的塑胶地面强度不足，容易损坏，胶粒容易脱落。跑道在具备排水设施的条件下，可以适应全天候使用。跑道只作运动员训练和比赛之用。不允许车辆行驶其上，也不能堆放重物，不能用锋利之物刺划。运动员所穿的钉鞋其鞋钉的长度一般不超过7mm，跳鞋的钉子一般不超过11mm。不允许带较长钉子的钉鞋在塑胶跑道上使用。避免有机溶剂和某些化学品撒泼在聚氨酯塑胶上，以免损坏聚氨酯。非特殊阻燃型跑道不允许与烟蒂等火种接触。聚氨酯跑道可用水冲洗。如果有油污迹，可用洗涤剂擦洗。

10.3.5 几种特殊的聚氨酯跑道

10.3.5.1 表面无填充颗粒的聚氨酯跑道

用于塑胶跑道防滑摩擦层的胶粒，在生产过程中，因破碎得到的部分颗粒太细而不能使用，这部分细胶粒占到20%～30%。另外，前面也提及，撒胶粒的时机必须适当，过早过晚都不能得到性能良好的防滑表层。所以人

们研发了多种无胶粒的防滑面层,以降低聚氨酯跑道的成本,简化铺设工艺。

一种现场压花方法是在跑道铺设时用聚乙烯(PE)或聚丙烯(PP)制成的花纹网在塑胶未完全凝胶时对表面进行压花,过 3～4h 后拿起花纹网,得到已固化的有颗粒状花纹的塑胶表层。因为 PE 和 PP 极性很低,与聚氨酯粘接差,聚氨酯固化后可以容易起模。PE 或 PP 花纹网长宽各 2～3m,根据花纹可获得 3mm×3mm×2.5mm 方柱形或直径 1.5mm、高 2.5mm 的圆柱形的颗粒状压花,间距约 2mm。

另一种方法是在车间里用 PE 和 PP 模板制成有颗粒凸出的聚氨酯卷材。颗粒可以是 3mm×3mm×2.5mm 的方柱形或直径 1.5mm、高 2.5mm 的圆柱形,或上/下直径 2mm/3mm、高 2.5mm 的截锥形,卷材厚度约 5mm。在这种表面颗粒状聚氨酯弹性卷材的背面涂布双组分聚氨酯胶黏剂或铺设塑胶跑道的聚氨酯胶浆,粘贴在铺设聚氨酯-废胶粒底层的跑道上,再划线、喷标志线、安装道牙和标志牌,就得到无填充颗粒的塑胶跑道。

还有一种预成型跑道表层,是用旋转式硫化机生产表面有方柱形、圆柱形或截锥形颗粒的三元乙丙橡胶(EPDM)卷材,表面颗粒形状可与上述压花方法生产的相同。一般用双组分溶剂型聚氨酯胶黏剂粘贴在聚氨酯-废胶粒混合型底层跑道上。这种 EPDM 表层跑道耐候性比聚氨酯更优。

10.3.5.2 表面为颗粒包胶型聚氨酯跑道

这种跑道是将胶粒与聚氨酯胶浆混合均匀后,涂布在已经固化的底层聚氨酯塑胶上。由于胶粒周围被聚氨酯胶浆包裹,粘接牢度大,不容易脱落。表层用聚氨酯树脂可用湿固化单组分聚氨酯。

胶粒可以是破碎的聚氨酯胶粒,胶粒尺寸一般在 2～2.5mm,聚氨酯胶浆黏度较低,一般≤5Pa·s。表面胶粒层厚度为 2.5～3mm。

另一种常用的胶粒是 EPDM 弹性体胶粒,因为 EPDM 极性低,普通聚醚型聚氨酯胶浆与乙丙橡胶粘接强度低,一般采用特殊的聚氨酯胶浆,例如用 M_w 为 2000～4000 的聚己二酸丁二醇酯二醇与 MDI 合成的 M_w 在 8 万～10 万的聚氨酯二醇预聚体,与多异氰酸酯交联剂(如缩二脲)组成的双组分聚氨酯树脂。为了改善聚酯型聚氨酯不耐水解的问题,配方中一般需加入碳化二亚胺类抗水解剂。

10.3.5.3 低成本聚氨酯跑道

聚氨酯跑道造价较高,对于普通的运动场可采用某些方法降低成本。

在聚氨酯弹性体中填充废旧轮胎破碎制成的黑色橡胶颗粒,是混合型、复合型聚氨酯的填充料。增加填料的含量,同时保证跑道的性能符合要求,可以得到低成本跑道。

一种低成本跑道的做法是，用含催化剂的单组分湿固化聚氨酯（预聚体）与废旧橡胶颗粒混合均匀，废旧胶粒含量可高达90%。固化后喷涂一薄层聚氨酯胶浆，固化后，再铺2～3mm厚的聚氨酯塑胶层，在未固化前撒表面胶粒，清除多余的胶粒后进行划线等后道工序。这种跑道比一般的混合型跑道降低成本约65%。

如果跑道底层的聚氨酯-废旧胶粒混合层中胶粒占70%～75%，其他同上，则成本可降低60%左右。

国内低成本跑道的做法一般是用聚氨酯胶浆与55%～65%的废旧黑橡胶粒在捏合机内混合搅拌均匀后，直接摊铺在基础地面上，用小型涂有脱模剂的金属辊滚压达到密实平整，固化后，铺上2～3mm厚的聚氨酯层，在未固化前撒表层PU胶粒，清除没粘牢实的胶粒后进行划线等后道工序。这种跑道比一般的混合型跑道降低成本约40%。也可以用聚氨酯胶浆包裹胶粒喷撒以替代在未固化胶料中撒胶粒。

10.3.5.4 软聚氨酯跑道

在比赛用跑道之外铺设部分硬度偏低的场地，一方面不影响运动员成绩的提高；另一方面又能让运动员赛前热身或赛后放松之用，这种软跑道已有研发。

10.4 聚氨酯球场

10.4.1 球场对聚氨酯材料的性能要求

高级球场可采用聚氨酯材料铺设。聚氨酯球场，如篮球场、排球场、网球场地具有耐磨、耐油、弹性高、使用寿命比木地板长等优点。

球场地面的性能要求比较高，与运动场跑道有所不同。

篮球场和网球场铺地材料的性能要求见表10-1。

■表10-1　篮球场和网球场铺地材料的性能要求

项　　目		篮球场	网球场
邵尔A硬度		55～75	55～75
回弹率/%		75	65～80
拉伸强度/MPa	≥	0.8	2.0
伸长率/%	≥	90	150
撕裂强度/(kN/m)		12	12
阻燃性能		1级	1级

注：篮球场回弹率指篮球反弹系数，可用0.75表示；网球场类推。

与普通运动场塑胶跑道相比，塑胶球场的硬度和强度要求较高，成本也有所提高。在整个铺地材料中，聚氨酯树脂含量要比塑胶跑道中的高。例如，对于篮球场和排球场，推荐聚氨酯树脂在整体聚氨酯-填料混合物中占55%～65%；对于网球场，聚氨酯树脂占60%～70%。

塑胶球场有室内和室外球场两类，和塑胶跑道一样也有全塑型和混合型等类型。

甲组分聚氨酯预聚体可加 MDI、PAPI，乙组分色浆可含芳香族二胺或芳香族二醇扩链剂如 MOCA、HQEE 等。

在生产色浆时，对于室外球场，可考虑加入稍多的抗氧剂、紫外光吸收剂。

10.4.2 聚氨酯球场的铺设

大多数聚氨酯球场用做好防水层的水泥地做地基。

例如篮球场的结构从下到上为：压实的厚素土层，由石灰、黏土和细砂组成的经压实的厚 150mm 的三合土，由 5～8mm 粒径石子铺设的厚约 40mm 的密实碎石层，由防水涂料/油毡纸/防水涂料固化形成的 5mm 厚防水层，100～120mm 厚的混凝土，混凝土之上就是 6～10mm 的聚氨酯层。如果土层碾压密实，三合土层也可不用，以节省成本。

排球场、羽毛球场、网球场的混凝土层及混凝土以下各层的结构与上述篮球场的基本相同，只是塑胶层厚度不同。排球场塑胶层厚度一般 6～8mm。羽毛球场塑胶厚度约 4mm。

在室内铺设的全塑型篮球场、排球场、羽毛球场，双组分混合后的聚氨酯胶浆黏度可以低一些，如 4～8Pa·s，便于流平。一般是一次性快速铺设，做到表面平整。

在室外铺设的全塑型篮球场、排球场、羽毛球场，双组分混合后的聚氨酯胶浆黏度可以稍高一些，如 5～10Pa·s。也是一次性快速铺设。为了使雨水及时流走，一般室外球场铺设时应有 5‰ 的微坡度。

混合型塑胶排球场、羽毛球场、网球场一般分两层铺设。下层为聚氨酯-废旧黑胶粒的混合塑胶层，铺设方法与塑胶跑道的相似，将甲乙两个组分的聚氨酯树脂按一定配比搅拌混合数分钟后，加入废旧轮胎胶粒，继续混合均匀，在做好立模的地面上摊铺平整。固化后，再铺设 2～3mm 厚的聚氨酯混合胶浆，低黏度、快速，使得胶浆流平快、无扰动痕迹，固化后得到光滑平整的表层。如果在室外铺装球场，同样需使塑胶层保持 5‰ 的倾斜度。

网球场面积比较大，大部分在室外，也有室内球场。可以用全塑型胶浆一次性铺设，也可用混合型胶浆分两层铺设。室外球场同样需使塑胶层保持 5‰ 的倾斜度，以便于及时排除雨水。网球场的面层需要有防滑层（或称摩

10.4 聚氨酯球场

擦层），一般也是在表层塑胶没有固化之前在适当时机撒固体防滑颗粒。防滑颗粒可以是 0.5~1mm 的聚氨酯胶粒，或者 0.2~0.5mm 的石英砂。

10.4.3 慢回弹聚氨酯铅球场地

通常采用黄沙来制作铅球投掷落球区，但落球时黄沙外溢，影响环境卫生。有一种用于铅球场的聚氨酯铺装材料，根据铅球比赛的特点，做成慢回弹软塑胶，这是一种黏弹性聚氨酯材料。

慢回弹塑胶运动场地的一种制法是，由聚醚二醇和二异氰酸酯制得分子量 5 万~10 万的聚氨酯二醇，用异辛酸铅和辛酸亚锡复配做催化剂，并加入计量的很少的水，用多异氰酸酯交联剂做固化剂，混合均匀后铺设，固化后得到海绵状微泡孔的软弹性体塑胶材料。这种弹性体受力后十多秒甚至几十秒内留有印痕，在受到铅球冲击后缓慢回复，便于丈量投掷距离，然后会缓慢恢复平整。

10.5 聚氨酯地板及地板砖

除了上面介绍的运动场铺地材料外（塑胶跑道、球场），聚氨酯树脂因高弹性、耐磨、抗静电，还可以用于许多场合，包括工业厂房塑胶地板，如电脑房、微电子/精密机械/钟表组装车间、会议室等；交通运输业地板，如飞机/列车车厢/汽车/船舶地板以及某些站台走廊地板；文教及休闲场所地板，例如卧室、客厅、居室走廊、老年人居室和敬老院、休闲会所、幼儿园、儿童乐园、托儿所、游乐场、舞厅等的塑胶地板等。

聚氨酯地板可以现场铺设，也可以预制成卷材或地板砖。

10.5.1 聚氨酯地板的特点和性能

聚氨酯材料具有优异的耐磨性，所以聚氨酯地板比一般塑料地板的使用寿命长。聚氨酯的弹性好，根据不同场所的要求从软质到硬质地板都可以定制。根据不同场合的要求以及成本的考虑，可以铺设或薄或厚的塑胶地板，薄可至 0.3~0.5mm，厚可达 10mm 以上。通过添加废旧橡胶颗粒，可以制成厚地板或地板砖。通过添加不同的颜料或色浆，可以制作各种色彩的地板。现场浇注铺设并固化的聚氨酯地板没有接缝，防水性能好。聚氨酯地板耐化学药品性与耐水解性良好，施工简单。聚氨酯地板防滑，易清洁，吸音性和缓冲性好。在聚氨酯胶浆中添加阻燃剂，可提高聚氨酯地板的阻燃性能。

应用于各种场合的聚氨酯地板的物理性能见表 10-2。

■ 表10-2 应用于各种场合的聚氨酯地板的物理性能

应用场合	车间/宾馆/会议室	楼梯间	过街天桥	火车/汽车	轮船甲板	托儿所/儿童乐园
邵尔A硬度	75~80	55~75	55~75	55~75	75~85	45~60
伸长率/%	100~150	100~150	100~150	100~150	150~200	100~150
拉伸强度/MPa	1~2	1~1.5	1~1.5	1~1.5	2~3	0.7~1
撕裂强度/(kN/m)	≥12	≥12	≥12	≥12	12~15	10~12
常用颜色	红、蓝、绿、黄	红、蓝、黄	红、绿、黄	红、蓝、黄	红、绿	红、蓝、绿
厚度范围/mm	0.5~3	2~3	7~10	0.5~3	7~10	7~10

注：共同性能，压缩永久变形2%~3%，冲击弹性≥20%，泰伯磨耗0.8~1。

卧室地板要求弹性好，性能与儿童活动场所的相似，但厚度较薄，一般在0.5~3mm。老年人居室地板的性能要求与儿童活动场所相同，但颜色以红黄为主。

聚氨酯地板的制造也和塑胶跑道相似，聚氨酯胶浆一般由预聚体和色浆两个组分按一定比例混合而得。

10.5.2 现场浇注铺设的聚氨酯地板

聚氨酯浇注型地板基本上与聚氨酯体育场地的胶面层近似，可现场施工固化成型，具有易于施工、经久耐用、重量轻、防尘、防菌等优点。特别是地板具无接缝、耐磨、弹性好的特点，适合铺设车辆、实验室、车间等场地。

相对于塑胶跑道和聚氨酯球场，聚氨酯地板的品种多，需要针对不同的场合采用不同的聚氨酯树脂。

聚氨酯地板同样也采用耐水解、耐寒性好的聚醚型聚氨酯。

对于要求偏硬的高模量地板，甲组分预聚体的合成可采用复合多异氰酸酯的方法，例如先由$M_n=1000$的聚氧化丙烯二醇与TDI合成NCO质量分数约6.2%的预聚体，或先由$M_n=2000$的聚氧化丙烯二醇与TDI合成NCO质量分数约3.6%的预聚体，再加入计量的MDI系异氰酸酯如纯MDI、液化MDI或PAPI，得到NCO质量分数在8%~13%的预聚体。用于塑胶地板铺设的预聚体黏度范围一般多在5~8Pa·s。

对于高模量地板的乙组分色浆，聚醚型聚氨酯树脂作为地板材料其硬度偏低，可配入稍多的带苯环的二胺或二醇交联剂如MOCA等。除用胺交联提高硬度外，羟值为130~400mg KOH/g的低分子量聚醚多元醇也可以制备适合于地板铺设用硬度较高的聚氨酯胶面层。可与聚醚二醇和聚醚三醇复配使用，也可加入适量的无机粉末填料如烧结陶土、300~400目白水泥或石粉等。其他组分见10.2.1小节。

例如一种全塑型聚氨酯地板，采用混合聚醚多元醇和 TDI-80 先合成预聚体，降温后再加入计量的液化 MDI，得到甲组分。真空脱水的聚醚多元醇、MOCA、预烘干的纳米二氧化硅粉末填料、阻燃剂等在高速混合釜中混合均匀、过滤后出料即得乙组分。两个组分按比例混合，即用于铺设无废旧胶粒填充的全塑型聚氨酯地板。对于车间地板，研究认为 NCO 质量分数在 7%～8%较合适。得到的车间用塑胶地板的性能为：邵尔 A 硬度 75～80，拉伸强度 2～3MPa，伸长率 100%～150%，撕裂强度 12～15 kN/m，泰伯磨耗（mg/100 圈）0.8～1.0，阻燃性 1 级，压缩永久变形 2%～3%。加入纳米二氧化硅粉末具有良好的抗污性能。

又如，部队研制开发的方舱与军用厢式车，大都要求浇注防静电地板。用添加了防静电剂等助剂的全塑型地板用双组分聚氨酯树脂，现场浇注使塑胶地板与舱体成为整体，给方舱的使用带来很多方便，很受欢迎。这种塑胶地板整体厚度均匀、无接缝，表面光滑平整，颜色匀称柔和一致，表层有柔性感，色泽新鲜。它阻燃、防静电、高回弹、耐磨、耐油污，并且地板胶料和铝合金等基材能粘接牢固。

10.5.3 预成型地板卷材及片材

预成型聚氨酯片材及卷材地板就是预先浇注成地板片材，与浇注型地板的不同之处在于制品较薄。聚氨酯地板片材及地板砖的制造法：将含 NCO 基的聚氨酯预聚体与聚醚、填料及催化剂等助剂混合制成的色浆组分混合均匀，浇注至模具中，在 120～125℃下，固化成地板片材。在配方中加入少量为水可制得含泡孔的轻质弹性地板，用于需要隔音、隔热的场地。

10.5.4 聚氨酯地板砖

聚氨酯地板砖（或称聚氨酯地砖、聚氨酯橡胶地砖）是指全部用聚氨酯或者聚氨酯黏合剂与橡胶颗粒或无机填料等制成的砖形弹性材料，是一类预成型铺装材料。聚氨酯地板砖一般是正方形的，长×宽为 500mm×500mm，厚度有 4mm、6mm、8mm、10mm 几种规格。与其他聚氨酯铺装材料一样，聚氨酯地板砖具有弹性好、耐磨、隔音、耐油等优点。

聚氨酯地板砖的种类有全塑型、复合型、混合型、颗粒型等，其组成和制法与塑胶跑道相似，不同之处在于，塑胶跑道是现场浇注大块场地，而色浆地板砖是将胶浆浇注在模具中，固化后脱模，得到规整形状的地板砖。采用合适的催化体系，地板砖可在 25℃固化 3～3.5h 脱模，放置 7 天后可以使用。也可在 120℃固化 10min 左右成型。

聚氨酯地板砖可以在室温硫化，因此可以用木制或塑料模具制造。其中聚丙烯或聚乙烯塑料模具表面低极性，是不用涂脱模剂的模具，金属模具和木模具一般需涂脱模剂才能用作浇注成型聚氨酯地板砖的模具。

据称,以前用于生产聚氨酯橡胶地砖可以用苯酚封闭型聚氨酯与色浆、橡胶颗粒等混合均匀,注模后在150℃以上加热成型得到。这种工艺温度高、有苯酚逸出,已经不被采用。目前一般采用聚醚多元醇与二异氰酸酯制造预聚体。可采用单组分加少量水分固化得到含少量泡孔的轻质地板砖。最多的还是采用双组分体系。

中国专利 CN 1296452C 介绍的一种用于生产地板砖的聚氨酯树脂配方为:聚醚二醇 N220 9 份,高活性聚醚三醇 78 份,甲苯二异氰酸酯 13 份,苯甲酰氯 0.2 份,二甲基乙醇胺 0.15 份。这种聚氨酯黏合剂 NCO 质量分数在 8%~10%,黏度 800~1000mPa·s,纯聚氨酯固化物强度可达 4.2MPa,伸长率可达 1200%。不仅可用于地板砖的生产,同样也可用于塑胶跑道的铺设。

一般的全塑型、复合型、混合型聚氨酯地板砖多用于室内,因为成本高,铺设时可以无需胶黏剂直接铺装,在平整的混凝土地板上靠紧放置即可,搬家时可以再次铺设,也可用胶黏剂粘贴铺设。

颗粒型地板砖含废旧胶粒多,强度相对低,一般作为塑胶场地的底层,铺设时一般先在混凝土地板上涂一层 0.5~1mm 的聚氨酯胶浆作胶黏剂,颗粒型地砖相邻处也涂聚氨酯胶黏剂,紧密铺设固化后,在其上现场铺设 2~3mm 后的全塑胶浆,流平后固化。中国专利 CN 101117010A 介绍了一种无缝连接铺装的颗粒型地板砖制造工艺,先制造高橡胶颗粒含量的预制地板砖,然后在现场拼接后再铺设含胶粒的面层,可降低铺设成本,提高连接强度及可靠性,消除接口缝,改善美观度和平整度。具体做法为:取 80 份废旧橡胶轮胎颗粒,加入 20 份聚氨酯黏合剂,同时添加适量的颜料、催化剂、抗氧剂、紫外线吸收剂,搅拌均匀,放入模具中,加压、加温硫化,脱模后得到边长 50cm、厚 1.5cm 的正方形弹性橡胶地板砖,每条边上均布 5 个深 2.5cm 的燕尾槽,砖的底部制有纵横交错的排水用凹槽,槽宽 8mm,槽深 2mm,铺设时,相邻两块地板砖通过燕尾槽嵌扣拼装连接,铺装成塑胶跑道、人造草坪、塑胶球场的底层,取适量的三元乙丙橡胶颗粒拌入聚氨酯胶浆中,喷涂在底层上制成约 3mm 厚的面层。

还可以在普通地砖表面涂覆聚氨酯树脂,制造耐磨复合地砖,铺设方便。具有防滑、抗撞击、高耐磨特性的复合地砖,可用于食品加工厂、肉类加工厂、冷冻库房等需防滑的场所。具有防静电性能的复合地砖用于电子元器件生产厂房、计算机房等需防静电的场所。

10.5.5 喷涂成型聚氨酯地板

无溶剂喷涂技术是制造聚氨酯无缝地板材料的一种新技术,原理是利用压力将无溶剂聚氨酯原料由计量泵输送至喷枪,经快速混合后,喷至物体表面成型。无溶剂高速反应喷涂技术具有以下优点：①原料无需预热，成品无需加热熟化；②反应速率快，通常凝胶时间小于 1min，施工周期短，可进行异型面喷涂；③喷涂层厚且无接缝，一次可成型十几毫米厚的地板，还可进行大面积地面喷涂。

无溶剂喷涂技术用于制造聚氨酯地板材料，大大提高了工作效率，不像手工摊铺需要大量的熟练工人，可以制造具有较大硬度范围的地板材料，特别是用摊铺方法难以得到的高硬度聚氨酯地板材料。用喷涂聚氨酯脲制造的地板的物理性能：邵尔 A 硬度 90～95，拉伸强度 10～20MPa，伸长率 300%～400%。

聚氨酯无溶剂高速反应喷涂技术需要高压混合设备，原料组分在操作下的黏度必须小于 2000mPa·s。

第11章 反应注射成型聚氨酯

11.1 概述

反应注射成型（reaction injection molding）简称 RIM，是直接从低黏度的高反应活性原料通过快速反应制造复杂制件的工艺技术。各种原料在进入模腔前的瞬间相互高速碰撞混合，并在模腔中反应，形成模腔形状的固体聚合物，完成一个模塑周期。制件成型周期一般只有几分钟，最快的体系如聚脲 RIM 的成型周期不足 1 min。聚氨酯的反应注射成型工艺与低压注射浇注聚氨酯泡沫或弹性体不同，所需能量少，反应迅速，成型周期短；与传统的热塑性树脂注射成型原理完全不同，RIM 是在模腔中进行聚合反应，而不是借助冷却形成固体聚合物。由于该成型工艺反应温度低、耗能少、成型周期短、生产效率高、设备投资少而得到迅速发展，可以制造各种中低密度泡沫塑料制品以及高密度微孔弹性体，已成为聚氨酯材料、特别是汽车用聚氨酯材料的一种重要的成型技术。RIM 材料聚氨酯由于具有优良的物理力学性能而被广泛应用于制作汽车部件等。

如非特别指出，本章所述"聚氨酯"可包括聚氨酯脲、聚脲、聚异氰酸酯等广义聚氨酯产品。

11.1.1 RIM 聚氨酯的种类和发展

RIM 技术是在制备高密度整皮聚氨酯硬质结构泡沫塑料工艺的基础上发展起来的。20 世纪 60 年代后期，德国 Bayer 公司在由液体原料注射、浇注成型酯聚氨酯泡沫塑料的基础上，研发出利用高压撞击混合头制造聚氨酯泡沫塑料，并研制适用于快速反应成型的聚氨酯泡沫塑料原料体系 Baydur，出现第一台具有自清洁和循环混合功能的 RIM 设备。1974～1975 年，美国通用汽车公司等建立了自动化 RIM 生产装置，利用 RIM 工艺生产大型聚氨酯制件。20 世纪 70 年代后期出现了用玻璃纤维增强的 RIM 聚氨酯汽车挡泥板和车体板。1980 年玻璃纤维增强的 SRIM 问世。除了 RIM 聚氨酯外，20 世纪 80 年代初期 RIM 技术还相继开发了用于尼龙、环氧树脂、酚醛树脂、聚双环戊二烯、不饱和聚酯等制品的生产，但 RIM 制品仍以聚氨酯材料为主。

我国 20 世纪 80 年代就开始应用和开发 RIM 技术，形成了从关键原料、配方、加工工艺、模具设计直至制品生产的成套技术，已相继开发汽车自结皮方向盘、填充料仪表板、微孔聚氨酯挡泥板、保险杠、侧护板等制品。近年来，面临着改性热塑性聚烯烃、玻璃钢等材料的激烈竞争，迫使国内外对 PU-RIM 做进一步的研究与开发工作。

RIM 聚氨酯体系经历了 4 个主要发展阶段，形成了 3 种原料体系，见表 11-1。

■表 11-1　RIM 反应体系的演变

项　目	第一代	第二代	第三代	第四代
材料体系	聚氨酯	聚氨酯脲	聚氨酯脲/内脱模剂	聚脲
发展的年份	1970~1980 年	1980~1984 年	1984 年起	1985 年起
聚醚端基	伯羟基	伯羟基	伯羟基	氨基
扩链剂	二醇	二胺	二胺	二胺
是否用催化剂	有	有	有	无
异氰酸酯	改性 MDI	改性 MDI	改性 MDI	改性 MDI
脱模剂	外脱模剂	外脱模剂	内脱模剂	内脱模剂
注射时间/s	1.0~3.5	1.0~1.5	1.0~1.5	0.5~1.0
凝胶时间/s	4~8	2.5~3	2.5~3	1~2.5
成型周期/min	3~7	2.5~3	1.5~1.8	0.8~1.5

在 RIM 基础上，为了适应汽车工业等行业对高模量材料的需求，相继出现了增强反应注射成型（RRIM）和结构增强（SRIM）的工艺。

11.1.2　聚氨酯 RIM 工艺特点

聚氨酯反应注射成型工艺，是将双组分的液状高活性反应物料在高压下同时喷射入混合室，瞬间混合均匀，随之注入模腔中迅速反应得到模制品。本工艺要求液体原料黏度低、流动性好、反应性高。

反应注射成型过程主要由原料准备、高压计量、混合、浇模、固化、脱模及修饰等工序组成。A 组分为异氰酸酯组分，B 组分为活性氢组分。反应料液分别打入贮槽，在进入混合头之前，分别进行循环。将料液温度调至规定的数值后，分别经高压计量泵计量后进入混合室，在混合室通过高速碰撞混合，迅速进入模腔，一边充模一边聚合，在很短时间内固化，在达到脱模要求的强度后脱模，或经后固化或直接送修饰工序。

通常将聚氨酯 RIM 工艺所用原料配制成 A、B 两组分，两个组分以大致相等的体积准确计量和混合。RIM 多采用一步法工艺，即把活性氢组分预混合，将聚醚、扩链剂、催化剂及其他助剂配成组合聚醚；也可采用半预聚体法工艺，部分聚醚多元醇与 MDI（或改性 MDI）反应，得到黏度较低的半预聚体，另一组分为聚醚多元醇、扩链剂等。

RIM 聚氨酯工艺具有以下优点。

① 由于反应料液的黏度低（低于 2000mPa·s）、原料混合压力一般只有 14～21MPa，模温（50～70℃）不高，采用的是高活性原料，并且反应释放热量，因此能量消耗少。

② 注模时模腔内压力（0.35～0.70MPa）低，锁模力也比热塑性聚氨酯的低得多，并且使用液体原料，对模具构造的要求不高，模具费用低，可利用一套高压注射机向许多模具输送物料，故 RIM 的设备投资比热塑性树脂注塑少 50%以上。

③ RIM 生产周期短，自动化程度高，混合头自清理，生产效率高，适合于大规模生产。

④ 直接用液体原料生产，配方选择的自由度大，可设计成多种结构，可被多种材料增强，制备物理力学性能范围极为宽广的聚氨酯 RIM 材料，可生产密度约为 300kg/m³ 的泡沫塑料到密度高达 1400kg/m³ 的实心增强聚氨酯，材料的弯曲模量（挠曲模量）从 RIM 的 200～700MPa 到 SRIM 制品的 3000～14000MPa，从韧性好的弹性体到刚性大、耐冲击的 SRIM 结构材料，可满足各种不同要求，增强聚氨酯制品的耐温性大为改善。

⑤ 由于物料黏度小，可制造形状复杂的及薄壁制件，制品的表面清晰度高，有较好的可涂饰性。RIM 成型过程中嵌入件及增强材料与基料结合，形成整体件，减少制件的装配费用。

与用于汽车工业的其他塑料相比，RIM 聚氨酯的不足之处主要是原料成本较高，其次是废、旧边角料回收利用较麻烦。

11.2 原料体系

聚氨酯 RIM（包括 RRIM）工艺要求反应组分的黏度低、在模腔中的流动性好、固化速率快。RIM 工艺所用的原料及配方体系和其他聚氨酯聚合工艺及成型工艺不一样，下面作一简单的介绍。

11.2.1 聚醚

聚醚多元醇（及聚醚多元胺）是 RIM（包括 RRIM、SRIM）聚氨酯（及聚氨酯脲、聚脲）的主要原料，与二异氰酸酯反应生成聚氨酯。聚醚构成聚氨酯大分子的软段。少数的低黏度聚酯多元醇也可用于 RIM 工艺。聚丁二烯多元醇也可用于 RIM 工艺，由于价格高，很少使用。

11.2.1.1 聚醚多元醇

由于反应注射成型的快速反应工艺要求，采用的原料应是高反应活性的，多元醇原料的羟基必须以端伯羟基为主。聚醚多元醇价廉、黏度小、耐水解，因此在 RIM 体系中广泛使用高活性聚醚多元醇作原料。中低模量 RIM 聚氨酯材料如汽车方向盘及聚氨酯 RIM 微孔材料一般采用高分子量、高活性聚醚多元醇原料。而硬质制品采用高官能度、低分子量的聚醚多元醇。

多元醇的官能度增大，反应料液的流动性下降，聚合物的交联度增加，初始强度及模量均增大。适度的交联有利于改善制品性能。聚醚的分子量增大，反应时可促进聚合物的微相分离。聚醚三醇制成材料的物理力学性能优于聚醚二醇制备的材料。聚醚二醇制成材料的初始强度低，脱模时间长。为了增加制品的硬度，RIM 可采用聚合物多元醇（POP）。

11.2.1.2 端氨基聚醚

端氨基聚醚是由相应的聚醚多元醇经还原氨化制备，是一种反应活性比高活性聚醚多元醇高的聚醚。端氨基聚醚可以是部分羟基被氨基取代的聚醚。端氨基聚醚同异氰酸酯反应生成聚脲 RIM。

由于伯氨基的反应活性极大，配方中无需使用催化剂就可大大缩短凝胶时间，快速脱模，缩短生产周期。但某些常用 RIM 机组不能适应伯氨基极快的反应速率，为此 ICI 公司开发了亚氨基聚醚，BASF 公司开发了酮亚胺聚醚及仲胺聚醚（—NH—CHR$_1$R$_2$）。

亚氨基聚醚及仲氨基聚醚的反应活性比端氨基聚醚有所降低，特别是酮亚胺聚醚的诱导期较长（图 11-1），有利于充模的过程的平稳进行。加入氨基聚醚后，由于脲的生成促进聚氨酯硬链段的结晶，可改进制品的热性能。

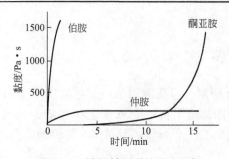

■图 11-1　端氨基聚醚的反应活性

11.2.2 异氰酸酯

由于二苯基甲烷二异氰酸酯（MDI）蒸气压低、反应活性高，并且因其分子结构对称，每个 MDI 分子含 2 个刚性苯环，制得的聚氨酯强度高，因而 RIM 聚氨酯体系中，几乎都采用 MDI 或其改性物。

聚氨酯 RIM 广泛使用的是碳化二亚胺改性 MDI 及氨基甲酸酯改性 MDI，这两类液化 MDI 前者的平均官能度在 2.0～2.2（官能度稍高的为碳化二亚胺-脲二酮改性），后者的官能度为 2.0。氨酯改性 MDI 黏度较碳化二亚胺改性 MDI 的大。液化 MDI 的 NCO 质量分数一般在 23%～31%之间。

用低官能度的改性 MDI 制备的聚氨酯 RIM 材料弹性好，伸长率大、撕裂强度优良，这些改性 MDI 多用于制备微孔聚氨酯弹性体及其他软质、半硬质聚氨酯制品。官能度高，则制成的 RIM 聚氨酯材料硬度大，脱模时间短。在制造硬质高密度结构泡沫时常用聚合 MDI（PAPI），有的（半）硬质制品采用 PAPI 与改性 MDI 的混合物。氨酯改性 MDI 与 PAPI 掺混比对 RIM 聚氨酯材料物性的影响见表 11-2。

■表 11-2　氨酯改性 MDI（UMDI）与 PAPI 掺混比对 RIM 聚氨酯材料物性的影响

项目	UMDI/PAPI（质量比）				
	50/50	85/15	90/10	95/5	100/0
到达初始强度的时间/s	50	70	100	175	450
邵尔 D 硬度	67	66	65	65	63
50%模量/MPa	15.8	14.6	14.2	14.0	13.6
拉伸强度/MPa	24.6	25.4	27.0	27.0	26.1
断裂伸长率/%	149	222	242	255	270
撕裂强度/(kN/m)	90	107	95	102	102
弯曲模量/MPa	508	376	372	350	307
热下垂(120℃×1h)/mm	34	23	22	22	21

一般根据聚氨酯 RIM 制品性能及制件外形结构的复杂程度选择异氰酸酯，通常要求异氰酸酯与多元醇相容，反应混合液有良好的充模性，反应后聚合物的初始强度大，制件的力学性能好。

也有特殊的制品采用脂肪族异氰酸酯如 HMDI 等。脂肪族异氰酸酯制成的制件耐黄变，缺点是反应活性较低，脱模时间长，价高。

11.2.3　扩链剂及交联剂

扩链剂及交联剂是构成聚氨酯分子"硬段"的主要成分，对聚氨酯的物理力学性能有重要影响，对成型工艺也有着重要的影响。

RIM 体系的扩链剂及交联剂品种很多，有小分子二醇及多元醇类、醇胺类、低分子量脂肪族聚氧化乙烯醚多元醇、脂肪胺聚醚、芳香族胺醚类、芳香族二胺类等。

常用的二醇类扩链剂有乙二醇、一缩二乙二醇（二甘醇）、1，4-丁二醇及等，主要用于 RIM 聚氨酯微孔弹性体等；醇胺类交联剂有三乙醇胺、二乙醇胺；以小分子多元醇或醇胺为起始剂与氧化乙烯聚合而得的分子量在数百的低黏度多元醇可用作 RIM 半硬泡等配方，以苯胺、甲苯二胺与氧化乙烯加成而得的低分子量芳香族多元醇活性高，也可用于 RIM 微孔弹性体、半硬泡等配方。

RIM 常用的二胺扩链剂有二乙基甲苯二胺（DETDA）、二甲硫基甲苯二胺（DMTDA）等。DETDA 在聚氨酯领域主要用于 RIM 工艺。

DETDA 是 3,5-二乙基-2,4-甲苯二胺（75.5%～81.0%）与 3,5-二乙基-2,6-甲苯二胺（18.0%～20.0%）两种异构体组成的，20 世纪 80 年代由美国 Ethyl 公司开发，牌号为 Ethacure 100；DMTDA 又名二氨基二甲硫基甲苯（DADMT），是 3,5-二甲硫基-2,4-甲苯二胺与 3,5-二甲硫基-2,6-甲苯二胺两种异构体（80/20）混合物，牌号 Ethacure 300。这两种扩链剂都是液态位阻型芳香族二胺，其中 DETDA 与 NCO 的反应速率比 DMTDA 快数倍，比 MOCA 快约 30 倍。快速成型的 RIM 工艺要求使用的二胺扩链剂反应速率快，脱模时间短，DETDA 比较合适，制备的 RIM 聚氨酯脲在脱模时有较大的撕裂强度，脱模成品率高，后膨胀小，并提高制品强度、耐低温冲击性和耐热性。

表 11-3 为乙组分中 DETDA 质量分数对聚氨酯脲 RIM 凝胶时间及制品性能的影响。

■表 11-3　DETDA 用量对弹性体性能的影响

项　目	DETDA 质量分数/%				
	10	15	20	23	25
凝胶时间/s	9	6	3	3	2.5
密度/(g/cm^3)	1.068	1.070	1.081	1.082	1.095
邵尔 D 硬度	30	40	50	52	58
拉伸强度/MPa	11.7	17.6	23.4	26.5	30.9
断裂伸长率/%	316	285	267	255	217
弯曲模量/MPa	—	220.0	275.0	287.1	475.0
收缩率(横向/纵向)/%	1.00/1.10	1.00/1.20	1.33/1.30	1.33/1.30	1.33/1.40
线膨胀系数/×10^{-4}K^{-1}	1.82	1.72	1.59	1.56	1.54
热下垂/mm	7.0	6.02	1.60	1.53	0.67

随着 DETDA 用量的增加，凝胶速率加快，聚氨酯脲弹性体中硬段含量增加，制品变硬，机械强度增加，热性能提高，但伸长率下降，制品收缩率变大。

为了获得较好的工艺性能、脱模性能及优良的物理及力学性能，可选用混合扩链剂。例如，在一聚脲 RIM 体系中，当 A、B 组分温度都分别为 60℃和 54℃，成型温度在 76℃，无催化剂存在，采用 DETDA 或 DMTDA 扩链体系，物料凝胶时间分别为 21.4s 和 0.9s，脱模时间分别为 190 s 和 30 s，而采用两者的混合物（两扩链剂质量比相同、RIM 原料的异氰酸酯指数相同），则凝胶时间和脱模时间分别为 3.6s、60s。

二元醇与芳香族二胺对 RIM 成型工艺性能及材料物性的影响见表 11-4。二胺扩链，形成聚氨酯脲或聚脲，材料性能比二醇扩链的聚氨酯高，但芳香族二胺如 DETDA 的价格比丁二醇等贵得多。

■表 11-4 二元醇与芳香族二胺对 RIM 性能的影响

类别	脱模周期	初始强度	成型难易	耐热性	温度依赖性
二醇	长	小	容易	差	大
二胺	短	大	难	好	小

注：温度依赖性以 $-30℃$ 与室温的弯曲模量的比值表征。

11.2.4 催化剂及其他助剂

11.2.4.1 催化剂

在 RIM 体系中最常用的叔胺催化剂是三亚乙基二胺（TEDA），最常用的有机锡催化剂是二月桂酸二丁基锡（DBTDL）。这两种催化剂可单独使用或共同使用。有机锡与叔胺催化剂配合使用，可发挥协同作用，获得良好的扩链反应和交联反应平衡。

在 RIM 体系中，若无催化剂存在，多元醇与异氰酸酯的反应速率则不能满足 RIM 的快速凝胶和脱模的工艺要求。因此在 RIM 聚氨酯及 RIM 聚氨酯脲配方常采用催化剂加速体系的反应速率。例如，一种聚氨酯脲 RIM 体系（DETDA 扩链），采用 0.1% 的 TEDA（33%）及 0.1% 的 DBTDL，凝胶时间 1.3s，脱模时间 60s，与不加催化剂的聚脲 RIM 体系相当（后者凝胶时间 1.1s，脱模时间 30s）。

在聚氨酯 RIM 体系中催化剂用量比一般聚氨酯弹性体所用的催化剂用量要大，反应速率快，需考虑催化剂对制品性能的影响。使用锡催化剂时，材料的初始强度良好，脱模时间短，但反应混合物在模腔中的流动性相对较差，制品产生缩痕；使用胺催化剂时，反应混合物在模腔中的流动性较有机锡好。表 11-5 为催化剂用量对一种微孔弹性体 RIM 工艺及材料物性的影响。

■表 11-5 催化剂用量对 RIM 微孔弹性体材料物性的影响

项目	TEDA 用量/质量份					
	0.3	0.4	0.5	0	0	0
DBTDL 用量/质量份	0.02	0.02	0.02	0.02	0.03	0.04
密度/(g/cm³)	1.090	1.088	1.088	0.964	0.947	0.931
拉伸强度/MPa	16.9	16.5	15.5	14.3	16.0	15.9
伸长率/%	162	163	153	122	130	137
撕裂强度/(kN/m)	48.1	47.5	47.6	49.9	40.8	42.0
邵尔 D 硬度	50	48	49	49.5	47.5	47.3
弯曲模量/MPa						
$-29℃$	238	262	317	338	310	331
$22℃$	131	134	138	221	179	156
$70℃$	43	487	57	41	34	28
弯曲模量比（$-29℃/70℃$）	5.6	5.5	5.6	8.1	9.0	12.0

一般来说，在一定限度内，拉伸强度和伸长率随有机锡用量的增加而稍有增加；因为胺催化发泡反应能力较有机锡的大，仅用胺催化体系的制品密度比有机锡催化的小。但催化剂的用量过大时，反应太快，不易控制，注射时的黏度增加快，可能影响充模。

11.2.4.2 发泡剂

与常规聚氨酯泡沫塑料发泡剂类似，适合 RIM 用的发泡剂有物理发泡剂卤代烷烃和化学发泡剂水。物理发泡剂有 HCFC-141b 等。发泡剂的用量与制品的性能要求有关。一般保险杠、防护板等微孔弹性体的物理发泡剂用量约为多元醇用量的 5%，方向盘、阻流板等设计密度为 $0.5\sim0.8g/cm^3$ 的半软质整皮泡沫塑料时，物理发泡剂的用量为 10%～20%。

制造 RIM 泡沫塑料制品时，物理发泡剂是必不可少的，因为反应放出的热量使混合物中发泡剂气化，这样在整个反应体系中存在着液相和气相。表皮的形成主要受模具温度和模塑压力的影响。在模具的中心部位，温度较高，有利于形成气态，产生泡孔；靠近模具表面的反应物，由于温度低，其压力使得体系所含的发泡剂成液态，反应混合物固化而形成无气泡的表皮。

11.2.4.3 其他助剂

除扩链剂、发泡剂、催化剂外，RIM 配方使用的助剂还有泡沫稳定剂、阻燃剂、抗氧剂、着色剂、脱模剂等。

泡沫稳定剂即匀泡剂，一般是有机硅-聚醚共聚物，某些用于微孔泡沫塑料等的匀泡剂可用于 RIM 聚氨酯泡沫体系。

着色剂可由颜料与聚醚多元醇先研磨成色浆，以方便使用。有色浆产品出售。还有一类 RIM 模内涂料，可喷涂在模具腔内，在物料注模、固化、脱模后，得到的制品表面有一层漆层。

外脱模剂是成型工艺采用的外用助剂，一般采用有机硅类、蜡类及表面活性剂等。一般选择原则是价格便宜、脱模性优良、操作安全、在模具中不结垢。为了提高脱模效率，开发了内脱模剂，它是加入配方中的。常用的内脱模剂是脂肪酸酯、高级脂肪酸金属盐如硬脂酸锌的脂肪酸溶液、硬脂酸锌的脂肪族胺溶液，后者特别适合二胺扩链的 RIM 聚氨酯使用。与外脱模剂结合使用，效率更高。

11.2.5 增强材料

RIM 体系使用增强材料的目的是改善制品的刚性，提高耐热性能，降低线膨胀系数和降低成本。增强材料是一类特殊的填料，对材料强度具有良好的强化效果。RIM 体系要求增强材料具有以下特点：与液态原料相容性好，可充分分散；使原料黏度的增加少；不会使成型物表面的平滑性明显下降；增强材料本身密度不大。

常用的增强材料有玻璃纤维、片状玻璃、云母片及硅灰石等，还有天然植物纤维、尼龙纤维、聚酯纤维、微细金属丝、矿物纤维、炭黑等。玻璃纤维材料有锤磨玻璃纤维、短切玻璃纤维及玻璃纤维网垫三类。

锤磨玻璃纤维是将长玻璃纤维经锤磨粉碎后的粉末状短纤维填料，用筛孔尺寸分别为 1/32in、1/16in、1/4in 的筛网筛分成不同的规格（1in≈2.54cm），单丝直径一般在 15μm 左右。这种玻璃纤维是常用的增强材料，对黏度的影响不大，增强效果好，对成形品的表面平滑性影响较小。其中 1.6mm（1/16in）规格的锤磨玻璃纤维最常用，其长度范围为 0.01~1.0mm（大多数在 0.2~0.3mm 范围）。在料液中的用量一般在 30% 以内。短切玻璃纤维是切断成一定长度如 1.5mm、3.0mm、6mm 等的玻璃纤维，直径 10~20μm，在增强材料中易引起表面粗糙。硅灰石长径比为 10~15，是纤维状晶体矿物填料。片状增强材料特别是片状玻璃制的材料表面平整。片状玻璃尺寸为 0.3~3.2mm、片厚 33~37μm，增强产品的各向异性小，但其耐冲性能比纤维增强的差。上述填料是预先分散在液体原料中。还有一类增强方法是将长纤维制成毡、网或其他形状，预先配置在模具中，可制得有较高纤维含量的增强材料，制品的弯曲模量很高。玻璃纤维及片状玻璃的密度约 2.54g/cm^3，云母 2.9g/cm^3，硅灰石 2.8g/cm^3。

一般来说，增强材料对制品性能有如下影响。

① 随增强材料用量增加，RRIM 聚氨酯的弯曲模量增大。冲击强度随增强材料的用量增加而降低，拉伸强度、耐撕裂性能略有改善。伸长率明显降低。材料的邵尔硬度随增强材料的用量增加而增加的幅度较小。材料的密度随增强材料的用量增加而增大。

② 短切玻纤的增强效果比锤磨玻璃纤维大，但前者使体系黏度上升的幅度比后者更大，添加量受到限制。片状玻璃比锤磨玻璃纤维的增强效果好，硅灰石、云母的增强效果也比锤磨玻璃纤维的效果好，但制品抗冲击性能差。锤磨玻璃纤维对 RRIM 聚氨酯的耐热性有较好的改善效果，较硅灰石优。

③ 在聚氨酯 RIM 中添加增强材料后，RRIM 材料的线膨胀系数随增强材料用量增加而明显下降。制品收缩率明显降低。

④ 聚氨酯添加增强材料后，使材料的表面光洁度下降，表面清晰度（又称鲜映度，简称 DOI）下降，影响制件表观质量。选择增强材料时需考虑其影响。

11.3 RIM 生产设备及工艺参数

11.3.1 聚氨酯 RIM、RRIM 的制备

RIM 是一种快速成型工艺，双组分原料在注射前以较高的压力（10~

20MPa）计量并送入混合头中，瞬间撞击混合，然后迅速注入密闭的模具内反应，混合和注入时间一般只有数秒钟，这对注射设备提出了与其他模塑设备所不同的要求。

RIM 设备一般由原料贮槽和循环管路、高压计量泵系统、混合头及油路、模具和夹具（锁模装置）等几个部分组成。各系统一般由计算机控制，以保证准确协调。反应注射机应有以下特点：①计量泵计量精确；②混合头设计科学，物料混合效果好，并能保证混合后的物料以层流的方式输出。

11.3.1.1 模具

模具是 RIM 的重要部件之一。模具同时是反应容器。聚氨酯物料在模具内反应迅速，脱模时间短。模具材料的选择、排气和脱模方式、模温的控制等很大程度上与模具结构是否合理有关。RIM 模具除了保证制件的外观形状和表观质量外，还应满足下列要求。

① 为了将反应料液以层流状送进模腔，常将 RIM 机组的混合头通过浇道与模腔连接。制件的突起部分应置于高处，混合头浇口应安放在模具的最低部位，以便把模具内的空气从最低点向最后充模处（最高点）驱赶。在模具最高点开设分布适宜的排气孔。简单模具将排气道设在合模线上。模具的排气孔分布是模具设计的关键。注模时，要求在 2~4 s 内填满模腔，要求空气也在同样短的时间内排走。

② 模具可耐反应体系引起的高温，并且模具的上、下半模一般需都设置循环水冷却系统，将反应产生的过量热量导出，反应温度易于控制。模具温度均匀是获得成品制件力学性能均匀一致、外观质量优良、收缩小、容易脱模等各类性能再现性好的关键因素。

③ 模具须耐浇注成型时产生的压力（最大内压力为 0.8MPa）和承受制件脱模时所产生的扯离力。由于注模压力不高，所以对模具的强度要求不太严格，模具材料选择范围宽，成本也低。

④ 模具腔及浇口等处不能有尖角，形状突变处需有一定的弧度，以避免充模过程中可能产生空隙和夹带空气。位于开模或闭模处的制件表面应有足够的脱模斜度（1°~3°）。

与普通聚氨酯弹性体、泡沫塑料相似，RIM 制品在脱模后会有收缩，特别是低密度泡沫的收缩率较大，可达 2%~3%。制件尺寸要求高精度时，必须通过试验找出收缩率，并在设计模具时予以补偿。

制造模具常用的材料有钢、铝、增强环氧树脂等。金属模的导热性能、制成制件的外观质量、模具的使用寿命都远远优于树脂模。钢制或镀镍钢模使用寿命较长，适用于大批量生产，但较重。铝锌合金模质轻，表面重现性好，可模制仿布纹、木纹和皮革纹制品，容易控制模温。开发研究用样模及小尺寸制品可用环氧树脂模具制作，加工制作方便，价格低廉，但传热性差。

11.3.1.2 其他设备

(1) 贮槽 原料贮槽备有可自动调节温度的加热/冷却装置，并装配有低速搅拌、氮气保护以及自动进料泵等，贮槽由管道与高压计量泵连接，管路上配备过滤器以去除杂质，并且配备热交换器以调节管路物料温度。

(2) **高压计量系统**　高压系统进行精确计量并将物料输送到混合头，计量系统的核心是计量泵。RIM 用的计量泵为高输出量的，压力在 10～21MPa 之间，计量准确度一般要求在 1% 左右。计量泵用液压或气压驱动，在结构上有柱塞式和螺杆式两种。为了适应输送掺有增强填料的高黏度原液的要求，研制出一种"枪式钢管"射出装置来代替高压泵，克服了破坏纤维填料和磨损缸壁等缺陷。

(3) **混合头**　经计量的双组分物料经高压泵入混合头，进行高速撞击混合，在瞬间混合均匀并输出。混合头是 RIM 装置的核心部分，混合质量的好坏直接影响到制品的质量。混合头的混合腔体积通常很小，一般只有 1～10 mL。体积越小，混合质量越好。这种高压混合头均有自清洁功能，并最大限度地隔绝空气和水分。

物料的混合头有逆流冲击式，也有平行冲击式、旋转混合式等。混合头的每秒射出量一般可达数千克，甚至数十千克。

为提高生产率，RIM 设备都带有多个混合头，有的混合头又有多个注射位。这样一机多头或一头多位，就加快了生产速度并相应降低生产设备的投资。

11.3.2　生产工艺

在 RIM 工艺中首先把两个组分原料加到贮罐中，然后按照一定的工艺参数设置高压浇注机。在生产程序包括：分别通过计量泵将两组分料液从各自贮槽泵出进行高压计量，进入混合头快速混合，注射到密闭的模具中，经数秒到数十秒的短时间反应固化成型，开启模具、制件从模具脱出，修边、喷漆、后熟化等。其工艺流程简图如图 11-2 所示。

11.3.2.1　料液及模具准备

(1) **原料准备及料温控制**　在生产前，将聚醚、扩链剂、催化剂及其他助剂（如发泡剂、内脱模剂、防老剂、颜料等）分别称量后加到混合槽中搅

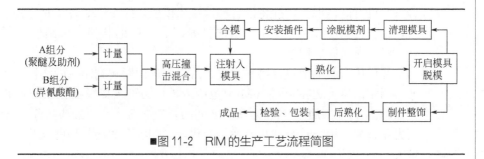

■图 11-2　RIM 的生产工艺流程简图

拌混合均匀后，送至聚醚组分贮槽。在生产 RRIM 材料时再与增强材料混合后送入贮槽。改性 MDI 组分（有时加入少量助剂）送入异氰酸酯贮槽，并调整温度使 A、B 原料液达到指定的料温。在某些体系需控制水分。

料温的高低与反应的快慢密切相关。温度升高，物料黏度降低，反应速率加快，凝胶时间缩短，但温度过高，反应快、在模具中控温困难；而料温低则脱模慢，制品表面粗糙、熟化时起包变形。所以需根据具体设备类型和制品大小形状，通过试验确定各组分的料温，且料温的波动不宜超过±1℃。如果原料温度波动太大，还会影响原料的黏度，进而影响计量精度，导致组分配比的偏差。

通常，为了减少异氰酸酯自聚的可能性及在高温下的挥发性，异氰酸酯贮槽温度控制在室温或稍高的温度。聚醚组分料温一般可选择在 50～60℃。对于整皮软泡，为了防止发泡剂的挥发，料温可控制在 20℃；而加增强填料的聚醚混合物，为了降低料液黏度，料温可适当提高。料温对制品的物理性能和尺寸稳定性影响很小。

(2) 模具准备及模具温度控制 为了防止制品黏着于模腔、脱模时损伤制件，常在模腔表面喷涂脱模剂。常用脱模剂是蜡溶液或分散液。

为了减少喷涂脱模剂的次数，提高生产效率，开发了内脱模体系，在 RIM 材料的主要应用领域已普遍使用内脱模剂。

模具温度对反应速率的影响与料温的影响一致，但制造各种整皮泡沫制件时要特别注意控制模具温度。模温过低则成型周期延长，生产效率低，并且整皮泡沫制品的表皮过厚且发黏；模温过高则整皮泡沫制品的表皮过薄且多孔。这直接影响制品的物理及力学性能。通常控制制品表皮厚度为 1～1.5mm。不同的 RIM 体系，可控制不同的模具温度，通常在 40～80℃ 范围内，温度误差需控制在±2℃以内。

11.3.2.2 浇注成型

制品的反应注射成型是一系列连续自动操作过程。首先，开启 RIM 机组的低压循环系统，让两个组分料液分别循环，同时预热模具至所需温度。在注射料液前 15 s 左右闭模，将混合头与模具连接。将原料在低压下进入计量泵的计量缸，在注射前 2～5 s 时，对原料增压，原料经过混合头回到贮槽进行高压循环，使两种原料液达到碰撞混合必需的流速后，迅速打开混合头，进行高压混合，并将混合料液注入模腔，经 1～2s 后，混合头迅速关闭，原料再高压循环 1～2s，以便排净混合室内的料液，机组转入低压循环。经一段时间后脱模。

注射压力影响两组分物料的混合效果，进而影响到制品的物性及表面性能。通常高压选定在 10～20MPa 范围内，压力增大则弯曲模量和伸长率略有增加。A、B 两组分的注射压力之间的差应尽量小，一般应小于 0.5MPa。压力差过大，可导致流动状态发生变化，影响混合的均匀程度以及计量误差增大。

物料应以层流形式快速注入模具。以层流方式浇注不易混入气泡，否则因料液黏度迅速增加，来不及排出而造成次品。物料充模量一般为模腔体积的 80%～90%。模具的温度通过循环水控制，若模温不均匀，可能引起制品翘曲变形。

11.3.2.3 脱模

反应料液在注入模腔后，进行反应并凝胶。反应热致使料液温度上升、发泡并膨胀，致使模具内压力增加，使少量高黏度物料从排气孔及分模线缝隙中排出并发生凝胶，模内压力达到最大值，随后聚合物被冷却，压力下降，即可脱模。应选择适宜的脱模时间。这时制品应具有足够的初始强度，承受弯曲应力，撕裂强度应大于模具对制品的吸力。脱模时一般情况是打开锁模销，将上部半模与制件表面脱离，取出制件。对于硬质制件可用顶出销使制品与模具有部分分离。制件从模中取出后应立即放置于形状相似的托架上，防止发生翘曲。取出制件后，清除模腔内残留物。

11.3.2.4 后处理工序

RIM 聚氨酯（脲）脱模后进入修饰整理工序，这些后处理工序包括清除制件的飞边、修补残次部位、进行后熟化、着色等，另外对模具进行清理、喷涂脱模剂。

聚氨酯（脲）制件经适宜温度的后熟化，可使硬段微区的连续有序化程度增加，产生相分离，有利改善材料的强度和耐热性能。

RIM 聚氨酯（脲）的着色有三种方法：第一种是采用本体着色，即在聚醚组分中加入含颜料或染料的色浆与异氰酸酯反应制备有色 RIM 制件；第二种方法是后涂饰工艺，可将制件经修饰和除去脱模剂后用不同色彩的涂料涂漆着色；第三种是模内涂饰（IMC）工艺，是在模腔（可内衬聚乙烯塑料）表面喷涂色漆，再注射料液。

11.4 增强 RIM 材料

11.4.1 RRIM 聚氨酯

11.4.1.1 RRIM 材料的特点

随着 RIM 聚氨酯（聚氨酯-脲）在汽车制造业和其他领域中应用的不断增加，为满足汽车外装部件对弯曲模量及尺寸稳定性等性能的特殊要求，在 RIM 基础上逐步完善并发展了增强反应注射成型工艺（简称 RRIM 或 R-RIM）。它不仅保持有 RIM 工艺的基本优点，同时又赋予聚氨酯 RIM 制品许多优良特性。后来出现了长纤维网毡增强 RIM 工艺（SRIM），RRIM 就专指是在液态原料组分中加入纤维状或其他形状填料的 RIM 工艺。

未增强的 RIM 聚氨酯（脲）制品，虽然可通过改进化学原料以提高制品弯曲模量及其他性能，但性能的改善程度有限。未增强的 RIM 聚氨酯的弯曲模量一般在 200～700MPa 范围内，热变形温度在 90℃，线膨胀系数为 $(150\sim180)\times10^{-6}K^{-1}$；细碎玻璃纤维增强聚氨酯（脲）的弯曲模量一般可达 800～1800MPa，热变形温度 120～180℃，膨胀系数 $(35\sim70)\times10^{-6}K^{-1}$；而网毡增强聚氨酯的弯曲模量更高，一般可达 3000～12000MPa，热变形温度 160～220℃，膨胀系数 $(20\sim30)\times10^{-6}K^{-1}$。可见，增强材料对制品性能的提高是非常明显的。RRIM 制品的模量高，硬度高，更可贵的是其热膨胀系数接近铝和钢质部件（$11\times10^{-6}K^{-1}$）水平，解决了装配上的难题。RRIM 材料满足汽车工业中对车身制件性能的要求。

与未增强 RIM 聚氨酯（脲）相比，RRIM 具有下列性能。

① 弯曲模量明显提高，耐热性能大幅度改善。

② 尺寸稳定性明显增强，成型收缩率、吸水变形率以及热膨胀率明显下降。

③ 撕裂强度和压缩强度大为提高。

④ 硬度和强度得到一定的改进。伸长率大幅度降低。

⑤ 改善了制品的耐化学品性能，可赋予制件某些电性能。

不足之处是碎纤维增强的 RRIM 材料耐冲击性能有所下降。

鉴于 RRIM 的众多优点，故其从 20 世纪 80 年代以来发展很快，目前在国内外 RIM 聚氨酯-脲制品中，RRIM 材料占 50％以上。

表 11-6 是增强与未增强 RIM 聚氨酯的性能比较。

11.4.1.2 增强填料对制造工艺的影响

常用的增强材料是锤磨玻璃纤维、短切玻璃纤维、片状玻璃、矿物纤维等。在组分料液中添加增强填料后，导致料液黏度明显增大。纤维状填料对

■表 11-6 增强与未增强 RIM 聚氨酯的性能比较

性　　能	未增强的 RIM		增强的高模量 RIM
	低模量	高模量	
密度/(kg/m³)	960～1040	990～1040	1120～1220
邵尔 D 硬度	50～55	65～70	69～76
拉伸强度/MPa	17～24	29～35	>35
伸长率/%	1175～340	75～105	17～20
弯曲模量/MPa			
−29℃	410～550	1450～1800	2000～2800
22～25℃	130～207	860～900	1400～2000
66～70℃	55～124	275～520	620～650
热下垂/mm	7.5～13	7.5～13	2.5

注：增强 RIM 材料含 20％锤磨玻璃纤维（1.6mm 筛分规格）；热下垂为 100mm 长悬臂弯度试验 120℃×1h。

黏度的影响比较大，短切玻璃纤维使黏度增加的幅度比锤磨玻璃纤维大。例如，有试验表明：在黏度为 200mPa·s 的聚醚多元醇中加入质量分数为 38％的 1.6mm（1/16in）规格的锤磨玻璃纤维后，室温低剪切速率下的黏度达 50Pa·s；加入 38％的片状玻璃（0.4mm）后，黏度高达 600Pa·s；加入 28％的 200 目的云母，黏度 50Pa·s；加入 9.3％的短切玻璃纤维和 18.7％的锤磨玻璃纤维后，黏度高达 2500Pa·s；但在高剪切速率下，黏度可降低。

因为物料黏度的关系，增强填料的用量受到限制。短切玻璃纤维在制品中的用量应少于 5％；锤磨玻璃纤维用量不超过 30％。另外，由于玻璃纤维密度比料液大，混入玻璃纤维的料液静置时玻璃纤维易沉积，且高速运动的玻璃纤维对输送泵、混合头有磨损。

RRIM 工艺与 RIM 工艺最大区别是原液中含有增强材料，也因此而引起玻璃增强材料对机械设备的磨损和使物料黏度显著增大，为了克服增强填料引起的这两个问题，RRIM 成型设备某些部件与普通 RIM 设备不一样，RRIM 装置与普通 RIM 装置有以下区别。

① 不用高压泵而用活塞计量直接输送物料。计量采用喷枪式缸，采用活动腔式循环泵等。驱动原液的高压泵可改用冲程泵。冲程泵运转缓慢，使磨损达到最小程度，用大管径以补偿流量慢带来的输出量低的不足。

② 凡输送含玻璃纤维物料的管道及部件必须使用耐磨材料制造。

③ 管道内壁要光滑，少用弯管接头，转弯和接头处要圆滑，以减少循环管线中的流通障碍，防止玻璃纤维在管道中沉淀而堵塞管道。

尽管 RRIM 工艺与 RIM 工艺相似，但由于物性性状及设备不同，工艺参数也不尽相同。

11.4.1.3 增强填料对制品物性的影响

(1) 材料的各向异性 在使用纤维状增强材料时，增强材料会随着模内液态物料的流动方向产生纤维定向，其结果将会导致在与原料流动平行方向上强化效果大，物理性能好；而在与原料流动垂直方向上强化效果小。这就是 RRIM 制品中存在的各向异性。而云母或片状玻璃纤维增强所制的 RRIM 材料，各向异性较小。不同增强材料对一种汽车防护板用 RRIM 聚氨酯脲制件性能的影响见表 11-7。

(2) 纤维形状及用量对制品主要性能的影响 不同的纤维长度、不同的纤维含量对材料性能的影响不同。

增强填料用量对性能的影响有：①由于玻璃纤维、云母等增强填料的密度较大，制品密度随填料用量增加而增加；②弯曲模量随增强填料的增加而增加，且增加幅度较大；③拉伸强度一般随填料用量的增加而有所增加；④断裂伸长率随填料的增加而急剧下降；⑤冲击强度随增强填料增加而下降；⑥耐热性能随增强填料的增加而提高，表现在热变形温度上升、悬臂热

■表11-7 不同材料增强聚氨酯脲的性能及各向异性

性能	增强材料用量/%		
	锤磨玻璃纤维 15.8	硅灰石 17.5	云母 15.1
纤维长径比	14.1	15.1	(片状)
制品密度/(g/cm³)	1.07	1.14	1.08
弯曲模量/MPa			
－29℃平行/垂直	618/392	643/370	543/413
22℃平行/垂直	360/194	241/182	218/205
70℃平行/垂直	260/137	241/138	218/157
弯曲模量比(－29℃/70℃)	2.4	2.7	2.5
拉伸强度/MPa	15.2	13.8	13.1
伸长率(平行/垂直)/%	125/180	165/180	205/177
线性膨胀系数/×10⁻⁶K⁻¹			
－40～22℃(平行/垂直)	29/127	57/134	75/76
22～66℃(平行/垂直)	50/139	64/150	85/95
66～121℃(平行/垂直)	51/145	68/158	90/105
热下垂(150mm×1h)/mm			
121℃	12	—	12.5
135℃	25.5	—	15.1

下垂数值下降；⑦线性膨胀系数随增强填料添加量的增加而下降；⑧制品从模具中取出后的收缩随着增强填料含量增加而减小，如一种 RIM 聚氨酯从模具取出后受冷收缩率在 1.1% 左右，而含 30% 的锤磨玻璃纤维后为 0.2%。如图 11-3 所示为增强材料用量对弯曲强度、冲击强度及线膨胀系数的影响。

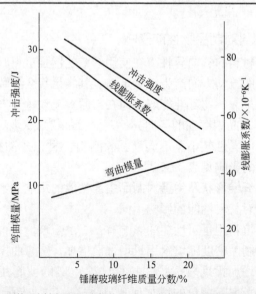

■图11-3 增强材料用量对弯曲强度、冲击强度及线膨胀系数的影响

如图 11-4 及图 11-5 所示为不同长度的锤磨玻璃纤维品种及其在材料中的质量分数对弯曲强度和冲击强度的影响。如图 11-6 所示为不同增强材料增强的 RRIM 聚氨酯性能比较。由图 11-4 及图 11-6 中可见，同样的填料量，长玻璃纤维比短玻璃纤维增强效果好。片状填料如云母对冲击强度的劣化比纤维状的大。

(3) 偶联剂对性能的影响 为使无机填料和有机聚合物结合得更牢固，常常使用偶联剂对无机增强填料进行表面处理。与未处理的玻璃纤维相比，用偶联剂处理后的玻璃纤维，可改善玻璃纤维与聚醚的相容性，使增强材料在物料中充分润湿，使混合料液黏度下降，改善流动性能，使其很好地与聚合物结合，从而提高增强效果。不含偶联剂的玻璃纤维在聚醚体系中的相容

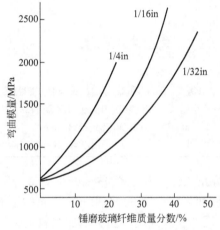

■图 11-4 锤磨玻璃纤维长度对弯曲强度的影响

1in≈2.54cm

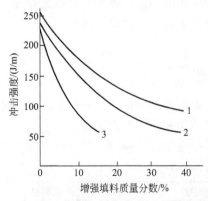

■图 11-5 增强填料对 RRIM 材料冲击强度的影响

1—1.6mm 锤磨玻璃纤维；2—硅灰石；3—云母

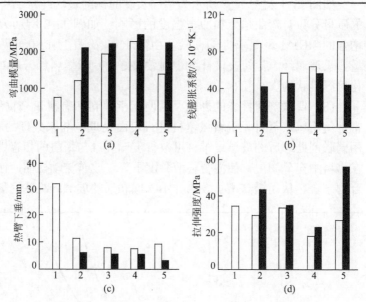

图 11-6 不同增强材料增强的 RRIM 聚氨酯性能比较

1—未增强；2—22%锤磨玻璃纤维(1.6mm)；3—22%片状玻璃(0.4mm)；
4—22%云母；5—5%切断玻璃纤维(1.6mm)+10%锤磨玻璃纤维(1.6mm)
□ 垂直方向；■ 平行方向

性差，体系黏度大。如在 25℃玻璃纤维质量分数为 25%的聚醚体系中，经过偶联剂处理和未经处理的玻璃纤维填充的物料黏度分别为 2.9Pa·s 和 3.45Pa·s。用偶联剂处理，还可增加填料的分散性，从而提高增强填料用量，同时改善作业性。

经过偶联剂处理的玻璃纤维能改善增强效果，一个性能见表 11-8。使用钛酸酯系偶联剂时对 RIM 材料的物性改善效果见表 11-9。

目前通常应用的表面处理剂有硅烷系偶联剂或钛酸酯系偶联剂。出售的锤磨玻璃纤维一般已经过偶联剂处理。

11.4.2 SRIM 聚氨酯

汽车等工业需要的结构复合材料要求具有高弯曲模量、高变形温度、高冲击强度、低破裂和低线性膨胀系数。

短玻璃纤维等增强填料用量增加可以提高模量，但冲击强度明显下降，

■表 11-8 偶联剂对制品性能的影响

性　　能	无偶联剂	有偶联剂
拉伸强度/MPa	平行 18.5/垂直 17.4	平行 24.2/垂直 22.8
伸长率/%	平行 180/垂直 206	平行 175/垂直 205
弯曲模量/MPa	平行 580/垂直 420	平行 670/垂直 460

■ 表11-9 锤磨玻璃纤维经表面处理后的物性改善效果

项　目	未处理	钛酸酯偶联剂处理
拉伸强度/MPa	33.7	39.1
伸长率/%	12	16
弯曲模量/MPa		
0℃	1719	1229
25℃	768	858
71℃	560	456
悬臂梁冲击强度/(J/m)	145	267
悬臂梁冲击强度/J	1.5	2.8
邵尔D硬度	80	83
相对密度	1.45	1.39

注：填料使用1/16in磨断玻璃纤维，在多元醇中加40%。

各向异性明显；而且增强填料用量大则黏度增加过高，操作困难。因而锤磨玻璃纤维用量受限，短切玻璃纤维用量更少。

较长的玻璃纤维增强效果好，但RRIM工艺不能采用较长的玻璃纤维，因为少量长玻璃纤维就可使物料黏度剧增并且难以通过混合头喷嘴，而且在喷射过程中长玻璃纤维会断裂成较短的玻璃纤维。

为克服上述问题，人们开发了玻璃纤维毡网类增强工艺，即结构反应注射成型（SRIM），又称网毡模塑RIM（MMRIM）。采用这种高性能复合材料生产工艺，增强材料的使用量可大幅度增加。SRIM材料弯曲模量比普通RRIM材料大，可高于10000MPa。

SRIM工艺还可显著提高材料的耐冲击性能，冲击强度随玻璃纤维用量的增加而增加。

SRIM工艺制造增强聚氨酯材料，先在模具中铺垫长玻璃纤维网毡或放置预制的具有制件形状的玻璃纤维网作为增强骨架，再浇注混合物料。SRIM工艺要求反应料液的黏度尽可能低，以便顺利穿过纤维层并均匀分布于纤维之间。一般要求室温下的黏度在75～600mPa·s之间。充模过程中尽可能保持反应料液的黏度不增大或增加极少，同时在充模后能快速固化，缩短脱模时间。SRIM常选用的树脂是聚氨酯体系，若是高温成型时则选用聚异氰脲酸酯体系。聚脲体系因黏度较大、体系反应速率快、反应料液难以均匀穿过纤维增强层，而不适合于SRIM增强工艺。

制备聚氨酯SRIM时可用开模、半开模或闭模浇注制造不同密度（低至150～200kg/m³，高至1500kg/m³以上）的制品和不同用途的制件。开模浇注时反应料液由模的下半部注入，在反应料液发泡前闭模，然后反应成型、脱模。优点是反应料液预先均匀分布于模腔内，适宜制备面积大的低密度大型制品；缺点是反应料液在模中的停留时间长，一般为90～180s。闭模浇注对反应料液的流动性要求高，反应料液在模中的停留时间缩短至50～90s，充填过程条件固定，一般制造密度大于400kg/m³的制品。

德国Bayer、Hennecke等公司开发了采用天然纤维（如亚麻、剑麻）网毡与聚氨酯组合料模压薄壁汽车制件的工艺技术。该工艺采用质量分数

35%～45%的聚氨酯与55%～65%天然纤维（例如亚麻和剑麻），生产具有高冲击强度的轻质、薄壁部件。生产中，干燥的天然纤维网毡输送到涂覆间，由带特殊混合头的高压计量装置在几秒钟内将两面全部用PU组合喷湿。Hennecke公司提供的Nafpur Tec工艺使聚氨酯组合料精确计量并尽可能薄地洒在纤维毡上。随后湿天然纤维毡放到加热模具中，加压、加热模塑。模塑时间在45～60s。Bayer公司开发了专用混合料Baypreg。一种由亚麻与剑麻混合物作为增强材料的薄壁制品中聚氨酯质量分数为40%，性能如下：密度700～750kg/m^3，壁厚1.7～2.0mm，单位面积质量约1350g/m^2，弯曲模量3400MPa，弯曲强度约30MPa，冲击强度15kJ/m^2，线膨胀系数$<20\times10^{-6}K^{-1}$。

天然纤维增强的优点有：减轻制品重量，符合汽车轻量化发展趋势；成本较低；对今后制品的回收有利。当复合材料中PU质量分数在45%以内时，制品具有气体渗透性，可与装饰材料层进行真空层压复合而无需在制件上开孔。在欧洲与北美，Nafpur Tec已工业化应用，在奔驰、奥迪轿车上用于车门板，在宝马车上用作备用轮胎罩，还用于遮阳板、行李架等。

11.4.3 LFI增强聚氨酯

采用预制玻璃纤维网毡工艺制备传统SRIM材料时，仍存在一些不足，如：预制玻璃纤维毡需手工放置，加工费用高，增强纤维分布不易均匀，有可能导致制件脱模后局部发生弯曲变形。为了克服上述缺点，德国Krauss Maffei公司最早开发了新型的长纤维增强聚氨酯反应注射成型工艺——LFI-PU，又称可变纤维反应注射成型（VFRIM）。

长纤维增强注射成型工艺是在高压浇注机混合头附近将长玻璃纤维切割成长度为1.0～10cm的长纤维，聚氨酯物料注入模具之前，先在混料腔内与直接添入的切碎纤维浸润、混合，经化学反应固化成型，制得玻纤增强聚氨酯制品。纤维粗纱被输入切碎机，切成分散的短纤维，同时进入混料腔。这种混合头是标准聚氨酯混合头的改进型。纤维可从L形混合头的顶部输送至混料腔。通常有一个实心的自清洁活塞位于腔内。纤维与聚氨酯料液混合，向混料腔的下部流动。接着，纤维与聚氨酯的混合物离开混合头，注入模具中。

用此方法制造的结构RIM材料与RRIM不同之处是，可采用10～100mm的长纤维作增强材料，纤维不与原料预先混合；与玻璃纤维网毡增强结构RIM相比，不必放置玻璃纤维网毡，操作人员劳动条件得到改善。还可以提高产品中纤维的含量。

LFI工艺制得的增强聚氨酯（脲）制品的性能优于预制网毡工艺。与原先所采用的在模具内预先放置玻璃纤维网毡方法相比，生产周期可缩短，如从3min缩短到1min。这种技术的另一大优点在于其加工经济性。由于纤维粗纱成本比玻璃纤维网毡低一半左右，同时减少了将纤维网毡置入模具的劳动力费用；由于精确控制，可减少废料。因而这些因素的综合使整个生产成本降低。用长纤维工艺一般可节省费用15%～20%。

采用长纤维增强注射技术生产的RIM材料密度范围为$0.5～1.6g/cm^3$。在生产的部件中，玻璃纤维的质量分数可以从少至百分之几到高达50%以上。

已经有多个公司可提供LFI成型法的生产设备。各公司聚氨酯原料与纤维混合装置不尽相同，Krauss-Maffei公司及Hennecks公司刚开始开发的长纤维增强工艺，是在料液离开混合头时将纤维射入料流的。后来，采用改进的L形混合头，例如，意大利Cannon公司的Interwet工艺中，在一改进了的L形混合头内，切断的长纤维与紊流的液体组分混合。此混合头有2个圆筒状的混合室，其中较小的混合室把聚氨酯料液加到与其成90°放置的大卸料室，纤维通过第二个室顶部的大漏斗加入。通过上述Interwet工艺，纤维可湿润完全，能制造填料含量最高达40%的部件。除了长纤维外，还可在泡沫料中使用非纤维状填料，如碎片状泡沫、碎软木、木屑。这种混合头体积小，混合头可变速，可把聚氨酯-纤维混合物能注满整个模具，这也是该工艺的关键。生产具有PVC内衬的汽车内部门板，出料量为140 g/s、浇注时间为5s。

表11-10为采用Huntsman公司开发的专用聚氨酯原料体系Fiberim和LFI成型技术与采用传统的纤维网毡置入技术生产的低密度SRIM（LD-SRIM）车门板的性能比较。

■表11-10 使用LFI增强技术与传统技术LD-SRIM聚氨酯脲物理性能比较

项 目	加工方法及玻璃纤维长度				
	现场切段长玻璃纤维（50mm）			传统玻璃纤维毡	
玻璃纤维质量分数/%	19	22	28	16	23
密度/(g/cm³)	0.63	0.65	0.63	0.62	0.66
弯曲模量/MPa	1646	2050	3324	1605	2176
拉伸强度/MPa	15	19	37	16	23

由表11-10可见，采用LFI工艺制得的LD-SRIM制品，纤维添加量增加，弯曲模量及拉伸强度增加。

对于更高的应用要求，如制造座垫托盘与其他结构性面板，可以通过改变聚氨酯配方组分及水含量，从而得到高密度制品。高密度的Fiberim体系制品的物理性能列于表11-11。

■表11-11 LFI与传统高密度复合材料物性比较

性 能	加工方法		
	LFI		传统
玻璃纤维长度/mm	12.5/25①	25	毡垫
密度/(g/cm³)	1.3	1.6	1.2
玻璃纤维质量分数/%	38	55	38
弯曲模量/MPa	6780	9650	4600
拉伸强度/MPa	98	209	85

① 12.5mm及25mm长度玻璃纤维的质量比为2:1。

在密度相近、玻璃纤维加入量相同的情况下,与传统玻璃纤维毡增强的 SRIM 制品相比,Fiberim 样品显示出更高的机械强度。LFI 技术可增加聚氨酯的密度(即玻璃纤维加入量),弯曲模量及拉伸强度也增加。

11.5 RIM/RRIM 聚氨酯种类与性能

RIM 及各种增强 RIM 工艺生产的聚氨酯制品种类繁杂,用途广泛。从原料上分,有以聚醚多元醇与二醇扩链剂为基础的聚氨酯,有聚醚多元醇与芳香族二胺扩链剂为基础的聚氨酯-脲,有聚醚多元胺及胺扩链剂为基础的聚脲;从密度上分,有低密度(一般 $0.2 \sim 0.6 \mathrm{g/cm^3}$)、中高密度的各种整皮泡沫塑料,有密度在 $1.0 \mathrm{g/cm^3}$ 直至 $1.6 \mathrm{g/cm^3}$ 左右的高密度、高模量制品;从制品软硬程度分,有软质的整皮及微孔弹性体制品、整皮半硬泡制品及硬质结构泡沫塑料制品等。RIM 聚氨酯(脲)弹性体与 RIM 泡沫塑料似乎并没有严格的区分。一般把中高密度(微孔)RIM 软质及半硬质制品可归类于 RIM 弹性体,低密度制品归类于泡沫塑料。

11.5.1 低密度聚氨酯

(1) 低密度软质及半硬质整皮泡沫塑料 密度为 $200 \sim 600 \mathrm{kg/m^3}$ 聚氨酯整皮 RIM 泡沫塑料,具有坚韧的弹性外皮,耐磨性优良。根据要求性能选择多元醇、扩链剂、发泡剂和异氰酸酯,通过原料及模具温度调控皮层及芯密度。多元醇一般选用分子量为 4000~6000 的高活性聚醚三醇。

表 11-12 为两种软质低密度整皮 RIM 聚氨酯产品性能。

又如,引进的斯太尔卡车用聚氨酯整皮泡沫塑料,要求如下:密度 $400 \sim 600 \mathrm{kg/m^3}$,冲击弹性 25%~33%,拉伸强度 4.5~15MPa,断裂伸长

■表 11-12　两种软质低密度整皮 RIM 聚氨酯产品性能

项　　目	整体密度/(kg/m³)	
	250	300
芯性能		
密度/(kg/m³)	130	175
拉伸强度/kPa	400	500
伸长率/%	120	125
40%压缩强度/kPa	35	50
压缩变形/%	≤10	≤10
皮层性能		
拉伸强度/MPa	2.2	3.5
伸长率/%	120	120
撕裂强度/(kN/m)	4.5	5.5

率100%～500%，耐燃性（DIN 75200）<100mm/min。

(2) 低密度结构泡沫塑料 汽车内饰件需要质轻、价廉、持久耐用的新材料，取代传统的ABS、纤维板。一般聚氨酯RIM材料在相似的密度和厚度下其强度比ABS等传统材料低，为了克服上述缺点，开发了低密度增强聚氨酯，其密度一般在350～700kg/m³，又称为结构性增强泡沫塑料。这种密度较低的SRIM-PU材料，具有较高的刚性和冲击强度，较好的尺寸稳定性；相对于金属、薄片模塑复合物（SMC）和聚烯烃等材料，在大型复杂形状制件的制造上更加经济，代表了目前轿车用复合材料的一个发展方向。目前用于汽车顶棚的低密度SRIM制品密度最低可达0.16g/cm³。表11-13为几种结构增强聚氨酯泡沫塑料的性能。

■表11-13 几种聚氨酯结构泡沫塑料的性能

性　能	1	2	3	4	5
密度/(kg/m³)	500	500	500	500	650
表面邵尔D硬度	—	68	76	75	75
冲击强度/J	7	11.6	19	13.9	15.9
弯曲模量/MPa	750	726	787	910	1164
弯曲强度/MPa	23	23	29.6	24.2	31.6
收缩率/%	0.3～0.4	0.5～0.7	0.5～0.75	0.5～0.7	0.5～0.7
热变形温度/℃	74	72	110	62	66
厚度/mm	12.7	12.8	14.0	12.4	12.4

11.5.2 高密度聚氨酯

配方中发泡剂（包括化学发泡剂水）用量越少、增强填料（包括碎填料及纤维毡）越多，制品的密度越大。高密度聚氨酯（脲）材料与低密度微孔聚氨酯（脲）材料相比，弯曲强度、热变形温度增加，膨胀系数减小。RIM材料、SRIM材料及长纤维增强材料的弯曲模量、冲击强度、拉伸强度随密度的增加而增加。

表11-14为汽车缓冲器用RIM聚氨酯弹性体的配方及性能。

■表11-14 汽车缓冲器用RIM聚氨酯弹性体的配方及性能

项　目	1	2	3
配方/质量份			
聚醚多元醇[①]（羟值28mg KOH/g）	100	100	—
聚合物多元醇（羟值23mg KOH/g）	—	—	100
乙二醇	19	19	17
CFC-11	5	5	5
炭黑色料	4	4	4
Dabco 33LV	1.8	1.2	1.2
DBTDL	0.05	0.03	0.02
碳化二亚胺改性MDI	104	104	102

续表

项　　目	1	2	3
物理性能			
密度/(g/cm³)	1.05	1.05	1.10
50%模量/MPa	13.7	15.8	20.1
拉伸强度/MPa	24.2	24.7	26.2
伸长率/%	242	226	200
撕裂强度/(kN/m)	75	86	107
弯曲模量/MPa	292	293	461
热下垂/mm	26.5	18.7	11
脆化温度/℃	−49	−49	−34

① 配方 1 和 2 的聚醚牌号不同。

注：改性 MDI 的 NCO 质量分数 28%～30%，黏度 30～70mPa·s。热下垂距离为在 100℃×1h 悬壁长 100mm。

11.5.3 聚氨酯脲及聚脲

　　用多元醇扩链/交联剂与聚醚多元醇、多异氰酸酯组成的聚氨酯 RIM 体系，固化时间较慢，脱模慢，脱模后有可能发生"后膨胀"。

　　用多元胺代替多元醇扩链剂，由聚醚多元醇、胺类扩链剂、多异氰酸酯反应，制成的是聚氨酯脲。脂肪族二胺反应速率特别快，通过大量的筛选工作，目前用于 RIM 聚氨酯脲体系的是含位阻基团的芳香族二胺如二乙基甲苯二胺（DETDA）等。DETDA 与 MDI 的反应活性比乙二醇与 MDI 的反应活性高约 20 倍，聚氨酯脲反应料液浇注后约 30s 即可脱模，无后膨胀现象。由于 DETDA 在聚合物硬段中带入强极性的脲基，制品的耐温性比聚氨酯制品明显改善。汽车防护板等材料广泛使用 RIM 聚氨酯脲。

　　聚氨酯脲 RIM 制备配方的大致组成为：分子量 3000～6000 的高活性聚醚多元醇 70～90 份，芳香族二胺（常用 DETDA）10～30 份，交联剂（一般是平均分子量小于 400 的多元醇）0～10 份，液化 MDI（稍过量）。聚醚料温 40～65℃，异氰酸酯料温 35～55℃，模温 65～150℃，脱模时间 40～60s。

　　一般聚氨酯脲 RIM 采用一步法生产，由于胺扩链剂与多异氰酸酯的反应速率比多元醇的反应速率快得多，导致加成的聚合物聚氨酯-脲结构有序度差，影响其性能。为了协调反应，一般需采用催化剂加速羟基与异氰酸酯的反应，也有采用半预聚体法。

　　由端氨基聚醚（聚醚多元胺）、胺扩链剂及多异氰酸酯制得的是聚脲。由于脲基的极性强，耐热性比氨基甲酸酯好，制成的材料耐热性比聚氨酯脲及聚氨酯好。由于用于制备聚脲的聚醚链段是聚氧化丙烯，与主链含亲水性氧化乙烯链节的高活性聚醚多元醇制成的聚氨酯及聚氨酯脲相比，聚脲吸水率较低。另外聚脲具有尺寸稳定、耐化学药品及溶剂性能优异、脱模性好、生产周期短、能经受涂装生产线的焙烘等许多优点，受到汽车厂家的欢迎。

端伯氨基聚醚与改性 MDI 的反应速率极快，凝胶时间约 1s，普通的 RIM 机浇注量较小，不能满足聚脲 RIM 的工艺需要。为了延长聚脲的凝胶时间，有些公司相继推出端酮亚胺和亚胺聚醚，将聚脲反应过程中的注射时间延长至 1.5s 左右，反应液的流动性近似于聚氨酯脲体系。

表 11-15 为几种 RIM 聚氨酯脲及聚脲的配方及性能。

■表 11-15　几种 RIM 聚氨酯脲及聚脲的配方及性能

项　　目	聚氨酯脲	聚脲 1#	聚脲 2#	聚脲 3#
组成/质量份				
高活性聚醚(Multrinol 3901)	77	0	0	0
聚醚三胺(Jeffamine T-5000)	0	60	79.1	65
DETDA	23	40	20.5	17.5+17.5①
Dabco 33LV/ Dabco T-12	0.1/0.1	—	—	—
MDI 半预聚体指数	1.05	1.05	1.05	1.05
组分温度/℃	54	54	60/54	49
浇注温度/℃	60	77	76	57
脱模时间/s	60	30	30	60
凝胶时间/s	1.3	1.1	0.9	3.6
性能				
密度/(g/cm³)	1.12	1.13	1.11	1.11
邵尔 D 硬度	61	73	64	72
弯曲模量/MPa	338	698	373	620
拉伸强度/MPa	26.8	37.2	31.4	30.7
50%模量/MPa	17.6	28.5	—	—
100%模量/MPa	20.1	30.4	—	—
伸长率/%	190	165	253	120
落镖冲击强度（-29℃）/J	220+	220+	—	—
热下垂(10cm/121℃)/mm	1.5	0.5	—	—

① 制品在 121℃后熟化 1h。聚脲 3# 采用 DMTDA 与 DETDA 各 17.5 份。

11.6 RIM 聚氨酯的应用

聚氨酯 RIM 材料主要用于汽车、建筑、家具、娱乐、体育等领域，用途各种各样。

聚氨酯（脲）RIM 技术适合于工业化生产大批量的汽车结构部件及其他结构材料，制件生产周期极短，一般几十秒至数分钟，成型压力低，设备较简单，自 20 世纪 70 年代工业化以来，受到了汽车制件厂的欢迎。用 RIM 工艺制造的聚氨酯（脲）制件大多数用于汽车工业，制件品种包括保险杠、挡泥板、侧护条、翼子板、扰流板、车门板、仪表板、方向盘、防护板、尾灯、散热器格栅、操作手柄、发动机罩、柱包覆面、地板、灯壳、行李箱、前后支撑柱、尾部行李箱、行李架、工具箱盖、门拉手、前扰流板、卡车载货底板、门板、防撞帽、保险杠梁、模塑窗、扶手、气囊门、座椅背架、拖拉机车厢板等。聚氨酯 RIM 在汽车中用量最多的是保险杠、防护板，约占 70%，其次是内饰件、车体板如空气导流板、车门栏板、模塑窗等。软质聚氨酯 RIM 主要用于汽车、卡车、公共汽车、飞机内部制件，因具有吸能、防碰撞的功能，可防止发生事故时撞伤乘坐人员，并有样式新颖、美观、舒适的特点，广泛用于制作的制件是扶手、方向盘、头枕、变速器等。

在建筑领域，RIM 聚氨酯制品用于窗框、门板、基柱、地板型材等。除此之外，RIM 聚氨酯还应用于各种装饰部件、仿木刻品、硬质鞋底、桌、床、球棒、垫衬、球、酒桶、箱、电视机壳、计算机壳、椅子、养蜂箱、滑雪板、划船桨等。

第 12 章 水性聚氨酯

12.1 概述

12.1.1 水性聚氨酯的发展概况

水性聚氨酯是指聚氨酯溶解于水或分散于水中而形成的一种聚氨酯树脂。依其外观和粒径，将水性聚氨酯分为三类：聚氨酯水溶液（粒径<0.001μm，外观透明）、聚氨酯分散液（粒径0.001~0.1μm，外观半透明）、聚氨酯乳液（粒径>0.1μm，外观白浊）。但习惯上后两类有时又统称为聚氨酯乳液或聚氨酯分散液，区分并不严格。实际应用中，水性聚氨酯以聚氨酯乳液或分散液居多，水溶液少。

水性聚氨酯是水性聚氨酯胶黏剂、涂料及其他应用形态的基础树脂。20世纪60年代以来，溶剂型聚氨酯得到广泛的使用。有机溶剂易燃易爆、易挥发、气味大、使用时造成空气污染，具有或多或少的毒性。近20多年来，保护地球环境的舆论压力与日俱增，人们的环保意识不断增强，一些发达国家制定了消防法规及溶剂法规，这些因素促进了水性聚氨酯材料的开发。水性聚氨酯以水为基本介质，具有不燃、气味小、不污染环境、节能、操作加工方便等优点，已受到人们的重视。

早在1943年，联邦德国的P. Schlack就在乳化剂和保护胶体的存在下，将二异氰酸酯在剧烈搅拌下乳化于水并添加二胺，制备出了水性聚氨酯。在20世纪50年代有少量水性聚氨酯的研究，如1953年DuPont公司的研究人员将端异氰酸酯基团聚氨酯预聚体的甲苯溶液分散于水中，用二元胺扩链，合成了聚氨酯乳液。1967年水性聚氨酯首次出现于美国市场，20世纪70~80年代，美国、德国、日本等国家的一些水性聚氨酯产品，已从试制阶段发展为生产和应用阶段，有多种牌号的水性聚氨酯产品供应。

早期的聚氨酯乳液采用外加乳化剂，强制乳化而成，但因存在乳化剂用量大、反应时间长以及乳液颗粒较粗而导致的贮存稳定性差、胶层物理力学性能不好等缺点。20世纪60年代初期Dieterich等开发了自乳化法，该法制得的乳液颗粒较细且分布均匀，具有较好的贮存稳定性，胶膜的物理力学性能也较好，目前使用的水性PU多采用此法合成。

我国水性聚氨酯的研制工作始于20世纪70年代，首先是由沈阳皮革所于1976年开始研制，进入80年代以后，PU乳液的研制更加活跃，许多单位相继开展了研制工作，主要用途是皮革涂饰剂，90年代以后如涂料、胶黏剂、织物涂层及整理剂等都有产品开发。水性聚氨酯的一直是国内比较热门的聚氨酯产品研发领域。

据报道，2009年我国水性PU年总产能为10万吨，实际产量6万吨，年增长率10%，应用领域分布为皮革涂饰剂（49%）、工业水性涂料（12%）、建筑乳胶漆（10%）、工业胶黏剂（9%）、汽车漆（8%）、手套涂层和玻纤集束（5%）、织物涂层胶（4%）、木器漆（3%）。

12.1.2 水性聚氨酯的性能特点

水性聚氨酯以水为主要介质，不含或仅含有少量有机溶剂，根据配方及助剂的不同，可调制成涂料、胶黏剂、皮革涂饰剂、织物涂层剂等。与溶剂型聚氨酯相比，水性聚氨酯具有以下特点。

① 大多数水性聚氨酯无溶剂或仅含很低的VOC，几乎无臭味、无污染，具有不燃、成本低等优点。

② 大多数单组分水性聚氨酯产品中不含NCO基团，主要是靠分子内极性基团产生内聚力和黏附力，水分挥发后固化。水性聚氨酯中含有羧基、羟基等基团，也可引入其他反应性基团，适宜条件下可参与反应，使树脂产生交联。加交联剂则组成双组分体系。

③ 影响水性聚氨酯黏度的主要因素有乳液粒径、离子电荷性质及数量等。聚合物分子上的离子及反离子（指溶液中的与聚氨酯主链、侧链中所含的离子基团极性相反的自由离子）越多，黏度越大；而固含量（树脂质量分数）、聚氨酯树脂的分子量等影响溶剂型聚氨酯树脂黏度的因素对聚氨酯分散液黏度的影响并不明显。相同的固体含量，聚氨酯分散液的黏度较溶剂型聚氨酯的小。

④ 由于水的挥发性比有机溶剂差，故水性聚氨酯干燥较慢。由于水的表面张力大，对表面疏水性的基材的润湿能力差。由于大多数水性聚氨酯是由含亲水性的聚氨酯为主要固体成分，且有时还含水溶性助剂如增稠剂等，胶膜干燥后一般须形成一定程度的交联，否则耐水性不佳。

⑤ 水性聚氨酯可与多种水性树脂混合，以改进性能或降低成本。此时应注意离子性质和相容性，否则可能引起凝聚。因受到聚合物间的相容性或在某些溶剂中的溶解性的影响，溶剂型聚氨酯只能与为数有限的其他树脂共混。

⑥ 水性聚氨酯产品气味小，可用水稀释，操作方便，易于清理；而溶剂型聚氨酯在使用中有时还需耗用大量溶剂，特别是溶剂型双组分聚氨酯的清理也不及水性聚氨酯方便。

12.1.3 水性聚氨酯的分类

由于聚氨酯原料和配方的多样性，水性聚氨酯品种繁多，可以按制备方法和制备配方来分类。

(1) 以外观分 水性聚氨酯可分为聚氨酯乳液、聚氨酯分散液、聚氨酯水溶液。聚氨酯水溶液外观为无色到黄色透明溶液，几乎不存在微粒，主要用于纺织品整理剂等，需加交联剂才有一定的耐水性。实际应用最多的是聚氨酯乳液及分散液。水性聚氨酯按外观形态分类见表 12-1。

■表 12-1 水性聚氨酯形态分类

项目	水溶液	分散液	乳液
状态	溶解至胶体	分散	分散
外观	透明、无光散射	半透明、呈现光散射	白浊、光散射
粒径/μm	<0.001	0.001~0.1	>0.1

(2) 按使用形式分 与溶剂型聚氨酯类似，水性聚氨酯按包装方式可分单组分及双组分。有些水性聚氨酯在单独使用时不能获得所需的性能，必须添加交联剂，组成双组分体系。

(3) 以亲水性成分的性质分 根据聚氨酯分子侧链或主链上是否含有离子基团，以及离子基团的电荷种类，水性聚氨酯可分为阴离子型、阳离子型、非离子型以及两性离子型。含离子的水性聚氨酯又称为离聚物型水性聚氨酯。

① 阴离子型水性聚氨酯以侧链含阴离子基团的居多，按聚氨酯分子上的阴离子类型又可细分为磺酸型、羧酸型。

② 阳离子型水性聚氨酯一般是指主链或侧链上含有铵离子（一般为季铵离子）或锍离子的水性聚氨酯，以季铵离子常见。

③ 非离子型水性聚氨酯是指聚氨酯分子中不含离子基团的水性聚氨酯。亲水性链段一般是中低分子量聚氧化乙烯（PEG），亲水性基团一般是羟甲基。

(4) 以聚氨酯原料分 按主要低聚物多元醇类型可分为聚醚型、聚酯型及聚烯烃型等，还有聚醚-聚酯、聚醚-聚丁二烯等混合多元醇型。

以异氰酸酯原料分，可分为芳香族异氰酸酯型、脂肪（环）族异氰酸酯型。按具体原料还可细分，如 TDI 型、HDI 型等。

(5) 根据聚氨酯树脂的整体结构划分

① 按聚氨酯种类及结构可分为聚氨酯乳液、封闭型聚氨酯（多异氰酸

酯）乳液、可水分散多异氰酸酯、乙烯基聚氨酯乳液等。

② 水性聚氨酯的树脂成分还可细分为聚氨酯和聚氨酯-脲，后者是指由聚氨酯预聚体在水中分散的同时通过水或二胺扩链而形成的聚氨酯-脲。由端 NCO 预聚体分散法制备较为普遍，一般情况下含脲基的水性聚氨酯和水性纯聚氨酯并不严格区分。

③ 按分子结构可分为线型分子聚氨酯乳液（热塑性）、低度交联型、热反应型单组分和外交联型等。

12.2 水性聚氨酯原料体系及制备方法

12.2.1 原料体系

12.2.1.1 低聚物多元醇

水性聚氨酯制备中常用的低聚物多元醇一般以聚醚二醇、聚酯二醇居多，有时还使用聚醚三醇、低支化度聚酯多元醇、聚碳酸酯二醇、聚己内酯二醇、聚烯烃多元醇等低聚物多元醇。

聚醚型聚氨酯低温柔顺性好，耐水解性较好。常用的聚氧化丙烯二醇（PPG）的价格比聚酯二醇低，是低档水性聚氨酯的主要低聚物多元醇原料。聚氧化乙烯二醇（PEG）仅用于特殊的水溶性聚氨酯或聚氨酯分散液，胶膜的耐水解欠佳。聚醚三醇（包括聚氧化丙烯-氧化乙烯共聚醚）一般很少用于普通水性聚氨酯。在亚硫酸氢钠封闭型水性聚氨酯中多采用聚醚三醇作低聚物多元醇原料。水性聚醚聚氨酯的胶膜强度不高，多用于皮革涂饰剂、织物涂层等。由聚四氢呋喃二醇（PTMEG）制得的水性聚氨酯，力学性能及耐水解性皆较好，但其价格较高，应用受限。

以聚酯为原料制得的水性聚氨酯，成膜后强度高、黏附力也好；但由于己二酸系聚酯本身的耐水解性能比聚醚差，因而普通聚酯型水性聚氨酯的贮存稳定期较短，放置过程中由于酯基的水解而产生羧酸基团，引起乳液颗粒的聚结和沉淀。但通过采用耐水解性聚酯二元醇，可以提高水性聚氨酯的耐水解性。国外的聚氨酯乳液胶黏剂及涂料的主流产品是聚酯型的。含侧基的脂肪族聚酯的柔顺性和耐水解性能较好。结构规整的结晶性己二酸系聚酯二醇制备的单组分聚氨酯乳液，耐水性和耐水解较好，胶膜强度也较高。例如，聚己二酸己二醇制得的水性聚氨酯，耐水性和胶膜强度依次比聚己二酸丁二醇、聚己二酸乙二醇酯制得的水性聚氨酯高。芳香族聚酯多元醇也可用于制备水性聚氨酯。

其他低聚物二醇如聚碳酸酯二醇、聚己内酯二醇、聚丁二烯二醇、丙烯酸酯多元醇等，都可用于水性聚氨酯的制备。这些多元醇的耐水性优良。聚碳酸酯型聚氨酯耐水解、耐候、耐热性好，易结晶，由于价格高，限制其广泛应用。蓖麻油是一种含不饱和键的低聚物多元醇，也可用于合成水性聚氨酯。

为了使成本及树脂的耐水性等性能取得平衡，有人用混合多元醇作软段制备水性聚氨酯，取得了一些有意义的结果。

12.2.1.2 异氰酸酯

制备水性聚氨酯常用的二异氰酸酯有 TDI、MDI 等芳香族二异氰酸酯，以及异佛尔酮二异氰酸酯（IPDI）、六亚甲基二异氰酸酯（HDI）、亚甲基二环己基-4,4′-二异氰酸酯（H_{12}MDI）等脂肪族、脂环族二异氰酸酯。由脂肪族或脂环族二异氰酸酯制成的聚氨酯，耐水解性比芳香族二异氰酸酯制成的聚氨酯好，因而水性聚氨酯产品的贮存稳定性好。国外高品质的聚酯型水性聚氨酯多采用脂肪族或脂环族异氰酸酯原料构成，而我国受原料品种及价格的限制，多数仅用 TDI 为二异氰酸酯原料。

多亚甲基多苯基多异氰酸酯（PAPI）一般用于制备特殊的水性聚氨酯体系，如乙烯基聚氨酯乳液胶黏剂、异氰酸酯乳液。

12.2.1.3 扩链剂

水性聚氨酯的制备中使用的扩链剂，有常规扩链剂如 1,4-丁二醇、乙二醇、一缩二乙二醇、己二醇、乙二胺、二亚乙基三胺、肼、己二胺、异佛尔酮二胺等，但比较特别的扩链剂是所谓的"亲水性扩链剂"。一般通过亲水性扩链剂引入离子基团。

醇类扩链剂一般在乳化之前使用。由于伯胺与异氰酸酯的反应活性比水高，可将二胺扩链剂混合于水中或制成酮亚胺，在乳化分散的同时进行扩链反应。

此处主要介绍亲水性扩链剂。亲水性扩链剂就是含离子基团或含可被离子化基团的扩链剂。这类扩链剂中常常含有羧基、磺酸（盐）基团或仲氨基，当其结合到聚氨酯分子中，经过处理后，可使聚氨酯链段带有强亲水性的离子基团。

（1）含羧酸的扩链剂 国内外最常见的亲水性扩链剂是 2,2-二羟甲基丙酸（又称双羟甲基丙酸），简称 DMPA 或 DHPA。该扩链剂为白色结晶性粉末，熔点较高，贮存稳定。因其分子量小（$M_w=134$），较少的用量就能提供足够的羧基量。还有一种 DMPA 同系物扩链剂 2,2-二羟甲基丁酸（DMBA）。与 DMPA 相比，DMBA 熔点较低，并且在低聚物多元醇中的溶解性也好，因此改善了操作性能。

低分子量三元醇或二乙醇胺与二元酸酐（如顺丁烯二酸酐、苯酐）按 1:1 摩尔比反应，得到二羟基半酯或 N,N-二羟乙基单马来酰胺酸。它们都是含羧基的二羟基化合物，常温下为黏稠液态，用于自乳化水性聚氨酯的扩链剂，操作方便，成本也较低。反应式如下：

$$\text{HO}\sim\!\!\!\underset{\text{OH}}{\text{OH}} + \underset{\text{酸酐}}{\begin{array}{c}\text{HC}\\ \parallel\\ \text{HC}\end{array}\!\!\!\!\begin{array}{c}\text{C}\\ \diagup\\ \text{C}\end{array}\!\!\!\!\text{O}} \longrightarrow \underset{\text{半酯}}{\text{HO}\sim\!\!\!\underset{\text{OCOCH=CHCOOH}}{\text{OH}}}$$

三醇　　　　酸酐　　　　　　　　半酯

$$\text{HN(CH}_2\text{CH}_2\text{OH)}_2 + \begin{array}{c}\text{HC}\\ \parallel\\ \text{HC}\end{array}\!\!\!\!\begin{array}{c}\text{C}\\ \diagup\\ \text{C}\end{array}\!\!\!\!\text{O} \longrightarrow \begin{array}{c}\text{HOCH}_2\text{CH}_2\text{NCH}_2\text{CH}_2\text{OH}\\ |\\ \text{C=O}\\ |\\ \text{CH=CHCOOH}\end{array}$$

羧酸型扩链剂还有氨基酸如 $H_2N(CH_2)_4CH(COOH)NH_2$、二氨基苯甲酸等。

(2) 磺酸盐型扩链剂　乙二氨基乙磺酸钠、1,4-丁二醇-2-磺酸钠及其衍生物等可用于磺酸型水性聚氨酯的扩链剂。1,4-丁二醇-2-磺酸钠由 2-烯-1,4-丁二醇与亚硫酸氢钠加成，同样，2-烯-1,4-丁二醇的氧化乙烯或氧化丙烯缩聚物与亚硫酸氢钠的加成物也可用作扩链剂。

$$H_2NCH_2CH_2NHCH_2CH_2SO_3Na \qquad\qquad \underset{\qquad\qquad\ \ |\ \ \ \ }{HOCH_2CH_2CHCH_2OH}$$
$$\qquad\qquad\qquad\qquad\qquad\qquad\qquad\qquad\qquad\qquad SO_3Na$$

乙二氨基乙磺酸钠　　　　　　　　　1,4-丁二醇-2-磺酸钠

(3) 阳离子型扩链剂　含叔氨基的二羟基化合物是一类常用的阳离子型水性聚氨酯扩链剂，通过季铵化反应或用酸中和，链段中的叔氨基生成季铵离子，具有亲水作用。其中以 N-甲基二乙醇胺常用。

二亚乙基三胺与环氧氯丙烷的反应产物也是一种特殊的阳离子型扩链剂。结构式如下：

$$H_2NCH_2CH_2NHCH_2CH_2NHCH_2\!\!-\!\!\underset{\ \ |\ \ \ \ }{CH}\!\!-\!\!CH_2Cl$$
$$\qquad\qquad\qquad\qquad\qquad\qquad OH$$

12.2.1.4　成盐剂

广义地讲，凡是能形成离子基团的化合物都可称为成盐剂。成盐剂是一种能与羧基、磺酸基团、叔氨基、脲基等基团反应，生成聚合物的盐或者说生成离子基团的化合物。

阴离子型聚氨酯乳液的常见成盐剂有氢氧化钠、氨水、三乙胺，也叫中和剂。其中三乙胺中和所得的乳液粒径最细，稳定性最好。

阳离子型聚氨酯乳液的成盐剂有 HCl、CH_3COOH 等酸以及 CH_3I、$(CH_3)_2SO_4$、环氧氯丙烷等烷基化试剂。

$$\sim\!\!\!\underset{}{N}\!\!\!-\!\!\!R \xrightarrow[\text{或} (CH_3)_2SO_4]{CH_3I} \sim\!\!\!\underset{\ \ |\ \ }{N^+}\!\!\!-\!\!\!R\quad I^-$$
$$\qquad\qquad\qquad\qquad\qquad CH_3$$

$$\sim\!\!\!\underset{}{N}\!\!\!-\!\!\!R \xrightarrow{HA (酸)} \sim\!\!\!\underset{\ \ |\ \ }{N^+}\!\!\!-\!\!\!R\quad HA^-$$

12.2.1.5 水和有机溶剂

水是水性聚氨酯的主要介质,为了防止自来水中 Ca^{2+}、Mg^{2+} 等杂质对阴离子型水性聚氨酯稳定性的影响,用于制备水性聚氨酯胶黏剂的水最好是蒸馏水或去离子水。水除了用作聚氨酯的溶剂或分散介质,在聚氨酯预聚体分散于水的同时,水也参与扩链反应。

有机溶剂主要作用是降低黏度。如果乳化时预聚体黏度很大,或者升温以降低黏度,都不利于得到稳定的微细粒径乳液。故为了利于预聚体的分散,可加入适量有机溶剂以降低黏度。可采用的溶剂有丙酮、甲乙酮、二氧六环、N,N-二甲基甲酰胺、N-甲基吡咯烷酮等水溶性(亲水性)有机溶剂和甲苯等憎水性溶剂。考虑到成本、操作性等因素,最常用的是丙酮和甲乙酮。一般来说,在制备稳定的乳液后,还可以用减压蒸馏方法将低、中沸点溶剂从乳液中除去,可以做到使溶剂的残留量很小,以减少水性聚氨酯的气味。若溶剂用量很少,可不必除去。残留的低沸点溶剂的挥发可缩短胶膜的干燥时间。

12.2.1.6 乳化剂

早期的聚氨酯乳液采用外乳化法制备。乳化剂以非离子型表面活性剂为主,如氧化乙烯-氧化丙烯共聚物、双酚 A-环氧氯丙烷-聚氧化乙烯二醇加成物等。从稳定性及乳化剂残留影响考虑,乳化剂的分子量以 1 万~2 万为宜,PEO 含量 60% 以上。

12.2.2 水性聚氨酯的制备

12.2.2.1 基本制备方法概述

由于异氰酸酯反应的特殊性,水性聚氨酯的制备不能采用一般水性乙烯基合成树脂的自由基乳液聚合方法。水性聚氨酯制备时总的原则是,多元醇原料必须在水性化之前结合入聚氨酯分子结构中。在水性聚氨酯制备中,如果配方及乳化条件掌握不好,轻则产生粒径较大的弹性颗粒,乳液放置过程发生分层和沉降,不能稳定存放,甚至不能乳化、产生凝胶。故要制备稳定的水性聚氨酯,有必要掌握其制备原理及工艺。

大多数水性聚氨酯的制备包含两个主要步骤:①有低聚物二醇参与,合成聚氨酯溶液或聚氨酯预聚体;②在水中剪切分散。

根据在水分散前聚氨酯树脂是否含亲水性成分、是否需外加乳化剂,可分为外乳化法和自乳化法。另外不同离子性质的水性聚氨酯有不同的制备方法。

12.2.2.2 外乳化法和自乳化法

所谓外乳化法就是在乳化剂、高剪切力存在下强制乳化的方法。外乳化法是在分子链中不含亲水性成分,或在仅含少量不足以自乳化的亲水性链段或基团的情况下采用的，此时必须添加乳化剂，才能得到乳液。其合成工艺一般为：先在有机溶剂中合成聚氨酯预聚体，也可以再扩链，得到聚氨酯或聚氨酯预聚体的有机溶液，然后在剧烈搅拌下，在含乳化剂的水溶液中剪切分散。该法制备的聚氨酯乳液，粒径较大（0.7～3μm），贮存稳定性不好。并且由于使用了较多的乳化剂，亲水性小分子乳化剂的残留使聚氨酯成膜物的物理性能劣化。目前国内外已很少采用外乳化法。

由于在聚氨酯链段中可方便地引入亲水性成分而制备稳定的水性聚氨酯，所以目前水性聚氨酯的制备以离子型自乳化法为主。亲水成分包括：羧基、磺酸基团或其盐，聚氧乙烯链段，羟甲基等。

自乳化法中一般采用"预聚体分散法"、"丙酮法"、"熔融分散法"及酮亚胺/酮连氮法等方法。

(1) 预聚体分散法 在合成中导入亲水成分，得到亲水改性的端 NCO 基聚氨酯预聚体，通常如果预聚体的分子量不是太高，黏度不大，可不用溶剂稀释或仅需用少量溶剂稀释，就能在剪切力作用下分散于水。一般在乳化的同时进行扩链反应（也可加入二胺扩链），并且也可在乳化的同时在水中加入成盐剂（碱或酸），将羧基或氨基中和为强亲水性的离子基团，以制得稳定的水性聚氨酯（水性聚氨酯-脲）。

预聚体分散法是常用的制备方法之一。预聚体分散法由于黏度的限制，为了便于剪切分散，预聚体的分子量不能太高；黏度高则乳化困难，粒径大，乳液稳定性差；预聚体分子量小则 NCO 基团含量高，乳化后形成的脲基多，成膜后偏硬。

(2) 丙酮法 丙酮法是指以有机溶剂稀释或溶解聚氨酯（或预聚体），再进行乳化的方法。在含亲水基团的聚氨酯（预聚体）制备中，反应体系黏度不断增大，需加入较多的溶剂以降低黏度，使之易于搅拌，然后加水进行分散，最后减压脱除溶剂，得到水性聚氨酯。溶剂以丙酮、甲乙酮居多，故称为丙酮法。此法的优点是丙酮或甲乙酮的沸点低、与水互溶、易于回收处理，整个体系均匀，操作方便。由于溶剂法合成有利于制得高分子量的预聚体或聚氨酯树脂，所得乳液的膜性能比单纯预聚体分散法的好。

(3) 熔融分散法 熔融分散法又称熔体分散法、预聚体分散甲醛扩链法。含一定量亲水成分的端脲基或缩二脲基聚氨酯低聚物直接在熔融状态下乳化于水中，再加甲醛水溶液进行羟甲基化及扩链反应，即制备水性聚氨酯。具体过程是：预先合成含叔氨基团（或离子基团）的端 NCO 基团预聚体，再与尿素（或氨水）在本体体系反应，形成聚氨酯双缩二脲（或含离子基团的端脲基）低聚物，并加入氯代酰胺在高温熔融状态继续反应，进行季铵化。聚氨酯双缩二脲低聚物具有足够的亲水性，加酸的稀水溶液形成均相溶液，再与甲醛水溶液反应进行羟甲基化，含羟甲基的聚氨酯双缩二脲能在 50～130℃用水稀释，形成稳定的水性聚氨酯。当降低体系的 pH 值时，能在分散相中进行缩聚反应，形成高分子量聚氨酯。此法反应温度较高，

(4) 酮亚胺/酮连氮法 在预聚体分散法中，若采用溶于水的二元伯胺扩链，由于 NCO 与 NH_2 的反应速率快，不易得到微细而均匀的乳液，可采用酮亚胺或酮连氮法解决此问题。酮亚胺/酮连氮法是指预聚体与被酮保护了的二元胺（酮亚胺体系）或肼（酮连氮体系）混合后，再用水分散，在分散过程中，酮亚胺、酮连氮以一定的速率水解，释放出游离的二元胺或肼与分散的聚合物微粒反应，得到的水性聚氨酯-脲具有良好的性能。

酮与胺反应，生成酮亚胺，在预聚体乳化时酮亚胺遇水使二胺再生，可平稳地扩链。

$$H_2N-R-NH_2 + 2\underset{R_2}{\overset{R_1}{C}}=O \longrightarrow \underset{R_2}{\overset{R_1}{C}}=N-R-N=\underset{R_2}{\overset{R_1}{C}} + 2H_2O$$

二元胺　　　　　　　　　　　二酮亚胺

$$H_2N-NH_2 + 2\underset{R_2}{\overset{R_1}{C}}=O \longrightarrow \underset{R_2}{\overset{R_1}{C}}=N-N=\underset{R_2}{\overset{R_1}{C}} + 2H_2O$$

肼　　　　　　　　　　　酮连氮

12.2.2.3 阴离子型水性聚氨酯

阴离子型聚氨酯乳液是产量最多的水性聚氨酯，聚氨酯分子链所带离子基团有羧酸（盐）和磺酸（盐）基团，其合成方法多种多样。

(1) 羧酸型水性聚氨酯 由于含羧基化合物来源广泛，羧酸型水性聚氨酯的合成方法非常多，下面归纳几种羧酸型聚氨酯乳液的制备方法。

① 由含羧基扩链剂引入羧基　由低聚物二元醇、二异氰酸酯及含羧基的二羟基化合物（及小分子二醇）合成聚氨酯预聚体，并在水中乳化。含羧基二羟基化合物扩链剂中，常用的市售扩链剂是二羟甲基丙酸（DMPA），其他含羧基二醇的商品有酒石酸、氨基酸、二羟甲基丁酸等；自制的含羧基二羟基化合物有半酯二醇、N，N-二羟烷基单马来酰胺酸等。

合成预聚体时，含羧基扩链剂的加入方法有两种：先由低聚物二醇与过量的二异氰酸酯反应生成预聚体，再用亲水性扩链剂（或者含羧基扩链剂与普通二醇扩链剂的混合物）扩链，生成含有羧基的预聚体；二异氰酸酯、低聚物多元醇和扩链剂一起加热反应，制备含羧基的预聚体。

$$2HO\!\sim\!\!\sim\!\!\sim\!\!OH + 4OCN-NCO + HOCH_2-\underset{\underset{COOH}{|}}{\overset{\overset{CH_3}{|}}{C}}-CH_2OH$$

聚醚或聚酯　　　二异氰酸酯　　　二羟甲基丙酸

$$\downarrow$$

$$OCN\!\!-\!\!\bullet\!\!-\!\!CH_2-\underset{\underset{COOH}{|}}{\overset{\overset{CH_3}{|}}{C}}-CH_2\!\!-\!\!\bullet\!\!-\!\!NCO$$

• 代表氨酯基(NHCOO)； — 代表二异氰酸酯烃基

碱性成盐剂的加入时机也有两种：一种方法是在水性化前的预聚体中加入成盐剂，一般是三乙胺（Et_3N），使羧基被中和成羧酸铵盐基团，再剪切分散；另一种方法是将氢氧化钠、氨水或三乙胺配成稀碱水溶液，将预聚体倒入稀碱水溶液中，或把含成盐剂的水倒入预聚体中，进行剪切分散。先成盐方法使黏度增加，可加少量溶剂；而采用在分散的同时成盐，可不用或少用稀释溶剂。

在乳化的同时，乳液微粒中的预聚体还可用二元胺为扩链剂。可将二元胺水溶液加入刚刚剪切分散的预聚体乳液中；或二元伯胺与甲乙酮形成酮亚胺，混入预聚体，在水中分散的同时进行扩链。

【实例1】 400g聚醚多元醇（$M=400$）与380g苯二亚甲基二异氰酸酯（XDI）反应制备得NCO质量分数为10.7%的预聚体，该预聚体用83g DMPA及56g 1,4-丁二醇的丙酮溶液扩链，得到50%的聚氨酯溶液，用50g三乙胺中和，加水分散成30%固含量的聚氨酯乳液。该乳液加3%的甘油多缩水甘油醚交联剂，得到可用于食品软包装复合薄膜用水性聚氨酯胶黏剂。

【实例2】 聚氧化丙烯二醇（$M=1000$）26.3份与HDI 8.95份在100℃反应数小时，在50℃加入DMPA 1.77份、三乙胺1.33份及丙酮9.42份的混合物，回流1.5 h，真空除去丙酮，冷却至70℃，分散于59份水中，并用1.73份12.5%的氨水处理，得到部分端脲基的聚氨酯乳液。

【实例3】 聚酯二醇（羟值62.1mg KOH/g）1390份、微支化聚酯多元醇（羟值60.4mg KOH/g）722份于120℃减压脱水，降温至60℃，加入7.8份二月桂酸二丁基锡、702份TDI，反应数小时，制得聚氨酯预聚体，再加入166.5份一缩二乙二醇，80℃继续反应3 h，降温至50℃，加入147.3份酒石酸和3900份丙酮组成的溶液，55~60℃反应1 h后，加6500份丙酮稀释。向此溶液中加入101.4份三乙胺和780份丙酮组成的溶液，搅拌均匀。剧烈搅拌下，缓慢加入蒸馏水，树脂由透明变成白色糊状物，并逐渐由稠变稀。在50~60℃减压蒸除丙酮，即得聚氨酯乳液。乳液成膜具有较高的强度，可用于皮革涂饰剂。

② 由聚氨酯-脲-多胺与二元酸酐引入羧基　聚氨酯预聚体与多元胺的酮溶液反应（即采用酮亚胺法进行胺扩链），制得聚氨酯-脲-多胺（PUUA），再与二元酸酐反应，得到含羧基聚氨酯，在碱水中乳化，制成聚氨酯乳液。

在PUUA的制备中，需注意两点：①多元胺的伯氨基、仲氨基应适当过量，以确保反应产物中以NH_2为端基和侧基；②由于伯氨基活性大，若多元胺直接与预聚体反应，易产生交联而凝胶。所以一般用甲乙酮与之预先反应，形成酮亚胺，使伯氨基被保护起来，酮亚胺遇水还原成酮和伯氨（基）。示意反应式如下：

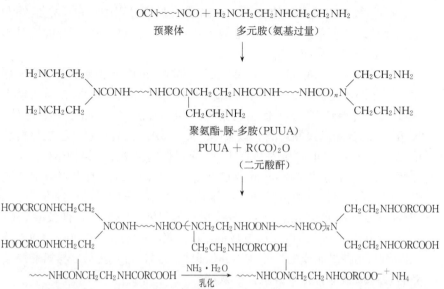

【实例】 聚氧化丙烯二醇（$M_w = 1000$）100g、甲乙酮 58g 及 TDI 34.8g 在 75℃ 反应数小时，制得聚氨酯预聚体溶液。在另一个反应瓶内加入 289g 甲乙酮、5.7g 二亚乙基三胺、8.1g 三亚乙基四胺，室温混合均匀，放置 1h 以上。

多元胺溶液中慢慢加入上述预聚体溶液 192.6g，并于 50℃ 反应 0.5h，得到聚氨酯-脲-多胺的甲乙酮溶液。

18.9g 丁二酸酐溶解于 57g 甲乙酮中，并加入上述 PUUA 溶液中，反应 0.5h 后，倒入含 26.4g、25% 氨水的 450g 水中乳化，40~50℃ 减压除去甲乙酮，并根据需要加水调节浓度，得到阴离子型水性聚氨酯。

③ **以含羧基的低聚物多元醇为原料**　可在低聚物分子链中引入羧基，再与二异氰酸酯反应，制得含羧基的预聚体。由于羧基被引入低聚物，无需通过小分子或低分子量亲水性扩链剂引入羧基。在制备时可控制低聚物二醇的分子量和羧基含量，并可与其他低聚物二醇一起进行预聚反应，以使得聚氨酯树脂具有合适的羧基含量。在低聚物中引入羧基的方法有：用低聚物三醇与二元酸酐反应；用含羧基的起始剂合成低聚物多元醇；把聚醚二醇用自由基引发剂和不饱和酸酐进行接枝反应等。这些低聚物二醇所合成的聚氨酯低聚物（预聚体）可分散于水中，制备水性聚氨酯。

a. **聚醚与不饱和酸接枝制含羧基聚醚**　在聚醚分子链上，可用不饱和酸或不饱和二酸（如马来酸）进行自由基接枝的方法引入侧羧基。

b. **含侧羧基聚己内酯二醇的合成**　含侧羧基聚己内酯二醇的合成方法如下：由 ε-己内酯和二羟甲基丙酸在 80℃ 左右反应若干小时，可得蜡状的含羧基聚己内酯。实验证明，在温度不太高的情况下，用羟基酸引发 ε-己内酯开环聚合，活性增长端仅限于羟基，羧基只起催化作用，不参与开环反应。

c. 一般含羧基聚酯的合成　在聚酯的制备过程中，在一定条件下可通过三元酸或二羟基羧酸引入少量侧羧基。一种含侧羧基聚酯二醇及其水性聚氨酯的制备方法见如下实例。

【实例】 乙二醇 279g、一缩二乙二醇 477g 及己二酸 1430g 搅拌加热缩聚，直至温度达 200℃、酸值 65mg KOH/g，冷却至 120℃，加二羟甲基丙酸 268g，升温到 170℃，保温反应 6h，得到羟值 56mg KOH/g、酸值 55mg KOH/g 的含羧基聚酯二醇。该聚酯 200g、聚己二酸一缩二乙二醇新戊二醇酯二醇 490g、TDI 207g 在 50℃ 反应 3h，得到预聚体。该预聚体加入由 51g 哌嗪、20g 三乙胺和丙酮的混合物 93g 与水 837g 组成的水溶液中，搅拌混合 4h 进行乳化、中和及扩链。减压除去丙酮，得到固含量约 50% 的乳液，pH 值 8.1，黏度 650mPa·s。成膜后拉伸强度 32.4MPa，伸长率 750%。

d. 由较高分子量的聚醚制成的半酯二醇　由分子量 1000~3000 的聚醚三醇和二元酸酐制成的长侧链半酯低聚物二醇，可直接与二异氰酸酯反应制备含羧基预聚体，并制成水性聚氨酯。

④ 由单羟基羧基化合物引入羧基　可用市售单羟基羧基化合物或者由二醇与二元酸酐制成的单羧基单羟基半酯，与三官能度端 NCO 基预聚体反应，制得部分端羧基聚氨酯预聚体，经中和分散于水中，即得乳液。

还可用低分子量聚氧化乙烯二醇（PEG）与均苯四甲酸酐反应制得一种含 PEG 亲水链段及羧基的大分子扩链剂，用于制备水性聚酯型聚氨酯。

(2) 磺酸型水性聚氨酯　国外 Bayer 等公司早期的水性聚氨酯产品是磺酸型聚氨酯水分散液。合成磺酸型阴离子型水性聚氨酯的制备方法也有多种。

① 采用含磺酸基团的扩链剂　含磺酸基团的扩链剂有二氨基烷基磺酸盐（如乙二氨基乙磺酸钠）、不饱和二元醇与亚硫酸氢钠的加成物（如 2-磺酸钠-1,4-丁二醇）、2,4-二氨基苯磺酸等。它们在聚氨酯分子链上引入磺酸基团，使聚氨酯能乳化于水。

【实例】 先将丙氧基化 2-烯-1,4-丁二醇与亚硫酸氢钠的加成物（M=301）15.2g 于 80℃ 加入聚己二酸丁二醇酯二醇（M=2143）429g 中，混合均匀，加入 87.5g MDI，80℃ 反应至 NCO 含量为 1.6%，得到含磺酸钠基团的聚氨酯预聚体。将该预聚体在 2.3% 的乙二氨基乙磺酸钠水溶液 842g 中乳化，得到固含量 38%、黏度 8Pa·s 的聚氨酯乳液胶黏剂，可用于软质 PVC 材料的粘接，剥离强度为 22N/cm。

② 预聚体异氰酸酯磺化法　疏水性聚醚多元醇与芳香族二异氰酸酯制得的聚氨酯预聚体中的芳环经磺化，用叔胺中和，与介质水反应，得到阴离子型自乳化的水性聚氨酯。

对端 NCO 基预聚体进行磺化，不改变分子骨架。一般采用浓硫酸、三氧化硫或氯磺酸等强磺化剂。含磺酸盐基团的预聚体容易分散于水中。

芳香族多异氰酸酯也能部分磺化。磺化的异氰酸酯与未磺化的异氰酸酯或预聚体混合，可制备含磺酸盐基团的水性聚氨酯。例如在无水条件下，用 SO_3 将 TDI 磺化，得到结晶的 TDI 磺胺酸衍生物，将该 TDI 衍生物的丙酮溶液、聚醚多元醇及少量三乙胺在一起反应 15 min 后，加 TDI 继续反应，得到预聚体乳化于水，形成乳液。

【**实例**】 由聚氧化丙烯二醇、一缩二乙二醇及甲苯二异氰酸酯制得端 NCO 基聚氨酯预聚体，用甲苯稀释到 75% 浓度，在 35℃ 滴加浓硫酸，再在 75℃ 反应 30min，直到停止放出气体，此时预聚体颜色稍有变深。冷却到 40℃，加入三乙胺中和，预聚体颜色变浅。将预聚体倒入水中，用高剪切力均化器乳化，减压除去甲苯，得到 pH 值 5.8、粒径 $1\sim3\mu m$ 的聚氨酯乳液，成膜几乎无色，拉伸强度可达 12.7MPa，伸长率 900%。

③ **采用亚硫酸氢盐封闭法** 以亚硫酸氢钠或亚硫酸氢铵等亚硫酸氢盐为封闭剂，在溶液中与具有一定 NCO 含量范围的聚氨酯预聚体反应，可制得稳定的含氨基甲酰磺酸盐基团的离子型聚氨酯，能形成水溶液或乳液。亚硫酸氢盐的作用有两个：与 NCO 反应形成封闭型异氰酸酯；形成强亲水性的氨基甲酰磺酸盐基团，使封闭型异氰酸酯预聚体溶于水或乳化于水中。

$$\sim\sim\sim NCO + NaHSO_3 \rightleftharpoons \sim\sim\sim NHCOSO_3Na$$

由于在水性化的同时未发生扩链反应，这种封闭型聚氨酯是一种预聚体，分子量不大，但经热处理，异氰酸酯基团再生，发生交联和扩链反应，形成不黏的胶膜。

亚硫酸氢盐是固体，一般需配成适当浓度的水溶液，才能参与反应，反应体系可用甲醇、乙醇、丙酮、二氧六环、2-乙氧基乙醇等水溶性有机溶剂稀释，以使预聚体能均匀地参加反应。亚硫酸氢盐一般对 NCO 过量。预聚体中的游离异氰酸酯基团与亚硫酸氢盐的反应要比与水的反应迅速，这样就能得到水溶性封闭型聚氨酯预聚体。采用此法，一般采用聚醚三醇和脂肪族异氰酸酯如 IPDI、HDI 制成的预聚体。芳香族异氰酸酯的 NCO 基团反应活性过大，必须在很低的温度（如 $0\sim4℃$）进行封闭反应，否则 NCO 与水反应而凝胶。

例如，用 PO/EO 共聚醚三醇与 HDI 合成聚氨酯预聚体，用乙醇稀释，在水冷却的预聚体溶液中加入 25% 的亚硫酸氢钠水溶液，先形成高黏度油包水乳液，然后慢慢变半透明，黏度降低，稀释后可得到封闭型聚氨酯水溶液。取少量聚氨酯溶液在 40℃ 干燥 1 天，得无色黏流物，$80\sim120℃$ 加热数分钟，则得到不黏的白色半透明薄膜。如果加入胺类交联剂则可降低固化温度。

12.2.2.4 阳离子型水性聚氨酯

阳离子型水性聚氨酯一般是主链或侧链含季铵离子。

阳离子型水性聚氨酯的制备方法也有许多种。

(1) 以含叔氨基二醇为扩链剂 常用的含有叔氨基的二羟基化合物有 N-甲基二乙醇胺等，用这类扩链剂制备含叔氨基的端 NCO 基聚氨酯预聚体，再用烷基化试剂进行季铵化，或用酸中和，并分散于水，即得阳离子型水性聚氨酯。

【实例】 100 份聚氧化丙烯二醇（$M=2000$）加热减压脱水，冷却至 25℃，加入 5.95 份 N-甲基二乙醇胺，混合均匀，边搅拌边加入 34.8 份 TDI，发生放热反应，在 55℃保温 1.5h 后，加入硫酸二甲酯 6.3 份及无水丙酮 15 份的混合物，60～70℃反应 1h，得到已季铵化的聚醚氨酯预聚体，NCO 质量分数约 5%。

在上述预聚体中加入 2%的乙氧基化壬基苯酚乳化剂，搅拌均匀，剧烈搅拌下加入去离子水，并继续搅拌 1h，得到阳离子型聚氨酯乳液。可减压除去丙酮。40%固含量的乳液黏度 15mPa·s，60%固含量的乳液黏度 900mPa·s。乳液干燥成膜后，硬度为邵尔 A 80～82，拉伸强度 13MPa，伸长率 690%。

(2) 制备聚氨酯-脲-多胺中间体 端 NCO 聚氨酯预聚体与多元胺反应制备含端及侧伯氨基的聚氨酯-脲-多胺（PUUA），再与环氧氯丙烷反应，使分子链中带叔氨基团，用酸中和，得到含季铵离子基团的聚氨酯，分散于水形成水性聚氨酯。还可直接将 PUUA 在酸的水溶液中乳化，得到阳离子型水性聚氨酯。PUUA 还可与脂肪酰氯反应，引入长链烃基，再在酸的水溶液中乳化成水性聚氨酯。

该乳液若用于织物处理，经高温处理，氯甲基和邻位羟基之间可脱氯化氢，形成环氧基，能被含氨基物质交联，产生耐水性。

【实例1】 202.5 份经减压脱水的聚己二酸乙二醇酯二醇溶解于 102 份甲乙酮中，加 34.8 份 TDI，80℃反应 3 h，得到 NCO 质量分数约为 2.45%的聚氨酯预聚体。在室温下将 100 份上述预聚体溶液慢慢加入预先配制的 3.53 份二亚乙基三胺与 200 份甲乙酮的混合物中，并继续在 50℃反应 30 min，得到聚氨酯-脲-多胺的甲乙酮溶液。激烈搅拌下，将含 4.84 份 70%乙醇酸水溶液的 340 份水加入上述 PUUA 溶液中，调节 pH 值在 6.5 以上，并在 50℃减压除去甲乙酮，得到阳离子型聚氨酯乳液。乳液成膜后在 120℃热处理 20 min，拉伸强度约 15.5MPa，伸长率 640%。

还可以由二亚乙基三胺（DTA）和环氧氯丙烷（ECH）制备多元胺扩链剂，并与大量甲乙酮（MEK）制成酮亚胺，再与聚氨酯预聚体反应，在稀酸水溶液中乳化，参见下例。

【实例2】 206 份 50%的 DTA-MEK 溶液中，在 30～45℃、30min 内滴加 185 份 50%的 ECH-MEK 溶液，再 45℃反应 1.5h，得到扩链剂溶液。

使 PTMEG（羟值 54.5mg KOH/g）206 份、甲苯 110 份、HDI 50.4 份发生反应，得到 NCO 含量 4.5%的预聚体。

约 30 份上述扩链剂溶液溶于 400 份 MEK 中，上述 120 份预聚体溶液用 180 份 MEK 稀释，扩链剂溶液慢慢滴加到预聚体溶液中，使之完全反应。再加入含 9.5 份顺酐的 110 份 MEK 溶液，反应后，加入含 3.9 份氢氧化钠的 400 份水分散，除去溶剂，得到阳离子型聚氨酯乳液。

(3) 其他方法 含支链的端 NCO 基预聚体与 N,N-二甲基乙醇胺反应，制得含季铵盐基团的阳离子水性聚氨酯。

溴化物与叔胺反应，可得到季铵盐。利用该反应原理，可制得含季铵离子的阳离子型聚氨酯离聚体，并分散于水，制备水性聚氨酯。

阳离子水性聚氨酯比较少见，这些方法也很少用于实际制备。

12.2.2.5 非离子型水性聚氨酯

(1) 自乳化法合成非离子型水性聚氨酯

① 采用含氧化乙烯的原料　采用水溶性聚氧化乙烯二醇，或采用含氧化乙烯（EO）链节的亲水性共聚醚等，可制得非离子型水性聚氨酯。这些水性聚氨酯胶膜的力学性能及耐水性能差，可在此基础上引入可交联成分，如可通过丙烯酸酯接枝乳液聚合引入羧基，再加交联剂；还可引入环氧基团。

一种可热交联的非离子水性聚氨酯合成方法如下：由聚四氢呋喃二醇（PTMEG）、聚氧化乙烯二醇（PEG）与 TDI 合成预聚体，制得端 NCO 预聚体。1mol 的二亚乙基三胺（DTA）、0.5mol 环氧氯丙烷（ECH）在甲乙酮中 40℃ 反应 2h 制得的交联剂（EPC）。预聚体与交联剂丙酮溶液反应得到聚氨酯溶液，无 NCO 存在。然后将 150 份的水加到 90 份的聚氨酯溶液中进行乳化，减压蒸馏去除溶液中的甲乙酮和丙酮，得到含固量为 15% 的均匀稳定的非离子型水性聚氨酯乳液。该乳液风干，并加热，由于基团间的反应，可产生交联的膜。

② 引入亲水性的羟甲基或羟乙基　含少量 NCO 基团的聚氨酯预聚体与三乙醇胺或与二乙醇胺反应，可得到以羟乙基为端基的聚氨酯。

适当过量的多元胺与聚氨酯预聚体反应制得的聚氨酯-脲-多胺（PUUA），或预聚体与氨水反应生成的端脲基聚氨酯，PUUA 及脲基上的氨基可与适量甲醛反应，形成羟甲基。采用熔融聚合法也可制得含亲水性羟甲基的水性聚氨酯。

由于羟甲基、羟乙基具有亲水性，含较多羟乙基或羟甲基的聚氨酯低聚物不用乳化剂也能自乳化于水。成膜时羟基可用于起交联作用。如羟甲基在加热后能缩合，使聚氨酯交联。

(2) 外乳化法合成非离子型水性聚氨酯　把聚氨酯溶液或聚氨酯预聚体在高剪切力作用下分散于水中，可得到非离子型聚氨酯乳液。与自乳化法一样，预聚体在分散于水中的同时也可用二元胺进行扩链。

乳化剂可加在水中，也可在预聚体制备时加入，含乳化剂的预聚体再乳化于水。乳化剂的用量一般为预聚体的 5% 以内。

【实例 1】　由双酚 A 为起始剂的聚氧化丙烯二醇（$M=660$）396g、聚氧化丙烯三醇（$M=3000$）890g、TDI 365.4g 及甲苯 165g 制备聚氨酯预聚体。

4g 非离子表面活性剂（由 $M=6000$ 的聚氧化乙烯二醇和双酚 A 环氧树

脂为原料制备，$M=14000$）溶解于70g水中，在10℃加入用30g甲苯稀释的110g上述预聚体中，激烈搅拌，并加入含4.9g 2-甲基哌嗪及1.6g吗啉的47g冷水，使预聚体乳化并扩链，得到聚氨酯乳液。该乳液具有良好的低温稳定性及贮存稳定性。成膜的物性为：拉伸强度14.2MPa、伸长率420%、邵尔A硬度67、25℃水中浸泡24 h吸水率9%。

在封闭型（又叫热反应性）水性聚氨酯的制备中可减少乳化剂用量，制得稳定性好的乳液。该方法是将端NCO预聚体用肟、内酰胺、乙酰乙酸酯等封端剂封端后，与多元胺一起分散于含乳化剂的水溶液中，形成一种稳定的PU乳液。

【实例2】 聚氧化丙烯二醇（$M=2000$）210份、IPDI 325份及少量催化剂在70℃反应1h，加122份一缩二乙二醇扩链剂，用丙酮100份降低黏度，在70℃反应3 h后，加入38.2份丁酮肟，在60℃反应4h，得到NCO含量2.3%的部分封闭预聚体，在40℃时搅拌下加62份丙酮及43.5份三乙醇胺，黏度上升，再加丙酮降低黏度，反应完毕后，冷却至室温，此时黏度约4Pa·s。

2份聚氧化乙烯-氧化丙烯共聚物乳化剂溶于10份水中，加入上述树脂溶液中，在高剪切力下加32份水，得均匀乳液，粒径1～2μm，黏度78mPa·s，室温下稳定3个月。乳液成膜后60℃热干燥0.5h并150℃热处理，所得膜强度33MPa，伸长率270%，耐水性好。

此例的乳液由含亲水性成分（羟乙基）的聚氨酯在乳化剂存在下乳化于水中而成，加热时被封闭的NCO解离，与羟基反应而交联。

12.3 水性聚氨酯的性能及其影响因素

12.3.1 水性聚氨酯的性能

12.3.1.1 水性聚氨酯的液体性质

(1) 粒径及其对性能的影响 聚氨酯微粒的粒径与水性聚氨酯的外观有密切的联系。一般认为，粒子对某色的光吸收后，透过光将呈现它的补色。当粒径在1nm（0.001μm）以下时，水性聚氨酯是无色至浅黄色透明的水溶液；当分散液粒径在100nm以下时外观略呈蓝光；当粒子更大时（100nm以上），光线发生全反射，体系呈乳白色。

微粒的粒径大小有一定范围，从极微细的颗粒到粗大颗粒都可能存在，一般存在峰值分布。产品粒径一般是指平均粒径。大多数分散液的平均粒径在10～500nm范围内。粒径的大小与树脂的配方特别是亲水成分的含量有关，也与分散时的剪切力有关。树脂的亲水性成分越多，则乳液的粒径越细,甚至形成透明溶液。相同的聚氨酯树脂,在高剪切力下得到分散液颗粒越细,产品的稳定性和胶膜性能越好。

(2) 乳液稳定性 影响水性聚氨酯贮存稳定性有两个主要因素:聚氨酯微粒的粒径及聚氨酯树脂本身的耐水解性。

对于聚氨酯乳液,可通过离心加速沉降试验模拟贮存稳定性。通常在离心机中以 3000r/min 转速离心沉降 15min 后,若无沉淀,可以认为有 6 个月的贮存稳定期。若聚氨酯耐水解性差,则会在贮存过程会缓慢降解,产生羧基,降低 pH 值,使乳液凝聚。可通过加热加速试验,模拟长期耐水解性能。

冷冻稳定性也是实际应用中考虑的一个因素,它与电荷数量、大分子链段性质等因素有关。若在低温环境贮存和使用,要求乳液具有良好的抗冻融稳定性。在贮存过程应防止冻结和长期高温。

酸性物质及多价金属离子会使阴离子型水性聚氨酯产生凝聚;阳离子型应防止碱影响其稳定性。

(3) 表面张力 表面张力是关系到水性聚氨酯对基材润湿性的重要因素。水性聚氨酯的表面张力一般在 0.040~0.055N/m 范围内,而水的表面张力是 0.073N/m,有机溶剂的表面张力一般为 0.025N/m 左右。为了能有效地使水性聚氨酯均匀涂覆在塑料等低表面能物质的表面上,可添加润湿剂(流平剂)以降低乳液的表面张力。有机硅、有机氟类表面活性剂都可用于降低表面张力。一种含 15% 有机氟的表面活性剂 Megafac F-813 作为润湿添加剂,对表面张力的影响如图 12-1 所示。

(4) 成膜性能 水的挥发性比常规有机溶剂的低。与溶剂型聚氨酯相比,在同样干燥条件下水性聚氨酯干燥较慢。水性聚氨酯的干燥成膜速率与空气的相对湿度有关,若空气湿度小、气温高,则有利于胶膜的干燥。水性聚氨酯常温下风干能形成有光泽和优良韧性的薄膜。在光滑的表面形成厚膜

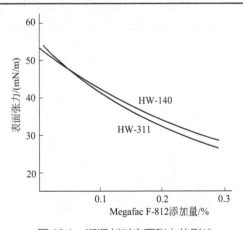

■图 12-1 润湿剂对表面张力的影响

时若干燥过快，可能使膜出现不均匀及裂纹。用于涂料的水性聚氨酯涂膜薄，可在较短的时间内干燥。

(5) 黏度调节 聚氨酯分散液和一般聚合物乳液相似，具有高固含量、低黏度的特点，固含量（聚氨酯树脂在介质中的质量分数）和黏度之间没有必然的联系。而聚氨酯水溶液和有机溶剂型聚氨酯相似，黏度对固含量的依赖性大。水性聚氨酯的固含量一般在50%以内。

水性聚氨酯的黏度可从数毫帕斯卡·秒到数帕斯卡·秒。黏度主要与树脂的离子电荷数量、颗粒结构（如核-壳结构）等因素有关。可通过增稠剂增加水性聚氨酯的黏度。

不同的用途对水性聚氨酯黏度的要求不同。当用作织物、木材等对孔性基材施工时，为防止对基材的过分渗透，可增稠。增稠剂有碱增稠型和缔合型两种类型。一般碱增稠起到触变性作用，水溶性缔合型的增稠剂起到黏丝性作用。阴离子型水性聚氨酯常用的增稠剂是碱增稠型聚丙烯酸溶液、聚氨酯水溶液等，甲基纤维素、羟甲基纤维素、聚丙烯酸、聚乙烯基吡咯烷酮等都可用作水性聚氨酯的增稠。增稠剂一般是亲水性的，可能会降低胶层的耐水性及耐湿热性，用量越少越好。

12.3.1.2 薄膜性能

水性聚氨酯干燥（固化）后，具有弹性体的外观和性能。可得到透明或半透明、具有良好柔韧性的薄膜。为了测定乳液的胶膜性能，一般将少量乳液倒在平板玻璃上或平底聚四氟乙烯盘中，室温风干成膜，并可对风干膜进行热处理，按弹性体膜强度的测试方法测试拉伸强度、撕裂强度及断裂伸长率。

(1) 干膜强度 由于聚氨酯原料和配方的可多样化，由水性聚氨酯也能制得从软质到硬质的干膜。如图12-2所示为日本DIC公司的几种HW系列阴离子型水性聚氨酯成膜后的应力-应变曲线。

通过热处理，一般能提高胶膜的强度和耐水性能。

一般来说，水性聚氨酯胶膜强度比溶剂型聚氨酯制品的胶膜强度差，但

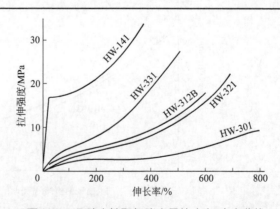

■图12-2 几种水性聚氨酯产品的应力-应变曲线

通过原料、配方、工艺的选择，能使水性聚氨酯的性能与溶剂型相媲美。

(2) 耐水性及耐溶剂性能 水性聚氨酯树脂一般含有亲水性基团，在干燥固化过程中，若离子型聚氨酯的成盐剂能够逸出，则胶膜会获得一定的疏水性；如果成盐剂不能逸出，亲水性基团残留，并且成膜时未发生基团之间的交联反应，则胶膜耐水性差。大多数应用要求具有耐水性。耐溶剂性能也是某些应用的重要性能指标，与交联程度有关。一般通过热处理及采用交联剂以提高耐水性或耐溶剂性。

将薄膜浸泡于水中，观察其外观是否泛白，测定薄膜吸水后增重率或面积膨胀率，就可了解胶膜的耐水程度。

12.3.2 影响水性聚氨酯性能的因素

在制备水性聚氨酯时，特别是采用引入离子基团进行水性化的方法时，聚氨酯树脂中羧基或氨基的含量、基团成盐的比例、乳化前预聚体 NCO 质量分数、聚氨酯分子中硬段含量、交联程度等因素，对乳液的稳定性及聚醚的物性都有较大的影响。

12.3.2.1 低聚物多元醇及异氰酸酯品种

有关低聚物多元醇及异氰酸酯品种对水性聚氨酯胶膜物理性能的影响，遵循聚氨酯弹性体的一般原理。例如，多元醇的分子量越大，软段含量越高，所制成水性聚氨酯的膜越软；反之，聚醚分子量越小以及三官能团聚醚量越多，则胶膜越硬，耐水性也较好。另外，聚酯型聚氨酯强度一般比聚醚型（聚氧化丙烯型）聚氨酯的强度高，但需要耐水解的聚酯多元醇。多元醇及异氰酸酯原料对聚氨酯物性的影响，在弹性体等章节及本章的原料部分已简略地论述过，此处不再赘述。

12.3.2.2 亲水基团的含量

对于水性树脂来说，一般是亲水基团越多，聚合物分子链的亲水性越强，在水中越容易分散，粒径越细。当亲水基团达到一定的含量，聚合物完全溶解于水，形成水溶液。

对于离子型水性聚氨酯，随着离子基团含量的增加，一般来说，对于乳液的性质具有以下影响：乳液的平均粒径变小，乳液的ζ电位增加，乳液稳定性增加，甚至形成水溶液；在乳液微粒表面的电荷增多，对水中的反离子的吸附力也增强，形成的扩散双电层的排斥力增大，使得乳液的黏度增加；成膜后的耐水性降低，甚至能溶于水。

反之，若在聚氨酯分子链中引入的离子基团不足，则乳化困难，乳化所得的颗粒粒径较大，容易沉淀，即贮存稳定性差。

合成水性聚氨酯，对于离子基团或其他亲水性基团（链段），一般应遵循以下原则：在能乳化成粒径微细而均匀的稳定乳液的前提下，应控制亲水基团的含量尽可能低。但亲水基团含量以多少为宜，没有统一的结论。对于不同的原料体系、不同的乳化设备，有不同的研究结果。一般认为固体成分中羧基的质量分数宜在1%以上，例如1%～1.5%，但有低于该范围而得到稳定乳液的例子。

12.3.2.3 中和程度

对于阴离子型或阳离子型水性聚氨酯，一般采用含羧基二羟基化合物、N-甲基二乙醇胺等所谓的亲水性扩链剂。使用这些扩链剂制得的预聚体并不具有亲水性，未被中和成盐的基团亲水性较弱，预聚体不易分散。聚氨酯分子链上的羧基在碱的中和下，才能变成亲水性良好的羧酸盐基团（—COO⁻M⁺）；叔氨基在被酸中和（或与硫酸二甲酯、卤代烃等反应）成季铵盐离子才具有较强的亲水性。

若引入的羧基多，则可中和部分的羧基。若中和度过高，会产生过分的亲水性，并且乳液黏度增大。特别是若用氢氧化钠中和羧基，由于成膜时钠离子残留，对膜的性能不利。中和度可在60%～100%之间。若加入过量的中和剂，则有一定程度的增稠效应。

12.3.2.4 三官能度原料的用量

为了改善水性聚氨酯成膜后的耐水性，在聚氨酯预聚体的合成中可采用少量低聚物三醇或三官能度交联剂原料，制得低度交联水性聚氨酯。如果低聚物三元醇或交联剂的用量太大，则导致预聚体体系黏度过高，水中分散困难，粒径粗大，甚至乳化时引起凝胶。

三官能度原料对水性聚氨酯胶膜物性的影响，与一般弹性体聚氨酯一样，交联度的增加，在一定限度内可使得胶膜硬度、拉伸强度和撕裂强度增加，伸长率下降。

12.3.2.5 预聚体合成时的异氰酸酯指数

异氰酸酯与多元醇的配比是影响水性聚氨酯性能的重要因素之一。采用预聚体分散法制备乳液时，在相同的亲水基团设计量时，随着异氰酸酯指数（含羟基原料的羟基与二异氰酸酯的异氰酸酯基团的摩尔比 n_{NCO}/n_{OH}）的增大，即随着预聚体的NCO质量分数增加，可导致体系自升温明显增加，颗粒黏性增加，碰撞时易发生粘连，不再易于被剪切力分散，乳液的粒径变大，贮存稳定性期缩短。所以NCO质量分数不能太高。不同的体系、不同的离子基团含量对乳化前的预聚体的NCO含量的要求不同。

和其他类型的聚氨酯一样，随着预聚体NCO含量的增加，则聚氨酯的硬段含量增加，胶膜的硬度和强度增加，伸长率降低。

12.3.2.6 扩链反应温度及水分散温度

在羧酸型预聚体制备的一步法预聚反应中，或两步预聚反应的加含羧基扩链剂进行扩链反应阶段，含羧基二醇扩链剂上的OH及COOH都可与NCO反应，但COOH的活性及反应速率比OH弱得多，在较低温度下（70～80℃）进行扩链反应既能保证OH与NCO的反应，又能抑制副反应的发生。在同样条件下，控制反应体系在较低温度剪切分散，一般有利于制得粒径细小的稳定乳液。当温度升高时，刚乳化的粒子表面较黏，容易在碰撞中粘连，粒子粗，容易沉淀。

12.3.2.7 搅拌速度或剪切力

乳化时搅拌速率或剪切力大小对于乳液的稳定性有一定的影响。乳化前的预聚体黏度较大，应利用高功率搅拌的机械力将其充分"切碎"成微细颗粒。实验证明，加快搅拌速率，并维持混合体系受到合理的剪切力，有利于得到微细乳液。优良的乳化设备也是制备优质水性聚氨酯的关键。

12.3.2.8 热处理对性能的影响

虽然大多数水性聚氨酯产品可室温干燥固化，但通过适当的热处理，一般都可提高胶膜的强度和耐水性。热处理能促使成盐剂挥发，比使热塑性聚氨酯的分子链段排列紧密，冷却后再放置一段时间有利于形成更多的氢键，从而提高内聚力和粘接强度。

对于可交联型水性聚氨酯，加热能使基团之间发生化学反应，形成交联结构，从而提高耐水、耐热性能。

12.4 水性聚氨酯的交联

交联是提高水性聚氨酯性能的重要方法。大多数线型热塑性聚氨酯分散液与溶剂型聚氨酯涂膜相比，在耐溶剂、耐水性、强度等方面仍有明显的差距。这是因为水性聚氨酯树脂分子量较低，且存在亲水性基团，在成膜过程若无交联，所得薄膜的耐水性及耐溶剂性差。在许多水性聚氨酯产品中，或多或少地采用交联反应，以获得良好的性能。交联可分为内交联和外交联。

12.4.1 内交联

通过原料的选择，能制得轻度交联的水性聚氨酯；有的水性聚氨酯含具有反应活性的官能团，在施工应用时，它才发生交联作用，使胶层交联。这些方法统称为内交联。在水性聚氨酯分子链中引入内交联的方法有多种，制得的仍是单组分水性聚氨酯体系。

(1) 采用少量三官能度多元醇或胺类交联剂 可以在制备聚氨酯预聚体时，以低聚物二醇及少量低聚物三元醇为原料，制得轻度交联水性聚氨酯。

在制备预聚体时，可使用少量小分子三醇交联剂（如三羟甲基丙烷、三乙醇胺）或含亲水基团的交联剂，或者在刚乳化的预聚体乳液中加入少量多元胺（如多亚乙基多胺）等方法引入内交联。

有人在聚醚-TDI 型水性聚氨酯的预聚体制备中采用交联剂，在制得稳定的半透明分散液的前提下，研究了交联剂用量对乳液物理性能的影响，结果见表 12-2。

■表12-2 交联剂用量对乳液膜性能的影响

性　　能	交联剂质量分数/%		
	0	4	6
拉伸强度/MPa	3.6	11	12
伸长率/%	850	560	500
撕裂强度/(kN/m)	12.5	33	38.7
邵尔A硬度	40	53	60
扯断永久变形/%	54	42	40

P.H.Markusch等人将含PEO链节及阴离子的端NCO预聚体乳化于水中,再加入少量多元胺交联已乳化的预聚体微粒,得到了粒径细小、稳定及对pH值不太敏感的交联型聚氨酯乳液。

然而,乳化前采用三官能度原料引入内交联方法有一些缺点:只能制备轻度交联的水性聚氨酯。若交联度过大,可使预聚体黏度明显增加,导致分散困难、乳液粒径粗和沉降。

(2) 利用胶膜在成膜及热处理时基团之间的反应 有些水性聚氨酯含反应性基团,经热处理能形成交联的胶膜。例如,制备聚氨酯-脲-多胺并与环氧氯丙烷反应,在水性聚氨酯中同时引入氨基及卤醇基团,还可在聚氨酯分子结构中通过含环氧基多元醇组分引入环氧基团。胶膜加热固化时,氯丙醇基(或环氧基)与氨基、脲基及氨基甲酸酯基能发生反应,形成交联结构。

$$\sim\sim CH_2-\underset{\underset{OH}{|}}{CH}-CH_2Cl + H_2N\sim \xrightarrow{\triangle} \sim\sim CH_2-\underset{\underset{OH}{|}}{CH}-CH_2-NH\sim$$

还有一种方法是水性聚氨酯树脂体系中引入酰肼基和含醛羰基或酮羰基,制得贮存稳定的、室温干燥可交联的单组分水性聚氨酯。

(3) 利用烯键的交联 还可在聚氨酯分子中引入不饱和双键,乳液成膜后利用氧进行交联,或辐射交联。例如,可采用自干性醇酸树脂的交联机理,在水性聚氨酯树脂的分子链中引入含有不饱和键的植物油或其脂肪酸,由有机金属催干剂(如钴、锰、锆盐)使大气中的氧产生自由基,引发主链上的双键交联。或者可利用丙烯酸羟乙酯在聚氨酯的分子链末端引入双键,成膜后用紫外光(可采用安息香甲醚-三乙胺组成的光引发剂-光敏剂体系)或电子束辐射交联,这就是辐射固化单组分水性聚氨酯。

(4) 利用硅氧烷引入交联 还可通过硅烷引入交联,例如德国专利DE4413562报道用硅氧烷内交联的聚氨酯水性涂料,能形成耐水涂层。制法实例为:将339g聚酯二醇(羟值104mg KOH/g)和19g二羟甲基丙酸在160g N-甲基吡咯烷酮中与125g异佛尔酮二异氰酸酯于40～80℃加热直至NCO质量分数为2%,加入14.6g$(EtO)_3Si(CH_2)_3NH_2$和16.2g二乙醇胺,于80℃加热至所有NCO耗尽,再加入12.6g三乙醇胺和583.4g水,制得固含量40.1%的聚合物分散体,pH=7.8,平均黏度89mPa·s。

(5) 其他方法 例如,把脲二酮(HDI二聚体)引入PU骨架中,在乳化时水中的二元胺迁移到聚氨酯微粒中,与脲二酮反应形成缩二脲而交联,该反应发生在胶乳颗粒内,只增大乳胶颗粒中 PU 链的分子量而不影响胶乳的稳定性。

12.4.2 外交联与双组分水性聚氨酯

外交联方法相当于双组分体系,即在使用前添加交联剂组分于水性聚氨酯主剂中,在成膜过程或成膜后加热时产生化学反应,形成交联的胶膜。与内交联法相比,所得乳液性能好,并且可根据不同的交联剂品种及用量,调节胶膜的性能,缺点是使用前需配制,且有适用期限制。下面介绍几种交联剂体系。

(1) 多异氰酸酯交联剂　用于水性聚氨酯的异氰酸酯交联剂有疏水性和亲水性两类。疏水性异氰酸酯如 HDI 三聚体、IDI 三聚体、IPDI 三聚体添加到水性聚氨酯中必须在高剪切力下分散。而经亲水改性的脂肪族多异氰酸酯在水中分散比较容易,采用机械混合可使多异氰酸酯分散更均匀。这种可水分散的多异氰酸酯已经成为水性聚氨酯的主要交联剂,用作双组分水性聚氨酯涂料、胶黏剂等的室温交联组分。20 世纪 80 年代末国外已开发出可水分散(自乳化)的多异氰酸酯,目前市场上有进口产品,也有国内开发的同类产品。可分散多异氰酸酯交联剂产品以脂肪族为主,因为脂肪族异氰酸酯遇水反应很慢,留有活性 NCO 在成膜过程与胶膜中羟基反应。这些多异氰酸酯交联剂一般是 100% 不挥发分的多异氰酸酯液态产品,少数是多异氰酸酯的有机溶液,溶剂有乙酸丁酯、二丙二醇双甲醚、一缩二乙二醇二乙基醚和丙二醇单甲醚乙酸酯等。

表 12-3 为 Bayer 公司的几种可水分散多异氰酸酯交联剂。除了表中所列,还有 Bayhydur VP LS、Bayhydur XP 系列的试验性产品。

■表 12-3　Bayer 公司的可水分散多异氰酸酯交联剂

牌号	NCO 含量/%	固含量/%	黏度(23℃)/mPa·s	游离单体/%	密度/(g/mL)	异氰酸酯
Desmodur DA	19.5±1.0	100	4000±500	—	1.2	HDI
Desmodur DA-L	20.0±1.0	100	3000±600	≤0.25	1.16	HDI
Desmodur DN	21.8±0.5	100	1250±300	≤0.25	1.15	HDI
Desmodur XO 672	24.5±0.5	100	500±300	—	1.19	MDI
Desmodur 3100	17.4±0.5	100	2800±800	<0.15	1.16	HDI
Bayhydur 302	17.3±0.5	≥99.8	2300±700	<0.2	1.16	HDI
Bayhydur 303	19.3±0.5	约100	2400±800	<0.2	1.15	HDI
Bayhydur 304	18.2±0.5	100	4000±1500	<0.15	1.16	HDI
Bayhydur 305	16.2±0.4	100	6500±1500	<0.15	1.16	HDI
Bayhydur 401-70	9.4±0.5	70±2	600±200	<0.5	1.07	IPDI

注:密度为23℃时的数据。Bayhydur 401-70 的溶剂是丙二醇单甲醚乙酸酯/二甲苯 (1/1)。Desmodur XO 672 褐色,其余为无色至浅黄色液体。

除 Bayer 公司产品以外，可水分散多异氰酸酯还有：日本三井化学株式会社的 Takenate WD-220、240、720、725、726、730，黏度一般低于 2000mPa·s，外观为浅黄色浑浊液体；日本 DIC 公司的 CR-60N，日本聚氨酯工业株式会社的 Aquanate 100、110、200、210；日本旭化成株式会社的 Duranate WB40-100、WB40-80D、WT20-100、WT30-100、WE50-100；瑞典 Perstorp 公司的 Easaqua WT 2102、XM 501、XM 502、XD 401、Easaqua XD 803 等。

这些液态的亲水性脂肪族多异氰酸酯都可以在水性聚合物分散液中乳化。交联剂用量一般在 1%～5% 范围为宜。

(2) 环氧化合物 可用作含羧基水性聚氨酯交联剂的环氧化合物一般是部分亲水性的脂肪族环氧树脂，如乙二醇二缩水甘油醚、山梨醇多缩水甘油醚、甘油多缩水甘油醚、三羟甲基丙烷多缩水甘油醚、聚乙二醇二缩水甘油醚等。环氧交联剂用量一般为聚氨酯乳液主剂的 1%～5%。

在水性聚氨酯制备时，一般采用预聚体法，生成的是聚氨酯-脲，一般含少量端氨基。多环氧基化合物与聚氨酯-脲的氨基反应，形成交联结构，这个反应可在常温缓慢地进行。

(3) 氮丙啶 氮丙啶（氮杂环丙烷）化合物在室温下能与羧基和羟基反应，具有多个氮丙啶环的化合物适合于作为羧酸型水性聚氨酯的交联剂。国内外都有此类交联剂产品。它加入水性聚氨酯中，主要与羧基反应，一般应在 24h 内用完。其在酸性条件下还能自聚。二元或三元氮丙啶用量一般为聚氨酯固体分的 3%～5%。但氮丙啶化合物有毒性，有氨臭味，且价格高。该化合物与羧基反应的机理如下：

$$\sim\!\!\overset{O}{\overset{\|}{C}}\!\!-\!OH + R'\!-\!N\!\!\begin{array}{c}CH_2\\ \\ CH_2\end{array} \longrightarrow \sim\!\!\overset{O}{\overset{\|}{C}}\!-\!O\!-\!CH_2\!-\!CH_2\!-\!NH\!-\!R'$$

$$\xrightarrow{\text{重排}} \sim\!\!\overset{O}{\overset{\|}{C}}\!-\!N\!-\!CH_2\!-\!CH_2\!-\!OH$$
$$\qquad\qquad\quad\; |$$
$$\qquad\qquad\quad R'$$

氮丙啶在碱性条件下较稳定。有人研究认为，把氮丙啶加入碱性乳液中组成内交联体系，可通过控制乳液的 pH 值进行交联。

(4) 聚碳化二亚胺 聚碳化二亚胺可作为羧酸型水性聚氨酯等的常温交联剂，它可在 PU 乳液中稳定存在，其交联反应是由酸催化进行。涂膜在干燥过程中由于水及中和剂的挥发，使得胶膜中的 pH 值下降，为交联反应的发生提供了条件。Bayer 和 Stahl 公司曾开发了牌号分别为 Baydern Hardener 43127 和 EX-5558 的聚碳化二亚胺交联剂，一般为 50% 固含量的溶液，用量为树脂量的 5%～10%，适用期为 12h 左右。它与氮丙啶交联剂相比不影响涂料或涂饰剂的黄变性。

普通的碳化二亚胺类交联剂在水中难分散，可采用 PEG 改性，使之易于分散。

(5) 环氧硅烷 环氧硅烷是一种室温固化交联剂，其分子链一端为环氧基；另一端为烷氧基硅烷基，这种交联剂是水溶性的，在水中烷氧基硅烷基水解产生自身的交联，而环氧基可与水性聚氨酯的羧基或氨基起反应。它无毒无味，用量少，对胶膜耐水性、耐溶剂性的提高效果比水性环氧交联剂要好。配入交联剂的乳液有长达十多天的适用期，胶膜常温干燥 3 天就可达到满意的耐水性。Momentive 公司牌号为 CoatOSil 1770 的 β-（3,4-环氧基环己烷）乙基三乙氧基硅烷为浅黄色透明液体，产品中主成分含量＞85.0%，硅氧烷＜10.0%，可用于配制贮存稳定的单组分或双组分体系。在成品单组分涂料体系中能稳定 18 个月，稳定性优于多元氮丙啶交联剂、三聚氰胺-甲醛交联剂及异氰酸酯等交联剂。该化合物可在加热条件下进行交联，或在碱性物质和催化剂存在下室温交联。添加量占树脂总固体分的 0.5%～5%。当 CoatOSil 1770 用量超过 5%，或者 pH 值超过 6～8.5 的范围时，贮存稳定性下降。

(6) N-羟甲基化合物 氨基树脂（如三聚氰胺甲醛树脂、脲醛树脂）及其他含 N-羟甲基基团的树脂初期缩合物一般都可用于水性聚氨酯的交联剂。这些含 N-羟甲基及其醚化衍生物有：三羟甲基三聚氰胺（TMM）、三甲氧基甲基三聚氰胺、二羟甲基脲、二甲氧基甲基脲、N-羟甲基丙烯酰胺树脂、六羟甲基三聚氰胺、六甲氧基甲基三聚氰胺（HMMM、HM_3）等。尤其以六甲氧基亚甲基三聚氰胺树脂（HMMM）常用于水性树脂的交联，主要是由于它本身的贮存稳定性好。它们在中高温能与聚氨酯分子中的羟基、氨基甲酸酯基团、氨基及脲基反应，也能发生自缩聚，产生交联的胶膜。胶膜硬度高、耐磨、耐溶剂性能好，特别在烘烤型水性聚氨酯涂料中应用。用于水性树脂交联剂的 N-羟甲基化合物一般以三聚氰胺-甲醛树脂为主，交联固化温度一般在 120～150℃之间。采用酸性催化剂可降低温度及缩短热固化的时间。

$$N(CH_2OCH_3)_2$$
$$(CH_3OCH_2)_2N \quad N(CH_2OCH_3)_2$$
TMMM

N-羟甲基易自聚。为了提高三聚氰胺-甲醛树脂初期缩合物的稳定性，通常将初缩体与甲醇在酸性条件下制成甲醚化衍生物。

因三聚氰胺-甲醛树脂能自缩聚，添加量可无限制，但作为交联剂添加量一般在 5%～20% 范围即已足够。用量大则固化物较硬。

(7) 多元胺 羧酸型聚氨酯乳液可采用多元胺类交联剂。多元胺可与羧基反应，产生交联键，此反应在室温缓慢进行，但胶膜热处理后能明显提高耐水性。可用于水性体系的多元胺类交联剂有乙二胺、多亚乙基多胺、哌嗪等，为了减少胺的臭味，可将其与甲酸、盐酸、硫酸或磷酸配成盐水溶液，使用方便。不足之处是胺交联的胶膜一般会泛黄。

外交联剂种类较多，不同的交联剂对不同的水性聚氨酯体系性能的提高有不同的影响。具体采用哪种交联剂，可根据水性聚氨酯的结构决定。若分子结构中带有羟基、氨基等活性氢基团时，常用的外交联剂有水分散多异氰酸酯、环氧化合物、氨基树脂（如三聚氰胺）等；分子中带有羧基时，常用的外交联剂有氮丙啶化合物、多元胺等。

为了更好地改善 PU 的性能，可同时采用内交联和添加外交联剂的方法。

12.4.3 封闭型异氰酸酯乳液

为了提高乳液成膜物的物性，还可对部分或全部 NCO 基团进行封闭，通过引入亲水性成分或用外乳化方法制成封闭型聚氨酯乳液。当乳液成膜后在 130~160℃加热处理封闭基团脱封，NCO 与活性氢基团（如羟基、氨基、脲基、氨酯基）反应而产生交联。常用的封闭剂有酮肟、己内酰胺、苯酚、丙二酸酯、亚硫酸氢钠等。

亚硫酸氢盐封闭的异氰酸酯解封温度低，但产生无机盐。其他封闭剂解封温度高，寻找低解封温度的封闭剂是人们努力的目标。有报道 3,5-二甲基吡唑（DMP）封闭异氰酸酯具有较低反应温度，例如用 DMP 封闭 HDI 三聚体的水分散封闭型异氰酸酯可在 125℃解封闭，若加 0.2% 的水分散烷基硫醇锡盐催化剂，可使 125℃固化时间从 45 min 减少到 10 min。上述封闭型多异氰酸酯体系可与丙烯酸多元醇乳液混合，用于水性 PU 汽车罩光漆及线圈涂料等。

NCO 基团被封闭剂封闭后制得的水性聚氨酯，可单独热固化或与其他聚氨酯乳液混合形成稳定乳液，成膜后加热到高温时 NCO 基团再生，参与交联。在水性聚氨酯制备时将预聚体的部分异氰酸酯基团封闭，形成含少量封闭异氰酸酯基团的水性聚氨酯，可以说是内交联体系。但也可根据具体情况，在使用前将封闭型异氰酸酯分散液加入，相当于外交联体系。与一般的外交联体系不同的是，由于封闭型异氰酸酯一般需在较高温度才能解封闭，通常在室温较稳定，故一般无适用期限制，可组成单组分体系。

12.5 聚氨酯与其他聚合物共混或共聚分散液

为了降低成本、改善聚氨酯成膜物的某些性能，或结合两种或两种以上聚合物性能优点，取长补短，可采用共混或接枝共聚等方法制得共混物或共聚物。例如，水性聚氨酯（PU）与聚丙烯酸酯（PA）共混物或共聚物可把聚氨酯树脂优良的弹性、耐磨性、低温柔性与聚丙烯酸酯树脂优良的光稳定性结合，改善性能的同时也平衡了材料体系的成本。通过化学或物理方法制得的水性聚氨酯-丙烯酸酯复合乳液克服了这两类聚合物乳液的不足，成膜物兼具聚氨酯的柔韧性和聚丙烯酸酯的耐候性及耐腐蚀性等综合优点，被广泛地用于涂料、黏合剂、织布涂饰等领域。

12.5.1 水性聚氨酯与其他水性树脂的掺混

在经过 pH 值调节或经相容稳定化处理后，可将水性聚氨酯与其他水性树脂如丙烯酸酯乳液、氯丁胶乳、乙酸乙烯均聚物或共聚物乳液、环氧树脂乳液、水性脲醛树脂、水性聚酯、萜烯酚醛树脂、烃类树脂掺混。某些聚合物由于受聚合物间的相容性或溶剂的溶解性制约，在有机溶液中不能很好地掺混，但在分散液状态由于微粒间的相互作用较小，并且由于离子基团的引入部分地改善了相容性，不出现相分离。但要确保聚氨酯与其他树脂完全掺混和稳定，又不能很大程度地损害聚氨酯的优异性能，掺混配方的设计和操作都必须十分小心。例如，阳离子型和阴离子型乳液由于所带电荷相反，不能掺混；含某种助溶剂如 N-烷基吡咯烷酮的乳液与另一种乳液掺混，可能引起聚结。

在水性树脂领域，20 世纪 70 年代后期，在涂料等行业中水性聚氨酯-丙烯酸酯掺混涂料获得了成功应用，这种方法在提高水性聚氨酯树脂性能的同时降低了成本，从而拓宽了市场。

物理性掺混所得聚合物的性能一般不及共聚物，但也可通过在不同的聚合物中引入活性基团，混合后在成膜时发生交联反应，可得到具有化学结合的接枝聚合物。有人采用此法合成了水性聚氨酯与丙烯酸乳液或丙烯酸-苯乙烯乳液（苯丙乳液）的共混树脂，在常温下可稳定贮存，固化成膜时两种聚合物之间发生交联反应。这种改性方法大大提高了两种聚合物的相容性，改善了胶膜的耐水性、耐溶剂性和强度，也提高了膜的透明性。

12.5.2 PUA 复合乳液的合成

掺混技术相对来说比较简单，而采用聚合方法合成接枝及互穿聚合物网络共聚物，方法就比较多。聚氨酯-丙烯酸（PUA）共聚技术越来越多地被人们所利用。端丙烯酸酯聚氨酯预聚体已广泛用于光固化体系，包括水性树脂，在制备工艺中已述。本小节主要介绍 PU/PA 杂合物的制备方法。

(1) **在 PU 微乳液中滴加丙烯酸酯混合单体聚合**　用得较广泛的 PUA 合成方法是：先制备成聚氨酯水分散体，然后加入丙烯酸混合单体和引发剂进行自由基聚合反应，该法又称"种子聚合"。含亲水基的聚氨酯（脲）大分子相当于"乳化剂"，但这种"乳化剂"形成的胶束是固定不变的。丙烯酸酯单体在水中通过"渗透"的方式进入胶束。随着单体的渗入，胶束会逐渐胀大，导致最终分散液粒子变大。

(2) **把丙烯酸酯单体作为预聚体的稀释剂**　一种方法是先合成端 NCO 预聚体或者不含 NCO 的聚氨酯低聚物，加入丙烯酸酯单体对预聚体进行稀释，以降低黏度，在乳化后升温进行自由基聚合。此法相当于是预聚体分散法。例如可先合成含 NCO 基及羧基的聚氨酯预聚体，再加入一定量的丙烯酸酯类单体（如甲基丙烯酸甲酯）和成盐剂，搅拌均匀，制得预聚体/丙烯酸酯单体混合物。在剧烈搅拌下，将上述混合物分散于水中，然后加入胺类扩链剂及引发剂，升温使预聚体扩链形成聚氨酯脲，并使甲基丙烯酸甲酯聚合，制得复合型 PUA 水分散液。在合成 PUA 复合乳液时，若聚氨酯中不带亲水性基团，则乳化时需加少量乳化剂。

还有一种方法是在丙烯酸酯（混合）单体中通过溶液聚合法制备聚氨酯（或预聚体），乳化后再进行丙烯酸酯的乳液聚合。

研究表明：在乳化前丙烯酸酯单体作为稀释剂，形成的初始粒子是聚氨酯（预聚物）和单体混合物。由于聚氨酯带亲水基，而单体不溶于水，因此这些单体被聚氨酯包封在里面进行聚合，聚氨酯集中在共聚物质的表面，经过成膜聚结，得到了聚氨酯为连续相的涂膜，因而形成的涂膜比相应的聚氨酯-丙烯酸掺混涂料在性能上更像聚氨酯母体。国内也有研究表明，PUA 成膜时与空气接触面和与玻璃接触面的表面组成及耐磨性接近于聚氨酯脲的表面特性。

有研究在聚氨酯原料组成相似的情况下，比较了采用"种子聚合"和采用预聚体稀释分散法所制得分散液的性能，结果发现采用后法制得的乳液粒径较细，黏度低。

采用化学接枝共聚的方法可提高杂合物的物性。将丙烯酸酯、马来酸酐等不饱和单体接枝到聚氨酯分子链上，是常用的改进方法之一。在丙烯酸酯单体的自由基聚合过程中，可与聚氨酯树脂发生作用，活性单体自由基可接枝于双键上或 α 位置的亚甲基上，由此反应得到的产物是含有未参与反应的聚氨酯、丙烯酸酯聚合物和聚氨酯-丙烯酸酯接枝共聚体的混合物。

国内有人以水性聚氨酯乳液为种子聚合物，加甲基丙烯酸甲酯、丙烯酸丁酯、丙烯酸、丙烯酰胺、过硫酸钾及少量乳化剂，合成了 PUA 乳液，测试胶膜物性，发现水性 PUA 胶膜的拉伸强度、耐水性比水性 PU 有明显提高，见表 12-4。由于聚合过程引进部分交联，耐溶剂性能也有改善。PUA 的玻璃化温度随丙烯酸酯含量的增加而有所增加，改性后的水性 PUA 胶膜的初始分解温度比水性 PU 升高约 150℃，耐热性明显提高，如图 12-3 所示。

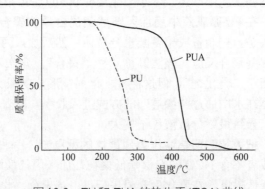

■图 12-3 PU 和 PUA 的热失重（TGA）曲线

■表12-4 丙烯酸酯与 PU 质量比与胶膜力学性能的关系

$m(A)/m(PU)$	拉伸强度/MPa	伸长率/%	吸水率/%
0:1	2.29	919.3	严重溶胀
1:1	8.58	89.5	16.4
2:1	8.97	54.2	15.7
3:1	9.37	36.6	15.0
4:1	12.37	32.8	13.3

PU-PA 复合乳液已广泛应用，其中聚氨酯-聚丙烯酸酯共聚物乳液的强度、伸长率和耐溶剂性均比共混者优越，国外许多公司推出了水性聚氨酯-丙烯酸接枝共聚分散体涂料的商品，主要用作木器漆、塑料及金属涂料、皮革涂饰剂及胶黏剂等。

12.5.3 水性聚氨酯-有机硅树脂

有机硅与聚氨酯接枝共聚，采用自乳化体系，可制得水性聚氨酯-有机硅共聚乳液。例如，先通过二甲基二氯硅烷与二缩三乙二醇、聚乙二醇等含 EO 链节的二醇反应，得到端羟基有机硅低聚物，再与聚醚二醇、TDI 进行无规共聚制得了水性有机硅嵌段聚氨酯。有人通过制备单封闭异氰酸酯对含 PEG 链段的嵌段有机硅树脂进行改性，制得水性反应型聚氨酯改性有机硅织物整理剂，在热处理后可使聚硅氧烷树脂与织物纤维产生化学结合，改善了有机硅整理织物的耐水洗性的不足。有机硅改性水性聚氨酯用于皮革顶层涂饰时耐干湿擦、手感柔软、真皮感强，还可用作无纺布黏合剂、纸张及建筑物表面防潮涂层等。

将含羧酸盐基团的聚氨酯预聚体在含少量氨基硅油乳液的水中扩链、乳化，可制得稳定的有机硅接枝改性聚氨酯乳液，研究表明，硅氧烷在胶膜表面富集，对聚氨酯材料有明显的表面改性作用，且胶膜耐水性提高，而物性变化不大。

12.5.4 水性环氧-聚氨酯接枝乳液

环氧树脂的刚性和附着力强，光泽、稳定性、硬度等性能好，但柔韧性和耐磨性不及聚氨酯。因此，配用适量的环氧树脂改性，可以改善聚氨酯的性能。另外，环氧树脂为含羟基化合物，在与聚氨酯反应中可以将支化点引入聚氨酯主链，使之部分形成网状结构，性能更为优异。通过环氧树脂与聚氨酯的接枝反应，制得环氧改性聚氨酯乳液，用其配制综合性能良好的水性环氧改性聚氨酯涂料，适用于木地板涂装，使用效果好，通过改变环氧树脂配比测定涂层性能，结果见表 12-5。由表 12-5 可见，加入环氧树脂使涂层的拉伸强度、耐水性和耐溶剂性明显增强，但体系的黏度急剧增加。

■表12-5　环氧树脂配比对改性聚氨酯涂层性能的影响

性　　能	环氧树脂与聚醚的摩尔比		
	1∶10	1∶7	1∶5
拉伸强度/MPa	33	38	42
伸长率/%	460	430	390
邵尔A硬度	87	94	96
耐水性(25℃水中浸泡24h增重)/%	78	62	47
耐溶剂性(25℃甲苯中24h增重)/%	67	52	39

注：环氧树脂与聚醚的摩尔比为1∶2时凝胶。

环氧树脂的分子量大小会影响乳液的稳定性。

除了上述的水性聚氨酯-丙烯酸酯、水性聚氨酯-环氧树脂、水性聚氨酯-有机硅化学改性体系外，还有其他体系，包括聚氨酯-丙烯酸-苯乙烯、聚氨酯-丙烯酸-有机硅三元复合体系，以及多异氰酸酯为交联剂的各种水性双组分体系。它们为水性聚氨酯及其他水性树脂的改性提供了良好的途径。

12.6　水性聚氨酯的应用

12.6.1　水性聚氨酯涂料

水性聚氨酯（聚氨酯水分散液）涂料以水为主要介质，具有VOC含量低，不含游离二异氰酸酯单体，降低挥发毒性，对环境友好，可用水稀释，施工方便等特点。它具有溶剂型聚氨酯的主要优点。可通过交联反应进行改性，以提高其耐溶剂性和耐水性，使其综合性能接近溶剂型聚氨酯涂料性能，是溶剂型涂料的主要替代品之一。

水性聚氨酯涂料技术经过20多年的发展日趋完善，已在许多领域应用。水性聚氨酯涂料的应用领域包括：地板漆，木器家具漆，汽车、机车、飞机及商用设备塑料部件表面涂料，汽车OEM漆，抗石涂料，可剥涂料，卷钢底漆，防腐涂料，PVC地板罩面漆，皮革、织物、纸张、橡胶等柔软材料涂层，电泳漆，光固化涂料，内外墙涂料等。在环境保护法规的压力不断增加的情况下，水性聚氨酯分散涂料的应用前景越来越广。

在第6章"聚氨酯涂料"已经对水性聚氨酯涂料在木器漆、金属涂料、塑料涂装等领域的应用做了介绍，限于篇幅，此处不再作介绍。下面介绍水性聚氨酯在纸张涂层、建筑涂料等方面的应用。

12.6.1.1　纸张涂层

涂布纸涂料用树脂已由纤维素类等天然水性树脂开始转用羧基丁苯乳液、聚乙酸乙烯酯乳液和丙烯酸酯乳液等合成树脂乳液，其中丙烯酸酯乳液具有更加优良的性能。但上述树脂仍难以满足涂布纸发展的更高要求。水性聚氨酯可用作纸张涂层剂中的黏合剂树脂，以增加纸张印刷强度。聚氨酯水分散体也用于涂覆特殊纸张以使它们耐烃类溶剂，例如它在食品包装工业中用的光滑铅版纸上使用量为 8～10g/m²，形成具有足够的耐油脂性、耐磨、耐弯曲和耐折叠、高光泽的弹性透明膜，这种涂膜耐水性很好，能耐芳族和脂族烃类溶剂。由于它们低温下性能好，可用于深冷包装上。

水性聚氨酯由于具有高光泽、弹性和与颜料相容性好，也适用于装饰性涂料。它用作包装纸袋和纸箱外表面的涂层不仅是装饰，而且增加了强度和提高了包装质量。用水性聚氨酯作面漆的贴墙纸可以防水和耐沾污，可用水冲洗。水性聚氨酯与其他水性树脂复合，可使纸张具有良好性能。纸张涂层中含大量填料，一般是将碳酸钙、瓷土、分散剂、水放入球磨罐中研磨至适宜的细度。将此物料与保水剂、消泡剂、增白剂及聚氨酯乳液等加入高速分散机中分散均匀，即制得水性聚氨酯纸张涂料。

12.6.1.2 建筑涂料

在许多公共场所如办公建筑物需要涂饰高耐久的、耐磨、耐石击及抗沾尘性强的涂料。国外用 Kevlar 纤维增强的水性脂肪族聚氨酯涂料满足上述的各种要求，而且可以提供新型的多彩装饰涂料，外观可以设计成纤维状的、金属和珍珠质的，也可简单地用单色，这些涂料是双组分体系，可喷涂施工。水性双组分聚氨酯涂料是内外墙涂料中开发的新品种，在国外正在推广，使用期可达 12～15 年。

具有抗菌性能的水性聚氨酯涂料可用于食品加工工业的一些场所、家庭厨房与卫生间、公共厕所等温湿环境。

在国外机场、商业点的铺地材料中也使用水性聚氨酯涂料。此外，用作公园中路面的砖块、镶嵌砖瓦、天然石头和大理石的保护。未上釉的琉璃瓦和石灰石瓦，用聚氨酯水分散体涂料保护和涂饰，可以设计为有光和平光的，可以是透明清漆，也可以是普通色漆。

由于聚氨酯涂膜的高耐磨性，水性聚氨酯用作地板漆具有较大的市场潜力。它们既可单独使用也可与丙烯酸水分散体掺混使用。与溶剂型地板漆相比较，没有溶剂蒸发，减少毒性、臭味和火灾的危险。它也用于镶木、软木地板的涂料。

12.6.1.3 聚氨酯涂料的其他应用

双组分水性聚氨酯涂料具有优良的耐水性，可用于渔网涂料。

在国外，单、双组分聚氨酯水性分散体涂料在高尔夫球上的应用获得了成功。用量虽不大，但它是一种要求较高的专用涂料。

柔软的水性聚氨酯分散体可用于地毯清漆，使其具有较好的耐磨耗性，增加地毯色泽鲜艳度、柔和度，提高手感柔软性。水性聚氨酯分散体常和聚丙烯酸酯分散体并用。

水性聚氨酯在皮革涂层（皮革涂饰剂）及织物涂层上的应用将在另外的小节中介绍。

12.6.2 水性聚氨酯胶黏剂

水性聚氨酯胶黏剂具有低 VOC 含量，不燃、低或无环境污染，是聚氨酯胶黏剂的重点发展方向之一。

从树脂的大致组成区分，水性聚氨酯胶黏剂主要可分为一般的单/双组分水性聚氨酯分散液胶和水性乙烯基聚氨酯胶两大类。常规的水性聚氨酯胶黏剂指以含氨基甲酸酯键的水性聚氨酯分散液为主体的胶黏剂，以及采用多异氰酸酯交联剂的水性树脂双组分胶黏剂；而以乙烯基聚合物乳液为基础，采用 PAPI 为交联剂的双组分胶已成为单独一类水性聚氨酯胶黏剂，即水性乙烯基聚氨酯胶，又称作水性高分子-异氰酸酯胶黏剂，主要用于木材加工。在第 7 章 "聚氨酯胶黏剂及密封胶"已经对水性聚氨酯胶黏剂作了介绍，此处作些补充。

(1) 聚氨酯分散液胶黏剂概述 如同相应的溶剂型聚氨酯胶黏剂一样，水性聚氨酯胶黏剂粘接性能好，胶膜物性可调节范围大，可用于许多应用领域。

水性聚氨酯树脂具有较多的极性基团，如氨酯基、脲基、酯基、醚基、离子基团，对许多种基材特别是极性基材、多孔性基材有良好的粘接性。与溶剂型相似，对不同的基材粘接强度有差别。水性聚氨酯胶黏剂对含较多增塑剂的软质聚氯乙烯具有优良的粘接性。

水性聚氨酯分散液可用于多种材料的粘接和黏结。

① 多种层压制品的制造，包括：织物层压制品，食品包装复合塑料薄膜，各种薄层材料的层压制品如软质 PVC 塑料薄膜或塑料片与其他材料如木材、织物、纸、皮革、金属的层压制品。

② 植绒黏合剂、玻璃纤维及其他纤维集束黏合剂、油墨黏合剂（水性聚氨酯油墨的展色料）。

③ 普通材料的粘接，如汽车内装饰材料的粘接、鞋用胶等。

水性聚氨酯用于胶黏剂时，一般必须进行调配，以适合施工条件及基材等因素。以水性聚氨酯为基础，可添加交联剂、增稠剂、填料、增塑剂、颜料、其他添加剂及水，也可掺混其他类型的水性树脂进行改性。施胶之前必须将浆料搅拌均匀，还需考虑各添加剂对水性聚氨酯的短期稳定性有无影响。不同的应用和施工方法对黏度的要求不同。在配制胶黏剂时需增稠的，一般在最后添加增稠剂。为了获得较高的耐水性、耐热性及粘接强度，许多水性聚氨酯体系已采用使用交联剂，组成双组分体系。

(2) 在层压制品制造中的应用 水性聚氨酯用于胶黏剂，多利用其具有柔韧的胶膜且低温柔性等特性。普通的水性聚氨酯胶黏剂多用于制造工业层压制品，如高质量的复合布、布-塑料膜片复合层压物、食品软包装薄膜等，还可用于地毯背衬胶黏剂。

不少单组分水性聚氨酯是热塑性的，具有较快的结晶速率。水性聚氨酯胶黏剂的施胶方法与溶剂型基本相同，如手工刷涂、机械辊涂、喷涂等。粘接方式有湿粘接法、热活化法等。

① 湿层压　对于多孔性基材，可在常温涂布后，直接贴合、加压进行粘接。这是水性树脂胶黏剂最普通的粘接施工方法。

② 干法层压　对于非渗透性基材，可在胶黏剂涂布、干燥后，用热空气、红外灯或烘箱、烘道进行热活化，再贴合加压。也就是加热使胶层熔黏，贴合后树脂再结晶化，立即得到较高的初期粘接强度。这种粘接方式，在工业操作上希望热活化温度低。

双组分水性聚氨酯可代替溶剂型聚氨酯胶黏剂作为复合薄膜干法复合胶黏剂，使制品仍具有较好的复合强度及柔软性。表 12-6 为复合塑料薄膜粘接用水性胶与溶剂型胶粘接强度的比较。质量好的水性聚氨酯胶，性能不亚于溶剂型胶。

■表12-6　复合塑料薄膜干法层压粘接加工实例

基材	水性 PU 胶黏剂			市售双组分溶剂型 PU 胶		
	剥离强度/(N/cm)		剥离界面	剥离强度/(N/cm)		剥离界面
	180°	T 形		180°	T 形	
OPP/CPP	2.8~1.0	1.0	OP/Ad	1.7	2.6	OP/Ad
PET/CPP	2.0~1.7	0.9	PET/Ad	CPP 坏	PET 坏	
OPP/VMCPP	2.3	1.0	Ad/VM	2.0	0.4	①
PET/VMCPP	2.4	1.2	Ad/VM	1.8	0.5	①

① 180°剥离界面 Ad（胶黏剂）/VM（镀铝），T 形剥离界面 VM/CPP。

注：水性双组分 PU 胶黏剂为 Dicdry WS-305A/LB-60，质量比 15:1。

国外用于房屋建筑材料等的铝/牛皮纸/铝复合板，过去采用乙烯-丙烯酸酯（EAA）共聚乳液等胶黏剂制造，耐久性差，而采用水性聚氨酯胶黏剂，粘接性能优于 EAA。另据报道，国外某些仪表、汽车装饰构件等用途的层压板（如 PE/PET 层压板），用水性聚氨酯胶黏剂其粘接强度甚至比用溶剂型胶黏剂还要高。

(3) 聚氨酯分散液胶黏剂的其他应用　除了用于织物、薄膜、薄片等物的层压复合，水性聚氨酯还用于许多粘接场合，例如粘接木材、泡沫塑料、金属等制品，用于汽车部件的粘接，用作各种粉状或纤维材料的黏合剂如植绒黏合剂、无纺布的黏结料、磁带的磁性涂层黏合剂、纸张涂料中的黏合剂、印刷油墨黏合剂等。

国外家用电器和汽车装饰品原使用溶剂型胶黏剂、丙烯酸乳液、EVA 乳液粘接聚烯烃塑料，后来采用水性聚氨酯用于聚烯烃塑料之间、聚烯烃与镀铝薄膜、聚烯烃与铝材之间的粘接，粘接强度比 EVA、丙烯酸乳液高数倍。

而聚氨酯具有粘接强度高、耐寒等性能，可成为水性压敏胶中一种新型优良品种，基材主要是纸张、塑料薄膜及织物等。

水性乙烯基聚氨酯胶黏剂、多异氰酸酯乳液及其在木材加工中的应用，详见第 7 章。

12.6.3 皮革涂饰剂

涂饰是天然皮革制造过程中的最后一道工序，也是较为关键的工序之一。采用树脂涂饰可增加皮革的美观和耐用性能，提高皮革档次，遮盖皮革伤残，赋予成品革美观的外表、舒适的手感和良好的力学性能。聚氨酯作为皮革涂饰剂具有良好的柔韧性、耐低温性和耐疲劳性等，其优点已经得到业界公认。最初的聚氨酯皮革涂饰剂是溶剂型湿固化聚氨酯，存在溶剂污染、成本高等缺点。1972 年，德国 Bayer 公司率先开发了水性聚氨酯皮革涂饰剂。我国 20 世纪 70 年代中后期开始聚氨酯乳液涂饰剂的研制，目前水性聚氨酯皮革涂饰剂在软革行业已经普遍使用，有普通聚醚型芳香族聚氨酯、脂肪族不黄变、有机硅改性水性聚氨酯光亮涂饰剂等品种。

水性聚氨酯与以前使用的丙烯酸酯乳液皮革涂饰剂相比，克服了丙烯酸酯树脂的"热黏冷脆"缺点，具有耐低温性能好、耐磨、耐折、手感柔软、丰满等特点。

水性聚氨酯皮革涂饰剂对皮革的涂饰施工从底涂到面涂一般有 2~4 层，一般皮革涂层包括底涂、着色层（底色涂层）和面饰层（顶层）。底、中涂层中一般加入颜料。底涂层较软，中间涂层次之，面涂层模量较高，使涂层具有较高的耐摩擦性能。经有机硅改性的水性聚氨酯乳液，可作为皮革防水光亮涂饰剂，其涂膜表面光亮平滑、耐水、耐温、耐擦等级高，可达 4~4.5 级。

用于皮革涂饰剂的水性聚氨酯一般应具有较好的弹性。大多数采用内交联的阴离子型单组分水性聚氨酯。一般采用预聚体分散法合成，为了便于分散，有时添加丙酮等溶剂降低黏度，最后蒸出溶剂。

在水性聚氨酯分散液作为皮革涂饰剂使用时，一般与颜料膏、有机硅或蜡乳液光亮剂等混合。有的制革厂把聚氨酯乳液与丙烯酸酯乳液结合使用，既改善了涂饰性能，也降低了单独使用水性聚氨酯带来的高成本。目前，国内皮革涂饰剂用水性聚氨酯固含量较低，一般在 25% 以内，而丙烯酸酯乳液在 40%~50%。

阳离子水性聚氨酯也可用于涂饰剂，主要用于皮革封底剂、底涂剂等，可赋予皮革以柔软、自然与丰满的外观，遮盖力好。

国内各聚氨酯皮革涂饰剂生产厂家的产品型号繁杂。20 世纪末，在全国毛皮制革标准化中心等部门组织下，制定了轻工行业标准 QB/T 2415—1998《制革用水乳型聚氨酯涂饰剂》。该标准对水性聚氨酯皮革涂饰剂的主要技术要求为：外观为无机械杂质、无凝聚物的乳状液；固含量≥17.0%；pH 值，阳离子型 2.0~7.0，阴离子型 6.0~9.0。胶膜物性指标见表 12-7。

■表12-7 制革用水性聚氨酯胶膜物性指标

项目	软性	中硬性	硬性
邵尔A硬度	<40	40~50	>50
拉伸强度/MPa	—	≥4.0	≥15.0
伸长率/%	—	≥500	≥300
脆性温度/℃	—	≤-30	≤-25

12.6.4 织物整理剂

水性聚氨酯不含甲醛，具有优良的成膜性、低温柔性和弹性，被用于各种织物或纤维的整理剂，如：涤纶织物的防起毛、起球整理，棉-黏、涤-黏中长纤维织物仿毛整理和防缩防皱整理，棉织物仿麂皮涂层整理、丝绸织物硬挺、防皱整理，各种纤维的处理等。

用于织物整理的水性聚氨酯，有常规的阴离子型、阳离子型和非离子型乳液，也有热反应型水性聚氨酯水溶液和乳液。耐黄变的脂肪族水性聚氨酯已经替代芳香族的聚氨酯。

水性聚氨酯在织物染整加工领域应用颇多。例如，上海新光化工厂在20世纪70年代就开发了水溶性聚氨酯产品（牌号铁锚105、铁锚106），部分替代了氨基树脂，可用于毛、丝、棉及混纺织物等的后整理。BASF的Perapret PU是一类阴离子型水性聚氨酯分散液，可用于各种纤维织物，改善织物撕裂强度和耐磨性，降低起球趋势，还可用于染色黏合剂等。Lanxess公司（Bayer）的Baypret 10 UD是弱阴离子型水性聚氨酯分散液，用作各种纤维的整理剂；Baypret DLV是阴离子型水性聚氨酯，可用作各种纤维织物的手感改性整理剂、抗起球整理剂，与该公司的热反应性水性聚氨酯Synthappret BAP结合，用于羊毛织物的防毡缩整理剂。

水性聚氨酯可与2D树脂、丙烯酸酯乳液、有机硅乳液、有机氟防水剂等混合使用于织物整理。水性有机硅改性聚氨酯或者水性聚氨酯与有机硅柔软剂并用可改善整理后织物的手感和滑爽度。

如果在免烫整理中单独用水性聚氨酯整理剂，虽能增加织物的弹性（提高织物的折皱回复角），却不能进入棉纤维的无定形区进行交联，所以在棉织物免烫整理中，用水性聚氨酯取代一部分传统的2D树脂或低甲醛免烫树脂，可以提高织物的回弹性和抗皱性，达到一定的免烫整理效果，同时降低甲醛释放。同时水溶性聚氨酯也是良好的甲醛捕捉剂，也降低了织物的甲醛释放量。而水性聚氨酯与无甲醛免烫树脂复配使用，则可完全消除甲醛释放的问题。

阳离子水性聚氨酯可改进织物的可染性。

以亚硫酸氢盐等为封闭剂合成的热反应型水性聚氨酯整理剂，是一种重要的织物整理剂。国外产品有德国Bayer公司的Synthappret BAP、日本第一制药（株）的 Elastron BAP、澳大利亚的 Sirolan BAP 等。国内也有类似产品。这些产品一般由脂肪族二异氰酸酯与聚醚多元醇制备预聚体，再在亚硫酸氢盐水醇混合溶液中分散得到，多数产品是无色透明黏稠液。

热反应型水性聚氨酯可以作为染色黏合剂，可与多种纤维和染料起反应，显著改善染色牢度。

大多数化纤织物摩擦后会产生负电荷，因而需采用抗静电剂进行整理。采用含 PEG 链节的端 NCO 聚氨酯预聚体与 3-（N-甲基二乙醇氯化铵）-1,2-环氧丙烷反应，并用酸中和、乳化，可制得在聚氨酯分子链中具有季铵盐离子的水性聚氨酯，是一种多功能的织物整理剂，具有良好的抗静电效果，与织物的黏附性好，耐洗涤。经整理后织物的断裂强度稍有提高，耐磨性提高，褶皱急弹和缓弹角比未整理的回复角高，且整理后织物的透湿气性大幅度提高[由未整理的 $250mg/(cm^2 \cdot h)$ 增加到 $700\sim830mg/(cm^2 \cdot h)$]，而透气率有所下降。

采用水溶性亚硫酸氢钠封闭脂肪族聚氨酯与脂肪胺聚氧乙烯醚及季铵盐衍生物的良好配伍性，可配制成稳定的耐久型抗静电剂工作液，改善普通季铵阳离子型抗静电剂存在着耐洗牢度不够、染色织物容易变色、摩擦牢度低的缺点。可使染色牢度指标都达到 4 级以上。

羊毛是直径在 $10\sim70\mu m$ 的表层鳞片状纤维，织物在洗涤和摩擦过程易毡缩。利用前述的热反应型水性聚氨酯 BAP 与羊毛表面反应，沉积在鳞皮凹凸部位，使之平坦化，赋予羊毛织物优良的防缩效果，这种技术已得到应用。有研究表明，BAP 与普通脂肪族水性聚氨酯（Bayer 公司 Impranil DLH 磺酸型脂肪族水性聚氨酯）并用，防缩效果比单独用 BAP 好。

12.6.5 织物涂层剂

聚氨酯涂层织物是一种多功能、多用途的新颖面料，具有涂层薄、弹性好，手感软，耐溶剂、耐寒、耐磨、防水透湿等优点。用于纺织品后整理可明显提高服装或饰品穿着的舒适感，因而受到广大消费者的青睐。聚氨酯涂层剂有溶剂型和水性两类，水性聚氨酯无环境污染，具有很好的发展前景。水性聚氨酯耐磨性、强度和耐低温开裂性高于丙烯酸酯乳液及水性乙烯基类树脂涂层剂，其柔韧性和硬度可以通过改变其聚合物结构来获得，而不用外加增塑剂。用于浅色涂层剂的聚氨酯采用脂肪族二异氰酸酯生产。

在配制织物水性聚氨酯涂层剂时，在相应的水性聚氨酯树脂中，需加入增稠剂增稠。除此之外，根据需要还可添加一定量的交联剂及促进剂、消泡剂或泡沫生成剂、防霉剂、抗氧剂、光稳定剂、消光剂、阻燃剂、填料或颜料等。水性聚氨酯与助剂在合理配伍后，即可用于涂布，经干燥、热烘干处理后，即得到手感柔软、富有弹性、挺括、具有一定的防水透湿功能的高档涂层织物。

水性聚氨酯可用于多种无纺布、针织布、起绒棉机织布仿皮涂层剂，适合于含浸（包括热敏）工艺生产线，可以采用干法转移涂层贴膜工艺或涂层轧花工艺生产仿皮制品，制造帐篷、服装、雨衣等。

水性聚氨酯可作为印花涂层剂，对织物具有良好的黏附性，得到柔软耐磨的印花涂层。水性聚氨酯还可用于透明印花涂层和消光印花涂层剂。印花工艺为：印花、预烘（110℃×3min）、焙烘（160℃×3min）、水洗或皂洗。

上海新光化工厂开发的织物处理用水性聚氨酯涂层产品，牌号铁锚111、铁锚112和铁锚113，分别为羧酸型、羧酸/封闭型、磺酸型聚氨酯分散液，固含量≥30%，外观微黄至乳白色，贮存期≥1年，耐水压分别≥2.45 kPa、≥3.9 kPa、≥3.9 kPa，透湿率均大于2000g/(m^2·24 h)。可用作真丝、棉、涤棉、尼丝纺等织物的涂层，经涂层整理后的织物具有防水透湿功能，且表面柔软，富有弹性。

12.6.6 玻璃纤维上浆剂

玻璃纤维是制造纤维增强塑料（FRP）的重要增强材料，还用于编织耐高温纤维布等用途。但是未经处理的玻璃纤维性脆，摩擦后易带静电，而且表面光滑，在作树脂的增强材料时不易和树脂黏结。在玻璃纤维制造过程中，为了使连续的玻璃纤维细长丝合股成纱线状、增加其表面极性、韧性和强度，必须使用上浆剂（或称集束剂）。上浆剂一般由水性树脂成膜剂、润滑剂、偶联剂及其他添加剂（如抗静电剂）等组成的乳液或水溶液。上浆剂对玻璃纤维的性能及由其制得的FRP材料的性能起着极其重要的作用。

成膜树脂的作用是在纤维表面形成一层较厚而坚韧的连续保护膜，防止纤维被摩擦损伤，同时所形成的连续保护膜必须要有良好的弹性，以适应高速拉丝工艺。在上浆剂中，曾被使用的成膜物质有聚乙酸乙烯酯乳液、水性聚酯、水性环氧树脂等。因聚氨酯具有优异的耐磨性能、弹性及良好的黏结性能，水性聚氨酯是一种效果很好的玻璃纤维用成膜树脂。由于玻璃纤维表面具有阴离子特性，因而一般采用阳离子型水性聚氨酯，以获得最好的黏附力，并在上浆过程中使每根纤维上均能形成一层紧密的聚氨酯膜，适应于玻璃纤维的高速（约4000 m/min）抽丝引起的对上浆浆料的剪切力。也可采用水性聚氨酯与其他水性树脂的掺混物或水性共聚物作为上浆剂树脂。

一种水性聚氨酯上浆剂配方为（质量份）：

水性聚酯型聚氨酯分散液		聚乙烯乳液	1.25
（固含量40%）	12.5	水	86
环氧基硅烷偶联剂	0.25		

表12-8 为上浆前后玻璃纤维性能对比。

■表12-8 上浆前后玻璃纤维性能对比

项目	拉伸强度/MPa	伸长率/%	弹性模量/MPa	挠屈循环/次
未处理	1120	3.5	54600	100
PU处理	2170	4.5	54600	2200

注：上浆剂为由水性聚氨酯（固含量19%）69.4份、蜜胺-甲醛树脂15.3份、添加剂15.3份用水稀释所得的稀溶液。

聚氨酯上浆剂处理的玻璃纤维对大多数极性塑料（如尼龙、聚酯、聚氨酯等）具有较好的增强效果，除了显著提高塑料的强度和刚性外，还能提高冲击强度。

12.6.7 水性PU的其他应用

除了玻璃纤维外，聚氨酯还可以用于其他纤维（束）、织物、无纺布的整理及柔韧化处理。

水性聚氨酯还可作为石油破乳剂。

由于自乳化水性聚氨酯具有亲水性基团，可作为乳液聚合用高分子乳化剂。作为高分子乳化剂不仅免去了普通乳化剂的使用对胶膜性能带来的不利影响，而且部分水性聚氨酯的存在对乙烯基单体的聚合起到改性作用，可改善乙烯基单体聚合物的柔韧性。

在生产化妆品、医药等行业的玻璃瓶时，有时为了防止其破裂，用涂料或塑料溶液涂覆，形成保护涂层国外把水性聚氨酯替代丙烯酸酯涂层胶后，改善了粘接力，防止了破损玻璃碎屑的飞溅。

水性聚氨酯树脂还可替代溶剂型合成革用聚氨酯树脂，采用干法及特殊的湿法工艺生产合成革，国内外都有开发。

总之，除了在许多场合替代溶剂型聚氨酯外，水性聚氨酯还有溶剂型所不能涉及的用途，它的新应用也在开发之中。

第 13 章 分析和测试

在聚氨酯树脂的研制、生产及应用中，分析和测试是很重要的技术手段，是生产出合格的产品的重要保证。聚氨酯的原料及制品种类繁多，对它们的化学结构分析和物性测试手段也较多。有化学分析、仪器分析，有定量分析也有定性分析。同一测定项目可能有多种分析测试方法，而不同类型的产品有不同的性能指标。限于篇幅，某些分析测试方法只是简单介绍了相应标准和方法，感兴趣的读者可参考相关资料进行测定操作。

13.1 化学分析方法

化学分析是测定原料、中间体及聚氨酯产品基团含量等的重要手段。

13.1.1 化学分析基本技术

低聚物多元醇的羟值和酸值，以及异氰酸酯原料及其预聚体中的 NCO 基团含量，分析测试过程中大多采用酸碱滴定。在酸碱滴定前，首先要准备好合适的酸或碱标准溶液、指示剂溶液等。

为了准确得到分析结果，各个样品的滴定及空白滴定都需重复 3~5 次。对于同一样品，若几次测定的数值相对误差较小，则可将对几次分析的计算结果取平均值。空白试验的目的主要是排除样品以外的试剂对测定的影响。

由于有机聚合物与水醇混合液混溶性差，酸碱滴定终点常产生浑浊或聚合物的沉淀，因而往往在滴定终点时指示剂的变色不敏锐，较难判别。需多次实践，积累经验，形成判别终点的相对标准。另外，一般以指示剂变色并 15s 内颜色不回复为终点。羟值和 NCO 含量测定中，有时产生沉淀，影响终点判断，甚至由于沉淀物的包裹作用，影响分析结果。可根据具体情况，采用亲水性溶剂加以改善，并通过空白滴定消除溶剂等可能带来的误差。

羟值及 NCO 含量等指标的测定中，滴定用的酸或碱溶液的耗用量一般以 20~35mL 范围为宜，为此预大致估计样品的取样量。

为了尽快取得测定结果，一般将同一个样品取几个样，同时反应，依次滴定。

13.1.2 多元醇原料的分析

发布于 2009 年和 2010 年的新 GB/T 12008《塑料 聚醚多元醇》系列标准共分为 7 个部分,其中与测试有关的包括 3~7 部分,分别为羟值、钠和钾、酸值、不饱和度和黏度的测定。其中大多数方法也适用于聚酯多元醇等。

13.1.2.1 酸值

对于聚醚、聚酯等低聚物多元醇原料,一般需测定其酸值(碱值),因为多元醇原料的酸碱性影响异氰酸酯与之的反应性。一般情况下,原料呈微弱酸性,测定酸值的情况居多。

酸值的定义为:每克样品中酸性成分所消耗 KOH 的质量(mg)。

聚醚的酸值很低,一般在 0.1mg KOH/g 以下。GB/T 12008.5—2010《塑料 聚醚多元醇 第 5 部分:酸值的测定》规定了聚醚多元醇中酸值的测定方法。该标准推荐准确称量 50~60g 样品,用 100mL 异丙醇溶解,加 1mL、1% 的酚酞指示剂,用 0.02mol/L 氢氧化钾-甲醇溶液滴定至浅粉红色并保持 30s。

对于聚酯等酸值较高的样品,可采用的测定酸值的操作步骤:准确称取 4~10g 样品,加入 30mL 甲苯/乙醇(2/1)溶液,充分摇动使样品溶解。对于溶解缓慢的高分子量聚酯样品,可用丙酮或甲乙酮温热溶解。加 3~5 滴 1% 的酚酞指示剂,用 0.1mol/L 的 NaOH 或 KOH 标准溶液滴定,到出现桃红色 15s 内不褪色为终点。并做空白试验。

$$A_V = \frac{56.1c(V_S - V_0)}{m}$$

式中,A_V 为样品的酸值,mg KOH/g;V_S、V_0 分别为滴定样品和空白滴定所消耗的碱液体积,mL;c 为 NaOH 标准溶液的浓度,mol/L;m 为称取样品的质量,g;56.1 为 KOH 的摩尔质量,g/mol。

若在上述操作中,当加酚酞时样品溶液变成红色,则说明样品为碱性,需测定碱值。可用 0.1mol/L 标准 HCl 溶液滴定至无色为终点。碱值计算公式与酸值计算公式类似。

13.1.2.2 羟值

在聚氨酯的合成中,低聚物多元醇原料的羟值(或分子量)是一个很重要的指标。只有知道低聚物多元醇的羟值或分子量,才能根据所设计的配方计算各原料的相对用量。而在聚酯多元醇的合成过程中,酸值和羟值的测定是监测反应程度以及监测产品质量的手段。

羟值测定的原理:样品中羟基与酸酐定量地进行酰化反应,生成酯及酸。过量的酸酐水解成酸。用已知浓度的碱标准溶液滴定酸。1g 样品中的羟基被酰化所耗用的酸,若用 KOH 中和,所需的 KOH 的质量(mg)即为羟值，其单位是 mg KOH/g。1mol 羟基对应需耗用 1mol 的 KOH。以乙酸酐酰化为例，反应式如下：

$$R—OH + (CH_3CO)_2O \longrightarrow CH_3COOR + CH_3COOH$$
$$(CH_3CO)_2O（过量）+ H_2O \longrightarrow 2\ CH_3COOH$$
$$CH_3COOH + NaOH \longrightarrow CH_3COONa + H_2O$$

同量酰化剂、不加样品，其他条件与样品滴定相同，做空白滴定。空白滴定和样品滴定两者所耗用碱液的体积差就是样品中的羟基所耗用的碱液的体积。为了保证酰化反应完全，必须使样品滴定消耗的碱液体积大于空白试验的 3/4，即酰化剂过量 3~4 倍。水会消耗酰化剂中的酸酐，故样品中的水分含量应尽可能低，最好低于 0.2%。配制酰化剂的无水吡啶或乙酸乙酯中的水分含量应低于 0.1%。

羟值测定方法有乙酸酐-吡啶法、苯酐（即邻苯二甲酸酐）-吡啶法、乙酸酐-高氯酸法、乙酸酐-对甲苯磺酸法等。

GB/T 12008.3—2009《塑料 聚醚多元醇 第 3 部分：羟值的测定》中，方法 B 介绍了用近红外光谱法测定聚醚多元醇中羟值，需近红外羟值分析仪。

对于各种化学方法，都可通过下面的公式计算样品的羟值。

$$Q_V = \frac{56.1\ c\ (V_0 - V_S)}{m}$$

式中，Q_V 为样品的羟值，mg KOH/g；V_0、V_S 分别为空白试验及样品测定所耗用碱液的体积，mL；c 为碱液的浓度，mol/L；m 为样品的取样量，g；56.1 为 KOH 的摩尔质量，g/mol。

下面简要介绍羟值的几种测定方法

(1) 苯酐-吡啶法

① 配酰化剂　42g 分析纯的邻苯二甲酸酐溶于 300mL 分析纯吡啶中，混合均匀，即配成苯酐-吡啶酰化剂，贮于棕色瓶内备用。

② 操作　用分析天平精确称取样品 2~4g（取样量约为 168/估计羟值），加入磨口锥形瓶（酰化瓶）中，用移液管加入 10.00mL 苯酐-吡啶酰化剂，在磨口瓶瓶口处用吡啶湿润，接上回流冷凝管。将酰化瓶用油浴或电热包加热，在 115℃下回流，酰化反应 1~1.5h 后，取出瓶子，冷至室温，用适量吡啶（例如 10mL）冲洗冷凝管及瓶口处，加 10mL 蒸馏水摇晃数分钟，使过量的苯酐水解。加 5 滴 1% 的酚酞指示剂，用 0.5mol/L 标准 NaOH 溶液滴定至桃红色，并保持 15s 不褪色为终点。另做空白试验（除了不加样品，其他条件相同）。

加催化剂可缩短酰化反应时间，如在上述酰化剂中加入 6g 咪唑作催化剂，则在 100℃左右酰化 20~25min，即可反应完全。GB/T 12008.3—2009 的方法 A 为邻苯二甲酸酐-吡啶法，用咪唑作催化剂，在 115℃酰化 30min。推荐用于聚醚多元醇（包括叔胺基聚醚多元醇）、聚合物多元醇。

苯酐-吡啶法主要用于测定聚醚多元醇的羟值，也可用于测定聚酯多元醇的羟值。一般来说，苯酐的酰化能力强，反应完全，在回流反应温度下不挥发，酰化反应受干扰小，测定的数据比较可靠。

(2) 乙酸酐-吡啶法

① 配酰化剂　乙酸酐与吡啶以质量比 12/88 混合，放置备用。

② 操作　准确称取 1g 左右的样品置于磨口锥形瓶中，以移液管加入 10.00mL 酰化剂，用 100℃水浴加热回流 2h，冷却后加入 25mL 苯，以少量蒸馏水冲洗冷凝管，冲洗液入瓶，加 5 滴酚酞指示剂，用 0.5mol/L 的 NaOH 溶液滴定至终点。另做空白试验。此法主要用于聚醚多元醇羟值的测定，也可用于测定聚酯多元醇的羟值，可用于测定高分子量聚酯的羟值。

HG/T 2709—1995《聚酯多元醇中羟值的测定》采用此法，取样量 (g) 约在 240/估计羟值，在三角瓶加 25mL 以乙酸酐/吡啶体积比 1/23 配制的酰化剂，油浴加热，在 115℃左右回流 1h，冷却、冲洗瓶口，加 10 滴酚酞指示剂，用 0.5mol/L 的 NaOH-乙醇溶液滴定至终点。

(3) 乙酐室温酰化法　此法一般用于测定聚酯多元醇的羟值，酰化温度低，测定快速。

① 配制酰化剂　乙酸酐和乙酸乙酯的体积比 1：(3~5)，加入乙酸酐质量 2%~4% 的高氯酸为催化剂，5℃左右配制。该酰化剂可使用期为 2~3 周，酰化剂的颜色由无色变成棕色后就不能使用。

② 操作步骤　准确称取 2g 左右（取样量约为 168/估计羟值）于干燥的 150mL 锥形瓶中，加入 10mL 乙酸乙酯（AR 级），盖上瓶塞，使样品在 30~50℃水浴中温热溶解后冷却，用移液管加入 5.0mL 上述酰化剂，盖上瓶塞，30℃左右酰化 10min，再加入 2mL 蒸馏水，5min 后再以洗瓶壁的方式加入 10mL 水解液（吡啶/水体积比为 3/1），滴定前可加入 10mL 乙醇或丙酮，滴加 0.1% 甲酚红和 0.1% 麝香草酚蓝（即百里酚蓝）指示剂各 3 滴，以 0.5mol/L 的 NaOH 或 KOH 标准溶液进行滴定，以蓝色变紫红色为终点。另做空白试验。

此法似乎不适用于测定聚氧化丙烯多元醇（PPG 聚醚）的羟值，笔者发现酰化剂会使聚醚变棕色或褐色，对判别滴定终点产生干扰。

(4) 乙酸酐-对甲苯磺酸酰化法

① 酰化剂——乙酸酐-乙酸乙酯液　9.5g 无水对甲苯磺酸溶解于 800mL 乙酸乙酯（AR 级）中（若有不溶物，需除去），边搅拌边慢慢加入 80mL 乙酸酐，混合均匀，所得酰化剂为无色透明溶液。

② 测定步骤　取样（取样量按"145/估计羟值"估算）于 250mL 碘量瓶中，加入 10.00mL 酰化剂，盖上瓶塞，可于 50℃水浴加热、摇晃使样品溶解均匀，再在 50℃加热约 20min（每隔几分钟摇晃一下），取出瓶子冷却，用 10~20mL 吡啶/水（3/1）水解液从瓶口冲洗下去，放置 5min 使过量酸酐水解。加 3~5 滴 1% 酚酞指示剂，用 0.5mol/L 标准 NaOH 溶液滴定至

桃红色出现并 15min 不褪为终点。并做空白滴定。

此法既可以测聚酯的羟值，又可测聚醚的羟值，酰化条件温和，测定时间短，最大的优点是酰化剂在密闭状态保存可放置 1 年不变质，可避免如乙酸酐-高氯酸法酰化剂需经常更换并需重新做空白标定的麻烦。

有些聚醚或聚酯多元醇色泽较深，进行羟值测定时，无法通过指示剂的变色判定滴定终点，则可采用电位滴定法，用自动电位滴定计和标准 KOH 溶液对经苯酐酰化后的溶液进行滴定。

通过测定的羟值和官能度，可计算低聚物多元醇的分子量。

$$M_r = \frac{56.1 \times n \times 1000}{校正羟值}$$

式中，M_r 为多元醇的分子量；n 为羟值的官能度；校正羟值＝羟值＋酸值。若酸值与羟值相比不能忽略，计算分子量或由羟值计算配方中原料用量时必须将羟值加以校正，若酸值极小，可忽略，则可不必校正，聚醚多元醇的酸值一般极小。

13.1.2.3 多元醇的其他分析

(1) 聚醚多元醇产品中钾、钠离子的含量 聚醚多元醇产品中钾、钠离子的质量分数，一般采用仪器分析方法测定。现集中在此小节介绍聚醚的分析。

GB/T 12008.4—2009《塑料 聚醚多元醇 第 4 部分：钠和钾的测定》适用于钠和钾离子含量在 0～10mg/kg 样品的测定。试样灰化后，用火焰光度计测定。

先用氯化钠、氯化钾分别配制含钠离子和钾离子 1mg/L、2mg/L、3mg/L、4mg/L 和 5mg/L 浓度的标准样品，用火焰光度计测定，作出读数对钠或钾含量的工作曲线。

称取 (20.0±0.1) g 样品于铂皿中，用电炉加热小心炭化后点燃，再在马弗炉 550℃下烧至不含碳的灰烬，冷却后每次用 10mL 热水、共 4 次溶解铂皿中的灰分，转移到 50mL 容量瓶中，室温稀释定容、摇匀。用火焰光度计测定。通过读数在工作曲线查到样品中钠、钾的含量。钠离子含量 (mg/L) 计算公式：$w(Na) = 2.5 \times A \times F$，式中，$A$ 是从工作曲线查到的钠的含量，mg/L；2.5 是本方法的稀释倍数 (50÷20)；F 是如果灰分溶液的火焰光度计读数超过钠标准浓度 5mg/L 的读数时，将灰分溶液稀释数倍后再测获得读数的稀释倍数。同样测钾离子含量。两者之和是钠、钾离子总量（单位 mg/L 或 mg/kg）。

多元醇中钠和钾的含量高时，除了稀释灰分溶液外，还可以减少称样量，或将工作曲线延伸至更高的浓度。

GB/T 12008.4 还在附录中介绍了通过配制聚醚多元醇溶液，而不通过灼烧，用火焰光度计测定钠、钾离子含量的方法。

(2) 聚醚多元醇伯羟基与仲羟基的测定 采用环氧丙烷和环氧乙烷为原

料制成的聚氧化丙烯多元醇或共聚醚多元醇含伯羟基及仲羟基。基于这两种羟基与酸酐反应速率的差异，可用化学滴定法测定伯仲羟基含量，但费时，误差大。还可用 ^{19}F-NMR 及 ^{13}C-NMR 测定，分析时间短、精度高，但仪器价格高。还有一种方法是采用极谱测定方法，在二氯甲烷存在下先将非极谱活性的聚醚多元醇用三氧化铬（Ⅵ）-吡啶配合物氧化，仲羟基氧化成酮基，伯羟基氧化成醛基。为了避免羰基在极谱还原过程中受杂质的干扰，将酮用水合肼腙化。由仲羟基含量再计算得到伯羟基含量。该法测定耗时在 1.0~1.5h。

(3) **聚醚的不饱和度** 聚醚多元醇中可能存在少量 C=C 不饱和键，影响官能度；另外泡沫稳定剂以不饱和聚醚为聚氧化烯烃-有机硅共聚物的原料，需分析不饱和键含量。可采用 GB/T 12008.6—2010《塑料 聚醚多元醇 第6部分：不饱和度的测定》方法，在聚醚甲醇溶液中滴加乙酸汞，使双键形成乙酸汞甲氧基化合物和乙酸，加入溴化钠使过量乙酸汞转换成不干扰滴定的溴化物，以酚酞为指示剂，用 KOH-甲醇标准溶液滴定，通过计算，即可得到双键含量即不饱和度（单位为 mmol/g 或 mol/kg）。饱和度也可采用其他的碘值测定方法。

(4) **阻燃聚醚中阻燃元素含量** 许多阻燃聚醚中含有磷元素，分析磷的方法有磷酸铵镁重量法、EDTA 络合滴定法、磷钼酸胺容量法等。有人认为磷钼酸喹啉重量法是分析磷的较理想的方法。测定原理为：含磷聚醚多元醇经硝酸-硫酸混合酸分解后转变为硫酸根，在酸性条件下，与钼酸钠及喹啉作用，生产溶解度很小的黄色沉淀。高温烘干以除去所有结晶水，得到无水磷钼酸喹啉，称量，即可计算磷的质量分数。

测定阻燃聚醚中的氯、溴等元素含量，一般可采用氧瓶燃烧法，但存在取样量小、准确性差等问题。而将含卤聚醚在异丙醇、无水乙醇和氢氧化钠的试样瓶中，在红外灯照射下，使有机卤素转变为卤素离子，以二苯卡巴腙为指示剂，用硝酸汞标准溶液滴定，可得总卤含量。Cl^-、Br^- 共存时，可在酸性介质中加入 $KMnO_4$ 使 Br^- 氧化成 Br_2，用 CCl_4 萃取除溴后滴定，可得氯含量，结果稳定可靠。

(5) **聚醚多元醇起始剂分析** 使用氢溴酸-乙酸作为裂解剂，可使聚醚多元醇裂解，其起始剂转化成溴化物，通过气相色谱对聚醚多元醇起始剂进行定量分析。

13.1.3 异氰酸酯原料的分析

13.1.3.1 异氰酸酯的纯度（含量）

若需精确计算配方，则需了解二异氰酸酯的纯度。异氰酸酯原料的长久放置或受到水分和微量杂质的影响，会使异氰酸酯基（NCO）的含量有所下降，使纯度降低。可通过测定 NCO 含量计算纯度。

化学法测定 NCO 含量一般采用二正丁胺法，室温下 5~10min 内就可完成。

测定的原理为：二异氰酸酯与二正丁胺反应生成脲，过量的二正丁胺用盐酸滴定。测定所用的溶剂一般为低极性溶剂，如甲苯。

$$R-NCO + (C_4H_9)_2NH \longrightarrow RNHCON(C_4H_9)_2N$$

$$(C_4H_9)_2NH + HCl \longrightarrow (C_4H_9)_2NH \cdot HCl$$

配制 2mol/L 二正丁胺-甲苯溶液：258g 重蒸无水二正丁胺用无水甲苯稀释至 1L，贮于棕色试剂瓶中备用。

测定步骤：准确称取 2.5g TDI 样品（或 3.5g MDI 样品）于干净的锥形瓶中，用移液管加入 20.00mL 二正丁胺-甲苯溶液，再加 10mL 甲苯，摇晃使其混合均匀，并室温放置 15min，反应完成后，加 80～100mL 异丙醇（或乙醇）及 0.5mL 0.1％溴甲酚绿指示剂，以 0.5mol/L 盐酸标准溶液滴定，当样品溶液蓝色消失、出现黄色并保持 15s 不变，即为终点。用同样方法，不加样品，做空白试验。

TDI 的纯度可由下面公式计算。也可计算其 NCO 质量分数。

$$P_{TDI} = \frac{(V_0 - V_S) \times c \times (174.2/2)}{1000 m_{TDI}} \times 100\%$$

式中，P 为纯度；V_0 和 V_S 分别为空白试验和样品滴定消耗盐酸溶液的体积，mL；c 为盐酸溶液的浓度，mol/L；m_{TDI} 为 TDI 样品的称样量，g；174.2 为 TDI 的摩尔质量。

可采用类似的方法测定 MDI 等二异氰酸酯的纯度。

除了采用化学滴定方法测定外还可采用毛细管气相色谱法等方法测定甲苯二异氰酸酯的纯度。

13.1.3.2 异氰酸酯中总氯含量和水解氯的测定

多异氰酸酯中存在有机含氯化合物杂质，如可水解的氯化物和苯环上的氯取代物等。异氰酸酯中总氯含量测定可参照 GB/T 12009.1—1989 的方法。将样品灼烧，并用稀碱溶液吸收所产生的气体，将样品所含的氯转化为氯离子，然后用硝酸银溶液滴定，测定其总氯含量（以 Cl 的质量分数计）。

操作步骤：准确称取 0.2g 左右的样品于无灰滤纸或脱脂棉上，放于铂丝圆筒，送入放有 25mL 1％碳酸钠溶液、充满高纯氧的燃烧瓶内点火灼烧。燃烧完毕后振动瓶子数分钟，使燃烧产物被充分吸收、白烟消失。然后，打开瓶塞，用适量 1％的碳酸钠溶液洗涤瓶塞、瓶内壁，以甲基红为指示剂，用稀硝酸中和大部分碱，溶液变红，酸稍过量，用硝酸银标准溶液做电位滴定，并做空白滴定。也可采用硝酸汞溶液手工滴定，见 2002 年版《聚氨酯树脂及其应用》。总氯计算公式如下：

$$w_{Cl} = \frac{(V_S - V_0) \times c \times 35.46}{1000 m} \times 100\%$$

另外，可用硫氰酸汞分光光度法代替传统的电位滴定法测定异氰酸酯中总氯含量，每次测定只需在燃烧瓶中燃烧样品一次，当样品中氯含量在 0.02mg 左右，可获得满意的结果。

多异氰酸酯中含有微量酰氯化合物和溶解的微量光气，它们可水解成为酸性物质，对异氰酸酯的品质（反应活性）有较大的影响。并且未经精制的多异氰酸酯中的水解氯可高达0.1%~0.5%，对多异氰酸酯的纯度测定带来误差。水解氯含量以HCl的质量分数计。分析原理为：多异氰酸酯中的氨基甲酰氯及光气能与水和醇反应，生成脲、氨基甲酸酯、二氧化碳和氯化氢。产生的氯化氢被水吸收，加过量硝酸银，用硫氰化钾或硫氰化铵滴定过量的硝酸银。具体方法请参照GB/T 12009.2—1989《异氰酸酯中水解氯含量测定方法》。

13.1.4 预聚体中NCO基含量和交联键及弹性体微量NCO含量

预聚体中NCO质量分数的测定与多异氰酸酯单体的NCO测定方法基本相同，由于NCO含量一般不高，试剂用量需调整。

操作步骤：准确称取3g左右的样品于干净的锥形瓶中，加入20mL无水甲苯使样品溶解，用移液管加入10.0mL二正丁胺-甲苯溶液，摇晃使瓶内液体混合均匀，室温放置20~30min，加入40~50mL异丙醇（或乙醇），以几滴溴甲酚绿为指示剂，用0.5mol/L的HCl标准溶液滴定，当溶液由蓝色变黄色为终点，并做空白试验。

$$w_{NCO} = \frac{(V_0 - V_S) \times c \times 42}{1000\, m} \times 100\%$$

式中，V_0、V_S分别为空白滴定和样品滴定消耗盐酸标准溶液的体积，mL；c为盐酸溶液的浓度，mol/L；m为取样量，g；42为NCO基的摩尔质量，g/mol。

若估计w_{NCO}小于5%，上述方法中取样量以5~10g为宜。

国标GB 12009.4介绍也可采用六氢吡啶法测定NCO含量。NCO含量还可采用分光光度法、红外光谱法、气相色谱法和高压液相色谱法等方法测定。

在合成预聚体时，由于各种因素，可能有少量脲基甲酸酯及缩二脲支化键生成，会使预聚体的黏度增加甚至引起凝胶。采用测定NCO的二正丁胺法，可测定脲基甲酸酯及缩二脲的总量。其原理是，采用上述方法测定NCO含量；另取样品加二正丁胺-二甲基甲酰胺（或甲苯）在80℃下进行反应，脲基甲酸和缩二脲均离解出等量的NCO并与二正丁胺反应，同样用盐酸溶液滴定。用差减法求出脲基甲酸酯和缩二脲的总含量。

在聚氨酯弹性体制品合成后的一段时间内，体系中还存在微量未反应的NCO，在固体状态，需较长的时间才能完全反应，残留的NCO影响产物的贮存稳定性。以二甲基甲酰胺为溶剂，在乙酸存在下，以二甲氨基苯甲醛（DMAB）为显色液，用分光光度法快速测定聚氨酯中微量游离NCO基，当NCO的量在$(10~1000) \times 10^{-6}$范围内，测得结果的相对标准偏差小于5%。该方法的精确度和重现性均优于化学滴定法，且操作简便，分析时间短，可用于跟踪聚氨酯合成反应以及贮存期游离 NCO 基含量变化的分析测定。采用红外光谱、核磁共振等方法可定性检测 NCO 的存在。

13.1.5 水分的测定

水与异氰酸酯反应生成胺类化合物和二氧化碳。少量的水可消耗几倍质量份的异氰酸酯，水分测定是很重要的分析测试项目。

卡尔·费休（Karl-Fischer）法是目前测定有机物中微量水分的最常用的方法。卡尔·费休试剂含有碘、二氧化硫、吡啶（或吡啶的取代物）及乙二醇甲醚。原理是：碘（I_2）氧化二氧化硫（SO_2）需要定量的水。试剂中的二氧化硫与醇反应生成烷基亚硫酸，被吡啶或其他碱中和；在有水存在下，碘将烷基亚硫酸铵盐氧化为烷基硫酸铵盐。样品不宜显碱性，否则可使测定值偏高。该法测定水分的总反应式为：

$$C_5H_5N \cdot I_2 + C_5H_5N \cdot SO_2 + C_5H_5N + H_2O$$
$$\longrightarrow 2C_5H_5N \cdot HI + C_5H_5NHOSO_3 \cdot CH_3$$

传统的手工样品测试步骤：准确称取 5g 左右的样品，置于滴定瓶中，用移液管取 10.0mL 吡啶，使样品溶解均匀，用卡尔·费休试剂滴定，并做空白试验。卡尔·费休试剂具有碘的棕色，逐滴滴加到含水的溶液中时，棕色立即褪去，当溶液开始出现棕色时，即表示试剂过量，此时到达滴定终点。

水分（即样品中水的质量分数，以％计）的计算式如下：

$$w = \frac{(V_S - V_0) \times f}{m_S} \times 100\%$$

式中，V_S、V_0 分别为样品滴定和空白滴定消耗卡尔费休试剂的体积，mL；f 为水系数（水当量），即单位体积卡尔·费休试剂相当于水的质量，mg/mL，可以用微量的水作为标定样，用卡尔·费休试剂滴定、计算得到；m_S 为取样量，g。

该法属非水滴定法，所用容器需干燥处理，滴定在密闭体系进行，防止空气水分的影响。卡尔·费休试剂必须密闭保存。

有些样品本身具有颜色，而用肉眼观察终点不易判别，故一般采用微量水分滴定仪，通过电位滴定判别终点比较准确，可测出最小水分达 0.002％。它是采用了卡尔·费休法原理与电位滴定相结合，目前的水分测定仪已能实现全自动化测定水分，采用配套的水分测定试剂，在仪器显示屏上可直接显示所测定的水量，方便、快捷。因此推荐参照 GB/T 22313—2008《塑料 用于聚氨酯生产的多元醇 水含量的测定》方法，测定聚醚多元醇、聚酯多元醇、聚合物多元醇、溶剂及某些助剂中的微量水分。GB/T 22313 规定了采用手动或自动仪器方法测定多元醇水含量。其中方法 A 是应用卡尔·费休原理的手动电量法。电量法用于大多数多元醇，包括终点不易观察的有色多元醇。方法 B 包括自动电量法和自动库仑法。市场上有多种水分测定仪出售。库仑法是绝对法，不需要校准，且比电量法灵敏度高。测定方法请参考 GB/T 22313 和水分测定仪说明书。

除上述的化学方法测定水分外，还有其他方法，其中近红外光谱是测定溶剂、聚醚多元醇、助剂及复合组分所含水分的物理分析方法，简便、快速、灵敏。其原理是：水在 1900nm 附近的特征吸收峰，可用于采用分光光度计定量测定。近红外光谱法可测定水分在 10% 以上的样品，但对于 0.04% 以下的微量水分测定有困难。

13.1.6 色泽

多元醇、溶剂、多异氰酸酯等液体的色泽测定方法多采用 GB/T 605—2006《化学试剂色度测定通用方法》，该国家标准规定了以铂-钴标准溶液为标准色，用目视比色法测定色度的通用方法。适用于色调接近铂-钴标准溶液、澄清透明、浅色液体试剂色度的测定。利用本标准测定色度时，检测下限为 4APHA 单位。

(1) 原理 将被测样品与已知标准颜色的物质相比，即得被测物质的色泽。以 APHA（黑曾单位）表示。

(2) 操作

① 标准颜色溶液的制备 在 1000mL 的容量瓶内，先加入适量的蒸馏水，然后加入 100mL 盐酸，称入 1.245g 氯铂酸钾，再加入 1.000g 六水合氯化钴。用蒸馏水稀释到刻度，剧烈摇匀。此铂-钴标准溶液的颜色相当于 500APHA（500 黑曾单位），每 1mL 该溶液含有 0.5mg 金属铂。该标准溶液在棕色瓶保存有效期为一年。

将此溶液按 $V=N\times 100/500=0.2N$，加水稀释配制成各种色度的稀溶液。式中，N 为欲配制的稀铂-钴溶液的黑曾单位数；V 为所需浓铂-钴标准溶液的体积，mL，加水稀释到 100mL。例如 20 黑曾单位（20APHA）色泽溶液，需准确量取 $0.2\times 20=4.0(mL)$ 的铂-钴标准溶液，加 96.0mL 水配制成 100mL 稀铂-钴溶液。

② 试样色泽的测定 在 50mL 或 100mL 的比色管中加满样品，与标准颜色对照。比较时，样品和标准品置于白色背景之下，然后垂直向下看，标准颜色可以更换，直至和样品的颜色一样。该标准色泽的标号即为样品的色泽。

13.2 仪器分析法

13.2.1 红外光谱法

红外光谱仪操作方便，样品量少，测试速率快。聚氨酯结构和组成分析中，红外光谱（IR）分析技术在是一种重要的分析方法，提供分子结构信息量多，准确性高。异氰酸酯、多元醇、催化剂、泡沫稳定剂、防老剂、扩链剂等有机化合物都有自己独特的红外吸收光谱。根据各基团的特征峰，可推测聚氨酯中所含的成分。

对聚氨酯及其原料进行 IR 谱图分析，首先可根据对样品用途、性状等信息以及特征峰位置，初步判断样品的种类，如有条件，可查找标准光谱图，或与已知类似的样品谱图进行对照。如无法查到标准谱图，又没有已知样品，则根据聚氨酯各吸收峰归属来进行谱图解析。聚氨酯常见基团的红外光谱特征峰见表13-1。当基团之间存在氢键、共轭以及在溶液中时，峰位置向低波数方向移动。

■表13-1　聚氨酯中常见基团的红外吸收峰归属

吸收峰波数/cm^{-1}	相对强度	归　　属
3250~3500	中强	OH 伸展振动、NHCO 的顺式 NH 伸展振动
2940、2860	强	CH_2、CH_3 伸展振动
2240~2280	强	NCO 特征吸收峰
2120	强	N=C=N 吸收峰
1770~1785	强	脲二酮环（二聚体）中 C=O
1715~1750	很强	酯基 C=O、酰胺Ⅰ键（C=O）
1689~1710	强	异氰脲酸酯（三聚体）中 C=O（另在 1408~1430cm^{-1} 处有峰）
1600~1615		苯环 C=C 骨架伸展振动
1520~1560	较强	酰胺Ⅱ键（N—H 变形振动）
1450~1470		CH_2 变形振动、CH_3 非对称变形振动
1380		CH_3 对称变形振动
1225~1235		聚酯 C—O 伸展或 OH 变形振动
1060~1150	宽强	C—O—C（脂肪族醚）吸收峰

可采用否定法与肯定法相结合的方式，逐步缩小范围。如被猜测的某基团的特征吸收峰没出现，可初步判定该样中不存在该基团。在 1700~1800cm^{-1} 区域无吸收峰，可初步否定该样品含聚酯和氨酯；在 1600cm^{-1} 附近无吸收峰，可基本判定非芳香族样品。甲基、亚甲基在 2900cm^{-1}、1460cm^{-1}、1350cm^{-1} 处存在吸收峰。若在 1600cm^{-1} 附近有苯环峰，且在 (870±20) cm^{-1}（较弱）、(820±20) cm^{-1}（稍强）处各出现一个吸收峰，则含 1,2,4-三取代苯环，这是 2,4-TDI 或其衍生物的苯环特征峰；若在 (770±20) cm^{-1}（稍强）、(720±20) cm^{-1} 处有吸收峰，则存在 1,2,3-三取代苯环，是 2,6-TDI 或其衍生物的苯环特征峰。若在中频区存在苯环峰，在 (755±20) cm^{-1} 处存在吸收峰，则含邻位二取代苯环；在 (825±15) cm^{-1} 存在一个吸收峰，则可认为存在对位二取代苯环；间位二取代苯环在 (780±30) cm^{-1}、(700±10) cm^{-1} 处有双吸收峰。在得出肯定结论时还要有多个吸收峰作依据。

如图 13-1 所示为聚酯型聚氨酯的红外光谱，如图 13-2 所示为一种聚醚型脂肪族聚氨酯预聚体的红外光谱图。

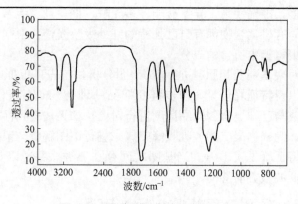

■图13-1 聚酯型聚氨酯的红外光谱图

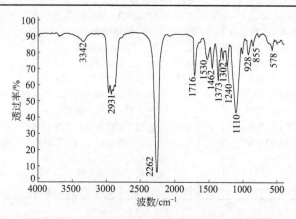

■图13-2 一种聚醚型聚氨酯预聚体的红外光谱图

对于液体样品可采用在盐片上涂样方法制测定 IR 的试样，粉末状样品可采用压片法制样，薄膜样品可直接测定红外光谱。如果样品（如 PU 软泡）无法制成薄膜，不溶不熔，并研磨不碎，则可采用衰减全反射（ATR）和光声光谱技术测定。气体样品可采用气体样品吸收池。

红外光谱不仅可通过基团的特征峰位置定性分析样品的结构，还可对基团的含量进行定量测定。例如，根据 NCO 基含量与吸光度成正比，通过测定吸光度，并与标准样品比较，可计算 NCO 的质量分数或摩尔分数；测定 TDI 异构比；通过监测在不同时间反应体系的 NCO 含量，就可研究聚氨酯制备过程的固化程度。

目前，国内外 TDI 产品标准中异构比的测定均采用红外光谱法。通过取表征 2,4-TDI 的吸收峰 810～820cm^{-1} 和表征 2,6-TDI 的 780～790cm^{-1} 这两个吸收峰的吸光度，以纯 2,4-TDI 和纯 2,6-TDI 作为标准样，绘制校正曲线，可计算求得 2,4-TDI 与 2,6-TDI 的比例。

同样，根据异构体基团的特征峰大小，还可定量测定端羟基聚丁二烯的顺1,4-加成、反1,4-加成和1,2-加成这三种异构体的比例。

13.2.2 核磁共振谱

核磁共振法（NMR）对于聚氨酯及其原料的组成定性及定量分析、序列结构测定等有独特的优点。各种新型NMR仪的出现，为聚氨酯、低聚物多元醇等的结构分析提供了有效的手段。

对聚氨酯或其原料进行NMR分析，首先必须采用合适的溶剂将样品溶解。聚氨酯产品常选用氘代溶剂如二甲亚砜（DMSO-d6）、二甲基甲酰胺（DMF-d6）、三氟乙酸（TFA-d1）等。氘代氯仿（CDCl$_3$-d1）可溶解聚醚等低聚物，而对高分子量聚氨酯溶解能力差。对于不易溶解的交联型聚氨酯，还可通过碱液降解，在分离后进行结构分析。

常用的NMR谱是^{1}H-NMR和^{13}C-NMR谱。基团中质子或^{13}C等磁性原子有特定的核磁共振吸收峰（化学位移δ），但受周围环境的影响，有时会有一定的偏移。通过化学位移值，可定性地判别样品中所含的部分和所有基团。通过对未知聚氨酯样品溶解后，进行^{1}H-NMR或（及）^{13}C-NMR测试，将所得图形与模型化合物的化学位移对照，进行峰形归属分析，最后根据特征峰的指认来推断组成成分。

下面为一些多元醇、预聚体及聚氨酯样品的化学位移数值。

2,4-TDI

^{1}H-NMR谱的δ值为：H_3 6.71，H_5 6.79，H_6 7.10，H_7 2.29（溶剂CCl$_4$）。

^{13}C-NMR谱的δ值为：C_1 约130.6，C_2 133.5，C_3 121.1，C_4 132.4，C_5 122.3，C_6 131.6，C_7 17.7，C_8 131.6，C_9 125.4（溶剂CDCl$_3$）。

HDI OCNCH$_2$CH$_2$CH$_2$CH$_2$CH$_2$CH$_2$NCO
　　　　　　　　　1　　2　　3　　4

^{1}H-NMR谱的δ值为：$H_{1,2}$ 1.49，H_3 3.31。

^{13}C-NMR谱的δ值为：C_1 26.2，C_2 31.3，C_3 43.1，C_4 122.6。

2,2-二甲基-1,3-丙二醇（新戊二醇）

HOCH$_2$C(CH$_3$)$_2$CH$_2$OH
　　　(a)(b)(c)

^{1}H-NMR δ值为：a 3.4，c 0.9。

^{13}C-NMR δ值为：a 69.7，b 36.7，c 21.4。

聚四氢呋喃二醇

$\bra{CH_2CH_2CH_2CH_2O}_n CH_2CH_2CH_2CH_2OH$
　　　　　2　　1　　　　3　　4

^{1}H-NMR 谱的 δ 值为：H_1 3.40，H_2 1.63（溶剂 $CDCl_3$）。

^{13}C-NMR 谱的 δ 值为：C_1 69.8，C_2 26.1，C_3 29.4，C_4 62.7（DMSO-d6）。

聚己二酸乙二醇酯-MDI-丁二醇（聚酯型聚氨酯）

^{1}H-NMR 谱的 δ 值为：H_1 1.67，H_2 2.35，$H_{3,4}$ 4.36，H_5 3.89，$H_{7,8}$ 7.30，H_{12} 4.14，H_{13} 1.67，H_{15} 9.63，H_{16} 9.55。

^{13}C-NMR 谱的 δ 值为：C_1 23.5，C_2 32.7，C_3 61.5，C_4 61.9，C_5 40.6，C_6 137.1，C_7 128.7，C_8 118.5，C_9 135.4，C_{10} 153.3，C_{11} 153.6，C_{12} 63.8，C_{13} 25.5，C_{14} 173.0。

2,4-TDI/2,6-TDI-聚氧化丙烯醚（聚醚型聚氨酯）

^{1}H-NMR 谱的 δ 值为：H_1 1.20，H_2 2.33，H_3 2.46，H_4 3.58，H_5 5.20，H_6 8.57，H_7 8.75，H_8 9.45，芳 H 6.7~7.8（溶剂：DMA-吡啶）。

NMR 可判定聚氨酯中存在异氰酸酯衍生物——氨基甲酸酯、脲、缩二脲、脲基甲酸酯的存在，这些基团的 H-NMR 化学位移值见表 13-2。另外，芳香族异氰酸酯衍生物中与 N 相连的 C=O 的 ^{13}C-NMR 化学位移值（溶剂为 DMF-d6）分别为：脲 153.6，氨基甲酸酯 154.6，缩二脲 154.5，脲基甲酸酯 156.1（另外酯基 COO 的 δ 值为 152.1）。

对于不太复杂的样品，通过各基团特征吸收峰的面积（积分）可定量地计算基团的相对含量，测定出准确的化学结构。在定量分析之前需对样品进行定性分析。

NMR 在聚氨酯及其原料结构定量分析方面的应用如下。

① 测定共聚醚中氧化乙烯（EO）和氧化丙烯（PO）链节的比例。在

■表13-2 异氰酸酯衍生物 NH 基 ^{1}H－NMR 谱化学位移数据

名称	结构式	δ
脲	—NHCONH—	5.70~8.58
氨基甲酸酯	—NHCOOR	8.60~9.70
缩二脲	—NHCONCONH—	9.60~10.25
脲基甲酸酯	—NHCONCOOR	10.62~10.67

注：测试时用于溶解样品的溶剂为 DMSO-d6。

^{1}HNMR 谱中（溶剂 CDCl$_3$）中，PO 的甲基特征峰在 $\delta=1.3$ 处（双峰），而 EO 中的亚甲基、PO 中的亚甲基和次甲基峰几种基团的化学位移在 3.2～3.8 处，通过各种基团中质子在积分面积中所占的份额，可计算出 EO 与 PO 的摩尔比及质量比。

② 2,4-TDI 及 2,6-TDI 异构体的比例。2,4-TDI 及 2,6-TDI 所生成的氨基甲酸酯，芳环上的甲基峰在 ^{1}H-NMR 谱（溶剂吡啶）中 δ 分别为 2.33 和 2.47 处，在 ^{13}C-NMR 谱（溶剂 CDCl$_3$）中 δ 分别为 18.7 和 14.7，因而根据 NMR 谱上两种异构体甲基峰的积分面积之比，可计算出异构体比例。

③ 测定聚醚多元醇的伯、仲羟基比例。将聚醚多元醇以三氟乙酸在一定条件下消耗后，各种羟基都被酯化成 TFA 酯，测定其 ^{19}F NMR 谱（与 H 谱、C 谱相比可消除样品中中杂质的影响），由于伯羟基 TFA 酯的 δ 为 78.20～78.24，仲羟基 TFA 酯的 δ 为 78.51～78.55，故可根据两者的峰面积之比求出伯羟基的摩尔分数。

④ 可定量分析聚氨酯的组成。通过定性分析判定聚氨酯的组成成分，再根据 ^{1}H-NMR 谱中各成分 H 的 δ，可计算出各含 H 基团的相对摩尔比，并结合其他信息，推测分子结构和组成。

⑤ 测定聚醚或聚酯的分子量。可利用核磁位移试剂 Eu（DPM）$_3$ 或三氟乙酸酐与聚醚的端羟基反应，在低场获得端基的化学位移，通过端基与氧化烯烃链节的峰面积之比求出数均分子量。另外，通过 ^{1}H-NMR 中各种环境下亚甲基的 δ，还能计算聚酯型聚氨酯中聚酯的分子量。

⑥ 可定量分析共聚醚中的平均链节数、共聚醚及聚氨酯各种链节的序列分布、聚氨酯中软段和硬段平均链节长度等；测定线型预聚体中 NCO 与 OH 的摩尔比、未反应的 NCO 质量分数；测定端烯丙基聚醚的不饱和度；利用 ^{1}H、^{13}C、^{29}Si 的 NMR 谱研究有机硅泡沫稳定剂的结构；可识别氨酯基、脲基、缩二脲基及脲基甲酸酯，并可进行定量测定等。

13.2.3 热分析法

13.2.3.1 差热扫描量热法

差热扫描量热法（DSC）是采用 DSC 仪测量聚合物样品热行为的一种重要方法，所需样品量很少（100mg 以内），不但用于测量聚氨酯的结晶温度、熔点、玻璃化温度，还可用于研究固化、氧化、分解、相转变等过程。通过 DSC 测试，可观察到与吸热、放热等相关的相对变化。DSC 在聚氨酯弹性体及其他聚氨酯产物（固化物）研究中发挥越来越大的作用。聚氨酯等聚合物的各种物理化学变化在 DSC 曲线的特征如图 13-3 所示。

聚氨酯弹性体是由软段与硬段组成的嵌段聚合物，由于原料组成的不同，聚合物可存在不同程度的相分离，通过 DSC 曲线可测得软段和硬段各

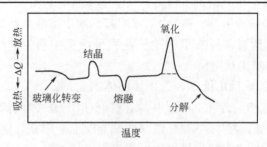

■图 13-3 聚氨酯的 DSC 模型曲线

自的 T_g,若弹性体链段中软段的 T_g 比纯软段的高,则说明有硬链段混容在软链段中,因此可表征相分离程度。另外,若两种聚合物混合,也可采用 T_g 研究聚合物的相容程度。DSC 还可用于测量聚氨酯固化程度、耐热性和热稳定性等,已有不少的研究。

13.2.3.2 动态热机械分析

动态热机械分析法(动态力学分析法、DMA)是在程序温度控制下,测量物质在振动负荷下动态模量和阻尼与温度(或时间)关系的一种技术。有的 DMA 仪有时间、温度、应力、频率、蠕变-恢复等扫描模式及静态热机械分析(TMA)等功能。该法需要的样品量少。DMA 可用于测量材料变形时所贮存和消耗的机械能,可同时得到试样的弹性模量和阻尼值。聚氨酯弹性体是一种黏弹性材料,因此 DMA 在聚氨酯弹性体的性能研究中可以发挥重要的作用。如图 13-4 所示是聚氨酯弹性体典型的 DMA 温度谱图。

由图 13-4 可见,随着温度的升高,储能模量曲线上出现若干个跌落,内耗曲线出现相应的峰。模量跌落和内耗峰所处的温度基本对应。以模量跌落或内耗为界,可以把 DMA 温度谱划分为几个区域。各个区域分别与弹性体高聚物不同力学状态相对应。$\tan\delta$ 曲线上 α 峰为聚氨酯弹性体硬链段运动产生的峰,β 峰为软段运动产生的峰,与 β 峰对应的 T_g 即为软段的玻璃化

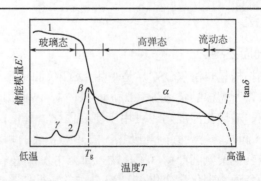

■图 13-4 聚氨酯弹性体典型的 DMA 温度谱
1—储能模量曲线;2—损耗角正切曲线

温度，而γ峰对应于软链段中小链节的运动，在具有规整软链段的聚氨酯中没有此峰。

利用 DMA 曲线，可测定玻璃化温度和热形变温度，研究聚氨酯的阻尼性能、耐热性等，还可以测试弹性体热膨胀系数、评价老化性能等。

13.2.4 色谱法

13.2.4.1 凝胶渗透色谱

凝胶渗透色谱（GPC）可用于测定低聚物多元醇原料的分子量及分子量分布、多异氰酸酯产品中各种低聚物的分布，利用双检测器 GPC 仪可得到样品的各种官能度组分的相对含量、数均官能度等数据。GPC 仪可对聚氨酯原料、助剂及半成品等混合物进行分析，初步了解聚合物组成，并且被分离的样品可进一步采用 IR 等方法进行结构分析。GPC 还可进行动力学研究，例如通过分离暂未参加反应的扩链剂 MOCA 并进行跟踪测定，研究 MOCA 参加反应的动力学。

采用制备凝胶渗透色谱，可分离混合物，例如对聚氨酯匀泡剂的混合组分进行分离，并对分离的组分进行了凝胶色谱、红外光谱等分析。

13.2.4.2 高效液相色谱

高效液相色谱法（HPLC）是指采用高效固定相，以高压输液泵输送流动相的自动化液相色谱法。该法是混合物重要的分离分析方法。在聚氨酯组分分析中，高效液相色谱可将低聚物多元醇混合物进行分离，测定其分子量分布；可分离二醇与三醇的混合物，测定二元醇和三元醇的比例；对聚氨酯预聚物中游离异氰酸酯进行测定等。

13.2.4.3 气相色谱法

气相色谱法是定性、定量测定有机化合物组成和结构的一种常用的方法。气相色谱仪不仅可对气体和小分子有机物进行分离，而且可在高温下把聚合物进行裂解，并把小分子裂解产物进行分离分析。不同的分离产物有不同的保留时间，通过与已知物质对照，可定性判定未知物成分。通过峰面积的大小可进行定量分析，具有较高的准确度。

气相色谱法在聚氨酯中的应用比较广泛。

① 低聚物多元醇组成的鉴定方法　将样品直接放进裂解炉中裂解，裂解气由氮气为载气送至分离柱分离后由 FID 检测分析。同样，聚氨酯裂解色谱峰与标准图谱相比较，可判断聚氨酯中存在的低聚物多元醇成分。

② 聚氨酯中二异氰酸酯组成的鉴定采用加压水解方法　将弹性体切碎成细粒，加 20%氢氧化钠溶液在水解缸中 130℃密闭水解 2h，冷却后用乙醚萃取水解生成的二胺，浓缩，进行气相色谱分析。

气相色谱法还可测定叔胺等各种有机添加剂的含量或纯度，对未知聚醚多元醇中的添加剂进行分离分析，分析聚酯合成中副产物水中所带出二醇的含量，测定 TDI 等化合物的纯度，测定预聚体中游离 TDI 含量，测定 MDI 的 4,4'-异构体和 2,4'-异构体各自的含量等。

采用裂解-气相色谱-质谱联用技术，可分析各种聚氨酯制品的组成，该法原理是在 550～600℃，聚氨酯裂解成其组成单体或与其相关的特征产物，经气相色谱分离、质谱定性鉴定，可确定聚氨酯的大致结构组成。

13.2.5 黏度

GB/T 12008.7—2010《塑料　聚醚多元醇　第 7 部分：黏度的测定》中介绍了两种测聚醚黏度的方法。方法 A 为 Brookfield 黏度方法，采用 Brookfield 黏度计，适用于在 25℃或 50℃时测定黏度范围为 $10～10^5$ mPa·s。方法 B 为旋转式黏度方法，适用于在 25℃时测定黏度范围为 $10～10^6$ mPa·s 的聚醚多元醇的黏度。GB/T 12009.3—2009《塑料　多亚甲基多苯基异氰酸酯　第 3 部分：黏度的测定》采用旋转式黏度计方法，与 GB/T 12008.7 的方法 B 类似。

有关黏度具体测定，包括温度的恒定、黏度计转子的选择、测定的注意事项，可参照标准以及黏度计的说明书，这里不再赘述。

13.2.6 其他仪器分析方法

(1) 分光光度法　分光光度法是根据比尔定律和混合物体系各组分吸光度的叠加原理，定量测定组分含量的一种方法。不同的化合物（或与显色剂的混合物）在特定的波长有固定的吸收峰，吸光度与试样浓度成比。一般需配制系列浓度的标准溶液，标准溶液的组成尽可能与待测样品相近。利用分光光度计，可用原子吸收光谱法测定钾（钠）离子含量，用近红外光谱法测定水分，以及测定 NCO 含量等。

(2) VPO 法　气相渗透法又称蒸气压渗透法（VPO），是用于测定化合物数均分子量的方法。其原理是基于不挥发性溶质引起溶剂的蒸气压降低，通过检测器进行记录和换算，可得到分子量数值，该法的特点是样品用量少、测试速率快，适用于聚氨酯的多元醇、助剂等原料的分子量的测定。

(3) 薄层层析法　薄层层析法是一种微量、快速的分离和鉴定技术，具有操作简便、检出灵敏度高等优点。

采用薄层层析法可测定聚氨酯的异氰酸酯结构，方法是将聚氨酯试样进行加压水解处理，制得相应有机胺溶液，以硅胶 GF_{254} 为吸附剂进行薄层层析分离，可快速检测聚氨酯中异氰酸酯组成及弹性体中二胺扩链剂。薄层层析分离后可进一步对分离组分做定量分析。该方法解决了用气相色谱法不能对弹性体中的二元胺及甲苯二异氰酸酯异构体进行检测的问题。

13.3 聚氨酯制品性能的测试

一般的物性测试，要求被取样的材料均匀。大多数性能测试标准对取样方法作了规定，要求取 3~10 个试样不等，测试后的性能指标取平均值。

13.3.1 拉伸强度及伸长率

拉伸强度是聚氨酯材料重要的技术指标，聚氨酯泡沫塑料、弹性体、胶黏剂、水性聚氨酯胶膜、防水涂料胶膜、合成革树脂胶膜等都需测拉伸强度、伸长率。

根据 GB/T 1040 等标准，拉伸强度的定义为：在拉伸试验中，试样直至断裂为止单位面积所承受的最大拉伸应力。断裂伸长率（简称伸长率）定义为：试样断裂时标线间距离的增加量与初始标距之比，以百分率表示。另外，弹性体有时还有定伸强度（或称定伸模量）指标，是指在特定伸长率时的拉伸应力。

不同的材料有不同的拉伸性能测试标准，如：GB/T 1040—2006 为塑料拉伸性能测试标准，GB/T 528—2009 为硫化橡胶拉伸性能测试标准，GB/T 6344—2008 为软质泡沫聚合物拉伸性能测试标准，GB/T2568—1995 为树脂浇注体拉伸性能试验方法。拉伸性能测试一般采用哑铃形试样，形状如图 13-5。

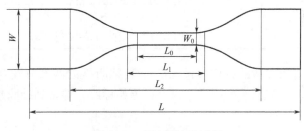

■图 13-5　哑铃形拉伸试样

不同的测试标准对试样的尺寸均有多种规定，橡胶材料哑铃形试片尺寸请参照 GB/T 528—2009，较硬的材料哑铃形试片尺寸请参照 GB/T 1040—2006。最常用的橡胶和塑料试片的尺寸为：总长度（最小）$L=115mm$，夹具间距离 $L_2=80mm$，中间平行窄条部分长度 $L_1=33mm$，标距（在中央平行部分画上的平行标记中间的距离，用于测拉伸伸长）$L_0=25mm$，端部宽度 $W=25mm$，窄小部分宽度 $W_0=6mm$，试样厚度 $D=1mm$、2mm 或 4mm。软泡拉伸性能测试标准中规定 $L=152mm$，$L_1=55mm$，标距 $L_0=25\sim50mm$，$W=$

25mm，窄小部分宽度 $W_0=13$mm，试样厚度 $D=10\sim15$mm。

对于聚氨酯弹性体薄片（薄膜）及聚氨酯软泡材料，可用裁样机或刀模冲裁制得哑铃形试样。由于硬质聚氨酯泡沫塑料质脆，制备时需小心，不宜用冲裁方法制样。

在拉力试验机上将试样夹妥，以固定的拉伸速度拉伸试样，则最大拉伸应力即为拉伸强度。可同时测定拉伸应力和伸长率，得到应力-应变曲线，如图13-6所示。拉伸应力为所施加于试样的拉力 F 与试样（窄条部分）原始截面积（宽 W_0×厚 D）的比值，其单位一般换算成 MPa（$1\text{MPa}=1\text{N/mm}^2$）。

图13-6中曲线Ⅰ为脆性塑料，Ⅱ为具有屈服点的韧性材料，Ⅲ为无屈服点的韧性材料。A、C、E 点处的拉伸应力分别为3种试样的拉伸强度，A、D、E 处的伸长率为断裂伸长率。B 点为屈服点，D 点产生拉伸断裂应力。

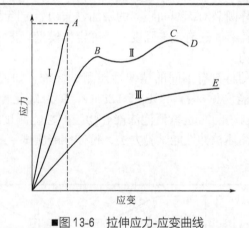

■图13-6 拉伸应力-应变曲线

将断裂后的试样放置3min，再把断裂的两部分吻合在一起，测量标距数值，其与原始标距之差再除以原始标距，即得到扯断永久变形（用百分数表示）。

13.3.2 撕裂强度

软质泡沫塑料及弹性体材料有撕裂强度指标。

对于软质泡沫塑料，GB/T 10808—2006《高聚物多孔弹性材料撕裂强度的测定》规定，可取 25mm×25mm×150mm 的柱形试样，在泡沫上升方向测量试样厚度，并在试样一端与泡沫上升的平行方向切一个 45~55mm 长的上下贯穿的切口，将试样切口张开，夹在拉力试验机夹具上以一定的速率进行拉伸，记录试样被撕裂 50mm 以上后的最大撕裂力，除以厚度，即为撕裂强度。

对于聚氨酯弹性体，可采用 GB 529《硫化橡胶的撕裂强度测定方法（圆弧形）》或 GB 530《硫化橡胶的撕裂强度测定方法（直角形）》的方法测定，用裁片机在平整、坚硬的样品表面裁切试样，试样厚度 2mm，在圆弧形或直角形试样中部用锋利的刀片切一个割口，将试样夹入夹具，使试样轴向对准拉伸方向，试验机对样品施加一个逐渐增加的牵引力直至试验断裂。撕裂强度为最大撕裂应力与试样厚度之比，单位为 N/cm 或 N/m。

13.3.3 压缩强度、压陷硬度及压缩永久变形

对于聚氨酯泡沫塑料制品，通常需测定其耐压性能，其指标为压缩强度（对于硬泡制品）或压陷硬度（对于软泡制品）。其定义是试样受到负荷并变形到一定程度时，单位面积所产生的应力。

测试压缩性能，要求试样的顶面与底面应互相平行，相邻各边应相互垂直。

(1) 压缩强度和压陷硬度 硬质泡沫塑料可按 GB 8813—2008 标准测定压缩强度。对于软质泡沫塑料，按 GB 10807—2006 测定压陷硬度。试样应平整、无表皮，厚度一般为 50mm。将泡沫样品放在平整的平台上记录试样产生的耐压陷应力。硬泡标准规定可用边长或直径在 100mm 以上的方形或圆形压板（压头）。软泡一般采用直径为 200mm 的圆形压板。以一定的速度向泡沫塑料试样施加载荷。

硬质聚氨酯泡沫塑料试样一般可为圆形和方形，试样面积一般比压板小。若应力记录曲线在泡沫被压缩 10% 之前出现屈服点（压陷应力最大值），则取此最大应力，除以试样的截面积，即得压缩强度。如硬质泡沫稍有韧性，在被压缩 10% 之前不出现泡沫破坏和应力屈服点，则一般测定试样被压缩 10% 时的压缩强度。

聚氨酯泡沫塑料的压缩强度的单位多为 kPa。

对于软质泡沫塑料，常规的测定值用压陷硬度（IFD）和压缩强度两种表示法。因为受压面积是固定的，一般以压陷硬度（压陷负荷）表示泡沫的耐压性能。压陷硬度指用直径 200mm 圆形压板（压板的边缘为倒圆状）将泡沫压陷一定的百分比时的压陷力，单位为 N；也有人以压缩强度表示聚氨酯软泡的耐压性能，压缩强度是压陷应力除以压板面积得到的数值。

GB 10807 规定软泡试样大小为 380～400mm，厚度不足 50mm 的泡沫片材可叠加放置。在测定压缩强度前，将泡沫以 100mm/min 左右的速率将试样压缩到原厚度的 (70.0±2.5)%，再以同样的速率卸去载荷。重复 3 次后，正式压缩试样。若测定 25% 压陷硬度，则是表示将试样厚度压陷 25% 并保持 30s 时的压陷应力。

对于聚氨酯软泡，压陷比（又称压陷系数、压陷率、sag 系数）是表示

泡沫舒适度的一个指标，数值越大则作为座垫越感舒适。一般采用压陷65%的压陷负荷除以压陷25%的压陷负荷，即65%/25%压陷比作为软泡的一个技术指标。

(2) 压缩永久变形　压缩永久变形一般是针对软质聚氨酯泡沫塑料的一项指标，按GB/T 6669—2008方法测定。测定方法是：在规定的温度下，使泡沫材料试样在一定的时间内维持恒定的变形，待试样回复一段时间后，测定试样的初始厚度与最终厚度之差，计算它与试样初始厚度之比，以其百分率表示该材料的压缩永久变形。

试样长、宽各50mm，厚25mm。薄形材料应叠合在一起，使其厚度总和至少为25mm，各试样之间用玻璃片隔开（计算厚度时减去玻片厚度）。压缩装置由两块大于试样尺寸的平板、定位件和夹具组成。两平板间的距离可按所需的形变高度加以调节。

测试时，先测试初始厚度，将试样置于压缩装置的平行板中间，压缩试样厚度的50%或75%。特殊情况下，可以允许压缩90%。在15min内将已压缩的试样或组合试样置于70℃的烘箱内并维持22h。从烘箱内取出压缩装置并在1min内从装置中取出试样。将试样放置在压缩前同样的温度环境中30min。测定最终厚度。初始与最终厚度差除以初始厚度就是压缩永久变形数值（用%表示）。

13.3.4　弯曲强度

对于硬质聚氨酯材料，弯曲强度是衡量其挠曲性能的重要指标。

将试样置于支座上，用加压头在支座中间位置以一定的速率对试样施加负荷，试样在规定形变（弯曲跨度中心的顶面或底面偏离原始位置的距离）时的最大弯曲应力，即为弯曲强度，如图13-7所示。

GB 9341规定的标准试片长度为80~100mm，宽度为(10.0±0.5)mm，厚为(4.0±0.2)mm。也可用非标准试样，但尺寸有一定的要求。测试时跨度一般为试样厚度的16倍，标准试样速度为(2.0±0.4)mm/min。

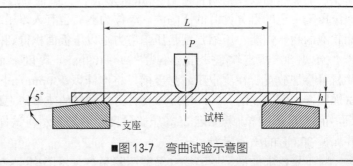

■图13-7　弯曲试验示意图

弯曲强度 σ_f 计算公式为：

$$\sigma_f = \frac{3PL}{2bh^2}$$

式中，P 为试样所承受的弯曲负荷（规定挠度等于试样厚度的 1.5 倍时的负荷或破坏负荷、最大负荷值），N；L 为跨度，mm；b 为试样宽度，mm；h 为试样厚度，mm。

13.3.5 冲击强度

硬质聚氨酯材料可用冲击强度衡量其韧性。冲击强度可采用简支梁及悬臂梁等方法测试，均以试样破坏时单位面积所吸收的能量表示材料的冲击强度。

(1) 简支梁冲击强度　简支梁冲击强度（Charpy impact strength）分无缺口试样简支梁冲击强度和缺口试样简支梁冲击强度，单位为 kJ/m^2。缺口冲击强度测试时，试样上的缺口形式有尖角 V 形、圆角 V 形和"凹"形等几种。可采用 GB/T 1043.1—2008 中的方法测量。

(2) 悬臂梁冲击强度　悬臂梁冲击强度（Izod impact strength）为试样在悬臂梁冲击破坏过程中所吸收的能量与试样原始横截面积之比。它分无缺口试样、缺口试样和反置缺口试样悬臂梁冲击强度等几种，对于层压材料又分平行冲击和垂直冲击方向。可采用 GB/T 1843—2008 塑料悬臂梁冲击强度的测定方法测试。悬臂梁冲击强度的计算公式与简支梁冲击强度的相同，单位也为 kJ/m^2。

13.3.6 回弹率

软质聚氨酯泡沫塑料及弹性体的回弹性能可通过回弹率表征。

(1) 软泡回弹率　软泡采用 GB/T 6670—2008《软质泡沫聚合材料落球法回弹性能的测定》方法测试落球回弹率。其定义为：规定重量的小钢球从规定高度自由落体到试样上，被弹回的高度与原下落高度的百分比。试样尺寸为：长宽各 100mm，高 50mm，上下表面平行。

测试时，将试样水平置于落球回弹仪的测试位置，钢球由磁铁装置控制释放。GB/T 6670—2008 的方法 A 规定小钢球直径（16.0±0.5）mm，质量为（16.8±1.5）g，钢球下落高度为 500mm。方法 B 规定钢球直径同 A 法，质量 16.3g，钢球下落高度为 460mm。目测钢球的弹回高度，每个试样连续测 3 次，取最大值，每种样品测 3 个样，取平均值，计算回弹率。

(2) 弹性体回弹率　聚氨酯弹性体的回弹性能可采用 GB/T 1681—2009《硫化橡胶回弹性的测定》方法测定。

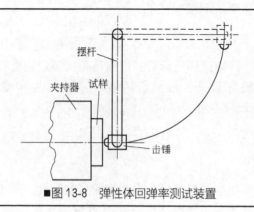

■图 13-8　弹性体回弹率测试装置

试样厚度 12.5mm，直径 29～53mm。采用摆锤试验机（图 13-8）。锤头直径 15mm，冲击速率 2m/s，冲击能量 0.5J。

在摆锤垂直悬挂时，半圆形的锤头应与试样表面相切，锤头与试样的接触方向必须与试样垂直。测试时将摆锤抬至水平位置并挂在挂钩上，调节指针为 0，松开挂钩，使摆锤自由落下、冲击试样，前 4 次冲击不计回弹值，第 5 次时读取回弹值。测 3 点取平均值。

回弹值指示装置由摆杆上的拔销及受拔销控制的并带有随转指示的刻度盘组成，刻度盘为 1/4 圆形，被分成 100 份非线性的刻度。

13.3.7　剪切强度

剪切强度是指规定条件下制备的标准粘接物试样，在一定试验条件下，对基材施加平行于胶层的作用力，使粘接面产生剪切破坏时，单位粘接面积所能承受的最大平均剪切力。接头剪切强度试验有多种方法，根据粘接面的受力方式，有拉伸剪切、压缩剪切、扭转剪切、弯曲剪切、环套剪切等。按粘接试片的结构有单搭接、双搭接、单及双盖板搭接等。一般以单搭接拉伸剪切粘接强度试验方法最常用，简称为剪切强度。

单搭接拉伸剪切强度试验方法的优点是接头结构简单，制备方便，只有一个粘接破坏区，便于分析。基材一般以金属合金铝、钢试片为主，优点是金属硬度大，拉伸时不易变形。如图 13-9 所示为单搭接拉伸剪切试样结构及试片尺寸。

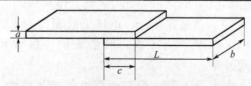

■图 13-9　单搭接拉伸剪切试样结构及试片尺寸

试片尺寸/mm

	L	a	b	c
A 型	100.0±0.5	2.0±0.1	25.0±0.1	12.5±0.5
B 型	70.0±0.5	2.0±0.1	25.0±0.1	15.0±0.5

测试时最好采用电子式拉力试验机，对于 A 型试片，试样夹持端至搭接端的距离为 50mm。剪切强度按下式计算。

$$\tau = \frac{P}{bc}$$

式中　τ——粘接接头的拉伸剪切强度，MPa；
　　　P——粘接试样剪切破坏时所加的最大负荷，N；
　　　b——试样搭接面的宽度，mm；
　　　c——试样搭接面的长度，mm。

13.3.8 剥离强度

剥离强度是评价胶黏剂粘接性能的重要手段。剥离强度是单位粘接面积所承受的最大破坏负荷，是粘接面剥离时单位试样宽度所需的力。一般以 N/cm、N/m 或 kN/m 为单位，特殊场合可用 N/1.5cm、N/2.5cm 为单位。剥离强度的测试方法有多种，主要有 180°剥离、T 形剥离、辊筒剥离和 90°剥离。剥离强度测试适合于柔性粘接接头，而聚氨酯胶黏剂的特点是具有广范围的软硬度，尤其适合于软质材料的粘接。在聚氨酯胶黏剂指标中最常用的是 180°剥离强度及 T 形剥离强度两种。

(1) 180°剥离强度　180°剥离法适用于刚性硬质材料与柔性材料的粘接试样剥离强度的测试。软材料长 200mm，硬质材料长 120mm，粘接重叠部分长 100mm，试样宽 25mm。试验时柔性基材按如图 13-10 所示方向受力，受力方向与剥离方向平行，剥离角成 180°。

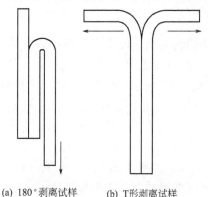

(a) 180°剥离试样　　(b) T形剥离试样

■图 13-10　180°及 T 形剥离试样示意图

180°剥离强度测试时，将未上胶的自由端剥开约10mm并将硬质板垂直夹在上夹具中，柔性材料垂直夹在下夹具中。拉力试验机以（200±10）mm/min的加载速度180°方式剥离试样，有效剥离长度应在70mm以上，剥离到直接部分还剩10mm左右为止。拉力试验机在剥离试样的同时可自动绘出试样剥离力曲线，测量曲线中间上线为波动线的"矩形"面积，注意矩形底线长度相当于试样剥离长度在70mm左右。

(2) T形剥离强度　用T形剥离方法对粘接样施加应力，使粘接试样产生粘接破坏，单位宽度所需的力即为T形剥离强度。

T形剥离的试样由两个柔性材料粘接构成，剥离试样及剥离方向示意图如图13-12所示。粘接试样未剥开部分与拉伸方向呈T形。GB/T 2791—1995《胶黏剂T形剥离强度试验方法挠性材料对挠性材料》规定的试样长150mm，粘接部分长120mm，裁成的试样条宽25mm。而GB 8808—1988《软质复合塑料材料剥离试验方法》规定，对于复合薄膜标准试样的尺寸为宽（15.0±0.1）mm、长度200mm，对于人造革等基材的剥离试样尺寸为宽（30.0±0.2）mm、长度150mm。

制备试样时应注意从大粘接件上裁剪标准试样时不能使粘接部位变形或破坏，沿宽度方向粘接面的错位不大于0.2mm，粘接试样从制备到测试停放时间至少在16h以上。量取试样的宽度要精确。

GB 2791规定的T形剥离强度的拉力试验条件和方法基本上与180°剥离的相同，而GB 8808规定对于塑料复合薄膜剥离速率为（300±50）mm/min、人造革层压复合材料剥离速率为（200±50）mm/min。将未上胶的自由端对称地夹在夹具上，按图13-10中作用力方向剥离粘接试样。按与180°剥离相同的方法计算剥离强度。聚氨酯胶黏剂特别适用与塑料薄膜、铝箔、人造革、布等软质材料的粘接，T形剥离强度采用GB 8808—1988测试方法更适合。

13.3.9　热导率

对于泡沫塑料特别是硬质泡沫塑料，热导率是重要的性能指标，可采用GB/T 10294—2008《绝热材料稳态热阻及有关特性的测定·防护板法》、GB 3399—1982《塑料热导率试验方法·防护热板法》的方法测试。

热导率是指单位面积、单位厚度、温差为1℃时，在单位时间内通过的热量。以前曾用单位是$kcal/(cm \cdot h \cdot K)$，目前采用SI单位，为$W/(m \cdot K)$。

试样长200mm、厚30mm，或长300mm、厚50mm，试样平整，无裂纹。准确测量试样尺寸。采用平板导热仪，将试样置于冷热板中间并与板紧密接触。使冷热板维持恒定温度，保持所选定的温度差，当加热板温度达到稳态时，每隔30min连续3次测量通过有效传热面积的热量和试样两面的温差。各次测量值与平均值之差小于1%时可结束试验。再测试样厚度，以试验前后的平均值为试样厚度。

按 GB 3399，试样的热导率 λ 由下式求出：

$$\lambda = \frac{Qd}{S\Delta t\Delta T}$$

式中，Q 为稳态时通过试样有效传热面的热量，J，1 J=1W·s；d 为试样厚度，m；S 为试样有效传热面积，m^2；Δt 测定的时间间隔，s；ΔT 为热板与冷板之间的温度差，K 或℃。

参照 GB/T 10801.1—2002《绝热用模塑聚苯乙烯泡沫塑料》，PU 硬泡试样厚度可在 25mm，温差 15~20℃，平均温度 25℃。

13.3.10 阻燃性能

聚氨酯本身是一类可燃性材料，在许多应用上要求聚氨酯制品有一定的阻燃性能。聚氨酯材料的燃烧性能可通过多种方法测定，每种方法都有各自的评定标准。有关燃烧性能测试标准有：氧指数法（美国试验与材料协会标准 ASTM D 2863，我国的 GB 2406）、水平燃烧及垂直燃烧试验（塑料 GB 2408、泡沫塑料 GB 8332 及 8333）、GB 8323（塑料烟密度法）、ASTM D 1692、ASTM E84（建筑材料表面燃烧试验）、ASTM D 2843（燃烧分解时发烟量测试）、国际标准化组织标准 ISO DP1528、美国国家标准局标准 NBS 方法（测定燃烧发烟时透光度）、Butler 烟筒法（测定燃烧时间及燃烧后样品的重量保留率）、火焰贯穿试验、日本铁运第 81 号燃烧性试验法以及美国保险试验所标准 UL-94 系列级别的试验方法等。

常用的指标是氧指数。水平燃烧或垂直燃烧级别、烟密度等也是与燃烧性能有关的参数。通过这些测试，可相对地评价材料燃烧性能。测试标准一般会标明，测试结果不能用于评定材料在实际使用条件下着火的危险性。

13.3.10.1 氧指数

氧指数是在规定的试验条件下，在氧、氮混合气流中，测定刚好维持试样燃烧所需的最低氧浓度。

氧指数通过氧指数测定仪测定。氧指数测定仪由燃烧筒（耐热玻璃管）、试样夹、进入燃烧筒的氧氮气体流量计和控制系统、气源（钢瓶及调节装置）、点火器、排烟系统和计时装置等组成。将长 70~150mm、宽 6.5~10mm、厚 3~10mm（泡沫材料厚 10mm）的试样垂直夹在燃烧筒中央的试样夹上，试样上下端（暴露部分）分别距筒顶和底部配气装置 100mm 以上。先通过初步燃烧估计氧指数范围，然后调节氧、氮气流，在把燃烧筒中的气体置换后，用点火器点燃试样顶部，开始计时。若 30s 内不能点燃，则增加氧浓度，直至点燃。GB/T 2406—2008《塑料 用氧指数法测定燃烧行为》系列国家标准规定了氧指数测定方法和计算公式，因描述复杂，这里不详述。

13.3.10.2 水平燃烧法与垂直燃烧法

对水平和垂直方向放置的试样用小火焰点火源点燃后,对其燃烧性能进行评价分级。

(1) 水平燃烧法 GB/T 2408—2008《塑料燃烧性能试验方法 水平法与垂直法》规定试样长度125mm左右、宽13mm、厚3mm,也可采用其他厚度,但厚度不超过13mm。在距试样点燃端25mm和100mm处各划一条标记线,将试样一端水平夹好,金属网放在试样下10mm处,若试样下垂,可用支撑架。点燃本生灯,使之产生20mm高的蓝色火焰,点燃试样端部30s,若试样继续燃烧,记录从标记线到燃烧终止的燃烧时间(s),并记录从25mm标记线到燃烧终止端的烧损长度,计算燃烧速率,从难燃到可燃用FH-1～FH-4四级表示燃烧性能。

GB 8332—2008规定了泡沫塑料水平燃烧试验方法,泡沫塑料样品的长150mm、宽50mm、厚13mm。

(2) 垂直燃烧法 GB/T 2408规定的垂直燃烧方法:将试样垂直倒挂,点燃试样底端10s,记录第一次有焰燃烧时间,有焰燃烧停止后,再次施焰10s,记录第二次有焰燃烧时间和无焰燃烧时间,按燃烧难易分为FV-1～FV3及不能用垂直法分级四个等级。GB 8333—2008规定了硬质泡沫塑料样品的垂直燃烧法分级测试方法。

限于篇幅,有关密度(GB/T 6343—2009 泡沫塑料及橡胶表观密度的测定)、膨胀系数(GB/T 1036—1989 塑料线膨胀系数测定方法,GB 20673—2006 硬质泡沫塑料 低于环境温度的线膨胀系数的测定)、尺寸稳定性(GB/T 8811—2008 硬质泡沫塑料 尺寸稳定性试验方法)、泡沫塑料开孔率(GB/T 10799—2008 硬质泡沫塑料 开孔和闭孔体积百分率的测定)、泡沫塑料吸水率(GB/T 8810—2005 硬质泡沫塑料吸水率的测定)等测试方法本书不详加介绍,可参照有关标准或论文。

第 14 章 聚氨酯材料的安全和环保

有关聚氨酯的毒性曾经是人们争论的问题，特别是发生聚氨酯燃烧等事故的时候。业界已经认识到，固化后的聚氨酯是无毒材料，有些医用聚氨酯材料已经用于人体植入和医疗器械部件。但未固化的聚氨酯具有一定的毒性，主要是指异氰酸酯活泼性带来的毒性，特别是含游离 TDI 时。另外用于保温的硬质聚氨酯泡沫塑料，如果阻燃级别不够，遇火后发生燃烧产生有毒气体。但如果做到阻燃处理，并且避免接触火源，是完全可以避免这类事故的。

14.1 有毒原料的操作注意事项

聚氨酯化学品中，有不少原料或多或少有一定的毒性，有的原料有腐蚀性、有刺激性、有臭味、挥发性，是易燃易爆化学品，甚至还有很少的剧毒化学品。所以操作人员需具备基本的化学知识，经过专门培训，严格遵守操作规程。能够做到安全操作，做好个人防护。

化学品操作人员，应该穿戴好防护服，实验人员穿实验服，必要的时候戴手套、戴护目镜、口罩甚至过滤式呼吸器。

在聚氨酯产品研发中对于未知毒性的化学品，可以通过在因特网上搜索资料，特别是其化学品安全技术说明书（MSDS），获得有关毒性和急救措施。

良好的工作环境，是安全的保障。远离火种、热源，工作场所严禁吸烟。使用防爆型的通风系统和设备。实验室应该有通风系统，有毒气体有吸收和回收系统，废料有专门的收集和处理系统。

特别需要强调的是，在连续法聚氨酯软泡生产线附近的 TDI 蒸气毒害尤其严重，必须做好防护措施。另外在泡沫体冷却之前，注意防范因内部自升温，可能烧芯而产生的火患。

细心谨慎、遇事沉着是化学工作者应具备的基本素养。搬运时要轻装轻卸，防止包装及容器损坏。贮存于阴凉、干燥、通风良好的库房。远离火种、热源。

如果人体接触到化学品，大多数情况可采取相同的急救措施。

① 皮肤接触　脱去污染的衣服，用大量流动清水冲洗。

② 眼睛接触　立即提起眼睑，用大量流动清水或生理盐水彻底冲洗至少15min，并及时就医。

③ 吸入　迅速脱离现场至空气新鲜处。保持呼吸道通畅。如呼吸困难，给输氧。如呼吸停止，立即进行人工呼吸。就医。

④ 食入　用水漱口，给饮牛奶或蛋清。就医。

14.2　常见异氰酸酯及其他化学品的毒性和环保数据

官能度为2及2以上的异氰酸酯化合物是聚氨酯工业的主要原料，其特性基团—N=C=O，具备重叠双键结构，极易与含有活泼氢的化合物反应，某些异氰酸酯具有挥发性和的刺激性气味，对人体及环境具有较大危害，故一直是聚氨酯工业安全生产、使用、处置的重点问题。

14.2.1　异氰酸酯的一般性质

异氰酸酯基团（NCO）是活泼的基团，它易与水、羟基、氨基等反应，所以人体如果接触异氰酸酯，异氰酸酯可与皮肤或者黏膜中的水、蛋白质中的氨基反应，严重时可使蛋白质变性，残留在体内。而常用的异氰酸酯如甲苯二异氰酸酯（TDI）、二苯基甲烷二异氰酸酯（MDI）含苯环，与水等反应产生的产物水解后，可产生苯胺类化合物，人体如果长期不加防护地直接接触异氰酸酯，可能有致癌危险。

异氰酸酯会与水、醇、醇胺、伯胺和仲胺等反应，所以贮存时忌与这些物质接触，另外碱和酸有催化剂、作用，也不能接触。

异氰酸酯反应时会放热，与水反应有气体（CO_2）产生，如果将大量异氰酸酯与活性氢原料在一起反应，可产生大量反应热，引起温度急剧升高，甚至有烧伤危险和冲料危险。

异氰酸酯以及聚氨酯加热或燃烧时可分解生成有毒气体，如一氧化碳、二氧化碳、氮氧化物（NO_x）、HCN气体以及其他有毒的产物。氰化氢是剧毒气体，工作环境的最大允许浓度为百万分之十，浓度超过0.01%便会引起死亡，浓度越大，死亡越迅速，所以应避免聚氨酯和异氰酸酯在空气中燃烧。

表14-1为三种常见的芳香族多异氰酸酯的物理性质。

下面介绍几种常见异氰酸酯原料的毒性数据。

14.2.2　甲苯二异氰酸酯的安全数据

TDI是异氰酸酯原料中毒性较大的一种，主要问题是其挥发毒性。TDI已被归入剧毒化学品目录，销售、运输和使用受到严格管制。

■表14-1　三种常见的芳香族多异氰酸酯的物理性质

性质	MDI	PAPI	TDI-80
分子量	250.3	320~400	174.2
外观	白色至淡黄色片状固体,熔融后为无色至淡黄色液体,带轻微发霉气味	深琥珀色黏性液体	无色至淡黄色易流动液体
气味	带轻微发霉气味	带轻微发霉气味	强烈刺鼻气味
熔点/℃	38	~5	12~14
分解温度/℃	约230（缓慢分解）约270（迅速分解）	>230	>250
相对密度（20℃）	1.33 或 1.2（50℃）	1.24	1.22
蒸气密度	8.5（设空气为1）	8.5（设空气为1）	6（设空气为1）
蒸气压（25℃）/Pa	约0.001	<0.001	约2.7
黏度/mPa·s	4.7（50℃）	20~3000	3.2（20℃）
闪点/℃	202（ASTM D 93 开杯法）	>204（ASTM D 93）	135（开杯法）127（闭杯法）

　　TDI-80 饱和蒸气浓度：20℃环境下约 13mg/kg 或 92mg/m³，25℃下约 26mg/kg 或 185mg/m³。TDI 急性吸入毒性较高，经口毒性较低。TDI 对眼、呼吸道黏膜和皮肤有刺激作用。吸入较高浓度的 TDI 蒸气可导致咳嗽、呼吸困难，并引起支气管哮喘、肺炎和肺水肿，长期接触 TDI 可引起慢性支气管炎。嗅觉范围为 0.35~0.92mg/m³，超过对人有毒害的范围。浓度达 3~3.6mg/m³ 时，对黏膜有刺激；浓度约 27.8mg/m³ 时对眼和呼吸道有严重刺激。液体溅入眼内，可能引起角膜损伤。液体对皮肤有刺激作用，引起皮炎。口服能引起对消化道的刺激和腐蚀。吸入及皮肤接触后可能造成敏感化，如能引起过敏性哮喘。据国际癌症研究机构进行的体外试验显示，TDI 为人类可疑致癌物质，但致癌证据很有限。

　　TDI 对水生生物有害，对水生环境可能导致长期不良效应。

　　在软泡生产区，如果抽风不良，可能存在高浓度的 TDI，刺激性较大，应注意防护。

　　因 TDI 的高毒性，空气中浓度超标时，必须佩戴自吸过滤式防毒面具（半面罩）。紧急事态抢救或撤离时，应该佩戴空气呼吸器。建议戴化学安全防护眼镜，穿防毒物渗透工作服，戴耐油橡胶手套。

　　TDI 的毒理学数据：大鼠经口急性中毒半致死剂量 $LD_{50}=4130$mg/kg，大鼠吸入急性中毒半致死浓度 $LC_{50}=14$mL/(m³·4h)，吸入 LCLo：600 mL/(m³·6h)；小鼠经口 $LD_{50}=1950$mg/kg，吸入 $LC_{50}=10$mL/(m³·

4h）；兔经皮 $LD_{50} > 10mL/kg$。

车间空气卫生标准：中国制定的最大允许浓度（MAC）为 $0.2mg/m^3$；美国政府工业卫生学家会议（ACGIH）规定的 8h 加权平均浓度（TLV-TWA）是 $0.036mg/m^3$ 或 0.005×10^{-6}、短期暴露极限浓度（STEL）为 $0.14mg/m^3$ 或 0.02×10^{-6}；英国对所有异氰酸酯规定 8h 的时间加权平均浓度（TWA）按 NCO 计为 $0.02mg/m^3$，10min 短期暴露极限浓度 TWA 为 $0.07\ mg\ (NCO)\ /m^3$；德国 TRGA900 规定工作场所 TDI 浓度极限值为 $0.01mL/m^3$（0.01×10^{-6}）或等同于 $0.07mg/m^3$。

14.2.3 二苯基甲烷二异氰酸酯的安全数据

MDI 的蒸气压比 TDI 低得多，挥发毒性比 TDI 弱。虽然 MDI 产品的挥发性较低，但加热熔化的 MDI 有一定的挥发毒性和刺激性。

MDI 大鼠口服急性毒性 $LD_{50} = 31690mg/kg$，大鼠吸入 $LC_{50} = 178mg/m^3$，人 30min 吸入 $TCL_O = 130\ mL/m^3$（Oxford MSDS）。

MDI 在空气中最大允许浓度（TLV）为 $0.02\ cm^3/m^3 \approx 0.2mg/m^3$。日本产业卫生学会的允许浓度为 $0.05mg/m^3$（1993 年），ACGIH TWA $0.005\ cm^3/m^3$（或 $0.051mg/m^3$）（1996 年）。

MDI 易与水分反应，在操作时应小心谨慎，防止其与皮肤的直接接触及溅入眼内，建议穿戴必要的防护用品如手套、工作服等。

另外，由于 4，4'-MDI 的 NCO 邻位无取代基，活性比 TDI 还要高，即使在无催化剂的条件下，在室温也有部分单体缓慢自聚成二聚体，加热熔化 MDI 时二聚体不溶解，形成浑浊液或者有白色不溶性沉淀产生。另外，MDI 极易与水发生反应，生成不溶性的脲类化合物并放出二氧化碳，造成鼓桶并致熔融后的黏度增加。因此，MDI 一般需要在低温下保存，建议好是在 0℃ 以下隔绝空气贮存，尽早使用。已加温熔化了的液状 MDI 的最佳贮存温度为 41~46℃，并及早用完。不宜反复冷冻-熔化，否则可能产生较多二聚体。

14.2.4 其他二异氰酸酯的安全数据

异佛尔酮二异氰酸酯（IPDI）是常用的脂肪族二异氰酸酯，其挥发性相对 HDI 较小。蒸气压约 0.04Pa（20℃）或 0.12Pa（25℃）或 0.9Pa（50℃）。

IPDI 的大鼠经皮急性毒性值 $LD_{50} = 1060mg/kg$，大鼠吸入急性毒性 $LC_{50} = 123mg/(m^3 \cdot 4h)$。

工作场所允许浓度 $0.045mg/m^3$（ACGIH，1998 年）；$MAK = 0.094mg/m^3$（相当于 0.01×10^{-6}）（1996 年）。在德国 IPDI 的 8h 加权平均浓度职业暴露限

值是 0.09mg/m² 或等同 0.01 mL/m³（0.01×10⁻⁶）。在英国对所有异氰酸酯规定 8h 的时间加权平均浓度（TWA）按 NCO 计为 0.02mg/m³，10min 短期暴露极限浓度 TWA 为 0.07mg(NCO)/m³。

六亚甲基二异氰酸酯（HDI）也是常用的二异氰酸酯，但其挥发性较大，所以工业上很少使用其单体，而是制成衍生物。HDI 蒸气压（20℃）1.3～1.5Pa。HDI 可刺激皮肤、眼睛和呼吸道。兔经皮急性毒性 LD_{50} = 0.57mg/kg，小鼠皮肤敏感剂量 SD_{50} = 0.088mg/kg。在德国 HDI 的 8h 加权平均浓度职业暴露限值是 0.035mg/m³ 或等同 0.005mL/m³。在英国对所有异氰酸酯规定 8h 的时间加权平均浓度（TWA）按 NCO 计为 0.02mg/m³，10min 短期暴露极限浓度 TWA 为 0.07mg(NCO)/m³。

14.2.5 其他聚氨酯化学品的安全问题

聚氨酯材料用到的原料，除异氰酸酯以外，还有多元醇、催化剂、匀泡剂、阻燃剂等。

大多数聚醚多元醇和聚酯多元醇对人体安全，但部分多元醇稍有刺激性，尽量不要用手直接接触。

聚氨酯胶黏剂、涂料等产品用到乙酸乙酯、丙酮、甲乙酮、甲苯等有机溶剂，易燃易爆，并且对眼睛有刺激性，苯类溶剂毒性较大。

胺类催化剂大多数有氨臭味和挥发性，对眼睛和皮肤有刺激性。部分有机金属催化剂如有机锡有一定的毒性，多数金属类催化剂挥发性较低，对皮肤有一定的刺激性。

发泡剂对眼睛和皮肤有一定的刺激性。碳氢化合物类发泡剂如环戊烷可燃性，应注意防爆。

匀泡剂大多是聚醚改性有机硅，挥发性很小，与皮肤接触毒性较低，但如果溅入眼睛还是有刺激性的，应迅速用水冲洗。

阻燃剂如 TCPP 等对眼睛有刺激性，对皮肤稍有刺激性。

小分子多元醇类刺激性较小，醇胺及胺类扩链剂刺激性较大。对于 MOCA 应避免粉尘。

有关毒性数据可见相应原料的 MSDS，但操作中应注意防火、通风、个人防护。

14.3 有毒原料废弃物的处理

对于有关化学品废料应按照有关废弃物处理方法分类处理，这里不多赘述。

特别需要强调的还是多异氰酸酯。当有异氰酸酯溢出或泄漏时，可立即用废纸擦去，并尽量封在塑料袋内避免挥发。小量泄漏，也可用砂土、蛭石或其他惰性材料吸收，并尽快清除，以免 TDI 等蒸气挥发。如有异氰酸酯泼洒在地面，可用配制的由乙醇 50％、水 45％和浓氨水 5％组成的液体处理剂或稀氨水清洗，或用固体处理剂覆盖 5～10min 后再清理。

对于废弃的异氰酸酯，有如下三种方法可供选择处理。

① 用过量的废聚醚等活性聚合物与其反应发泡，然后焚烧或埋掉。
② 用过量的稀氨水溶液在开放的容器中搅拌反应，2 天后填埋。
③ 与一般有毒化学药品的处理办法一样烧掉。

14.4 聚氨酯的回收利用处理

生产聚氨酯泡沫的工厂每年产生大量的边角料、模具溢料、废品，聚氨酯弹性体也有废品，在聚氨酯的各应用领域中的废弃物如报废汽车中的旧聚氨酯泡沫及弹性体也需进行回收处理。绝大多数聚氨酯材料是热固性的，如软质、硬质及半硬质聚氨酯泡沫塑料，以及用于汽车部件等的制造的反应注射成型（RIM）聚氨酯弹性体。它们不能像热塑性聚氨酯及其他热塑性塑料那样熔融造粒、少量掺混到新料中使用，必须采用其他方法。

填埋法处理废料是一种比较无奈的办法，占用土地，还需耗费用。由于聚氨酯是含氮聚合物，若焚烧回收热能，必须严格控制燃烧条件，有吸收有毒气体的系统，以减少有毒气体对环境的污染。而将废旧塑料进行回收再利用，既减少环境污染，又降低新制品生产成本，具有良好的社会效益和经济效益。对废旧聚氨酯材料进行再生利用可分为物理方法和化学方法，这里对聚氨酯废旧料的回收再生技术作一简单的介绍。

14.4.1 聚氨酯的物理回收法

14.4.1.1 黏结成型

这种方法是通过粉碎机把聚氨酯泡沫粉碎成数厘米的碎片，喷洒反应型聚氨酯类黏合剂，混合均匀后加热加压成型。采用的黏合剂一般是聚氨酯泡沫组合料或以多苯基多亚甲基多异氰酸酯（PAPI）为基础的端 NCO 基预聚体。在采用以 PAPI 为主的黏合剂黏结成型时，还可通入蒸汽混合。

聚氨酯制品最成功的回收利用方法是用软泡边角料等废旧泡沫通过黏结方法生产再生聚氨酯泡沫，主要用作地毯背衬、运动垫、隔音材料等产品。软泡颗粒和黏合剂在一定的温度和压力下，可模压成汽车底部垫板等产品；采用更高的压力和温度，可模压出机泵壳体等硬质部件产品。

硬质聚氨酯泡沫、反应注射成型（RIM）聚氨酯弹性体等也能采用同样的方法回收利用。废料颗粒与异氰酸酯预聚体混合，热压成型，例如制造管道供热系统的管托架。在日本，有的公司把回收的 RIM 材料颗粒与橡胶碎屑以 25∶75 的质量比混合,作为运动跑道、网球场和高尔夫球场的铺面材料的颗粒原料使用。在欧洲硬泡颗粒与 PAPI 混合制成聚氨酯粒子板。用聚氨酯泡沫废料制成的板材与刨花板同样牢固,适用于水上设备。

14.4.1.2 热压成型

热固性的聚氨酯软泡及 RIM 聚氨酯制品在 100~220℃ 的温度范围具有一定的热软化可塑性能。泡沫废料在这么高的温度下加热加压,可以完全不使用黏合剂就能相互黏结在一起。为了得到均匀的再生制品,一般是将泡沫废料粉碎后再加热加压成型。成型条件随废旧聚氨酯的种类及再生制品而定。例如,聚氨酯软泡废料在 1~30MPa 的压力、100~220℃ 的温度范围热压数分钟可制成减震片、挡泥板等。

RIM 及 RRIM 边角料或回收制件经粉碎,也可热压成型。采用这种方法,可回收利用聚氨酯保险杠、挡泥板的废料。Bayer 公司在 20 世纪 90 年代初开发了废 RIM 制品的回收再生工艺,其操作工艺是把废料粉碎成碎粒预热,再在温度 180~185℃ 压机内以 35MPa 或以上压力加热模压成型。此工艺特点是无需加入黏合剂等添加剂,就能 100% 利用废料。再生制品拉伸强度和伸长率分别为新制品的 75% 和 30%~50%,可用于汽车蓄电池外壳、防护罩、盖板等部件。

14.4.1.3 作填料使用

聚氨酯软泡可以通过低温粉碎或者研磨工艺变成微细颗粒,并把这种颗粒的分散液加入多元醇中,用于制造聚氨酯泡沫或其他制品,不但使废旧聚氨酯材料得到回收,还可有效地降低制品成本。在 MDI 基冷熟化软质聚氨酯泡沫塑料中碎粉含量限制在 15% 以内,TDI 基热熟化泡沫塑料中最多可加入 25% 的碎粉。有一种工艺是将预切碎的废旧泡沫废料加入软泡聚醚多元醇中,再在合适的碾磨机中湿碾磨成含细微颗粒的"回收多元醇"混合物,用于制造软泡。

可以把废旧 RIM 聚氨酯粉碎成粉末,掺混到原料中,再制造 RIM 弹性体。废旧聚氨酯硬泡及聚异氰脲酸酯(PIR)泡沫废料粉碎后,也可用于在组合料中添加比如 5% 回收料,制造硬泡。

日本有厂家将废旧聚氨酯硬泡用作灰浆的轻质骨料。

14.4.2 聚氨酯的化学回收法

化学回收法即就是采用醇解、胺解、水解或热解等方法,把聚氨酯品泡沫分解成聚氨酯原料或其他化学原料的方法。聚氨酯泡沫存在氨酯键、脲键等。在醇解、胺解及碱水解过程,聚氨酯分子中氨酯键及脲键断裂,分解成多元醇及芳香族多元胺、二氧化碳等。对这类回收方法,已有不少专利和实例报道。

14.4.2.1 二元醇解法

最常见的二元醇解法是从废旧聚氨酯回收多元醇的一种重要方法。在小分子二元醇（如乙二醇、丙二醇、一缩二乙二醇）及催化剂（叔胺、醇胺或有机金属化合物）的存在下，聚氨酯（泡沫、弹性体、RIM 制品等）在 200℃左右的温度进行醇解反应数小时，可得到再生多元醇。再生多元醇可以与新鲜多元醇混合，用于制造聚氨酯材料。已经有不少类似技术，限于篇幅，这里不详细介绍。

14.4.2.2 胺解法

聚氨酯泡沫在伯胺、仲胺化合物中很容易分解，分解机理与酯交换反应相似。从聚氨酯或聚氨酯-脲分解生成低分子量的含羟基及氨基的化合物。此反应的特点是氨基的反应性大，胺解在 150℃以下较低温度容易进行。

Dow 塑料公司曾经推出一种胺解法化学回收工艺。该工艺包括两个步骤：用烷基醇胺和催化剂把废旧聚氨酯分解成高浓度分散状氨酯、脲、胺和多元醇；然后进行烷基化反应，去除回收物中的芳香族胺后，得到性能较好、色泽较浅的多元醇。该法可回收多种聚氨酯泡沫，回收多元醇可用于多种聚氨酯材料。该公司还采用化学回收工艺从 RRIM 制件获得回收多元醇，重新用于增强 RIM 制件中，用量可高达 30%。

14.4.2.3 其他化学回收方法

(1) 水解法 可用氢氧化钠作为水解催化剂，使聚氨酯软泡及硬泡分解，生成多元醇和胺类中间体，用作回收原料。

(2) 碱解法 将聚醚、碱金属氢氧化物作分解剂，泡沫分解后除去碳酸盐，得到回收多元醇及芳香族二胺。

(3) 将醇解和胺解结合的工艺 将聚醚多元醇、氢氧化钾及二胺作分解剂，除去碳酸盐固体，得到聚醚多元醇及二胺。对于硬泡的分解物可不进行分离，而通入氧化丙烯反应，得到的聚醚可直接用于制硬泡。这种方法的优点是分解温度低（60～160℃）、时间短、分解泡沫量大。

(4) 醇磷法 以聚醚多元醇和卤代磷酸酯为分解剂，分解产物为聚醚多元醇和磷酸铵固体，容易分离。

德国 Reqra 回收公司推广一种低成本的聚氨酯废料的回收技术，用于聚氨酯制鞋废料的回收。这种回收技术首先将废料粉碎成 10mm 大小的颗粒，在反应釜中用分散剂加热液化，最终回收得到液体多元醇。

(5) 苯酚分解法 日本将废聚氨酯软泡粉碎后与苯酚混合，在酸性条件下加热，氨基甲酸酯键断裂，与酚的羟基结合，然后与甲醛反应制造酚醛树脂，添加六亚甲基四胺使之固化，即可制得强度与韧性较好、耐热性优良的酚醛树脂制品。

(6) 热解 可将聚氨酯软泡在有氧或无氧条件下高温分解，得到油状物质，通过分离可得到多元醇。

14.4.3 聚氨酯的热能回收及填埋处理

14.4.3.1 直接燃烧

从聚氨酯废料中回收能量是一项更具环保和经济价值的技术。在美国聚氨酯循环回收委员会进行的一项实验中，在固体垃圾焚烧炉中加入20％的废聚氨酯软泡沫。结果显示烧剩的灰分以及排放物都仍在规定的环保要求范围内，废泡沫加入后释放出的热能大大节省了矿物燃料的消耗。在欧洲的瑞典、瑞士、德国和丹麦等国家，也在试验利用焚烧聚氨酯类废料过程中回收的能量提供电能和取暖用热的技术。

可把PU泡沫单独或与其他废塑料一起磨成粉末，替代细炭粉在炉中燃烧，回收热能。进行微细粉末化可使燃烧效率提高。

14.4.3.2 热解成燃料

在无氧、高温、高压及催化剂存在下，软质聚氨酯泡沫塑料、弹性体可进行热分解，得到气体和油类产物。得到的热分解油含有部分多元醇，经过纯化可用作原料。但一般用作燃料油。此法适合于与其他塑料的混合废弃物的回收。但聚氨酯泡沫等含氮聚合物分解可能使催化剂劣化。目前这种方法还未达到实用的水平。

由于聚氨酯是含氮聚合物，无论采用哪种燃烧回收能方法，都必须采用最佳的燃烧条件，以减少氮氧化物及胺的生成。燃烧炉需要设置适当的排气处理装置。

14.4.3.3 填埋处理及生物分解性聚氨酯

目前有相当量的聚氨酯泡沫废料进行填埋处理。有些泡沫不能回收利用，如用作苗床的聚氨酯泡沫不可能再生利用。与其他塑料一样，若材料在自然环境下始终稳定，则日积月累，越来越多，对环境存在压力。为了使填埋处理的聚氨酯废料使用后在自然条件下分解，人们已开始研制具有生物降解性的聚氨酯树脂。如在聚氨酯分子中引入含有糖类、纤维素、木质素或聚己内酯等具有生物降解性的化合物。

参考文献

[1] 李俊贤主编. 塑料工业手册·聚氨酯. 北京：化学工业出版社，1999.

[2] Gunter Oertel. Polyurethane Handbook. 2nd Edition. Munich，Vienna，New York：Hanser Publishers，1994.

[3] 岩田敬治主编. ポリウレタン树脂ハンドブツク. 东京：日刊工业新闻社，1987.

[4] G. 厄特尔编著. 聚氨酯手册. 北京：中国石化出版社，1992.

[5] Saunders J H，Frisch K C. Polyurethanes—Chemistry and Technology. New York：Interscience (Wiley)，1962.

[6] 李绍雄，刘益军. 聚氨酯树脂及其应用. 北京：化学工业出版社，2002.

[7] 李绍雄，刘益军. 聚氨酯胶粘剂. 北京：化学工业出版社，1998.

[8] 刘益军. 聚氨酯原料及助剂手册. 北京：化学工业出版社，2005.

[9] 傅明源，孙酣经，傅进军. 聚氨酯塑胶铺面材料. 北京：化学工业出版社，2003.

[10] 丛树枫，喻露如. 聚氨酯涂料. 北京：化学工业出版社，2003.

[11] 李荣，孙曼灵，任普亮. 聚氨酯防水材料与施工技术. 北京：化学工业出版社，2005.

[12] 许戈文等. 水性聚氨酯材料. 北京：化学工业出版社，2007.

[13] 山西省化工研究所编. 聚氨酯弹性体手册. 北京：化学工业出版社，2001.

[14] Ian. Clemitson. Castable Polyurethane Elastomers. Boca Raton，London，New York：CRC Press，2008.

[15] Thomson T. Polyurethanes as Specialty Chemicals：Principles and Applications. Boca Raton，London，New York：Washington DC：CRC Press，2005.

[16] Kaneyoshi Ashida. Polyurethane and Related Foams：Chemistry and Technology. Boca Raton，London，New York：CRC Press，2007.

[17] Michael Szycher，Szycher's Handbook of Polyurethanes. Boca Raton (USA)：CRC Press，1999.